U0383333

建筑设备水系统施工及安装技术要点

王志勇　陈志亮　杨　诚 等　编著

中国建筑工业出版社

图书在版编目(CIP)数据

建筑设备水系统施工及安装技术要点/王志勇等编著. —北京：
中国建筑工业出版社，2014.5
ISBN 978-7-112-16272-7

Ⅰ.①建… Ⅱ.①王… Ⅲ.①房屋建筑设备-给排水系统-工
程施工②房屋建筑设备-给排水系统-建筑安装工程 Ⅳ.TU82

中国版本图书馆 CIP 数据核字(2013)第 313654 号

本书以现行国家规范、标准和新技术推广等内容为依据，以材料选择、施工（安装）工艺、质量要求为重点进行编写。共分为 4 章：第 1 章水系统基本知识；第 2 章水系统施工管理；第 3 章水系统施工技术要点；第 4 章水系统安装要点。各章节以知识点的形式进行编写，简明清晰，方便读者对应查找。

本书内容丰富，实用性强，适用于建设单位、施工单位、质量监督单位、监理单位、物业单位的水暖及空调专业工程技术人员阅读使用。

责任编辑：刘婷婷
责任设计：董建平
责任校对：姜小莲 赵 颖

建筑设备水系统施工及安装
技 术 要 点
王志勇 陈志亮 杨 诚 等 编著

*

中国建筑工业出版社出版、发行（北京西郊百万庄）
各地新华书店、建筑书店经销
北京科地亚盟排版公司制版
北京市密东印刷有限公司印刷

*

开本：787×1092 毫米 1/16 印张：33¼ 字数：825 千字
2014 年 7 月第一版 2014 年 7 月第一次印刷
定价：**78.00** 元
ISBN 978 - 7 - 112 - 16272 - 7
(25017)

本书参编人员

王志勇	沈阳华强建设集团有限公司	教授级高工
陈志亮	沈阳市建设工程质量监督站	教授级高工
鹿 驰	沈阳市建设工程质量监督站	工程师
陈 旭	沈阳市建设工程质量监督站	工程师
杨 诚	沈阳华强建设集团有限公司	高级工程师
曲世铠	沈阳华强建设集团有限公司	工程师
韩喜林	沈阳星光防水集团	教授级高工
许宇痴	沈阳华强建设集团有限公司	工程师
林 红	沈阳华强建设集团有限公司	助理工程师
王雷霆	沈阳华强建设集团有限公司	助理工程师
李 悦	沈阳华强建设集团有限公司	助理工程师
任 正	沈阳华强建设集团有限公司	助理工程师

前　　言

为了适应建设工程快速发展的形势，全面提高建筑安装业职工队伍整体素质与水平，建造出更多、更好的优质工程，我们组织了有现场质量检查经验的专家和施工单位的专家共同编写了这本书籍。

本书以现行国家规范、标准和新技术推广等内容为依据，以材料选择、施工（安装）工艺、质量要求为重点进行编写，汇集了施工单位在优化设计时所必需的设计参数依据，有利于快速查找和校核计算，以确保工程减少变更，降低费用，一次性达到设计质量和施工质量全面符合国家验收标准的目的。

本书共分为4章：第1章水系统基本知识；第2章水系统施工管理；第3章水系统施工技术要点；第4章水系统安装要点。各章节以知识点的形式进行编写，简明清晰，方便读者对应查找。

本书内容丰富，实用性强，适用于建设单位、施工单位、质量监督单位、监理单位、物业单位的水暖及空调专业工程技术人员阅读使用，还可作为专业岗位操作人员的培训教材以及大中专院校专业课程辅助参考书。本书特别适用于即将走向工作岗位的本专业大学生，希望你们利用本书了解和掌握设计与施工的有关规定、相关安全文明施工措施、关键部位的施工程序与方法、安全技术质量方面的控制手段、施工质量检查验收标准、工程招标或工程投标等实际工作经验，快速地将理论知识与实际相结合，早日成为合格的专业技术管理者。

由于编者水平有限，对于书中的缺点错误，恳请读者给予批评指正。

目 录

第1章　水系统基本知识

　　水是世界上最宝贵的资源，是万物之源，没有水就不会有生命的存在。人们利用一定的手段将设备和管道系统进行连接，将水输送到各个使用场所，为其所用。按照使用功能的不同，人们又将水进行除砂过滤、沉淀、漂白粉（氯气）消毒、加压、水质处理、加热或冷却后使用或循环使用于生活和生产之中。人们还利用科学技术手段进行地下水能源利用、污水回收处理、中水灌溉、海水淡化、雨水聚集利用或排放以及河水除臭整治等。因此，构成了具有各项功能的水系统，人们以不同的方式进行消耗利用、循环使用以及排放。

　　水系统有热水供暖（低温水、高温水）系统、蒸汽供暖（低压蒸汽、高压蒸汽）系统、凝结水系统、生活热水供应系统、生产给水系统、生活给水（自来水、井水、纯净水）系统、消防给水系统、水景喷泉给水系统、温泉热水系统、空调冷冻水系统、生产及空调循环冷却水系统、空调凝结水系统；生活及生产排水系统、中水灌溉（污水、废水消毒后再利用）系统、雨水聚集或排放系统以及蓄冰系统等。我们在此只概述一下暖通空调与给排水专业设计和施工中常用的几种管路系统。

1.1　室内热水供暖系统

　　供给室内供暖系统末端装置使用的热媒主要有三类：热水、蒸汽与热风。分别称为热水供暖系统、蒸汽供暖系统和热风供暖系统。从卫生条件和节能等因素考虑，民用建筑应采用热水作为热媒。热水供暖系统也用在生产厂房及辅助建筑中。

　　室内热水供暖系统是由供暖系统末端装置及其连接的管道系统组成，可按下述方法分类：

　　1. 按热媒温度的不同，可分为低温水供暖系统和高温水供暖系统（各个国家热水分类标准各不相同），见表 1.1-1。

某些国家的热水分类标准　　　　　　　　　　　　　　　　　　　　　　表 1.1-1

国　别	低温水	中温水	高温水
中国	≤100℃	—	>100℃
美国	<120℃	120～176℃	>176℃
日本	<110℃	110～150℃	>150℃
德国	≤110℃	—	>110℃
俄罗斯	≤115℃	—	>115℃

　　由上表可以查出我国热水分类标准为：水温≤100℃的热水，称为低温水；水温>

100℃的热水，称为高温水。

室内热水供暖系统，大多采用低温水作热媒。设计供、回水温度多采用 95/70℃（也有采用 85/60℃）。低温热水辐射采暖供、回水温度多采用 60/50℃。高温水供暖系统一般宜在生产厂房中应用。设计供、回水温度大多采用 120～130℃/70～80℃。

2. 按系统循环动力的不同，可分为重力（自然）循环系统和机械循环系统。在有垂直高度前提条件下，靠水的密度差进行循环的系统，称为重力（自然）循环系统；靠机械力（水泵）进行循环的系统，称为机械循环系统。

3. 按系统管道敷设方式的不同，可分为垂直式和水平式。垂直式供暖系统是指不同楼层的各散热器用垂直立管和水平支管连接的系统；水平式供暖系统是指同一楼层的散热器用水平干管和立支管连接的系统。

4. 按散热器供、回水方式的不同，可分为单管系统和双管系统。

（1）单管系统

热水经由立管按顺序流过不同楼层散热器（不同楼层散热器串联），并且按顺序在不同楼层散热器中冷却的系统，称为垂直单管串联系统（简称单管系统）；热水经由水平供水管按顺序流过同一楼层散热器（同一楼层散热器串联），并且按顺序在同一楼层散热器中冷却的系统，称为水平单管串联系统（简称单管系统）。

（2）双管系统

热水经由供水立管和回水立管均通过每层楼水平支管直接连接每层楼单组散热器，每层楼单组散热器冷却后的回水均直接流回热源的系统，称为双管系统。

5. 分户供暖系统

自 20 世纪 90 年代以来，我国从计划经济向市场经济全面转轨，相应的住房及其供暖制度也由福利制向商品化转变。供暖系统也在常规供暖系统形式的基础上出现了新形势——分户供暖系统，并得到了广泛应用，同时在实践中对一些既有建筑的传统供暖系统进行了分户改造。

6. 热水供暖系统的发展：随着建筑业的快速发展，高档的高层建筑和多层建筑迅速崛起，传统的热水供暖系统逐步被中央空调系统和低温水地板辐射供暖系统所替代。目前，正处于两者并存逐步过渡发展阶段。

中央空调系统不但能满足热水供暖系统的一切功能，而且还能利用一套管道系统在机房内进行阀门切换，达到冬季供暖、夏季供冷的功能。因此，我们必须熟知中央空调系统的设计、施工及运行管理。

1.2 重力（自然）循环热水供暖系统

1.2.1 重力循环热水供暖系统的主要形式

分为单管和双管两种主要形式，见图 1.2-1。

1.2.2 重力（自然）循环同程式系统与异程式系统

重力（自然）循环同程式系统如图 1.2-2 所示；异程式系统如图 1.2-3 所示。

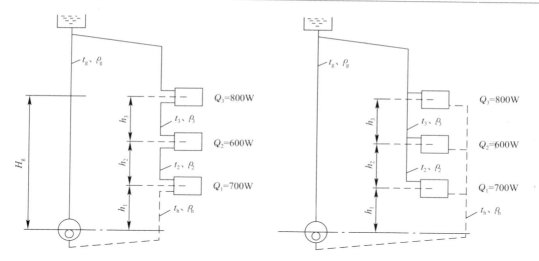

图 1.2-1 单管和双管重力循环热水供暖系统示意图

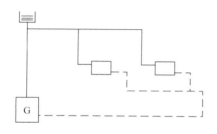

图 1.2-2 重力循环同程系统示意图

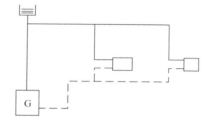

图 1.2-3 重力循环异程系统示意图

1.3 机械循环热水供暖系统

1.3.1 垂直式系统

垂直式系统，按供、回水干管布置位置不同，有下列几种形式：

1. 上供下回式单管和双管热水供暖系统

机械循环上供下回式单管和双管热水供暖系统，如图 1.3-1 所示。

上供下回式单管和双管热水供暖系统适用于顶层棚面和底层地面都允许布置水平干管的情况下布局。

2. 下供下回式双管热水供暖系统

机械循环下供下回式双管热水供暖系统，如图 1.3-2 所示。

机械循环下供下回式双管热水供暖系统适用于顶层楼层矮，不宜布置水平干管且有室内地沟或室内窗台高的条件下，可以在散热器下方布置水平干管的情况下布局。

3. 中供式热水供暖系统

机械循环中供式热水供暖系统，如图 1.3-3 所示。

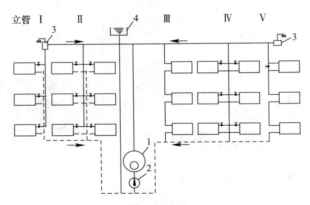

图 1.3-1　机械循环上供下回式单管和双管热水供暖系统示意图

1—热水锅炉；2—循环水泵；3—集气装置；4—膨胀水箱

（注：除散热器支管外在干、立管的阀门均未标注）

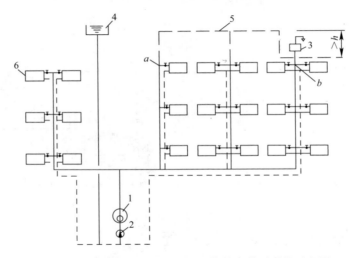

图 1.3-2　机械循环下供下回式双管热水供暖系统示意图

1—热水锅炉；2—循环水泵；3—集气罐；4—膨胀水箱；5—空气管；6—放气阀

（注：除散热器支管外在干、立管的阀门均未标注）

机械循环中供式热水供暖系统适用于仅中间层有吊棚且水平干管可在中间层和底层地面上安装回水水平干管布局，多用于厂房辅楼二层楼的供暖系统。

4. 下供上回式（倒流式）单管热水供暖系统

机械循环下供上回式（倒流式）单管热水供暖系统，如图 1.3-4 所示。

下供上回式单管和双管热水供暖系统适用于顶层棚面和底面地面都允许布置水平干管的情况下布局。

5. 混合式高温水热水供暖系统

机械循环混合式高温水热水供暖系统，如图 1.3-5 所示。

混合式高温水热水供暖系统是由下供上回式（倒流式）系统和上供下回顺流式系统串联组成的系统。水温 t_g 的高温水自下而上进入第一套系统 I，通过散热器，水温降到 t_m 后，再进入第二套系统 II，系统循环水温度降到 t_h 后返回热源。

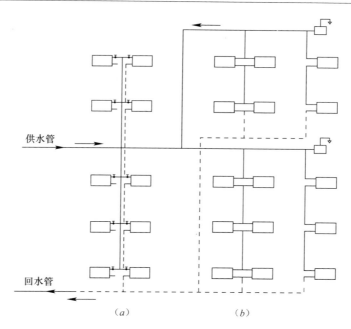

图 1.3-3 机械循环中供式热水供暖系统示意图

(a) 上部系统——下供下回式双管热水供暖系统，下部系统——上供下回式
双管热水供暖系统；(b) 上部和下部系统——上供下回式单管热水供暖系统
（注：除散热器支管外在干、立管的阀门均未标注）

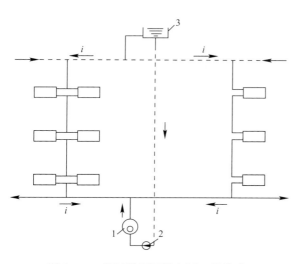

图 1.3-4 机械循环下供上回（倒流式）
单管热水供暖系统示意图

1—热水锅炉；2—循环水泵；3—膨胀水箱
（注：除散热器支管外在干、立管的阀门均未标注）

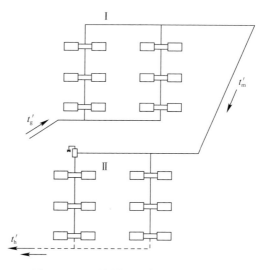

图 1.3-5 机械循环混合式高温水热水
供暖系统示意图

（注：除散热器支管外在干、立管的阀门均未标注）

进入第二套系统 II 的供水温度 t_m，根据设计供、回水温度，可按两套系统的热负荷分配比例来确定；也可以预先给定进入第二套系统 II 的供水温度 t_m，来确定两套系统的热负

荷分配比例。由于两套系统串联，系统的压力损失大些。这种系统一般只宜使用在与高温水直接连接于高温水网路上的、卫生要求不高的民用建筑或生产厂房。

6. 上供上回垂直式系统

适用于厂房内侧布置散热器且地面摆放零部件，地面不宜布置水平干管的情况下布局。

1.3.2　机械循环同程式系统（图 1.3-6）、异程式系统（图 1.3-7）

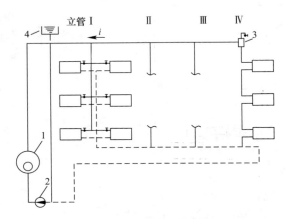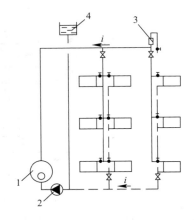

图 1.3-6　机械循环同程式系统示意图
1—热水锅炉；2—循环水泵；3—集气罐；4—膨胀水箱
（注：除散热器支管外在干、立管的阀门均未标注）

图 1.3-7　机械循环异程式系统示意图
1—热水锅炉；2—循环水泵；3—集气罐；4—膨胀水箱
（注：除散热器支管外在干、立管的阀门均未标注）

1.3.3　单立管式和双立管式（图 1.3-8，图 1.3-9）

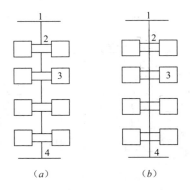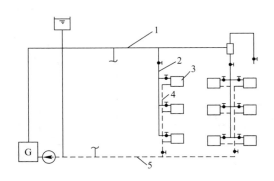

图 1.3-8　单立管式示意图
（a）单立管串联式；（b）单立管跨越式
1—供热水平干管；2—立管；3—散热器；4—回水水平干管

图 1.3-9　双立管式示意图
1—供热水平干管；2—立管；3—散热器；
4—回水立管；5—回水水平干管

1.3.4　水平式系统

水平式系统可分为单管水平顺流式（单管水平串联式）和单管水平跨越式两类。在机械循环和重力循环系统中都可应用。如图 1.3-10、图 1.3-11 所示。

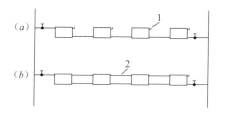

图 1.3-10　单管水平顺流式
1—放风阀；2—空气管

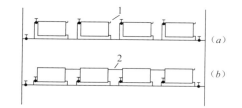

图 1.3-11　单管水平跨越式
1—放风阀；2—空气管

1.4　热水供暖系统供、回水干管布置

常见的供、回水干管走向布置方式，如图 1.4-1 所示。

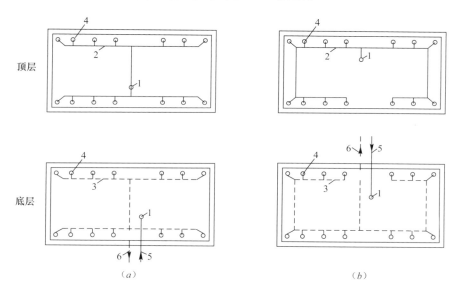

图 1.4-1　常见的供、回水干管走向布置方式示意图
（a）四个分支环路的异程式系统；（b）两个分支环路的同程式系统
1—供水总立管；2—供水干管；3—回水干管；4—立管；5—供水进口管；6—回水出口管

1.5　分户供暖热水供暖系统

1.5.1　户内水平供暖系统形式与特点

1. 系统形式分类

为满足在一幢建筑内向每一热用户单独供暖的目的，应在每一热用户的入口设置具有单独的供、回水管路，在热用户内部形成单独的供暖环路。最适用的系统形式就是户内水平供暖系统形式。按散热器进、出水方式分，可以分为上进下出、下进下出、下进上出、上进上出四种方式。其中下进下出方式最为美观。按管道的敷设方式可分为沿踢脚板的明装和在楼板上预留沟槽内的暗装两种。按管路系统布置形式分，可分为水平单管串联式、

水平单管跨越式、水平双管同程式、水平双管异程式和水平网程式五种形式。

2. 系统形式特点比较

图 1.5-1 (a) 中的热媒顺序地流经每一组散热器，每一组散热器进水温度都等于上一组散热器的出水温度，在整个环路中热水供暖温度按散热器串联顺序逐步降低。优点是：环路最简单，节省管材及管件，施工速度快，造价最低。缺点是：系统运行阻力最大，串联组数不能过多，每一组散热器不具有独立调节能力，任何一组散热器出现故障，影响整个系统运行。末端散热器热媒温度较低，供暖效果不佳。

图 1.5-1 (b) 和图 (a) 比较，每一组散热器下面增加一根跨越管，热媒一部分进入散热器散热，另一部分经跨越管与散热器出口热媒混合，各组散热器具有一定的调节能力。

图 1.5-1 (c) 中的热媒经水平供水干管沿供水管道顺序地流经每一组散热器，水平管道为双管同程式，每一组散热器的热媒进、出口水温相等，而且进、出每一组散热器的管道长度至户内系统热力入口的总长度均相等。最大优点是：热负荷调节能力强，可根据需要对热负荷任意调节，且互不影响。缺点是：比图 (a) 多一根水平管道，给管道安装带来不便。

图 1.5-1 (d) 为水平双管异程式布置，末端散热器与始端散热器环路压力平衡难度大，调节困难，比图 (a) 多一根水平管道，给管道安装带来不便。

图 1.5-1 (e) 中的热媒由户内系统热力入口的分、集水器提供，可集中调节各组散热器的散热量，此方式常应用于低温辐射地板供暖系统中，每一组散热器改成每一个房间的地热盘管，便可变成低温辐射地板供暖系统。以上五种散热器分户供暖户内连接形式都是采用水平下供下回的方式，系统的局部最高点就是散热器。那么，系统内的空气就必须从散热器的放气阀 6 排出系统，才能保证系统的正常运行。

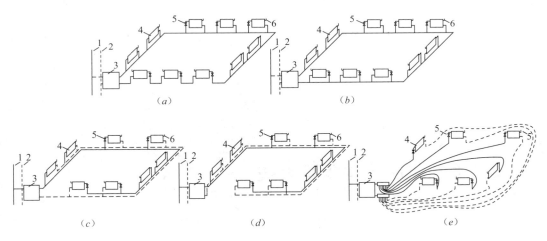

图 1.5-1　户内水平供暖系统示意图

(a) 水平单管串联式；(b) 水平单管跨越式；(c) 水平双管同程式；(d) 水平双管异程式；(e) 水平网程式
1—供水立管；2—回水立管；3—户内系统热力入口；4—散热器；5—温控阀或关断阀门；6—放风阀

1.5.2　单元立管供暖系统形式

见图 1.5-2。设置单元立管的目的在于向户内供暖系统提供热媒，是以住宅单元的用户为服务对象，一般放置于楼梯间内单独设置的供暖管井中。单元立管供暖系统应采用异程式立管已形成共识。从其结构形式上看，同程式立管到各个用户的管道长度相等，压降也相等，似乎更有利于热量的分配，但在实际应用时由于同程式立管无法克服重力循环压力的影响，故应采用异程式立管。同时必须指出的是单元异程式立管的管径不应因设计的保守而加大；否则，阻力减小，其结果与采用了同程式立管一样将造成垂直方向的水力失调，上热下冷，通过自然重力压头的影响与水力工况分析便知。另外，立管上还必须设自动排气阀1、球阀2，便于系统顶端的空气及时排出。

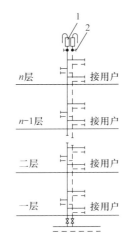

图 1.5-2 单元立管供暖
系统示意图
1—自动排气阀；2—球阀

1.5.3 水平供、回水干管的布置形式与特点，见图 1.5-3 所示。

设置水平供、回水干管的目的在于向单元立管系统提供热媒，是以民用建筑的单元立管为服务对象，一般设置于建筑的供暖地沟中或地下室的顶棚下。向各个单元立管供应热媒的水平干管若环路较小可采用异程式，但一般都采用同程式。如图 1.5-3 所示。由于在同一平面上没有高差，无重力循环附加压力的影响，同程式水平干管保证了到各个单元供回水立管的管道长度相等，使阻力状况基本一致，热媒分配平均，可减少水平失调带来的不利影响。

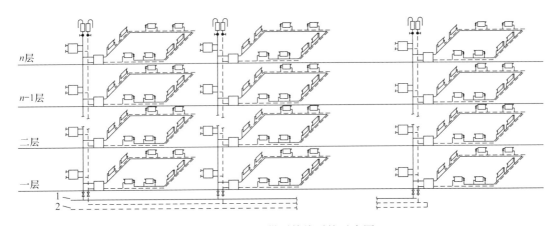

图 1.5-3 分户供暖管线系统示意图
1—水平供水干管；2—水平回水干管

1.6 高层建筑热水供暖直连式系统

低层建筑群中出现了高层建筑，因高层建筑单设热源不经济，所以利用低层建筑群原有热网对此高层建筑进行供暖的直接连接方式称为——"高层建筑热水供暖直连式系统"。

高层建筑热水供暖直连式系统不管形式如何，热媒都必须经过低区管网供水经水泵加压送至高区，在散热器内散热后，回水"减压"并回到低区回水管网的过程。关键在于如何将系统热媒"静压力"消耗到合理的范围，重点在于减掉高区系统的"静压"。前提是高区与低区供暖系统必须分开，控制的过程为高区回水怎么流回热网回水管道这一过程。如图 1.6-1 所示。

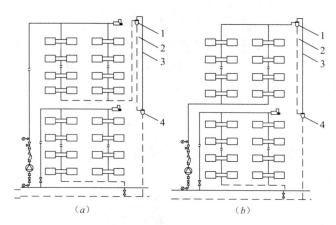

图 1.6-1　高层建筑热水供暖直连式系统原理图
(a) 同程顺流式；(b) 同程倒流式
1—静压断流器；2—导流管；3—连通（恒压）管；4—静压阻旋器

1.6.1　系统构成

在低层建筑热网供水管连接点上连接管道并按水流方向顺序安装阀门、除污器、阀门、避震喉、高楼引入口处安装的增压泵、避震喉、止回阀、高区供水管道、散热器、高区回水管道、静压断流器 1、导流管 2、连通（恒压）管 3、静压阻旋器 4、高区回水立管、阀门、连接管道至低层建筑热网回水管连接点。

1.6.2　工作原理

高楼引入口处安装的增压泵将低楼群原有热网的供水加压，送至高区散热器内放热后，使高区回水在余压作用下切向流入"静压断流器 1"内形成膜流旋转流动，并在"导流管 2"内以非满管流方式向下旋转中消耗余压——"断流减压"。然后，膜流状旋转的水流进入"静压阻旋器 4"。"静压阻旋器 4"开始进行阻止水流旋转并分离空气，使无压流的膜流状流体再有组织地"复原"到有压流状态。这样，通过有压流→无压流→有压流的逆变过程，就使得高压流体平稳地"过渡"到了低压流体，使高楼回水安全返回低楼热网回水管道。据此原理，便可实现高楼与低楼直连供暖了。

1.6.3　高区供水静压与高区回水静压的隔断

1. 对于高区供水静压：在系统运行或停止运行时，都是靠增压泵出口的止回阀隔绝，使高区供水管的水不能经过增压泵倒流回低层建筑热网供水管。

2. 对于高区回水静压：系统运行时，回水在余压作用下进入静压断流器 1 和在导流管 2 内旋转消耗掉动压，并在导流管 2 管段中以空气和水在一起的旋转混合柱形式进行减压并下落至静压阻旋器 4，从而减掉了导流管 2 高度上的高区回水静压，然后靠重力作用返回低层建筑热网回水管道中，防止了高区回水静压从低层建筑热网回水管进入低层建筑压破散热器。

3. 对于高区回水静压：系统停止运行时，回水没有了余压，无法切向进入静压断流器 1，使导流管 2 立管段内不再进水而形成断流，即使导流管 2 内的水面高度比静压阻旋器 4 高度稍高一些的回水静压进入低层建筑也不会压破散热器。

1.6.4 连通（恒压）管 3 的作用

连通（恒压）管 3 的顶端应连接集气罐，及时地排除系统中分离出来的空气。

静压断流器 1、导流管 2、连通（恒压）管 3、静压阻旋器 4 之间构成一个连通器，导流管 2 和连通（恒压）管 3 形成两根空气柱，这样高区回水管内水柱高度就被空气柱高度替代，因空气密度很小，所以空气柱静压远比水柱静压小，可以忽略不计，于是可以认为高区回水管内水柱高度上的静压消失了，即静压断流器和静压阻旋器上的压力是一致的。因此，高区静水压线高度控制在与低层建筑静水压线相附的条件下，而获得高楼与低楼热网直接连接的成功。由此看出，保证此水位线高度是整个系统运行的关键，所以可利用变频调控加压泵自动调节流量和压力，控制此水位线高度便可实现系统的稳定运行。

1.6.5 静压阻旋器 4 的安装高度的确定

安装时必须注意：静压阻旋器 4 的安装高度与低层建筑静水压线高度必须相等，此安装高度数值应在安装前进行调查确定。假如调查的低层建筑采用的是膨胀水箱定压，那么膨胀水箱检查管安装中心线（系统不工作时膨胀水箱有效容积的最低水位线）高度就是低层建筑的静水压线，所以静压阻旋器 4 的上口安装高度必须是膨胀水箱检查管安装中心线高度。下面分析静压阻旋器 4 安装高度错误时的危害。

1. 静压阻旋器 4 的上口安装高度高于膨胀水箱检查管安装中心线高度的危害：

超出的安装高度所产生水的静压将会从膨胀水箱溢流管压出低层建筑供暖系统内部分正常循环水量，无论低层建筑供暖系统怎样不断向系统内补水，膨胀水箱溢流管都会不断向系统外溢出水量，使溢流管变成常流水管道，从根本上破坏了低层建筑供暖系统的正常运行。

2. 静压阻旋器 4 的上口安装高度低于膨胀水箱检查管安装中心线高度的危害：

低层建筑静水压线在系统停止工作时，降低至静压阻旋器 4 的上口安装高度，供暖系统最高点宜出现倒空现象，进入系统中空气，使系统恢复正常运行时由于上部缺水而受到散热量降低的影响。高楼高区回水静压变低无法靠重力作用返回低层建筑热网回水管道。因静压阻旋器 4 安装高度低的错误，造成了高区回水管与热网回水管必须在相同压力点上连接，才能返回低层建筑热网回水管道的问题（即向热网循环水泵入口方向寻找高区回水管与热网回水管相同压力点进行连接的方法），发生了不应有的安装热网回水管道费用损失，违背了高层建筑热水供暖直连技术节省投资原则。

此种系统对于分户供暖系统也是适用的，并且多栋高层建筑可以共用一套供水系统，如图 1.6-2 所示。

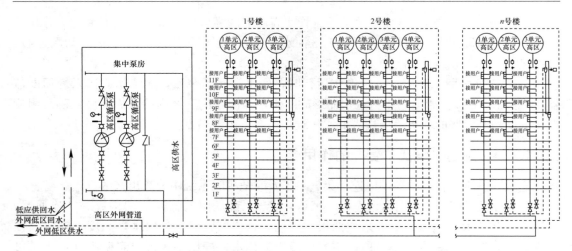

图 1.6-2　多栋高层建筑共用一套供水直连分户采暖系统原理图

1.7　集中供热系统

1.7.1　热水供暖系统过门地沟处管道安装及管道变径时连接要求

1. 热水供暖系统过门地沟处管道安装如图 1.7-1 所示。图中提醒注意：热水供暖系统过门地沟处进水管标高必须高于出水管标高 50mm 以上，目的是有利于排除管道内空气。

2. 热水供暖管道变径时连接要求如图 1.7-2 所示。图中提醒注意：为了有利于排除管道内空气，热水供暖管道变径时，供水管、回水管都必须采用偏心变径进行焊接，焊接后两侧管道上皮标高必须为同一标高。

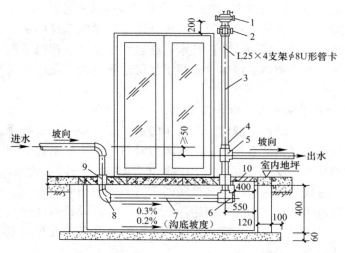

图 1.7-1　热水供暖管道过门地沟处安装示意图

1—排气阀；2—截止阀；3—排气管；4—补芯或变径管箍；5—三通；
6—丝堵或泄水阀；7—回水管；8—弯头；9—套管；10—木盖板

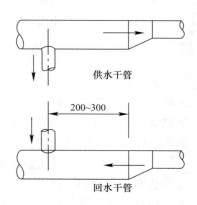

图 1.7-2　热水供暖干管变径
连接形式示意图

1.7.2 热水供暖供、回水干管与分支管的羊角弯及让弯（抱弯）

见表 1.7-1 中数值，及图 1.7-3、图 1.7-4。

让弯（抱弯）尺寸表（mm）　　　　　　　　　表 1.7-1

DN	α (°)	α_1 (°)	R	L	H
15	94	47	50	146	32
20	82	41	65	170	35
25	72	36	85	198	38
32	72	36	105	244	42

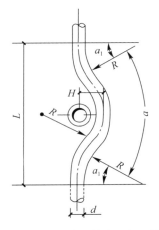

图 1.7-3　让弯（抱弯）加工图

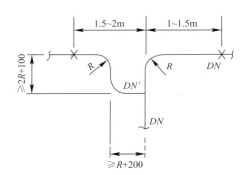

图 1.7-4　总立管与分支干管连接

1.7.3 热水供、回水干管与分支管过墙连接形式及干管与分支干管连接形式

如图 1.7-5、图 1.7-6 所示。

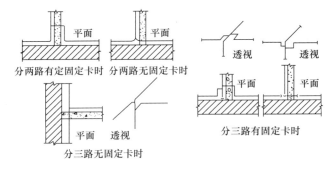

图 1.7-5　热水供、回水干管与分支管过墙连接形式示意图

1.7.4 蒸汽供暖管道过门地沟处安装形式

如图 1.7-7 所示。蒸汽供暖凝结水干管过门地沟处安装时，进水管标高必须比出水管标高高出 25mm 以上，有利于凝结水流动和排除水垢。

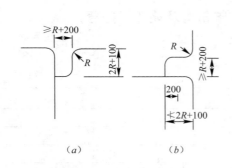

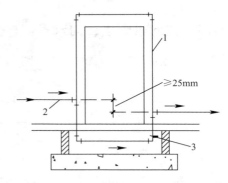

图 1.7-6　干管与分支干管连接形式示意图　　　图 1.7-7　蒸汽供暖凝结水干管过门地沟处安装示意图
(a) 水平连接；(b) 垂直连接　　　　　　　1—DN20 空气绕行管；2—凝结水管；3—泄水阀或泄水丝堵

1.8　供热管网横断面图

1.8.1　地上敷设管网横断面

管道敷设在地面上或附墙支架上的敷设方式。按照支架的高度不同，可有以下三种地上敷设形式：

1. 低支架，如图 1.8-1 所示。

在不妨碍交通，不影响厂区扩建的场合，可采用低支架敷设。通常是沿着工厂的围墙或平行于公路或铁路敷设。为了避免雨雪的侵袭，低支架敷设，供热管道保温结构底距地面净高不得小于 0.3m。低支架敷设可以节省大量土建材料、建设投资小、施工安装方便、维护管理容易，但其适用范围太窄。

2. 中支架，如图 1.8-2 所示。

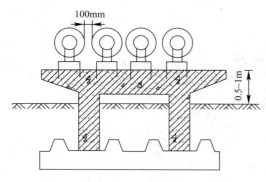

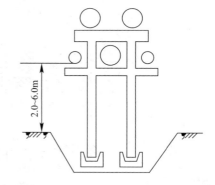

图 1.8-1　低支架管网横断面示意图　　　　图 1.8-2　中、高支架管网横断面示意图

在人行频繁和非机动车辆通行地段，可采用中支架敷设。供热管道保温结构底距地面净高为 2.0～4.0m。

3. 高支架，如图 1.8-3 所示。

供热管道保温结构底距地面净高为 4.0m 以上，一般为 4.0～6.0m。在跨越公路、铁路或其他障碍物时采用。地上敷设的供热管道可以和其他管道敷设在同一支架上，但应便于检修，且不得架设在腐蚀性介质管道的下方。

1.8.2　地下敷设管网横断面

1. 地沟敷设

地沟是地下敷设管道的维护构筑物。地沟的作用是承受土的压力和地面荷载并防止水的侵入。地沟分为砖、石、大型砌块砌体，配合钢筋混凝土预制盖板型；利用钢筋混凝土预制构件现场装配型和现场整体式灌筑型等类型。根据地沟内人行通道的设置情况，又分为通行地沟、半通行地沟、不通行地沟。

（1）通行地沟，如图 1.8-3 所示。

通行地沟是工作人员可以在地沟内直立行走通行的地沟。通行地沟内，可采用单侧布管或双侧布管两种形式。为便于维修和运行管理，防止地沟内空气缺乏，通行地沟内无蒸汽管道时≤400m 设一个事故人孔；通行地沟内有蒸汽管道时≤100m 必须设一个事故人孔。对于整体钢筋混凝土结构的通行地沟，每隔 200m 宜设一个安装孔，以便检修更换管道。

通行地沟应设置自然通风或机械通风，以便在检修时，保持地沟内温度不能超过40℃。通行地沟人行通道的净高≮1.8m，宽度≮0.6m。在经常有人工作的通行地沟内，要有照明设施。

（2）半通行地沟，如图 1.8-4 所示。

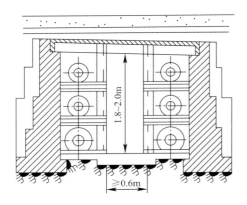

图 1.8-3　通行地沟示意图

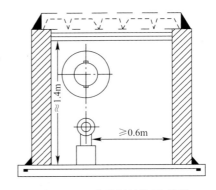

图 1.8-4　半通行地沟示意图

半通行地沟人行通道的净高≮1.2m，宽度≮0.6m。在经常有人工作的半通行地沟内，要有照明设施。

（3）不通行地沟，如图 1.8-5、图 1.8-6 所示。

不通行地沟横断面尺寸窄小，必须保证管网安装或维修的最小尺寸，管道维修或更换时，挖开地面、挑开地沟盖板进行。

虽然维修不便，但因它最省资金，占地面积小，因此，经常被采用。

（4）整体式钢筋混凝土现场灌注综合管沟，如图 1.8-7 所示。

在综合管沟内，热力管道可以和给水管道、电压 10kV 以下的电力电缆、通信电缆、压缩空气管道、压力排水管道和重油管道一起敷设。地沟盖板的覆土深度，不应小于0.2m。

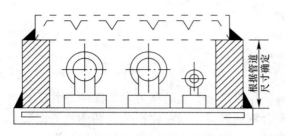

图 1.8-5 不通行地沟示意图

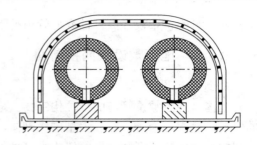

图 1.8-6 预制钢筋混凝土椭圆拱形地沟示意图

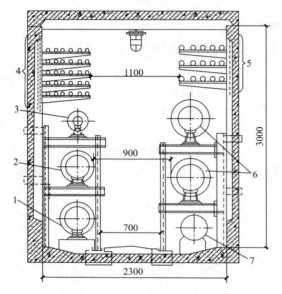

图 1.8-7 整体式钢筋混凝土综合管沟示意图

供热管道地沟内积水时，极易破坏保温结构，增大散热损失，腐蚀管道，缩短使用寿命。为防止地面水渗入，地沟壁内表面宜用防水砂浆粉刷。地沟盖板之间、地沟盖板与地沟壁之间要用水泥砂浆或沥青封缝。地沟盖板横向应有 1‰～2‰ 的坡度；地沟底应有纵向坡度，其坡向与供热管道坡向一致，不宜小于 2‰，以便渗入地沟内的水流入检查室的集水坑内，然后用水泵抽出。如地下水位高于地沟底，应考虑采用更可靠的防水措施，甚至采用在地沟外面排水来降低地下水位的措施。常用的防水措施是在地沟壁外表面敷以防水层。防水层用沥青粘贴数层油毛毡并外涂沥青或在外面再增加砖护墙。

2. 无沟（直埋）敷设

供热管道直接敷设于土壤中的敷设形式。在热水供热管网中，无沟敷设在国内外已得到广泛地应用。目前，最多采用的形式是供热管道、保温层和保护外壳三者紧密粘结在一起，形成整体式的预制保温管结构形式，如图 1.8-8 所示。

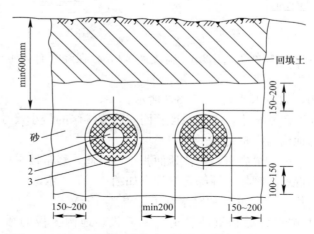

图 1.8-8 高密度聚乙烯外壳预制保温管直埋敷设示意图

3. 预制保温管

也称为管中管，其供热管道的保温层，多采用硬质聚氨酯泡沫塑料作为保温材料。它是由多元醇和异氰酸酯两种液体混合发泡固化形成的。硬质聚氨酯泡沫塑料的密度小、导热系数低、保温性能好、吸水性小、并具有足够的机械强度；但耐热温度不高。根据国内标准要求：其密度为 $60\sim80kg/m^3$，导热系数 $\lambda\leqslant0.033W/(m\cdot℃)$，抗压强度 $P\geqslant300kPa$，吸水性 $\leqslant10\%$，耐热温度不超过 $130℃$。预制保温管保护外壳多采用高密度聚乙烯硬质塑料管。高密度聚乙烯具有较高的机械性能、耐磨损、抗冲击性能较好；化学稳定性好，具有良好的耐腐蚀性能和抗老化性能，它可以焊接，便于施工。根据国家标准：高密度聚乙烯外壳的密度 $\geqslant940kg/m^3$，拉伸强度 $\geqslant20MPa$，断裂伸长率 $\geqslant600\%$。

目前，国内也有用玻璃钢作为预制保温管保护外壳的。造价较低，但抗老化性能低于高密度聚乙烯。

预制保温管以及预制保温管管件在工厂或现场制造。预制保温管的两端，留有约 200mm 长的裸露钢管，以便在现场管线的沟槽内焊接，最后再将接口处作保温处理。施工安装时在管道沟槽底部。

预先要铺约 $100\sim200mm$ 厚直径为 $1\sim8mm$ 砂砾，下管后管道四周继续填充砂砾，填砂高度约 $100\sim200mm$ 后，再回填原土并夯实。目前，为节约材料费用，国内也有采用四周回填无杂物的净土的施工方式。直埋敷设在我国得到迅速发展，是当前及今后供热管网的主要敷设方式。

1.9 低温热水地板辐射供暖

辐射供暖可分为低温辐射供暖（$\leqslant60℃$）；中温辐射供暖（$80\sim200℃$）；高温辐射供暖（$\geqslant200℃$）。低温辐射供暖因为热源易得，节能、舒适与不占用室内空间等优点得到了广泛地应用。一般将低温管线埋置于建筑的构件与围护结构内，埋设于天棚、地板或墙壁中。目前，常见的形式为地板式辐射供暖。下面概述一下低温热水地板辐射供暖。

1.9.1 低温热水地板辐射供暖的地面构造

低温热水地板辐射供暖的地面构造：由与土壤相邻的地面或楼板、绝热层、铝箔反射层、现浇（填充）层、防水层、干硬性水泥砂浆找平层、地面装饰层组成。固定地热加热盘管采用塑料管卡或用扎带绑扎在钢丝网上的方式。低温热水地板辐射供暖的散热表面就是敷设了加热盘管的地面，低温热水地板辐射供暖的地面构造如图 1.9-1 所示。

1.9.2 各层材料设置要求

1. 绝热层

绝热层的设置要求是：绝热层采用的聚苯乙烯泡沫塑料板属于承受有限载荷型泡沫塑料，密度不宜小于 $20kg/m^3$，厚度不应小于表 1.9-1 中的规定值，如若采用其他绝热材料替代，可采用热阻相当的原则确定厚度。

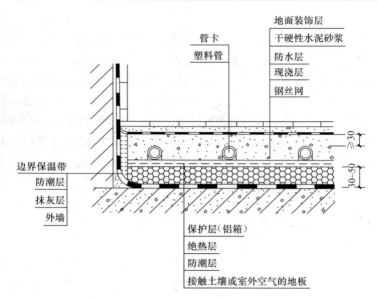

图 1.9-1 低温热水地板辐射供暖的地面构造示意图

聚苯乙烯泡沫塑料板绝热层厚度要求 表 1.9-1

绝热层	厚度（mm）
楼层之间楼板上的绝热层	20
与土壤或不采暖房间相邻的地板上的绝热层	30
与室外空气相邻的地板上的绝热层	40

（1）楼层之间楼板上必须设置绝热层。

（2）与土壤或不采暖房间相邻的地板上必须设置绝热层；与土壤相邻的地板上必须设置防水、防潮层。

（3）与室外空气相邻的地板上必须设置绝热层。

2．铝箔反射层

铝箔反射层的设置主要是反射来自热源侧的辐射，增强隔热效果，若允许地面双向散热设计时，亦可不设置反射层。

3．现浇（填充）层

现浇（填充）层一般是地热盘管敷设、固定后，由土建专业人员协助填充浇筑完成。宜采用 C15 豆石混凝土，豆石粒径宜为 5～12mm，其厚度不宜小于 50mm。当地面载荷较大时，如车库，可在填充层内设置钢丝网以加强其承担的载荷能力，在实际应用时具有很好的效果。亦可与结构设计的人员协商，采取相应的措施与方法。当地面层采用带龙骨的架空木地板时，地热盘管可设置于木地板与龙骨间的绝热层上，可不设置豆石混凝土现浇填充层。

4．防水层

防水层一般设置于卫生间、洗衣间、厨房、浴室和游泳池等较潮湿、必须做防水/防潮处理的房间，其防水层在墙面上的垂直高度应在 900mm 左右（或按相关专业要求处理）。居室、客厅可不设防水层。

5. 干硬性水泥砂浆找平层

找平层采用细沙与水泥的配比处理，并在 15 分钟内进行水泥面磨压擀光，形成干硬性水泥砂浆找平层，找平层厚度一般选 10～20mm 厚。目的是使找平层的面层坚固不起灰，为地面装饰层（地毯等）提供良好条件。

6. 地面装饰层

地面装饰层可采用地板、瓷砖、地毯以及塑料类砖装饰面材。墙边必须设置边界保温带；各房间门口、房间面积超过 40m² 或边长超过 8m 时，为防止混凝土开裂，宜设置伸缩缝，伸缩缝要求有一定压缩量，并且伸缩缝上面采用密封膏密封。

由以上地面构造可以看出，低温热水地板辐射采暖需占用一定的层高，为保证建筑的净高，必须提高建筑的层高，从而增加结构载荷与土建费用。

1.10 中央空调系统中的风机盘管供冷与供暖

1.10.1 风机盘管供冷系统和风机盘管供暖系统运行方式

风机盘管属于中央空调系统中供冷和供暖的末端设备。在风机盘管供冷系统中，一般情况下将此种系统设计为单独的空调冷冻水供冷和空调热水供暖系统。风机盘管供冷系统和风机盘管供暖系统都属于封闭式管道系统运行方式。

1.10.2 风机盘管空调末端设备水系统的安装程序

风机盘管主要由盘管和风机组成，风机盘管构造，如图 1.10-1 所示。

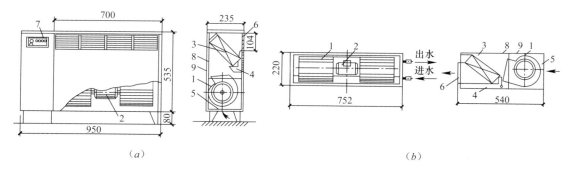

图 1.10-1　风机盘管构造示意图

（a）立式；（b）卧式

1—风机；2—电机；3—盘管；4—凝结水盘；5—循环风进口及过滤器；
6—出风格栅；7—控制器；8—吸声材料；9—箱体

风机盘管空调水系统的设备、管道、阀件、附件及闭合环路的安装程序：

风机盘管空调水系统的安装程序：开箱检查→通电试三速→10% 台数进行水压试验检查→吊架制作→吊架除锈、刷油→吊架安装→风机盘管安装→连接供、回水及凝结水管道软连接管→供水管上安装铜过滤器→回水管上安装电动两通阀→供、回水管安装铜截止阀→安装供、回水及凝结水干管→与制冷机组供、回水管道系统连接→冷却水管道系统安装调试→制冷机组调试→风机盘管试运转。

19

1.10.3　风机盘管供冷和供暖系统必须强调的问题

因为风机盘管加热器（表冷器）是由紫铜管外串铝鳍片靠水压机的压力胀接结合在一起的，设备使用要求是风机盘管加热器（表冷器）的水温应控制在夏季 7/12℃ 和冬季（55～65)/(45～55)℃ 之间，防止水温过高或过低的反复变化，导致紫铜管与铝鳍片之间产生缝隙影响传热效果，达不到设备使用功能。所以，禁止与水温＞65℃ 的热水供暖系统直接连接。

1.11　冷水机组和热泵机组

冷水机组和热泵机组与组合式空调机组连接，见图 1.11-1。

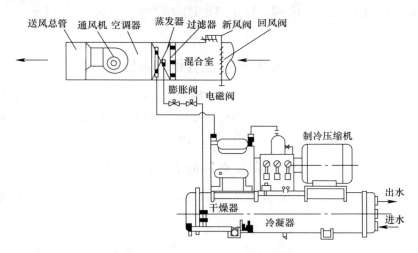

图 1.11-1　冷水机组和热泵机组与组合式空调机组连接示意图

冷水机组和热泵机组分为单、双机头、多机头螺杆式冷水机组；单、双机头热回收螺杆式冷水机组；满溢式水源螺杆热泵机组；地源热泵机组；模块风冷地下水源热泵机组（模块风冷地下水管环路地源热泵机组）；模块风冷冷水机组（模块风冷热泵机组）；模块式水冷涡旋冷水机组和模块涡旋水源热泵机组；离心式水冷机组；蒸汽吸收式机组；溴化锂机组。

1.12　膨胀水箱的有效容积和安装

1.12.1　膨胀水箱的有效容积和膨胀水箱安装时必须注意的问题：

1. 膨胀水箱有四个作用：恒定 100℃ 以下低温水热水供暖系统的压力；排除 100℃ 以下低温水供暖系统内的空气；贮存 100℃ 以下低温水热水供暖系统内水加热后的膨胀水量；向 100℃ 以下低温水热水供暖系统内补充维持在膨胀水箱信号管最低水位线所需要的补充水量。

2. 系统补充水量包括：100℃以下低温水供暖系统内渗漏水量、管道系统局部维修泄水量、水加热后膨胀从膨胀水箱溢流管溢出的水量、开启信号管阀门放出的水量、供暖系统排污和放气时排出的水量。膨胀水箱可以制作成圆形和矩形两种。

1.12.2　圆形膨胀水箱及膨胀水箱与机械循环系统的连接方式见图1.12-1、图1.12-2。

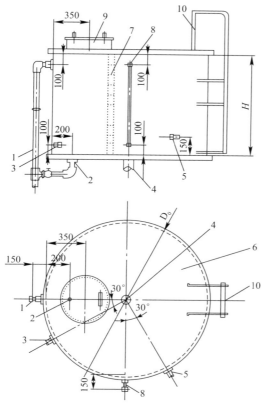

图1.12-1　圆形膨胀水箱图

1—溢流管；2—排水管；3—循环管；4—膨胀管；
5—信号管；6—箱体；7—内人梯；8—玻璃管水位计；
9—人孔；10—外人梯

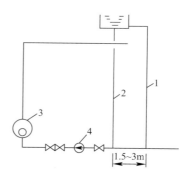

图1.12-2　膨胀水箱与机械循环
系统的连接方式

1—膨胀管；2—循环管；3—热水锅炉；
4—循环水泵

1.13　冬季供暖防冻措施

在北方城市中，冬季施工现象到处可见。如水系统管道工程保护措施不到位，易造成冻结性堵塞，严重时将会冻裂管道及空调设备。

成功的冬季供暖防冻措施已经证明，只要循环水泵保证不间断运行，哪怕管道中是冷水，消防、给水等管道压力试验后，启动循环水泵进行循环，便可在零下30℃情况下保持不被冻结。所以能在冬季进行不间断的安装工程和装饰工程的连续施工，争取了早日完工的宝贵时间。

供暖管道或空调系统的风机盘管水系统在未彻底完工的建筑物中，担任供暖任务时，必须保证循环水泵 24 小时连续运行，并备有停电时立即启动柴油发动机进行供电的必要措施，同时派指定的循环检查人员进行系统最高处排气阀的经常性排放空气，使系统在满水状态下正常循环，达到保护冷水管道的作用。

冬季外围护结构的封闭管理尤为重要。通行的各外门必须加设门帘，出入关门。外窗必须全部封闭，由户外引入室内的电源线应设置在穿墙套管内，不允许在开启窗上通过，以防冷风从开启窗上通过灌入室内，冻结水管道。

总之，保证水管道不被冻结的前提是必须采取封闭门窗的措施，确保循环水泵连续运行供热或各水系统安装循环水泵自行连续循环。否则，冻裂管道、冻裂设备，造成上百万元经济损失的现象是屡见不鲜的，因此必须引起有关领导高度重视。

1.14　全自动软水器

全自动软水器，如图 1.14-1 所示。

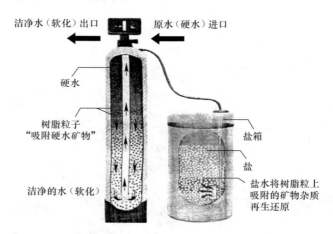

图 1.14-1　全自动软水器运行原理示意图

全自动软水器是一种运行和再生操作过程实现自动控制的离子交换器，利用钠型阳离子交换树脂去除水中钙、镁离子，降低原水硬度，以达到软化硬水的目的。全自动软水器将运行及再生的每一个步骤实现自动控制，并采用时间、流量或感应等方式来启动再生。通常一个全自动软水器的循环过程由以下几个具体步骤组成。

1. 运行——原水（未经处理的水）在一定的压力下，流经装有离子交换树脂的容器。树脂中所含的可交换离子 Na^+，与水中的阳离子 Ca^{2+}，Mg^{2+}，Fe^{2+}……进行离子交换，使容器出水的硬度含量达到要求。

2. 反洗——树脂失效后，在进行再生之前先用水自下而上的进行反洗，一方面是通过反洗，使运行中压紧的树脂层松动，有利于树脂颗粒与再生液（盐水）的充分接触，另一方面是清除运行时在树脂表层积累与吸附的悬浮物，同时一些碎树脂颗粒也可以随着反洗水排出，也保证了交换器的水流阻力不会越来越大。

3. 再生——再生液（盐水）在一定浓度、流量下流经失效的树脂层，使其恢复原有的交换能力。

4. 置换——在再生液（盐水）进完后，交换器膨胀空间及树脂层中还有尚未参与再生交换的盐液，为了充分利用这部分盐液，采用小于或相当于再生液流速的清水进行清洗，目的是不使清水与再生液产生混合。

5. 正洗——目的是清除树脂层中残留的再生废液，通常以正常运行流速清洗至出水合格为止。

6. 盐箱补水——向盐箱注入溶解再生所需盐耗量的水。

供热系统一般可根据系统的小时用水量选定全自动软水器的型号。若用户需连续供水，则需要选择单阀双罐或双控双床系列；否则，可选单阀单罐系统。在全自动软水器型号确定后，根据原水硬度、树脂的交换工作容量就可以确定理论周期制水量，并设定时间型或流量型控制器控制树脂的再生。此过程十分重要，如设定不合理，会造成一方面树脂失效时还未再生，使出水硬度超标，另一方面树脂尚未失效时却已再生，浪费再生盐。但是现在所使用的全自动软水器均不带有自动的检测出水硬度的功能，因此还是需要检验人员定期检查水质，确认水质是否合格，并根据原水的水质与用水标准的变化而及时调整。

水的软化还可采用化学软化处理与磁场软化处理的方法。前者是往水中加入化学药剂，使溶于水中的钙、镁离子转变为难溶于水的沉淀物析出。后者是使水流通过磁场并与磁力线相交，钙、镁离子受到磁场的作用，破坏原有离子间的静电引力状态，离子磁场按照外界磁场重新进行排列，从而改变结晶条件，形成很松弛的结晶物质，不以水垢的形式附着在受热面上，形成松散的泥渣，随排污排出系统。

1.15 冷却塔水系统

1. 冷却塔有敞开式和封闭式两大类。空调工程中的循环冷却水系统宜采用敞开式——人们常见的顶端设置机械通风的淋水式冷却塔。按照风的冷却流动位置不同可分成逆流式和横流式（图 1.15-1）；按照外形它们又分成圆形和矩形。冷却塔的设置台数应与制冷机组的台数及控制运行相匹配，当制冷机组设有备用时，冷却塔同样应设置备用，其备用台数与制冷机组相同。选择的冷却塔应冷效高、噪音低、体积小、重量轻、节电、安装维护方便、飘水少、使用寿命长。冷却塔安装时必须有牢固的基础，必须面向夏季主导风向上风侧安装，它的上风侧禁止有排风和排烟及排油烟等管道的出风口，并要求检修通道≥1.0m。冷却塔的材质多为玻璃钢制造，淋水填料遇火后易燃，所以安装时禁止在塔上焊接，并远离明火。冷却塔的风机宜采用自动控制、控制室手动控制和冷却塔现场控制三种方式。多台冷却塔串联在一起时，盛水盘水面高度必须一致，并装设连通管。

2. 冷却塔的安装程序：基础定位实施→冷却塔吊装→垫铁找平→紧固预埋螺栓→设备内部清理→安装管道系统→接通电源→管路充水→试运行。冷却塔运行过程中，必须保证盛水盘水面不下降，实现自动补水控制，避免冷却水泵进入空气发生气蚀现象。

3. 冷却塔的冷却流程，如图 1.15-2 所示。

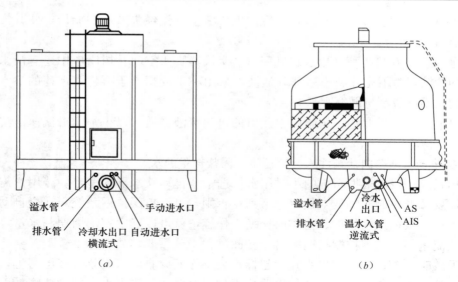

图 1.15-1 冷却塔示意图

（a）横流式；（b）逆流式

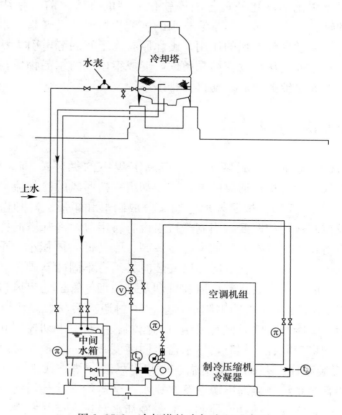

图 1.15-2 冷却塔的冷却流程示意图

1.16 设备起重吊装及钢丝绳的安全系数

1. 制冷设备起重吊装

风系统和水系统的安装同其他专业工种一样，也存在着设备的运输、搬运和吊装工作。因此，对于从事通风空调和给排水系统安装的施工人员来讲，掌握必要的起重吊装基本操作方法，是非常必要的。基本操作方法如下：

（1）撬动——它是用撬杠撬起和移动设备。如对通风机、水泵、排烟设备、空调机组、新风机组、冷水机组、直燃机组、燃油或燃气机组、电锅炉、热水或蒸汽锅炉、热水罐、定压罐、换热器、水处理设备、多联机组、模块机组及大口径管道安装时短距离的撬动和移位或撬起后垫入滚杠等。撬动物体时，撬杠前端下部应垫起枕木等防滑物体（禁止使用金属物体当垫物），人员在撬杠末端向下用力使设备起升，迅速垫入滚杠。

（2）滚动或滑移——按照设备底座尺寸制作底拍子并采用螺栓拧紧固定，用撬杠撬起底拍子，迅速垫入滚杠。然后，在设备后方用撬动方式短距离多次反复撬动，反复进行滚杠移位，使设备慢慢地以滚动或滑移方式向前行进，直至将设备运输到基础上为止。

（3）卷拉——利用手拉葫芦和滑轮或滑轮组配合，进行设备的垂直上升和垂直下落移动。

（4）滑动——在水平和斜面上搬运设备时，可用此种方法，它适用于短距离、重物较轻的情况下。因滑动摩擦阻力大，费力，因此有时将移动工件放在钢板或钢轨上滑动并涂以润滑油以减小摩擦力。

（5）顶举——顶举是利用机具将重物举起。它适用于高度不太高的情况下，操作也比较方便，顶举的速度也快。通常使用的机具为螺旋式和液压式千斤顶。使用千斤顶时，下部要垫在坚固的地面上，上部要垫上木板。操作时不能过载，同时使用两台以上千斤顶时，动作要协调一致。

（6）提升和托起——提升和托起也是起吊重物的方法，它可分体提升或组装好部件进行提升。比较简单的例子是吊装组合在一起的几段风管，采用手拉葫芦吊装或采用升降车以托起方式进行风管的安装。

2. 钢丝绳的安全系数

见表 1.16-1 所示。

钢丝绳的安全系数 表 1.16-1

用 途	安全系数	用 途	安全系数
作缆风绳	3.5	作吊索无弯曲时	6～7
用于手动起重	4.5	作捆绑吊索	8～10
用于机械起重	5～6	用于载人升降机	14

3. 冷水机组吊装

如图 1.16-1 所示。

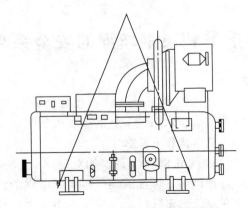

图 1.16-1　冷水机组吊装示意图

第2章　水系统施工管理

2.1　承揽水系统工程及建立项目经理部

2.1.1　承揽水系统工程

1. 承揽工程项目时施工企业应具备的资格条件（资格预审）

施工单位要通过各种途径，包括网上信息，积极参与工程的竞争，不要错过投标的机遇。在承揽工程项目时，投标单位应向招标单位出具相对应的施工资质证书、企业法人营业执照、代码证、投标证、取费资格证、安全生产许可证、企业信用等级证书（AAA）、守合同重信用企业证书、质量管理体系认证证书、环境管理体系认证证书、职业健康安全管理体系认证证书、企业财务审计报表、法定代表人资格证明书、法定代表人签署的委托代理人的授权委托书、委托代理人的身份证号码及身份证复印件、并要求受委托人（委托代理人）在授权委托书上签字确认及委托代理人的联系电话号码、规范发票行为的承诺函、廉洁合作协议书、取费标准附件、同时具有两年至三年内工程业绩。施工企业必须具有企业法人代表的安全考核证书、项目经理（建造师）的安全考核证书、专职安全员的安全考核证书、委托代理人的建造师证书、消防设备考核证书、技术职称证书、特殊工种上岗证书、施工员证、质量检查员证、安全员证、材料员证、造价师证书以及工程保修承诺等。通过资格预审后，应及时购买招标文件。投标时，必须认真阅读招标文件和核实施工图图纸中各系统详细内容，对技术标、商务标分成两大部分进行深刻理解，分别填写，并装订成册。

投标文件必须在装订成册后，按照招标要求进行标书的密封，并加盖单位公章，且在投标截止时间前送达至建设单位或招标代理机构。超越送达时间的标书，建设单位或招标代理机构按照废标处理。

开标时，由招标单位负责人和标书监察人按照施工单位递交标书的相反顺序进行当众开标，并在公示板上表格中分别填入各投标单位的工程报价、工期、质量标准。然后，招标单位要求投标者退场，等待评标结果。招标单位组织评标工作。

2. 投标人应具备独立完成所投标的全部工程项目的全盘指挥能力、组织协调能力、安全管理能力、技术管理能力、质量达标能力、资金周转能力、施工工期保障能力和施工图纸深化设计能力以及应付突发事件的处理能力。投标单位应在标书中承诺将为此工程精心服务，并将各种措施进行详细介绍给招标单位，叙述保证工期、保证质量、保证安全、搞好组织协调配合工作的组织措施和施工管理手段，以及争创优质工程的施工方案。

3. 投标单位应具有丰富交叉施工作业经验的自己单位的固定施工人员和高素质的项目班子。承包的项目做到不外包、不转包，关键时刻能冲得上去，使业主和监理单位技术人员置于轻松的管理模式之中，共同创建出优质工程。

4. 投标单位应以先进的管理手段和熟练的施工方法进行安全、技术、质量、工期、材料、设备、造价、文明安全施工、创优工程的强化管理。

5. 施工单位接到中标通知书后，必须在 30 天内与业主签订正式施工合同，同时立即进入施工准备阶段。

2.1.2　建立项目经理部

1. 项目经理部的项目经理

必须由一名组织管理能力强，技术水平高、责任心强、质量观念强、安全防范经验多的注册建造师担任。项目经理部的组织机构必须是一个确保文明施工的组织机构，因此工程中标后，施工单位必须首先制定出确保文明施工的组织措施。根据总承包方单位对文明安全施工的要求，利用施工现场总承包方所提供的有利条件，在遵守总承包方有关规定的基础上，从加强自身管理的角度出发，在机电专业施工范围内，完成其自身文明安全施工管理目标。在施工过程中，配备相应的资源，预防污染，实现施工与环境的和谐，保障管理目标的实现。

2. 建立项目经理部

为了确保工程质量达优，施工单位必须做到文明安全施工。在施工过程中与其他施工单位密切配合，共同做到工完场清，严格按照施工程序和高标准要求对工程质量、工期、安全、进度和成本进行控制，对各专业成品进行共同保护，最终交付业主一个满意的工程。因此必须建立一个精干而强有力的项目经理部，其项目经理部又必须是一个文明安全施工组织管理机构，如图 2.1-1 所示。

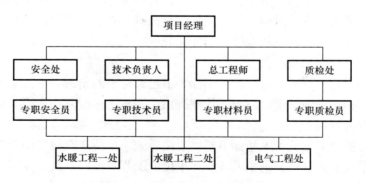

图 2.1-1　文明安全施工组织管理机构

3. 制定文明安全施工组织管理措施：

（1）施工区域管理措施

在施工过程中，做到"工完、料净、场地清"，不给施工现场留下任何残迹和隐患，每天下班前清理一次。并按总承包方的要求运到指定位置。现场施工材料堆放整齐，标识清楚，现场临时水管接头严密。施工中的污水应用管道或流水槽流入沉淀池中集中处理，不得任意向现场排放或流到场外。保温工作完成后要随时将废弃物清理干净，各种垃圾必须装袋，将废料倒在总承包指定的地点。施工料具的倒运，要轻拿轻放，禁止从楼上向下抛掷杂物。严禁在施工现场焚烧有毒有害物质。严禁工人在现场随地便溺，一经发现除给予经济处罚外，此人立即被清除出场。

（2）加工区域管理措施

加工车间及内部设备、机具布置及材料堆放符合现场总体布置要求。加工车间内将造成有污染的电动机械（如电动套丝机等）下部均设接油盘，盘内铺满细沙或锯末，作为接油用途，防止油渍污染地面。

（3）各种材料堆放管理措施及气焊工作时的安全措施

现场所有料具堆放应按总承包方要求布局，并分区域按规格分类集中码放整齐，挂牌标识。库房内各种工具、器具、料具排列整齐。易燃品、易爆品、油漆、酒精、信那水、汽油或稀释剂等危险品应分类单独在地面以上标高位置设库房存放（禁止在地下室设置库房）。氧气瓶及乙炔瓶属于危险品，严禁在阳光下暴晒、严禁在瓶外表面上搭放电线和电缆、严禁存放在不通风的地下室内和不通风的地上库房内。气焊工作时，氧气瓶与乙炔瓶之间要求保持 5m 以上安全距离，同时要求氧气瓶或乙炔瓶均距离明火 10m 以外，并要求在 10m 以内不允许有另一伙气焊操作人员同时进行施工，且在 10m 以内不允许其他易引起火灾的情况发生。乙炔瓶禁止倒放，防止易燃有毒化学品外溢发生危险。气焊工作时，氧气瓶与乙炔瓶也必须放置在通风环境中，禁止放置在不通风的地下室内，防止出现意外安全事故。

（4）办公区域管理措施

施工单位办公区域内应清洁、办公室内桌椅摆放整齐，文件图纸归类存放；墙壁上应挂设工程各项指标、项目管理规章制度、各种组织机构等。卫生区设专人负责管理，责任到人。办公区内工作人员举止文明，讲究卫生，人际关系和谐。办公区内具有良好的工作、学习风气，形成讲科学、树正气、遵纪守法、爱岗敬业的良好氛围。定期对项目全体人员进行安全、治安、消防、卫生防疫、环境保护、交通等法律法规教育，增强其法律观念。

4. 减少扰民噪声、环境污染技术措施

（1）环境管理目标

建立环境管理体系，制定环境管理目标，进行环境因素的识别与分析，建立环境保护制度，配备相应的资源，遵守法规，预防污染，节能减废，达到环境管理标准的要求，确保施工对环境的影响最小，并最大限度地达到施工环境的美化。

鉴于各工程特点，应重点控制噪声污染、空气污染、水污染、废弃物及资源合理使用以及环保节能型材料设备选用等。

在制定控制措施时，各单位应对环境影响的范围、影响程度、发生频次、社区关注程度、法规符合性、资源消耗、可节约程度以及对材料设备、环保节能的效果等进行综合考虑。

（2）防止噪声污染措施

现场布置要求合理布局、闹静分开，机械远离居民区一侧。施工安排：向总承包商申请并配合总承包商向工程所在地的环保部门申请办理夜施证，合理安排进度，每日 22 时至次日 6 时尽量减少噪声施工，中、高考时停止夜间施工。

（3）运输措施

现场车辆禁止鸣笛；夜间装卸料轻拿轻放，禁止喧哗。

（4）机械选择

选用低噪声设备，且运行噪声小的设备。

（5）高噪声设备防噪

风管加工，钢管切割等在车间内操作，车间远离居民区，外设隔音壁。

（6）开凿洞眼

用优质的电锤开洞、凿眼，钻头上注油或水，电锤应安排在白天使用。

2.2　水系统施工程序

1. 给排水施工程序如图 2.2-1 所示。

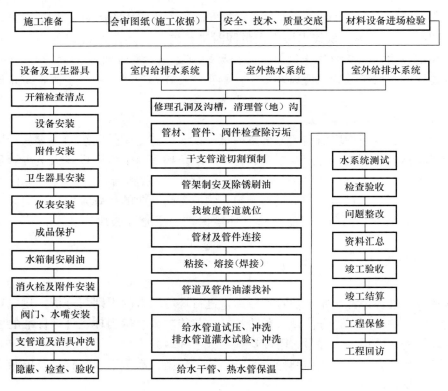

图 2.2-1　给排水施工程序示意图

2. 采暖、热网、换热站施工程序如图 2.2-2 所示。

3. 空调水管道施工程序如图 2.2-3 所示。

2.2 水系统施工程序

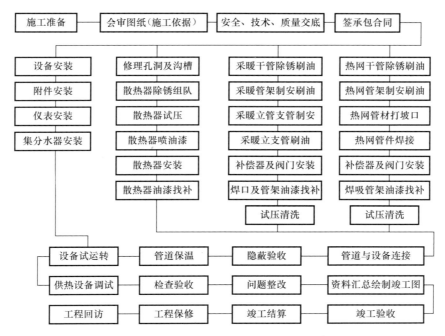

图 2.2-2　采暖、热网、换热站施工程序

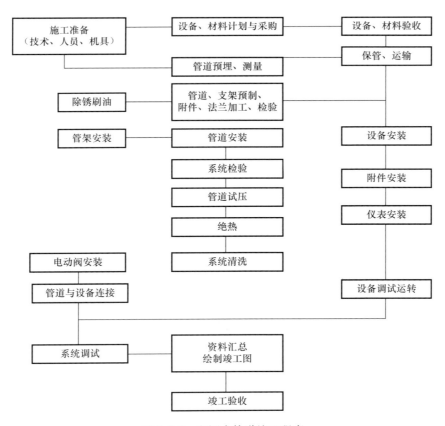

图 2.2-3　空调水管道施工程序

31

2.3　施工组织设计内容

施工组织设计是以整个建设工程或建筑群、或具备独立的生产工艺系统和使用功能的工程项目为对象，根据初步设计或施工设计图纸和设计技术文件，以及有关标准规定和其他相关资料和现场条件进行编制的，是用于指导其施工全过程中各项施工活动的技术综合性文件，是保证按期、优质、低耗地完成机电安装工程施工任务的重要措施，亦是企业科学管理的重要环节。

2.3.1　机电安装工程施工组织设计类型

施工组织设计按机电安装工程承建的工程项目特点、规模及技术复杂程度的不同，施工的项目经理部组织特征和任务范围、作用的不同分为以下几种类型：

1. 施工组织总设计。一般以机电安装工程或建筑群形成使用功能或整个能产出产品的生产工艺系统组合为对象。

2. 施工组织设计。一般以单位工程项目为对象。

3. 施工方案。一般以难度较大，施工工艺比较复杂，技术及质量要求较高，采用新工艺的分部或分项或专业工程为对象。

2.3.2　施工组织总设计编制程序

机电安装工程施工组织总设计的编制由项目经理部总工程师或技术负责人负责。必要时总承包商给予必要的支持。施工组织总设计编制程序见图 2.3-1 所示。

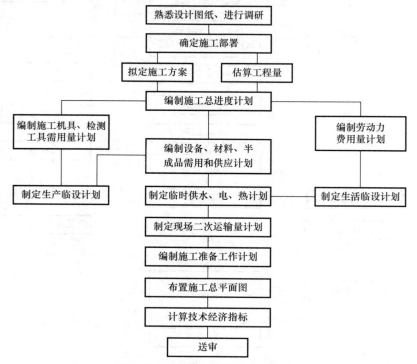

图 2.3-1　施工组织总设计编制程序

2.3.3 施工组织总设计的主要内容

1. 工程概况和施工特点、难点分析。
2. 施工部署和对业主、监理单位、设计单位、分包单位的协调。
3. 主要安装施工方法。
4. 施工总进度计划。
5. 施工资源需用量计划包括：劳动力、主要材料、部件、生产工艺设备，施工机具和测量、检测设备等。
6. 全场性的施工准备工作计划。
7. 质量、安全、现场文明施工的策划和保证措施。
8. 施工总平面图含现场制作车间和制作流水生产线布置等。
9. 主要技术经济指标。

2.4 施工方案编制

施工方案是单位工程施工组织设计的核心，它是某分部或分项工程或某项工序在施工过程中由于难度大、工艺新或工程复杂，质量与安全性能要求高等因素，所需采取的施工技术措施，以确保施工的进度、质量、安全目标和技术经济效果。

一般包括：确定施工程序和顺序、施工起点流向，主要分部分项工程的施工方法和施工机械、质量、安全、进度、资源配置等。

2.4.1 编制准则

1. 以施工组织设计为基础。
2. 以设计图纸和技术说明书为依据。
3. 以相应的施工质量验收标准为准则。
4. 方案应符合施工规律，先进、经济、合理、安全可靠。
5. 施工方案是用于指导施工人员作业过程中各项施工活动的技术性文件。

2.4.2 编制的主要内容

1. 工程概况及施工特点。
2. 确定施工程序和施工起点流向。
3. 施工机具的配备。
4. 进度计划安排。
5. 工程质量要求。
6. 安全技术措施。

2.5　施工总平面设计

2.5.1　机电安装工程项目施工总平面图设计

1. 根据机电安装工程施工特点，如：施工机械用电量大，现场加工制作数量大、品种内容多；施工的各专业多而集中以及施工高峰集中等，进行策划和设计。

2. 以机电安装为主的总承包（含土建），施工平面图总体设计时应考虑土建分承包方的需要，还要给其他分承包方需要留有空间。明确区域划分范围，共用设施和临时管线、施工用电线路敷设及其实施和维护的责任划分。

3. 包含设备供应在内的机电安装总承包工程，设备和备件的仓储场地或仓库的容量，装卸能力、进出道路（含桥梁）的通过能力应符合要求。

2.5.2　施工总平面图设计的优化方法

1. 场地分配优化法；

2. 区域叠合优化法；

3. 选点归邻优化法；

4. 最小树选线优化法等。

充分利用土建主体结构工程的完工，达到交付安装条件选点临设的优化。

总之，在机电安装工程施工平面图设计时，应使场地分配、仓库和加工车间、生产和生活临设等布置更经济合理。

2.6　工程质量控制

工程质量形成的全过程分为七个阶段：

1. 施工准备阶段；

2. 材料和设备以及构配件采购阶段；

3. 原材料检验与施工工艺试验阶段；

4. 施工作业阶段；

5. 使用功能和设备性能试验阶段；

6 工程项目交竣工验收阶段；

7. 回访与保修阶段。

2.7　质量保证管理

2.7.1　质量保证体系管理

质量保证体系管理见表 2.7-1。

质量保证体系管理　　　　　　　　　　　　　　表 2.7-1

序号	项目名称	职能部门					施工处						管理点名称	质量特性	指导性文件名称
		经营处	工程处	技术处	质检处	材料处	项目经理	施工员	技术员	质检员	安全员	材料员			
1	合同签订	★					★						合同条款	A	建设工程施工合同
2	设计交底			★	⊙		⊙	⊙	★	⊙			技术质量要求	A	施工图纸和施工说明书
3	现场勘测		⊙	★	⊙	◎	★	★	⊙	⊙			图示尺寸校核	A	施工图纸
4	图纸会审		⊙	★	★		★	★	★	★			图纸问题	A	施工图纸和勘测记录
5	编制施工组织设计		★	★	★	◎	★	⊙	★	⊙	★		施工方案及质量保证	A	工艺、工期及质量要求
6	人员准备		★		⊙		⊙	⊙					技术培训	B	施工技术操作规程
7	资金准备	★				◎	★						资金筹划	B	资金使用计划
8	物料准备	◎	⊙		★	★	◎	⊙	⊙	★		★	机具维修采购设备	B	机具使用计划
9	开工报告报批	◎	★	⊙	⊙	⊙	★	⊙					批复时限	B	合同约定
10	技术质量安全交底	◎	◎	★	★		★	★	★	★	★	★	施工方法	A	规范及操作规程
11	现场临设搭建	◎	★					⊙	★		★	◎	位置选择	A	现场管理规定
12	机具人员进场	◎	★		◎	★	★	★	⊙		★	★	机具试运	B	机具使用手册
13	材料进场		⊙		★	★	⊙	★		★		★	进场检验	A	材料检测报告
14	现场放线定位		★	★	★		★	★	★				土建尺寸校核	A	施工图纸
15	修理预留孔洞沟槽		★	⊙	★		★	★	★				尺寸确认	A	操作规程
16	栽散热器墙钩		★	⊙	★		★	★	★				规格尺寸	A	操作规程
17	管道支架除锈、制作		★	⊙	★		★	★	★	★			规格尺寸	B	施工质量验收规范
18	管道支架安装		★	⊙	★		★	★	★	★			固定牢固	A	施工质量验收规范
19	管道支架清污刷油		★	⊙	★		★	★		★			质量达优	A	施工质量验收规范
20	散热器除锈、组对		★	⊙	★	◎	★	★	★	⊙			片数准确	A	设计图纸
21	散热器试压		★	⊙	★		★	★	★	★			压降合格	A	施工质量验收规范
22	散热器喷油漆		★	⊙	★		★	★	★			◎	质量达优	A	施工质量验收规范
23	散热器安装		★	⊙	★		★	★	★	★			尺寸准确	A	施工质量验收规范
24	集分水器或分汽缸安装		★	⊙	★	◎	★	★	★	★	★	⊙	平稳牢固	A	施工质量验收规范
25	给排水管道预制		★	⊙	★		★	★	★				下料准确	A	施工质量验收规范
26	给排水管道安装		★	⊙	★		★	★	★	★			管道及管件接口	A	施工质量验收规范
27	热网干支管及采暖干支管除锈刷油后安装		★	⊙	★		★	★	★	★			管道及管件接口	A	施工质量验收规范
28	采暖立支管安装后刷油		★	⊙	★		★	★	★			◎	管道及管件接口	A	施工质量验收规范
29	各类阀门、补偿器、过滤器安装		★	⊙	★	◎	★	★	★	★	★		性能试验	A	施工质量验收规范
30	水表、热表安装		★	⊙	★		★	★	★	★			数字计量	A	施工质量验收规范
31	管口封堵		★	⊙	★		★	★	★				成品保护	A	施工质量验收规范
32	卫生器具安装		★	⊙	★	◎	★	★	★	★	★	◎	成品保护	A	施工质量验收规范
33	清扫口、防臭地漏安装		★	⊙	★		★	★	★	★		◎	质量达优	A	施工质量验收规范

序号	项目名称	经营处	工程处	技术处	质检处	材料处	项目经理	施工员	技术员	质检员	安全员	材料员	管理点名称	质量特性	指导性文件名称
34	冷热水嘴安装	★	⊙	★			★	★	★	★		⊙	标高准确	A	施工质量验收规范
35	排水管道灌水试验、冲洗	★	⊙	★			★	★	★	★			接口严密	A	施工质量验收规范
36	给水系统试压、冲洗	★	⊙	★			★	★	★	★			压降合格	A	施工质量验收规范
37	热网及采暖系统试压、冲洗	★	⊙	★			★	★	★				压降合格	A	施工质量验收规范
38	给水系统消毒、冲洗	★	⊙	★			★	★	★				水质达标	A	施工质量验收规范
39	过滤器网拆装	★	⊙	★			★	★	★				质量达优	A	施工质量验收规范
40	排水管清垢刷油	★	⊙	★			★	★	★	★		◎	质量达优	A	施工质量验收规范
41	管道、管道支架油漆找补	★	⊙	★			★	★	★	★			质量达优	A	施工质量验收规范
42	各类水箱制安	★	⊙	★	◎		★	★	★	★	★	◎	吊装搬运	A	操作规程
43	泵房各类设备安装	★	⊙	★	◎		★	★	★	★			吊装搬运	A	操作规程
44	泵房管道、阀门、避震喉安装	★	⊙	★			★	★	★	★	★		吊装搬运	A	操作规程
45	泵房管道系统试压、冲洗	★	⊙	★			★	★	★	★			压降合格	A	施工质量验收规范
46	泵房管道、管架、刷油	★	⊙	★			★	★	★	★			质量达优	A	施工质量验收规范
47	压力表、温度计	★	⊙	★			★	★	★	★		◎	性能检测	A	施工质量验收规范
48	要求保温的管道保温	★	⊙	★	◎		★	★	★	★	★		接缝严密	A	施工质量验收规范
49	设备试运转		★	★			★	★	★	★			指标测定	A	设计图纸及设备说明
50	系统调试	★	★	★	★		★	★	★	★			系统平衡	A	设计指标
51	日常检查			★	★	★	★	★	★	★	★	★	记录准确	A	施工质量验收规范
52	自检整改			★	★		★	★	★	★			找出差距	A	施工质量验收规范
53	中间验收			★	★		★	★					隐蔽部位	A	施工质量验收规范
54	质量评定			★	★	◎	★	★	★	★		◎	实事求是	A	质量验收评定标准
55	竣工资料整理			★	★		★	★	★		◎	◎	标准真实可靠	A	档案管理体制规定
56	竣工结算	★			◎		★	★	★			⊙	定额应用正确	B	建经文件
57	系统验收移交	⊙	⊙	⊙	★		★	★	⊙	★			系统运转正常	A	施工质量验收规范
58	工程维修保养	⊙	★		⊙		★	★					正常运行保障	A	建安法规
59	质量回访	⊙	⊙		★		★	◎	★				全面细致	B	服务准则
60	五年跟踪服务	★	★		◎		★	★	⊙				热情周到	B	企业承诺

注：★重要责任；◎一般责任；⊙次要责任；空格表示无责任。

2.7.2　质量因果分析图

给排水管路不畅通的质量因果分析图见图 2.7-1、供暖系统冷热不均的质量因果图见图 2.7-2。

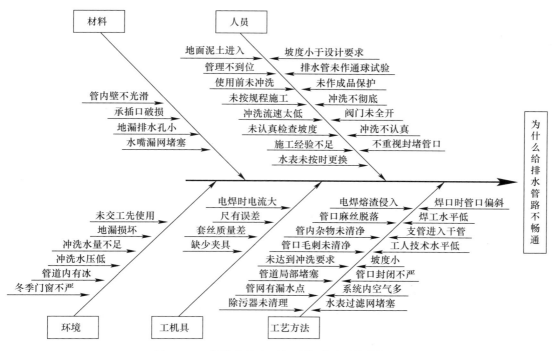

图 2.7-1 给排水管路不畅通的质量因果分析图

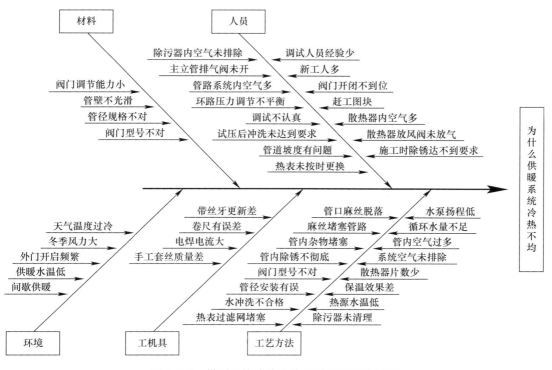

图 2.7-2 供暖系统冷热不均的质量因果分析图

2.8　施工准备工作计划流程

2.8.1　施工准备工作流程

施工准备工作流程如图 2.8-1 所示。

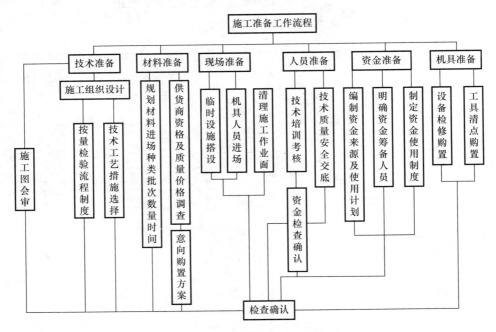

图 2.8-1　施工准备工作流程

2.8.2　设备及卫生器具进入施工现场计划表和施工进度横道图表

1. 设备及卫生器具进入施工现场计划表见 2.8-1。

设备及卫生器具进入施工现场计划表　　　　　　　　　表 2.8-1

	设备分类	进场时间				设备分类	进场时间		
设备名称	水泵	年	月	日	设备名称	蹲式大便器	年	月	日
	板式换热器	年	月	日		小便器	年	月	日
	水处理设备	年	月	日		洗脸盆	年	月	日
	集、分水器	年	月	日		浴盆	年	月	日
	暖风机	年	月	日		洗涤（菜）盆	年	月	日
	各种空气幕	年	月	日		消火栓	年	月	日
	电热饮水器	年	月	日			年	月	日
	辐射板	年	月	日			年	月	日
	散热器	年	月	日			年	月	日
	补偿器	年	月	日			年	月	日
	坐式大便器	年	月	日			年	月	日

2. 施工进度横道图表见表 2.8-2。

施工进度横道图表　　　　　　　　表 2.8-2-2

施工单项名称	日期　　　　　　　　　　　单位（天）																	备注
	7	14	21	28	35	42	49	56	63	70	77	84	91	98	105	112	119	
管架制安																		
管道制安																		
除锈刷油																		
散热器安装																		
卫生器具安装																		7天一个阶段
阀门仪表安装																		
设备附件安装																		
管道系统清洗及试压																		
管道保温																		
检验整改																		
竣工验收																		

注：根据预算人工费除以日工资单价，然后再除以2来确定提前完工时间，用粗横实线条形式表示。

2.9　室内外给排水、采暖及热网系统施工计划网络图

室内外给排水、采暖及热网系统施工计划网络图如图 2.9-1 和图 2.9-2 所示。

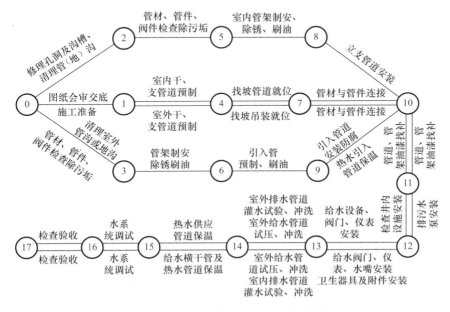

图 2.9-1　室内外给排水系统施工计划网络图

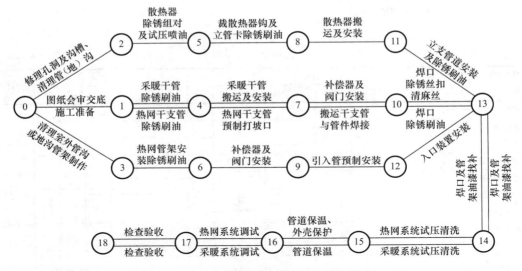

图 2.9-2　采暖及热网系统施工计划网络图

2.10　关键技术施工管理

2.10.1　关键技术

一个工程项目，技术是关键中的关键。在质量标准完全相同、材料完全一致、相同的施工水平、相同人员进行操作的情况下，安装方法不同仍然会得到不同的使用效果。

例：同一种散热器，若与供暖系统的连接方式不同，它们的 K 值差别也相当大。现以二柱 M-132 散热器测定结果为例加以说明，见表 2.10-1。

M-132 散热器与供暖系统连接方式不同时的传热系数 K（kcal/m²·h·℃）　表 2.10-1

序　号	散热器连接方式	连接方式示意图	计算公式	$\Delta t_p = 60℃$ 时的 K 值	以上进下出连接方式为 100 的相互比较值
1	同侧上进下出	→ □	$K = 1.92\Delta t_p^{0.32}$	7.12	100
2	异侧下进下出	→ □ →	$K = 3.50\Delta t_p^{0.15}$	6.47	90.8
3	异侧下进上出	→ □ →	$K = 3.20\Delta t_p^{0.15}$	5.92	83.2
4	同侧下进上出	← □	$K = 3.05\Delta t_p^{0.15}$	5.63	79.1

从表 2.10-1 中可以看出，当散热器连接方式不同时，无论是 K 值和 Δt_p 的关系，或是在某一温度下的 K 值都有相当大的区别，并且 Δt_p 越高，连接方式不同时的 K 值差别越大。这是因为散热器连接方式的不同，不仅改变了散热器外表面的平均温度，而且也改变了散热器外表面温度的分布状况；即使平均温度相同，一个上热下冷的表面和一个上冷下热的表面相比，显然是前者更加有利于加强空气对流。所以散热器与供暖系统的连接方式不同时，应分别进行 K 值的测定并分别求出 K 值和 Δt_p 的关系。综上所述，施工技术

方法决定了工程最终使用效果。

2.10.2 关键质量

抓关键质量是从人抓起，人为控制每一道工序的严格的施工质量标准。

2.10.3 关键材料及设备

1. 材料和设备是工程成本核算的主要项目。因此，必须货比三家，比质量、比价格、比供货周期。

2. 材料和设备质量必须达到国家质量标准和设计参数要求。

3. 材料和设备在满足质量要求的前提下，价格不能超过成本价。

4. 时间就是金钱，供货周期长的供货商不能选用，会造成操作人员误工现象，直接造成施工单位经济损失。具体的关键技术、质量、材料及设备的管理工作要求如下：

2.10.4 关键技术的管理工作

1. 关键技术的管理工作程序

关键技术的管理工作程序如图 2.10-1 所示。

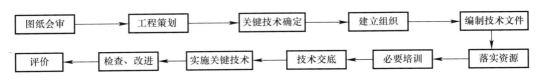

图 2.10-1 关键技术的施工管理工作程序

2. 关键技术的管理

（1）室内给水系统关键技术的施工管理

① 室内给水系统安装前应按设计图纸和施工现场与其他专业管道交叉情况，确定是否有设计变更，如设计考虑得比较周全，施工单位便可按照图纸规定进行技术上的交底工作，对施工班组下达任务单。施工人员应按照管材与管件的不同连接方式进行管材的尺寸测量和切割预制工作，例如管材与管件是丝接，切割管材时就要去掉管件中心线至管件丝扣之间的长度尺寸；如管材与管件是法兰连接，切割管材时就要去掉管端部至法兰垫片厚度 50% 的距离；如果管材与管件是焊接，切割管材时就要去掉应留的焊口缝宽度。另外，还应该按照施工验收规范的质量验收标准，对管壁厚度 $\delta \geqslant 4.5\mathrm{mm}$ 的管材要求在焊接前必须按强制性条文严格执行。

② 给水系统安装时，管材的切割预制工作都是在施工现场进行的，所以必须有一个干净利落的加工场地。因预制加工之后的镀锌管不允许遭受太阳辐射和雨雪的侵袭，如果遭受风吹日晒雨淋之后，镀锌管的锌层会变黑产生氧化，会降低管材应有的防锈能力和使用寿命，所以说这是一项关键的技术管理工作。

③ 在楼板上堆放管材、管件及各类型钢时应整齐有序，并应考虑楼板承受负荷能力问题，必须征得土建技术人员同意。堆放上述材料时应将承重负荷集中到梁柱上，以防压塌楼板。

④ 带丝牙要经常更新，避免丝扣质量下降。必须对新工人进行技术培训，以确保工程质量的控制。

⑤ 焊口和丝接的外露螺纹扣以及经过磕碰的管架，都要认真的除污、除锈或清除麻丝，然后进行油漆的补刷工作。

⑥ 管道安装坡度问题。给水与采暖系统图上均标出标高，但这个标高只是标注管道横干管一端的标高，而另一端标高未标出，只是在管道上标出坡度值 $i=0.003$，符号 i 代表坡度，0.003 代表千分之三的坡度值，箭头指向代表管道标高越走越低。也就是说另一端的标高等于已给出一端管道标高减去管段长度 L 乘以 0.003 的乘积（即给出标高减去 $0.003L$ 值）。倒坡是管道施工中最严重的技术问题，倒坡使系统中的空气无法排除，致使系统无法正常运行，达不到设计效果。所以说这是施工中应该控制的一个关键技术问题。

⑦ 安装管道时，无论是丝接、焊接、粘接、熔接、卡箍连接等均禁止将接口处安装在套管内和墙壁内，目的是为了施工和维修方便；同时还禁止将接口安装在活动支架或固定支架处；再则，在干管上开口要离开焊口 100mm 以上，是防止管道热胀冷缩发生位移时产生的应力大，怕焊口开裂而规定的原则。

⑧ 干支立管离内墙壁距离是考虑施工或维修时最小操作距离，同时又避免了离墙太远不美观。而在地沟内安装同样也有管道与地沟墙壁距离的要求。

（2）室内排水系统关键技术的施工管理

① 排水管道安装前应编制详细的加工尺寸清单，明确各种管径的管段长度、关键规格型号及数量，将此数据提供给材料采购部门。

② 详细阅读设计大样图，进行现场尺寸实测，以防土建施工尺寸误差太大。遇到标准层房间多时，可以先做样本房间，然后成批下料以便加快施工速度，降低施工成本。

③ 当排水管与给水管在同一地沟内敷设时，施工质量验收规范规定排水管应在给水管的下面安装；当排水管与给水管交叉安装且排水管必须安装在给水管上面时，排水管段应安装套管，以防排水管漏水时污染给水管道。

（3）室内热水供应系统关键技术的施工管理

① 在地沟内并行的冷热水管道，热水管道应按介质流向的前进方向安装在冷水管道的左侧。同样，为了人们生活习惯，盥洗池冷热水嘴安装时，热水嘴应安装在冷水嘴的左侧。目前，发现安装错误的很多，特别是冷热合用为一个阀的开关阀竟然安装错误的更多。所以这也是一项关键技术问题。

② 热水管道试压冲洗后应做好保温工作。目前，发现很多住宅楼内的热水管道保温工程达不到技术标准。当用户使用热水淋浴时经常要白白放掉五至十分钟的冷水才能放出热水，收取水费时被白白放掉的冷水还要变为议价收费，使用户苦不堪言。可见这种水资源浪费是惊人的。节约每滴水的口号在这里又怎么落实？因此，应当把热水管道保温工作当作一项关键技术问题来抓。另外，有很多热水供应系统都没有安装热水系统的循环管路，也是造成上述问题的另一个原因，也应当作一项关键技术问题来抓。设计与施工时少设计和少安装一根热水循环管，表面上节省了工程上的投资，实际上却增加了老百姓的经济浪费，更重要的是浪费了水资源，这种状况应属于优化设计和优化施工时考虑不周造成的恶果。

③ 热水管道穿墙安装时应设套管。因热水管道也有热胀冷缩的问题，会产生沿管道

轴向热延伸造成位移。因此，要选择比热水管道大 2 号直径的管材制安套管，防止热水管道在热胀冷缩过程中破坏装饰墙面质量。

④ 管道安装时，禁止将各种接口管件、阀件安装在墙壁内或套管内，而给维修造成困难。

（4）卫生器具安装关键技术的管理

① 开箱检查，核对型号，检查卫生器具有无破损，附件是否齐全，并将合格证妥善保存准备存档。

② 垂直或水平运输。卫生器具搬运时人员要密切配合，轻拿轻放。施工安装工序完成后做好成品保护工作，将门锁锁好。

③ 卫生器具给水配件安装时，扳手用力不能过猛或过大，用力过猛和用力过大都是造成卫生器具破损的主要原因。

④ 卫生器具与排水管道碰头安装时，接口要轻轻对正，然后进行油灰或玻璃胶密封工作。

（5）室内采暖系统安装关键技术的管理

① 采暖干支管安装更要注意坡度问题，系统最低点要设泄水阀，系统最高点要设自动放气阀或手动排气阀及集气罐。没有坡度或倒坡都是导致系统不能正常使用的关键技术问题。

② 散热器内部及外壁都要严格的除垢除锈，清除翻砂时遗留残渣。这项工作做不好会降低散热器散热指标，达不到设计效果。

③ 方形补偿器制安时，管材接缝必须在侧面，否则系统运行时管材接缝处会因受热膨胀而胀裂。

④ 丝扣连接时，禁止麻丝脱落堵塞管路或阀门通道，造成阻力增大、水量减少的技术问题。

⑤ 焊接管道时，禁止电流过大。防止电焊熔渣进入管内壁，缩小过水断面而使阻力增大、水量减少，也是一项关键技术问题。

⑥ 禁止管道一切接口管件安装在墙壁内、套管内以及管架上，给维修管理造成困难。

⑦ 管道支架及管道内、外壁均要除锈干净；管道支架及管道外壁刷油或喷油要均匀，油漆表面要有光泽，油漆遍数要达到设计要求。

⑧ 管道支架要安装牢固。活动支架或固定支架间距要达到国家标准。

⑨ 阀门型号及阀杆位置安装要正确。在架空管道上安装阀门时，阀杆角度可以在水平至垂直冲上角度之间。禁止阀杆冲向地面安装。在地面上安装阀门时，阀杆位置只能垂直冲上安装，以防将行人绊倒。

⑩ 法兰垫片的选用及安装。应选用耐热橡胶垫或石棉橡胶垫；禁止使用普通橡胶垫或石棉纸垫。法兰垫片安装前，应将法兰止水线线槽内的油垢或铁锈清除干净，确保耐热橡胶垫或石棉橡胶垫压入止水线，达到密封不漏水的目的，确保关键技术的要求。

⑪ 阀件安装的方向性。截止阀、平衡阀、止回阀、减压阀、疏水阀、热表、除污器（过滤器）、活节、套筒补偿器、板式换热器等均有安装方向性技术要求。如果安装方向错了，会使系统无法正常运行使用，甚至会出现不可预想的恶果。

(6) 室外给水管网安装的关键技术问题

① 按设计图纸认真测量。用三脚架型水准仪仔细测定横纵坐标和管道各点标高，保证管线垂直度和管线坡度值符合设计和施工验收规范的技术要求。

② 承插接口。管道接口内填料（线麻环）环绕一周并压紧接头打实后，在青铅灌入口处放置半根至一根蜡烛碎块，以防止青铅熔液飞溅烫伤操作人员。青铅接口要一次性将熔化的铅水灌满，并且必须用各种型号铅凿按圆周方向环绕着凿实凿匀。石棉水泥接口内填料环（线麻环）及石棉水泥必须填满凿实凿匀，当 $DN \geq 500mm$ 管径时，必须分四次将石棉水泥填满承插口，每次填石棉水泥时必须用灰凿按圆周凿实两周；当 $DN \geq 600mm$ 管径时，必须分六次将石棉水泥填满承插口，每次填石棉水泥时必须用灰凿按圆周凿实两周。成活后石棉水泥口的外平面必须与承插口外平面平齐。

③ 管道敷设。管道敷设之前必须进行直埋沟底或地沟内残土淤泥的清理工作。在管沟内敷设管材、管件时必须注意防止沟壁、沟底的残土淤泥进入管道内壁，以防造成管道堵塞。雨季施工时要采取严密的封堵管口措施，防止雨水侵入管道内壁。

④ 管道的清洗消毒与吹洗。管道试压冲洗后，还要进行给水管道的清洗消毒（适量漂白粉加水）和吹洗工作，以确保水质标准。

⑤ 管道防腐与回填土。管沟内给水管道必须进行防腐工作，刷防腐油漆时要求漆膜厚度均匀，不得有漏刷现象，否则不能进行隐蔽验收，当隐蔽验收合格后，方可进行回填土的施工工序。

(7) 室外排水管网关键技术的施工管理

① 按设计图纸认真测量。采用三脚架型水准仪仔细测定横纵坐标和管道各点标高，并且保证管线垂直度和管线坡度值符合设计要求。

② 管线穿越铁路、穿越公路，排水管线穿越铁路、穿越公路有振动的地带时，必须采用青铅接口的防振接口形式，此时的管道敷设方法不是直埋和管沟内敷设，而是必须采用顶管工程的施工工艺。

③ 回填土。排水的防堵塞施工方案与室外给水管线施工方法相同，也是采取严密封堵管口的处理方案。当排水管线施工完成后，必须将管线底部和两侧用细砂土夯实，然后再夯实管线上部。禁止用碎砖等建筑残土回填。

④ 补刷防腐漆。金属壁的排水管线灌水试验冲洗合格后，必须将搬运过程中磨损的防腐漆部位进行补刷防腐漆工作，以确保管线的使用寿命。

(8) 供热管网关键技术的施工管理

① 高、中、低支架敷设或地沟内敷设供热管道。按照图纸设计要求，首先进行坐标定位；并对应某一种管线敷设形式，测量出管线长度；确定出管线急需进场的规格、数量，安排材料部门快速采购。当管材、管件、型钢进场后，应分成两组人员进行施工。其中一组人员进行管材、管件内外壁除锈和清污工作。除锈清污后，立即进行管材及管件外壁喷油或刷油工作，以防雨水侵袭管材及管件增大除锈工作量。喷油或刷油时，油漆厚度应均匀；油漆表面应具有一定的光泽，并达到质量标准。而另一组人员应立即投入型钢除锈、刷油及管架预制安装工作，以防雨水侵袭型钢增大除锈工作量。等待第一批材料用完后，再购进第二批材料，这样即解决了资金占用问题，又减少了材料的保管工作。

② 管道安装坡度问题。供热管网的坡度问题是最关键的技术问题，坡度小或倒坡都

会使系统无法正常运行使用。因此，热网管线坡度问题和排水管线坡度问题同等重要。

③ 直埋管线。直埋管线必须设置一定距离内的固定支架。固定支架之间必须设置补偿器（一般采用方形补偿器），或在检查井内设置不锈钢波纹管补偿器。直埋管线时必须保证坡度值达到质量标准，防腐保温施工必须达到验收合格标准。

④ 放气阀及泄水阀（排污阀）管径规格确定。热网管线最高点要设置放气阀，以便排除管线中的空气；热网管线最低点要设置泄水阀（排污阀），以便管线维修时进行泄水和平时排污。热网管线的放气阀和泄水阀管径规格大小均与热网管线管径规格大小有关。

⑤ 旁通阀。安装在热网供、回水管线上的旁通阀，应该在某一用户（某一座楼）临时停止供热时打开，使去往临时停止供热用户的热网循环水量通过旁通阀进行循环，从而保证了热网管线水利平衡不受破坏。同时又免除了管线被冻裂的危险。切记：如果是截止阀作为旁通阀安装时，禁止反向安装。

⑥ 热网管线的补偿器。由于热网管线长，所以产生的热网管线轴向位移（热胀冷缩的伸缩量）比较大，因此，必须采用安装补偿器的措施来解决这个关键技术问题。传统的填料或补偿器易漏水、维修量大而被淘汰，传统的方形伸缩器（占地面积大、施工困难）太笨拙也已经被逐渐淘汰，目前，具有体积小、重量轻、效果好、寿命长的不锈钢波纹管补偿器得到了广泛的应用。

⑦ 热网检查井。热网检查井是日常检查热网管线有无渗漏的观察井；也是维修某一环路需要关闭阀门的阀门井；井内设置了放气阀和泄水阀，是热网系统排除空气和排污的操作井。井内有人操作时，井上必须设专人监护。平时应随时检查井盖的完好性，以防行人坠落出现安全事故。

2.11 给排水与采暖工程的深化设计

当招标文件有深化设计要求时，中标的机电安装总承包方要承诺对设计图纸的深化，并在工程总承包合同中明确约定。深化设计是在建设单位提供的仅有指导意义的施工图设计基础上进行深化，使之成为可以在施工现场按图施工的依据。因此深化设计后的施工图也是日后竣工验收用的竣工图。机电安装工程总承包方可以自行实施深化设计，也可联合具有相应资质的设计单位实施深化设计。深化设计的主要内容：

2.11.1 补充设计

对建设单位提供的仅有指导意义的施工图中缺少的部分，如各类安装节点详图、各种支架（吊架、托架）的构造图、设备的基础图、预留孔、预埋件位置和构造图等进行补充设计。

2.11.2 节省工程造价

在设计单位提供的施工图中，不改变所涉及机电安装工程各系统的设备、材料、规格、型号，又不改变原有使用功能前提下，布置设备及管路、管线系统或作位置的移动，使之更趋向于以合理化为目标进行优化设计，达到节省工程造价的目的。

2.11.3 设备位置移动

由于布置位置移动，尤其是设备位置变动后，系统的线路、管道等相应位移或长度发生变化，带来运行时电气线路电压降、管道管路阻力等发生的变异，都应在深化设计时进行校验计算。校算设备的能力是否满足要求，如果能力不满足要求或能力有过量富余，则需对原有设计选型的设备规格中的某些参数进行调整。例如管道工程中泵的扬程、电气工程中电缆芯线的截面积等，总之调整的原则要坚持不影响预期的使用功能。

2.11.4　深化设计

在工程承包范围内含设备采购的机电安装总承包，深化设计由机电安装总承包方负责更为有利。由于掌握了设备的外形尺寸，对基础的要求以及接管配线的规格、型号、方位等基本资料的变动可直接快捷地应用，便于深化设计工作顺利进行。

2.11.5　深化设计审批

深化设计完成后，施工总承包方要按施工总承包合同约定，将其送原设计单位原设计人或总工程师审批。只有经审查批准确认的深化设计图纸，才能作为施工活动的依据。

2.12　安全文明施工措施

1. 安全文明施工措施必须切合实际，技术、质量、安全、文明施工交底内容明确清晰、图纸齐全、施工方案得当、操作人员熟知质量标准和安全操作规程。

每个工程项目开工之前，各施工单位的安全、技术、质量部门都必须进行书面的安全、技术、质量交底工作，交底负责人和被交底负责人均必须由本人签字确认，存档备查。施工三宝：安全帽、安全带、安全网必须在有效期内使用。

2. 安全、技术、质量定期检查记录

（1）施工前技术人员必须明确书面安全、技术、质量交底详细内容。

（2）施工队操作人员必须熟知施工及验收规范各项规定。

（3）材料供应必须按照国家标准采购。

（4）设备采购必须按照设计要求去采购建设单位招标时确认的品牌。

（5）严禁在投标时猛压价，抱着侥幸心理在施工中使用非标材料，进行偷工减料的恶劣行为。

（6）未经过向监理报验的材料和设备禁止安装。

（7）当材料、设备质量达到标准时，还必须检查施工工艺和安装技术如何，是否达到安装质量和安全标准。

（8）质量检查应贯穿整个工程始终，发现问题必须立即整改。

（9）施工企业三检制为班组自检、班组互检、质量处专检。

（10）市质量监督站进行工程施工时的中间检查和完工后的验收检查，不合格的部位必须在限期内整改完毕。

3. 施工记录及安全快会记录

（1）施工记录

① 施工日期、天气情况、施工项目、负责人和施工人员、完成形象、质量状况、周

围环境如何、有无交叉作业和障碍物、安全隐患如何等。

② 材料用量计划。

③ 动火证是否到期。

④ 作业人员是否持证上岗。

（2）安全快会记录

① 周一和周六为安全大检查日，发现问题必须立即整改。

② 施工队必须有班前安全快会交底记录，出现小安全事故的记录，以及处理结果记录。

③ 施工现场必须备有创可贴、酒精棉、碘酒、红药水、纱布等小伤急救处置药品。

④ 检查灭火器数量是否满足防火要求。

⑤ 检查施工移动后架设的临时用电线路架设是否合乎标准。

⑥ 检查脚手架使用情况，有无需要维修之处。

⑦ 检查安全帽、安全带、安全网防护用品利用情况。

⑧ 检查施工现场是否存在易燃易爆物品及气体。

⑨ 检查施工现场是否将空油漆桶及垃圾清除至场外。

⑩ 检查施工队安全交底记录和施工记录。

⑪检查施工队防护用品使用情况。

4. 每星期各专业配合会议

（1）施工单位上报业主工程中剩余工程量。

（2）业主要求定目标、拿行动。

业主要求确定完成剩余工程量的时间目标和补齐设备及材料（含更改变动的设备及材料），拿出具体行动。

（3）会议上提出必须共同研究解决的疑难问题，共同讨论协商，负责人拍板定案。

5. 安全文明施工措施是贯穿工程始终的人为控制措施，从施工程序到交工使用以及运行保修都起着质量控制作用，管理得好，基本上在两年的保修期内不需要派人维修。在此，可以说不需要维修的工程才是真正施工质量好的工程。

6. 项目经理部中应有持证上岗的专职安全员和安全处经理配合项目经理进行整个工程全过程安全管理。

7. 必须建立安全生产管理组织机构，如图 2.12-1 所示。

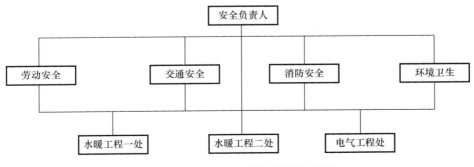

图 2.12-1 安全生产管理组织机构图

2.13　确保工期的技术组织措施

根据工程实际特点制定如下措施以保证工程按期完成。

2.13.1　组织机构保证

针对工程设立由骨干项目经理成立的项目经理部，抽调公司骨干技术人员和施工人员进入现场施工。

2.13.2　人员配备保证

将工程一队、电焊班、电工班全部人员投入本工程，另将工程二队作为该工程的施工预备队用于例外工作及施工高峰期的投入，工程技术力量及施工力量配备、现场施工项目班子成员分别列入表 2.13-1、表 2.13-2 中。

工程技术力量及施工力量配备表　　　　　　　　　　　表 2.13-1

	姓名	性别	年龄	职务	专业	技术职称	职权范围
工程主要技术领导							工程的全面领导
							技术全面负责
							施工进度管理
							施工质量管理
							施工技术管理
							现场材料管理
							现场环境管理
							施工安全管理
							现场质量检查
施工队伍	工程一队、工程二队、电工班、电焊班、钣金班						现场施工
施工力量配备	工种名称	钣金工	焊工	水暖工	钳工	电工	施工员	合计
	人数							
	工日							

现场施工项目班子成员　　　　　　　　　　　表 2.13-2

职 务	姓 名	年 龄	职 称	本岗位工作年限	工 龄	承担的工程及获奖情况	联系电话
项目经理（建造师）							
技术负责人							
质量负责人							
安全负责人							
施工员							
工程管理人员							

2.13.3 材料供应保证

能够保证工程所需紧缺材料（如各种管材及管件、各种型钢、各种设备）的及时供应，避免因材料和设备供应问题影响工期。

2.14 技术资料管理

机电安装工程技术资料是项目施工的依据，施工过程中形成的各种技术文件，包括工程技术资料、施工技术资料、技术标准、技术规程及国家颁布的有关法规等。

2.14.1 工程技术资料

工程技术资料是为交工验收准备并提供建设单位存档的项目全工程实际情况的技术资料，是竣工验收的重要依据，也是该工程项目使用、管理、维修、改扩建的依据。主要包括：

1. 开、竣工报告，工程项目一览表，设备清单或明细表。
2. 设备监造、性能试验、出厂检查文件和记录。
3. 材质证明、检验报告、所安装机电设备及器材的开箱记录及质量合格证、产品说明书。
4. 设备调试、管线阀门试压、焊缝检查、探伤记录、绝缘遥测记录、接地遥测记录、生产装置试运行记录。
5. 隐蔽工程记录、工程质量评定记录、质量事故分析和处理报告、竣工验收证明。
6. 竣工图、图纸会审记录、设计变更通知单、技术核定单等。

2.14.2 施工技术资料

施工技术资料是施工单位建立的施工技术档案，工程完工后应整理编码立卷交企业档案部门存档，主要包括：

1. 项目质量计划，施工方案，施工组织设计及项目施工总结。
2. 重大质量、安全事故情况分析处理，施工技术总结的重要技术决定及实施记录。
3. 新技术推广应用及经验总结。
4. 包括施工全过程气象记录在内的其他应收集的技术文件资料。

2.14.3 技术标准、技术规程及国家颁布的有关法律、法规

1. 建筑工程施工质量验收规范。
2. 工业与民用工程专业的质量验收及评定标准。
3. 重要的安装材料或半成品的技术标准及检验标准。
4. 技术规程（主要包括项目施工的操作方法，设备和工具的使用及操作规程，施工机械的安全操作规程，维护、维修及使用说明书等）。
5. 有关法律、法规，主要包括国家有关部门对施工企业和对有特殊要求的工程项目（如锅炉、压力容器、电梯、起重机械等）所颁布的法律、法规和管理办法。

6. 对标准规范和法律、法规要密切注意其时效性。

2.14.4　技术资料管理原则

1. 技术文件作为项目施工的依据，应该真实、有代表性，并能如实反映工程和施工中的情况，不得擅自修改，更不得仿造。

2. 在施工活动过程中形成的反映施工活动的技术经济、质量、安全、进度等方面情况的记录和总结资料，应当准确、及时。对存在的问题，经过认真复查，做出处理结论，评语要确切。

3. 项目施工技术文件资料的形成、收集和整理应当从合同签订及施工准备开始，直到竣工为止，贯穿于项目施工活动的全过程，必须完整无漏缺。

4. 项目施工技术文件资料的收发、有效性确认、保管、变更标注和审核审批应按文件和资料的规定工作程序，执行有关管理制度进行控制。

2.15　工程档案和竣工图的管理

工程档案和竣工图是建设项目的永久性技术文件，是建设单位使用（生产）、维修、改造、扩建的重要依据，也是对建设项目进行复查的依据。在施工项目竣工后，工程项目经理必须按规定向建设单位移交，这也是竣工结算的前提条件之一。因此，施工单位在承包合同签订后，就必须派责任部门负责收集、整理、立卷并管理，以便于日后归档。

2.15.1　工程档案的主要内容

1. 开、竣工报告，工程项目一览表，设备清单或明细表。

2. 竣工图、图纸会审记录、设计变更通知单、技术核定单。

3. 材质证明、检验报告、机电设备和器材的开箱记录及质量合格证、产品说明书。

4. 隐蔽工程记录、工程质量评定记录、质量事故分析和处理报告、竣工验收证明。

5. 设备监造、性能试验、出厂检查文件和记录。

6. 负荷运行、生产工艺调试与试生产及设备性能考核、最终工程竣工验收的记录和报告。

7. 其他需要向建设单位移交的有关文件和实物照片及音像、光盘等。

2.15.2　工程档案的管理要求

1. 工程档案资料是项目施工依据和实施结果记录的文件资料，应该完整、正确、有效，其收集、保管、发放（借用）、使用、流转、回收应当有序、及时、无误。

2. 施工所需用的文件资料应当齐全，无缺漏，以满足施工要求。

3. 对文件资料错误和严重不合理的，必须及时纠正，以便指导施工正常无误地进行。

4. 施工中所使用的文件资料不是过期、失效或废止的，而是履行了审核、批准及认可手续的。

5. 文件资料的管理应执行规定的程序和制度。

6. 文件资料的收集、审核和认可、发放、流转各个环节不能发生差错。

2.15.3 竣工图的管理要求

1. 编制竣工图依据

(1) 施工中未发生变更的原施工图。

(2) 设计变更通知书。

(3) 工程洽商联系单。

(4) 施工变更记录。

(5) 施工放样资料。

(6) 隐蔽工程记录和质量检验记录等原始资料。

2. 对竣工图的主要要求

(1) 施工过程未发生任何设计变更，按施工图进行施工的，则原施工图可作为竣工图，但必须是新图纸，同时加盖"竣工图"标识。

(2) 施工过程中设计变更不大，可在原施工图上清晰地注明修改部分的实际情况，但必须是新图纸，并附以设计变更通知书、设备变更记录和施工说明，然后加盖"竣工图"标识，作为竣工图使用。

(3) 施工过程中设计有重大变更，原施工图不再适用，设计人员应重新绘制施工图。施工单位应在竣工图上真实地反映出变更后的工程状况。

3. 竣工图编制原则

(1) 坚持核、校、审的制度，主要技术负责人审核签认，保证竣工图与工程实际状况一致、吻合、准确。

(2) 保证绘制质量，做到规格统一，字迹清晰，符合技术档案的规定及档案馆和建设单位要求。

(3) 必须是新图纸，符合长期保存的需要。

2.15.4 工程档案资料的移交

1. 施工单位向建设单位移交工程档案资料时，应编制工程档案资料移交清单，双方按清单查阅清点。

2. 移交清单一式两份。移交后双方在移交清单上签字盖章，双方各保存一份存档备查。

2.16 施工与照明用电管理

按规定安全电压（12V、24V、36V 电压）进行各工艺环节的照明操作。12V 安全电压经常用于金属罐内焊接工作的照明和潮湿场所的照明施工。24V 和 36V 安全电压经常用于干燥场所的照明施工。

2.16.1 电源线路架设：

1. 现场施工用电的电源线必须采用三相五线制及配备漏电保护器的三级保护 TN-S 系统。

2. 施工现场用电配电箱内所有开关必须采用透明型。

3. 照明灯具禁止采用碘钨灯。

4. 禁止电源线、电焊把线、乙炔带、氧气带在地面上敷设被推灰车来回碾压。

5. 禁止电源线、电焊把线、乙炔带、氧气带在墙面上露出的连接钢筋头上敷设，防止漏电。

2.16.2　施工用电管理

1. 无论何时施工结束必须切断电源。

2. 每次使用各种手持工具及电源线必须当次收回。

3. 间休时必须将电控箱上锁。

4. 禁止与其他单位互相串用各种电动机械和电动工具。

5. 发现电源线破损立即维修或更换。

2.17　施工现场各类材料或设备堆放要考虑楼板承重和防火问题

2.17.1　材料堆放

1. 镀锌钢板、碳素钢板、镀锌钢管、无缝钢管、各种型钢等重量级材料在楼板上堆放时，必须远离剪板机等重量大且振动型的设备，并应分散成多处放置。禁止采用整卷和整盒镀锌钢板或成捆型钢用吊车吊放在房间正中心待用的错误施工方案。而应立即拆卸镀锌钢板外包装，分成多份分散堆放在承重梁上；钢管也应分成多处堆放，避免造成楼板压塌或压裂质量和安全事故隐患。对于不能及时安装的板材和管材应拖延进料时间，避免占用资金，同时避免在楼层内堆放影响其他专业的施工作业面。

2. 施工现场仓库布局应合理，同类材料应分型号、分规格分散堆放，并将重量中心堆放在承重梁上。

3. 表面易锈蚀的螺栓、螺帽、垫圈、膨胀螺栓、铁铆钉、拉铆钉、钻头、水暖件、阀件等应设钢架分类放置，室内潮湿时，应采取安装轴流风机进行通风换气的干燥措施，并设专人管理。

2.17.2　设备堆放

安装在工程上的设备吊装运输至各楼层后，必须立即分散到各机房，严禁集中堆放，压塌楼板。

2.17.3　防火问题

1. 氧气瓶、乙炔瓶严禁存放在密封的危险品专用仓库内、严禁存放在机房和厂房中不通风房间内，而是必须分类存放在室外干燥通风，且温度<40℃的防晒、防雨棚内，并要求注意防火。

2. 油漆、稀释剂、胶水等易燃品应分开存放在两个以上危险品专用仓库内，并设专人管理。危险品专用仓库应远离热源、远离电源和施工人员经常通行的平面位置，即要充分利用楼角房间，外门必须密封上锁。另外，严禁将易燃品临时存放在办公室或人员休息室内，避免发生火灾。危险品专用仓库内必须按照消防要求配备手提式灭火器。

3. 保温材料虽然重量轻，但体积大，应避开施工通行道路和各专业施工交叉点，最好选择与危险品专用仓库远离的另一个楼角房间存放，防止保温人员取保温材料时靠近危险品专用仓库。对于铝箔玻璃棉材料来讲，虽然它属于不燃材料，但铝箔纸与玻璃棉材料夹层间的带胶纸张属于易燃品，因此铝箔玻璃棉保温材料也必须注意防火问题。

2.18 钢管组合式脚手架的安全移动和使用

1. 钢管组合式脚手架上的操作人员严禁穿拖鞋、塑料底鞋和带钉子的硬底鞋施工操作。

2. 安全操作规程明确规定："施工作业高度≥2m时属于高空作业，严禁使用人字梯，必须按规定使用钢管组合式脚手架"。施工人员意外伤害保险业务中规定：施工作业高度≥2m属于高空作业，不在意外伤害保险赔付范围之内；另外，施工作业高度＜2m时，如受意外伤害人员喝酒、自残、自杀及不符合赔付条件时，造成的意外伤害所支付的一切费用均由受意外伤害者本人自行承担，保险公司不进行任何赔付；而且与施工单位和国家劳动部门无任何经济关系。

3. 通风空调的风管安装标高，除落地机组及配套风管安装外均超过2m标高，所以钢管组合式脚手架是一种普遍使用的脚手架。钢管组合式脚手架可以单副使用，也可以多副联合使用，并可以组合成多层多列的脚手架群组。由于此脚手架重复使用次数多，每次使用前必须仔细检查斜拉撑杆中间活动轴的螺栓杆磨损程度及螺帽丝扣是否松弛，发现上述情况必须立即更换螺栓杆和螺帽；同时还要仔细检查斜拉撑杆两端卡入立管上保险卡子处孔口的磨损程度以及保险卡子的磨损程度，发现问题立即更换。脚手架水平面铺设的跳板，必须选用厚度为50mm以上的适合作跳板的木料，严禁使用杨木、腐朽木材或刨花板、胶合板、薄木板、塑料板、钢板作为跳板使用。铺设在脚手架平面上50mm以上厚度的跳板要用燃烧过的8号铁线绑牢，脚手架平面两端跳板探出长度应≤200mm，严禁存在探头跳摔人安全隐患。

4. 施工用脚手架使用时必须四腿平稳落地，在大理石地面上放置脚手架时，四腿底面应绑牢橡胶防滑垫，可用自行车的外轮胎绑扎。

5. 租用的脚手架保险卡子一定要齐全，脚手架水平移动一定要放平放稳后，才能允许操作人员上架施工；当脚手架四腿为两个活动轮和两个滞动轮时，应将滞动轮卡牢，防止脚手架晃动导致操作人员架上坠落。

6. 在脚手架上施工作业属于2m以上的高空作业，无论哪个工种的操作人员都必须按照正确佩戴方法系好防火安全带，其安全绳必须高挂低用的系在固定且牢固的钢制构件上，系安全绳或施工作业时一定要与电缆、电线保持一定的安全距离。

7. 第一个工作点施工完毕移动脚手架至第二个工作点时，脚手架必须在架上操作人员下架后移动，防止移动脚手架时刮碰临时用电缆、电线，造成架上操作人员触电事故或被电缆、电线刮拦坠落事故。

8. 移动钢管组合式脚手架的人员，必须戴好绝缘手套，防止刮碰电源线路时发生触电事故。防范措施是：组合式脚手架移动前，设专人手持T字形木杆在前面架起架空的临时用电线路，使钢管组合式脚手架安全通过。

2.19　图纸会审

建设工程分为五大类，即建筑工程、装饰装修工程、安装工程、市政工程、园林绿化工程。

安装工程分为：机械设备、电气设备、热力设备、炉窑砌筑、静置设备与工艺金属结构、工业管道、消防、自动化控制仪表、建筑智能化系统设备、给排水、采暖、燃气、通风空调、刷油、防腐蚀、绝热工程。

安装工程是多专业多工种组成的配合施工作业，因为同时在一个建筑物内施工，交叉作业的协调配合是关键。安装工程的施工单位必须有各自相对应施工项目的资质，不允许超出资质范围承揽工程和超出资质范围擅自施工。各个专业都有自己的施工图。但施工时，只能在每星期的各专业协调会上提出主要协调配合问题，会议上能决定的可以拍板，原则问题必须由设计院出设计变更。一般交叉躲让问题由监理工程师和业主工程师与各施工单位共同研究现场签证变更。随着国民经济的发展，各城市商业建筑、工业建筑发展迅速，由采暖转向中央空调功能的安装工程日益增多。由于水管在顶棚上所占空间比采暖管道占用空间大，因此水系统施工与装饰专业、消防喷淋系统的交叉成为安装工程中较大的问题。施工图会审是在施工单位施工前，由业主工程师组织的设计院进行的设计交底或技术问题答疑，简称为施工图会审，会议内容形成施工图会审记要，由设计单位、业主、施工单位三方签字确认，作为结算依据和施工合同的补充条款。

水系统施工图会审的基本要求有：

1. 核对单张图纸与图纸目录编号、内容、单楼层、标准层的层数是否相符，是否缺少图纸说明、系统图、机房剖面图及大样图，采用的标准图号，有没有更改图或替代图在内。如有水管断线预留或图纸空白部位，必须确认施工界线。

2. 施工单位必须在熟读施工图后再进行施工图会审，一次性明确设计要求和答疑问题。

3. 施工单位在读施工图时，应按照下列程序进行：图纸设计及施工说明→楼层概况→各系统设备数量表→各水系统管径及阀件数量表→各水系统部件数量表→中央空调系统原理图→中央空调系统图→中央空调平面图→中央空调剖面图→机房平面、剖面图→大样图。

4. 确认空调机房内地漏安装位置，以便排放空调凝结水。

5. 冷却水管道系统的管径及长度数量、阀件、附件、设备等型号、规格数量的列表统计。

6. 给排水管道系统的管径及长度数量、阀件、附件、设备等型号、规格数量的列表统计。

7. 采暖水管道系统的管径及长度数量、阀件、附件、设备等型号、规格数量的列表统计。

8. 热风幕水管道系统的管径及长度数量、阀件、附件、设备等型号、规格数量的列表统计。

9. 施工单位在读施工图时，应按照系统功能，逐一统计水管（包括水管管件）规格、

弯头半径 R 尺寸和数量；各类水阀型号规格尺寸数量；各类部件、仪表型号规格尺寸数量；偏心变径或同心变径规格尺寸数量；穿墙和穿楼板钢套管的规格尺寸数量；卫生器具数量；防冷桥难燃塑料绝热垫数量；绝热材料名称数量；除污器或过滤器、避震喉、水管法兰及吊支架除锈刷油工程量；减震垫数量；设备吊支架、穿墙套管内壁等金属件的除锈刷油工程量。上述各项必须统计列表并分类合计总数量。只有详细计算工程量和平、立、剖面图及系统图相互对照才会发现更多的错误，以便在施工图会审时提出并确认如何变更，避免造成更改浪费资金。例如：平面图与系统图风管尺寸标注不一致；平面图与大样图尺寸不一致；水系统与风系统图局部设备数量不一致；水系统的阀门型号错误；伸缩缝处软连接设计时遗漏；报价清单中管道或阀件规格尺寸与图纸不符等问题都是影响施工质量和进度的不利因素。因此，上述问题必须在施工图会审中彻底确认，才能管理好整个工程的质量和施工进度。

10. 在顶棚内安装的设备，必须充分利用井字梁内平面空间，以便保证整体标高的提升。管道越过大梁后在小梁下安装时，应立即将安装标高提升，但要考虑管道的排气和最低点排锈问题，可利用增设排气阀和水平安装泄水阀的方式来解决。

11. 工程中发生图纸变更是必不可少的，因某一专业功能要求或装饰造型的改变，可能导致其他专业已完成的工程量需拆除或改变位置重新安装，可列为现场签证项目。

2.20 管线综合布置图绘制

管线综合布置图绘制时，应在各专业施工图齐全的情况下进行。各专业工程师或施工现场技术人员应将施工图展示给绘制管线综合布置图的操作工程师，并互相观看与自己的管线走向交叉点标高是否相撞，然后再看水平方向并列安装的标高是否符合操作空间要求，或几个专业之间先后施工顺序问题的确认，并同时考虑装饰标高压低后对使用功能的影响。因此说，管线综合布置图绘制水平的高低，直接关系到标高能否达到最理想状态的大问题。

各专业的协调配合施工中，应防止某专业横行霸道的施工行为，无论是谁都必须遵照管线避让原则进行布局。所以，监理工程师和业主现场工程师必须统一管理各专业的施工行为。

管线避让原则：在明确了装饰棚面标高条件下，选取各专业工程师的高见，按系统逐个主干线部位确定互相避让措施。并依据有压管让无压管，低压管让高压管，小管让大管，标高低的管道后施工、标高高的管道先施工的原则，进行合理避让。

局部交叉部位，大尺寸风管也可做成尺寸长一些在井字梁内向上抱弯进行避让。管道避让原则见表 2.20-1。

管线综合布置图中管道避让原则　　　　　　　　　表 2.20-1

避让管	不让管	理　由
小管	大管	小管绕弯容易，且造价低
压力流管	重力流管	重力流管改变坡度和流向，对流动影响较大

续表

避让管	不让管	理　　由
冷水管	热水管	热水管绕弯要考虑排气、放水等
给水管	排水管	排水管管径大，且水中杂质多
低压管	高压管	高压管造价高，且强度要求也高
气体管	水管	水流动的动力消耗大
阀件少的管	阀件多的管	考虑安装、操作、维护等因素
金属管	非金属管	金属管易弯曲、切割和连接
一般管道	通风空调风管	通风空调风管体积大，绕弯困难

管线综合布置图绘制时，应确认变更处及相邻的建筑结构承重梁底平面实际最低标高、所变更处的地面最终标高、装饰棚面最终标高三个必知条件。并根据各专业施工图管线走向和交叉状况进行综合性分析，按照管道避让原则选择变动量小，变更容易、造价低的优化方案进行管线综合布置图的绘制。

2.21　图纸变更引起的施工计划变更

2.21.1　技术联系单和现场签证单

1. 施工现场发生技术上或图纸上的变更时，必须有建设单位工程师或设计院发出的设计变更联系单，严禁施工单位随意进行技术上或图纸上的变更。

2. 施工中出现各专业之间管线相撞，必须进行技术变更时，由各专业技术负责人互相协调，在经济损失最小的方案中选取最佳方案作为技术变更的处理，但必须有书面技术联系单，经建设单位工程师和监理单位、设计院同意后再进行施工，防止再碰到不可预见的其他问题。

3. 技术联系单是进行技术沟通的书面文件，只在技术上有效，而在完工后的结算中不起作用。因此，施工单位必须按照完成技术联系单要求所发生的实际工程量，在 7 天之内完成现场签证单的批复工作，然后才能进行变更的操作，否则，视为施工单位自动放弃此成本的索要。先施工后补手续的做法是十分错误的，施工完毕后是不会有人给出手续的，说了不算的人屡见不鲜。

4. 现场签证单上必须有建设单位工程师签字并盖有建设单位公章、签证内容、签证日期、施工单位工程师签字并盖有施工单位公章、签证日期。

5. 在建设单位或施工单位任何一方较遥远，不能立即盖公章，工期紧迫时，必须由建设单位的工程师、预算员、成本部负责人三人以上在现场签证单上签字生效，三人以下签字无效（我国公安刑侦部门采用证据的规定）。

6. 现场签证单格式应符合国家统一标准，否则无效。

2.21.2　月进度计划产值报表

1. 按照施工现场具备的条件，编制计划先完工部位的施工计划，做好材料、设备、阀件、部件、人力各方面准备工作，并以书面形式上报给业主工程部。

2. 如果在施工中途发生图纸变更，必须配备设计变更通知单。另有其他原因需要暂时停工时，应立即修改进度计划，并同时做好人力和材料使用安排，避免造成窝工现象而增大施工费用。在发生恶劣天气而无法供材料时，必须遵照安全施工的规定，以安全第一为原则，向业主申请工程的延期施工。

2.21.3　各工种人员技术力量配备，见表 2.21-1 所示参考值。

各工种人员技术力量配备表（按 100 人计）　　　　　　表 2.21-1

管道工	普工	油工	电焊工	机修工	电工	安全员	起重工	保温工
70%	10%	4%	6%	1%	1%	1%	1%	6%

2.21.4　图纸工程量变更计算

工程投标时，在招标文件没有给出工程量清单情况下，为做到投标报价的准确性，必须组织施工经验丰富的工程技术人员和造价师进行施工图纸工程量的统计工作，以图纸标注的中心线为计算依据，总结出各类材料和设备的型号、规格尺寸的实际用量。

2.21.5　图纸工程量增减核对工作

1. 工程投标时，在招标文件给出了工程量清单情况下，为做到投标报价的准确性，也必须组织施工经验丰富的工程技术人员和造价师进行施工图纸工程量的核对工作，以图纸标注的中心线为计算依据，总结出各类材料和设备的型号、规格尺寸的实际用量，并在答疑会议上要求进行工程量补充报价，以确保工程报价的真实性。对于施工中不断变更的工程量，要求按实际认真计算，并加入结算中。

2. 在投标期间发生图纸变更，应有设计院的变更图纸为依据，施工单位应组织施工经验丰富的工程技术人员和造价师进行施工图纸变更量的统计工作，补报图纸变更工程量的差额报价。

2.22　水系统设备及管道系统成品保护

1. 设备及水系统成品保护

（1）对安装完工的各种水管道，禁止其他专业人员坐卧，禁止在上面进行其他专业的施工或站立行走，以防发生管道表面油漆破损、管道被踩弯变形失去正常使用功能。

（2）严禁任何人在施工过程中有意或无意碰坏管道保温层，以防封棚后流下夏季冷凝水滴落的质量隐患。

（3）严禁出现任何人在施工过程中，将管道吊架直接焊接在管道外表面上或焊接在其他专业管道的吊架上而节省自己单位的材料费的不合格施工方式。

（4）严禁管道交叉相碰时，将其他安装完工的成品管道切断后，安装自己专业管道的恶劣施工行为。

（5）安装完工的散热器、管道、配水龙头、阀件、部件、电控装置及各类设备应避免刮白时污染表面。严防其他硬物碰撞和人为破坏。对含有有色金属的贵重设备应派专人看护，避免有色金属及贵重元件、部件丢失。

2. 卫生器具安装后的成品保护

卫生器具易损易碎，加强对其成品保护更为重要。当卫生器具灌水试漏合格后，应采取房间上锁防护措施，且统一管理带有房间编号牌的钥匙的管理手段，根除混乱管理现象。

3. 各机房内设施安装完善后，必须彻底清除一切与运行无关的杂物，禁止利用机房当贮存室使用。

4. 各专业在试运行期间，必须小心谨慎，对本专业和其他专业的成品均应给予共同保护。

2.23　水泵的启动

2.23.1　水泵启动前的检查工作

1. 检查水泵进、出口阀门直径是否正确

（1）水泵进口阀门直径应与管道直径相同。

（2）水泵出口阀门直径：当水泵出口直径与管道直径相同或水泵出口直径比管道直径小一号时，阀门直径等于水泵出口直径；水泵出口直径比管道直径小两号或更多时，则阀门直径按管道直径选取，如表 2.23-1 所示。

水泵出口直径小于管道直径时阀门选用表　　　　表 2.23-1

管道直径（mm）	50	80	100	150	200	250
选用阀门直径（mm）	40	50	80	100	150	200

（3）离心泵出口管道上的旋启式止回阀，一般应装在出口阀门后面的垂直管段上，止回阀的直径与阀门直径相同。但是，当泵房内不设置分水器进口总控制阀门时，旋启式止回阀应安装在水泵出口与泵出水口阀门之间，以便修理旋启式止回阀。

（4）水泵的进出口阀门中心标高以 1.2～1.5m 为宜，一般不应高于 1.5m，以便于操作。

2. 手动盘车

（1）单级离心泵

① 首先必须切断电源，然后打开泵盖检查泵壳内有无杂物，如有杂物必须清除干净。

② 水泵附近障碍物全部清除，工具等物件远离泵体。

③ 检查叶轮与泵壳的间隙是否合适，叶轮等有无破损情况。

④ 检查之后拧紧泵盖，进行手动盘车，以手感轻快并无杂音为好。

⑤ 接通冷却水装置并调整密封盘根，使其能够正常工作且密封良好。

（2）多级离心泵

① 首先必须切断电源，然后进行手动盘车检查叶轮与泵壳有无摩擦的部位。

② 如手动盘车正常，可以不进行泵的解体工作。

（3）管道泵

① 首先必须切断电源，然后打开泵上盖，检查泵壳内有无杂物，如有杂物必须清除干净。

② 通电源试正反转。

3. 检查水泵安装情况，做好水泵试运转记录

（1）水泵安装牢固、不偏斜，其泵体水平度每米不超过 0.1mm。

（2）水泵减震措施良好，泵进、出口均安装避震喉。

（3）水泵在设计负荷下连续运转不应少于 2h，运转时滚动轴承温度不应高于 75℃；滑动轴承温度不应高于 70℃。

按上述标准开始检查水泵运转情况，并做好记录。

2.23.2 补水泵的启动

1. 空负荷试运转

当电气控制系统安装完毕，补水管道系统安装完毕并水压试验合格，补水泵空负荷试运转正常。一般情况下补给水泵都是由泵房内微机变频控制柜来进行泵出口压力值的控制，给水泵出口压力一般设定值为 0.55～0.6MPa。

2. 打开排气孔

立式补水泵再次充水前，应将水泵上排气孔打开，当排气孔出水时将排气孔旋塞关闭，此时便可以启动补水泵。上述条件具备后可随时启动补水泵。

2.23.3 冷却水泵的启动

1. 空负荷试运转

电气控制系统安装完毕，冷却水管道系统安装完毕并水压试验合格，冷却水泵空负荷试运转正常。

2. 清理泵房杂物

清理水泵房和冷却塔集水盘内杂物及灰尘。

3. 开阀关阀

打开冷却水泵入口至冷却水塔进水管道上的所有阀门；关闭冷却水泵出口阀门。

4. 卸掉浮球阀开始补水

先将已安装好的冷却塔集水盘内的补水浮球阀卸掉，并开启经水处理设备管道上的阀门，启动补水泵，向冷却塔集水盘内补水。

5. 打开泵出口阀门然后再关闭

待集水盘内能存住水时，打开泵出口阀门，使水泵内和泵后管道内的空气被排挤出去。然后继续向冷却塔集水盘内补水直至水满为止，再关闭冷却水泵出口阀门。

6. 启动冷却水泵

待冷却塔集水盘内补水再次补满时，启动冷却水泵；当冷却水泵达到一定转速时，开启冷却水泵出口阀门，水泵继续运转，并连续运转 2h。在冷却水泵运转期间冷却塔集水盘内始终保持满水状态。然后将冷却塔集水盘内被卸掉的补水浮球阀重新安装好并调整到

位，使补水浮球阀处于自动补水状态。

7. 冷却水泵运行管理

一般情况下冷却塔设于屋面，冷却循环水泵设于制冷机房，系统开启由制冷机控制。运行时，先启动冷却循环水泵，后启动冷却塔电机；关闭时，先关冷却塔电机，后关冷却循环水泵。

2.23.4   循环水泵的启动

1. 空负荷试运转

电气控制系统安装完毕，采暖水管道系统安装完毕并水压试验合格，循环水泵空负荷试运转正常。

2. 清理泵房杂物

清理水泵房内的杂物，打开供水管道和回水管道上所有阀门和放气阀门，用补水泵向给水及采暖水系统内补水，补水过程中排除系统内空气。

3. 排除系统空气

冲洗后第一次向系统中注水时，系统内的空气排不净会造成空气乱串现象，使散热器的放风阀反复放空气而放不净，给调试工作带来不应出现的困难。所以在管道试压合格并且冲洗也合格后，向采暖水系统管道内重新补水时，必须先将系统最高处所有的自动排气阀门全部打开，同时将散热器上的放风阀全部打开（各层要多安排施工人员进行检查），再进行补水工作，散热器放风阀出水时须逐个关闭，禁止先补水后开排气阀和散热器放风阀而排不净采暖水系统内空气的错误操作方法。

待上述条件具备后可随时启动循环水泵。

2.23.5   其他水泵的启动

1. 稳压泵

稳压泵是由稳压罐上的 YTK 型电接点压力表控制的。一般情况下：低限（0.15MPa）启泵，高限（0.24MPa）停泵。

2. 自动喷洒水泵

自动喷洒水泵是由报警阀来控制启动的。

3. 潜污泵

潜污泵的开停由集水坑内的浮球开关控制。一般情况下在地下室设污废水集水坑，消防电梯处也设有消防排气集水坑。潜污泵直接安装在集水坑。集水坑内的集水靠潜污泵提升至室外。

2.24   施工缺陷及质量通病治理

在各类工业与民用建筑工程中，管道工程量平均占安装工程量的 1/3 左右，管道工程施工的质量缺陷，是造成物料浪费、冷热能源损失的主要根源，其质量通病的主要表现是跑冒滴漏、堵塞、通水不畅、倒坡、支架及卫生器具坐标及标高位移、绝热及防腐不良等，其中，常见的安装质量通病有下列各项。

2.24.1 管道连接

1. 管道螺纹接口渗漏

（1）现象

管道通入介质后，螺纹连接处有返潮、滴漏现象，严重影响使用。

（2）治理方法

一般情况下，应从活接头处拆下，如螺纹有毛病应进行修理，如果是零件损坏应更换，然后擦干净，重新更换填料，用管钳上紧。

2. 管道法兰连接渗漏

（1）现象

管道通入介质后，法兰连接处有返潮、滴漏现象，严重影响使用。

（2）治理方法

根据渗漏位置不同，可采用相应的治理措施。如属于法兰安装不平行造成渗漏，可用气割方法将法兰割下重新找正焊接；属于垫片损坏或老化渗漏，应更换垫片；属于螺栓拧紧得不符合规定造成渗漏，可将螺栓松开重新按规定方法拧紧，直到不渗漏为止。

3. 金属管道承插接口渗漏

（1）现象

管道通入介质后，在管道接口处有返潮、渗漏现象，严重影响使用。

（2）治理方法

如果发现接口由于管子接头本身有砂眼或裂纹，就应拆下更换；如果是接口由于填料或操作不当的原因渗漏，就应慢慢剔开重新捻入填料，最后再重新进行灌水试验。

4. 管道焊接接口渗漏

（1）现象

管道通入介质后，在碳素钢管的焊口处有返潮、滴漏现象，严重影响使用。

（2）治理方法

管道焊接完后，应做外观检查。如焊缝缺陷超过标准，应按表 2.24-1 的规定进行修整，直至不漏及达到允许程度为止。

管道焊接缺陷允许程度及修整方法 表 2.24-1

缺陷种类	允许程度	修整方法
焊缝尺寸不符合标准	不允许	焊缝加强部分如不足应补焊，如过高、过宽应修整
焊瘤	严重不允许	铲除
咬肉	深度<0.5mm，连续长度<25mm	清理后补焊
焊缝或热影响区表面有裂纹	不允许	将焊口铲除重新焊接
焊缝表面弧坑、夹渣或气孔	不允许	铲除缺陷后补焊
管子中心线错开或弯折	超过规定的不允许	修整

注：1. 外观检查方法：肉眼直观检查或放大镜检查。

2. 焊缝上有缺陷的地方，如管径在50mm以内，每个焊口缺陷超过3处；管径在150mm以内，缺陷超过5处的；管径在150mm以上，缺陷超过8处的，焊缝均应铲掉重焊。

2.24.2　管道支架安装

1. 管道支架安装缺陷

（1）现象

管道投入使用后，由于支架选择不当，造成支架不起作用，使管道变形甚至损坏，严重影响使用。

（2）治理方法

经检查，如果不符合上述使用原则，应进行更换。

2. 管道支架安装间距过大，标高不准

（1）现象

由于管道支架安装间距过大，标高不准，从而造成管道投入使用后，管子局部塌腰下沉，管道与支架接触不严、不紧，严重影响管道使用。

（2）治理方法

严格按规范的有关规定，确定管道支架距离。因为支架间距过小，支架数量增加，就会增大投资；如果间距过大，则管道结构荷载产生的应力会使管道弯曲变形，从而影响介质的流通，并影响管线的外观和管道的使用寿命。

3. 管道支架固定不牢、固定方法不对

（1）现象

管道支架安装后有松动现象，特别是管道输入介质后，由于重量增加或其他作用力的影响，支架变形或松脱，影响管道的使用。

（2）治理方法

当管道投入使用后，发现支架不符合规定或松动时，应重新安装或加固。

2.24.3　阀件安装

1. 阀门选型不合理

（1）现象

在管路中，由于阀门选型不合理，影响管道的正常使用。

（2）治理方法

根据图纸要求或规范规定，按介质性质、工作参数以及安装和使用条件正确选用。另外，采购的阀门在仓库内要分类存放，挂好标牌，防止领用安装时出错。

2. 阀门安装不合理或不符合规定

（1）现象

阀门安装不合理或不便于检修和操作，甚至不起作用。

（2）治理方法

① 一般阀门的阀体上印有流向箭头，箭头所指即介质流动的方向，不得装反。

② 在安装位置上要从使用操作和维修方便着眼，尽可能便于操作维修，同时还要考虑到组装外形的美观。阀门手轮不得朝下；落地安装的阀门手轮应朝上，不得倾斜。

③ 安装法兰阀门时，法兰间的端面要平行，不得使用双垫，紧螺栓时也要对称进行，用力要均匀。

3. 阀门填料处渗漏

（1）现象

阀门安装后，阀门填料处由于密封不好造成渗漏。

（2）治理方法

用扳手拧开阀门压盖，向压盖内填入填料。阀门装入填料的方法有两种：小型阀门填料只需将绳状填料按顺时针方向绕阀杆填装，然后拧紧压盖螺母即可；大型阀门填料可采用方形或圆形断面。压入前应先切成填料圈，增加或更换填料时，应将圈分层压入，各层填料圈的接合缝应相互错开180°。压紧填料时，应同时转动阀杆，以便检查填料紧贴阀杆的程度。

2.24.4 补偿器安装

补偿器又称伸缩器（伸缩节）。在管路系统中每隔一定距离设置补偿器，以保证管道在热状态下的稳定和安全运行，以减少并释放管道热膨胀应力，常用的补偿器有方形补偿器、波形补偿器和填料式套筒补偿器。

1. 方形补偿器安装缺陷

（1）现象

方形补偿器投入运行时，出现管道变形，支座偏斜，严重者接口开裂，严重影响使用。

（2）治理方法

① 在预制方形补偿器时，几何尺寸要符合设计要求；由于顶部受力最大，因而要求用一根管子搣成，不准有接口；四角管弯在组对时要在同一平面上，防止投入运行后产生横向位移，从而使支架偏心受力。

② 补偿器安装的位置要符合设计规定，并处在两个固定支架之间。

③ 安装时在冷状态下按规定的补偿器进行预拉伸，拉伸的方向如图2.24-1所示。拉伸前应将两端固定支架焊好，补偿器两端直管与连接末端之间应预留一定的间隙，其间隙值应等于设计补偿量的1/4，然后用拉管器进行拉伸，再进行焊接。

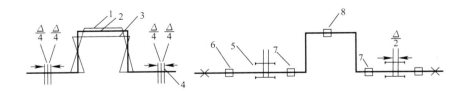

图 2.24-1 补偿器的拉伸方法

1—安装状态；2—自由状态；3—工作状态；4—总补偿量；5—拉管器；6、7、8—活动托架

2. 波形补偿器安装缺陷

（1）现象

安装时由于没有严格预拉或预压，不能保证管道在运行中的正常伸缩。

（2）治理方法

① 波形补偿器安装是有方向性的，即波形补偿器内套有焊缝的一端，水平管道应迎

介质流动方向，垂直管道应置于上部。

② 波形补偿器进行预拉或预压时，施加作用力应分 2～3 次进行，作用力应逐渐增加，尽量保证各节的圆周受力均匀。

3. 填料式套筒补偿器安装缺陷

（1）现象

补偿器安装后不能正常工作，有渗漏现象。

（2）治理方法

① 安装填料式套筒补偿器时应严格按管道中心线安装，不得偏斜。

② 为防止填料式套筒补偿器运行时偏离管道中心线，在靠近套筒补偿器两侧的管线上，至少应各设一个导向支座。

③ 为防止套筒补偿器运行渗漏，在套筒补偿器的滑动摩擦部位应涂上机油，填绕的石棉绳填料应涂敷石墨粉，逐圈压入、压紧，并保持各圈接口相互错开。填绕石棉绳的厚度应不小于补偿器外壳与插管之间的间隙。

2.24.5　弯管制作

弯管是改变管线敷设方向用的管件，除较小管径有成品螺纹弯头和焊接弯头（又称压制弯头）外，现场施工多自行揻制。对管径大且管壁薄、弯径尺寸小的弯管，采用虾壳弯焊制弯头较为合适。弯管可分为冷弯和热弯两种。

碳素钢管揻弯缺陷：

1. 现象

（1）弯曲角度不准

（2）弯曲半径过大或过小，影响使用和美观。

（3）管子断面变形（由圆变扁、管壁产生褶皱）。

（4）由于管子揻弯段过烧，弯管外侧管壁减薄。

2. 治理方法

如发现弯管超过检查标准，只能作废重弯（弯管质量检查标准见采暖管道安装）。

2.24.6　管道系统施工

1. 直埋管线施工的缺陷

（1）现象

① 坐标位移。

② 沟道塌方，影响施工或出现安全事故。

③ 沟底不处理，从而造成管子下沉，破坏接口，影响使用。

④ 工作坑过小，影响接口操作。

⑤ 管道防腐处理不好。

⑥ 回填土不符合规定，影响管道使用。

（2）治理方法

① 要求沟底必须是自然土层（坚土），如果是回填土或砾石层，都要做处理，以防管子下沉而损坏接口。对于松土层，夯实。沟底处理对于铸铁管施工尤为重要。

② 无论是钢管接口焊接，还是铸铁管承插口连接，都必须在下管之前挖好接口工作坑，坑的大小以便于操作为宜，以保证接口操作方便。接口漏水往往由于操作不当所致。

③ 管段下沟前，应预先在地面做好防腐绝缘，但必须将接口处甩出，待管道试压完毕，再处理好接口处的防腐层。

④ 管沟回填以前应将槽内积水排出，管子两侧部分应同时分层回填，土方应均匀与摊开，轻夯夯实。从管子中心到管顶以上 300～500mm 范围内应用较干的松土回填，不能打夯，轻轻压实，以防将管子夯裂影响使用。以上部分可用机械回填。

2. 地沟内铺管施工的缺陷

（1）现象

常用的管道地沟有通行地沟和不通行地沟两种。通行地沟宽大，操作、检修时人可直接进入地沟，不通行地沟在检修管道时必须将沟盖板掀开才能工作。

两种地沟均使用钢管架、托架敷设，易产生的质量通病常常表现为：由于托、吊架随土建一同埋设施工，管线坡度往往不准；另一方面往往由于管道防腐和绝缘不便操作，又经常处于潮湿状态下，因而管道腐蚀严重，影响使用寿命。

（2）治理方法

地沟内防腐绝缘，一般可在地沟内做好，但要甩出接口部分，待安装完毕试压合格后再补做接口部分。尽管地沟内不好操作，仍要认真做好。往往一处损坏，由于受潮或进水就导致大部分损坏脱落，影响整个管路正常工作。

3. 架空管道施工的缺陷

（1）现象

架空管道安装后，多根管线不平行，单根管坡度不准确，影响美观和使用；管道支座不符合使用要求，焊口位置影响管道运行。

（2）治理方法

为了使成排安装的架空管道整齐美观，必须根据支架宽度将所设置的几根管按规定间距排好，按管线的标高和坡度计算出每根管在每座支架上的标高，并配置相应的管托。在确定管托时，应根据供热管道补偿器的伸长量确定每个支座滚动管托的位移量，以保证正常运行时管托正处于支架的横轴中心。

管子在吊装前，应先在地面进行管段组合连接，此时须特别注意焊口不要正处于支架上，焊口与支架中心线的距离应大于 150～200mm。

4. 室内管道施工的缺陷

（1）现象

① 管道穿越基础、隔墙或楼板未预留孔洞，造成施工重新开洞或开洞过大，影响土建结构强度。

② 不同用途的管道间距或与电气管线的距离不符合规定。

③ 没有坡度或倒坡。

④ 管道与管道、管道与结构物间的距离不符合规定。

（2）治理方法

室内管道敷设时，所规定的相互间的距离一般是指最小安全距离，如果安装后小于规定数值就必须拆除后重新按规定距离安装。管线出现反坡，如是采暖管道和排水管道，就必须返工，以保证正常使用。

5. 碳素钢管安装后堵塞

（1）现象

管道投入使用后，管内介质不流通或流量过小。

（2）治理方法

① 属于焊渣及杂物堵塞时，首先要确定堵塞位置，割开清理后再焊接好。

② 如果是阀芯脱落，可将阀门压盖打开，取出阀芯后重新装好。

6. 铸铁管安装后堵塞

（1）现象

铸铁管安装后，由于管道堵塞，不能使用。

（2）治理方法

当发现铸铁管道堵塞时，可沿管线慢慢敲打并用水冲洗，争取将堵塞物冲出。如果上述方法不成，可用管道清洗机清理或将捻口剔开进行清理，在生活下水管道中，也应先将清扫口或立管检查口打开，用竹筋板疏通。

7. 不锈钢管道安装通病

（1）现象

① 管子表面不干净，管内脏污。

② 有的部位与碳素钢接触造成点腐蚀现象。

③ 焊接不符合质量要求。

（2）治理方法

① 安装后，如管腔内部有污物，可用压缩空气吹除；表面不净，可擦拭干净。

② 与碳素钢结构接触的部位应补垫隔离垫。

③ 焊口平直度等检查项目及要求同碳钢标准。

8. 硬聚氯乙烯塑料管安装质量通病

（1）现象

① 安装后管子弯曲不直，变形大。

② 弯管操作不当，有弯扁、过烧现象。

③ 接口有渗漏。

（2）治理方法

① 属于管道弯曲不直，安装后也要通入蒸汽轻轻调直；为了防止老化，使用和安装的温度及环境等需周密考虑。

② 弯管不符合质量要求，只有换掉重新做，一般硬聚氯乙烯管不允许二次加热弯曲。

③ 为保证接口不渗漏，操作工序要严格。一旦有渗漏，能焊接的可以焊上补漏。

9. 室内采暖干管安装质量缺陷

（1）现象

① 由于坡度不适当，导致管道窝气、存水，从而影响水、气的正常循环，甚至发出水击声。

② 管道固定支架位置不对，妨碍管道伸缩，影响使用。

③ 干管甩口位置不合理，造成干管与立管的连接不直，立管距墙尺寸不一致。

（2）治理方法

① 调直管子，剔开墙洞，调整支架距离，保证管子坡度的正确。

② 重新调整管道固定支架的位置，保证支架结构和距离正确。

③ 使用弯头零件来调整管道甩口的长度，以保持立管距墙尺寸。

10. 室内采暖立管安装质量缺陷

（1）现象

① 由于支架与炉片（暖气片）及立管的连接接口位置不准，造成连接炉片的支管坡度不一致，甚至出现倒坡，从而导致炉片窝风，影响正常供热。

② 由于支立管与干管连接的接管方式不正确，影响立管自由伸缩，从而使立管变形，影响使用。

（2）治理方法

拆除立管，修改安装尺寸。

11. 采暖管道堵塞

（1）现象

采暖系统投入使用后，管道堵塞或局部堵塞，影响蒸汽或热水流量的合理分配，使采暖系统不能正常工作，甚至使管道或炉片冻裂，严重影响使用。

（2）治理方法

通过检查，分析堵塞地点及堵塞原因，拆开管道或管件，进行疏通。

12. 室内给水管道水流不畅或管道堵塞

（1）现象

给水管道安装后通水，水流不畅，水质混浊，甚至堵塞。

（2）治理方法

当发现管道流水不畅或有堵塞时，必须仔细观察，确定堵塞水点，然后拆开疏通。

13. 管材、管件缺陷

（1）现象

消防与生活用水共用管道，采用了非镀锌钢管或镀锌钢管系统采用了黑铁零件。

（2）治理方法

拆下重新安装镀锌钢管和镀锌管件。

14. 管道立管甩口不准

（1）现象

由于立管甩口不准，不能满足管道继续安装对坐标和标高的要求。

（2）治理方法

挖开立管甩口周围地面，加装零件或用撼弯方法修正立管甩口的尺寸。

15. 消防管道安装缺陷

（1）现象

消防管道埋入结构物中；消火栓口朝向不对，标高位置不准；水龙带不按规定摆放。

（2）治理方法

应重新拆下进行调理或安装，直至符合规范要求。

16. 排水管件使用不当，影响污物或臭气的正常排放

（1）现象

① 干线管道垂直相交连接使用 T 形三通。

② 立管与排出管连接使用弯曲半径较小的 90°弯头。

③ 检查口或清扫口设置数量不够，位置不当，朝向不对。

（2）治理方法

剔开接口，更换或增设管件，使之符合规范有关规定。

17. 排水不畅、堵塞

（1）现象

排水系统投入使用后，排水管道及卫生用具排水不畅，甚至有堵塞现象。

（2）治理方法

查看施工图纸，确定堵塞位置，打开检查口或清扫口，疏通管道。必要时需要更换零件。

18. 排水管道甩口不准

（1）现象

由于在施工主管时甩口不准，造成继续接管时，管道坐标或标高产生位移。

（2）治理方法

挖开管道甩口周围地面，对碳钢管道采用改换零件或撼弯方法来调整位置；对于铸铁管道可将捻口剔开重新安装，调整甩口位置尺寸。

19. 卫生器具安装不平正、不牢固

（1）现象

卫生器具安装后，整体外观不平正，有松动现象，严重时引起管道连接零件损失或漏水，影响使用。

（2）治理方法

凡固定卫生器具的托架和螺丝不牢固者，应重新安装。卫生器具与墙面有空隙时可用白水泥砂浆填补饱满。

20. 蹲式大便器与上、下水管道连接处漏水

（1）现象

大便器使用后，地面积水，墙壁潮湿，甚至在下层顶板和墙壁出现潮湿和滴水现象。

（2）治理方法

当发现大便器有漏水情况后，要轻轻剔开大便器与上水管连接部位的地面，先检查胶皮碗有无毛病，如属此处漏水，就应更换胶皮碗或重新绑扎铜丝，达到不漏为止；如出口与排水管接口处漏水，可先在出口内壁接口处涂水泥膏，待凝结后再使用。如果接口处仍漏水，只有移开大便器重新抹接口。

21. 地漏集水效果不好

（1）现象

由于施工坡度不符合要求，致使地面经常积水。

（2）治理方法

① 修改地漏标高，找好四周地面坡度。

② 将地漏周围地面返工重做。

22. 水泥池槽排水栓或地漏（水池排水用）的缺陷

（1）现象

水泥池、槽投入使用后，内部积水，致使墙壁潮湿，下层顶板漏水，池底周围漏水。

（2）治理方法

必须将管子割下来重新安装。

2.24.7 管道防腐

1. 漆膜返锈

（1）现象

管道（指金属）基层表面涂漆以后，漆膜表面逐渐产生黄红色锈斑，并逐渐破裂。

（2）治理方法

凡已产生锈蚀的漆膜，要铲除漆膜，除去锈蚀，重新涂底漆。

2. 漏刷

（1）现象

管子涂漆后，有的部位漏刷，特别是离地面或墙面较近，不便操作，往往用小镜反光检查底部或背部有漏刷的地方。

（2）治理方法

管子或设备漏刷，危害很大，由于一点漏刷，造成漏刷部分先腐蚀，就可能造成整根管子不能使用。因此，管子凡属漏刷部分必须补刷。

3. 漆层流坠

（1）现象

立管或设备里面或横管的底部，油漆产生流淌，用手摸明显感到流坠处的漆膜过厚。

（2）治理方法

① 漆膜未完全干燥，可用铲刀将油坠铲除后，再用同样的油漆满刷一遍。

② 如果漆膜已完全干燥，对于轻微的油坠可用砂纸磨平，再满刷油漆一遍。

4. 漆膜起泡

（1）现象

油漆干燥后，表面出现大小不同的突起气泡，用手压有弹性感。漆泡是在漆膜与管子表面基层或面漆与底漆之间发生的；气泡外膜很容易成片脱落。

（2）治理方法

① 轻微的漆膜起泡，可待油漆干燥后，用砂纸打磨平整，再补面漆。

② 严重的漆膜起泡，必须将漆膜铲除干净，重新涂漆。

5. 埋地管道防腐的缺陷

为了减少管道与地下土层接触部位的金属腐蚀，金属管材的表面都要做防腐处理，以延长管子的使用寿命。根据不同的要求，防腐可分为普通防腐（刷沥青或刷沥青后缠玻璃布）、加强防腐和特强防腐。后两种要求有多层沥青和玻璃布包层。

（1）现象

① 底层与管子表面粘结不牢。

② 卷材与管道或各层之间粘贴不牢。

③ 表面不平整，有空鼓、封口不严、搭接尺寸过小等缺陷。

（2）治理方法

如果卷材松动，说明粘结不牢或缠绕不紧，必须拆下重做。

2.24.8　管道保温

1. 保温隔热层保温性能不良

（1）现象

经目测，保冷结构夏季外表面有结露返潮现象，热管道冬季表面过热。

（2）治理方法

凡已施工不能保证保温效果的，应拆掉重做。

2. 保温结构不牢、薄厚不均

（1）现象

保温结构外观凹凸不平，薄厚不均，用手扭动表层，保温结构活动。

（2）治理方法

如果保温层超过规定允许偏差（负值）时，应拆下重做（标准见"室内采暖"）。

3. 保护壳凹凸不平、表面粗糙

（1）现象

① 石棉水泥保护壳抹的不光滑，厚度不一致。

② 棉布或玻璃丝布缠的不紧，搭接长度不够。

③ 用铝板、镀锌薄钢板包缠的保护壳，接口不直。

（2）治理方法

石棉水泥保护壳如果不合格，只有砸掉重抹。玻璃布和薄钢板保护壳均可进行修整。

2.24.9　焊接施工通病的分类

焊缝缺陷的种类很多，按其在焊缝中所处的位置可分为外部缺陷和内部缺陷两大类。外部缺陷也叫外观缺陷。外部缺陷位于焊缝表面，借用肉眼或低倍放大镜就能观察到。

内部缺陷位于焊缝的内部，必须经破坏性检验或无损检验方法才能发现。

焊缝缺陷的常见分类方法如图 2.24-2 所示。

1. 焊缝外部缺陷

（1）焊缝尺寸不符合要求

① 现象

焊缝尺寸不符合要求，如焊缝外形高低不平，焊波宽窄不齐，焊缝增高量过大或过小，焊缝宽度太宽或太窄，焊缝和母材之间的过渡不平滑等。

② 防治措施

对尺寸过小的焊缝应加焊到所要求的尺寸；坡

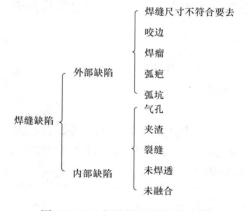

图 2.24-2　焊缝缺陷的常见分类

口角度要合适，装配间隙要均匀；正确选择焊接规范；手工焊接操作人员要熟练掌握运条速度和焊条角度，以获得成形美观的焊缝。

（2）咬边

① 现象

焊缝边缘母材上被电弧或火焰烧熔出凹陷或沟槽。

② 治理方法

一旦出现咬边缺陷，其深度或长度已超过允许值时，应先将咬边的熔渣等清理干净。采用直径较小、牌号相同的焊条，焊接电流可比正常焊接时略大，进行补焊填满。

（3）焊瘤

① 现象

熔化金属流淌到焊缝以外未熔化的母材上形成金属瘤，该处常伴有局部未熔合，有时也称满溢。习惯上，常将焊缝金属的多余疙瘩部分称为焊瘤。

② 防治措施

焊接前应彻底清理坡口及其附近的脏物，组对间隙要合适；合理选择焊接电流，控制电弧长度；操作要熟练，严格掌握熔池温度，采用相应的运条手法。当出现焊瘤时，若伴有未熔合、裂缝等缺陷时，应使用电弧气刨或其他方法彻底清除缺陷，然后进行补焊。对于焊缝金属的多余部分，可采用砂轮打磨的方法修整焊缝外形。在打磨时应注意观察内部是否伴有其他缺陷，一旦发现伴有缺陷应彻底清除。

（4）弧疤

① 现象

弧疤也叫电弧擦伤或弧斑，多是由于偶然不慎使焊条或焊把与焊接工件接触，或地线与工件接触不良短暂地引起电弧，而在焊接工件表面留下的伤痕。

② 防治措施

焊工要养成良好的操作习惯，经常检查焊接电缆及接地线的绝缘情况，发现破损处要及时采取措施，用电工绝缘带包扎好；装设接地线要牢固可靠；焊接时，不得在坡口以外的工件上随意引弧；暂时不焊时，要将焊钳置于绝缘木板上或适当挂起，并及时切断焊接电源。发现有电弧擦伤时，必须用砂轮机打磨。磨后出现的凹坑，可视具体情况予以补焊，补焊时要遵守相应产品的焊接工艺。

（5）弧坑

① 现象

弧坑是指焊缝收尾处产生的低于金属表面的凹坑。

② 防治措施

手工焊收弧时，应在熔池处使焊条短时间停留或做几次环形运条，使电弧不要突然熄灭，有足够的熔化金属填满熔池。气体保护焊时，可使用焊机上的电流衰减装置，使收弧时焊接电流逐步减小，通过添加填充金属，就能获得饱满的焊缝收尾。

2. 焊缝内部缺陷

（1）气孔

① 现象

焊接过程中，熔池金属高温时吸收的气体在冷却过程中未能充分逸出，残留在焊缝金属中形成孔穴。根据孔穴产生的部位，可分为外部气孔和内部气孔；根据分布情况，气孔又可分为单个气孔、连续气孔和密集气孔等。气孔边缘可能发生应力集中，密集气孔使焊缝组织疏松，使接头的塑性降低；穿通性气孔破坏了焊缝的致密性，造成渗漏。焊缝中的气孔还有可能导致裂缝的产生和扩展。

② 防治措施

A. 不得使用药皮开裂、剥落、变质、偏心或焊芯严重锈蚀的焊条。

B. 焊条和焊剂使用前，应按规定要求进行烘烤。一般酸性焊条烘烤温度为 150～200℃，保温 1h；碱性焊条烘烤温度为 350～400℃，保温 2h；烘干后可放在 100～150℃ 的焊条保温筒内，随用随取。应当指出的是，要严格按照焊条说明书的要求进行焊条烘烤，不能以较低的烘干温度、较长的烘干时间来代替，也不宜重复烘干。

C. 焊接前，应对焊丝、母材的坡口及其两侧进行清理，彻底除去油污、水分、锈斑等脏物。

D. 选用合适的焊接电流和焊接速度，采用短弧焊接。预热可减慢熔池的冷却速度，有利于气体的充分逸出，避免产生气孔缺陷。

E. 焊接时应避免风吹雨淋等恶劣环境的影响。室外进行气体保护焊时要设置挡风罩。焊接管子时，要注意管内穿堂风的影响。

F. 气体保护焊时，要注意气体的纯度和含水量必须符合有关标准的规定。将二氧化碳气瓶倒置一段时间后，能从瓶阀内放出气瓶中残存水，降低二氧化碳气体中的含水量，在气路系统中装设干燥器能降低保护气体或乙炔中的含水量。

G. 碳素钢气焊时应选用中性焰，操作时要熟练、协调。

（2）夹渣

① 现象

残留在焊缝金属中的非金属夹杂物称为夹渣。

② 防治措施

A. 严格清理母材坡口及其附近表面的脏物、氧化渣，彻底清理前一焊道的熔渣，防止外来夹渣混入。

B. 选择中等的焊接电流，使熔池达到一定温度，防止焊缝金属冷却过快，以使熔渣充分浮出。

C. 熟练掌握操作技术，正确运条，始终保持熔池清晰可见，促进熔渣与铁水良好分离。

D. 气焊时采用中性焰，操作中应用焊丝将熔渣拔出熔池。

E. 采用工艺性能良好的焊条，有利于防止夹渣的产生。

（3）裂缝

① 现象

在焊缝或近缝区，由于焊接的影响，材料的原子结合遭到破坏，形成新的界面而产生的缝隙称为焊接裂缝。它具有缺口尖锐和长宽比大的特征。

裂缝按其产生的部位可分为纵向裂缝、横向裂缝、弧坑裂缝、根部裂缝、熔合区裂缝及热影响区裂缝等；按其产生的温度和时间，又可分为热裂缝、冷裂缝和再热裂缝。

A. 热裂缝一般是指高温下（从凝固温度范围附近至铁碳平衡图上的 A3 线以上温度）

所产生的裂缝，又称高温裂缝或结晶裂缝。

B. 冷裂缝一般指焊缝在冷却过程中至 A3 温度以下所产生的裂缝。形成裂缝的温度通常为 300～200℃以下，在马氏体转变温度范围内，故称冷裂缝。

C. 再热裂缝起源于焊接热影响区的粗晶区，具有晶界断裂的特征。裂缝大多发生在应力集中部位，一般在焊缝区域再次受到加热时形成，故称再热裂缝。

② 防治措施

A. 防治产生热裂缝的措施，可以从冶金因素和力学因素两个方面入手。

B. 防止冷裂缝的产生主要从降低扩散氢含量，改善组织和降低焊接应力等方面采取措施。

C. 在焊接工艺上防止产生再热裂缝的措施有：

（a）减小残余应力和应力集中，如提高预热温度、焊后缓冷、使焊缝与母材平滑过渡等。

（b）在满足设计要求的前提下，选择适当的焊接材料，使焊缝金属的高温强度稍低于母材，让应力在焊缝中松弛，可避免在热影响区产生裂缝。

（c）在保证室温接头强度的情况下，提高消除应力退火温度，致使析出比较粗大的碳化物粒子，以改善高温延性。

（4）未焊透

① 现象

焊接接头根部未完全熔透的现象叫未焊透。

② 防治措施

A. 防止未焊透产生的措施有控制接头坡口尺寸，彻底清理焊根，选择合适的焊接电流和焊接速度。例如单面焊双面成形的对接接头，其组对间隙一般应等于焊条直径，钝边高度应为焊条直径的 1/2 左右。

B. 在焊接质量标准中，双面焊或加垫板的单面焊中是不允许未焊透缺陷存在的。对于不加垫板的单面焊，允许未焊透缺陷与焊缝的重要程度有关。重要焊缝不允许单面未焊透；较重要的焊缝允许存在的未焊透深度不得超过母材厚度的 10%～15%（随焊缝级别而定），并不得超过 2mm，未焊透长度应小于或等于同级别焊缝所允许的夹渣总长；一般焊缝未焊透深度应小于母材厚度 20%，并且不超过 3mm，长度也应小于允许的夹渣总长。

（5）未熔合

① 现象

焊缝中，焊道与母材或焊道之间未能完全熔化结合的部分称为未熔合。

② 防治措施

未熔合的防治措施有：操作时要注意焊条或焊炬的角度，运条摆动要适当，要注意坡口两侧的熔化情况；选用稍大的焊接电流或火焰，焊速不宜过快，使热量适当增加，以保证母材和熔敷金属或前一焊道焊缝金属和熔敷金属充分熔化结合；焊接过程中发现焊条偏心，应调整焊条角度或及时更换焊条；仔细清理坡口及前一焊道上的脏物或熔渣。

焊缝中一般是不允许未熔合缺陷存在的。

2.24.10　设备安装质量缺陷

1. 泵体安装处于受力状态

(1) 现象

管道和阀门的质量在泵体上。

(2) 防治措施

应在管道和阀门的连接件上增设支撑，解除加到泵体上的载荷。

2. 泵不吸水

(1) 现象

① 水泵不吸水，压力表和真空表指针剧烈摆动。

② 水泵不吸水，但真空表指示高度真空。

(2) 防治措施

① 启动前应给水泵注满水；降低水的温度；降低吸水高度；检查吸水管堵塞和漏气处，并及时进行处理；要彻底疏通水龙头；检查电动机能力是否符合要求，必要时应进行更换。

② 检查修整或更换单流阀，清洗水管；降低吸程高度。

3. 不泵水

(1) 现象

水泵排水口压力表有指示压力，但水泵不出水。

(2) 防治措施

① 检查清洗并截短出水管段长度。

② 取下吸水管接头，疏通叶轮。

③ 增加水泵的转速。

4. 泵水不畅

(1) 现象

水泵排水量过小。

(2) 防治措施

清除水泵进出口杂物；修整或更换叶轮；疏通单流阀；降低水温；拧紧吸水管接头；修整或更换盘根。

5. 消耗动力过大

(1) 现象

水泵消耗动力过大。

(2) 防治措施

放松填料函或将填料函取出，重新进行安装；更换叶轮；增加出水口阻力，降低流量。

6. 有异响不泵水

(1) 现象

水泵内响声异常，泵不上水。

(2) 防治措施

增加出水管阻力以减小流量；检查修理吸水管及吸水龙头；降低输送液体的温度。

7. 运转振动

（1）现象

水泵运转时泵体产生振动。

（2）防治措施

调整好水泵与电机的同轴度，使其达到规范要求；把水管固定牢，必要时增加支撑；修理或更换水泵轴、叶轮及平衡盘；拧紧地脚螺栓；固定好水泵基础。

8. 轴承过热

（1）现象

泵座轴承过热。

（2）防治措施

应仔细清洗轴承。加油或换油，修整或更换油环，调整好轴承间隙。

9. 电机过载

（1）现象

水泵电机电流过大；电机过热。

（2）防治措施

启动电机水泵时，应关闭出口阀门，对平衡环板、对轮、橡胶圈进行检查和调整；降低负荷，检查电机轴承温度是否正常。

10. 填料函漏水

（1）现象

水泵填料函处泄漏过大。

（2）防治措施

应适当拧紧压盖螺栓，一般普通软填料的泄漏量为每分钟不超过 10～20 滴，机械密封泄漏量不大于 10mL/h（每分钟约为 3 滴）。

2.25 消火栓系统用隔膜气压给水罐定压

2.25.1 隔膜气压给水罐应用范围

适用于高层、多层民用建筑的生产、生活和消防供水系统。

它的主要优点是可以消除高层建筑给水系统中水锤和水击，实现供水系统自动化。供水系统由囊形隔膜气压水罐、立式多级水泵、电气控制箱、自动仪表和管道阀门等装置组成。

2.25.2 工作原理

水泵运行向用户供水，并向气压罐囊形隔膜充水，囊形隔膜充水容积逐渐扩大，罐内气室容积缩小，气压升到最高压力值时，罐体上的电接点压力表通过电器使水泵停止。给水系统在隔膜式的气压自动作用下，保持给水系统的常高压状态，当囊形隔膜水室的水用完，气压降至最低压力值时，罐体上的电接点压力表通过继电器，启动水泵运行，继续向系统内供水，并向气压罐囊形隔膜内充水，水室逐渐扩大，气压再次上升到最高压力时，电接点压力表通过继电器停止水泵运行。如此往复，实现供水系统自动化。隔膜压力给水罐定压原理如图 2.25-1 所示。

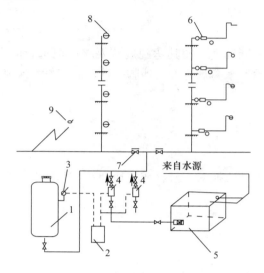

图 2.25-1　隔膜气压给水罐定压原理

1—膜式气压给水罐；2—电控箱；3—电接点压力表；4—立式多级给水泵；

5—储水箱；6—分户水表；7—止回阀；8—室内消火栓；9—消防水泵接合器

2.25.3　设备具有的特点

隔膜气压水罐可取代高位水箱、水塔，一次充气可保持长期使用，用户不需另设充气设备。

2.26　用户供暖系统引入口装置的正确安装

2.26.1　热水采暖系统引入口

热网与用户供暖系统连接的节点，通常称之为用户引入口。用户引入口一般设在用户的地下室或建筑物的第一层。在引入口处进行系统的调节、检测和统计供热量。因此，在引入口内的管路上要安装所需的仪表设备，如温度计、压力计、调节阀以及流量计等。热水采暖系统引入口如图 2.26-1 所示。

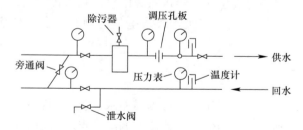

图 2.26-1 热水采暖系统引入口装置

当各用户停止供暖时，引入口的阀门关闭，将旁通管上的阀门打开，使各用户外网支管中的水可以循环流动，以免外网的支管结冻。在用户供暖时，必须将旁通阀门关闭严密；否则，就造成水流短路，引起室内系统不热，而室外回水干管中水温升高。当用户靠近锅炉房时，供、回水干管的压差大，容易造成进户水量过多，此时，可以装置调压孔板，增加局部系统的阻力，保持所需流量，以免近用户过热，远用户过冷。也可以用小管径的调节阀门来代替调压孔板。为了保障室内供暖系统不产生局部堵塞，在用户引入口处要装除污器，除污器可从标准图集中选用定型的设备。为了泄空室内供暖系统的水，在用户引入口的最低点应设泄水阀。与热电厂供热系统或大型区域供热系统相连接的工业企业热用户，宜设置专用的热力点作为用户引入口，以便统一管理和进行调节。

2.26.2 低压蒸汽采暖系统引入口

1. 蒸汽、凝结水管管径及其标高均以设计图定。
2. 压力表仅按图示位置预留丝堵或旋塞，如需随工程安装时由设计定。低压蒸汽采暖系统引入口装置如图 2.26-2 所示。

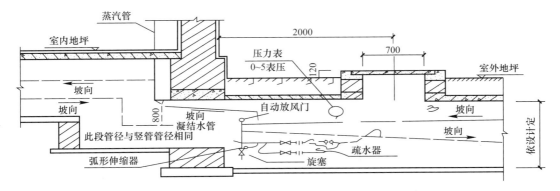

图 2.26-2　低压蒸汽系统引入口装置

2.26.3 高压蒸汽系统引入口

1. 蒸汽、凝结水管管径及其标高均依设计图定。
2. 室外暖气沟做法参见标准图。高压汽压系统减压后引入口装置如图 2.26-3 所示。

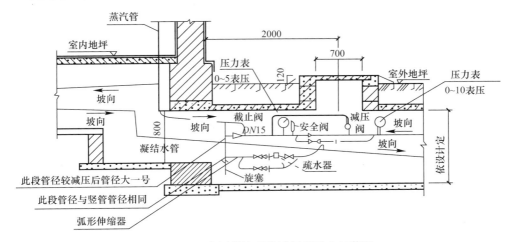

图 2.26-3　高压蒸汽系统减压后引入口装置

2.27　水系统阀门、附属装置、设备安装及防腐、绝热施工要求

2.27.1　阀门安装要求

1. 阀门安装位置、标高、进出口介质流向必须符合设计要求、连接应紧密牢固。

2. 阀门在安装前必须进行外观检查，阀门的铭牌应符合现行国家标准《通用阀门标志》GB 12220-1989 的规定，外观检查合格后进行安装。

3. 对于主、干管上进、出口部位具有切断作用的闭路阀门应在安装前按规范要求进行强度和严密性试验检查，合格后方准使用。防止送水时阀门关闭不严，产生打压时串水现象。

4. 强度试验时，试验压力为公称压力的 1.5 倍，持续时间不少于 5min，阀门的壳体、填料应无渗漏。

5. 严密性试验时，试验压力为公称压力的 1.1 倍；试验压力在最短试验持续时间内应保持不变，以阀瓣密封面无渗漏为合格。

6. 阀门严密性试验最短试验压力持续时间要求：

金属密封：$DN \leqslant 50$ 时，15s；$DN65 \sim 200$ 时，30s；$DN250 \sim 450$ 时，60s。

非金属密封：$DN \leqslant 50$ 时，15s；$DN65 \sim 200$ 时，15s；$DN250 \sim 450$ 时，30s。

7. 法兰阀门的安装；焊接法兰时，使用法兰检验尺检查，保证管子与法兰端面垂直。插入法兰盘的管子端部距法兰端面应为管壁厚度的 1.3～1.5 倍，以方便进行焊接。

8. 空调冷冻水管道的法兰衬垫宜采用橡胶石棉垫，禁止用石棉纸垫和纯橡胶垫。

9. 法兰衬垫内径不应小于管道外径，以免凸入管内增加运行时的局部阻力，衬垫外径则以不小于外圈止水线平面且不妨碍螺栓穿入螺栓孔为宜。

10. 螺纹阀门及螺纹法兰阀门的安装与螺纹丝扣管道的安装方法大致相同，但应注意管子与法兰盘上紧后，管端不应超过法兰密封面。

11. 螺纹阀门连接时，管端进入阀体应略短于阀体的内螺纹长度，以防止紧固时将阀门壳体胀裂。

12. 截止阀的安装：由于截止阀阀体内腔左右两端不对称，安装时应注意输送介质的流动方向，使介质由入口低进高出流经阀门，安装时还应注意开启方便，易于检修。

13. 需要吊装安装的阀门吊装时，绳索应拴在法兰上，切勿拴在手轮或阀杆上，以免折断阀杆。明杆阀门不能装在地下以免阀杆锈蚀。

14. 止回阀的安装：具有严格方向性要求，必须保证使其正向流动时开启正常，水流反冲击时阀板严密。

15. 安全阀安装前，应检查铅封情况、出厂合格证，核定试验报告，不得任意拆启。

16. 电磁阀、调节阀、热力膨胀阀、升降或止回阀等，阀头均应向上竖直安装（即水平管道上安装）。

17. 其他阀门和附件的安装：其他螺纹或焊接的阀门及螺纹或法兰接口的附件（如法兰膨胀节、橡胶软接头、蝶阀、疏水器、除污器等），其安装方式与螺纹或法兰阀门的安

装方式基本相同。值得注意的是：不论安装任何阀门，手轮均不得朝向地面方向安装。正确方法是手轮均在水平面上的 180o 范围内安装。成排安装的阀门手轮中心标高应一致以达到美观。

2.27.2　补偿器的安装要求

1. 方形补偿器的安装

（1）方形补偿器用弯头拼接时，水平臂中间处不准有焊缝。如无法避免焊缝，则应尽量靠近弯头两侧。由于两根垂直臂中部弯曲应力量最小，因此拼接焊缝最好设在垂直臂中部。

（2）方形补偿器安装前应进行预拉伸，预拉伸量为补偿值的一半，预拉伸可用千斤顶撑开或用拉管器拉开。预拉伸量允许偏差为 ±10mm。并应填写"管道补偿装置安装记录"。

（3）方形补偿器应在两个固定支架之间的管道安装完毕后进行。冷拉焊口应选在距方形补偿器弯曲起点 2~2.5m 处，冷拉前，固定支架应牢固固定，阀件的螺栓应全部拧紧。

（4）方形补偿器水平安装时，应与管道保持同一坡度，垂直臂应呈水平安装。数根管道平行敷设时，方形补偿器一般布置在同一位置。

（5）方形补偿器竖向安装时，如输送介质为液体，应在方形补偿器最高处装设放气阀，如输送介质为气体，应在方形补偿器最低点安装排水装置。

（6）方形补偿器两侧第一个支架，宜设置在距补偿器弯头的起点 0.5~1.0m 处，支架为活动支架，不得设置成固定支架。

（7）邻近方形补偿器的支架，其滑托应向管道热膨胀方向相反的一侧移动，移动量等于固定支架到该支架处的热膨胀量的一半距离。

2. 波纹形补偿器的安装

（1）波纹形补偿器安装时，应根据补偿零点温度定位。补偿零点温度就是在管道设计时考虑达到最高温度与最低温度的中点。在环境温度等于补偿零点温度时安装，波纹形补偿器可不进行预拉或预压。如安装时环境温度高于补偿零点温度，应预先压缩，反之应预先拉伸。

（2）波纹形补偿器的预拉或预压，应在平地上进行。作用力应分 2~3 次逐渐增加，尽量保证各波形节的圆周面受力均匀。拉伸或压缩的偏差应小于 5mm，当拉伸或压缩达到要求数值时，应立即进行固定。

（3）波纹形补偿器安装时应注意方向性，内套管有焊缝的一端在水平管上应迎介质流向安装，在垂直管上应置于上部，以防凝结水大量流入波节内。如管道内有凝结水产生时，应在每个波纹形补偿器下方安装放水阀。

（4）安装时应设临时约束装置，待管道安装固定后再拆除临时约束装置。吊装时，不得将绳索绑扎在波形节上，也不允许将支撑件焊接在波形节上。

（5）波纹形补偿器应严格按照管道中心线安装，不得偏斜。

2.27.3　空调水系统设备安装要求

1. 设备安装工艺流程

设备基础施工→基础验收→设备场外运输→设备开箱检查验收→设备吊装→设备水平运输→吊装就位→设备调正找平→垫铁焊接固定→设备配管安装→阀件配置安装→管道除锈→管道刷油→系统冲洗→水压试验→隐蔽验收→绝热施工→单机调试→系统调试运转→联合试运转验收。

2. 冷水机组安装要求

（1）冷水机组基础的施工要求

冷水机组基础的施工应参照厂家样本进行，基础混凝土强度到达 80% 后，进行基础预检。认真检查基础的各项技术参数、预埋件的位置及标高、偏差等，是否符合设计安装的要求。

（2）冷水机组的运输、吊装要求

① 设备安装人员要熟悉机组的样本及有关技术要求，根据机组的数量、规格、到场时间，安排好设备进场次序。

② 根据机组安装的位置，确定运输路线、安装方法和吊装方法，制定出切实可行的安装施工方案。

③ 会同土建现场管理人员，进行机组运输路线的清理，确保设备在运输时，没有其他方面的干扰，保证施工安全。

④ 冷水机组采用大型吊车垂直运输到地下机房时，采用手拉葫芦、滚杠并参照现场厂家技术人员的指导进行整体移动。

⑤ 设备就位后必须由厂家技术人员检查验收，确保设备的安装平整符合要求。采用彩条布、厚脚手架板及架子管对机组进行覆盖、搭棚保护，防止后期施工中可能对机组本体造成的污染和损坏。

⑥ 按照机组样本及设计图纸，结合机房现场的实际情况，统一安排各个系统管路的走向及安装标高，并绘制正式的机房管道安装图。报请设计、发包方、监理工程师同意后，进行各个系统管路连接。

（3）冷水机组安装要求

① 冷水机组及其辅助设备的型号、规格、性能及技术参数等必须符合设计要求。设备机组外表面应无损伤，密封应良好，随机文件和配件应齐全。

② 用地脚螺栓固定的热泵机组，其垫铁的放置位置应正确、接触紧密；螺栓必须拧紧，并加弹簧垫圈后用双螺帽紧固。

③ 如采用减振措施的热泵机组，其减振器安装位置应正确，各个减振器的压缩量应均匀一致，偏差不应大于 2mm。

3. 冷却塔安装要求

（1）冷却塔的型号、规格、技术参数必须符合工程设计规定的技术要求。

冷却塔是冷却循环水的一种设备，冷却塔有逆流式和横流式。逆流式多为单塔和小型塔，横流式为双塔和大型塔。冷却塔安装注意要点如下：

（2）要安装在通风良好的地方，不能装在通风差和湿气回流处，不应设在厨房等高温空气排出口的地方，并与高温排风口、烟囱等热源处保持一定的距离，以免降低效果。

（3）玻璃钢和塑料的冷却塔是易燃品，冷却塔安装过程中应注意防火，严禁在塔体及其邻近使用电焊等明火操作，也不允许在场人员吸烟等。如动明火，应采取相应的措施。

（4）和其他设备一样，设备进场应作开箱检查验收，并对设备基础进行验收。冷却塔基础应保持水平，要求支柱与基础垂直，各基面高差±1mm，中心距允许偏差为±2mm。

（5）塔体拼装时，螺栓应对称紧固，不允许强行扭曲安装。

（6）冷却塔安装应平稳，地脚螺栓与预埋件的连接或固定应牢靠，各连接件应采用热镀锌螺栓或不锈钢螺栓，其紧固力应一致、均匀。冷却塔安装应水平，单台冷却塔安装的水平度和垂直度允许偏差均为2/1000。多台冷却塔的安装水平高度应一致，高差不应大于30mm。

（7）冷却塔的出水管口及喷嘴的方向和位置应正确，布水均匀。其转动部分应灵活，风机叶片端部与塔体四周的径向间隙应均匀，可调整的叶片角度应一致。

（8）冷却塔进、出水管及补水管应单独设置管道支架，避免将管道重量传递给塔体。

（9）风机叶片应妥善保管，防止变形，电机及传动件应上油，并在室内存放。

（10）为避免杂物进入喷嘴、孔口，组装前应仔细清理。

（11）冷却塔安装完毕，应清理管道、填料表面、积水盘等处的污垢及塔内遗物，并进行系统清洗。

4. 水泵安装要求

（1）基础复查与处理

① 泵就位前应复查基础的尺寸、位置、标高及螺栓孔位置，是否符合设计要求，并按图纸位置要求在基础上放出安装基准线。安装应在混凝土强度达到设计要求后才能进行。

② 设备就位前，必须将设备底座的污物或地脚螺栓孔中的杂物清除干净，灌浆处的基础表面凿成麻面，并应凿去被沾污的混凝土。

（2）设备就位及找正、找平

① 地脚螺栓安放时，底端不应碰孔底、地脚螺栓离孔边应大于15mm，螺栓应保持垂直，其垂直度偏差不应超过1/100。

② 泵的找平应以水平中心线、轴的外伸部分，底座的水平加工面等处为基准，用水平仪进行测量，泵体的水平偏差每米不得超过0.1mm。

③ 离心水泵联轴器同心度的找正，用水准仪、百分表或塞尺进行测量和校正，使水泵轴心保持同轴度，其轴向倾斜每米不得超过0.2mm，径向位移不得超过0.05mm。

④ 找正、找平时应采用垫铁调整安装精度。

（3）水泵进出水管连接

① 管道与水泵法兰之间的连接应是无应力连接、即法兰平行度良好，管道重量不支撑在泵体上。

② 水泵吸水管的连接应有上平下斜的异径管，从吸水喇叭口接向泵的水平管应有上升坡度，使吸水管内不积存空气、利于吸水。

③ 泵的出水管上应安装异径管、止回阀和闸阀，并安装压力表。

④ 有隔振要求的水泵安装，其橡胶减振垫或减振器的规格型号和安装位置应符合设

计要求。

⑤ 水泵的进口、出口处，必须安装减振的橡胶避振喉。

5. 换热器安装要求

(1) 换热器是空调水系统中的重要附属设备。换热器安装首先要制作混凝土基础，保证基础水平，基础表面应平整；换热器底部支座要与基础紧密接触，地脚螺栓固定要牢靠。

(2) 换热器安装先要核对设备尺寸与基础尺寸是否一致，再进行吊装就位，吊装时要将起吊点放在设备的重心上。起吊时要注意保护好换热器的仪表、阀门、支座等，就位后用薄垫铁找正水平、拧紧地脚螺栓固定。

(3) 与换热器连接的管道在与换热器接口前必须做好打压、冲洗、防止焊渣、杂质进入换热器内部。

6. 分、集水器安装要求

(1) 分、集水器属于压力容器，制作时必须由具有生产许可证的单位加工。分、集水器加工时要把容器上需开口接阀门、压力表、温度计、泄水口的短管一次性加工好，到现场后如有问题不得自行改制。

(2) 分、集水器要安装在混凝土基础上。在基础上的预埋件一般采用预埋钢板，焊接型钢支架，结构形式可按标准图集制安。

(3) 分、集水器安装时坡度保持在 0.01 左右，要坡向排污管一端。

(4) 分、集水器支架高度不得大于 1000mm。

7. 膨胀水箱安装要求

(1) 将水箱吊装就位，找平校正。开式膨胀水箱应安装在系统最高处并与外界空气相通。在自然循环系统中，膨胀水箱的膨胀管另一端应安装在供水干管上并超过系统最高处 1m 左右，以便于排除系统中的空气；在机械循环系统中，膨胀水箱应根据设计要求安装在系统最高点以上，膨胀水箱的膨胀管另一端安装在循环水泵吸入口 2m 处或按设计要求安装在总回水立管上。

(2) 膨胀管、循环管、溢流管上严禁安装阀门。膨胀水箱通常有循环管、溢流管、膨胀管、排污管、检查管、补给水管等。

8. 除污器安装要求

(1) 除污器应装有旁通管（绕行管），以便在系统运行时，对除污器进行必要的检修和排污。

(2) 因除污器重量较大，应安装在专用支架上；但安装的支架，不应妨碍除污器排污工作的进行。

(3) 除污器的安装，热介质应从管孔的网格外进入。系统试验与冲洗后，应予以清扫。

9. 软水设备安装要求

对于各类型水处理设备的安装，可按设计规定和设备出厂说明书规定的安装方法进行。如无明确规定时，可按下列要求进行安装：

(1) 安装前，应根据设计规定对设备的规格、型号、长度尺寸，制造材料以及应带的附件等进行核对、检查；对设备的表面质量和内部的布水设施，如水帽等，也要仔细检查；特别是有机玻璃和塑料制品更应严格检查，符合要求方可安装。

（2）安装前，应根据设备结构，结合离子交换器的设置，一般不少于两台；在原水质处理量较为稳定的条件下，可采用流动床离子交换器。位置确定后按设计要求修好地面或建好基础，其质量要求应符合设备的技术要求。

（3）按出厂技术文件的技术要求对支架和设备进行必要的找正找平；无基础及地脚螺栓的设备，应采取措施保证支架和设备的平稳牢固；有地脚螺栓的较大型的设备要拧紧地脚螺栓。管道连接时，无论是钢管连接或塑料管连接，均应按正确的施工规范进行施工。如施焊时，不得损伤交换器本体。

（4）安装完毕应进行试运行，从而检查管道连接、本体渗漏、阀门灵敏可靠程度等；对非金属设备应注意压力的变化。合格后做好记录。

2.27.4　空调水系统管道水压试验要求

管道安装后，应根据系统的大小采取分区、分层试压和系统试压相结合的方法，对于大型或高层建筑垂直位差较大的冷（热）媒水、冷却水管道系统宜采用分区、分层试压相结合的方法，一般建筑可采用系统试压方法。

1. 管网注水点应设在管段的最低处，由低向高将各个用水的管末端封堵，关闭入口总阀门和所有泄水阀门及低处泄水阀门，打开各分路及主管阀门，水压试验时不连接配水器具。注水时打开系统排气阀，排净空气后将其关闭。

2. 充满水后进行加压，升压采用试压泵。冷热水、冷却水系统的试验压力，当工作压力小于等于 1.0MPa 时，为 1.5 倍工作压力，但最低不小于 0.6MPa；当工作压力大于 1.0MPa 时，为工作压力加 0.5MPa。

3. 分区、分层试压：对相对独立的局部区域的管道进行试压，在试验压力下，稳压 10min，压力不得下降，再将压力降至工作压力，在 60min 内压力不得下降，外观检查无渗漏为合格。

4. 系统试压：在各分区管道与系统主、干管全部连通后，对整个系统的管道进行系统的试压。试验压力以最低点的压力为准，但最低点的压力不得超过管道与组成件的承受压力。压力试验升至试验压力后，稳压 10min，压力下降不得大于 0.02MPa，再将系统压力降至工作压力，外观检查无渗漏为合格。

5. 系统如有漏水则在该处做好标记，泄压后进行修理，修好后再充满水进行试压。对起伏较大和管线较长的试验管段，可在管段最高处进行 2～3 次冲水排水，确保充分排水。

6. 水压试验合格后把水泄净。

7. 凝结水系统采用充水试验，应以不渗漏为合格。

8. 冬季试压环境温度不应低于 5℃。

9. 试压合格后应尽快联系相关人员验收签认，办理相关手续。

2.27.5　管道系统冲洗要求

1. 冲洗前应根据系统的具体情况制定冲洗方案，保证不将冲洗的污物冲入冷水机组和空调的末端装置内。

2. 管道冲洗进水口应选择适当位置，并能保证将管道系统内的杂物冲洗干净为宜。排水管截面积不应小于被冲洗管道截面的 60%，排水管应接至排水井或排水沟内。

3. 管道系统在验收前，应进行通水冲洗。冲洗水流速不应小于 1.5m/s，冲洗时应不留死角，系统最低点应设放水口，冲洗时，直到出口处的水色和透明度与入口处目测一致为合格。

4. 试压合格后应尽快联系相关人员验收签认，办理相关手续。

2.27.6　空调水系统管道及设备防腐与绝热施工要求

1. 施工准备

（1）防腐施工的方法、层次和防腐油漆的品种、规格必须符合设计要求。

（2）油漆施工前，应熟悉油漆的性能参数，包括油漆的表干时间、实干时间、理论用量以及按产品说明书要求施工等。

（3）熟悉厂家说明书的内容，了解各油漆配合比。

（4）熟悉图纸设计内容，了解绝热层、防潮层及保护层的材质、厚度等技术要求。

（5）了解各绝热材料生产厂家配套胶粘剂的使用方法、适用温度等相关性能参数。

（6）编制合理的施工方案，制定科学的安全保护措施。

（7）专业人员进行技术、质量、安全交底。

（8）油漆必须在有效期内使用，如过期，应送技检部门鉴定合格后，方可使用。油漆的选购应重质轻价选购优质油漆，以保证其良好的附着力和耐久性。

（9）当底漆与面漆采用不同厂家的产品时，涂刷面漆前应做粘结力检验，合格后方可施工。

（10）所用绝热材料要具备出厂合格证或质量鉴定文件，必须是有效保质期内的合格产品。

（11）使用的绝热材料的材质、密度、规格及厚度应符合设计要求和消防防火规范要求。

（12）保温材料在存储、运输、现场保管过程中应不受潮湿及机械损伤。

（13）保温材料的选购：保温材料应满足设计要求密度，平整密实，不得有裂缝空隙，如保温材料外面贴有保护面层（铝箔），则要求其涂胶均匀贴合严密；如工程要求使用玻璃布、塑料布作保护层，则塑料布应具有一定强度和韧性，玻璃布要求经纬度符合标准。

2. 作业条件

（1）油漆按照产品说明书要求配制完毕，熟化时间达到油漆使用要求。

（2）油漆施工前待防腐处理的构件表面应无灰尘、铁锈、油污等污物，并保持干燥。

（3）管材、型材及板材按照使用要求已进行矫正调整处理。

（4）待涂刷的焊缝应检验（或检查）合格，焊渣、药皮、飞溅渣等已清理干净。

（5）管道及设备的绝热应在防腐及水压试验合格后进行，如果先做绝热层，应将管道的接口及焊缝处留出。待水压试验合格后再做接口处的绝热施工。

（6）建筑物的吊顶及管井内需要做保温的管道，必须在防腐试压合格后进行，隐蔽工程验收检查合格后，土建才能最后封闭，严禁颠倒工序施工。

（7）保温前必须将作业环境和井内的杂物清理干净。

(8) 管道保温层施工必须在系统压力试验检漏合格、防腐结束后进行。

(9) 场地应清洁干净，有良好的照明设施，冬、雨期施工应有防冻及防雨雪措施。

3. 防腐与绝热施工工艺流程

防腐施工工艺流程：表面清理→除锈→刷底漆→刷面漆。

管壳制品施工工艺流程：散开管壳→合拢管壳→缠裹铝箔胶带。

缠裹保温施工工艺流程：裁剪→缠裹保温材料→包扎保温层。

设备、箱罐保温施工工艺流程：焊钩钉→除锈→刷油→绑扎钢丝网→铺岩棉或铺玻璃棉板→保护层。

橡塑海绵板保温施工工艺流程：领料→下料→刷胶水→粘贴→接头处粘胶带→检验。

4. 管道防腐层与绝热施工要点

(1) 人工除锈时可用钢丝刷或粗砂布摩擦，直到露出金属光泽，用棉纱或破布擦净。

(2) 油漆作业的方法应根据施工要求、涂料的性能、施工条件、设备情况进行选择。

(3) 涂漆施工的环境温度宜在 5℃ 以上，相对湿度在 85% 以下。

(4) 涂漆施工时空气中必须无煤烟、灰尘和水汽；室外涂漆遇雨、雾时应停止施工。

(5) 手工涂漆：手工涂漆应分层涂刷，每层应往复进行，并保持涂层均匀，不得漏涂；快干漆不宜采用手工涂刷。

(6) 机械喷涂：采用的工具为喷枪，以压缩空气为动力。喷枪的漆流应和喷漆面垂直，喷漆面为平面时，喷嘴与喷漆面应相距 250～350mm，喷漆面如为曲面时，喷嘴与喷漆面的距离应为 400mm 左右。喷涂施工时，喷嘴的移动应均匀，速度宜保持在 10～18m/min。喷漆使用的压缩空气压力为 0.3～0.4MPa。

(7) 涂漆施工是否合理，对漆膜的质量影响很大。第一层底漆或防锈漆，直接涂在工作表面上，与工作表面紧密结合，起防锈、防腐、防水、层间结合的作用；第二层面漆（调和漆和磁漆等），涂刷应精细，使工作面获得要求的色彩。

(8) 一般底漆或防锈漆应涂刷一道到两道；第二层的颜色最好与第一层颜色略有区别，以检查第二层是否有漏涂现象。每层涂刷不宜过厚，以免起皱和影响干燥，如发现不干、皱皮、流挂、露底时，须进行修补或重新涂刷。

(9) 表面涂调和漆或磁漆时，要尽量涂得薄而均匀，如果涂料的覆盖力较差，不允许任意增加厚度，而应逐次分层涂刷覆盖。每涂一层后，应有一个充分干燥的时间，待前一层表面干燥后才能涂下一层。

2.28 空调水系统设备单机试运转

2.28.1 冷冻水泵、冷却水泵试运转

1. 水泵的外观检查：检查水泵及其附属系统的部件是否齐全，各紧固连接部位不得松动；用手盘动叶轮时应轻便、灵活、正常，不得有卡、碰现象和异常的振动及响声。

2. 水泵的启动和运转：水泵与附属管路系统上的阀门启闭状态要符合调试要求，水泵运转前，应将入口阀全开、出口阀全闭，待水泵启动后再将出口阀缓慢打开。

3. 点动水泵，检查水泵的叶轮旋转方向是否正确。

4. 启动水泵，用钳形电流表测量电动机的启动电流，用转速表测量电机转速，待水泵正常运转后，观察水泵前后压力表差值并记录水泵扬程数据，再测量电动机的运转电流检查其电机运行功率值。上述参数均应符合设备技术文件的规定。

5. 水泵在连续运行 2h 后，应用数字温度计测量其轴承的温度，滑动轴承外壳最高温度不得超过 70℃，滚动轴承不得超过 75℃。

2.28.2　冷却塔试运转

1. 冷却塔运转前准备工作

清扫冷却塔内的杂物和尘垢，防止冷却水管或冷凝器等堵塞。

冷却塔和冷却水管路系统用水冲洗，管路系统应无漏水现象。

检查自动补水阀的动作状态是否灵活准确。

2. 冷却塔运转

冷却塔风机与冷却水系统循环试运行不少于 2h，运行时冷却塔本体应稳固、无异常振动，用声级计测量其噪声，对于冷却塔风机的电机应用转速表测量电机转速并记录数据，各项参数应符合设备技术文件的规定。

冷却塔试运转工作结束后，应清洗集水盘。

冷却塔试运行后，如长期不使用，应将循环管路及集水盘中的水全部放出，防止设备冻坏。

2.28.3　制冷机组、单元式空调机组试运转

制冷机组、单元式空调机组的试运转，应符合设备技术文件和现行国家标准《制冷设备、空气分离设备安装工程施工及验收规范》GB 50274 的有关规定，正常运转不应少于 8h。

2.28.4　空调水系统调试

1. 空调水系统调试

（1）系统调试前要准备好试验调整所需的仪器、仪表和必要的工具，所使用的仪器、仪表性能应稳固可靠，其精度等级及分度值应能满足测定的要求。并应符合国家有关计量法规及检定规程的规定。

（2）调试人员必须认真熟悉图纸，充分了解调试系统设计功能和使用情况。制定运转调试方案，制定相应措施，确保成品保护完好。

（3）调试前，空调工程水系统应冲洗干净，不含杂物，并排除管道系统中的空气。

（4）空调冷热水、冷却水总流量测试结果与设计流量的偏差不应大于 10%。

（5）舒适空调的温度、相对湿度应符合设计的要求。恒温、恒湿房间室内空气温度、相对湿度及波动范围应符合设计规定。

（6）系统连续运行应达到正常、平稳；水泵的压力和水泵电机的电流不应出现大幅波动。

（7）系统平衡调整后，各空调机组的水流量应符合设计要求，允许偏差为 20%。

（8）各种自动计量检测元件和执行机构的工作应正常，满足建筑设备自动化，系统对

被测定参数进行检测和控制的要求。

（9）多台冷却塔并联运行时，各冷却塔的进、出水量应达到均衡一致，冷却塔集水盘之间应安装连通平衡管。

（10）空调室内噪声应符合设计规定要求。

2. 空调水系统联合试运行

空调水系统的联合试运行应配合空调风系统同时进行。

2.29　质量保修制度

1. 国家规定采暖系统和空调系统为两年保修期。

2. 保修期内发生保修项目，施工单位接到电话通知，应立即进行保修，否则，建设单位可以另找其他人员进行修理，其费用在保修金内扣除。

3. 保修金按照工程结算造价的 5% 计算。

4. 工程竣工之日开始计算保修日期。

5. 两年保修期满，无质量问题，建设单位应立即将保修金全额退还给施工单位，如不按期支付保修金，建设单位应承担银行同期贷款利息。

6. 工程保修体现了工程项目承包方对工程项目负责到底的精神，体现了施工企业"服务为本，对用户负责"的宗旨。施工单位在工程项目竣工验收交付使用以后，应履行合同中约定的保修义务。

7. 保修的责任范围

（1）质量问题确实是由于施工单位的施工责任或施工质量不良造成的，施工单位负责修理并承担修理费用。

（2）质量问题是由双方的责任造成的，应协商解决，商定各自的经济责任，由施工单位负责修理。

（3）质量问题是由于建设单位提供的设备、材料等质量不良造成的，应由建设单位承担修理费用，施工单位协助修理。

（4）质量问题的发生是因建设单位责任或用户责任，修理费用由建设单位或用户负担。

（5）涉外工程的修理按合同规定执行，经济责任按以上原则处理。

8. 保修的起止时间

自竣工验收完毕之日的第二天开始计算，电气管线、给排水管道、暖通空调管道、设备安装工程保修期为两年，即两个采暖期或两个供冷期。

9. 保修工作程序

（1）发送保修证书：在工程竣工验收的同时，由施工单位向建设单位发送机电安装工程保修证书。

保修证书的内容主要包括：工程概况；设备使用管理要求；保修范围和内容；保修期限、保修情况记录（空白）、保修说明；保修单位名称、地址、电话、联系人等。

（2）建设单位（或用户）要求检查和修理时，发现使用功能不良，又是由于施工质量而影响使用者，可以用口头或书面方式通知施工单位的有关保修部门，说明情况，要求派人前往检查修理。施工单位必须尽快地派人前往检查，并会同建设单位作出鉴定，提出修理方案，并尽快组织人力、物力进行修理。

（3）验收：在发生问题的部位或项目修理完毕后，要在保修证书的保修记录栏内做好记录，并经建设单位验收签字认可，以表示修理工作完成。

10. 投诉的处理：

（1）对于用户的投诉，应迅速及时研究处理，切勿拖延。

（2）认真调查分析，尊重事实，做出适当处理。

（3）对各项投诉都应给予热情、友好的解释和答复，即使投诉内容有误，也应耐心协助解决。

第3章 水系统施工技术要点

3.1 各类管道预留洞口尺寸

管道穿过基础、墙壁和楼板，应该配合土建单位预留孔洞，其尺寸设计如无具体要求，可参考下述列表所示尺寸。

3.1.1 供暖管道预留洞口尺寸（表3.1-1）

供暖管道预留洞口尺寸表（mm）　　　　　　　　　　表3.1-1

序　号	管道名称	管　径	明管（长×宽）	暗管（宽×深）
1	供暖立管	≤DN25	100×100	130×130
		DN32～DN50	150×150	150×130
		DN70～DN100	200×200	200×200
2	两根供暖立管	≤DN32	150×100	200×130
3	散热器支管	≤DN25	100×100	60×60
		DN32～DN40	150×130	150×100
4	供暖主干管	≤DN80	300×250	
		DN100～DN125	350×350	

3.1.2 供暖管道立管中心距墙面（装饰面）间距

立管明装时，一般多布置在外墙角及窗间墙处。双管系统的供水管布置在面向的右侧，回水立管布置在面向的左侧，两根立管中心间距80mm。立管距墙面的距离如图3.1-1所示。

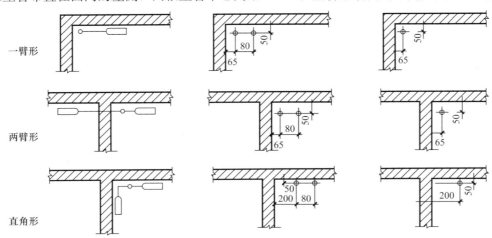

图3.1-1 供暖管道布置立管中心距墙面（装饰面）间距示意图

3.1.3　生活给水系统留洞、留孔及预留管槽

见表 3.1-2～表 3.1-4。

生活给水系统进户管穿基础留洞尺寸规格（mm）　　　　表 3.1-2

管径 DN	<50	50～100	125～150
孔洞尺寸（宽×高）	200×200	300×300	400×400

生活给水系统立管管外皮距墙面距离及留孔尺寸（mm）　　　　表 3.1-3

管径 DN	<32	32～50	75～100	125～150
管外皮距墙面（抹灰面）距离	25～35	30～50	50	60
管孔尺寸（宽×高）	80×80	100×100	200×200	300×300

生活给水系统暗敷管道预留管槽尺寸（mm）　　　　表 3.1-4

名　称	盥洗室冷热水龙头	浴盆	淋浴器	洗脸盆	小便器高低水箱
冷热水管间距	150	150	150	175	60×60
管槽尺寸（深×高）	60×240	60×240	60×240	60×260	60×60

3.1.4　排水立管中心与墙面距离及管道预留洞口尺寸（表 3.1-5）

排水立管中心与墙面距离及管道预留洞口尺寸表（mm）　　　　表 3.1-5

管　径	50	75	100	125～150
立管中心与墙面距离	100	110	130	150
楼板预留洞口尺寸	100×100	200×200	200×200	300×300

3.2　施工用材料检验批报验

必备条件：材料必须有加盖供应商公章的材质单、有加盖检查员印章的合格证；设备必须有加盖供应商公章的检测报告、有加盖检查员印章的合格证、设备装箱清单和生产厂家出具的设备安装使用说明书。

1. 各项工程的施工所用材料或设备在安装使用之前，必须向监理报验，报验之后，视为不合格的材料或设备禁止使用；

2. 各项材料或设备必须有合格证、材质单、设备安装说明书。

3. 向监理单位报验的材料或设备必须采用电子版报验单，以及打印出来的相同文字的盖有施工单位公章和项目经理签字的报验单。

3.3　设备开箱检查及报验

设备开箱检查，应有施工单位、建设单位、监理单位、设备供应商各方代表在场共同

开箱检查验收，并按照清单内项目仔细核对设备的台数、型号、规格、性能参数、设备附件数量等，确认无误后在场各方代表签字认可，如发现错误应立即解决处理，由设备供应商代表在短期内更换，避免延误工期、给施工单位和建设单位造成经济损失。

3.4 水系统阀件施工技术要点

阀件安装分为丝扣连接和法兰连接两类。

1. 与水阀件连接的管道套扣时，应比管件安装时套扣长度少2～3扣，以防胀裂阀门丝扣连接处。

2. 水阀件安装时，任何情况下严禁将阀门的阀杆冲向水平面以下的各个角度，以防铁锈和泥沙存入阀杆缝隙之内，破坏阀件正常使用功能。

3. 水管阀件安装时，必须注意水流的方向性，严禁将水阀件方向安反。例如：止回阀、截止阀、平衡阀、除污器、Y型过滤器、旋启式止回阀、温控阀、调节阀、疏水阀、疏水器、喷射器、减压阀、水表、热表、电动两通阀、比例积分阀、锁闭阀、快速排污阀、外套筒式波纹补偿器等，阀件外壳上均标注了水流方向箭头，安装时必须注意阀件的方向性，严禁阀门安装方向错误。

4. 自垂消声式止回阀、升降式止回阀、安全阀必须垂直安装，严禁阀门安装方式错误。

5. 水管阀件安装后，必须清理外露丝扣上的残余麻丝和法兰焊口处焊渣，焊渣彻底清净后，方可进行油漆的补刷工作。

6. 阀件的公称压力必须与设计要求相符；各种规格、型号的阀件都必须具有出厂合格证。

7. 经过阀件压力试验，发现不合格的阀件严禁使用，应由供货商无条件给予退换。

8. 任何阀门均不得将阀杆朝向水平面以下角度内安装。

9. 采暖管道系统立管上安装球阀、闸阀、截止阀。

10. 采暖管道系统供回水管的分支管处安装闸阀、蝶阀、截止阀。

11. 集水器处各回水环路上安装自力平衡阀及蝶阀。

12. 蒸汽管道上安装截止阀、凝结水管上安装疏水阀。

13. 锅炉排污管上安装快速排污阀。

14. 锅炉供水管上安装安全阀，安全阀前禁止安装其他阀门。

15. 减压阀前后安装截止阀。

16. 水表前后安装闸阀、截止阀、水表表盘必须水平安装。在水表出水管上安装止回阀。

17. 压力表、水位表必须垂直安装，且均应安装表阀。

18. 温度计安装，螺纹连接插入，可垂直或倾斜安装。

19. 水箱内安装进水浮球阀。

20. 水泵进出水管上安装闸阀、蝶阀，在水泵出水管上安装止回阀。

21. 在采暖系统各制高点上安装自动排气阀。

22. 在管道最低点安装排除污垢的泄水阀（可采用闸阀、截止阀、旋塞阀、快速排污阀）。

3.5　按节能规范进行水管系统绝热层施工

1. 科学在不断进步，材料、工艺在不断更新，施工方法随之改变，规范及技术措施不断提出新要求，所以我们的施工技术水平必须逐步提高。

2. 新型保温材料在使用一个时期后，由专业技术人员研究出更合理的密度和厚度，所以，又会提出新的节能数据标准，要求设计单位和施工单位必须执行。

3. 施工单位必须优先采用国家新制定的各种节能措施中所规定的各项节能材料，淘汰旧材料的使用，并改进施工工艺。

4. 水管保温材料目前常用的有：带防火铝箔的离心玻璃棉管壳、不燃复合硅酸盐保温管壳、难燃橡塑管壳、带有防水外壳的聚氨酯发泡直埋管道等材料等。最小绝热层厚度是最经济的节能运行基本条件。

5. 室内安装的空调冷水管保冷最小绝热层厚度（介质温度≥5℃）（表 3.5-1）

室内安装的空调冷水管保冷最小绝热层厚度（介质温度≥5℃）　　　　表 3.5-1

绝热材料	柔性泡沫橡塑		离心玻璃棉	
	公称管径（mm）	厚度（mm）	公称管径（mm）	厚度（mm）
室内安装	≤DN25	25	≤DN25	25
	DN32～DN50	28	DN32～DN80	30
	DN70～DN150	32	DN100～DN400	35
	≥DN200	36	≥DN450	40

6. 空调冷凝水管防结露最小绝热层厚度（表 3.5-2）

空调冷凝水管防结露最小绝热层厚度（mm）　　　　表 3.5-2

安装位置	保温材料名称	
	柔性泡沫橡塑管套	离心玻璃棉管壳
在空调房间吊顶内	9	10
在非空调房间内	13	15

7. 室内安装的热水管道硬质酚醛泡沫经济保温厚度（表 3.5-3）

室内安装的热水管道硬质酚醛泡沫经济保温厚度　　　　表 3.5-3

最高介质温度（℃）		保温厚度（mm）						
		30	35	40	50	60	70	80
室内管道保温	60	≤DN40	DN50～DN125	DN150～DN450	≥DN500	—	—	—
	80	—	≤DN32	DN40～DN80	DN100～DN500	≥DN600	—	—
	95	—	≤DN20	DN25～DN40	DN50～DN150	≥DN200	—	—
	130	—	—	—	≤DN50	DN70～DN150	DN200～DN500	≥DN600

8. 室内安装的热水管道硬质聚氨酯泡沫经济保温厚度（表 3.5-4）

室内安装的热水管道硬质聚氨酯泡沫经济保温厚度　　　　　　　表 3.5-4

最高介质温度（℃）		保温厚度（mm）						
		25	30	35	40	50	60	70
室内管道保温	60	≤DN25	DN32~DN70	DN80~DN300	≥DN350	—	—	—
	80	—	≤DN20	DN25~DN50	DN70~DN125	≥DN150	—	—
	95	—	—	≤DN32	DN40~DN70	DN80~DN350	≥DN400	—
	120	—	—	—	≤DN32	DN40~DN100	DN125~DN450	≥DN500

9. 室内安装的热水管道离心玻璃棉经济保温厚度（表 3.5-5）

室内安装的热水管道离心玻璃棉经济保温厚度　　　　　　　表 3.5-5

最高介质温度（℃）		保温厚度（mm）						
		35	40	50	60	70	80	90	100
室内管道保温	60	≤DN25	DN32~DN50	DN70~DN300	≥DN350	—	—	—	—
	80	—	≤DN20	DN25~DN70	DN80~DN200	≥DN250	—	—	—
	95	—	—	≤DN40	DN50~DN100	DN125~DN300	≥DN350	—	—
	125	—	—	—	≤DN40	DN50~DN100	DN125~DN200	DN250~DN600	≥DN700

3.6 高层建筑水管道施工技术要点

高层建筑管道系统与其他管道系统相比，其突出难点是立管的纵向固定困难和管道上部与下部的压力差较大，一般按高度划分系统，并分段固定。采用红外线测量方法保障管道安装水平标高，按照规范规定安装固定防晃支架。

3.6.1 采用固定钢丝线吊线保障管道安装垂直度

高层建筑竖向管道垂直放线是控制众多管线垂直安装管道中心距离的关键措施。一根管道垂直线偏离将会影响多根管道的安装标准，必须引起高度重视。小白线吊线方法，易造成偏差，应采用钢丝线拉直固定后，统一分楼层制作安装固定钢架的施工方法，并边安装边校正，统一布置各专业管道中心距。

管道的垂直运输可采用人工绞车的分管段运输方式，并要求运输一根安装完工一根的施工方法，禁止实行点焊后再统一焊接的危险施工方式。

水系统管道丝接时，要求认真缠绕麻丝和一次性拧紧管件的施工措施，严防漏水返工现象发生。

塑料管道施工应在焊接管道完工后进行施工。

压力试验合格后，应将管道焊口处进行防腐刷油处理，再进行管道保温工作。

水系统管道卡箍连接用于消防水管道的施工。

3.6.2　高层建筑给水管道施工技术要点

1. 高层建筑给水管道必须采用与管材相适应的管件。生活给水系统所涉及的材料必须达到饮用水卫生标准。给水系统管材应采用合格的给水铸铁管、镀锌钢管、给水塑料管、复合管、铜管。

2. 管路的连接方式选择依据管径大小确定。当镀锌钢管管径≤DN100mm 时，应采用螺纹连接。管径＞DN100mm 的镀锌钢管应采用法兰或卡套式专用管件连接，镀锌钢管与法兰的焊接处应二次镀锌。

3. 给水塑料管和复合管可以采用以下连接方式：

（1）橡胶圈接口、黏结接口、热熔连接、专用管件连接及法兰连接等形式。

（2）塑料管和复合管与金属管件、阀门等的连接应使用专用管件连接，不得在塑料管上套丝。

4. 给水铸铁管管道应采用水泥捻口或橡胶圈接口方式进行连接。

5. 铜管连接可采用专用接头或焊接。当管径≤DN65mm 时宜采用承插式焊接（表3.6-1），承口应迎介质流向安装。当管径≥DN80mm 时宜采用对口焊接，采用对接焊缝组对管道的内壁应平齐，错边量不大于 0.1 倍壁厚，且不大于 1mm。

承插式焊接的铜管承口的扩口深度表（mm）　　　　表 3.6-1

铜管管径	≤DN15	DN20	DN25	DN32	DN40	DN50	DN65
承插口的扩口深度	9～12	12～15	15～18	17～20	21～24	24～26	26～30

6. 给水立管和装有 3 个或 3 个以上配水点的支管始端，均应安装可拆卸的连接件。

7. 给水水平管道应有 2‰～5‰ 的坡度坡向泄水装置。

8. 给水管道和阀门安装的允许偏差应符合规定。

9. 管道的支、吊架安装应平整牢固，其间距应符合规范要求。

10. 水表应安装在便于维修，不受曝晒、污染和冻结的地方。

3.6.3　高层建筑排水管道施工技术要点

1. 生活污水管道应使用塑料管、铸铁管或出户时使用混凝土管（由成组洗脸盆或饮用水喷水器到共用水封之间的排水管和连接卫生器具的排水短管，可使用钢管）。雨水管道宜使用塑料管、铸铁管、镀锌和非镀锌钢管或出户时使用混凝土管等。悬吊式雨水管道应使用钢管、铸铁管或塑料管。易受振动的雨水管道应使用钢管。

2. 生活污水铸铁管道、生活污水塑料管道、悬吊式雨水管道的坡度必须符合设计或规范的规定。

生活污水塑料管道的坡度，与施工用管的直径大小相关：

管径 50mm 的最小坡度为 12‰；

管径 75mm 的最小坡度为 8‰；

管径 110mm 的最小坡度为 6‰；

管径 125mm 的最小坡度为 5‰；

管径 160mm 的最小坡度为 4‰。

3. 排水塑料管必须按设计要求及位置装设伸缩节。如设计无要求时，伸缩节间距不得大于 4m。高层建筑中明设排水管道应按设计要求设置阻火圈或防火套管。

4. 金属排水管道上的吊钩或卡箍应固定在承重结构上。固定件间距：横管≤2m；立管≤3m。楼层高度≤4m 时，立管可安装 1 个固定件；立管底部的弯管处应设支墩或采取固定措施。

5. 明敷管道穿越防火区域时应当采取防止火灾贯穿的措施。

立管管径≥110mm 时，在楼板贯穿部位应设置阻火圈或长度≥500mm 的防火套管，管道安装后，在穿越楼板处用 C20 细石混凝土分 2 次浇捣密实；浇捣结束后，结合找平层或面层施工，在管道周围应筑成厚度≥20mm，宽度≥30mm 的阻水圈。

管径≥110mm 的横支管与暗设立管相连接时，墙体贯穿部位应设置阻火圈或长度≥300mm 的防火套管，且防火套管的明露部分长度不宜＜200mm。横干管穿越防火分区隔墙时，管道穿越墙体的两侧应设置阻火圈或长度≥500mm 的防火套管。

6. 排水通气管不得与风道或烟道连接。通气管应高出屋面 300mm，但必须大于最大积雪厚度。在通气管出口 4m 以内有门、窗时，通气管应高出门、窗顶 600mm 或引向无门、窗一侧。在经常有人停留的平屋顶上，通气管应高出屋面 2m，并应根据防雷要求设置防雷装置；屋顶有隔热层应从隔热层上板面算起。

7. 通向室外的排水管，穿过墙壁或基础必须下返时，应采用 45°三通和 45°弯头连接，并应在垂直管段顶部设置清扫口；通向室外排水检查井的排水管，井内引入管应高于排出管或两管顶相平，并有不小于 90°的水流转角，如跌落差大于 300mm 可不受角度限制。

8. 用于室内排水的管道，水平管道与水平管道、水平管道与立管的连接，应采用 45°三通或 45°四通和 90°斜三通或 90°斜四通；立管与排出管端部的连接，应采用 2 个 45°弯头或曲率半径≥4 倍管径的 90°弯头。

3.6.4 高层建筑热水管道施工技术要点

1. 热水供应系统的管道应采用塑料管、复合管、镀锌钢管，选用的管材和管件的规格种类应符合设计要求。

2. 高层建筑热水管道安装工艺流程：预制加工→预埋预留→管架安装→干管安装→管架安装→分支管安装→管道试压→管道防腐和保温→管道冲洗→热水供应。

3. 热水立管穿过楼板的孔洞直径应大于要穿越的立管外径 20～30mm；预制时尽量将每层立管所带的管件、配件在操作台上组装。

PP-R 管道安装时，不得有轴向扭曲。穿墙或穿楼板时，不宜强制校正。

给水聚丙烯管与其他金属管道平行敷设时，应有一定的保护距离，净距离不宜小于 100mm，且聚丙烯管宜在金属管道的内侧。

铝塑复合管敷设在吊顶、管井内的管道，管道表面（有保温层时按保温层表面计）与周围墙、板面的净距不宜小于 50mm。

4. 采用碱液（氢氧化钠、磷酸三钠、水玻璃、适量水）去污方法对金属管道表面进行去污清洗后要做充分冲洗，并做钝化处理，用含有 0.1% 左右重铬酸、重铬酸钠或重铬酸钾溶液清洗表面。

5. 热水供应管道应尽量利用自然弯补偿热伸缩，直线段过长则应设置补偿器，补偿器型号、规格、位置应符合设计要求，并按有关规定进行预拉伸。

6. 热水供应系统安装完毕，管道保温之前应进行水压试验。

试验压力应符合设计要求。当设计未注明时，热水供应系统水压试验压力应为系统顶点的工作压力加 0.1MPa，同时在系统顶点的试验压力不小于 0.3MPa。

3.6.5 高层建筑供暖管道施工技术要点

1. 各种塑料管及复合管管材和管件的外观质量应符合设计及相关规范要求。

2. 施工技术要求：管材和管件的内外壁应光滑平整，无气泡、裂口、裂纹、脱皮和明显的痕纹、凹陷，且色泽基本一致，无色泽不均匀及分解变色线；管材上必须有热水管的延续且醒目的标志；管材端面应垂直于管材的轴线；管件应完整，无缺损、无变形，合模缝浇口应平整、无开裂。

3. 高层建筑采暖管道安装工艺流程：安装准备→预制加工→卡架安装→干管安装→卡架安装→立管安装→支管安装→采暖器具安装→水压试验→管道冲洗→检修漏点→焊接口防腐→管道保温→系统调试→系统试运行→排放空气→精调整。

4. 管道支、吊、托架安装应符合设计要求，位置正确，埋设应平整牢固；固定支架与管道接触应紧密，固定应牢靠。固定在建筑结构上的管道支、吊架不得影响结构的安全。滑动支架应灵活，滑托与滑槽两侧间应留有 3～5mm 的间隙，纵向移动量应符合要求；无热伸长管道的吊架、吊杆应垂直安装；热伸长管道的吊架、吊杆应向热膨胀的反方向偏移。

5. 套管安装：管道穿过墙壁和楼板，应设置金属或塑料套管。安装在楼板内的套管，其顶部应高出装饰地面 20mm；安装在卫生间及厨房内的套管和经常采用拖布拖地房间的套管，其顶部应高出装饰地面 50mm，底部应与楼板底面相平；安装在墙壁内套管其两端与装饰墙面相平；穿过楼板的套管与管道之间缝隙，应用不燃材料填实，防止发生火灾时串火串烟。不允许采用易燃油膏密封。

6. 采暖管道安装坡度应符合设计及规范的规定。汽、水同向流动的热水采暖管道和汽、水同向流动的蒸汽管道及凝结水管道，坡度应为 3‰，不得小于 2‰；汽、水逆向流动的热水采暖管道和汽、水逆向流动的蒸汽管道，坡度不应小于 5‰；散热器支管的坡度应为 1%，坡度应有利于泄水和排除空气。

7. 金属管道和配件安装前、除锈除污后，涂刷第一层防锈漆，待第一层防锈漆彻底干燥后，涂刷第二层防锈漆，并在防锈漆干燥后，立即涂刷面漆进行防腐保护；第二层面漆在室内墙面刮大白或贴面砖工程完工后进行，并在交工前进行一次面漆的修补工作。

3.6.6 高层建筑空调水管道施工技术要点

1. 高层建筑空调水管道安装工艺流程：安装准备→预制加工→卡架安装→分、集水器安装→冷冻机房和换热站内设备及设施安装→冷却水系统及补水系统安装→冷冻水系统安装（含凝结水管路）→管中心定位→卡架制作安装→主干管安装→卡架安装→立干管安装→水平干、支管安装→铜截止阀安装→铜过滤器安装→不锈钢软接头安装→空调末端设备（空调机组或风机盘管）安装→不锈钢软接头安装→铜电动两通阀安装→铜截止阀安装→管道冲洗→水压试验→管道排污→检修漏点→重新充水→系统排气→焊接口防腐→管道保温→系统调试→系统试运行→排放空气→精调整。

2. 管道支、吊、托架安装应符合设计要求，位置正确，埋设应平整牢固；固定支架与管道接触应紧密，固定应牢靠。固定在建筑结构上的管道支、吊架不得影响结构的安全。滑动支架应灵活，滑托与滑槽两侧间应留有 3～5mm 的间隙，纵向移动量应符合要求；无热伸长管道的吊架、吊杆应垂直安装；热伸长管道的吊架、吊杆应向热膨胀的反方向偏移。

3. 套管安装：管道穿过墙壁和楼板，应设置金属套管。安装在楼板内的套管，其顶部应高出装饰地面 20mm；安装在卫生间及厨房内的套管和经常采用拖布拖地房间的套管，其顶部应高出装饰地面 50mm，底部应与楼板底面相平；安装在墙壁内套管其两端与装饰墙面相平；穿过楼板的套管与管道之间缝隙，应用不燃材料填实，防止发生火灾时串火串烟。不允许采用易燃油膏密封。

4. 空调水管道安装坡度应符合设计及规范的规定。空调热水或空调冷冻水管道坡度应为 3‰，不得小于 2‰；凝结水管坡度不应小于 8‰，就近排放；各种管道坡度应有利于泄水和排除空气。

5. 试运行前各处过滤器清洗检查及管井内主立管最低处排污检查。

6. 试运行前管道各处最高点必须排放净空气。一切准备工作就绪后，先启动冷却水系统，然后启动冷冻水系统。停机时，按照相反顺序进行操作。发现异常现象，即管路不热或不冷，先检查阀门开启度，后进行反复调整和查找其他原因。出现管路不热或不冷现象，基本上有几个因素：阀门未开或开启度不到位；管路内有堵塞物；管路内有空气未排净；循环水泵流量不够或压力不足；系统控制阀门调整不到位；电动控制失灵阀门未打开；个别阀门安装方向错误；供回水连通管上的阀门未关闭；补水泵止回阀或循环水泵旁通管上止回阀不严密形成管路中的水短路回流现象；补水时补水管带入系统大量空气；高、低区管路系统中有个别分支管连接错误而造成高、低区系统串水串压现象；系统内缺水，空气和循环水在系统中混合运行；空调机组过滤段积灰严重，风压降低风量减少造成水温波动，传热或冷却效果达不到设计要求等诸多因素影响而造成上述结果。所以，必须全面检查才能得出结论。

3.6.7　高层建筑消防给水管道系统分类及施工技术要点

消防给水管道系统分类及管材、管件选择和管道敷设的技术要求

消防技术标准规范规定：从目前我国经济、技术条件为出发点，原则性规定高层民用建筑设置灭火设备，即不论何种类型的高层民用建筑，不论何种情况（不能用水扑救的部位除外）都必须设置室内和室外消火栓给水系统。

高层民用建筑由于火灾蔓延迅速、扑救难度大、火灾隐患多、事故后果严重等原因，因而有较大的火灾危险性，必须设置有效的灭火系统。

在用于灭火的灭火剂中，水和泡沫、卤代烷、二氧化碳、干粉等比较，具有使用方

便、灭火效果好、价格便宜、器材简单等优点，目前水仍是国内外使用的主要灭火剂。

以水为灭火剂的消防系统，主要有消火栓给水系统和自动喷水灭火系统两类。自动喷水灭火系统尽管具有良好的灭火、控火效果，扑灭火灾迅速及时，但同消火栓灭火系统相比，工程造价高。因此从节省投资考虑，主要灭火系统采用消火栓给水系统。

规定消防给水的水源可以为给水管网、消防水池或天然水源均可。消防给水系统的完善程度和能否确保消防给水水源，直接影响火灾扑救效果。扑救失利的火灾案例中，有80%以上是由于缺乏消防用水而造成大火。在寒冷地区，利用天然水源作为消防用水时，应有可靠的防冻措施，保证在冰期内仍能供应消防用水。

1. 消防给水系统按压力分类有：

(1) 高压消防给水系统——指管网内经常保持满足灭火时所需的压力和流量，扑救火灾时，不需启动消防水泵加压而直接使用灭火设备进行灭火。

(2) 临时高压消防给水系统——指管网内最不利点周围平时水压和流量不满足灭火的需要，在水泵房（站）内设有消防水泵，在火灾时启动消防水泵，使管网内的压力和流量达到灭火时的要求。

(3) 低压消防给水系统——指管网内平时水压较低（但不小于 0.10MPa），灭火时要求的水压由消防车或其他方式加压达到压力和流量的要求。

(4) 稳压消防给水系统——指管网内平时经常保持足够的压力，压力由稳压泵或气压给水设备等增压设施来保证。在水泵房（站）内设有消防水泵，使管网的压力满足消防水压的要求，此情况也叫临时高压消防给水系统，目前应用较广泛。

2. 消防给水系统按范围分类有：

(1) 独立高压（或临时高压）消防给水系统——每幢高层建筑设置独立的消防给水系统。

(2) 区域或集中高压（或临时高压）消防给水系统——两幢或两幢以上高层建筑共用一个泵房的消防给水系统。

3. 高层建筑的火灾扑救应立足于自救，且以室内消防给水系统为主，应保证室内消防给水管网有满足消防需要的流量和水压，并应始终处于临战状态。为此，高层民用建筑的室内消防给水系统，应采用高压或临时高压消防给水系统，以便及时和有效地供应灭火用水。

4. 室外消火栓——向消防车内供水的消防管道系统。消防车从附近低压给水管网室外消火栓取水，主要有以下两种形式：一是将消防车水泵的吸水管直接接在室外消火栓上吸水；另一种是将室外消火栓连接上消防水带往消防车水罐内放水，消防车水泵从罐内吸水，供应火场用水。后一种取水方式，从水力条件来看最为不利，但由于消防队的取水习惯，常采用这种方式，也有由于某种情况下，消防车不能接近消火栓，需要采用此种方式供水。为及时扑灭火灾，在消防给水设计时应满足这种取水方式的水压要求。在火场上一辆消防车占用一个消火栓，一辆消防车平均两支水枪，每支水枪的平均流量为 5L/s，两支水枪的出水量约为 10L/s。当流量为 10L/s、直径 65mm 麻制水带长度为 20m 时的水头损失为 0.086MPa，消火栓与消防车水罐入口的标高差约为 1.5m。两者合计约为0.10MPa。因此，最不利点室外消火栓的压力不应小于 0.10MPa。关键时刻也可采用附近建筑室外消防水池及游泳池或养鱼池中的水进行火灾应急救援。

5. 水泵接合器——向建筑物内补水增压的消防管道系统。是指与消防车消防给水泵管路快速连接的初期火灾应急救援的消防管道设施。当火灾发生初期，建筑物内消防水量或水压不足时，消防车向消防给水系统连续补水加压和室内消防给水系统进行配合的灭火方式。

6. 消防水泵应定期运转检查，以检验电控系统和水泵机组本身是否正常、能否迅速启动。检验时应测定水泵的流量和压力，试验用的水当来自消防水池时，可回归至水池。为保证消防设备的水压，充分发挥消防设备的作用，消防用水不应通过高位消防水箱之后再流入消防管网，而是应直接流入消防管网。为此，应通过生活或其他给水管道向高位消防水箱供水，并在高位消防水箱的消防出水管上安装止回阀，以阻止消防水泵启动后，消防用水进入高位消防水箱。

7. 高位消防水箱也可以分成两格或设置两个，以便检修时仍能保证消防用水的供应。

8. 为防止高位消防水箱内的水因长期不用而变质，并做到经济合理，消防用水与其他用水共用水箱，但共用水箱要有消防用水不作他用的技术措施（可参考消防水池不作他用的办法），以确保及时供应必需的灭火用水量。

9. 两台消防水泵与室内环状管网的管道连接方式与供暖系统不同，两台消防水泵出口水流不允许汇合后从一个方向进入管网，而是中间用消防分隔阀门隔开，使水流从两个方向分别进入环状管网。

10. 高层建筑消防管道安装要求：按照消防规范规定设置高位消防水箱和低位消防水池的环状消防管道给水系统。消防给水管道应按照系统内压力要求分别选用不同材质、不同壁厚的管材和管件。自动喷水灭火系统和水喷雾灭火系统报警阀以前的管道、消火栓系统给水管，架空时应采用内外壁热浸镀锌钢管；埋地时应采用球墨铸铁管，自动喷水灭火系统和水喷雾灭火系统报警阀以后的管道可采用内外壁热浸镀锌钢管、铜管、不锈钢管、钢涂塑、不锈钢衬塑等管道。内外壁热浸镀锌钢管分为普通焊接钢管、加厚钢管和无缝钢管，当系统压力≤1.0MPa时，可采用热浸镀锌普通焊接钢管；当系统压力>1.0MPa和<1.6MPa时，应采用热浸镀锌加厚焊接钢管；当系统压力>1.6MPa时，应采用热浸镀锌无缝钢管。

11. 管道的连接方式有：沟槽式（卡箍）连接、螺纹连接、法兰连接和焊接连接。

12. 消防给水钢管及钢管件标准，见表 3.6-2。

消防给水钢管及钢管件标准 表 3.6-2

序 号	标 准	管材及管件
1	GB/T 3091	低压流体输送用镀锌焊接钢管
2	GB/T 3092	低压流体输送用焊接钢管
3	GB/T 8163	输送流体用无缝钢管
4	GB/T 8714	梯唇型橡胶圈接口铸铁管
5	GB/T 8715	柔性机械接口铸铁管件
6	GB/T 13294	球墨铸铁管件
7	GB/T 13295	离心铸造球墨铸铁管
8	GB/T 1496	流体输送用不锈钢无缝钢管
9	CJ/T 156	沟槽式管接头

13. 消防给水钢管管材（当压力≤2MPa 时）最小管壁厚要求，见表 3.6-3。

管径 DN（mm）	采用焊接、法兰连接或螺纹连接时（mm）	采用沟槽式（卡箍）连接时（mm）
<100	最小管壁厚序列号为 Sch20 钢管	最小管壁厚序列号为 Sch40 钢管
≥100	≤125 最小管壁厚序列号为 Sch20 钢管	最小管壁厚序列号为 Sch30 钢管
≤125	最小管壁厚序列号为 Sch20 钢管	DN≥100 最小管壁厚序列号为 Sch30 钢管
150	最小管壁厚 3.40	最小管壁厚序列号为 Sch30 钢管
200～250	最小管壁厚 4.78	最小管壁厚序列号为 Sch30 钢管

消防给水钢管管材（当压力≤2MPa 时）最小管壁厚要求　表 3.6-3

3.7　室外排水管接口技术要点

3.7.1　室外排水管承插接口

室外排水管道接口有承插接口、抹带接口（含水泥砂浆抹带和钢丝网水泥砂浆抹带接口）、环套接口等几种形式，施工时应符合下列规定。

承插接口：室外承插接口排水管道一般采用水泥砂浆填塞承口，采用不低于 32.5 级（400 号）的水泥，拌成 1:2 水泥砂浆，拌制的水泥砂浆应有一定稠度，以填入承口内不致流坠或流出为准。施工时将承插口内外刷净，然后将拌制好的水泥砂浆由下向上分层填入承口并边填入边捣实，并在承口端部外表面与插口外表面之间抹成 45°坡角，抹光后覆盖湿土或湿草袋子养护，如图 3.7-1（b）所示。铺设较小口径承插管时，可在铺好第一节管子后，在其承口下部垫满水泥砂浆，再将第二节管插入承口内安好，接口上部用水泥砂浆抹严，采用此方法施工时，校准铺设管道的位置和标高即可。

对于具有侵蚀性地下水或管内排放侵蚀性污水时，应采用耐酸砂浆或沥青油膏材料接口，施工时，在插口外壁及承口内壁刷净后，先涂冷底子油一道，再填沥青油膏抹平，如图 3.7-1（a）所示。

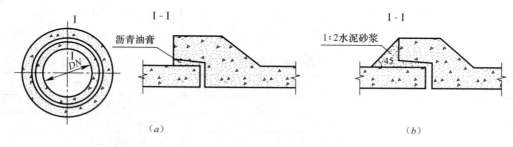

图 3.7-1　室外排水承插管沥青油膏及水泥砂浆接口示意图
（a）沥青油膏接口　(b) 水泥砂浆接口

冷底子油配合比（质量比）为：4 号沥青:汽油=3:7。

沥青油膏配合比（质量比）为：6 号石油沥青 100，重松节油 11.1，废机油 44.5，石棉灰 77.5，滑石粉 119。

3.7.2 室外排水管抹带式接口

抹带式接口适用于平口混凝土管道的接口，通常有两种方式，一种是水泥砂浆抹带式接口；另一种是钢丝网水泥砂浆抹带式接口。两种抹带式接口的区别在于是否在接口抹带中增加一层或两层钢丝网。水泥砂浆抹带式接口和钢丝网水泥砂浆抹带式接口如图 3.7-2 所示。水泥砂浆抹带式接口应采用 42.5 级（500 号）的水泥拌制的 1：2.5 水泥砂浆，钢丝网水泥砂浆抹带式接口采用钢丝网规格为：20 号 10mm×10mm 镀锌钢丝网。室外排水管抹带式接口见图 3.7-2。

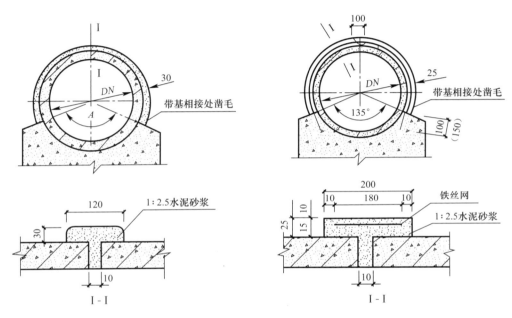

图 3.7-2　室外排水管道抹带式接口示意图

水泥砂浆抹带式接口宽度一般为 120～150mm，厚度 30mm。抹带时，应两次抹成。钢丝网水泥砂浆抹带式接口宽度一般为 200mm，厚度 25mm，钢丝网需要搭接时，搭接长度不应小于 100mm。抹带时，第一层先抹 15mm 厚，初凝后包钢丝网，再抹 10mm 厚的保护层。抹带接口前应将管子端部的抹带部分凿毛，并刷素水泥浆以提高接口质量。

3.7.3 室外排水管套环式（也称套管式）接口

套环的材料宜与管材相同。套管内径应比管道外径大 25～30mm，套管套在两端管头的长度应均等，环缝应均匀。套管套在两管接口处后，在套管与管道缝隙间打入嵌缝填料和密封填料，填打方式与承插式铸铁管相同，填打嵌缝填料和密封填料应从两侧同时进行，每层填灰厚度不宜小于 20mm。室外排水管套环式（也称套管式）接口如图 3.7-3 所示。

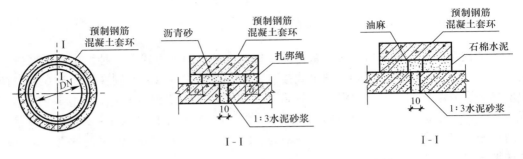

图 3.7-3　室外排水管道套环（套管）接口示意图

3.8　室外给水承插铸铁管油麻石棉水泥接口

室外给水承插铸铁管油麻石棉水泥接口，如图 3.8-1 所示。

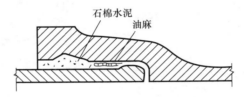

图 3.8-1　室外给水承插铸铁管油麻石棉水泥接口示意图

3.9　室内给水硬聚氯乙烯管道橡胶圈接口及室外给水承插铸铁管橡胶圈机械接口

3.9.1　室内给水硬聚氯乙烯管道橡胶圈接口（弹性密封橡胶圈连接承插接口）

1. 室内给水硬聚氯乙烯管道的承口和插口必须符合图 3.9-1 和表 3.9-1 中的要求。

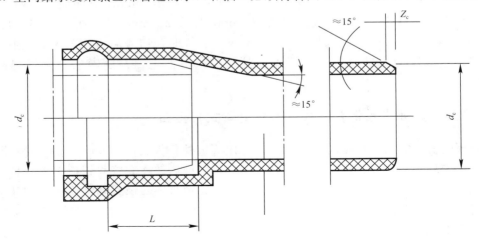

图 3.9-1　硬聚氯乙烯管道弹性密封橡胶圈连接承插接口

硬聚氯乙烯管道弹性密封橡胶圈式连接承口深度尺寸表（mm）　　表3.9-1

公称外径 d_e	橡胶圈式接口承口深度 L	公称外径 d_e	橡胶圈式接口承口深度 L	公称外径 d_e	橡胶圈式接口承口深度 L	公称外径 d_e	橡胶圈式接口承口深度 L
63	64	140	81	250	105	450	138
75	67	160	86	280	112	500	145
90	70	180	90	315	118		
110	75	200	94	355	124		
125	78	225	100	400	130		

2. 管材在铺设中需要切割时，应采用细齿锯切割。管道切割面要平直，且垂直于管道中心线。插入式接头的插口管端应削成倒角，倒角后坡口端部厚度一般为管壁厚的 $1/3 \sim 1/2$，倒角一般为 $15°$。完成后应将残屑清除干净，不留毛刺。

3. 清理干净承口内胶圈沟槽、插口端工作面及密封用橡胶圈，不得有杂物和油污。

3.9.2 室外给水承插铸铁管橡胶圈机械接口

室外给水承插铸铁管道橡胶圈机械接口，是一种将管道承插口间隙填入圆形或楔形橡胶圈，再用螺栓拧紧压兰，挤压橡胶圈实现密封的柔性接口。室外给水承插铸铁管道橡胶圈机械接口，如图3.9-2所示，

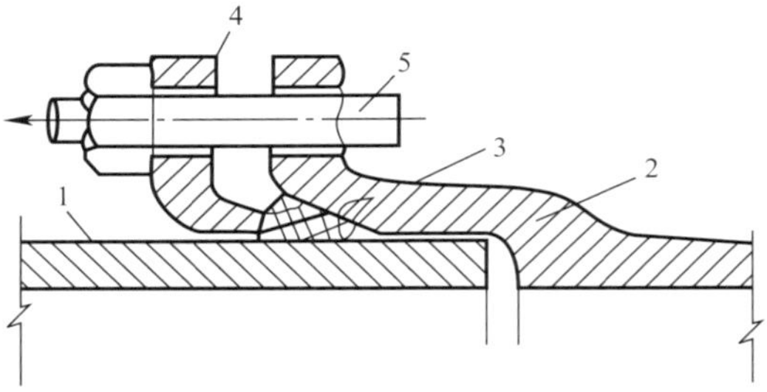

室外给水承插铸铁管道橡胶圈机械接口操作时应符合下列程序和要求：

1. 清理管腔和管道承、插口。

2. 将接口机械压兰和橡胶圈先后套在插口管道上，将插口管道按设计标高和管道位置插入承口内，承插口端头间隙应符合验收规范的要求，环缝间隙应均匀。

图3.9-2　室外给水承插铸铁管橡胶圈机械接口示意图
1—插口；2—承口；3—圆形或楔形橡胶圈；
4—压兰；5—螺栓及螺母

3. 将橡胶圈用手均匀推入承口内外边缘环形槽内后，压兰置于橡胶圈上。橡胶圈应顺直，不得扭曲。压兰与承口法兰间隙及插口管道间环缝应均匀。

4. 穿入法兰螺栓，对角均匀拧紧螺栓，直至压兰均匀压紧橡胶圈达到密封为止。

3.10 室内塑料管道热熔和电熔接口

3.10.1 塑料管道管端热熔对接（也称热熔对焊）操作方式

管端热熔对接采用热熔工具，见图3.10-1，将两根管子对正，管端间隙一般不超过 0.5mm，然后用热熔工具通电加热两根管的管端口使之熔化 $1 \sim 2\text{mm}$，去掉电加热器后 $1.5 \sim 3.0\text{s}$ 内，以 $0.1 \sim 0.25\text{MPa}$ 的压力加压 $3 \sim 10\text{min}$，熔融表面连成一体，直到接口自然冷却。

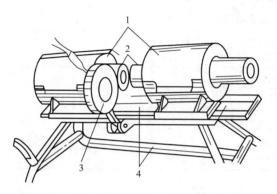

图 3.10-1　塑料管道热熔对焊设备示意图
1—夹具；2—加热管端；3—电加热盘；4—手柄

3.10.2　塑料管道热熔对焊设备

见图 3.10-1。

3.10.3　塑料管道承插热熔粘接操作方式

塑料管道承插热熔粘接采用热熔工具，如图 3.10-2 所示。加热元件为凸凹形状的芯棒，芯棒一端为凸型，另一端为承口型（凹端）。

待被加热的塑料管端部呈热熔状态后，将管子迅速从加热芯棒中退出，并在 2～3s 内将它们互相承插热熔粘接在一起，并施以轴向压力加压 20～30s，直到其承插接口开始硬化为止。

3.10.4　塑料管道承插热熔粘接，见图 3.10-2。

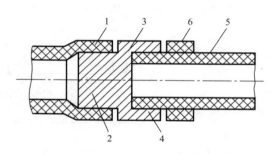

图 3.10-2　塑料管道承插热熔粘接示意图
1—塑料管承口加热部分；2—通电热熔工具插口端；3—通电热熔工具承口端；
4—塑料管插口加热部分；5—塑料管；6—热熔工具夹套

3.10.5　塑料管道热熔承插管件承口示意图

热熔承插管件承口尺寸应符合图 3.10-3 和表 3.10-1 中的规定。

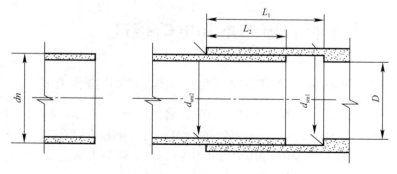

图 3.10-3　塑料管道热熔承插管件承口尺寸示意图

热熔承插管件承口尺寸与相应公称外径 表 3.10-1

公称外径 DN（mm）	最小承口长度 L_1	最小承插深度 L_2	承口的平均内径				最大不圆度	最小通径 D
			d_{sm1}		d_{sm2}			
			最小	最大	最小	最大		
20	14.5	11.0	18.8	19.3	19.0	19.5	0.6	13.0
25	16.0	12.5	23.5	24.1	23.8	24.4	0.7	18.0
32	18.1	14.6	30.4	31.0	30.7	31.3	0.7	25.0
40	20.5	17.0	38.3	38.9	38.7	39.3	0.7	31.0
50	23.5	20.0	48.3	48.9	48.7	49.3	0.8	39.0
63	27.4	23.9	61.1	61.7	61.6	62.2	0.8	49.0
75	31.0	27.5	71.9	72.7	73.2	74.0	1.0	58.2
90	35.5	32.0	86.4	87.4	87.8	88.8	1.2	69.8
110	41.5	38.0	105.8	106.8	107.3	108.5	1.4	85.4

注：表中的公称外径 DN 指与管件相连接的管材的公称外径，承口壁厚不应小于相同规格管材的壁厚。

3.10.6 塑料管道电熔连接管件承口示意图

塑料管道电熔承插管件承口尺寸应符合图 3.10-4 和表 3.10-2 中的规定。

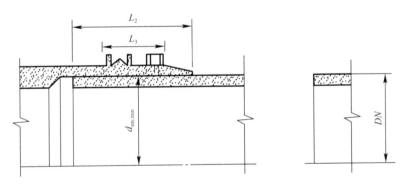

图 3.10-4 塑料管道电熔连接管件承口尺寸示意图

电熔承插管件承口尺寸与相应公称外径 表 3.10-2

公称外径 DN（mm）	熔合段最小内径 $d_{sm,min}$	熔合段最小长度 L_3	最小承插长度 L_2	
			最小	最大
20	20.1	10	20	37
25	25.1	10	20	40
32	32.1	10	20	44
40	40.1	10	20	49
50	50.1	10	20	55
63	63.2	11	23	63
75	75.2	12	25	70
90	90.2	13	28	79
110	110.3	15	32	85

注：表中的公称外径 DN 指与管件相连接的管材的公称外径。

3.10.7　PP-R 塑料管道热熔接口连接技术参数

见表 3.10-3。

PP-R 塑料管道热熔接口连接技术参数　　　　表 3.10-3

公称外径 DN（mm）	热熔连接深度（mm）	加热时间（s）	热熔连接时间（s）	冷却时间（min）
20	14.0	5	4	2
25	15.0	7	4	2
32	17.0	8	6	4
40	19.0	12	6	4
50	23.0	18	6	4
63	26.0	24	8	6
75	30.0	30	8	8
90	35.0	40	8	8
110	41.0	50	10	8

注：当操作环境温度低于 5℃时，加热时间应延长 50%。

3.11　室内排水溶剂粘接塑料管道承口及铸铁排水管道柔性接口规格尺寸及技术参数

3.11.1　室内排水溶剂粘接塑料管道承口

承插口溶剂粘接的室内排水塑料管道，应采用塑料工厂制造的承口塑料管，塑料管道的承口应符合图 3.11-1 和表 3.11-1 中承口尺寸的规定。当采用平口管在现场加工承口时，加工方法及加工设备应得到建设和监理单位的许可后方能使用；管道的切割应使用细齿锯，切割的管口应平整。室内排水溶剂粘接塑料管道承口如图 3.11-1 和表 3.11-1 所示。

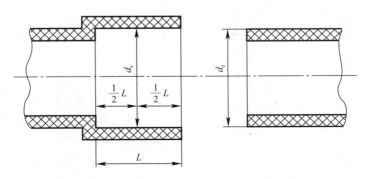

图 3.11-1　室内排水溶剂粘接塑料管道承口示意图

室内排水溶剂粘接塑料管道承口尺寸表　　　　表 3.11-1

公称外径 DN（mm）	溶剂粘接式承口深度 L	溶剂粘接式承口中部平均内径	
		最小 d_s	最大 d_s
32	22.0	32.1	32.3
40	26.0	40.1	42.3
50	31.0	50.1	50.3
63	37.5	63.1	63.3
75	43.5	75.1	75.3
90	51.0	90.1	90.3
110	61.0	110.1	110.4
125	68.5	125.1	125.4
140	76.0	140.2	140.5
160	86.0	160.2	160.5
180	96.0	180.3	180.6
200	106.0	200.3	200.6
225	118.5	225.3	225.6

3.11.2　室内铸铁排水管道柔性接口

1. 柔性接口铸铁排水管道是以灰口铸铁为原料，离心浇筑。柔性接口铸铁排水管道的直管和管件接口形式为法兰式（A 型）柔性接口和管箍式（W 型）柔性接口两种，如图 3.11-2～图 3.11-5 所示，简称法兰式和管箍式或 A 型和 W 型。直管和管件按壁厚分为 TA、TB 两级。直管及管件承口形式和尺寸见表 3.11-2、表 3.11-3 所示；直管尺寸见表 3.11-4。

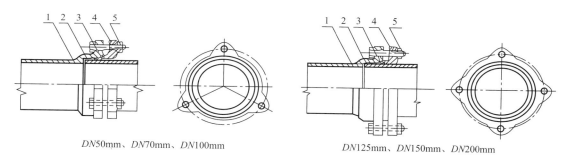

DN50mm、DN70mm、DN100mm　　　　　DN125mm、DN150mm、DN200mm

图 3.11-2　柔性接口法兰式（A 型）柔性接口示意图
1—承口；2—插口；3—密封胶圈；4—法兰压盖；5—螺栓螺母

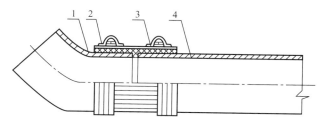

图 3.11-3　柔性接口管箍式（W 型无承口）接口示意图
1—无承口管件；2—密封橡胶套；3—不锈钢管箍；4—无承口直管

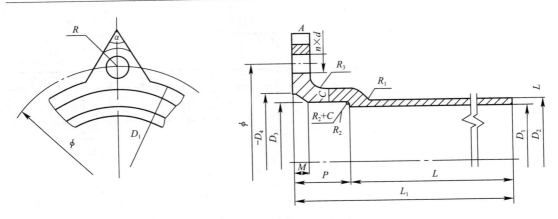

图 3.11-4　A 型柔性接口直管示意图

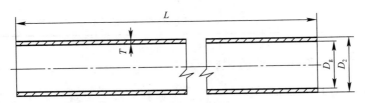

图 3.11-5　管箍式柔性接口的铸铁直管（W 型无承口）尺寸示意图

法兰式铸铁柔性接口直管及管件的承口形式和尺寸表（mm）　　　　　表 3.11-2

公称直径 DN	承插口尺寸													
	插口外径 D_2	承口内径 D_3	D_4	D_5	Φ	C	A	P	M	R_1	R_2	R_3	R	$n \times d$	α (°)
50	61	67	83	93	110	6	15	38	12	8	6	7	14	3×12	60
75	86	92	108	118	135	6	15	38	12	8	6	7	14	3×12	60
100	111	117	133	143	160	6	18	38	12	8	6	7	14	3×12	60
125	137	145	165	175	197	7	18	40	15	10	7	8	16	4×14	90
150	162	170	190	200	221	7	20	42	15	10	7	8	16	4×14	90
200	214	224	244	258	278	7	21	50	15	10	7	8	16	4×14	90

法兰式铸铁柔性接口直管及管件的承口形式和尺寸表（mm）　　　　　表 3.11-3

| 公称直径 DN | 管外径 D_2 | 壁厚 T | | 承口凸部质量 (kg) | | 直管 1m 的质量（kg） | | 有效长度 L | | | | | | | | 总长度 L | |
| | | | | | | | | 500 | | 1000 | | 1500 | | 2000 | | 1830 | |
								总质量（kg）									
		TA 级	TB 级			TA 级	TB 级	TA 级	TB 级	TA 级	TB 级	TA 级	TB 级	TA 级	TB 级	TA 级	TB 级
50	61	1.5	5.5	0.90		5.75	6.90	3.78	4.35	6.65	7.80	9.53	11.25	12.40	14.70	11.21	13.26
75	86	5	5.5	1.00		9.16	10.02	5.58	6.01	10.16	11.02	14.74	16.03	19.32	21.04	17.42	18.96
100	111	5	5.5	1.40		11.99	13.13	7.39	7.99	13.39	14.53	19.38	21.09	25.38	27.66	22.89	24.93
125	137	5.5	6	2.30		16.36	17.78	10.48	11.19	18.66	20.08	26.84	28.97	35.02	37.86	31.55	34.09
150	162	5.5	6	3.00		19.47	21.17	12.74	13.59	22.47	24.17	32.21	34.76	41.94	45.34	37.81	40.85
200	214	6	7	4.00		23.23	32.78	18.12	20.39	32.23	36.78	46.36	53.17	60.46	69.56	54.25	62.35

管箍式柔性接口的铸铁直管（W型无承口）尺寸表（mm）　　表 3.11-4

公称直径 DN	管外径 D_2	壁厚 T	质量（kg）	
			$L=1500$	$L=3500$
50	61	4.3	8.3	16.5
75	86	4.4	12.2	24.4
100	111	4.8	17.3	34.6
125	137	4.8	21.6	43.1
150	162	4.8	25.6	51.2
200	214	5.8	41.0	81.9
250	268	6.4	56.8	113.6
300	318	7.0	74	148

2. 法兰式铸铁柔性接口直管及管件的承口形式和尺寸应符合图 3.11-4 和表 3.11-2、表 3.11-3 中的规定。

3. 管箍式柔性接口的铸铁直管规格尺寸应符合图 3.11-5 及表 3.11-4 的规定。

3.12　热水贮存罐及施工技术要点

1. 平面安装尺寸及标高必须在允许偏差范围内。
2. 热水罐吊运过程中注意外表面必要的成品保护，防止磕瘪碰伤。
3. 热水罐保温时应采用粘钉方法，不允许焊接钉钩操作方式进行施工。
4. 保温层外部应安装保护层，保温层材质和厚度应符合设计要求，保护层应长期保持完好，无破损。
5. 对于不锈钢热水贮存罐，安装后必须将罐表面油污清理干净，延长其使用寿命。
6. 应在停止运行时清理热水贮存罐内壁，并进行满水湿保养。

3.13　液位控制器施工技术要点

1. 按照设计要求的高位和低位控制要求进行安装和初步调整。
2. 排除液位控制器内空气和污物。
3. 清除液位控制器表面油污。
4. 当系统正常工作时，必须作精细的最终调整。

3.14　钢制法兰焊接施工技术要点

1. 钢制焊接法兰按承受压力和连接管道材质不同（焊接钢管或无缝钢管）进行分类。法兰内径尺寸及螺栓数量和法兰厚度均有区别。另外、对夹蝶阀还需要安装与其配套的蝶阀专用法兰，在订购时必须分清法兰类别，避免不必要的更换程序而影响工程进度。

2. 法兰焊接时必须采用专用 90°厚角尺和卡具进行反复校正，确认法兰平面垂直于管中心线时，才能进行焊接工作，焊接工作结束，必须将焊渣彻底清净，待水压试验合格后，进行焊接口附近的补刷油漆工作。

3. 法兰焊接前必须核对使用的法兰材质是否符合设计要求的压力值。

4. 法兰安装前应将止水线内油污、铁锈及泥土清理干净；法兰螺栓安装时应用力均匀，对角紧固。高强度石棉垫也只能一次性使用，阀门检修时必须重新更换。也就是说，用于水系统中的石棉垫都是一次性使用材料。

5. 法兰衬垫应选择优质高强度石棉垫，禁止使用一般的石棉纸垫；安装时法兰衬垫中心必须对准管道中心线。

6. 法兰衬垫直径尺寸禁止过大和过小，应与止水线平面上内外圆尺寸相同，避免内圆尺寸小影响水流断面、外圆大了安装螺栓时形成障碍，影响施工质量。

3.15　除污器、除砂器、过滤器施工技术要点

1. 除污器、除砂器、过滤器与蝶阀安装在一起时，中间必须安装水泵接轮短管，否则，蝶阀的蝶板开不开。

2. 法兰螺栓安装时应用力均匀，对角紧固，防止单面紧固用力过猛，使 Y 型铸铁过滤器法兰断裂，造成材料浪费。

3. 除污器是供暖系统中最为常用的附属设备之一，作用是滤除系统中的泥沙、焊渣、麻丝等污物并定期将积存的污物清除。除污器一般安装于系统回水干管循环水泵的吸入口前，用于集中排污。也可用于建筑物的入口，或分设于供回水干管上，用于分散型串联排污，可提高过滤效果和防堵塞功能。

4. 除污器按其结构形式可分为立式与卧式两种类型，如图 3.15-1 所示。

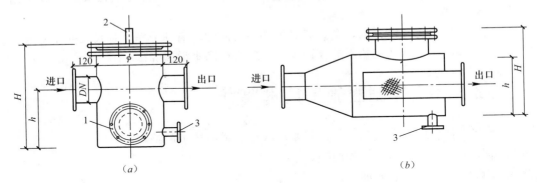

图 3.15-1　立式与卧式除污器示意图
(a) 立式除污器；(b) 卧式除污器
1—手孔；2—排气管；3—排水管

5. 除污器按其安装形式可分为直通式与角通式两种类型，如图 3.15-2 所示。

6. 快速除污器，如图 3.15-3 所示。

快速除污器运行时，蝶阀 1 处于全开状态，流体由进口进入，经过滤网过滤由出口排出，污物进入排出口的漏斗内沉积下来。排污时，打开排污口的阀门，再关闭蝶阀 1，则蝶阀后面的流体由外侧流向内侧，反冲滤网，并将污物排出。比较于前述除污器，快速除污器具有可在不停机的情况下，随时清污，滤网可定期清洗的优点，在管路设计时亦可不安装旁通管路。

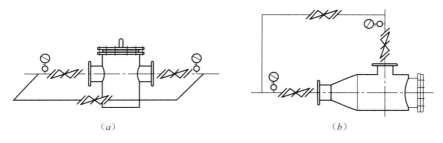

图 3.15-2　除污器的连接示意图

（a）直通立式除污器；（b）角通卧式除污器

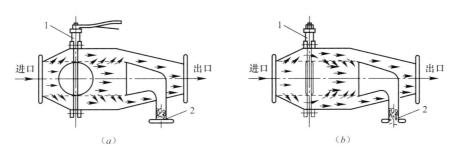

图 3.15-3　快速除污器的运行状态示意图

（a）运行；（b）排污

1—蝶阀；2—排污口

7. 旋流除砂器，如图 3.15-4 所示。

旋流除砂器是一个带有圆柱部分的锥形容器，利用离心分离的原理进行排砂和排污。锥体上面是一圆筒，筒体的外侧有一进液管，流体以切线方向进入筒体，筒体的顶部是溢流口，底部是排砂排污口。旋流除砂器的尺寸由锥体的最大内径决定。其工作原理是根据离心沉降和密度差的原理，当水流在一定的压力下从除砂器进口以切向进入设备，会产生强烈的旋转运动，由于污物与水密度不同，在离心力的作用下，使密度小的清水上升，由溢流口排出，密度大的砂、焊渣、铁锈等重颗粒被甩向筒壁，沿筒壁下滑降到底部，并由排砂排污口排出，从而达到除砂排污目的。在一定的范围和条件下，除砂器进水压力越大，水流旋转越快，除砂效率越高。为增加处理量，旋

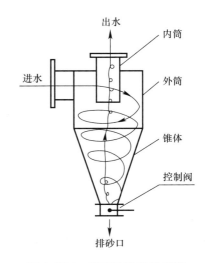

图 3.15-4　旋流除砂器示意图

流除砂器可多台并联使用。旋流除砂器可在系统不停机的情况下，随时清砂排污。除砂排污时先流出的是含砂污物，接着是浊水，最后是清水——除砂排污完毕。旋流除砂器的阻力是恒定的，因其无过滤网，不会因为滤网的堵塞而产生阻力增大、影响系统正常运行的情况。

8. Y 型过滤器和 T 型过滤器，如图 3.15-5、图 3.15-6 所示。

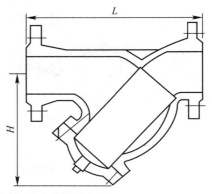

图 3.15-5　GL（Y）-16 型过滤器示意图

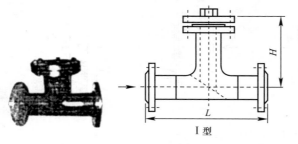
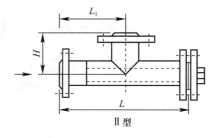

Ⅰ 型　　　　　Ⅱ 型

图 3.15-6　T 型过滤器示意图

　　Y 型和 T 型过滤器的滤网要比除污器的滤网孔径小，用来过滤系统中更小的固体杂质。Y 型和 T 型过滤器安装于板式换热器、管道配件阀门与仪表的入口处，保护设备，防止其被堵塞或磨损。

3.16　可曲挠橡胶接头（避震喉）规格型号及技术参数

3.16.1　KXT 型可曲挠橡胶接头

1. 产品结构示意图（图 3.16-1）

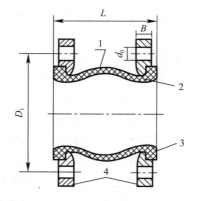

图 3.16-1　KXT 型可曲挠橡胶接头（避震喉）结构示意图
1—极性橡胶主体；2—尼龙帘布内衬；3—硬钢丝骨架；4—低碳钢法兰

2. 产品使用技术条件（表 3.16-1）

产品使用技术条件 表 3.16-1

项 目　　　　　　　　型 号	KXT-（Ⅰ）	KXT-（Ⅱ）	KXT-（Ⅲ）
$DN25\sim DN150$ 工作压力 MPa（kg/cm²）	2.0（20）	1.2（12）	0.8（8）
$DN25\sim DN150$ 爆破压力 MPa（kg/cm²）	6.0（60）	3.5（35）	2.4（24）
$DN25\sim DN150$ 真空度 kPa（mmHg）	100（750）	86.7（650）	53.3（400）
$DN200\sim DN300$ 工作压力 MPa（kg/cm²）	1.5（15）	—	—
$DN200\sim DN300$ 爆破压力 MPa（kg/cm²）	4.5（45）	—	—
$DN350\sim DN600$ 工作压力 MPa（kg/cm²）	—	—	0.8（8）
$DN700\sim DN1600$ 工作压力 MPa（kg/cm²）	—	—	0.6（6）
适用温度（℃）	−20～+115		
适用介质	空气、压缩空气、水、海水、热水、弱酸等		
接头两端可任意偏转，便于自由调节轴向或横向位移			

注：超出表中产品使用技术条件时，可根据实际使用技术条件向厂家另行订购。

3. 产品公称直径、长度、位移数值与法兰主要数据（表 3.16-2）

产品公称直径、长度、位移数值与法兰主要数据 表 3.16-2

公称直径 DN（mm）	长度 L（mm）	法兰厚度 b（mm）	螺栓数 n	螺栓孔直径 d_0（mm）	螺栓孔中心圆直径 D_1（mm）	轴向位移（mm）伸长	轴向位移（mm）压缩	横向位移（mm）	偏转角度 $\alpha_1+\alpha_2$
25	95	14	4	14	85	6	9	9	15°
32	95	16	4	17.5	100	6	9	9	15°
40	95	16	4	17.5	110	6	10	9	15°
50	105	16	4	17.5	125	7	10	10	15°
65	115	18	4	17.5	145	7	13	11	15°
80	135	18	8	17.5	160	8	15	12	15°
100	150	18	8	17.5	180	10	19*	13	15°
125	165	20	8	17.5	210	12	19	13	15°
150	180	22	8	22	240	12	20	14	15°
200	190	22	8	22	295	16	25	22	15°
250	230	24	12	22	350	16	25	22	15°
300	245	24	12	22	400	16	25	22	15°
350	255	26	16	22	460	16	25	22	15°
400	255	28	16	26	515	16	25	22	15°
450	255	30	20	26	565	16	25	22	15°
500	255	30	20	26	620	16	25	22	10°
600	260	32	20	30	725	16	25	22	10°
700	260	36	24	26	810	16	25	22	10°
800	260	36	24	30	920	16	25	22	10°
900	260	36	24	30	1020	16	25	22	10°
1000	260	36	28	30	1120	16	25	22	10°
1200	260	36	32	33	1340	16	25	22	10°
1400	300	40	36	36	1560	16	25	22	10°
1600	300	44	40	36	1760	16	25	22	10°

注：表中螺栓：是按 $DN25\sim DN150$ 工作压力 1.6MPa（kg/cm²）；$DN200\sim DN300$ 工作压力 1.5MPa（kg/cm²）；$DN350\sim DN600$ 工作压力 0.8MPa（kg/cm²）；$DN700\sim DN1600$ 工作压力 0.6MPa（kg/cm²）配置的，实际不一样时应在订货时通知厂家。

3.16.2　KST-F 型可曲挠双球体橡胶接头，规格型号及技术参数

1. 产品结构示意图（图 3.16-2）

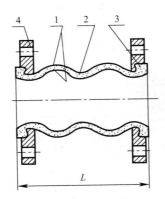

16-2　KST-F 型可曲挠双球体橡胶接头（避震喉）结构示意图

极性橡胶主体；2—尼龙帘布内衬；3—硬钢丝骨架；4—低碳钢法兰

2. 产品使用技术条件（表 3.16-3）

产品使用技术条件　　　　　　　　　　　　　　　　　　　表 3.16-3

项　目　　　　　　型　号	KST-F-（Ⅰ）	KST-F-（Ⅱ）	KST-F-（Ⅲ）
$DN25 \sim DN150$ 工作压力 MPa（kg/cm²）	2.0（20）	1.2（12）	0.8（8）
$DN25 \sim DN150$ 爆破压力 MPa（kg/cm²）	6.0（60）	3.5（35）	2.4（24）
$DN25 \sim DN150$ 真空度 kPa（mmHg）	86.7（650）	53.3（400）	40（300）
$DN200 \sim DN300$ 工作压力 MPa（kg/cm²）	1.5（15）	—	—
$DN200 \sim DN300$ 爆破压力 MPa（kg/cm²）	4.5（45）	—	—
适用温度（℃）	$-20 \sim +115$		
适用介质	空气、压缩空气、水、海水、热水、弱酸等		
接头两端可任意偏转，便于自由调节轴向或横向位移			

注：超出表中产品使用技术条件时，可根据实际使用技术条件向厂家另行订购。

3. 产品公称直径、长度、位移数值与法兰主要数据（表 3.16-4）

产品公称直径、长度、位移数值与法兰主要数据　　　　　　表 3.16-4

公称直径 DN（mm）	长度 L（mm）	法兰厚度 b（mm）	螺栓数 n	螺栓孔直径 d_0（mm）	螺栓孔中心圆直径 D_1（mm）	轴向位移（mm） 伸长	轴向位移（mm） 压缩	横向位移（mm）	偏转角度 $\alpha_1 + \alpha_2$
50	165	16	4	17.5	125	30	50	45	40°
65	175	18	4	17.5	145	30	50	45	40°
80	175	18	8	17.5	160	30	50	45	40°
100	225	18	8	17.5	180	35	50	40	35°
125	225	20	8	17.5	210	35	50	40	35°

3.16 可曲挠橡胶接头（避震喉）规格型号及技术参数

续表

公称直径 DN（mm）	长度 L（mm）	法兰厚度 b（mm）	螺栓数 n	螺栓孔直径 d_0（mm）	螺栓孔中心圆直径 D_1（mm）	轴向位移（mm）		横向位移（mm）	偏转角度 $\alpha_1+\alpha_2$
						伸长	压缩		
150	225	22	8	22	240	35	50	40	35°
200	325	22	8	22	295	35	60	35	30°
250	325	24	12	22	350	35	60	35	30°
300	325	24	12	22	400	35	60	35	30°

3.16.3 KST-L 型可曲挠双球体橡胶接头

1. 产品结构示意图（图 3.16-3）

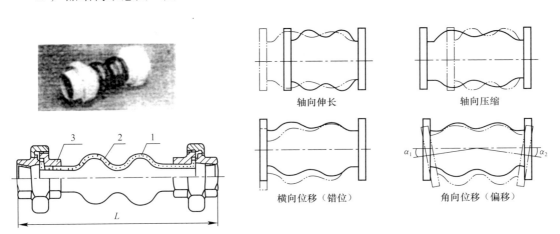

图 3.16-3 KST-L 型可曲挠双球体橡胶接头示意图
1—极性橡胶主体；2—尼龙帘布内衬；3—可锻铸铁活接头

2. 产品使用技术条件（表 3.16-5）

产品使用技术条件 表 3.16-5

项 目 型 号	KST-L
$DN20\sim DN65$ 工作压力 MPa（kg/cm²）	1.0（10）
$DN20\sim DN65$ 爆破压力 MPa（kg/cm²）	3.0（30）
$DN20\sim DN65$ 真空度 kPa（mmHg）	53.3（400）
适用温度（℃）	$-20\sim+100$
适用介质	空气、压缩空气、水、海水、热水、弱酸等

接头两端可任意偏转，偏转角度 $\alpha_1+\alpha_2=45°$

注：超出表中产品使用技术条件时，可根据实际使用技术条件向厂家另行订购。

3. 产品公称直径、长度、位移数值主要数据（表 3.16-6）

产品公称直径、长度、位移数值主要数据 表 3.16-6

公称直径 DN (mm)	长度 L (mm)	轴向位移（mm）		横向位移（mm）
		伸长	压缩	
20	180	5～6	22	22
25	180	5～6	22	22
32	200	5～6	22	22
40	210	5～6	22	22
50	220	5～6	22	22
65	245	5～6	22	22

3.16.4 KWT 型可曲挠橡胶弯头，规格型号及技术参数

1. 产品结构示意图（图 3.16-4）

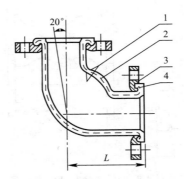

图 3.16-4 KWT 型可曲挠橡胶弯头结构示意图
1—极性橡胶主体；2—尼龙帘布增强层；
3—低碳钢法兰；4—硬钢丝骨架

2. 产品使用技术条件（表 3.16-7）

产品使用技术条件 表 3.16-7

项　目　　　　　　型　号	KWT-（Ⅰ）	KWT-（Ⅱ）	KWT-（Ⅲ）
DN50～DN300 工作压力 MPa（kg/cm²）	1.5 (15)	1.0 (10)	0.6 (6)
DN50～DN300 爆破压力 MPa（kg/cm²）	4.5 (45)	3.0 (30)	1.8 (18)
适用温度（℃）	−20～+115		
适用介质	空气、压缩空气、水、海水、热水、弱酸、弱碱等		
橡胶弯头两端法兰可任意偏转 360°，便于设备或管路的安装和维修			

注：超出表中产品使用技术条件时，可根据实际使用技术条件向厂家另行订购。

3. 产品公称直径、长度、位移数值与法兰主要数据（表3.16-8）

产品公称直径、长度、位移数值与法兰主要数据　　　　表3.16-8

公称直径 DN（mm）	长度L （mm）	法兰厚度b （mm）	螺栓数n	螺栓孔直径 d_0 （mm）	螺栓孔中心 圆直径 D_1 （mm）	各向允许位移（mm）					
						x	x'	y	y'	z	z'
50	140	16	4	17.5	125	20	16	20	16	16	16
65	140	18	4	17.5	145						
80	150	18	8	17.5	160						
100	160	18	8	17.5	180						
125	180	20	8	17.5	210						
150	200	22	8	22	240						
200	230	22	8	22	295						
250	280	24	12	22	350						
300	305	24	12	22	400						

3.16.5　KYT型同心异径橡胶接头，规格型号及技术参数

1. 产品结构示意图（图3.16-5）

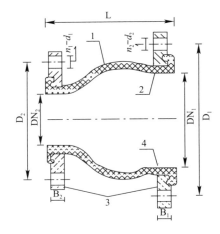

图3.16-5　KYT型同心异径橡胶接头示意图

1—极性橡胶主体；2—尼龙帘布增强层；

3—低碳钢法兰；4—硬钢丝骨架

2. 产品使用技术条件（表.16-9）

产品使用技术条件　　　　表3.16-9

项　目　＼　型　号	KYT-（Ⅰ）	KYT-（Ⅱ）	KYT-（Ⅲ）
DN65～DN300 工作压力 MPa（kg/cm²）	1.6（16）	1.0（10）	0.6（6）
DN65～DN300 爆破压力 MPa（kg/cm²）	4.8（48）	3.0（30）	1.8（18）
DN65～DN300 真空度 kPa（mmHg）	86.7（650）	53.3（400）	40（300）
适用温度（℃）	－20～＋115		
适用介质	空气、压缩空气、水、海水、热水、弱酸、弱碱等		
接头两端可任意偏转，便于自由调节轴向或横向位移			

注：超出表中产品使用技术条件时，可根据实际使用技术条件向厂家另行订购。

3. 产品公称直径、长度、位移数值与法兰主要数据（表 3.16-10）

产品公称直径、长度、位移数值与法兰主要数据　　　　表 3.16-10

公称直径 DN	长度 L	法兰厚度（mm）		螺栓数		螺栓孔直径（mm）		螺栓孔中心圆直径（mm）		轴向位移（mm）		横向位移（mm）	偏转角度 $\alpha_1 + \alpha_2$
(mm)	(mm)	B_1	B_2	n_1	n_2	d_1	d_2	D_1	D_2	伸长	压缩		
65×50	150	18	16	4	4	17.5	17.5	145	125	7	10	10	
80×50	150	18	16	8	4	17.5	17.5	160	125	7	10	10	
80×65	150	18	18	8	4	17.5	17.5	160	145	7	13	11	
100×65	150	18	18	8	4	17.5	17.5	180	145	7	13	11	
100×80	150	18	18	8	8	17.5	17.5	180	160	8	15	12	
125×80	150	20	18	8	8	17.5	17.5	210	160	8	15	12	
125×100	150	20	18	8	8	17.5	17.5	210	180	10	19	13	
150×100	150	22	18	8	8	22	17.5	240	180	10	19	13	15°
150×125	150	22	20	8	8	22	17.5	240	210	12	19	13	
200×125	150	22	20	8	8	22	17.5	295	210	12	19	13	
200×150	200	22	22	8	8	22	22	295	240	12	20	14	
250×150	200	24	22	12	8	22	22	350	240	12	20	14	
250×200	200	24	22	12	8	22	22	350	295	16	25	22	
300×200	200	24	22	12	8	22	22	400	295	16	25	22	
300×250	200	24	24	12	12	22	22	400	350	16	25	22	

3.16.6　FPT 型风机盘管橡胶接头，规格型号及技术参数

1. 产品结构示意图（图 3.16-6）

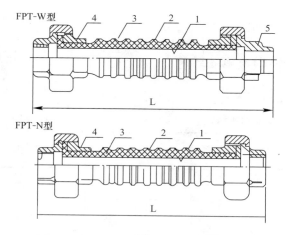

适用于各种风机盘管机组

图 3.16-6　FPT 型风机盘管橡胶接头示意图

1—极性橡胶主体；2—尼龙帘布增强层；3—可锻铸铁平形活接头；4—可锻铸铁外螺纹活接头

2. FPT 型同径橡胶接头在风机盘管处的安装

一般有两种安装形式：

（1）供水支管→铜截止阀→FPT 型橡胶接头→铜过滤器→风机盘管进水口→风机盘管→风机盘管出水口→铜电动两通阀→FPT 型橡胶接头→铜截止阀→出水支管。

（2）供水支管→铜截止阀→铜过滤器→FPT 型橡胶接头→风机盘管进水口→风机盘管→风机盘管出水口→FPT 型橡胶接头→铜电动两通阀→铜截止阀→出水支管。

上述两种形式，都是风机盘管的低标高管口为进水口、高标高管口为出水口。

3. 产品使用技术条件（表 3.16-11）

产品使用技术条件　　　　　　　　　　　　　　　表 3.16-11

型　号 项　目	FPT
$DN15 \sim DN20$ 工作压力 MPa（kg/cm^2）	1.0（10）
$DN15 \sim DN20$ 爆破压力 MPa（kg/cm^2）	3.0（30）
适用温度（℃）	$-10 \sim +100$
适用介质	空气、水、热水
接头两端可任意偏转，偏转角度 $\alpha_1 + \alpha_2 = 45°$	

4. 产品公称直径、长度、位移数值主要数据（表 3.16-12）

产品公称直径、长度、位移数值主要数据　　　　　　表 3.16-12

公称直径 DN（mm）	长度 L（mm）		轴向位移		横向位移 （mm）	偏转角度 $\alpha_1 + \alpha_2$
	PFT-N（内螺纹连接）	PFT-W（外螺纹连接）	伸长	压缩		
15	180	195	5	10	20	45°
20	200	220	5	10	20	45°

3.16.7　FPT-Y 型异径风机盘管橡胶接头，规格型号及技术参数

1. 产品结构示意图（图 3.16-7）

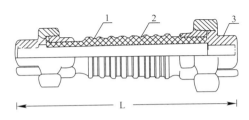

图 3.16-7　FPT-Y 型异径风机盘管橡胶接头示意图

1—极性橡胶主体；2—尼龙帘布增强层；3—可锻铸铁平形活接头

2. FPT-Y 型异径橡胶接头在风机盘管处的安装

一般有两种安装形式：

（1）供水支管→铜截止阀→FPT-Y 型异径橡胶接头→铜过滤器→风机盘管进水口→

风机盘管→风机盘管出水口→铜电动两通阀→FPT-Y 型异径橡胶接头→铜截止阀→出水支管。

（2）供水支管→铜截止阀→铜过滤器→FPT-Y 型异径橡胶接头→风机盘管进水口→风机盘管→风机盘管出水口→FPT-Y 型异径橡胶接头→铜电动两通阀→铜截止阀→出水支管。

上述两种形式，都是风机盘管的低标高管口为进水口、高标高管口为出水口。

3. 产品使用技术条件（表 3.16-13）

产品使用技术条件　　　　　　　　　　　　　　　　　表 3.16-13

项　目 ＼ 型　号	FPT-Y
$DN20\sim DN32$ 工作压力 MPa（kg/cm²）	1.0（10）
$DN20\sim DN32$ 爆破压力 MPa（kg/cm²）	3.0（30）
适用温度℃	$-10\sim +100$
适用介质	空气、水、热水
接头两端可任意偏转，偏转角度 $\alpha_1 + \alpha_2 = 45°$	

4. 产品公称直径、长度、位移数值主要数据（表 3.16-14）

产品公称直径、长度、位移数值主要数据　　　　　　表 3.16-14

公称直径 DN（mm）	长度 L（mm）	轴向位移（mm）		横向位移（mm）	偏转角度 $\alpha_1 + \alpha_2$
		伸长	压缩		
20×15	200	5	10	20	45°
25×15	200	5	10	20	45°
25×20	200	5	10	20	45°
32×15	200	5	10	20	45°
32×20	200	5	10	20	45°

3.16.8　可曲挠橡胶接头选用和技术要点

1. 橡胶接头常规适用温度为 $-20\sim +70$℃；瞬间温度可达 $+115$℃，如使用温度为 $+70\sim +115$℃，可采用特种橡胶加工制作，订货时应明确指出。

2. 法兰连接的橡胶接头，如使用工作压力和工作温度较高的情况下（管径 DN200 以上、温度 70℃以上、工作压力 1.5MPa 以上），可选用配有限位装置法兰的橡胶接头，以增加产品的使用寿命（订货时应明确指出）。

3. 法兰连接的橡胶接头，在安装时连接法兰的螺栓要从法兰的内侧分别串向法兰的两端，要加垫圈或弹簧垫圈，螺栓要对角逐步拧紧。

4. 活接头连接的橡胶接头，在安装时，左右两端的活接头不要调换，应仍按原套装配，否则可能会引起产品的泄漏和损坏。

5. 橡胶接头在使用过程中，用户应每年定期进行检查，如发现老化现象（产品的内壁发黏或龟裂），应及时更换。

6. 橡胶接头在贮存、运输中应防止日光直射，避免与酸碱、油类等有机溶剂接触，并远离热源 1m 以外。

7. 产品所用法兰的螺栓数、螺栓孔直径、螺栓孔中心圆直径均按 GB 9119 选用。

8. 避震喉与蝶阀安装在一起时，中间必须安装水泵接轮短管，否则，蝶阀开不开。

3.16.9 订货方法

1. 可用信函、电话、电报或去人到厂家订购。

2. 可通知厂家代办火车、汽车、空运、水运等托运业务。

3. 订货时对有特殊要求的产品，要加以说明（注明管径、温度、压力、是否需要限位装置法兰等要求）。

3.17 ISG 型立式管道离心泵结构及安装、附件施工技术要点

适用范围：

ISG 型系列单级单吸立式离心泵，供输送不含固体颗粒的清水及物量化学性质类似于水的液体之用。同时根据使用温度、介质等不同派生出适用热水、高温、化工、输油泵系列。该产品具有高效节能、噪声低、性能稳定等特点。

主要特点：

立式管道离心泵均为单级单吸型，水泵结构紧凑、体积小，外形美观，其结构决定安装占地面积小，如加上防护罩可设置于户外使用。叶轮直接安装在电机轴上，从而保证泵的同心度，因而增强了泵的运行稳定性和延长泵的使用寿命。轴封采用机械密封或机械密封的组合，采用优质的硬质合金密封环，增强了密封的耐磨性，能有效地延长泵的使用寿命。安装检修方便，无需拆动管路系统。泵进口和出口为相同口径，简化了管道的连接。根据流量和扬程的需要采用泵的串联、并联运行方式。根据需要，吸入口和吐出口可安装成同方向或 $90°$、$180°$、$270°$ 几个不同方向以满足不同的连接场合。泵扬程可根据需要增减水泵级数并结合切割叶轮外径予以满足，且不改变安装占地面积，这是其他泵类所不具有的特点。

型号说明：

ISG——立式管道离心泵；IRG——立式热水管道离心泵；GRG——立式高温管道离心泵；IHG——立式管道化工泵；IHGB——不锈钢防爆型立式管道化工泵；YG——管道离心油泵。

3.17.1 ISG 型立式管道离心泵结构

如图 3.17-1 所示。

3.17.2 ISG 型管道离心泵附件及安装尺寸

见表 3.17-1。

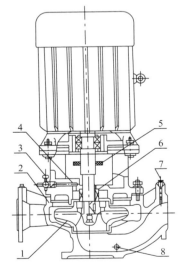

图 3.17-1 单级单吸管道离心泵
结构示意图

1—叶轮；2—泵体；3—放气阀；4—水泵盖；
5—挡水圈；6—机械密封；7—取压塞；
8—放水塞

ISG 型管道离心泵附件及安装尺寸

表 3.17-1

硬性连接基础图

柔性连接基础图

KL 型连接板

型号	KL 型连接板尺寸						柔性连接基础图尺寸							硬性连接基础图尺寸					
	$C_2 \times B_2$	$C \times C$	$D \times D$	h	d_1	d_2	H	E	F	C	D	d	h	H	E	F	C	d	h
1	45×70	240×240	300×300	55	14	14	200	450	500	240	—	—	—	200	450	500	240	60	200
2	50×80	240×240	300×300	55	14	14	200	450	500	240	—	—	—	200	450	500	240	60	200
3	60×100	240×240	300×300	55	14	14	200	450	500	240	—	—	—	200	450	500	240	60	200
4	70×120	240×240	300×300	55	18	16	200	450	500	240	—	—	—	200	450	500	240	60	200
5	80×130	240×240	300×300	55	18	16	200	450	500	240	—	—	—	200	450	500	240	60	200
6	100×160	340×340	400×400	55	18	16	250	650	700	340	—	14.5	60	250	650	700	340	80	250
7	120×180	340×340	400×400	55	18	16	250	650	700	340	—	14.5	60	250	650	700	340	80	250
8	160×220	340×340	400×400	55	22	16	250	650	700	340	同隔振器 D_1	14.5	60	250	650	700	340	80	250
9	150×240	340×340	400×400	55	22	16	250	650	700	340		14.5	60	250	650	700	340	80	250
10	210×260	440×440	500×500	55	22	16	300	750	800	440		14.5	60	300	750	800	440	80	250
11	230×280	440×440	500×500	55	22	16 或 18	300	750	800	440		14.5	60	300	750	800	440	80	250
12	250×320	540×540	600×600	55	22	18	300	800	850	500		14.5	60	300	800	850	540	80	250

预留螺栓孔

钻膨胀螺栓孔

预留螺栓孔

续表

型号	KL型连接板尺寸						柔性连接基础图尺寸						硬性连接基础图尺寸					
	$C_2 \times B_2$	$C \times C$	$D \times D$	h	d_1	d_2	H	E	F	C	D	d	H	E	F	C	d	h
13	300×350	740×740	800×800	55	22	18或20	350	1000	1100	740	同隔振器 D_1	14.5	350	1000	1100	740	80	250
14	300×400	740×740	800×800	55	22		350	1000	1100	740		14.5	350	1000	1100	740	80	250
15	350×450	740×740	800×800	55	26		350	1000	1100	740		14.5	350	1000	1100	740	80	250
16	400×500	740×740	800×800	55	26		350	1000	1100	740		14.5	350	1000	1100	740	80	250

SD型隔振垫 0.5 基本块尺寸

86mm　25mm

86mm　20mm

86mm　43mm

JGD型隔振器

JGD型隔振器安装尺寸

型号	N	D	D_1	H	d	n
JGD2-3	8	180	150	47	12	3
JGD3-2	12	230	200	64	12	3
JGD3-3	12	230	200	64	12	3
JGD4-1	16	280	250	76	12	3
JGD4-2	16	280	250	76	12	3
JGD5-3	20	330	300	104	12	3

3.17.3　ISG 型管道离心泵

其安装方式、外形、泵性能范围表，见表 3.17-2～表 3.17-5。

硬性连接和柔性连接　　　　　　　　　　　　　　　　　　表 3.17-2

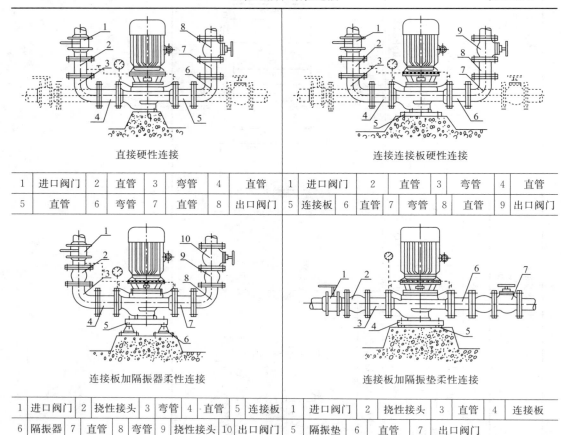

直接硬性连接　　　　　　　　　　连接连接板硬性连接

1	进口阀门	2	直管	3	弯管	4	直管	1	进口阀门	2	直管	3	弯管	4	直管
5	直管	6	弯管	7	直管	8	出口阀门	5	连接板	6	直管	7	弯管	8	直管	9	出口阀门

连接板加隔振器柔性连接　　　　　　连接板加隔振垫柔性连接

1	进口阀门	2	挠性接头	3	弯管	4	直管	5	连接板	1	进口阀门	2	挠性接头	3	直管	4	连接板
6	隔振器	7	直管	8	弯管	9	挠性接头	10	出口阀门	5	隔振垫	6	直管	7	出口阀门

泵外形及安装图示　　　　　　　　　　　　　　　　　　表 3.17-3

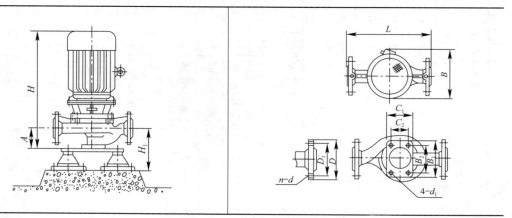

单台水泵和多台水泵配装   表 3.17-4

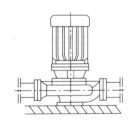

单台泵水平安装（横式）抽水和送水

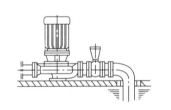

单台泵水平安装（横式）抽送水用

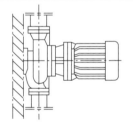

单台泵竖向安装（竖式）

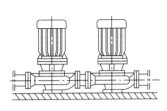

多台泵水平安装（横式）抽水和送水

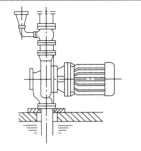

单台泵竖向安装（横式）抽送水用

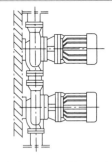

多台泵竖向安装（竖式）

水泵性能范围表   表 3.17-5

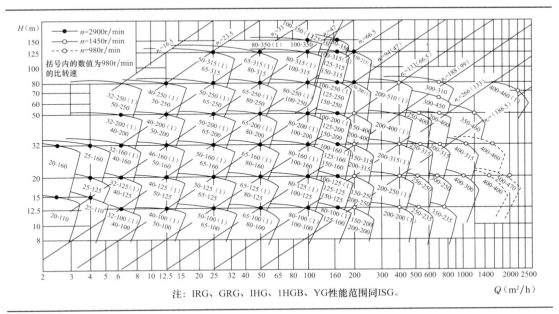

注：IRG、GRG、IHG、1HGB、YG 性能范围同 ISG。

3.17.4 水泵施工技术要点

1. 按设计要求修筑水泵基础（每台水泵基础必须分开）。
2. 注意水泵进入和流出水的方向。

3. 把水泵设置于水泵基础上，并用地脚螺栓拧紧稳固水泵。为防止水泵将噪音传递给水泵基础，水泵底座 1 与设备混凝土基础 4 之间应垫入 SD 型橡胶隔振垫，进行隔振处理。

3.17.5　水泵接轮短管

锅炉房内安装的供水泵和回水泵型号常为立式或卧式离心水泵单级单吸管道离心泵（管道泵），单级单吸管道离心泵进、出口管径是相同的，不需要安装变径管，但必须安装水泵接轮短直管，不能在泵进、出口法兰上直接连接避震喉，因为泵前和泵后必须有一段直管段，以确保水泵的使用功能。另外，在避震喉与蝶阀之间、Y 型过滤器与蝶阀之间必须也安装水泵接轮短管，否则蝶阀无法正常开启或关闭。

3.18　不锈钢软管、加筋树脂管及卡箍施工要点

1. 不锈钢软管应采用优质材料制作，不锈钢软管两端应采用铜连接件。
2. 加筋树脂管应采用优质材料制作，加筋树脂管外表面应透明，加筋树脂线清晰可见，加筋树脂管壁厚标准。
3. 加筋树脂管与冷凝水管插入连接后，必须用专用松紧卡箍卡牢拧紧，以防漏水。

3.19　游泳池池水的消毒灭菌和游泳者的洗净设施施工要点

3.19.1　游泳池池水的消毒灭菌

1. 消毒的重要性

游泳者身体与池水直接接触，池水会进入人嘴、鼻、耳、眼内，如果池水不卫生，会引起眼、耳、鼻、喉、皮肤和消化器官等疾病。严重者会引起伤寒、霍乱、梅毒、赤痢等病的传染。同时池水还会受到游泳者自身所带细菌的污染，故必须设置池水消毒杀菌装置。

2. 消毒剂及消毒方法

（1）氯化消毒

常用消毒剂有氯、次氯酸钠、漂白粉和氯片等。氯化消毒的优点是：杀菌效果好，有持续消毒功能。缺点是：有气味并对眼和呼吸道有刺激作用；对池子结构、设备和管道有腐蚀作用；操作管理水平要求高，否则会发生安全事故。

氯的投加量视气温、水质、水温和余氯确定。一般按 3~5mg/kg 设计。氯一般应采用真空加氯设备自动投加在过滤后的入池给水管道内，并宜与水泵联锁控制。

次氯酸钠可就地制取，就地使用，外购品对保存时间及条件要求高。漂白粉配制溶液操作复杂又费时，并会增加池水浑浊度，应尽量少采用。氯片只有在小型游泳池中采用。

（2）照射消毒

① 利用紫外线对池水进行照射，以杀灭水中的细菌。它的优点是杀菌效率高，且只

改变水中微生物内部结构而不改变水的性质和气味。但它无持续消毒的功能，需与氯消毒配合使用。

②　杀菌效果受池水浊度大小的影响较大，不仅仅应在过滤后进行，尚须有理想的照射装置。

③　照射光谱在200～300mm范围内杀菌效果最佳。

3.19.2　游泳馆水净化工艺流程

如图3.19-1所示。

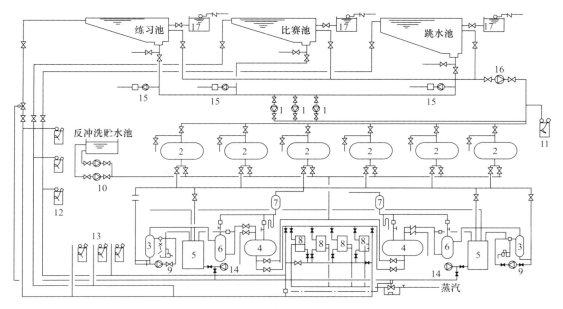

图3.19-1　游泳馆水净化工艺流程示意图

1—循环水泵；2—砂滤罐；3—混合器；4—活性炭过滤罐；5—臭氧柜；6—反应罐；7—活性炭吸附罐；
8—快速加热器；9—加压泵；10—反冲洗水泵；11—明矾加压泵；12—余氯控制系统；13—酸碱度控制系统；
14—空压机；15—取样泵；16—吸污泵；17—补给水

3.19.3　游泳者的洗净设施

游泳是一种健身运动，也是一种娱乐行为。保持卫生环境人人有责。池水清澈见底是游泳爱好者共同盼望的卫生条件。因此，每一位游泳爱好者都必须进行下泳池前的自身洗净工作，共同保持池水的洁净。游泳池管理人员必须加强管理，定期、及时地消毒灭菌；更换池水时认真刷洗池底和池壁以及浸腰、浸脚池、池岸、泳池扶梯、躺椅等人员接触的各项设施。

1. 洗净设施——由浸脚消毒池、浸腰消毒池、强制淋浴器三项组成。它是保证池水不被污染和防止疾病传播的不可缺少的组成部分。

2. 通道流程确定——使每一位游泳爱好者进入游泳池不能绕行和跳越，必须人人对身体进行洗净。

布置方式：A. 浸脚消毒→强制淋浴→浸腰消毒→游泳池岸边。

B. 浸脚消毒→浸腰消毒→强制淋浴→游泳池岸边。

3. 浸脚消毒池

（1）平面宽度尺寸应与游泳者出入通道相同，长度不得小于 2.0m，有效深度应在 150mm 以上，如图 3.19-2 所示。

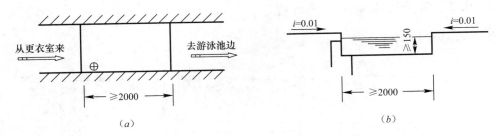

图 3.19-2 浸脚消毒池形式示意图

(a) 平面图；(b) 剖面图

（2）前后地面应以不小于 0.01 的坡度坡向浸脚消毒池。

（3）配管及池子应为耐腐蚀不透水材料，池底应有防滑措施，两侧设扶手。例：采用塑料池子，塑料池子底部放入 10mm 厚弹性好的橡胶块，橡胶块采用卡压方式固定在池底，应能定期取出进行除污、清洗、消毒，以便再利用。

（4）消毒液配制及供应

① 消毒液宜为流动式供应，使其不断更新。如为间断更换消毒液，其间隔时间尽量采用 2 小时，不得超过 4 小时。

② 消毒液浓度：液氯：50～100mg/L；漂白粉：200～400mg/L。

4. 浸腰消毒池

（1）对每一游泳者的腰部和下身进行消毒。故它的深度应保证腰部被消毒液全淹没，一般成人要求溶液深度为 800～1000mm，儿童为 400～600mm。

（2）消毒液配制浓度

① 如浸腰消毒设在强制淋浴之前时：液氯：50～100mg/L；漂白粉：200～400mg/L。

② 如浸腰消毒设在强制淋浴之后时：液氯：5～10mg/L；漂白粉：20～40mg/L。

（3）配管及池子应为耐腐蚀不透水材料，池底设防滑措施，两侧设扶手。

（4）浸腰消毒池的形式分为：①阶梯式；②坡道阶梯混合式，如图 3.19-3 所示。

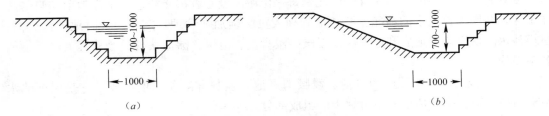

图 3.19-3 浸腰消毒池形式示意图

(a) 阶梯式；(b) 坡道阶梯混合式

5. 强制淋浴

（1）公共游泳池，一般宜设强制淋浴设施，其作用是使游泳者入池之前洗净身体；防止入池后身体突然变冷发生事故。我国一些游泳池设有此设施，但常被拆除或停用。因浪费水、维修不利或认为作用不大。

（2）强制淋浴的水温宜为 38～40℃，夏季可以采用冷水。用水量按每人每场 50L 计算。

3.20 游泳池的附属装置施工技术要点

3.20.1 给水口

1. 给水根据池水循环方式设在池底或池壁上，并应有格栅护板。

2. 池壁上给水口的间距宜为 2～3m，拐角处给水口距另一池壁不宜大于 1.5m。给水口宜设在池水面以下 0.5～1.0m 处，以防余氯的过快消失，跳水池应为上下两层交叉布置。

3. 池底给水口应沿两泳道标志线中间均匀布置，间距宜为 3～5m。

4. 给水口的布置应保证配水均匀和不产生涡流及死水域。

5. 给水口的数量必须满足循环水流量的要求，给水口格栅孔间隙流速一般为 0.6～1.0m/s。

6. 给水口流量宜按 4～10m³/（h·个）确定，其接管管径不宜超过 50mm。

7. 给水口宜设置流量调节装置。

8. 给水口和格栅护板，一般应采用不锈钢、铜、大理石和工程塑料等不变形、耐久性能好的材料制造。

9. 给水口形式，如图 3.20-1 所示。

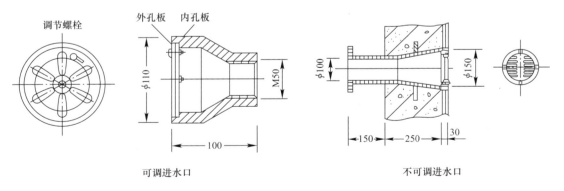

图 3.20-1 给水口形式示意图

3.20.2 回水口

1. 设在池底或溢流水槽内。其数量应满足循环水流量的要求。

2. 池底回水口位置应满足水流均匀和不产生短流的要求。

3. 回水口的面积按流速 0.1～0.5m/s 计算，且不得小于连接管截面积的 4 倍，应有格栅盖板。格栅开孔宽度或直径不得超过 20mm，儿童池不超 15mm，以保证游泳者的安全。

4. 回水管内的流速宜采用 0.7～1.0m/s。格栅盖板孔隙的流速不宜超过 0.5m/s。

5. 格栅盖板应采用耐腐蚀和不变形材料制造，且应与回水口有牢靠的固定措施。

6. 回水口的形式，如图 3.20-2 所示。

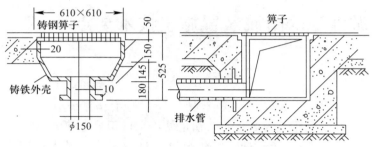

图 3.20-2 回水口形式示意图

3.20.3 泄水口

1. 应与池底回水口合并设置在游泳池底的最低处。

2. 泄水管按 4～6 小时将全部池水泄空计算管径，但最长时间不得超过 12 小时。

3. 应优先采用重力泄水，但应有防污水倒流污染和淹没游泳池的措施。重力泄水有困难时，采用压力泄水，可利用循环泵泄水。

4. 泄水口的构造与回水口相同。

3.20.4 溢流水槽

1. 槽沿应严格水平，以防溢水短流。槽内排水口间距一般为 3m，仅作溢水用时，断面尺寸按不小于 10% 的循环流量确定，槽宽不得小于 150mm。

2. 如作为回水槽，则槽内排水管口应按循环流量确定，但宽度不得小于 250mm。

3. 槽内纵向应有不小于 $i=0.01$ 的坡度坡向排水口。

4. 溢流管不得与污水管直接连接，且不得装设存水弯，以防污染及堵塞管道。

5. 溢流管宜采用铸铁管、镀锌钢管或钢管内涂环氧树脂漆。

6. 岸边溢水槽应设置格栅盖板，其材质为耐腐蚀和不变形的材料。

7. 溢流水槽形式，如图 3.20-3 所示。

图 3.20-3 溢流水槽形式示意图
（a）池岸式；（b）池壁式

3.20.5 排污

1. 沉积在游泳池底的污物，应于每天开放前予以清除，保证池水的卫生要求。

2. 管道排污：池壁每隔一定间距设置排污软管接口，软管接口用管道连接并接至循环水泵的吸水管上。排污时，将除污器排污软管与接口相连，开启循环水泵，移动除污器使池底积污被抽吸送入过滤器净化后，再次送入池内。

3. 虹吸排污器：在池底推拉移动，将污物虹吸至排水井内。为形成虹吸作用，使用前应向虹吸软管充水或用真空泵引水，它耗水量大（每次约达池积的 5% 左右），且排污不彻底。

4. 棕板刷：它是人工排污工具，即用棕板刷将池底积污慢慢推刷至泄水口（或回水口）。打开泄水阀排出或用循环水泵抽吸过滤后重复使用，但操作过急易扰动积污混合于水中，影响排污效果，且劳动强度大。

5. 我国目前尚无理想的排污设备和装置，是尚待研究解决的问题。

3.20.6 清洗

1. 为防止池水被污染，池岸、池壁应保持洁净。池岸装设冲洗水龙头，每天至少冲洗 2 次。

2. 游泳池换水时，应对池底和池壁进行彻底刷洗，不得残留任何污物，必要时应用氯液刷洗杀菌，一般采用棕板刷刷洗。

3. 清洗水源采用自来水或符合生活饮用水卫生标准的其他水。

3.20.7 饮用水及洗眼水龙头

1. 在游泳池的岸边适当位置，应设置饮水器或饮水龙头，一般不得少于 2 个。

2. 在适当位置设洗眼龙头。

3.20.8 辅助设施

1. 辅助设施内容：更衣室、厕所、游泳后淋浴设施、休息室及器材库等都是游泳池的组成部分，均应给予周密的考虑。

2. 游泳池卫生洁具设置：一般按游泳池水面总面积确定。表 3.20-1 中数据是我国一些游泳池的实际统计数据。

游泳池卫生洁具设置数量（个/1000m² 水面） 表 3.20-1

卫生洁具名称	室内游泳池		露天游泳池	
	男	女	男	女
淋浴器	20～30	30～40	3	3
大便器	2～3	3～6	2	4
小便器	4～6	—	4	—

3.20.9 毛发聚集器安装

一般设置在理发室、浴池、游泳池等处，根据设计选用的形式参考图 3.20-4 进行下料、加工、安装。

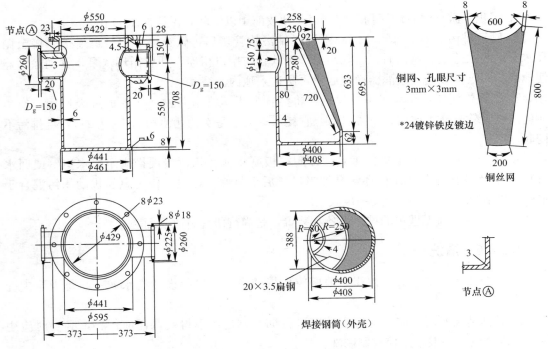

图 3.20-4　毛发聚集器加工制作详图

3.20.10　隔油器安装

隔油器设置在餐馆、大中型厨房及与游泳池配套的餐饮间或配餐间的洗鱼、洗肉、洗碗等含油脂较高的污水排入排水管道之前，安装在靠近水池的台板下面，隔一定时间打开隔油器除掉浮在水面上的油脂。安装时应注意，当几个水池相连的横管上设一个公用隔油器时，尽量使隔油器前的管道短一些，防止管道被油脂堵塞。安装如图 3.20-5 所示，也可按图自行加工制作。

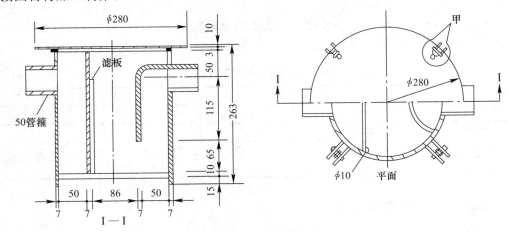

图 3.20-5　隔油器加工图

3.21　热网检查井内装置施工技术要点

热网检查井内装置有控制阀、放气阀、泄水阀、套筒式补偿器及放置排污潜水泵的集水坑等项。

1. 控制阀——调节各环路压力和流量的控制阀门。

2. 放气阀——排除系统内游离空气。

3. 泄水阀——安装或修理管路时放水或排污。

4. 套筒式补偿器——将管道的热伸长吸收在自身之上，免除管道因受热后膨胀出现弯曲或漏水现象，其安装在检查井内易更换填料和修理。

5. 潜水泵——集水坑内设一台供排水用的潜水泵，防止雨季管沟内雨水渗入，浸泡管道或保温层。在管道维修时，采用在集水坑内的潜水泵排放管道内积水，以便进行焊接工作。

热网检查井内装置安装，如图 3.21-1 所示。

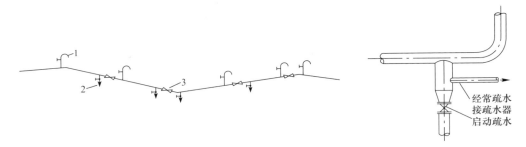

图 3.21-1　热网检查井内装置安装示意图
1—放气管；2—泄水管；3—分段控制阀

3.22　地沟内管道施工技术要点

3.22.1　通风换气

地沟内管道施工属于在封闭体内施工，由于地沟内管道基本上都是焊接连接，只有在维修时才进入人员施工，地沟内空气处于长期不流通，严重缺氧状态，维修人员进入地沟操作前必须先采取通风换气措施，严禁贸然进入地沟内，以免发生人员窒息安全事故。确认地沟内空气流通时，方可进入维修。为节省时间，可采用一台通风机送风和另一台通风机排风同时运行的方式，快速通风换气。

3.22.2　安全电压照明

因地沟内管道施工属于潮湿作业场合施工，操作人员必须采用 12V 安全电压进行照明，以防地沟窄小，施工过程中金属物件打破灯泡或刮断电线而发生触电事故。

3.23　空调冷冻水管道防冷桥措施技术要点

采用空调冷冻水、空调冷凝水管道防冷桥措施不到位会造成不可估量的严重后果，因此必须引起高度重视。

随着建筑物的增多、增高，防火问题更显得重要。空调专业施工的防火问题也被逐渐重视。但迄今为止仍有不少施工单位依然采用遍布于装饰棚内数量众多的浸泡沥青防腐油的木制木托易燃品，进行空调水管道防冷桥管架的施工，给消防工作带来很大隐患。一旦发生火灾，众多的浸泡沥青防腐油的木制木托易燃品，会立即起火助燃，遍布于装饰棚内，增大了扑救火灾的作业面，浪费消防资源。

以供空调专业施工使用的国祥牌难燃塑料绝热垫（国家发明专利产品——由沈阳国祥制冷设备有限公司独家生产）为例，其空调冷冻水、冷凝水管道难燃塑料绝热垫安装，如图 3.23-1 所示。

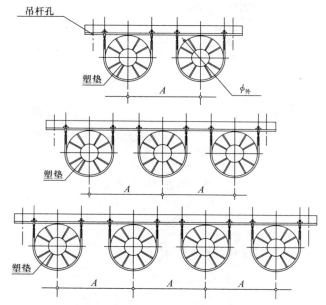

图 3.23-1　空调冷冻水、冷凝水管道难燃塑料绝热垫安装示意图

图 3.23-1 中，双管、三管、四管安装中心间距 A 值见表 3.23-1。

国祥牌难燃塑料绝热垫 A 值（mm）　　　　　　　　　　表 3.23-1

空调水管公称直径	20	25	32	40	50	70	80	100
塑料绝热垫外直径	89	96	105	110	122	138	151	176
绝热垫间距 A 值	≥182						≥195	≥220

3.24　各类补偿器施工技术要点

为了防止供热管道升温时，由于热伸长或温度应力而引起管道变形或破坏，需要在管道上设置补偿器，以吸收管道的热伸长，从而减小管壁的应力和作用在阀件或支架结构上的作用力。

供热管道上采用补偿器的种类很多，主要有管道的自然补偿、方形补偿器、波纹管补偿器、套筒补偿器、球形补偿器和旋转补偿器等。前三种是利用补偿器材料的变形来吸收热伸长，后三种是利用补偿器内外套管之间的相对位移来吸收热伸长。

3.24.1 自然补偿

利用供热管道自身的弯曲管段（如 L 形或 Z 形等）来补偿管段的热伸长的补偿方式，称为自然补偿。自然补偿不必特设补偿器，因此考虑管道的热补偿时，应尽量利用其自然弯曲的补偿能力。自然补偿的缺点是管道变形时会产生横向位移，而且补偿的管段不能很长。

3.24.2 方型补偿器在地沟中的安装

它是由四个 90°弯头构成 "U" 形的补偿器，靠其弯管 "U" 的变形来补偿管段的热伸长。方形补偿器通常用无缝钢管煨弯或机制弯头组合而成。此外，也有将钢管弯曲成 "S" 形或 "Ω" 形的补偿器。这种与供热管道相同管径而构成弯曲形状的补偿器，总称为弯管补偿器。

弯管补偿器的优点是制造方便；不用专门维修，因而不需要为它设置检查室；工作可靠；作用在固定支架上的轴向推力相对较小。其缺点是介质流动阻力大，占地多。方型补偿器在供热管道上应用很普遍。安装弯管补偿器时，经常采用冷拉（冷紧）的方法，来增加其补偿能力或达到减少对固定支座推力的目的。方型补偿器在地沟中的安装，如图 3.24-1 所示。

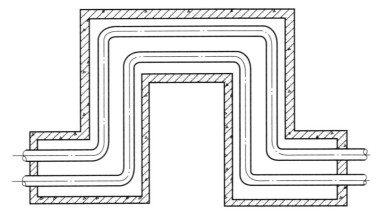

图 3.24-1 方型补偿器示意图

3.24.3 不锈钢波纹管补偿器

它是用单层或多层薄金属管制成的具有轴向波纹的管状补偿设备。工作时，它利用波纹变形进行管道热补偿。供热管道上使用的波纹管，多用不锈钢制造。蒸汽管道上使用的波纹管补偿器与热水管道上使用的波纹管补偿器形式有所不同，因蒸汽压力大，不能使用热水管道上的波纹管补偿器替代。蒸汽管道用的波纹管补偿器的波纹管应设置在外表层，蒸汽应在内套管中通过，严禁蒸汽直接与波纹管内壁接触，订货时必须注意。波纹管补偿器还有横向及铰接等形式，但在供热工程中使用的都是轴向波纹的管状补偿器。波纹管补偿器安装时将补偿器预拉伸一半，以减少其弹性力。为使轴向波纹管补偿器严格地按管轴线热胀或冷缩，补偿器应靠近一个固定支座（架）设置，并设置导向支座。导向支座宜采用双限位结构，以控制横向位移和防止纵向变形。

不锈钢波纹管补偿器，如图 3.24-2 所示。

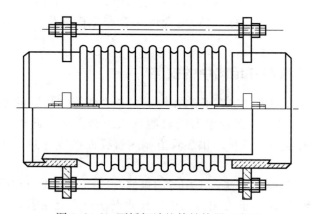

图 3.24-2　不锈钢波纹管补偿器示意图

3.24.4　套筒补偿器

它是由芯管和外壳管体组成的，是两者同心套装并可轴向移动的补偿器。如图 3.24-3 所示为一单向套筒补偿器。芯管 1 与套管 3 之间用柔性密封填料 4 密封，柔性密封填料可直接通过套管小孔注入补偿器的填料函中，因而可以在不停止运行情况下进行维护和抢修，维修工艺简便。

套筒补偿器的补偿能力大，一般可达 $250 \sim 400 \mathrm{mm}$，占地小，介质流动阻力小，造价低，但其维修工作量大，同时管道地下敷设时，为此要增设检查室；它只能用在直线管段上；当其使用在弯管或阀门处时，其轴向产生的盲板推力（由内压引起的不平衡水平推力）也较大，需要设置主固定支座。近年来，国内出现的内力平衡式套筒补偿器，可消除此盲板推力。

套筒补偿器，如图 3.24-3 所示。

3.24.5　球形补偿器

它是由球体及外壳组成。球体与外壳可相对折曲或旋转一定的角度（一般可达到 $30°$），以此进行热补偿。两个配对成一组，其动作原理可见图 3.24-4。球形补偿器的球体与外壳之间的密封性能良好，寿命较长。它的特点是能作空间变形，补偿能力大，适用于架空敷设。

球形补偿器，如图 3.24-4 所示。

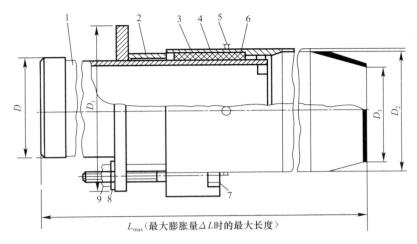

图 3.24-3 套筒补偿器示意图

1—芯管；2—前压兰；3—壳体；4—柔性填料；5—注填料螺栓；

6—后压兰；7—T 形螺栓；8—垫圈；9—螺母

3.24.6 旋转补偿器

旋转补偿器的结构主要由整体密封座、密封压盖、大小头、减摩定心轴承、密封材料、旋转筒体等构件组成。安装在热力管道上需要两个以上组对成组，形成相对旋转吸收管道热位移，从而减少管道的压力。旋转补偿器构造如图 3.24-5 所示；旋转补偿器动作原理如图 3.24-6 所示。

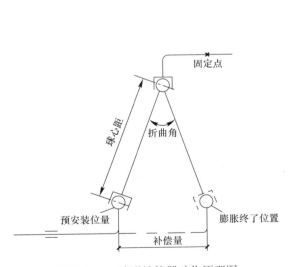

图 3.24-4 球形补偿器动作原理图

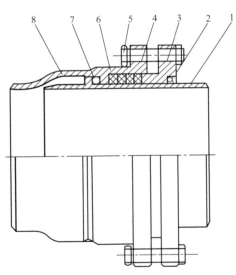

图 3.24-5 旋转补偿器构造示意图

1—旋转筒体；2—减摩定心轴承；3—密封压盖；

4—密封材料；5—压紧螺栓；6—密封座；

7—减摩定心轴承；8—大小头

旋转补偿器的优点：

1. 补偿量大，可根据自然地形及管道强度布置，最大一组补偿器可补偿 500m 管段。

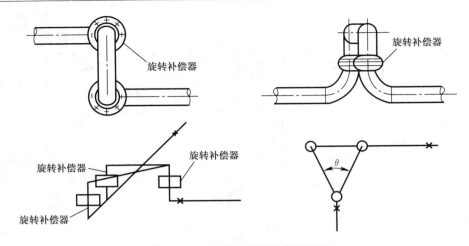

图 3.24-6　旋转补偿器动作原理图

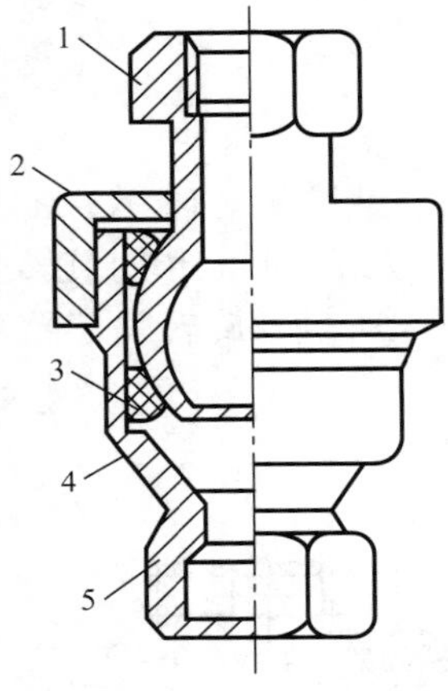

2. 不产生由介质压力产生的盲板力，固定架可做得很小，特别适用于大口径管道。

3. 密封性能优越，长期运行不需维护。

4. 节约资金。

5. 旋转补偿器可安装在蒸汽管道和热水管道上，可节约投资和提高运行安全稳定性。

旋转补偿器在管道上一般按 200～500m 安装一组（可根据自然地形确定），有十多种安装形式，可根据管道的走向确定布置形式。采用该型补偿器后，固定支架间距增大，为避免管段挠曲要适当增加导向支架，为减少管段运行的摩擦阻力，在滑动支架上应安装滚动支座。

3.24.7　阀式球形补偿器

阀式球形补偿器，如图 3.24-7 所示。

图 3.24-7　阀式球形补偿器示意图
1—球形接头；2—压盖；3—密封圈；
4—卡环；5—接头

3.25　管道活动支座和固定支座施工技术要点

供热管道上设置管道固定支座（架），其目的是限制管道轴向位移，将管道分成若干补偿管段，分别进行热补偿，从而保证各个补偿器的正常工作。管道固定支座（架）是供热管道主要受力构件，为了节约投资，应尽可能加大固定支座（架）的间距，减少其数目，但其间距必须满足下列条件：

1. 管段的热伸长量不得超过补偿器所允许的补偿量。

2. 管段因膨胀和其他作用而产生的推力，不得超过固定支座（架）所能承受的允许推力。

3. 不应使管道产生纵向弯曲。

根据这些条件并结合设计和运行经验，固定支座（架）的最大间距，见有关控制数目表格。根据支座（架）对管道位移的限制情况，分为活动支座（架）和固定支座（架）。

活动支座（架）按构造和功能分为——滑动、滚动、弹簧、悬吊和导向等支座（架）形式。

固定支座（架）按构造和功能分为——卡环式、曲面槽、挡板式、焊接角钢式、固定墩式。

3.25.1 管道活动支座

管托与支承结构间的摩擦面，通常是钢与钢的摩擦，摩擦系数约为 0.3。为了降低摩擦力，有时在管托下放置减摩材料，如聚四氟乙烯塑料等，可使摩擦系数降低到 0.1 以下。

滚动支座是由安装（卡固或焊接）在管子上的钢制管托与设置在支承结构上的辊轴、滚柱或滚珠盘等部件构成。辊轴式和滚柱式支座，管道轴向位移时，管托与支承结构（滚动部件）间为滚动摩擦，摩擦系数在 0.1 以下；但管道横向位移时仍为滑动摩擦。滚珠盘式支座，管道水平各向移动均为滚动摩擦。辊轴、滚柱或滚珠盘式三种滚动支座都必须进行必要的日常维护（包括清理风砂及污垢、及时上油防锈以及更换滚动部件），使滚动部件保持正常状态，一般只用在架空敷设管道上。

下面介绍五种活动支座：曲面槽滑动支座、丁字托滑动支座、弧型板滑动支座、辊轴式滚动支座、滚柱式滚动支座。

曲面槽滑动支座如图 3.25-1 所示；丁字托滑动支座如图 3.25-2 所示；弧型板滑动支座如图 3.25-3 所示；辊轴式滚动支座如图 3.25-4 所示；滚柱式滚动支座如图 3.25-5 所示。

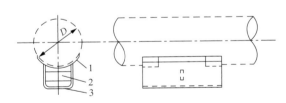

图 3.25-1 曲面槽滑动支座示意图

1—弧型板；2—肋板；3—曲面槽

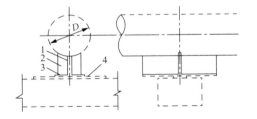

图 3.25-2 丁字托滑动支座示意图

1—顶板；2—侧板；3—底板；4—支承板

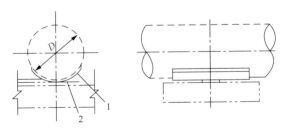

图 3.25-3 弧型板滑动支座示意图

1—弧型板；2—支承板

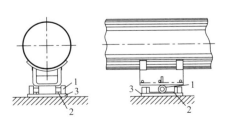

图 3.25-4 辊轴式滚动支座示意图

1—辊轴；2—导向板；3—支承板

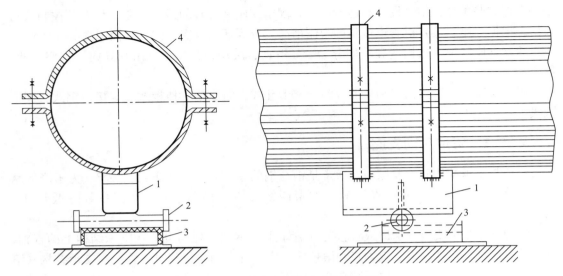

图 3.25-5　滚柱式滚动支座示意图

1—槽板；2—滚柱；3—槽钢支承座；4—管箍

3.25.2　管道固定支座

常用的管道固定支座有如下几种：钢筋 U 形管卡固定支座、焊接角钢固定支座、曲面槽固定支座，如图 3.25-6 所示；挡板式固定支座如图 3.25-7 所示；室外直埋敷设管道的固定墩式管道固定支座如图 3.25-8 所示。

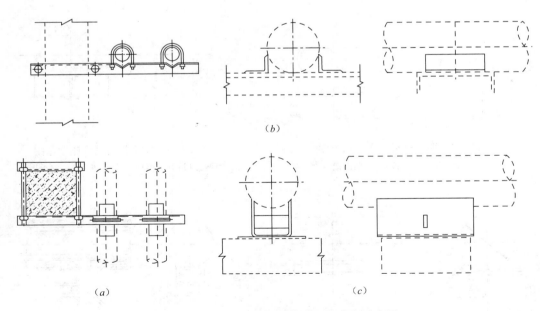

图 3.25-6　几种金属结构管道固定支座示意图

(a) U 形管卡固定支座；(b) 焊接角钢固定支座；(c) 曲面槽固定支座

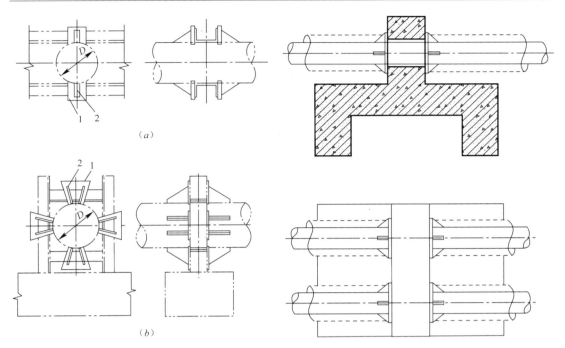

图 3.25-7 挡板式管道固定支座示意图   图 3.25-8 直埋敷设固定墩式管道固定支座示意图
(a) 双面挡板式固定支座；(b) 四面挡板式固定支座
1—挡板；2—肋板

3.26 室外、室内消防灭火系统的组成及示意图

3.26.1 室外消火栓及消防水泵接合器

1. 室外地上、地下消火栓

(1) 室外地上消火栓组成：弯管 1→阀体 2→阀座 3→阀瓣 4→排水阀 5→法兰接管 6→阀杆 7→本体 8→KWS65 型接口 9，如图 3.26-1 所示。

(2) 室外地下消火栓组成：连接器座 1→KWX 型接口 2→阀杆 3→本体 4→法兰接管 5→排水阀 6→阀瓣 7→阀座 8→阀体 9→弯管 10，如图 3.26-2 所示。

2. 消防水泵接合器

(1) 地上式消防水泵接合器

地上式消防水泵接合器组成：楔式闸阀 1→安全阀 2→放水阀 3→止回阀 4→放水管 5→弯管 6→本体 7→井盖座 8→井盖 9→WSK 型固定接口 10，如图 3.26-3 所示。

(2) 地下式消防水泵接合器

地下式消防水泵接合器组成：楔式闸阀 1→安全阀 2→放水阀 3→止回阀 4→丁字管 5→弯管 6→集水管 7→井盖座 8→井盖 9→WSK 型固定接口 10，如图 3.26-4 所示。

(3) 墙壁挂式消防水泵接合器

墙壁挂式消防水泵接合器组成：楔式闸阀 1→安全阀 2→放水阀 3→止回阀 4→放水

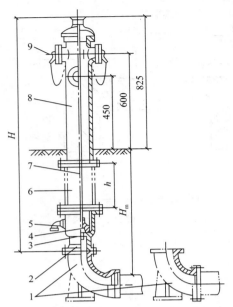

图 3.26-1　室外地上消火栓示意图

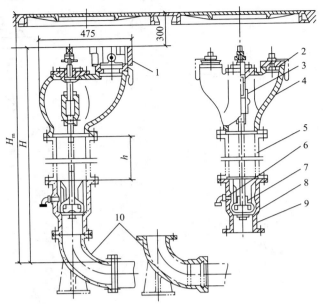

图 3.26-2　室外地下消火栓示意图

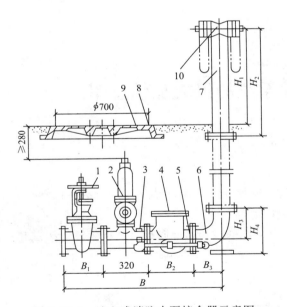

图 3.26-3　地上式消防水泵接合器示意图

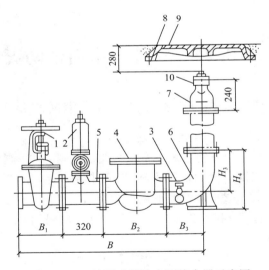

图 3.26-4　地下式消防水泵接合器示意图

管 5→弯管 6→本体 7→井盖座 8→井盖 9→WSK 型固定接口 10→法兰弯管 11，如图 3.26-5 所示。

3.26.2　室内消火栓给水系统

为保证消防水泵及时、可靠地运行，一组消防水泵的吸水管不应少于两条，以保证其中一条维修或发生故障时，仍能正常工作。

消防水泵房向环状管网送水的供水管不应少于两条，以保证当其中一条维修或发生故障时，其余的出水管应仍能供应全部消防用水量。消防水泵为两台时，其供水管的布置如图 3.26-6 所示。

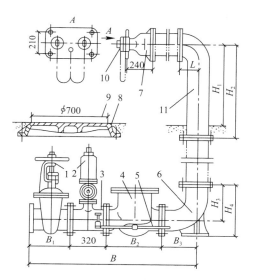

图 3.26-5 墙壁挂式消防水泵接合器示意图

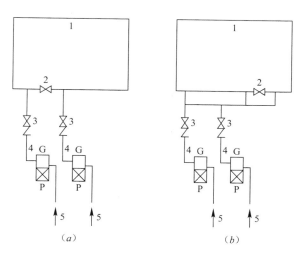

图 3.26-6 消防水泵与室内管网的联结方法示意图
(a) 正确的布置方法；(b) 不正确的布置方法
P—电动机；G—消防水泵；1—室内管网；2—消防分隔阀门；
3—阀门和止回阀；4—供水管；5—吸水管

1. 低压消火栓给水系统

低压消火栓给水系统组成：进户引入管 1→旁通管 2→水表节点 3→消防干管 4→消火栓立管 5→水箱 6→出水管 7→进水管 8→生活（生产）出水管 9→室内环形管网，如图 3.26-7 所示。

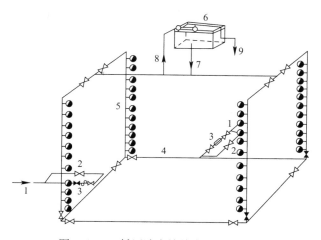

图 3.26-7 低压消火栓给水系统示意图

143

2. 稳高压消火栓给水系统

稳高压消火栓给水系统组成：进户引入管 1→贮水池 2→消防水泵 3→水泵接合器 4→消火栓 5→检验消火栓 6→稳压装置 7→消防水箱 8→室内环形管网，如图 3.26-8 所示。

3. 临时高压消火栓给水系统

临时高压消火栓给水系统组成：贮水池 1→消防水泵 2→消防水箱 3→消火栓 4→检验消火栓 5→水泵接合器 6→进户引入管 7→室内环形管网，如图 3.26-9 所示。

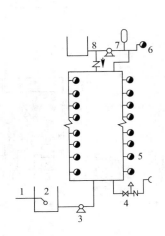

图 3.26-8　稳高压消火栓给水系统示意图　　　图 3.26-9　临时高压消火栓给水系统示意图

4. 高压消火栓给水系统

高压消火栓给水系统组成：进户引入管 1→水表节点→消防水平干管 2→消火栓立管 3→消火栓 4→室内环形管网 5，如图 3.26-10 所示。

5. 室内消火栓箱

室内消火栓箱种类：挂置式、盘卷式、卷置式、托架式，如图 3.26-11 所示。

6. 室内消火栓箱安装

室内消火栓箱安装，如图 3.26-12 所示。

3.26.3　湿式喷水灭火系统

湿式喷水灭火系统是在报警阀前后管道内均充满压力水。该系统包括闭式喷头、管道系统、湿式报警阀、报警装置和供水设施等，其组成如图 3.26-13 所示。

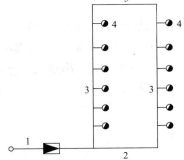

图 3.26-10　高压消火栓给水系统示意图

湿式喷水灭火系统工作原理：发生火情→闭式喷头动作喷水→水流指示器动作→通知消防控制室和值班室（服务台）→末端试水装置压力下降→湿式报警阀动作→压力开关和水力警铃同时报警→消防控制室→水泵自动启动→闭式喷头继续喷水。

湿式喷水灭火系统比干式喷水灭火系统灭火控制率高。湿式喷水灭火系统适用于凡是环境温度不低于 4℃ 和不高于 70℃ 的建筑物内或场所。环境温度高于 70℃ 的建筑物内或场所，应采用干式喷水灭火系统或预作用喷水灭火系统。因湿式喷水灭火系统管道内一直是

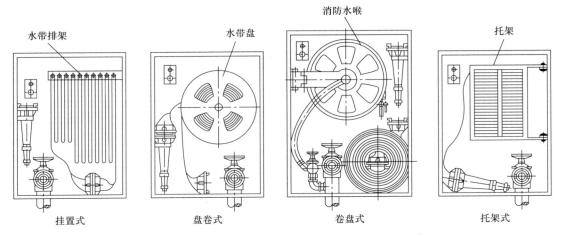

图 3.26-11 室内消火栓箱示意图

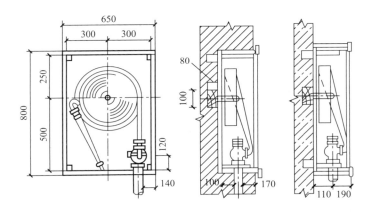

图 3.26-12 室内消火栓箱安装示意图

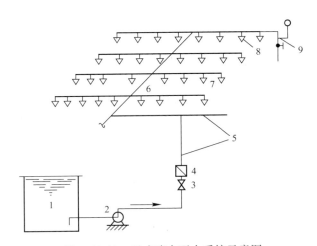

图 3.26-13 湿式喷水灭火系统示意图

1—水池；2—水泵；3—总控制阀门；4—湿式报警阀；5—配水干管；
6—配水管；7—配水支管；8—闭式喷头；9—末端试水装置

满水状态，环境温度高于 70℃，会使管道内的水温升高，产生汽化和热循环，或者产生水垢及对管道腐蚀加剧，于管道系统不利。因此，在环境温度不高于 70℃ 的情况下应优先选用湿式喷水灭火系统。湿式喷水灭火系统要求闭式喷头向下安装。

3.26.4　干式喷水灭火系统

干式喷水灭火系统是在报警阀前的管道内充满压力水，在报警阀后的管道内充满压力气体。该系统包括闭式喷头、管道系统、充气设备、干式报警阀、报警装置和供水设施等，其组成如图 3.26-14 所示。

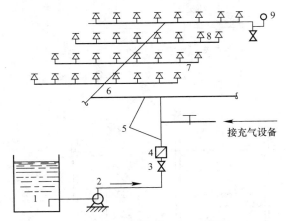

图 3.26-14　干式喷水灭火系统示意图

1—水池；2—水泵；3—总控制阀门；4—干式报警阀；5—配水干管；
6—配水管；7—配水支管；8—闭式喷头；9—末端试水装置

干式喷水灭火系统工作原理：发生火情→闭式喷头动作放气→干式报警阀动作→压力开关和水力警铃同时报警→消防控制室→闭式喷头喷水灭火→水泵自动启动→闭式喷头继续喷水。

干式喷水灭火系统适用于环境温度在 4℃ 以下和高于 70℃ 的建筑物内或场所，在对水渍会造成严重损失的场所也可采用干式喷水灭火系统。因报警阀后的管道无水而是气体，不怕结冻、不怕环境温度高。干式喷水灭火系统和湿式喷水灭火系统相比较，多增设一套充气设备，建筑投资就要高一些，另外充气管网内的气压应保持在一定范围内，否则就必须充气，平常管理较复杂，要求高。火灾时喷头动作灭火后，应将系统中的积水排空，并充以压力气体，这就增加了经常管理费用和能源的消耗。采用干式喷水灭火系统没有湿式喷水灭火系统来的快，差了放气工程的时间，这是干式喷水灭火系统的又一个缺陷。干式喷水灭火系统要求闭式喷头向上安装。

3.26.5　预作用喷水灭火系统

预作用喷水灭火系统是在预作用阀前的管道内充满压力水，在预作用阀后的管道内充满压力气体（空气或氮气）或为空管，火灾时由火灾探测系统自动开启预作用阀门使管道充水呈临时湿式系统。该系统包括火灾探测系统和由火灾探测系统自动控制的带预作用阀门的闭式喷水灭火系统。其组成如图 3.26-15 所示。

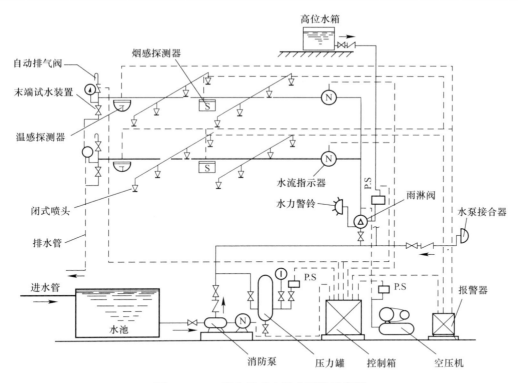

图 3.26-15 预作用喷水灭火系统示意图

预作用喷水灭火系统工作原理：发生火情→烟感和温感火灾探测器动作→证实→雨淋阀（空管式）或隔膜式雨淋阀（充气式）开启→自动排气阀排气→管道充水呈湿式系统→喷头动作喷水→水力警铃报警→水流指示器动作→消防控制室→压力开关动作→自动开泵→水泵接合器送水→确认灭火→停泵→关闭控制阀→雨淋阀或隔膜式雨淋阀复位。

与湿式喷水灭火系统比较，由于预作用喷水灭火系统有早期报警装置，能在火灾发生之前及时报警，可以立即组织灭火。而湿式喷水灭火系统必须在喷水报警后才知道有火警。预作用喷水灭火系统与雨淋喷水灭火系统比较，虽然都有早期报警装置，但雨淋喷水灭火系统安装的是开式喷头且雨淋阀后的管道平时通常为空管，而充气的预作用喷水灭火系统可以配合自动监测装置发现系统中是否有渗漏现象以提高系统的安全可靠性。预作用喷水灭火系统是干式喷水灭火系统和自动监测系统综合应用而产生的系统，因此，也适用于干式喷水灭火系统适用的场所。常用的火灾探测器有三类：温感探测器（定温式、差温式、差定温式）、烟感探测器（离子烟感式、光电烟感式）、光敏探测器（红外线式、紫外线式）。

燃烧时就要产生光、热、水蒸气、一氧化碳、二氧化碳以及其他物理反应。火灾探测器应对这些物理效应的特性或部分特性有敏感的反应。但也有误报警的时候。为防止误报警，往往采用几种不同类型的探测器联合使用。一般采用的联合使用方式有：温感探测器（定温式、差温式、差定温式）和烟感探测器串联使用；两个烟感探测器并联使用。预作用系统采用的预作用阀门对空管预作用系统可以直接采用雨淋阀；但对充气的预作用系统为了防止气体的渗漏，必须采用隔膜式雨淋阀。预作用系统充气的目的是保护管壁减少锈蚀和监测系统渗漏情况。预作用喷水灭火系统要求闭式喷头向下安装。

3.26.6　雨淋喷水灭火系统

雨淋喷水灭火系统包括火灾探测系统和由火灾探测系统自动控制的开式喷水灭火系统。该系统雨淋阀之后管道平时为空管，火警时由火灾探测系统自动开启雨淋阀使该阀控制的系统管道上的全部开式喷头同时喷水灭火。雨淋喷水灭火系统主要安装在需要大面积喷水来扑灭火灾快速蔓延的特别危险的场所。如：剧院舞台上部、大型演播室、电影摄影棚等。这是因为闭式喷水灭火系统，是在失火时只有火焰直接影响到的喷头才被开启喷水。其喷头开放的速度慢于火灾蔓延的速度。因此往往不能迅速控制火灾。由于雨淋喷水灭火系统没有干式喷水灭火系统喷水延迟情况，因此当气候条件不适宜使用湿式喷水灭火系统的场所也可以采用雨淋喷水灭火系统。雨淋喷水灭火系统同样适用于立体自动化仓库中。

雨淋喷水灭火系统雨淋阀的开启方式有手动和自动两种，需视系统保护对象的火灾危险程度、保护面积大小等予以区别对待。当系统保护面积较小，布置的喷头数量较少，给水干管直径≤50mm 时，可以不安装雨淋阀直接安装快开阀，火灾时手动开启快开阀灭火；当给水干管直径≥70mm 时，必须安装雨淋阀，其中对火灾发生时尚能允许人们有足够的时间来开启手动开关时，方可只采用手动装置。

自动开启雨淋阀可采用以下任意一种传动设备：

1. 带易熔锁封的钢索绳装置。国内在军械和炸药工厂应用较广泛，其工作原理是：当易熔锁封受热熔解脱开后，传动阀自动开启，传动管排水，管网压力降低，自动开启雨淋阀。易熔锁封的熔化温度应根据室内空气在操作条件下可能达到的最大温度选用。

2. 带闭式喷头的充水或充气传动管系统。其设计要求与闭式喷水灭火系统基本相同，所不同之处在于雨淋系统内此闭式喷头作为温感探测器起探测火灾之用，传动管直径一律为 25mm。当任意一只喷头开启喷水而引起的传动管内水压降低，都能自动开启雨淋阀门。传动管应高于雨淋阀，为防止静水压对雨淋阀缓开的影响，此静水压不宜超过雨淋阀前水压的 $1/4 \sim 1/7$。

3. 电动控制装置。其工作原理是，火灾发生时由火灾探测器报警信号直接开启雨淋阀的泄压电磁阀排水，使雨淋阀自动开启（图 3.26-16）。

为了防止火灾的延伸和扩散，雨淋喷水灭火系统划分喷水区域的数量不宜过多。喷水区域宜在四个以下（包括各层在内），当在同一层内有两个或两个以上的喷水区域时，应能有效地扑灭相连分界线区域的火灾，做法可参见图 3.26-17。

雨淋喷水灭火系统工作原理：发生火情→火灾探测器报警信号直接开启→雨淋阀的泄压电磁阀排水或手动快开阀开启→连接传动管的排水管排水使系统水压降低→使雨淋阀自动开启→自动开泵及水泵接合器共同开启→向下安装的开式喷头喷水→湿式报警阀动作→水力警铃报警→与开式喷头系统连锁的闭式喷头等待在温度作用下喷水→（高位水箱中的水作为停电时靠静压作用进行喷头供水）→确认灭火后关闭控制阀→停泵→系统复原。

应该注意的问题：上述喷头的布置，当水平面上遇有大面积障碍时，如风管宽度≥1500mm 时必须在风管下部加设喷头，以确保喷头布置没有空白点。遇有扶梯、楼梯等局部障碍时，也应加设喷头；边墙角处应安装边墙型喷头，并应在平面布局时统一考虑。

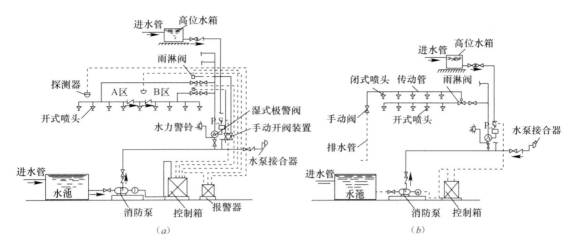

图 3.26-16 雨淋喷水灭火系统示意图

(a) 电动启动；(b) 传动管启动

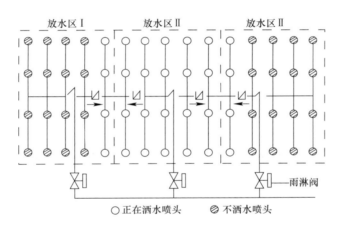

图 3.26-17 相邻喷水区域喷头布置示意图

3.26.7 水幕防火隔断系统

　　水幕系统不是直接用来扑灭火灾的设备，而是作防火隔断或进行防火分区及局部降温保护等用途。一般情况下，水幕多与防火幕或防火卷帘配合使用，在有些大空间，即不能用防火墙作防火隔断，又无法作防火幕和防火卷帘时，方可用水幕系统来作防火分隔。

　　水幕系统的开启装置可采用自动开启和手动开启。在建筑物内设有自动喷水灭火系统时，或者水幕与防火卷帘或防火幕配合使用时，一般应与该区或者同一保护对象的上述设施联动。必要时可单独设置。如果水幕系统采用自动开启装置，应按雨淋喷水灭火系统规定执行。自动开启装置的水幕系统必须设有手动开启装置，万一停电或电源发生故障和电动控制系统失灵时，即用手动开启装置使其工作，这就保证了水幕系统任何情况下都处于良好的工作状态。

　　水幕喷头的布置应根据喷水强度的要求均匀布置，不应出现空白点，喷头的间距 S 值不应大于 2.5m。

1. 水幕系统与防火卷帘或防火幕配合使用或作降温防火保护时，可成单排布置，并直接喷向防火幕或防火卷帘其保护对象。

2. 舞台口和面积超过 $3m^2$ 的洞口部位的水幕喷头，宜成双排布置。如图 3.26-18 所示，两排之间的距离不应小于 1m，喷头的间距 S 值不应大于 2.5m。图 3.26-18 中 S 值按供水强度计算确定。

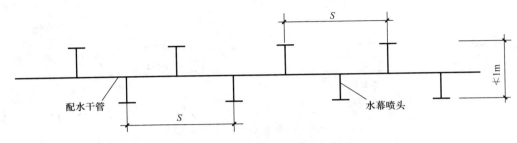

图 3.26-18　水幕防火隔断系统双排水幕布置示意图

要形成水幕带时，其喷头布置不应少于 3 排，保护宽度不应小于 5m，如图 3.26-19 所示。

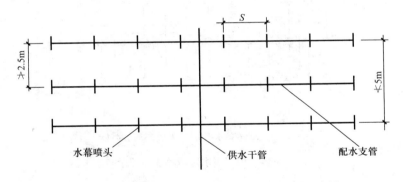

图 3.26-19　水幕防火隔断系统水幕带的布置示意图

3. 为使水幕系统有较好的供水条件，规定每组水幕系统安装的水幕喷头数量不应超过 72 个，这样系统不会太大，检修管网时影响范围较小。

4. 水幕系统要求喷水均匀，除喷头布置要均匀外，喷头规格也应一致，规范已经作了规定，这样施工管理也方便。

水幕防火隔断系统工作原理：发生火情→水幕防火系统与同一保护对象的设施联动开启装置自动开启或手动开启→水幕喷头动作喷水→直接喷向防火幕或防火卷帘等其保护对象。

3.26.8　推车式及手提式可移动型灭火器

其适用性见表 3.26-1。

推车式及手提式可移动型灭火器适用性 表 3.26-1

灭火器类型 火灾种类	水型		MF 干粉型		泡沫型	MY 卤代烷型		二氧化碳
	清水	酸碱	磷酸铵盐	碳酸氢钠	化学泡沫	1211	1301	
A 类火灾	适用	适用	适用	不适用	适用	适用		不适用
B 类火灾	不适用		适用		半适用	适用		适用
C 类火灾	不适用		适用		不适用	适用		适用

注：1. 目前泡沫型、酸碱型、四氯化碳型灭火器已被淘汰使用。
  2. A 类火灾——系指含碳固体可燃物燃烧的火灾，如木材、棉、毛、麻、纸张等。
  3. B 类火灾——系指甲、乙、丙类液体燃烧的火灾，如汽油、煤油、柴油、甲醇、乙醚、丙酮等。
  4. C 类火灾——系指可燃气体燃烧的火灾，如煤气、天然气、甲烷、丙烷、乙炔、氢气等。

3.27 管道焊接坡口形式及焊缝质量分级标准

金属管道焊接应符合下列规定：管道焊接材料的品种、规格、性能应符合设计要求。管道对接焊口的组对和坡口形式等应符合表 3.27-1 的规定；对口的平直度为 1/100，全长不大于 10mm。管道的固定焊口应远离设备，且不宜与设备接口中心线相重合。管道对接焊缝与支、吊架的距离应大于 100mm。

管道焊缝表面应清理干净，并进行外观质量的检查。焊缝外观质量不得低于现行国家标准《现场设备、工业管道焊接工程施工及验收规范》GB 50236 中第 11.3.3 条的 Ⅳ 级规定（氨管为 Ⅲ 级）。

3.27.1 管道焊接坡口形式

1. 当供热系统管道壁厚 ≤6mm 时，两根管道相连接的焊口处采用离开直缝 0~2.5mm 的对接方式，使两根管道中心线在垂直状态下进行焊接。焊接工艺称此种焊口为 Ⅰ 形焊接口的焊接。

2. 当供热系统管道壁厚 >6mm 时，两根管道相连接的焊口处采用离开缝隙 0~3.0mm 的对接方式，但必须在焊口处用角磨砂轮磨成 V 形坡口，使两根管道中心线在垂直状态下进行焊接。焊接工艺称此种焊口为 V 形焊接口的焊接。

3. T 形坡口适用于角焊缝。

管道焊接坡口形式和尺寸 表 3.27-1

项 次	管道壁厚 T (mm)	坡口名称	坡口形式	坡口尺寸			备 注
				间隙 c (mm)	钝边 p (mm)	坡口角 α (°)	
1	1~3	Ⅰ 形坡口		0~1.5	—	—	内壁错边量 ≤0.1T，且≤2mm；外壁≤3mm
	3~6			1~2.5			
2	6~9	V 形坡口		0~2.0	0~2	65~75	
	9~26			0~3.0	0~3	55~65	
3	2~30	T 形坡口		0~2.0	—	—	

3.27.2　焊缝质量分级标准（表 3.27-2）

焊缝质量分级标准　　　　　　　　　　　　　　表 3.27-2

检验项目	缺陷名称		质量分级		
		Ⅰ	Ⅱ	Ⅲ	Ⅳ
焊缝外观质量	裂纹	不允许			
	表面气孔	不允许		每 50mm 焊缝长度内允许直径≤0.3δ，且≤2mm 的气孔 2 个，孔间距≥6 倍孔径	每 50mm 焊缝长度内允许直径≤0.4δ，且≤3mm 的气孔 2 个，孔间距≥6 倍孔径
	表面夹渣	不允许		深≤0.1δ，长≤0.3δ，且≤10mm	深≤0.2δ，长≤0.5δ，且≤20mm
	咬边	不允许		≤0.05δ，且≤0.5mm 咬边连续长度≤100mm，且焊缝两侧咬边总长≤10%焊缝全长	≤0.1δ，且≤1mm 长度不限
	未焊透	不允许		不加垫单面焊允许值≤0.15δ，且≤1.5mm，缺陷总长在 6δ 焊缝长度内不超过 δ	≤0.2δ，且≤2.0mm 每 100mm 焊缝内缺陷总长≤25mm
	根部收缩	不允许	≤0.2+0.02δ，且≤0.5mm	≤0.2+0.02δ，且≤1mm	≤0.2+0.04δ，且≤2mm
				长度不限	
	角焊缝厚度不足	不允许		≤0.3+0.05δ，且≤1mm，每 100mm 焊缝长度内缺陷总长度≤25mm	≤0.3+0.05δ，且≤2mm 每 100mm 焊缝长度内缺陷总长度≤25mm
	角焊缝焊脚不对称	差值≤1+0.1a		≤2+0.15a	≤2+0.2a
	余高	≤1+0.1b，且最大为 3mm		≤1+0.2b，且最大为 5mm	
对焊焊缝内部质量	射线照明检验	碳素钢及合金钢	GB 3323 的Ⅰ级	GB 3323 的Ⅱ级	GB 3323 的Ⅲ级	不要求
		铝及铝合金	焊接规范附录 E 的Ⅰ级	焊接规范附录 E 的Ⅱ级	焊接规范附录 E 的Ⅲ级	
		铜及铜合金	GB 3323 的Ⅰ级	GB 3323 的Ⅱ级	GB 3323 的Ⅲ级	
		工业纯钛	焊接规范附录 F 的合格级	不要求		
		镍及镍合金	GB 3323 的Ⅰ级	GB 3323 的Ⅱ级	GB 3323 的Ⅲ级	不要求
		超声波检验	GB11345 的Ⅰ级	GB11345 的Ⅱ级		不要求

注：1. 当咬边经磨削修整并平滑过渡时，可按焊缝一侧较薄母材最小允许厚度值评定。
　　2. 角焊缝焊脚不对称在特定条件下要求平缓过渡时，不受本规定限制（如搭接或不等厚板的对接和角接组合焊缝）。
　　3. 除注明角焊缝缺陷外，其余均为对接、角接焊缝通用。
　　4. 表中，a——设计焊缝厚度；b——焊缝宽度；$δ$——母材厚度。

3.28　水系统的交叉施工作业

1. 应按照管道安装的避让原则，并进行先上后下、先里后外的安装程序进行。各专业应主动协调配合，为提高建筑标高多费些脑筋。在交叉处实在不能按照管道安装的避让原则进行排管时，大风管局部制作成抱弯或来回弯给消防主管、冷冻水主管或装饰造型让一下道也是可以的。但在没有达到严重影响标高的交叉施工作业区域内，应按安装设计要求和规范规定进行布管，不要随意改变设计。

2. 交叉施工作业存在很多安全隐患，应派专职安全员定岗进行监护施工。在垂直方向禁止同时作业，应选择垂直错位施工方法，避免安全事故发生。

3. 禁止利用夹、别、挡的放置方式，将几十根管道同时悬空卡别在其他管道支架空上；禁止集中突击安装卡箍的施工方式，一旦管道高空滑落将会造成多人伤亡事故的恶劣施工行为。

4. 由于各专业同时抢工期，成品保护工作必须共同保护。禁止利用其他单位完工的管道当作高空跳板一样使用，进行自己专业管道的施工，而破坏了其他单位成品保护的施工行为。例：轻者造成其他单位管道上的油漆磨损或保温层需要拆除后重新施工；重者管道弯曲或断裂，需要大量资金进行更换材料及整个区域工程返工等。

5. 地面上堆放的材料或设备以及加工机具、脚手架等必须避开各施工单位共用通道。

6. 给水、消防、采暖、空调、机房管道进行水冲洗及水压试验时，禁止将排放的水泄放到排水管网中，应排放至室外开阔地。以防给水、消防、采暖、空调、机房管道中的污物进入排水管网中形成管道堵塞，使排水管道系统无法交工验收。

7. 禁止装饰工程施工时，将泥抹子及灰盆上的泥浆在盥洗池内冲洗，以防阻塞排水管道。同时，禁止采用水冲洗地面方式清理卫生，泥浆会顺水流进入排水管，无法清除。

8. 装饰工程施工时，如有易燃气体挥发，必须提前通知其他各施工单位，禁止一切动火作业，防止引发火灾事故。同时装饰单位必须采取通风措施，使易燃气体浓度降低并及时排放至室外。

3.29　设备、管道系统支架制作安装技术要点

1. 要求：各种设备及管道系统都必须制作安装达到设计和规范规定的施工验收标准的各种支架，并采取一定的固定措施和减振措施满足使用功能要求。

2. 各种设备及管道系统使用的吊支架均为采用型钢焊接而成的吊支架。型钢吊支架具有强度高，使用寿命长等优点。

3. 设备、管道系统支架制作安装：根据设备外形尺寸和重量选择减振器型号，然后根据设备底座固定螺栓孔中心距按照设计平面位置在棚上安装膨胀螺栓或在地面砌筑混凝土基础。支架制作前型钢应先除锈，下料焊接并刷两遍油漆防腐。

4. 固定设备、管道系统支架时，必须将螺栓一次性拧紧，重量大的设备及管道必须加双螺栓帽，以增加安全性。各种管道系统支架安装的间距必须符合施工验收规范规定的标准。

3.30　小型设备运输及就位技术要点

1. 小型设备可以人工抬运，抬运时注意成品保护，应利用设备吊装环进行抬运。

2. 小型设备在有条件的情况下可以利用货梯运输至各楼层，然后人工抬运至机房或其他安装地点。

3. 小型设备抬运时，禁止将棍棒或撬棍穿入设备叶轮内或其他空隙内进行抬运，必须做好成品保护工作。

3.31　大型设备运输及就位技术要点

3.31.1　大型设备运输和安装时安全和成品保护

1. 组合式空调机组或组合式新风机组一般情况下都是分段装、卸运输的，以便于设备水平、垂直或倾斜运输至机房安装，在装、卸车及运输过程中，安全问题非常重要，必须采取相应安全措施，以防发生安全事故。

2. 大型排风、排烟设备一般情况下都是整体装、卸车及运输的，安全问题更为重要，必须采取相应安全措施，以防发生安全事故。

3. 冷水机组运输，应防止机组外壳碰撞问题和操作人员安全问题，必须制定切实可行的具有成品保护措施的运输方案和安全措施。

4. 运输途中和安装时的运输过程中除了注意安全之外，必须注意成品保护问题，防止设备外壳撞坏和外露管道接口短管撞歪。

5. 大型设备在施工现场利用吊车卸车后，运输至设备机房的过程中最好是选用机械运输方式，这种方式比人力运输更加安全可靠。

3.31.2　地下室的大型设备

1. 对于有地下室设备吊装预留口的建筑，可选用合乎吊装重量要求的吊车进行垂直运输其大型设备。

2. 对于没有地下室设备吊装预留口的建筑，必须在弯转的汽车坡道进行运输。如选用人力运输，在弯转的汽车坡道上进行滚运大型设备，难免要碰撞到大型设备外壳，成品保护问题难以保障，而且工期长、人力资源浪费。因此，应选用双辆叉车配合叉起设备、缓慢行驶运输的安全运输方式。

3.31.3　各楼层的大型设备

1. 低楼层的大型设备可选用合乎吊装重量要求的吊车进行垂直运输其大型设备，在每层外墙上设预留设备入口，并设置牢固的设备入口平台，待大型设备落稳在滚杠上时，操作人员应立即用水平运输的安全方式将设备直接运输至机房内，注意在设备水平运输未完全进入室内楼板时，吊车的吊装绳索不准拆除，也就是说要求吊车司机配合操作人员缓慢松绳并协助向室内送入大型设备。

2. 高楼层的大型设备运输时，吊车失去作用，禁止选用塔吊吊装运输的冒险违章指挥和违章操作施工方案。应进行大型设备的解体,利用货梯运输,运输至机房后进行大型设备的解体件的组装。

3.32 多台水泵并联或串联施工技术要点

1. 如水泵设备水流量小,可采用多台相同型号、相同扬程、相同水流量的水泵并联安装,保持扬程不变,水流量增加。如水泵设备扬程小,可采用多台相同型号、相同扬程、相同水流量的水泵串联安装,保持水流量不变,扬程增加。也就是说多台性能参数完全相同的水泵设备并联安装可增加水流量,并联安装得到的总水流量为多台水泵设备水流量之和;串联安装可增加扬程,串联安装得到的总扬程为多台水泵设备扬程之和。在噪声标准要求特别高的场所,可以利用上述施工方式满足用户总水流量或总扬程的需求。因为单台大型水泵,噪音都在 75 分贝(dB)以上,难以满足安静程度要求,所以说这是一种从根本上减小水泵噪声的技术措施。

2. 采用多台水泵并联或串联安装方式时,应考虑机房的水平位置设计问题。对于水流量需求大的用户,水泵应并联安装;对于水流量需求小,但用户供、回水压差大的用户,水泵应串联安装。机房的水平位置应设置在用户附近为宜,以节省安装费用。

3. 在热水管网供热系统中,多台水泵串联安装方式比较常见,它属于沿途加压的热网运行方式,每一台水泵相当于一个加压站。

4. 四台以上并联或串联安装的水泵可以不考虑备用问题,少于四台水泵设置时应考虑备用水泵。串联安装方式的备用水泵应安装在旁通管上,泵前、后均安装阀门。平时备用水泵前、后阀门均呈关闭状态,防止水泵叶轮承受水流冲击和氧腐蚀。

3.33 采暖、热水、冷水、空调水系统压力试验及系统调试技术要点

3.33.1 管道的试压

水系统管道安装完毕投入使用前,应按设计规定或规范要求对系统进行压力试验,简称试压。压力试验按其试验目的,可分为检查管道及其附件机械性能的强度试验和检查其连接状况的严密性试验,以检验系统所用管材和附件的承压能力以及系统连接部位的严密性。对于非压力管道(如排水管)则只进行通球试验、灌水试验、渗水量试验或通水试验等严密性试验。

水系统管道的压力试验,一般采用水压试验。如因设计、结构或气候因素而影响水压试验确有困难时,或工艺要求必须采用气压试验时,必须采取有效的安全措施,并报请主管部门批准后方可进行。

1. 管道压力试验应具备的条件

(1)试压段的管道安装工程已全部完成,并符合设计要求和管道安装施工的有关规定。对室内给水管道可安装至卫生器具的进水阀前。卫生器具至进水阀前的短管可不进行水压试验,允许用通水试漏方式验收。供暖系统试压应在管道和散热设备全部连接安装后进行。

（2）支、吊架安装完毕，配置正确，紧固可靠。

（3）试压前焊接钢管可除锈和涂漆，但管道焊接口处预留 100mm 不准涂漆，管道各处均不允许保温。试压前焊缝处不得涂漆和保温，且焊缝处应清理掉焊渣外皮并经过外观检查确认合格。试压工作结束后，焊接口处预留 100mm 管道及焊缝处必须补刷油漆和保温。埋地敷设的管道，一般不应覆土，以便试压时进行外观检查。

（4）为试压而采取的临时加固措施经检查应确认安全可靠。

（5）压力试验可按系统或分段进行，隐蔽工程应在隐蔽前进行。试压前应将不能参与试验的系统、设备、仪表、管道附件等加以隔离，并应有明显标记和记录。

（6）试验用压力表应经过检验校正，其精度等级为 1.5 级或 2.5 级，表的满刻度为最大被测压力的 2 倍以上。一般用 2 块，一块装在试压泵出口，另一块装在压力波动较小的本系统其他位置。

2. 水压试验步骤及要求

水压试验应用清洁的水作介质。

（1）水压试验步骤：充水→排气→分 2～3 次缓慢升压至要求值→强度试验→降压→严密性检查→放水排污→重新充水→排气→夏季湿保养（冬季循环水泵运行）。

（2）水压试验要求：管道的试验压力应按照设计要求的规定执行。如设计无规定时，可按表 3.33-1 中的规定执行。对位差较大的管道系统，应考虑试压介质的静压影响，最低点的压力不得超过管道附件及阀门的承受能力。水压试验可采用成套电动试压泵设备。

水系统管道的试验压力值　　　　　　　表 3.33-1

管道类别			工作压力 P（MPa）	试验压力 P_s（MPa）	
				P_s（MPa）	同时要求
室内管道	给水	给水管、生产或消防管		1.5P	≥0.6
		合流管、热水供应管			≥1.0
	供暖	低压蒸汽管		顶点工作压力的 2 倍	底部压力≥0.25
		低温水及高压蒸汽管		顶点工作压力+0.1	顶部压力≥0.30
		高温水管	＜0.43	2P	
			0.43～0.71	1.3P+0.3	
室外管道	给水	钢管		P+0.5	
		铸铁管	≤0.5	2P	
			＞0.5	P+0.5	
		预应力钢筋混凝土管钢筋混凝土管、	≤0.6	P+0.5	
			＞0.6	P+0.3	
		石棉水泥管		1～2P	
		供热管道		1.5P	≥0.6

3.33.2　水系统的系统试压及分层试压

1. 水系统的系统试压

小型水系统的系统试压可采用手动试压泵试压。中型和大型水系统的系统试压应采用电动试压泵进行试压。一般情况下，中型和大型水系统的系统试压，都将电动试压泵设置在地下室水泵机房内（换热站或冷冻站内），电动试压泵的试压管道端口与集水器或分水器下部排污管上的连接法兰进行对接，逐个进行各分支环路的系统试压。在机房内启闭各环路供、回水阀门特别方便，且集、分水器上各供、回水环路又都安装了压力表，可以和试压泵上的压力表核对数据，对各供、回水环路试压数据的记录和统计提供了方便条件。即便已经采用先清洗管道、后压力试验的合理步骤，也必须在启动电动试压泵前关闭循环水泵进口和出口阀门，防止污物在压力作用下进入水泵叶轮壳内。另外，水泵承受压力为1.0MPa 和 1.6MPa，试压时又必须防止超过系统内最低承受压力部件和设备的承压能力，所以必须关闭水泵前后阀门，防止压破水泵壳体。

2. 水系统的分层试压

对于分楼层设计与施工的水系统，施工进度安排大多数为各专业同时进行某层的配套施工项目，水专业应视哪层楼先交工就先进行哪层楼管路安装→并进行单层试水→单层清洗→单层水平管路试压的分层施工方法，称为水系统的分层试压。安装在管井内通向机房的其他管道，如分层管路系统的管井内立干管，去机房的连接管等均待系统完工时进行系统试压的方式进行，所以，也称水系统的分层试压为分步骤试压法。

3.33.3 系统调试

我们利用采暖系统各立管上的阀门进行开启度大小的调整，来达到管路系统的流量或压力平衡。此种调整称为系统调试。为防止出现水力失调现象，系统调试需要进行多次反复操作，才能达到满意效果，操作方式是：一边调整一边检查、再调整再检查的多次循环过程。

给水系统、热水供应系统的系统调试比采暖系统容易一些，因为它们不像采暖系统那样，100%同时使用，而是调整近距离之内的管道压力差不要过大的主要调试项目。

3.34 无压管道及器具灌水压力试验技术要点

对于敞口管道、水箱、浴盆、洗脸盆、大便器、污水池、地漏、排水管道等设施和空调凝结水管路均应采用灌水试压方式进行管路的漏水检查和验收。排水管道的通往室外检查井的立管还必须作管路是否畅通的通球试验，上述设施必须100%的全数检查验收，发现问题及时整改，必须达到全数验收合格标准。

灌水试压人员必须有很强的责任心，才能真正达到高质量验收标准，杜绝使用时再维修现象发生。

3.35 小型潜水排污泵的施工技术要点

3.35.1 小型潜水排污泵的安装方式选用

小型潜水排污泵的安装方式选用 表 3.35-1

安装方式	适用场合	优缺点
软管连接移动式	电机功率 $N \leqslant 5.5\text{kW}$ 及排出管管径 $DN \leqslant 80\text{mm}$，用于较清洁污（废）水的排放	安装方式结构简单，造价较低；但检修、维护较不方便
硬管连接固定式	电机功率 $N \leqslant 5.5\text{kW}$ 及排出管管径 $DN \leqslant 80\text{mm}$，用于较清洁污（废）水的排放	安装方式结构简单，造价较低；但检修、维护不方便
带自动耦合装置固定式	各种污（废）水的排放	检修、维护方便；但造价较高

3.35.2　带底部止回阀的自灌式卧式排水泵的吸水坑（也称排水集水池）

其最小安装尺寸，如图 3.35-1 所示。

1. 池子进水口处应设置格栅，格栅条间隙应小于水泵叶轮间隙，不应超过 20mm。

2. 生活污水及杂质较多的其他污水，池内应设置搅动泥渣的设施。一般采取从排水泵出水管上安装回流管伸入池内的方法实现，或采用具有自动搅拌功能的潜水排污泵。

3. 池子的有效水深应采用 1.5～2.0m（以水池进水管设计水位至水池吸水坑上缘计）。

4. 水池进水管管底与格栅底边的高差不得小于 0.5m。

5. 水池底应有 0.01～0.02 的坡度坡向吸水坑。吸水坑的深度一般不得小于 0.5m。

6. 水泵的吸水管在吸水坑内的安装尺寸，可按下列规定确定，如图 3.35-1 所示。

(1) $DN \leqslant 200mm$ 时，$h = 0.40m$。

(2) $DN > 200mm$ 时，$h = 0.50～0.80m$。

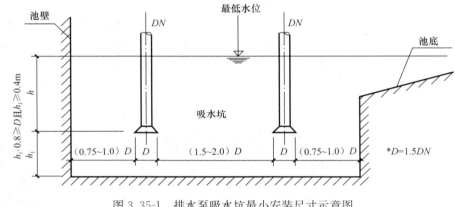

图 3.35-1　排水泵吸水坑最小安装尺寸示意图

3.36　水系统调试和运行中的施工技术要点

3.36.1　水冷式空调机组充氟和调试

水冷式空调机组充氟，应根据安装使用说明书要求，采购足量的氟利昂制冷剂，准备好台秤。到施工现场后，首先检查冷却水系统，确认冷却水和水冷式空调机组的电气控制系统等具备开机条件后，并熟知设备操作程序，方可启动冷却水系统运行，待冷却水系统运行正常后，进行水冷式空调机组充氟工作。充氟前必须先排除压缩系统中氮气，当制冷剂重量达到设备说明书要求重量时，卸掉充氟管，试启动压缩机利用阀门调整高、低压压力表数值靠近设备说明书要求数值。先将室温定为 18℃，开启机组内风机运行，然后继续进行精调整。每次压缩机停止运行后再启动的间隔时间必须在 5 分钟以上，否则机组未停稳不允许再启动的保护装置（电气熔断器）易熔断，使机组无法再启动运行，必须在更换电气熔断器后，才能继续调试，以免造成不必要的时间浪费。风系统循环后，将会把室内热量代入空调机内,使压缩机系统内氟利昂制冷剂温度不断升高,依靠冷却水降温。此时风系统、冷却水系统、压缩机压缩系统形成连环型空调系统的正式运行方式,空调机的冷凝水管开始排放凝结水,这属于热负荷小的情况下的调试工作,待交工后,投入正式使用运行时还要进行膨胀阀的调整工作,利用膨胀阀控制制冷剂的流量变化,来达到室内要求温度。正式运行时送风温度按钮应控制在 24～26℃ 范围内。另外,在空调机运行停止时,冷却水系统应延时 15 分钟以上再停止运行,做好空调机压缩系统的散热安全保护工作,延长空调机使用寿命。

提醒注意:居民家中安装在客厅内的风冷式立柜空调机在调试时,室温按钮也必须定为 18℃,否则机组无法启动,机组调试完毕后,室温按钮才可以任意调整。风冷式立柜空调机同样要求每次机组停止运行后与再启动的间隔时间必须在 5 分钟以上,否则机组未停稳不允许再启动的保护装置(电气熔断器)易熔断,使机组无法再启动运行,更换一次电气熔断器(或称为易熔线圈)最少需要 200 元以上,造成不必要的经济浪费。风冷式立柜空调机不要频繁启动,更不要在制冷运行中,去按错制热按钮,使压缩机内四通换向阀突然转向,毁坏空调设备。

3.36.2 空调机组凝结水管与膨胀水箱的溢流管相连问题

膨胀水箱溢流水管大量溢水时,溢水会倒流入空调机组的凝结水盘之中,产生漏水现象。所以,溢流水管禁止与空调凝结水管共用一根排水管线。同样,空调凝结水管道禁止与雨水管道、排水管道相连接,避免水流倒入凝结水管,并通过凝结水管串入空调机组或风机盘管凝结水盘内。因冬季空调机组和风机盘管运转时不产生凝结水,凝结水管内为空管,如果凝结水管道与排水管道相连接,当空调机组和风机盘管运转时,会将排水管内的臭味抽入空调机组和风机盘管吹入空调房间,使用者是无法忍受的。

3.36.3 同层风机盘管凝结水盘安装标高不一致的问题

凝结水管充灌水时因水流量小,而且又不是同时充灌,当时查不出来问题。等待夏季风机盘管运行时,每台盘管都会产生大量凝结水并同时进入凝结水管道;如果同层风机盘管凝结水盘安装标高不一致,安装标高高的凝结水盘的凝结水就会进入凝结水总管,从而进入安装标高低的凝结水盘之中,造成漏水问题。

3.36.4 各种水系统管道冲洗不干净

会造成风机盘管过滤器被水锈、泥沙堵塞,电动两通阀阀芯也容易被水锈、泥沙挤住造成失灵现象。因此,必须在管道冲洗合格之后,再进行管道与风机盘管过滤器和电动两通阀的相连接。其他各种水系统管道冲洗不干净时,同样会出现使用不畅通现象。对于有冷热交换功能要求的系统,将会直接影响散热或送冷效果。

3.36.5 水系统采用电子除垢仪的水处理方式

电子除垢仪在水系统运行中起着电解除锈的作用,使水系统中的水锈积聚成悬浮状态的锈块。但是必须在电子除垢仪后面再串联安装铁锈一扫光设备,使电子除垢仪积聚成悬浮状态的锈块通过铁锈一扫光设备的沉淀物排出口排出水系统之外。禁止只安装一台电子除垢仪而不串联安装铁锈一扫光设备的错误设计和错误施工方法（因只安装电子除垢仪而不串联安装铁锈一扫光设备，会使悬浮状态的锈块通过水泵和阀门时被搅碎在水系统中反复循环、排不出水系统之外。所以单用电子除垢仪是起不到水处理作用的）。

3.36.6　水系统采用过程软水器的水处理方式

过程软水器具有电子除垢仪和铁锈一扫光设备串联安装合二为一的功能；而且具有占地面积小和施工方便的优点，目前已得到普遍应用。水系统长期运行，易沉积大量水垢，每年都应该清洗系统或进行全系统换水工作。

3.36.7　空调水系统不热或不冷

在地沟内管路焊接时，供、回水管道在管道上挖孔焊接时造成错误。系统内缺水需要进行补水；系统不平衡需要阀门调节。另外，检查水泵叶轮壳内是否有堵塞物。水泵扬程小需要更换叶轮。高楼层空调水管或个别立管不热或不冷，原因可能是：管道施工时管道内杂物未清除，破布、泥沙或水泥砂浆将管道堵塞；阀门未开或开启度不够。解决办法是锤击敲打听声音，确认有管路堵塞物时用气割断管，清除堵塞物。

3.36.8　暖气系统不热

原因有：排气不彻底；供、回水管路碰头时连接错误；制造的暖气片内部未处理合格；安装时暖气片底部内泥沙或树叶未冲洗干净；小区供热其他暖气系统水垢等杂质进入。处理方式：放水冲洗及排除空气，通知管理部门要求其他暖气系统进行管道清洗，防止水垢等杂质再次进入。

3.36.9　膨胀水箱冒水

1. 小区供热，后建建筑物膨胀水箱安装高度超过原有膨胀水箱高度，使膨胀水箱溢水管水流不断，造成长流水现象。处理方式：降低后建建筑物膨胀水箱安装高度或提高原膨胀水箱安装高度。

2. 直连供热系统，阻旋器安装高度超过原膨胀水箱高度，造成长流水现象。处理方式：降低阻旋器安装高度。

3. 机械循环和自然循环膨胀水管连接点位置概念混淆，造成膨胀水箱冒水。处理方式：必须改变膨胀水管连接点。

4. 水系统最不利循环管路阻力损失小于循环水泵的扬程膨胀水箱也会冒水。设计者为了保险起见将水泵扬程选高了（宁可大选不小选的心理状态，没有认真计算水泵实际需要扬程，而是估量着选的泵，结果扬程选高了），使膨胀水箱在余压作用下冒水，虽然能利用关小阀门增大阻力损失的方法解决，但浪费了电能，增加了运行费用和初投资，给业主造成经济损失。

3.36.10　洗手盆、拖布池排水管不排水

原因有：S形弯管堵塞；水平管道坡度小；人员长期利用洗手盆洗头，长期积累头发丝集结在S形弯管中无法排除；磨断的拖布条碎渣冲入排水管中悬挂在管道内壁上阻碍流

通断面；剩菜或剩饭倒入厕所内水流量小未冲走；上面楼层装饰工程时水泥块或塑料地漏破碎卡在排水立管中，管道疏通机难以打碎疏通等。

3.36.11　水管噪声大

原因有：水泵、冷冻机、空调机等设备接口未安装避震喉；水泵等设备基础螺栓松动或未安装减震垫；设计时没有按照安静流速选择管径等。

3.36.12　碳素钢表面是否刷油漆

采用碳素钢钢板制作的钢板水箱用作盛水设施时，必须将水箱内外表面除锈和刷油；用于水系统施工的易生锈的钢管外表面必须除锈和刷油。但各种碳素钢钢管和固定钢筋在用作穿墙或穿楼板的预埋套管时其外表面是不允许刷油漆的，目的是使钢套管外表面能和混凝土或水泥砂浆紧密地凝固在一起，如涂刷上油漆势必产生油膜层，这个套管外壁与混凝土或水泥砂浆之间的油膜层（油漆层）就成了渗水缝，反而达不到施工质量验收标准；但套管内壁必须除锈和刷油。同样，风管的穿墙或穿楼板的预埋套管其外表面也是不允许刷油漆的，目的是使钢套管外表面能和混凝土或水泥砂浆紧密凝固在一起；但套管内壁必须除锈和刷油。

另外，1.5mm厚冷轧钢板制作安装的排油烟风管，内外表面均不能涂刷油漆，内表面为防止油烟通过时油漆燃烧产生黑烟熏人，所以不允许刷油。外表面因安装在室内，受不到雨水和雪水的腐蚀，且外表面采用耐高温不燃材料复合硅酸盐进行保温，与空气已经隔绝，没有氧腐蚀侵害，更不必刷油。

3.36.13　供水系统配水龙头压力降低、水流小

原因有：水龙头过滤网堵塞；水表过滤网堵塞；外管网来水压力低；控制阀门阻塞或维修后管道控制阀门开启度小；管道多年未清洗或管道使用年限过长未及时更换；水处理设备缺少处理剂或没按时加盐反洗处理，造成设备失灵，使管道内壁挂水垢严重；过水断面缩小造成阻力增大使末端配水龙头出口剩余压头不足。

供水系统配水龙头出现大量空气，即水箱水位下降快、吸水管立管插入水箱安装尺寸少，使水箱内水位下降至吸水管的管口高度之下，空气进入供水系统，在启动水泵供水时空气由配水龙头高压喷出，即出气不出水的现象。原因是：吸水口没有吸水底阀且吸水口安装高度过高，露出了水面。处理方式：安装吸水底阀并加长吸水立管。

3.36.14　空调末端设备使用年限过长未更换

将造成室内噪声大和水管路过滤器不及时拆卸清污垢，过水断面减小，严重时管路过滤器的过滤网全部被垢和锈以及泥沙堵满，使管路水流量下降，冬季达不到室温要求，夏季达不到冷却效果。

3.36.15　坐便器排水慢

原因是管路内壁底部有障碍不光滑造成的不畅通，或坐便器排出口处安装橡胶圈时为防止接缝处不严密而忽视了过水断面尺寸，腻子放多了，坐便器安放上之后腻子被压进密

封圈内口径，造成过水口小，每次水箱中供应到坐便器内的水，只能慢慢地下流，达不到一次性快速充水排放效果。

3.36.16　多蹲位大便池排水不畅

几个大便池不论是单独使用还是同时使用都排水不畅，原因是：

1. 排水管道在使用前未冲洗干净，或通球试验时通球卡、挂在管道中未及时清除。

2. 空调、采暖、消防水系统施工冲洗时直接用排水管排放，使铁锈或泥沙在排水管底部沉积，阻碍排放。

3. 土建施工和装饰施工，清洗泥抹子或托泥板时，水泥浆或砂浆在排水管内沉积。

4. 土建交工前清洗地面，将灰尘、白灰、等物直接用水冲进地漏。

5. 土建施工，水泥砂浆未干时掉进排水横干管内没及时清理，凝固在排水管道之中造成断面减小。处理方法是采用大型管道疏通机进行清理阻塞物。如果解决不了，只能更换管道重新进行排水管道安装。

3.36.17　高低区系统串压串水

高低区补水采用一个安装在地下二层的补水箱，且高低区补水泵的吸水管共用一根，补水泵入口与补水箱之间的补水管上没有安装止回阀，且水箱内吸水管上没安装底阀。

后果分析：当任何一台高低区补水泵出口上安装的止回阀不严密时，都会产生高低区系统串压串水问题，所以高低区水箱和设备不应连接在一起，设计或施工时必须引起注意。再则，补水泵入口与补水箱之间的补水管上没有安装止回阀且水箱内吸水管上又没安装底阀，万一补水泵供水管上的止回阀不严密时，高区或低区系统中的水会在静压作用下倒流回地下室补水箱，并从这个开式补水箱上面满水后溢流而出，很有可能淹没整个地下室两层，地下室全部电气控制设备及一切设施都将被毁坏，造成难以估量的重大经济损失。

3.37　水管道系统湿保养及系统满水防漏技术要点

各种水系统管道都应在水系统停止运行时进行湿保养，主要目的是防止空气进入水管路系统腐蚀管子、管件、阀件、附件、仪表和设备内壁。尤其是跨年工程，系统试压已经结束，管道已经保温，装饰工程也已经完工，对于商业建筑的街铺大部分还没有售出的情况下，这些街铺易被忽视对其的管理，而易造成管路循环堵塞和冻结现象。在北方的建筑施工过程中，由于季节性影响施工的缘故，大多工程都是先忙于建筑结构的施工，然后再进行附属专业施工图的设计，目的是抢环境影响造成的时间差。而后，为了业主早日完工，提前受益，多专业集中于同一工期内交叉作业施工，因此，造成建筑结构施工时，附属专业施工图的设计没有完成、附属专业施工单位没有选定、各附属专业的预留洞口不能预留等问题。由于工期紧、多专业的施工交叉，也给安全、技术、质量、用电、动火、施工位置的占用、施工工期及施工顺序安排等各方面的协调管理工作带来很大难度。因此必须各专业主动密切配合才能达到预期效果。边施工、边试压、边保温、边变更、边修补保温及成品共同保护的工作必不可少。对于施工当中试压完成的管道，不要将管道内的水放空，要对管道系统内壁进行湿保养，防止工程交工前，未正式使用就已经被腐蚀，减少了水系统使用寿命。再则，水系统管道内充满水可以做到其他专业施工过程中，碰撞之后漏水部位的及时修复，以免造成不必要的经济损失。所以，在交叉作业抢工期的施工项目中可以把水管道系统湿保养及系统满水保防漏作为一项施工技术保障措施，列为施工管理主要内容之一。

3.38　柔性防水套管及刚性防水套管施工技术要点

3.38.1　柔性防水套管

管道穿墙处，如遇非混凝土墙时，应局部改用混凝土墙，其浇筑范围比翼环直径大200mm，穿管处混凝土墙厚应不小于300mm，否则应使墙的一侧加厚或两边加厚，加厚部分直径至少比翼环直径大200mm。柔性防水套管如图3.38-1、图3.38-2所示。

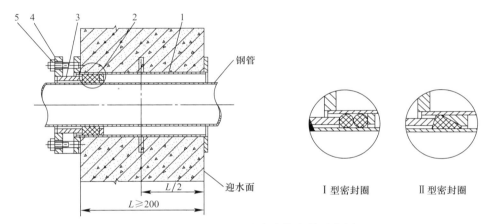

图 3.38-1　A型柔性防水套管安装示意图

1—法兰套管；2—密封圈；3—法兰压盖；4—螺栓；5—螺母

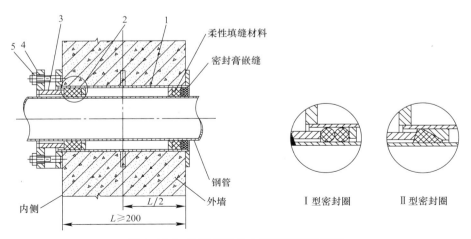

图 3.38-2　B型柔性防水套管安装示意图

1—法兰套管；2—密封圈；3—法兰压盖；4—螺栓；5—螺母

3.38.2 刚性防水套管

刚性防水套管适用于管道穿墙处不承受振动和管道伸缩变形的建筑物，以及管道穿墙处空间有限或管道安装先于建筑物（基础施工时管道事先引入基础内）或管道系统的更新改造。刚性防水套管如图 3.38-3 和图 3.38-4 所示。其中 A 型刚性防水套管如图 3.38-3 所示，适用于钢管。B 型刚性防水套管如图 3.38-4 所示，适用于铸铁管或塑料管。对于有地震设防要求的地区，管道上应设置柔性连接管。

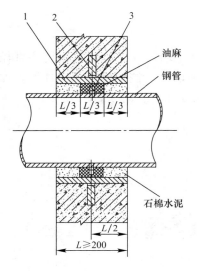

图 3.38-3 A 型刚性防水套管安装示意图
1—钢制套管；2—翼环；3—挡圈

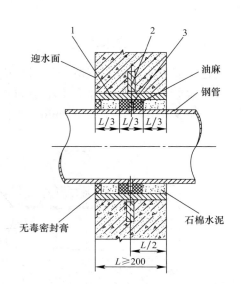

图 3.38-4 B 型刚性防水套管安装示意图
1—钢制套管；2—翼环；3—挡圈

当管道穿越楼板和隔墙时，应设置带有穿越管与套管之间填充不燃材料的普通钢制套管或采用阻燃型 PVC 套管。一般填料套管的管径应比穿越管的管径大两号。安装时，穿越管中心应和套管中心相对应。穿越楼板的套管，其顶部应高出装饰地面 20mm，底部应与楼板底面相平。安装在卫生间及厨房内的套管，顶部应高出装饰地面 50mm。安装在墙壁内的套管其两端部应与装饰墙面相平。钢管套管下料后，套管内壁面应刷防锈漆一道。穿过楼板的套管与管道之间缝隙应用阻燃密实材料和防水油膏填实且端面光滑。

3.39 地热用加热盘管的布置形式及低温热水地板辐射采暖系统分、集水器施工技术要点

1. 地热用加热盘管的布置形式，如图 3.39-1 所示。
2. 地板辐射采暖系统分、集水器施工，如图 3.39-2 所示。

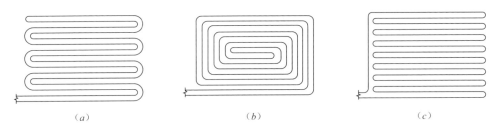

图 3.39-1 地热用加热盘管的布置形式示意图

(a) 平行盘管;(b) 回形盘管;(c) 蛇形盘管

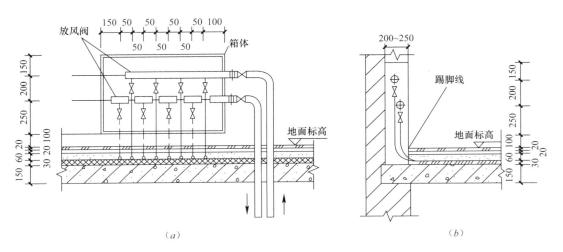

图 3.39-2 低温热水地板辐射采暖系统分、集水器施工示意图

(a) 分、集水器安装正视图;(b) 分、集水器安装侧视图

3.40 金属管道热伸长量对应的方形管道补偿器加工尺寸

金属管道热伸长量对应的方形管道补偿器加工尺寸,如图 3.40-1 及表 3.40-1 所示。

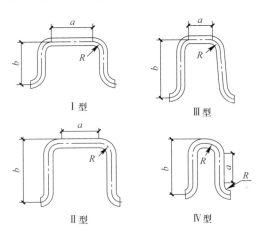

图 3.40-1 方形管道补偿器示意图

165

金属管道热伸长量对应的方形管道补偿器加工尺寸表（mm）　　表 3.40-1

公称直径或管外径×壁厚		DN25		DN32		Dw 48×3.5		Dw 60×3.5		Dw 76×3.75		Dw 89×4.0		Dw 108×4.0		Dw 133×4.0		Dw 159×4.5	
弯曲半径		R=134		R=169		R=192		R=240		R=304		R=356		R=432		R=532		R=636	
ΔL	型号	a	b	a	b	a	b	a	b	a	b	a	b	a	b	a	b	a	b
25	I	780	520	830	580	860	620	820	650	—	—	—	—	—	—	—	—	—	—
	II	600	600	650	650	680	680	700	700										
	III	470	660	530	720	570	740	620	750										
	IV	—	800	—	820	—	830	—	840										
50	I	1200	720	1300	800	1280	830	1280	880	1250	930	1290	1000	1400	1130	1550	1300	1550	1440
	II	840	840	920	920	970	970	980	980	1000	1000	1050	1050	1200	1200	1300	1300	1400	1400
	III	650	980	700	1000	720	1050	780	1080	860	1100	930	1150	1060	1250	1200	1300	1350	1400
	IV	—	1250	—	1250	—	1280	—	1300	—	1120	—	1200	—	1300	—	1300	—	1400
75	I	1500	880	1600	950	1660	1020	1720	1100	1700	1150	1730	1220	1800	1350	2050	1550	2080	1680
	II	1050	1050	1150	1150	1200	1200	1300	1300	1300	1300	1350	1350	1450	1450	1600	1600	1750	1750
	III	750	1250	830	1320	890	1380	970	1450	1030	1450	1110	1500	1260	1650	1410	1750	1550	1800
	IV	—	1550	—	1650	—	1700	—	1750	—	1500	—	1600	—	1700	—	1800	—	1900
100	I	1750	1000	1900	1100	1920	1150	2020	1250	2000	1300	2130	1420	2350	1600	2450	1570	1750	2650
	II	1200	1200	1320	1320	1400	1400	1500	1500	1500	1500	1600	1600	1700	1700	1900	1900	2050	2050
	III	860	1400	950	1550	1010	1630	1070	1650	1180	1700	1280	1850	1460	2050	1600	2100	1750	2200
	IV	—	1950	—	1950	—	2000	—	2050	—	1850	—	1950	—	2100	—	2150	—	2300

注：ΔL 为金属管道热伸长量。

3.41　干管变径详图及顶棚内立、干管连接的技术要点

干管变径详图如图 3.41-1 所示；顶棚内立、干管连接如图 3.41-2 所示。

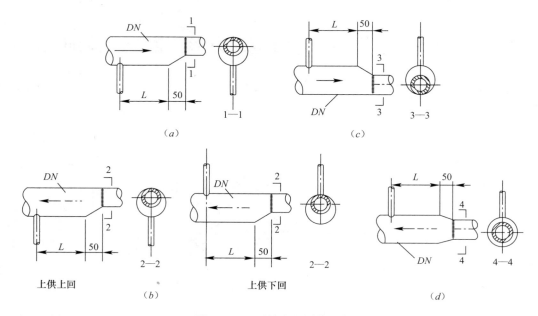

图 3.41-1　干管变径详图示意

（a）供水管；（b）回水管；（c）供蒸汽管；（d）凝结水管

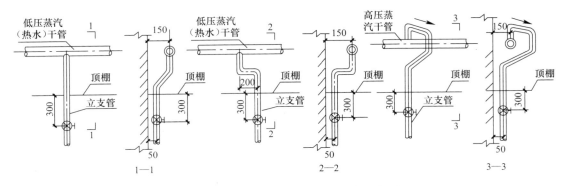

图 3.41-2 顶棚内立支管与干管连接示意图

3.42 水系统的设备启动及调试技术要点

3.42.1 水泵启动前的准备工作和操作方式

1. 水泵外观检查：检查水泵和其附属管路系统的部件应齐全，各紧固连接部位不得松动。用手盘动叶轮时应轻便、灵活、正常，不得有卡、碰现象和异常的振动及声响。点动水泵，检查水泵的叶轮旋转方向是否正确。启动水泵，用钳形电流表测量电动机的启动电流，待水泵正常运转后，再测量电动机的运转电流，检查其电机运行功率值，应符合设备技术文件的规定。

2. 水泵的启动与试运转：水泵与附属管路系统上的阀门启闭状态要符合调试要求，水泵运转前，应将入口阀全开，出口阀全闭，待水泵启动后再将出口阀打开。水泵在运行 2h 后，应用数字温度计测量其轴承的温度，滑动轴承外壳最高温度不得超过 70℃，滚动轴承外壳最高温度不得超过 75℃。

3.42.2 补水泵的启动

1. 空负荷试运转

电气控制系统安装完毕；补水管道系统安装完毕并水压试验合格；补水泵空负荷试运转正常。

2. 打开排气孔

立式补水泵再次充水前，应将水泵上排气孔打开，当排气孔出水时将排气孔旋塞关闭。此时便可以启动补水泵。

上述条件具备后可随时启动补水泵。

3.42.3 冷却水泵的启动

1. 空负荷试运转

电气控制系统安装完毕；冷却水管道系统安装完毕并水压试验合格；冷却水泵空负荷试运转正常。

2. 清理泵房杂物

首先清理水泵房内杂物和冷却塔集水盘内杂物及灰尘。

3. 开阀、关阀

打开冷却水泵入口至冷却塔进水管道上的所有阀门，关闭冷却水泵的出口阀门。

4. 卸掉浮球阀开始补水

先将已安装好的冷却塔集水盘内的补水浮球阀卸掉，并开启经水处理设备管道上的阀门，启动补水泵，向冷却塔集水盘内补水。

5. 打开泵出口阀门然后再关闭

待集水盘内能存住水时，打开泵出口阀门，使水泵内和泵后管道内的空气被挤出。然后继续向冷却塔集水盘内补水直至水满为止，再关闭冷却水泵出口阀门。

6. 启动冷却水泵开阀

待冷却塔集水盘内补水再次补满时，启动冷却水泵，待冷却水泵达到一定转速时，开启冷却水泵出口阀门，水泵继续运转，并连续运转 2h。在冷却水泵运转期间冷却塔集水盘内始终保持满水状态。然后将冷却塔集水盘内被卸掉的补水浮球阀重新安装好并调整到位，使补水浮球阀处于自动补水状态。

上述条件具备后可随时启动冷却水泵。

3.42.4　冷冻水泵的启动

1. 空负荷试运转

电气控制系统安装完毕；冷冻水管道系统安装完毕并水压试验合格；冷冻水泵空负荷试运转正常。

2. 清理泵房杂物

清理水泵房内的杂物，打开供水管道和回水管道上所有阀门和放气阀门，用补水泵向冷冻水系统内补水，补水过程中排除系统内空气。

3. 排除系统空气

排除空调水系统内空气。系统内第一次排空气排不净会造成空气乱串现象，使风机盘管的放风阀反复放空气而放不净（因风机盘管都安装在吊顶之内，有时吊顶又不能上人，给风机盘管放空气的工人造成极大困难），给调试工作带来不应出现的困难。所以在管道试压合格并且冲洗也合格后，向空调水系统管道内重新补水时，必须先将系统最高处所有的自动排气阀门全部打开，同时将各层自动排气阀和风机盘管上的放风阀全部打开（各层要多安排施工人员进行检查），再进行补水工作，当自动排气阀、风机盘管放风阀出水流时须逐个关闭。禁止先补水后开排气阀和风机盘管放风阀而排不净冷冻水系统内空气的错误操作方法。

上述条件具备后可随时启动冷冻水泵。

3.42.5　制冷机的启动

1. 运转前的准备

为使制冷设备正常、安全运转，系统安装结束后，操作人员必须按设备特点，对系统及制冷机操作方法和操作顺序进行全面了解，并做好以下几项检查和测试。

（1）试漏

制冷机管路安装完毕后，绝缘保温施工及充填制冷剂之前，应对制冷机管路系统进行全面试漏检查。系统试漏包括压力试漏、真空试漏及充填制冷剂试漏。

压力试漏：压力试漏可用瓶装二氧化碳和氮气。

在试验压力下，检查有否泄漏。在所有容易产生泄漏的各接头，法兰、焊缝等连接处涂肥皂水检查（也可用其他发泡液）。24h 压力不下降 0.02MPa 为合格。

真空试漏：压力试漏后，还应进行真空试漏。一般大型制冷系统真空试漏时，应采用真空泵来抽真空，对于小型制冷系统或在没有真空泵的情况下，可利用制冷机本身抽真空。氟利昂系统进行真空试漏时，系统中真空度应大于 10000mm 水柱；18h 后，真空度下降不得超过 140mm 水柱。达到上述要求时，即可认为系统真空试漏合格。

充填制冷剂试漏：对于氟利昂制冷系统，在压力试漏、真空试漏以后，应充填制冷剂（氟利昂）进一步试漏。氟利昂制冷剂的渗透性很强，有时用压力试漏及真空试漏检查不出的渗漏点，只有充入氟利昂以后，才能检查出。试漏时，系统充入 0.2～0.3MPa 压力的氟利昂气体，用肥皂水或卤素灯检查。卤素灯为蓝色火焰，检测到泄漏的氟利昂气体时由蓝色火焰变为绿色或深绿色火焰；氟利昂气体泄漏量大时，火焰则变成青紫色并发白烟。发现泄漏点后应立即做出标记。

（2）填充润滑油

用制冷机抽真空必须在试漏之前充填 18 号～30 号制冷机润滑油。充填量为视油镜的 1/2～2/3 处。

（3）充填制冷剂

制冷系统的试漏检查完毕后，应充填制冷剂。氟利昂制冷系统在充填制冷剂之前，系统内还必须经真空干燥处理。干燥不彻底时，不能充填制冷剂。在充填制冷剂过程中，随着制冷剂瓶温度的下降，压力也降低，此时可用温水加热升压，绝不允许用火烤或蒸汽加热。对氟利昂制冷系统，充填完毕后，应立即更换干燥剂。

2. 运转

试漏、干燥处理及充填制冷剂后，开始试运转。由于制冷系统类型较多，控制方式不同，所以试运转时，原则上应根据制造厂的说明书，或遵照施工设计文件中的运转要求进行。

（1）开车前的检查

检查曲轴箱视油镜所示油面是否达到规定高度。皮带传动的制冷机，开车前应再次检查制冷机与电动机中心线是否平行。电动机与制冷机直连时，则应检查制冷机轴与电动机轴是否同心。检查电气配线、自动控制元件的调定值是否正确，卸载装置的手柄是否在"0"位。检查冷却水泵的水量及水压。用手转动制冷机飞轮数圈，正常后，瞬时启动制冷机，检查制冷机转向。

（2）开车

打开冷凝器冷却水入口及出口阀，启动冷却水泵；打开冷凝器前后水盖顶部的放空气阀，排净空气；充满冷却水后，再关闭此阀；打开制冷机排气截止阀及冷凝器出口阀；启动电动机，使用绕线式电机时，应将滑环手柄扳至启动位置后再启动电动机，当电动机达到全速时，再将手柄扳至运转位置；慢慢打开吸气截止阀，若发现有液体冲击声，应迅速关闭吸气截止阀，待声音消除后，再慢慢打开（打开吸气阀的同时，应注意排气压力大小及电流大小，如发现数值急剧上升时，应立即停车，查清原因并修复后方可再启动）；手动供液时，打开调节站供液膨胀阀，根据库房温度调节供液量。启动后，制冷机油泵排油压力一般比吸气压力高 0.25MPa 左右。但开始启动时，由于曲轴箱压力急剧下降，油中溶解的氟利昂将瞬时蒸发，油与制冷剂一道排出，曲轴箱油面会有一定降低，这属于正常现象。正常运转时，吸气管路和制冷机吸气口应结干霜，气缸体不应结霜。蒸发温度比库温低 8～10℃，而制冷机的吸气温度一般比蒸发温度高 5～10℃，即一般控制制冷机的吸气过热度在 5～10℃ 范围内。运转工况稳定时，制冷机吸排气阀片应发出清晰而均匀的跳动声。如果出现冲击杂音，应立即停车检查。另外，如发现吸气温度和排气温度均急剧下降，这是回液前的反应，应立即适当关闭吸气截止阀，同时调整供液阀开度。出现其他不正常现象时，应及时调整和排除故障。不能排除时，应停车检查修复。

（3）停车

制冷机正常停车时，应按下列程序进行：停车前的 10～30min 内关闭调节站供液阀，当曲轴箱压力下降后，再每次两缸的卸载，全部卸载达"0"位时，关闭制冷机的吸气截止阀。手动控制时，即可切断电源，停止制冷机运转。自动控制时，曲轴箱内压力进一步降低，由低压继电器动作而自动停止制冷机运转。运转停止后，关闭排气截止阀及冷凝器出口阀。短时停车时，排气截止阀和冷凝器出口阀可不关闭，但每次开车前必须检查是否开启。待制冷机停车 10～30min 后，再关闭冷却水阀并停止水泵运转。氨系统运转操作与此基本相同，不再介绍。制冷系统停车后，机械室温度，夏季不得超过 40℃，冬季不得低于 5℃。冬季停车后，必须将制冷机冷却水套及其他设备内的冷却水放尽，防止将设备冻裂。

3. 制冷机的维护

为使制冷设备最大限度地发挥其性能，并保持设备在良好的使用状态下运行，必须对制冷设备进行正常的维护保养。为此，必须有适当的维护保养制度，并定期检查执行情况。

（1）维护范围

为防止制冷设备及制冷剂在运转中出现故障，应在以下几个方面采取相应措施。

① 耐压强度：制冷设备应具有足够的耐压强度。长期使用被腐蚀后，耐压强度下降，特别是冷凝器用海水冷却时，锈蚀严重。因此，应定期检查并更换冷却管，防止制冷剂泄漏或其他事故的发生。

② 气密性：设备因振动、密封垫片被锈蚀等原因，会产生管接头、法兰等处泄漏制冷剂或空气进入系统内部的现象。运转操作或长期停机时，均必须随时检查系统是否泄漏。

③ 氟利昂系统不得有水分进入，系统中使用的干燥剂应定期更换。

④ 制冷系统中的各种过滤器（如吸气过滤器、液体过滤器、油过滤器）应定期清扫，严防杂质进入系统内。

⑤ 经常检查冷却水的水质，并应采取相应措施防止结垢，必要时应进行软化处理。

（2）试运行管理

对于新安装或大修后的制冷设备，应首先进行试运转。进入正常运转后，应对以下参数进行观测并记录：制冷剂各处的温度和压力；润滑油的温度和压力；冷却水或冷却空气的温度；制冷设备各处温度（包括制冷机曲轴箱、气缸、冷凝器、贮液器等）；各处的声响及振动；电压、电流；膨胀阀的开度。通过观察分析，可了解制冷设备是否最大限度地发挥了其性能。在正常的蒸发、冷凝状态下，通过温度和压力的变化可及早发现事故苗头，采取适当处理措施。一般制冷设备在运行中，检查部位和检查内容见表 3.42-1。

制冷系统运转中检查部位及其正常状态

表 3.42-1

设备名称	检查部位	检查内容	正常运转状态
制冷机	吸气管	吸气压力	吸气压力＝蒸发温度对应的饱和压力－吸气管压力降
		吸气温度	吸气温度＝蒸发温度＋过热度（过热度一般取 5℃）
	排气管	排气压力	排气压力＝冷凝温度对应的饱和压力＋排气管压力降
		排气温度	根据制冷剂种类各不相同，活塞式氨制冷机在 150℃ 以下
	油泵	油压	油压≈吸气压力＋0.25MPa
		油温	不得超过 70℃
	视油孔镜	油位	规定高度范围的中间
		清洁度	透明不混浊
	气缸盖	温度	根据制冷剂种类及使用工况而不同。氟利昂最高不超过 120℃
		阀声音	清晰而有节奏的跳动声，没有撞击声
	轴承	温度	在外部用手摸稍热，应低于 55℃
	轴封	漏油	不得出现滴油现象
电动机	电源	电压	在额定电压±10%之内
		电流	低于额定值
	轴承	温度	低于 70℃
	外壳	温度	低于 70℃
油分离器	筒体	温度	不得过低
	视油镜	油位	保持正常液面高度
贮液器	液面计	液位	在规定范围内
冷凝器	冷却水	入口温度	符合设计要求
		出口温度	正常温差为 3～5℃
		流量	应保证设计规定的流量
		水压	超过冷凝器、管路等总阻力
	液面计	制冷剂液面	保持较低的液面
	出液口	温度	比冷凝压力对应的温度低 5℃ 左右
蒸发器	被冷却物（空气、水等）	入口温度	根据温度差和流量计算耗冷量，再与设计值比较
		出口温度	
		流量	
	空气冷却盘管	着霜情况	着霜厚度均匀，不得过厚
	制冷剂出口	蒸发温度	与蒸发压力相对应的温度比较，有一适当的过热度
		蒸发压力	符合规定压力值
液体管路	过滤器出口管	液体温度	不得过低
	液体显示孔	气泡	不出气泡
	电磁阀线圈	温度	在允许范围内
	膨胀阀入口	液体温度	不得有过高、过低的变化

（3）运行操作注意事项

要使制冷系统运行稳定，系统中各设备均应在稳定的状态下运转，并最大限度地发挥其性能。在运转过程中，系统往往出现各类故障和各种状态变化，这些故障和状态变化又是多种原因促成的。下面就运转中出现的各种变化及产生的原因，简单加以说明。

① 吸气压力

吸气压力理论上等于蒸发压力，实际上由于管路损失，略低于蒸发压力，它随着蒸发状态、膨胀阀的开度而改变。吸气压力下降时，压缩比增大，容积效率下降，使制冷量相应减少，特别是在排气压力较高的情况下更为明显。吸气压力是以蒸发压力为基础的，而蒸发压力又依据蒸发器的结构、被冷却物的种类、温度而不同。一般情况下，制冷系统的蒸发压力，主要由被冷却物的冷却温度而定。蒸发温度与冷却温度（指库温）之差和蒸发器的大小有直接关系。温差小时，蒸发压力就会高，蒸发器就要大，设备的投资便增加。因此，应维持制冷设备在额定的蒸发压力下运转。当被冷却物体温度或流量下降、膨胀阀开度过小、制冷剂量不足及自动控制用蒸发压力调节阀调节不良时，吸气压力均会降低。发现吸气压力下降时，应及时查明原因，并进行必要的调整。

② 排气压力

制冷机的排气压力理论上等于冷凝压力，实际上由于阀门、管路阻力的影响，略高于冷凝压力，它主要由冷凝器的冷却水量（冷却风量）、水温（空气温度）确定。水量增加、水温降低时，排气压力就下降，反之则上升。排气压力增加时，压缩比就增加，而容积效率下降，制冷量减少，耗功率增加。因此，运转时应根据耗水量确定一经济的冷凝压力值，推荐值见表 3.42-2 所示。

推荐冷凝压力 MPa（绝对压力值）　　　　　　　　　　表 3.42-2

制冷剂种类　　冷却方式	水　冷	空　冷
R_{12}	0.7 ± 0.15	1.2 ± 0.15
R_{22}	1.1 ± 0.2	1.8 ± 0.2
R_{500}	0.9 ± 0.15	1.5 ± 0.15
R_{502}	1.1 ± 0.2	1.8 ± 0.2
NH_3	1.2 ± 0.2	—

排气压力上升后，排气温度也上升，这不仅降低效率，还会使润滑油劣化，甚至烧损轴承，运转时一定要注意。氨比氟利昂的绝热指数（$k=C_p/C_v$）大，在相同的蒸发温度和冷凝温度条件下，氨制冷系统的排气温度仍比氟利昂系统高出几十度。因此，规定氨系统制冷机的最高排气温度不得超过 150℃。

③ 润滑油

对于高速回转的制冷机来讲，润滑系统的润滑油性能的好坏，对润滑效果有直接的影响。表 3.42-3 为润滑油的状态变化在制冷机上的反应。

润滑油的变化在制冷机上的反应　　　　　　　　　　表 3.42-3

润滑油状态	在制冷机上的反应
润滑油充填过量	油飞溅或起泡，耗油量增加
油压过大	进入气缸内的油量增加，耗油量增大；进入冷凝器，蒸发器等热交换器的油量增加，影响传热效果
油压过小	供油不足，影响润滑效果
油温过高	气缸中温度上升，油易结碳或分解；热量传给制冷机机身，影响橡胶、塑料件的寿命
油温过低	油的黏度增大，阻力增加，影响润滑作用；若粘附在冷却管上，会影响传热效果
混入杂质	影响润滑效果
混入水分	油乳化，破坏润滑作用
油面倾斜或不稳定	使油泵吸油口露出油面，影响吸油

④　油分离器

油分离器在正常运行时，外表应较热，而回油管则应稍热。否则，制冷剂气体被冷凝成液体，会通过回油浮球阀返回曲轴箱，使回油管挂霜，曲轴箱内润滑油产生气泡，耗油量增加，油面下降。特别在冬季，机械室室内温度较低，运转操作时更要随时观察。

⑤　冷凝器

为取得合适的冷凝压力，除调整冷却水量、水温以外，冷却管的清洁度也是十分重要的，特别是在水质不良的情况下，更应经常清扫。冷凝器内制冷剂液面高度与制冷剂充填量有关，填充量过多时，虽然液体过冷度大，但传热面积相对减小，冷凝压力还会再上升。降低冷凝压力可增加单位质量制冷量，但过分降低时，会使膨胀阀前后压差缩小，供液量下降，反而使制冷量降低。因此，冷凝压力也不可过低。

⑥　制冷机回液

油或液态制冷剂被吸入制冷机气缸时，将产生液压缩。液压缩不仅会产生巨大的冲击力，同时伴随出现撞击声和剧烈振动，甚至使制冷机损坏。下述情况易引起回液：（a）停车后，供液阀未关闭，蒸发器内滞留大量液态制冷剂，再启动时，液体进入制冷机内引起回液。出现这种现象时，应立即关闭吸气截止阀，然后再慢慢开启，缓慢进气，全部液体排净后按正常运转。（b）吸气管路有贮存油和液体的弯管、接头等，当液体积存达到一定量时，突然冲入制冷机内产生回液现象。（c）蒸发器负荷急剧增加，制冷剂剧烈蒸发，而膨胀阀开度又不能相应调整的情况下也会产生回液现象。（d）膨胀阀开启过猛或开度过大时，液体在蒸发器内不能全部蒸发就被制冷机吸入。

少量回液虽然不会引起撞缸事故，但液态制冷剂进入曲轴箱后，润滑油起泡，油泵吸不进油，会出现烧瓦现象。另外，当液体进入气缸后，气缸突然遇冷收缩，还会发生爆缸事故。因此，必须严格防止回液现象出现。

⑦　闪发蒸气的产生

液态制冷剂在低于 0.5℃ 过冷状态下进入膨胀阀时，液体管路中将会产生闪发蒸气。闪发蒸气将使膨胀阀效率降低，并增加管路阻力，有时还会气封干燥器和过滤器。图3.42-1 和图 3.42-2 所示为对应液体管内各种压力降所必需的过冷度。要求必须有较大过冷度时，应设置热交换器。

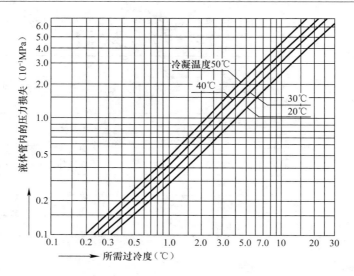

图 3.42-1　R_{12} 液体管所需过冷度

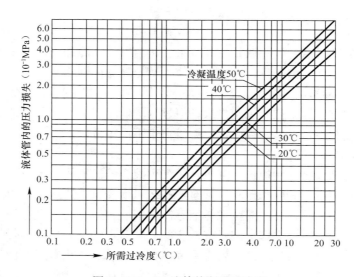

图 3.42-2　R_{22} 液体管所需过冷度

⑧ 杂质的影响

杂质侵入系统的途径见表 3.42-4。制冷剂中的杂质随制冷剂在系统内循环，将给系统带来以下不良影响：（a）堵塞膨胀阀及其他狭窄通路，妨碍制冷剂的正常循环。（b）污染润滑油。（c）当杂质随油进入各滑动部位时，将加速磨损，甚至产生拉毛、烧损摩擦面等现象。（d）对于开启式制冷机，当杂质进入轴封密封面时，会损伤密封面而出现轴封漏气漏油现象。（e）对于全封闭制冷机，制冷剂中混入杂质会降低电气绝缘性能。这一点对 R_{22} 影响最大。（f）损坏各种阀门密封口，特别是安全阀启跳后如有杂质进入密封面，关闭后不密封，引起漏气。因此，必须防止杂质进入系统内。

杂质侵入系统的途径　　　　　　　　　　　　　　　　表 3.42-4

杂质的种类	杂质侵入途径
金属、砂、纤维、水	施工中因不注意而混入系统中
固体锈垢	干燥不彻底，使系统内出现腐蚀积垢
油脂	施工前清除不干净，施工中残留
灰尘、砂、纤维	设备清扫不彻底
砂、金属屑	铸件清砂不干净；弯管操作后，排砂不净，加热处氧化皮排除不干净
焊药	焊接后清除不净
金属屑	机械部分磨耗、烧损
碳化物	润滑油在制冷机气缸中碳化

⑨ 水分的影响

水分的侵入对氟利昂系统危害最大，对氨系统影响相对较小。氟利昂对水的溶解度小，溶解量超过限度时，水便游离出来，这样将带来如下危害：在膨胀阀阀口处出现冰塞现象，使供液不良；部分润滑油被乳化，降低润滑性能；在制冷剂系统中生成盐酸、氟化氢等，能腐蚀金属，特别对阀片、轴承、轴封影响最大；制冷剂电气绝缘性能下降，严重时会烧毁全封闭制冷机的电动机。水分的侵入途径及防治措施见表 3.42-5。

水分的侵入途径及防治措施　　　　　　　　　　　　表 3.42-5

水分侵入途径	防治措施
用空气压缩机试漏时，空气和水分一道进入系统中	1. 使用经充分干燥的不燃性气体（如氮气等）试漏 2. 使用空气时，应经有足够容量的干燥器干燥 3. 对系统进行充分的真空干燥，真空干燥时的环境温度应在 5℃以上
制冷剂中含有水分	充填制冷剂时，应经干燥器充分干燥
制冷机油中含有水分	装油时，注意尽量不使油与空气接触
吸气压力真空时，随空气漏入	检修泄漏处，适当调整吸气压力
分解检修时，侵入的空气中含有水分	修复已被分解的系统时，应使用真空泵将系统（检修段）抽真空

⑩ 不凝性气体

系统中混入不凝性气体，使冷凝压力提高，排气温度上升，从而增加轴功率，降低制冷量。不凝性气体混入的原因主要有如下几点：充填制冷剂前未彻底抽真空；分解检修时，未彻底排空气；润滑油中混入空气；由于制冷剂和润滑油分解，而生成不凝性气体；吸入压力低于大气压力时，空气通过低压系统侵入。

3.43　热水采暖系统与锅炉直接连接和间接连接的水质要求的技术要点

1. 与锅炉房直接连接的热水采暖系统（无压热水锅炉除外）的水质要求，见表 3.43-1。

与锅炉房直接连接的热水采暖系统（无压热水锅炉除外）的水质要求　　表 3.43-1

序　号	项　目		补　水	循环水
1	悬浮物（mg/L）		≤5	≤10
2	pH 值（25℃）	钢制设备	9～10	10～12
		铜制设备		9～10
3	总硬度（mmol/L）		≤6/≤0.6	≤0.6
4	溶氧量（mg/L）		—/≤0.1	≤0.1
5	含油量（mg/L）		≤2	≤1
6	氯根 Cl⁻（mg/L）	钢制设备	≤300	≤300
		AlSl304 不锈钢	≤10	≤10
		AlSl316 不锈钢	≤100	≤100
		铜制设备	≤100	≤100
7	硫酸根 SO_4^{2-}（mg/L）		—	≤150
8	总铁量 Fe（mg/L）		—	≤0.5
9	总铜量 Cu（mg/L）		—	≤0.1

注：当锅炉的补水采用锅外化学处理时，对补水总硬度的要求为≤0.6mmol/L。当锅炉的补水采用锅外化学处理时，对补水溶氧量的要求为≤0.1mg/L。与无压（常压）热水锅炉连接的热水采暖系统，应设置热交换器，将锅炉热水（一次水系统）与采暖系统（二次水系统）分开。无压（常压）热水锅炉的二次水系统的水质应符合与热源间接连接的二次水采暖系统的水质统一要求。

2. 与热源间接连接的二次水采暖系统的水质要求，见表 3.43-2。

与热源间接连接的二次水采暖系统的水质要求　　　表 3.43-2

序　号	项　目		补　水	循环水
1	悬浮物（mg/L）		≤5	≤10
2	pH 值（25℃）	钢制设备	≥7	10～12
		铜制设备		9～10
		铝制设备		8.5～9
3	总硬度（mmol/L）		≤6	≤0.6
4	溶氧量（mg/L）		—	≤0.1
5	含油量（mg/L）		≤2	≤1
6	氯根 Cl⁻（mg/L）	钢制设备	≤300	≤300
		AlSl304 不锈钢	≤10	≤10
		AlSl316 不锈钢	≤100	≤100
		铜制设备	≤100	≤100
		铝制设备	≤30	≤30
7	硫酸根 SO_4^{2-}（mg/L）		—	≤150
8	总铁量 Fe（mg/L）	一般	—	≤0.5
		铝制设备		≤0.1
9	总铜量 Cu（mg/L）	一般	—	≤0.5
		铝制设备		≤0.02

注：硫酸根的检测，可参照《水质　硫酸盐的测定　火焰原子吸收分光光度法》GB 13196。总铜量的检测，可参照《水质　铜的测定　二乙二基硫代　氨基甲酸钠分光光度法》GB 7474。

3.44　热水采暖系统水处理方式及装置施工技术要点

热水采暖系统的水处理，应达到下列目标：使系统的金属腐蚀减至最小；水质达到与热源间接连接的二次水采暖系统的水质要求；抑制水垢、污泥的生成及微生物的生长，防止堵塞采暖设备、管道、温控阀、机械式热量表等；不污染环境，特别是不污染地下水；处理方法简单，便于实施，费用较低。无压（常压）锅炉一次水系统水质要求通过补加药剂使锅水 pH 值控制在 10～12。额定功率≥4.2MW 的承压热水锅炉给水应除氧，额定功率<4.2MW 的承压热水锅炉和无压（常压）热水锅炉给水应尽量除氧。

3.44.1　热水采暖系统水处理方式

见表 3.44-1。

热水采暖系统水处理方式

表 3.44-1

类　别	处理方式	处理要求	备　注
补水	加防腐阻垢剂	当补水的 pH 值小于水质要求时，可投加防腐阻垢剂	当补水总硬度为 0.6～6mmol/L，且日补水量≥10% 系统水容量时，也应对补水投加防腐阻垢剂
	离子交换软化	当补水硬度＞6mmol/L，可采用钠离子软化水处理装置，使总硬度≤0.6mmol/L	离子交换软化的水处理方式可降低硬度，防止结垢
	石灰水软化处理	当补水硬度＞6mmol/L、总碱度≥2.5mmol/L 时，可采用石灰水软化处理	投加工业成品石灰的含量应≥85%。石灰水软化处理所需占地面积较大，操作劳动强度也大
循环水	贮药罐人工加药	当循环水的溶氧量＞0.1mg/L，或 pH 值小于水质要求时，可在回水总管上设置简易加药罐	运行过程中，根据 pH 值，人工间歇投加防腐阻垢剂或缓蚀剂
	旁通式自动加药装置	当循环水的溶氧量＞0.1mg/L，或 pH 值小于水质要求时，可在回水总管上设置旁通式自动加药装置	通过对 pH 值的监测实现自动进行加药，并控制其加药量。本方式的最大优点是准确、及时

3.44.2　热水采暖系统水处理装置

1. 人工加药装置

对热水采暖系统加防腐阻垢剂。加药装置与系统的连接，一般有下列两种方式：

（1）对补水进行水处理：贮药罐人工加药装置的出口与补水泵的入口相连。

（2）对循环水进行水处理：贮药罐人工加药装置的出口与循环水泵的入口和出口相连。

（3）贮药罐人工加药装置如图 3.44-1 所示。

防腐阻垢剂具有防腐、阻垢、除垢、除锈、育（保护）膜、防止人为失水、抑制细菌和藻类繁殖以及停炉保护等多种功能。使用固体防腐阻垢剂后，通常不用除氧就能有效地防腐。固体防腐阻垢剂有以下三种功能：①由于除垢、除锈，等于除去了电化学腐蚀的阴

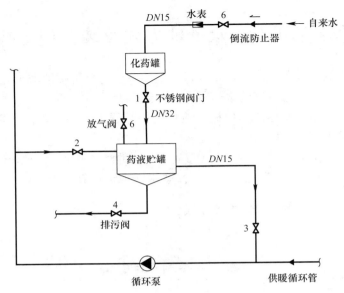

图 3.44-1　贮药罐人工加药装置示意图

极，从而能有效地阻止电化学腐蚀。②它含有几种育膜剂，能在铁的表面生成一层黑亮的保护膜，可阻隔氧和二氧化碳的腐蚀。③它是碱性药剂，能迅速提高水的 pH 值。另外，对于采用钢制散热器的采暖系统，实际运行时只要控制 $9 \leqslant pH \leqslant 12$（$pH \geqslant 10$ 时，铁处于钝化区中，腐蚀最小）就可以了。不过，运行中必须注意，一旦出现 $pH < 9$ 时，应迅速加药。否则会因为水中的碳酸盐析出而使水系统中形成沉淀物的堆积。为了降低悬浮物的浓度，每组排污阀每天应进行一次排污。

2. 旁通式自动加药装置

图 3.44-2 所示为旁通式自动加药装置，它是一种根据 pH 值按比例自动进行加药的系统。

这种加药装置通常由 pH 仪、自动加药装置、袋式过滤器等组成，可以添加具有防止腐蚀和结垢的化学水处理剂，能自动控制 pH 值（保持 $pH = 9.8 \pm 0.2$）。旁通式自动加药装置如图 3.44-2 所示。

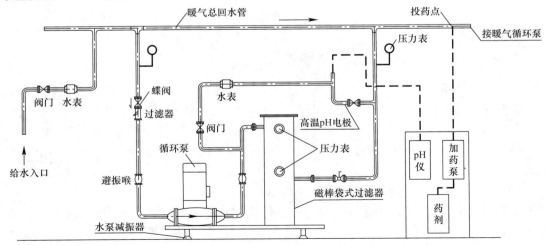

图 3.44-2　旁通式自动加药装置示意图

3.45 冷水机组冷却水水质标准

冷水机组冷却水水质标准   表 3.45-1

指标	pH 值（25℃）	电导率（$\mu S/cm$）	氯化物 Cl^-（$mg\ Cl^-/L$）	硫酸根 SO_4^{2-}（$mg\ CaSO_4^{2-}/L$）	酸消耗量（$pH^{4.8}$）（$mg\ CaCO_3/L$）
冷却水标准值	6.5～8.0	＜800	＜200	＜200	＜100
指标	总硬度（$mg\ CaCO_3/L$）	铁 Fe（mgFe/L）	硫离子 S^{2-}（$mg\ S^{2-}/L$）	铵离子 NH_4^+（$mg\ NH_4^+/L$）	融解硅酸 SiO_2（$mg\ SiO_2/L$）
冷却水标准值	＜200	＜1.0	不得检出	＜1.0	＜50

注：摘自暖通空调动力设计技术措施。

3.46 溴化锂吸收式冷（温）水机组的补水水质标准

溴化锂吸收式冷（温）水机组的补水水质标准   表 3.46-1

指标	pH 值（25℃）	电导率（$\mu S/cm$）	氯化物 Cl^-（$mg\ Cl^-/L$）	硫酸根 SO_4^{2-}（$mg\ CaSO_4^{2-}/L$）	酸消耗量（$pH^{4.8}$）（$mg\ CaCO_3/L$）
补水标准值	6.0～8.0	＜200	＜50	＜50	＜50
指标	总硬度（$mg\ CaCO_3/L$）	铁 Fe（$mg\ Fe/L$）	硫离子 S^{2-}（$mg\ S^{2-}/L$）	铵离子 NH_4^+（$mg\ NH_4^+/L$）	融解硅酸 SiO_2（$mg\ SiO_2/L$）
补水标准值	＜50	＜0.3	不得检出	＜0.2	＜30

注：摘自暖通空调动力设计技术措施。

3.47 直接进入热泵机组的地下水地源热泵用地下水水质参考标准、地下水地源热泵各种管材适宜深度

见表 3.47-1 和表 3.47-2。

直接进入热泵机组的地下水地源热泵用地下水水质参考标准   表 3.47-1

序　号	项目名称	允许值
1	含砂量	≤1/20 万
2	浊度	≤20NTU
3	pH 值	6.5～8.5
4	硬度	≤200mg/L
5	总碱度	≤500mg/L
6	全铁	≤0.3mg/L
7	CaO	≤200mg/L
8	Cl^-	≤100mg/L
9	SO_4^{2-}	≤200mg/L
10	SiO_2	≤50mg/L

续表

序　号	项目名称	允许值
11	Cu^{2+}	$\leqslant 0.2mg/L$
12	矿化度	$\leqslant 350mg/L$
13	游离氯	$0.5 \sim 1.0mg/L$
14	油污	$<5mg/L$
15	游离 CO_2	$<10mg/L$
16	H_2S	$<0.5mg/L$

地下水地源热泵各种管材适宜深度　　　　　表 3.47-2

管材类型	钢管	铸铁管	钢筋混凝土管	塑料管	混凝土管	无砂混凝土管
适宜深度（m）	>400	$200 \sim 400$	$150 \sim 200$	$\leqslant 150$	$\leqslant 100$	$\leqslant 100$

3.48　地源热泵用岩土的特性值

地源热泵用岩土的特性值　　　　　表 3.48-1

土壤类型	导热系数（W/m℃）		比热	密度
	干燥土壤	饱和土壤	J/kg℃	kg/m^3
粗砂石	0.197	0.6	930	837
细砂石	0.193	0.6	930	837
亚砂石	0.188	0.6	600	2135
亚黏土	0.256	0.6	1260	1005
密石	1.068	—	2000	921
岩石	0.93	—	1700	921
黏土	1.407	—	1850	1842
湿砂	0.593	—	1420	1507

3.49　设置气压罐的采暖和空调系统定压补水系统

设置气压罐的定压补水系统，如图 3.49-1 所示。

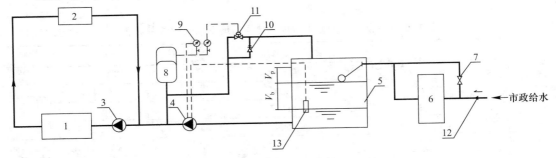

图 3.49-1　设置气压罐的定压补水系统示意图

1—冷（热）源；2—采暖空调末端设备；3—循环泵；4—补水泵；5—补水箱；6—软化设备；7—旁通阀；
8—气压罐；9—压力传感器；10—安全阀；11—泄水电磁阀；12—倒流防止器；13—液位传感器；
V_p—系统膨胀水量；V_b—补水贮水量

注：当气压罐容纳膨胀水量时，水箱可不留容纳膨胀水量的容积 V_p。单独供冷时，不设置软化设备。

3.50　设置高位膨胀水箱的采暖和空调系统定压补水系统

设置高位膨胀水箱的采暖和空调系统定压补水系统，如图 3.50-1 所示。

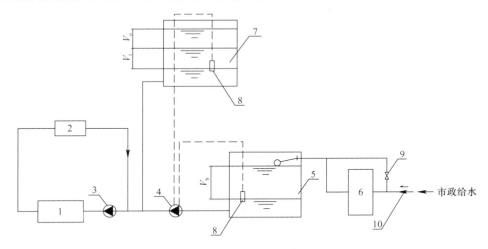

图 3.50-1　设置高位膨胀水箱的定压补水系统示意图

1—冷（热）源；2—采暖空调末端设备；3—循环泵；4—补水泵；5—补水箱；6—软化设备；7—膨胀水箱；
8—液位传感器；9—旁通阀；10—倒流防止器；V_p—系统膨胀水量；V_t—补水泵调节水量；V_b—补水贮水量

3.51　循环水泵与冷水机组或换热器（加热器）连接方式技术要点

1. 循环泵和冷水机组之间一对一接管连接方式（无备用泵）和阀门配置，如图 3.51-1 所示。

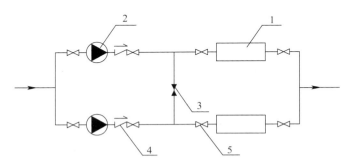

图 3.51-1　循环泵和冷水机组之间一对一接管连接方式（无备用泵）和阀门配置示意图

1—冷水机组（蒸发器或冷凝器）；2—循环水泵；3—常闭手动转换阀；4—止回阀；5—设备检修阀

2. 循环泵和冷水机组之间一对一接管连接方式（有备用泵）和阀门配置，如图 3.51-2 所示。

3. 循环泵和冷水机组之间共用集管连接方式和阀门配置，如图 3.51-3 所示。

4. 空调冷水一次泵系统，如图 3.51-4 所示。

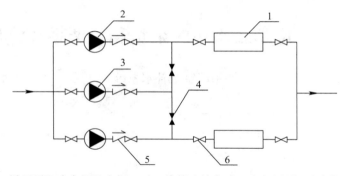

图 3.51-2 循环泵和冷水机组之间一对一接管连接方式（有备用泵）和阀门配置示意图
1—冷水机组（蒸发器或冷凝器）；2—循环水泵；3—备用泵；4—常闭手动转换阀；5—止回阀；6—设备检修阀

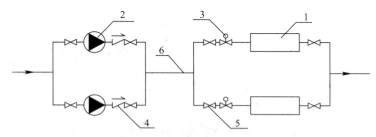

图 3.51-3 循环泵和冷水机组之间共用集管连接方式和阀门配置示意图
1—冷水机组（蒸发器或冷凝器）；2—循环水泵；3—电动隔断阀；4—止回阀；5—设备检修阀；6—共用集管

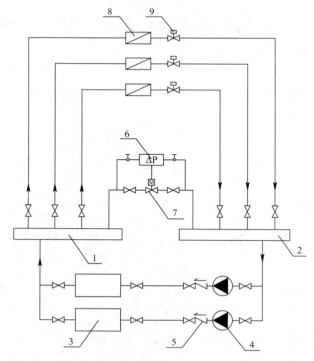

图 3.51-4 空调冷水一次泵系统示意图
1—分水器；2—集水器；3—冷水机组；4—定流量冷水循环泵；5—止回阀；
6—压差控制器；7—旁通电动调节阀；8—末端空气处理装置；9—电动两通阀

5. 空调冷水一次泵（变频）变流量系统，如图 3.51-5 所示。

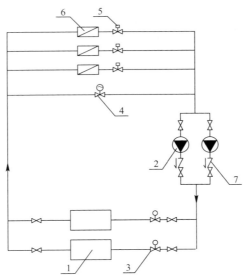

图 3.51-5 空调冷水一次泵（变频）变流量系统示意图

1—冷水机组；2—变频调速冷水循环水泵；3—电动隔断阀；4—旁通电动调节阀；

5—电动两通阀；6—末端空气处理装置；7—止回阀

6. 空调冷水二次泵系统，如图 3.51-6 所示。

7. 空调热水变流量系统，如图 3.51-7 所示。

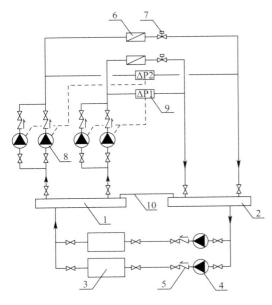

图 3.51-6 空调冷水二次泵系统示意图

1—分水器；2—集水器；3—冷水机组；4—定流量一级冷
水循环泵；5—止回阀；6—末端空气处理装置；7—电动
两通阀；8—变频调速二级冷水循环泵；9—压差控制器；

10—平衡管

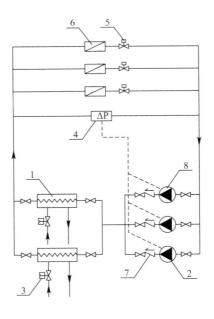

图 3.51-7 空调热水变流量系统示意图

1—换热器；2—变频调速空调热水循环泵；3—温
控阀；4—压差控制器；5—电动两通阀；6—末端
空气处理装置；7—止回阀；8—备用泵

8. 风机盘管加新风分区两管制水系统，如图 3.51-8 所示。

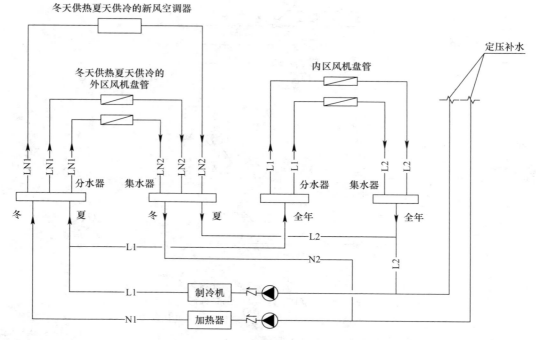

图 3.51-8　风机盘管加新风分区两管制水系统示意图

3.52　燃烧轻质柴油的直燃机房的供油系统

燃烧轻质柴油的直燃机房的供油系统，如图 3.52-1 所示。

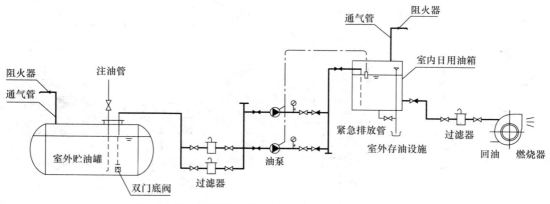

图 3.52-1　燃烧轻质柴油的直燃机房的供油系统示意图

3.53　直燃机房的燃气系统

直燃机房的燃气系统，如图 3.53-1 所示。

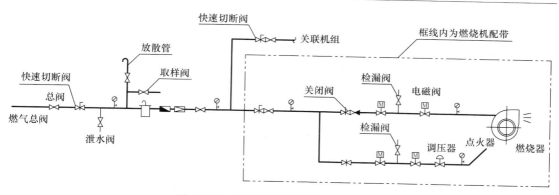

图 3.53-1 直燃机房的燃气系统示意图

3.54 太阳能供热

太阳能资源，不仅仅包括直接投射到地球表面上的太阳辐射能，而且还包括水能、风能、海洋能、潮汐能等间接的太阳能资源。生物质能也是通过绿色植物的光合作用固定下来的太阳能。

3.54.1 太阳能的优点与不足

优点是数量无比巨大，持续时间长，对于人类存在的年代来看，是取之不尽与用之不竭的；无需开发运输；清洁安全。缺点是分散，不稳定；效率低，开发成本高。

3.54.2 太阳能集热器的分类

太阳能集热器是太阳能利用的核心部分，其性能对整个系统的成败起到至关重要的作用。可分为平板型集热器、聚光型集热器与太阳池。

3.54.3 太阳能供热的方式

太阳能供热的方式可分为直接利用与间接利用。直接利用主要是主动式太阳能供热与被动式太阳能供热。间接利用可包括太阳能蓄热—热泵联合供热等。

1. 主动式太阳能供热

主动式太阳能供热系统如图 3.54-1 所示。系统由太阳能集热器、蓄热装置、用热设备、辅助热源及相关的辅助设备与阀门组成。通过太阳能集热器收集的太阳辐射能，沿管道可送入室内提供采暖与生活热水供应，剩余部分可储存于蓄热装置 2 中，当太阳能集热器提供的热量不足时可取出使用，再不足时可采用辅助加热装置 6 进行补充。

2. 被动式太阳能供热

被动式太阳能供热是通过集热蓄热墙、附加温室、蓄热屋面等向室内供暖（热）的方式。被动式太阳能采暖的特点是不需要专门的太阳能集热器、辅助加热器、换热器、泵等主动式太阳能系统所必需的部件，而是通过建筑的朝向与周围环境的合理布局，内部空间与外部形体的巧妙处理，以及建筑材料和结构构造的恰当选择，使建筑在冬季充分地收集、存储与分配太阳辐射，因而使建筑室内可以维持一定温度，达到采暖的目的。

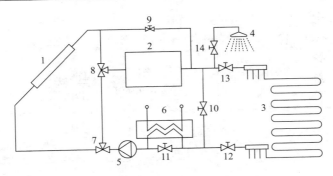

图 3.54-1　主动式太阳能供热系统示意图

1—太阳能集热器；2—蓄热装置；3—室内采暖系统；4—室内生活热水设备；

5—循环泵；6—辅助加热装置；7、8—三通阀；9～14—阀门

3. 太阳能—热泵式供热

单纯利用太阳能集热器供热在目前的技术条件毫无问题，但受经济条件制约，还是有一定问题的。夏季利用太阳能向地源、水源蓄热（取出的冷量用于房间空调），作为冬季采暖的热源，并通过热泵的原理，可大大节约电能的消耗，如图 3.54-2 所示。

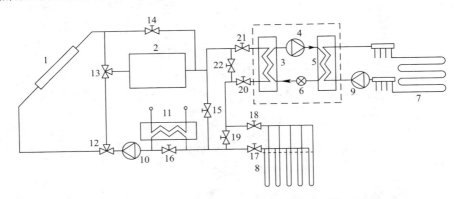

图 3.54-2　主动式太阳能——热泵蓄热供热系统示意图

1—太阳能集热器；2—蓄热装置；3—蒸发器；4—压缩机；5—冷凝器；6—节流装置；7—室内采暖系统；

8—土壤埋管换热器；9、10—循环泵；11—辅助加热装置；12、13—三通阀；14～22—阀门

虽然目前太阳能技术主要用于单幢建筑物供暖或热水供应等较小规模的供热系统上，但因其是"取之不尽，用之不竭"的绿色能源，因而具有无限的应用前景。

3.55　地热水供热施工技术要点

地热通常是指陆地地表以下 5000m 深度内的热能。这是目前技术条件可能利用的一部分地热能。地热能按其在地下的贮存形式，一般分为五种类型：即蒸汽、热水、干热岩体、地压和岩浆。目前开采和利用最多的地热能是地热水。利用地热水供热与其他热源供热相比，具有节省矿物燃料和不造成城市大气污染的特殊优点。作为一种可供选择的新能源，其开发和利用正在受到重视。

根据地热水温度的不同，地热水可分为：低温水（$t < 40℃$）、中温水（$t = 40 \sim 60℃$）

和高温水（$t=60\sim100℃$）、过热水（$t>100℃$）。

根据化学成分不同，分为碱性水和酸性水。

根据矿物质含量，地热水又可分为从超淡水（含盐量低于 0.1g/L）至盐水（含盐量大于 35g/L）的系列。

3.55.1 地热水的特点

作为供热的热源，地热水具有如下的一些特点：

1. 在不同条件下，地热水的参数（温度、压力）及成分会有很大的差别。地热水的成分往往是有腐蚀性的，因而必须注意预防在传热表面和管路上发生腐蚀或沉积。

2. 地热水的参数与热负荷无关。对一个具体的水井，地热水的温度几乎是全年不变的，地热水的参数不能适应热负荷变化的特性，使得利用地热能的供热系统变得复杂。

3. 一次性利用。地热水热能被利用后通常就要被废弃。为了最大限度地利用其能位，就要采取分级利用地热水热能的方式，使系统复杂和费用增大。

3.55.2 地热水的利用

地热水利用有直接利用和间接利用两种方式。

1. 地热水直接利用

地热水直接利用供热系统，如图 3.55-1 所示。水泵 2 从地热井 1 中抽出地热水，直接送到用户供暖系统 3。供暖系统回水直接排放或再利用部分余热后排放。直接利用地热水的供热系统，其优点是系统简单，基建费用少，但由于地热水中多含有硫化氢等腐蚀性成分，将对系统的管道和设备产生腐蚀和发生沉积现象。为了降低地热水的腐蚀性，通常可以采用脱腐蚀性气体（O_2、H_2S、CO_2 等）和盐分（$CaSO_4$、$CaCO_3$ 等）的措施，或者采用各种缓蚀剂（如硅酸钠）与防垢药品（如六聚偏硫酸钠）等。

2. 地热水间接利用

地热水间接利用供热系统，如图 3.55-2 所示。水泵 2 从地热井 1 中抽出地热水，通过

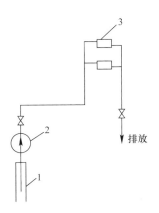

图 3.55-1 地热水直接利用示意图

1—开采井；2—抽水泵；3—供暖系统

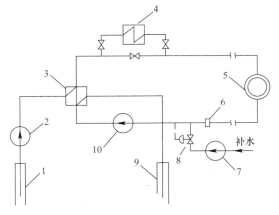

图 3.55-2 地热水间接利用示意图

1—开采井；2—抽水泵；3—地热水—水换热器；

4—高峰热源；5—供暖热用户；6—除污器；7—补给水泵；

8—补水压力调节器；9—回灌井；10—供暖系统循环水泵

表面式换热器 3 将供暖系统的回水加热，图 3.55-2 中增设了高峰热源 4（如热水锅炉），将供暖系统的供水进一步加热，地热水在表面式换热器放出热量后再返回回灌井 9。设置回灌井的优点是回灌水能保持地下含水层水位不致下降。当大量利用地热水时，地热水直接利用方式的地热水直接废弃，会使水位由于地下水补给不足而逐年下降，对开采和利用不利。

间接利用地热水供热方式的主要优点是表面式换热器后面的用热系统的管道和设备不受腐蚀和沉积，从而可延长使用寿命和减少维修费用，但系统复杂，基建投资较高。

3. 在工程设计中，为了扩大供热用途和范围，降低供热成本，提高地热水供热的经济性，系统的图示要复杂得多。在设计上常采用的措施有：

（1）在系统中设置高峰热源（如热水锅炉），地热水只承担基本热负荷。

（2）在系统中设置蓄热装置，如蓄热水箱（池）等，以调节短时期内的负荷变化。

（3）实现多种用途的综合利用，如把供暖后的低温地热水再用于农业温室的土壤加热或养鱼等，以降低排放水或回灌水的温度。

3.56　风机盘管在顶棚内的安装

3.56.1　风机盘管概述

风机盘管主要由风机、电动机、盘管（热交换器）、凝结水盘、机壳和电气控制部分组成。其盘管由集中的冷热源提供冷水或热水，风机则是将室内的空气吸入机组内，经盘管冷却或加热后再送入室内。室内空气不断地被机组循环处理，实现调节空气的目的。

风机有三档调速，可调节风量的大小，以达到调节冷热量的目的。风机盘管机外余压较小，通常不接风管或只接较短的风管。若需要接较长的风管，则需要采用高静压风机盘管，高静压风机盘管机外余压约为 30～50Pa。

风机盘管占用空间小，便于安装和布置，控制灵活，常与新风机组配套使用。风机盘管加新风系统广泛使用于宾馆、医院、办公楼等公共建筑中。

风机盘管的形式有卧式暗装、卧式明装、立式暗装、立式明装、卡式和立柜式等，其中以卧式暗装风机盘管使用得最多，下面以卧式暗装风机盘管安装为例，介绍风机盘管的安装工艺。

3.56.2　卧式风机盘管在顶棚内的安装工艺流程

卧式风机盘管在顶棚内的安装工艺流程，如图 3.56-1 所示。

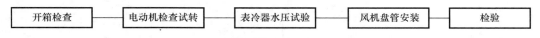

图 3.56-1　卧式风机盘管在顶棚内的安装工艺流程

1. 检查与试验要求

开箱检查：认真核对风机盘管安装方式、型号和规格，核对装箱单、设备说明书、产品质量合格证书与产品性能检测报告等随机文件，进口设备还应具有商检合格的证明文件。检查风机盘管电动机壳体及表面热交换器有无损伤、锈蚀等缺陷。风机盘管的结构形式、安装形式、出口方向、进水位置应符合设计安装要求。风机盘管应逐台进行通电试验检查。机械部分不得摩擦，电气部分不得漏电。风机盘管应按总台数的 10% 进行水压试验，试验强度应为工作压力的 1.5 倍，定压后观察 2~3min 不渗不漏。

2. 卧式暗装风机盘管的安装操作

卧式暗装风机盘管通常安装在空调房间的吊顶内，吊顶应留有活动检查口，以便于机组能整体拆卸和维修。风机盘管由独立的支、吊架固定，并应便于拆卸和维修。风机盘管的吊架是使用普通吊架还是减振吊架均由设计决定。

风机盘管与送风口、回风口或风管连接时为柔性软管连接，常用的是防水帆布软管或铝箔软管，软管长度 150~250mm。带回风箱风机盘管风管接管如图 3.56-2 所示，不带回风箱风机盘管风管接管如图 3.56-3 所示。

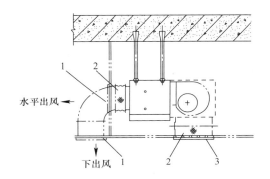

图 3.56-2 带回风箱风机盘管风管接管示意图
1—送风口；2—软管接头；3—回风口

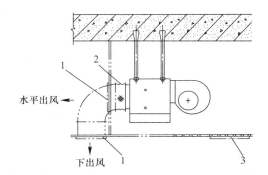

图 3.56-3 不带回风箱风机盘管风管接管示意图
1—送风口；2—软管接头；3—回风口

风机盘管是否带有回风箱，回风口是否设置过滤器装置均由设计决定。当设计风机盘管不带回风箱时，回风口直接安装在吊顶上，吊顶空间成为一个回风腔；当设计风机盘管带回风箱时，安装在吊顶上的回风口通过柔性软管连接风管再与回风箱相连接。风机盘管供回水支管接管方式为低进（供水）高出（回水），左接管或右接管以人面对出风口为准，在人的左侧称为左接管，在人的右侧称为右接管。

3.56.3 风机盘管安装质量验收标准

1. 一般项目

风机盘管机组的安装应符合下列规定：

（1）风机盘管安装前宜进行单机三速试运转及总数 10% 进行水压检漏试验。试验压力为系统工作压力的 1.5 倍，试验观察时间 2min，不渗漏为合格。

（2）风机盘管应设独立支、吊架，安装的位置、高度及坡度应正确、固定牢固。

（3）风机盘管与风管、回风箱或软接管、风口的连接，应严密、可靠。

2. 检查数量：按总数抽查 10% 且不得少于 1 台。

3. 检查方法：观察检查及查阅检查试验记录。

3.57　各种空调设备与水管的碰头技术要点

3.57.1　空调水系统基本概念

1. 冷冻水系统

由冷水机组的蒸发器、冷冻水泵、膨胀水箱和冷冻水管路等构成，其作用是将冷源或热源提供的冷水或热水输送至空气处理设备。通常情况下，夏季供冷时冷水机组出水温度7℃，经换热后，回水温度12℃。冬季供热时，热源设备提供 55～60℃热水。

2. 冷却水系统

当冷水机组或独立式空调机组采用水冷式冷凝器时，应设置冷却水系统。冷却水系统由冷水机组冷凝器、冷却水泵、冷却塔和冷却水管路等构成，其作用是将冷水机组冷凝器产生冷凝热通过冷却塔排到大气中。通常情况下，冷却水供水温度32℃，回水温度37℃。

3. 冷凝水系统

是指排放空气处理设备表冷器因结露形成冷凝水的管路系统。冷凝水管道宜采用聚氯乙烯塑料管或镀锌钢管，不宜采用焊接钢管。

4. 闭式系统和开式系统

闭式管路系统不与大气相接触。闭式管路系统水泵能耗低，管路与设备受腐蚀的可能性小，系统简单，但由于系统的补水需要和为满足由于温度变化时体积膨胀的需要，闭式系统需要设置膨胀水箱。

由于开式系统的管路与大气相通，所以循环水中含氧量高，容易腐蚀管路和设备，水质容易被空气中的污染物如灰尘、杂物、细菌等所污染，而且蒸发量大。与闭式系统相比，开式系统的水泵压头比较高，不仅要克服管路的沿程和局部阻力损失，还需要增加克服静水压力的额外能量。水泵能耗大。

在空调系统中，当采用风机盘管、诱导器等表面冷却器冷却空气时，冷冻水系统一般为封闭系统；当采用喷水室冷却空气时，冷冻水系统属于开式系统。而空调冷却水系统、冷凝水系统一般为开式系统。只有当开式冷却水系统不能满足制冷设备的冷却要求时，才选用闭式冷却塔的冷却水系统。

3.57.2　空调水系统形式

1. 同程式和异程式系统

同程式系统如图 3.57-1 所示，异程式系统如图 3.57-2 所示。

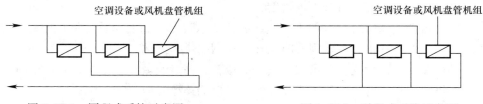

图 3.57-1　同程式系统示意图　　　　图 3.57-2　异程式系统示意图

同程式系统：各并联环路管长相等，阻力大致相同，系统的水力稳定性好，流量分配均衡，可减少初次调整的困难，但初投资相对较大。

异程式系统：各并联环路管长不相等，存在着各并联环路间阻力不平衡现象，流量分配不均衡，增加了初次调整的困难。异程式系统的管路配置简单，管材省，可减少初投资。

在空调水系统中，风机盘管系统多采用同程式冷（热）水系统。对于高层建筑，特别是超高层建筑，还可以采用同程式系统和异程式系统相结合的方式，即竖向总管因管径通常较大，阻力损失相对较小宜采用异程式，而每层水平供、回水干管采用同程式。也有采用竖向总管同程式，每层水平供、回水干管采用异程式的设计或施工方式。对于小型系统，则可以采用异程式，通过管路中设置的流量调节阀，调节各并联环路的阻力损失，使流量分配达到设计的要求。或者在各并联支管上安装流量调节装置，增大并联支管的阻力，异程式回水方式也是可以达到令人满意的效果。

2. 定水量和变水量系统

定水量系统中的循环水量是保持定值，或夏季和冬季分别保持两个不同的定值，该系统通过改变供、回水温差来适应房间负荷的变化。定水量系统简单，投资少，不需要复杂的自控设备，但不能调节水泵水量，不利于节能。

在定水量系统中，负荷侧大部分采用三通调节阀，如图 3.57-3 所示。三通调节阀采用双位控制，即当室温没有达到设计值时，室温控制器使三通阀的直通阀座打开，旁通阀座关断，这时系统供水全部流经末端风机盘管或空调设备；当室温达到或超出设计值时，室温控制器使直通阀关闭，旁通阀座开启，这时系统供水全部经旁通管流入回水管系。

变水量系统则是保持供、回水温度不变，通过改变供水流量来适应房间负荷的变化。变水量系统输送能耗随负荷减少而降低，可以有效降低水泵的能耗，但系统复杂，初投资较高。

在变水量系统中，负荷侧通常采用电动两通阀进行调节，如图 3.57-4 所示。常用的电动两通阀也是双位控制的，即当室温没有达到设计要求值时，两通阀开启，系统供水按设计值全部流经风机盘管；当室温达到或超出设计值时，由室温控制器作用使两通阀关闭，这时系统停止向风机盘管供水。由于变水量系统的管路内流量是随负荷变化而变化的，因此系统中水泵的总流量也随之改变。

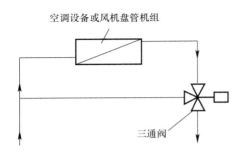

图 3.57-3　定水量负荷侧的三通阀调节示意图

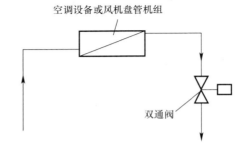

图 3.57-4　变水量负荷侧的两通阀调节示意图

3. 单式水泵系统和复式水泵系统

单式水泵系统：冷源或热源侧与负荷侧共用一组冷水或热水循环泵的管路系统，如图 3.57-5 所示。单式水泵系统具有系统简单，初投资低的特点。但由于通过冷水机组的水流量低于设定值时，冷水机组的水流开关电控装置自动跳断，使冷水机组受到停机保护（因冷水机组不允许在水流量低于设定值时开启和运行）。冷水机组允许水流量变化范围有限，加上变水量系统不利于能耗节省的原因，所以不适合单式水泵系统。另外，单式水泵系统也不能适用供应分区压降悬殊的情况。

复式水泵系统：冷源或热源侧和负荷侧分别配备水泵的管路系统，并在冷源或热源侧和负荷侧之间的供、回水总管上设有旁通管路和旁通阀，称为复式水泵系统，如图 3.57-6 所示。

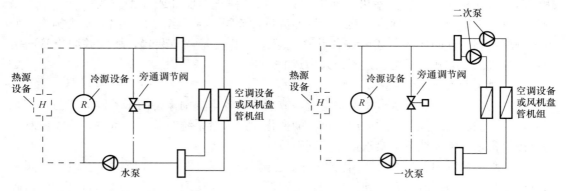

图 3.57-5　单式水泵系统示意图　　　　图 3.57-6　复式水泵系统示意图

冷源或热源与旁通管形成循环回路中的水泵称为一次泵，设置在负荷侧的水泵称为二次泵。通常情况下，一次泵为定量泵并不节能，二次水泵可通过变频或其他方法改变转速而变流量运行，能节省输送能耗，能适用供水分区不同压降，但系统较复杂，初投资稍高。

中小型系统宜采用一次水泵系统。当系统阻力较大且各环路特性或阻力相差悬殊时，宜在空调水系统冷源或热源侧和负荷侧分别设置循环泵，即采用复式水泵系统。

4. 双管制、三管制和四管制系统

双管制系统：是指夏季供冷水和冬季供热水合用同一管路系统。双管制系统管路简单、初投资低，但无法同时满足即供冷又供热的要求，只能按季节进行供冷和供热的转换。一般建筑物宜采用双管制系统。

三管制系统：是指分别设置供冷水、供热水管路和换热器，但冷、热回水管路合用的管路系统。三管制系统能够满足同时供冷、供热的要求，但管路系统较两管制系统复杂、投资高，存在冷热混合损失。三管制系统一般很少采用。

四管制系统：是设置有两根供水管、两根回水管和冷、热两组盘管，构成供冷和供热彼此独立的两套水系统，能够同时满足供冷和供热的要求。四管制系统能够满足不同房间的空调要求，没有冷热混合损失，但初投资高，系统管路较为复杂。舒适性要求很高的建筑物可采用四管制系统。

3.57.3　空调水系统安装

空调水系统管道安装包括空调水干管、立管、支管安装。空调水干管、立管安装前面讲过不再重复。

空调设备的配管安装应在空调设备安装就位之后进行。

1. 空调机组的配管

空调机组的表冷器可并联使用，也可以串联使用。若表冷器或加热器对空气气流方向是并联的，则冷热水管也应并联连接；反之，应为串联连接。空调机组与冷冻水供、回水的连接应按产品技术说明进行，无说明时，应保证空气与水流的逆向换热，冷冻水水管一般应采用下进上出的方式。空调机组表冷段供、回水管常用连接方式如图 3.57-7 所示。

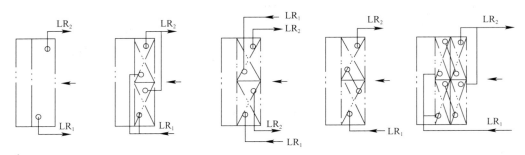

图 3.57-7　空调机组表冷段供、回水管连接方式

空调机组表冷段的冷冻水配管方式有多种，施工时需要根据设计要求进行配管和管路上各类阀门的选配。空调机组表冷段常用配管方式如图 3.57-8 所示。

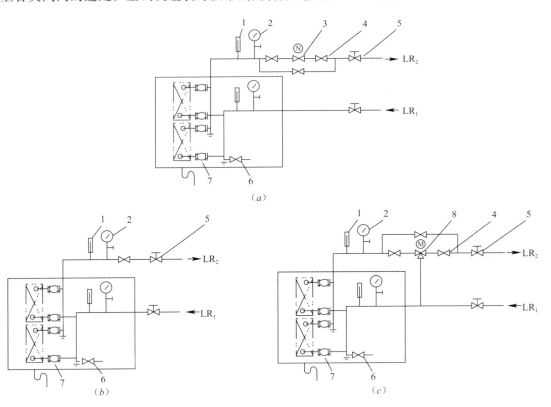

图 3.57-8　空调机组冷冻水配管示意图

（a）配管方式一；（b）配管方式二；（c）配管方式三

1—温度计；2—压力表；3—电动比例积分两通阀；4—蝶阀或截止阀；5—平衡阀；

6—泄水阀；7—橡胶避震喉；8—合流式电动比例三通阀

为了有利于提高表冷器与空气的热冷交换效果，冷冻水的进水管应在表冷器的下侧接入，回水管在表冷器的上侧接出。在空调机组冷冻水进出水管路上设置便于调节、检修和启闭使用的阀门，常用阀门有平衡阀、电动两通比例积分阀、电动三通阀、蝶阀等。电动三通调节阀有合流式和分流式三通阀之分，合流式三通阀安装在冷冻水回水上，分流式三通阀安装在冷冻水供水管上，图 3.57-8（c）所示只表示了合流式三通调节阀的接管方式，采用分流式三通调节阀的接管方式也有，但很少采用。

表冷段冷凝水管的水平段应有 1‰的坡度，坡向应与预定的水流排放方向一致。表冷器冷凝水管接管应设置冷凝水排放水封。水封高度为：当表冷器处于负压时，$A=B>(P/10)+20mm$（P 为此处风压值，Pa）；当水封高度位置足够时，A、B 可近似取风机全压值；当表冷器处于正压时，$A>(P/10)+20mm$，$B \geqslant 30mm$。

空调机组冷凝水管接管如图 3.57-9 所示。空调机组蒸汽加热器的配置如图 3.57-10 所示。

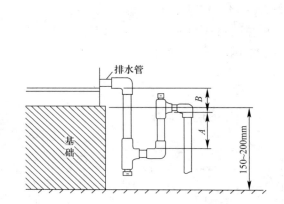

图 3.57-9　空调机组冷凝水管接管示意图

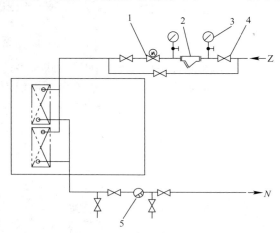

图 3.57-10　空调机组蒸汽加热器的配置示意图
1—电动两通比例积分阀；2—过滤器；3—压力表；
4—阀门；5—疏水阀

2. 空调机组高压喷雾加湿的配管

如图 3.57-11 所示。

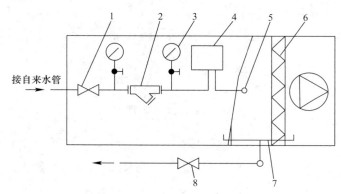

图 3.57-11　空调机组高压喷雾加湿的配管示意图
1—截止阀；2—过滤器；3—压力表；4—加湿器；5—喷头；6—挡水板；7—接水盘；8—泄水阀

3. 风机盘管的配管

风机盘管的配管管路有两管制、三管制和四管制，应根据设计确定。下面以两管制为例，介绍风机盘管的配管。

风机盘管供、回水支管必须根据水流速选取管径，使风机盘管内空气能在水流速＞0.25m/s 的最低流速条件下顺利排出和能在安静水流速≤1.1m/s 控制流速前提下，使用户感到满意。风机盘管水管连接处应安装不锈钢软连接管、进水管上安装铜过滤器、出水管上安装铜电动两通阀或铜电动合流三通阀，并在供、回水支管上安装铜截止阀。上述各种阀件应选用 1.6MPa 压力值。冷凝水管与风机盘管冷凝水盘出水口之间应采用透明耐压带加强筋树脂软管用温水协助套入水管外壁，然后采用锁紧卡箍锁紧软管两端连接处，并要求此软管在任何情况下不产生死弯和瘪管现象，以保证顺利排除冷凝水。冷凝水管安装后应有 1‰ 的坡度，坡向正确，绝对不允许出现倒坡现象。风机盘管通水应在供、回水干管、支管冲洗达到合格标准后再进行，且在风机盘管通水时打开风机盘管设备上部配备的排放空气阀，排净风机盘管内部存储的空气，以确保风机盘管处于优良的效率下正常运行。

风机盘管表冷器常见配管如图 3.57-12 所示。

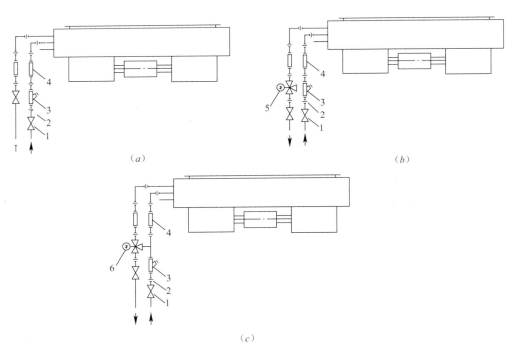

图 3.57-12　风机盘管表冷器常见配管示意图
(a) 配管方式一；(b) 配管方式二；(c) 配管方式三
1—铜截止阀；2—镀锌内接头；3—铜过滤器；4—不锈钢软接管；
5—铜电动两通阀；6—合流式铜电动三通阀

4. 水泵的配管

常见的水泵配管如图 3.57-13 所示。

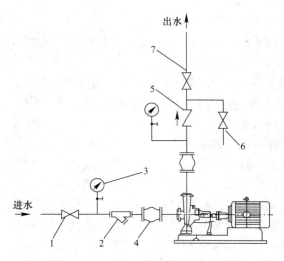

图 3.57-13　常见的水泵配管示意图

1—蝶阀或截止阀；2—水过滤器；3—压力表；
4—橡胶避震喉；5—止回阀；6—泄水阀；
7—蝶阀或截止阀

水泵应按照施工图纸要求进行安装。一般情况下，每台水泵吸入管、压出管与泵体连接处，应设置可曲挠橡胶软接头和水泵底座安装减振器，减少水泵噪音的传递。水泵入口阀门应是常开的，在调试和运行时多采用水泵出口阀门进行调节流量或压力，所以，最好选用高质量阀门，以便经常启闭和调节使用，以确保其阀门使用寿命。并联安装水泵供水管上的止回阀应选择经久耐用不易损坏的止回阀，以防止回阀不严密时在另一台停止工作的并联水泵管路中形成水流短路循环现象，影响系统运行效果。压力表应安装在长度为 150～200mm 的短管上，压力表的表盘不允许向表盘背面方向倾斜安装，当表针发生颤抖时，证明表内进入空气严重，必须关闭表阀门，卸掉压力表重新安装。

水泵吸入管应有 ≥5‰ 的坡度呈上升状态进入水泵吸入口，以防止吸入管内积存空气。水泵压出支管与主干管挖眼连接时，应焊接安装顺水流方向 45°倾斜角的支管。机房内主干管端部应安装清除水垢时需要拆卸的与管径相同的盲板，禁止焊接死堵板的错误施工方法。靠近水泵吸入口处应有 3 倍以上管直径的直管段，防止直接焊接弯头，造成吸入直管段过短，使水泵进口处水流速不均匀而影响水泵出水流量。水泵及水泵软接管应处于自由状态，不应承受任何管道或阀门等施加而来的重量，所以水泵前、后管道系统及阀件应设置独立的支、吊架。水泵吸入口管道变径时应上水平面标高一致；水泵压出口管道变径水平安装时应上水平面标高一致，垂直管道变径安装时应采用同心变径。管井内立管焊接时可采用同心变径，也可采用偏心变径。为防止突然停电造成水锤，机房内所用止回阀可采用缓闭式止回阀，以减轻水锤影响。管道施工冲洗后和试运转后应多次清理水系统中所有的过滤器。

5. 冷水机组的配管

施工时应根据设计要求进行配管和管路上各类阀门的选配。冷水机组常见配管方式如图 3.57-14 所示。一般情况下，每台冷水机组的冷冻水、冷却水供回水与机组连接处，应设置可曲挠橡胶软接头或机组底座的减振装置，以降低和减弱机组的振动和噪音传递。在冷冻水、冷却水供回水管路上应设置便于调节、检修和启闭使用的阀门和检测用的压力表和温度计或温度、压力传感器。为了防止管路内杂质阻塞冷水机组的蒸发器和冷凝器，在冷冻水和冷却水进入冷水机组的管路上可设置水过滤器。

6. 冷却塔的配管

(1) 采用多塔并联（干管制）系统时，配管方式有冷却塔合流进水和冷却塔分流进水两种方式。

合流进水使用较多，它的优点是配管简单，占用空间小。缺点是各台冷却塔流量分配不易均匀，并应在每台冷却塔进水管上设电动阀门控制，此电动阀宜与对应的冷却水泵联

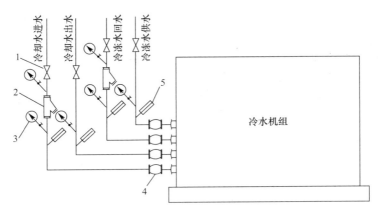

图 3.57-14   冷水机组常见配管方式示意图

1—蝶阀或截止阀；2—水过滤器；3—压力表；4—橡胶避震喉；5—温度计

锁，同时要求冷却水泵出口也必须安装电动阀并与对应的冷却水泵和冷水机组联锁。分流进水仅在冷却塔与冷水机组位置相对较近，具有一定布置空间时采用。冷却塔合流进水如图 3.57-15 所示；冷却塔分流进水如图 3.57-16 所示。

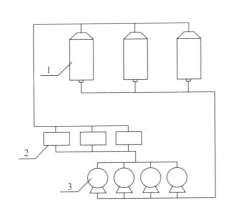

图 3.57-15   冷却塔合流进水配管示意图

1—冷却塔；2—冷水机组；3—循环水泵

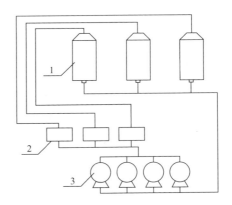

图 3.57-16   冷却塔分流进水配管示意图

1—冷却塔；2—冷水机组；3—循环水泵

（2）循环冷却水管道设计应注意以下几点：

① 集水盘或集水池吸水口处应采取防止空气被吸入措施。

② 回水管道不应返上返下，宜低流速、靠重力流返回冷却水泵。

③ 管道系统的高点宜设置排气阀，低点宜设置泄水阀。

④ 当冷却塔需要在冬季运行时，冷却塔进水和回水干管上应设置旁通管及控制阀，以保证进入冷水机组的冷却水水温不至于过低（有些冷水机组，其内部设有冷却水水温保护装置，当冷却水温度太低时，冷水机组将自动停机）。

（3）每台冷却塔进、出水管上宜设置温度计、放空气管的控制阀门等。

（4）沿屋面明设的循环水管道宜采取隔热和防冻（保温）措施。

（5）冷却塔的进水管上应设置管道过滤器，根据工程情况亦可设置在出水管上。

（6）干管制（冷却循环水泵并联后由一根总干管去多台冷却塔的供水方式）冷却塔不宜超过三台，当需多台冷却塔并联时，应避免一台冷却循环水泵工作时电动机过载的可能，并应采取措施，保证各冷却塔集水盘水位平衡（采取安装平衡管措施，平衡管直径应与多台冷却塔供水总管直径相同）。

（7）冷却循环水泵吸入口管道连接冷却塔出水管道形式称为后置水泵式；冷却塔出水管道先连接冷水机组再连接冷却循环水泵吸入口管道形式称为前置水泵式。前置水泵式进入冷水机组的进水压力不稳定，后置水泵式进入冷水机组的进水压力比较稳定（但冷却塔必须设置在屋面上，集水盘水位高度必须相同），而前置水泵式的冷却塔可设置在屋面上，也可以设置在地面上（但要求冷却循环水泵进水必须保证为灌入式吸水状态）。由于冷却塔可以设置在屋面上，也可以设置在地面上的原因，所以前置水泵式使用较多。对于占地面积紧张的民用建筑或商业建筑应选用后置水泵式形式；而对于工厂等占地面积宽松的情况下可采用前置水泵式形式。

（8）敞开式冷却塔的选型：通常采用机械通风湿式冷却塔。敞开式冷却塔的类型分为逆流式和横流式两类。按照外形分类，横流式冷却塔为方形，而逆流式冷却塔又有圆形和方形之分。机械通风湿式冷却塔工作原理如图 3.57-17 所示。

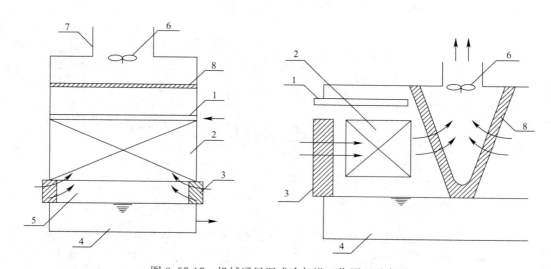

图 3.57-17　机械通风湿式冷却塔工作原理示意图

1—配水系统；2—淋水填料；3—百叶窗；4—集水池；5—空气分配区；6—风机；7—风筒；8—收水器

7. 模块机组的配管

模块机组的常见配管如图 3.57-18 所示。

模块机组的配管，一般情况下将模块机组安装在裙楼屋顶上，水泵安装在屋顶彩板房内。

8. 多联机的常见配管方式

如图 3.57-19 所示。

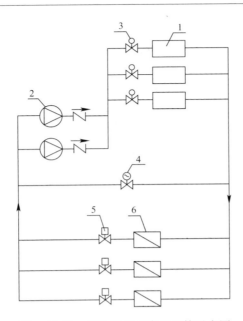

图 3.57-18 模块机组的常见配管示意图

1—模块机组；2—循环水泵；3—电动隔断阀；4—电动旁通阀；5—电动两通阀；6—风机盘管

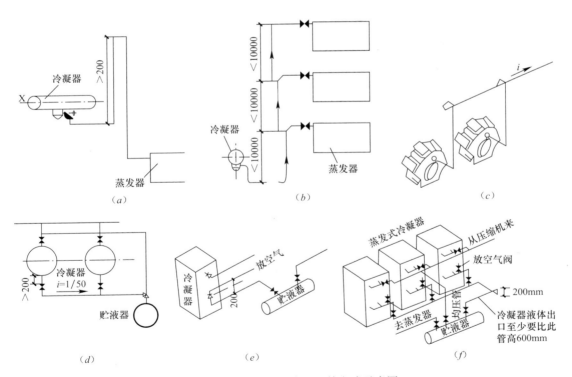

图 3.57-19 多联机的常见配管方式示意图

（a）蒸发器在冷凝器或贮液器下面时的管道连接示意图；（b）蒸发器在冷凝器或贮液器上端时的管道连接示意图；
（c）多台制冷压缩机的排气管连接方式；（d）卧式冷凝器与贮液器连接方式；（e）单台蒸发式冷凝器与贮液器
的连接方式；（f）多台蒸发式冷凝器与贮液器的连接方式

3.58　管道阀门、附件的绝热施工技术要点

在暖通空调工程中，由于阀门、弯管、三通、四通、法兰、支架、吊架等处的外形不规则，若设计需要对其进行绝热处理时，其绝热结构需要进行特殊的处理。为了便于更换检修，绝热层端部割抹成 60°～70°的斜坡，法兰两侧应留出 70～80mm 的间隙。

3.58.1　管道阀门、附件的绝热施工

如图 3.58-1～图 3.58-10 所示。

1. 阀门的绝热。阀门是需要经常开、关和拆卸检修的部位，其绝热结构需要考虑这些影响因素。针对阀门的常见绝热结构主要有图 3.58-1、图 3.58-2、图 3.58-3 所示的三种做法。阀门的预制管壳绝热结构是采用预制管壳将阀门包住，管壳内部空隙填充散状绝热材料（如岩棉、玻璃棉、矿渣棉等）。阀门的镀锌钢板外壳绝热结构是采用镀锌钢板制成外壳，壳内填充散状绝热材料，而后将阀门扣装在散状绝热材料之中。阀门的棉毡绑扎绝热结构是采用绝热棉毡将阀门包裹起来，主要适用于小管径阀门。施工时应注意在法兰阀门的法兰两侧或丝扣阀门两侧留出检修时拆卸用的足够空隙，空隙尺寸为螺栓长度加 25mm。

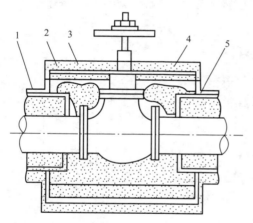

图 3.58-1　阀门的预制管壳绝热结构

1—管道绝热层；2—绑扎钢带；3—填充散状绝热材料；
4—保护层；5—镀锌钢丝

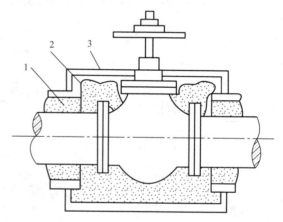

图 3.58-2　阀门的镀锌钢板外壳绝热结构

1—管道绝热层；2—填充散状绝热材料；
3—镀锌薄钢板保护壳

2. 法兰的绝热。法兰也是需要经常拆卸和检修的部位，其绝热结构需要在法兰两侧留出拆卸螺栓用的足够空隙，空隙尺寸为螺栓长度加 25mm。法兰的常见绝热结构与阀门绝热结构类似。法兰的预制管壳绝热结构是采用预制管壳将法兰包住，管壳内部空隙填充散状绝热材料（如岩棉、玻璃棉、矿渣棉等），其绝热结构如图 3.58-4 所示。除此之外，还有镀锌薄钢板保护外壳、绑扎法和缠包法绝热结构。法兰的缠绕式绝热是采用石棉绳等局部缠绕在法兰上，或在此基础上再用石棉泥填塞空隙。法兰的包扎式绝热是采用绝热棉毡将法兰包裹起来。镀锌薄钢板外保护壳绝热结构是采用镀锌钢板制成外保护壳，壳内填充散状绝热材料，而后将法兰扣装在散状绝热材料之中。

3. 三通和四通的绝热。应注意的问题是其各方向上的伸缩量各不相同，需确保其绝

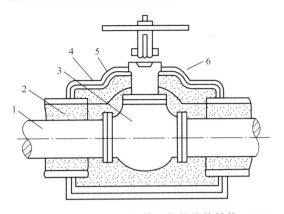

图 3.58-3 阀门的棉毡绑扎绝热结构

1—管道；2—管道绝热层；3—阀门；4—绝热棉毡；

5—镀锌钢丝网；6—保护层

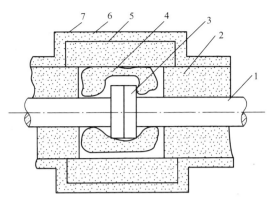

图 3.58-4 法兰的预制管壳绝热结构

1—管道；2—管道绝热层；3—法兰；4—法兰绝热层；

5—散状绝热材料；6—镀锌钢丝；7—保护层

热结构的可靠性。常见的三通绝热结构如图 3.58-5 所示，三通的绝热管壳结构形状如图 3.58-6 所示。四通的绝热结构与三通的绝热结构类似。

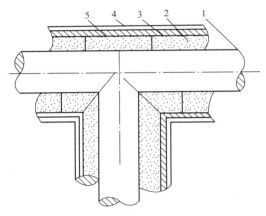

图 3.58-5 三通的绝热结构

1—管道；2—绝热层；3—镀锌钢丝；

4—镀锌钢丝网；5—保护层

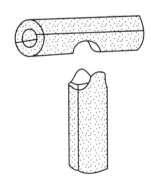

图 3.58-6 三通的绝热管壳结构

形状示意图

4. 弯管的绝热。应注意的问题是弯管的膨胀系数与绝热材料不同，需确保其绝热结构的可靠性。常见的弯管绝热结构如图 3.58-7 所示。当弯管外径较大时，可将预制管壳加工成一段一段的，而后再拼装起来。

5. 方形补偿器的绝热。绝热结构如图 3.58-8 所示，其转弯处需要留出膨胀缝隙。

6. 支架、吊架的绝热。吊架处的绝热结构如图 3.58-9 所示，支架处的绝热结构如图 3.58-10 所示。

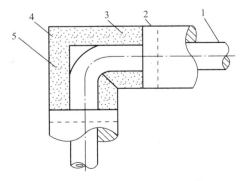

图 3.58-7 常见的弯管绝热结构

1—管道；2—镀锌钢丝；3—预制管壳；

4—镀锌薄钢板外壳；5—填充散状绝热材料

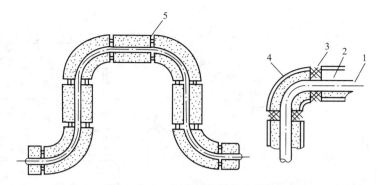

图 3.58-8　方形补偿器绝热结构

1—管道；2—绝热层；3—填充散状绝热材料；4—保护壳；5—膨胀缝隙

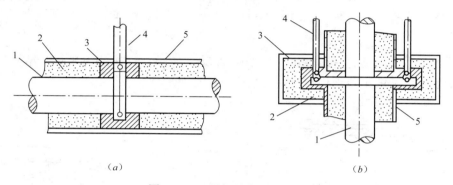

（a）　　　　　　　　　　　　　　（b）

图 3.58-9　吊架处的绝热结构

（a）水平吊架；（b）垂直吊架

1—管道；2—绝热层；3—吊架处填充散状绝热材料；4—吊架；5—保护层

3.58.2　设备的绝热施工

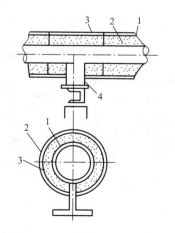

图 3.58-10　支架处的绝热结构

1—管道；2—绝热层；
3—保护层；4—支架

热力设备（如热交换器、凝结水箱）、制冷设备（制冷机组外表面）等，为了减少能量损失和防结露需要，往往也需要对其采用绝热措施。由于设备存在着外表面积较大、形状有时也不规则的特点，基本绝热结构有其特殊处理方式。为使绝热材料能够很好地附着在表面积较大的设备上，施工中应采取在设备表面上焊接铁钉钩的方法且在绝热层外设置镀锌钢丝网，并使镀锌钢丝网与铁钉钩牢固绑扎。设备的基本绝热结构如图3.58-11所示。

设备绝热的具体结构有包扎式、湿抹式、预制式、和填充式等。

包扎式——适用于半硬质板、毡等绝热材料，施工时必须将绝热材料在设备外表面上搭接紧密。

湿抹式——设备的湿抹式绝热与管道的涂抹式绝热基本相同，适用于石棉硅藻土等不定型绝热材料，只是涂抹完后外罩一层镀锌钢丝网并与钉钩牢固绑扎。包扎式、湿抹式的钉钩间距以 250～300mm 为宜。

预制式——是将制成各种预制块的绝热材料错缝拼接，再采用胶泥等绝热材料把预制块与设备外表面之间空隙填实，最后进行镀锌钢丝网外包裹并与铁钉钩牢固绑扎。

填充式——多用于松散绝热材料，绝热施工时先在设备外表面上焊制铁钉钩，使外设镀锌钢丝网与设备外表面的间距（即钉钩的有效长度）等于预计的绝热层厚度，再将镀锌钢丝网内侧衬附一层牛皮纸，然后牢固绑扎在钉钩上，便可以将松散绝热材料填入牛皮纸与设备外表面之间的空隙中。以下着重介绍几种典型的设备绝热结构特点。

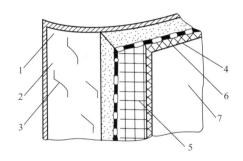

图 3.58-11　设备绝热结构
1—设备外壁；2—防锈漆涂层；3—钉钩；4—绝热层；
5—镀锌钢丝网；6—保护层；7—防腐层

1. 通风机外表面的绝热

其绝热方法与风管外表面绝热方法基本相同。风机外表面的绝热材料可选用玻璃棉板、矿渣棉板、岩棉板、硅酸盐板等不燃绝热材料在风机外表面上先粘钉后固定，但通风机的铭牌部位不进行绝热，必须明露，以便于通风机设备试运转或运行中查阅其技术参数。注意：通风机绝热施工时，为防止绝热材料被绞进通风机旋转轴和风机壳体内，应在绝热前在通风机轴的周围设置固定在通风机外壳上的角钢围挡，防止通风机轴被绝热材料包住而影响通风机的正常运转。

2. 冷水箱和水箱式蒸发器的绝热

冷水箱和水箱式蒸发器的绝热必须在试水确保无渗漏的前提下才能进行绝热施工。由于冷水箱和水箱式蒸发器的体积较大，一般采用木龙骨内粘接玻璃棉板、聚苯乙烯泡沫板、水玻璃膨胀珍珠岩板等绝热材料的结构形式，外保护壳可采用三合板、纤维板、石棉水泥及镀锌钢板等材料。当水箱放在楼层或底层时，在水箱底部支架或木龙骨空档内应填塞相同材质的绝热板材，其绝热材料厚度与水箱侧壁绝热材料厚度相同。当水箱放在底层时，底部也可以采用加气混凝土兼作绝热层，其加气混凝土厚度不小于 300mm。

3. 冷水机组的冷凝器和蒸发器绝热

冷水机组的冷凝器和蒸发器为壳管筒体。其绝热结构一般是将特制的 30mm 厚度海绵橡胶板裁成一定的形状，在其中一面涂抹上粘接剂，清除冷凝器或蒸发器表面灰尘和污物后，直接粘贴在筒体上，并在绝热层外表面制作安装镀锌薄钢板作为保护层。采用橡塑板进行绝热（保冷）施工的工艺简单、外形美观，绝热效果非常好。但应注意，采用橡塑板进行绝热施工时，被保温壁面的最高温度应控制在 65℃ 以下。被保温壁面的最高温度≥65℃时，橡塑板会产生裂缝、僵硬、鼓包、鼓破面层、自动脱落等破损现象。因此，对于被保温壁面的最高温度≥65℃的热水采暖管道、蒸汽管道禁止使用橡塑板材或橡塑管材。

4. 采暖管道、蒸汽管道保温

目前，硅酸盐保温管壳，硅酸盐保温板材在热水采暖管道、蒸汽管道保温工程中应用非常广泛，它的主要材质是石棉，优点是能真正达到不燃烧标准，保温效果好，耐温800℃以上，且价格在中档水平。硅酸盐保温管壳，硅酸盐保温板材的缺点是表面耐磨性差，顶棚内安装可不设置保护层，低处安装时应设置保护层。硅酸盐保温板材更适用于排烟风管的防火保温包裹（防火墙两侧 2000mm 以内的保温）。特殊加工制作的 10～12mm 厚硅酸盐保温板材用于排烟风管的防火保温包裹时，不能采用粘贴保温钉施工模式，而是在排烟风管外表面均匀涂刷耐高温 1200℃的氯丁胶，10 秒钟之后将硅酸盐保温板材粘贴在排烟风管外表面即可。特殊加工制作的 10～12mm 厚硅酸盐保温板材也可用于厨房排油烟风管的保温施工，施工方法与排烟风管的防火保温包裹要求相同。

3.58.3　防潮层的施工

对于输送冷介质的绝热管道，室外露天敷设或地沟内的绝热管道，均应在绝热结构中增设防潮层，其施工应在干燥的绝热层上进行。在管道的金属管件处及连接支管处的防潮层施工时距离其 150mm 内不应有绝热材料端部接缝，纵向接缝必须密封。防冷桥垫木处或防冷桥难燃塑托处必须密封，防止空气进入后产生冷凝水，破坏绝热层。根据所用材料不同，通常有以下两种防潮层的施工方法。

1. 以沥青为主体的防潮层施工

以沥青为主体的防潮层又有两种结构和相应的施工方法：

（1）采用沥青或沥青玛碲脂粘沥青油毡。由于沥青油毡过分折卷时容易断裂，所以，这种方法适用于大直径管道及平面的防潮。施工时，先将油毡裁剪成单块状，宽度为绝热层外圆周长加上搭接宽度 30～50mm，再用单块包裹方法施工，即在绝热层上涂刷一层 1.5～2.0mm 厚的沥青或沥青玛碲脂，然后将沥青油毡自下而上地包裹在绝热层上面。其环向搭接缝口要朝向低端，纵向搭接缝要设在管道外侧且搭接口向下，接缝用沥青或沥青玛碲脂封口。外面需要用镀锌钢丝绑扎，间距为 250～300mm，镀锌钢丝接头要接平，不要刺破防潮层。最后在包裹好的油毡上刷一层沥青或沥青玛碲脂，厚度在 2～3mm。当绝热层表面不易涂刷沥青或沥青玛碲脂时，可先在其上面缠绕一层玻璃丝布后，再涂刷沥青或沥青玛碲脂。

（2）以玻璃丝布为胎料，两面涂刷沥青或沥青玛碲脂。由于玻璃丝布能用于任意形状的粘贴，所以应用范围更广泛。施工时，先把玻璃丝布裁剪成适当宽度，在绝热层上涂刷一层 1.5～2.0mm 厚的沥青或沥青玛碲脂后，再用螺旋缠绕法将其包在管道绝热层表面上。缠绕玻璃丝布时，搭接宽度为 10～20mm，应边缠、边拉紧、边整平，缠至布头时要用镀锌钢丝绑扎牢固，最后在缠好的玻璃丝布上面涂刷一层 2～3mm 厚的沥青或沥青玛碲脂。

2. 聚乙烯薄膜防潮层的施工

聚乙烯薄膜防潮层施工方法比较方便，就是直接将聚乙烯薄膜用粘接剂粘贴在绝热层表面。

防潮层施工时，注意事项为：

（1）将防潮层粘贴在绝热层上，应紧密封闭，其间不允许气泡、折皱、裂缝、虚粘等缺陷存在。

（2）防潮层应从低端向高端敷设，纵向接缝要在管道的正侧，而环向搭接缝口要朝向低端。

3.58.4　保护层的施工

绝热结构中的保护层，具有保护绝热层和防潮层及防水的双重作用。根据保护层的材料不同，其施工方法也不同，应根据具体工作情况和需要选择，常见的有如下四类施工方法。

1. 包扎式复合保护层施工

一般在室外露天敷设的绝热或防潮层表面，用沥青油毡和玻璃丝布共同构成保护层。包扎式复合保护层施工步骤如下：

（1）包裹油毡。施工方法同防潮层的施工（略）。

（2）捆扎。施工方法同防潮层的施工（略）。

（3）缠绕玻璃丝布。缠绕玻璃丝布时用力要均匀，施工方法同防潮层的施工（略）。立管缠绕玻璃丝布时，还要每隔 3～5m 处用镀锌钢丝进行牢固绑扎。

（4）涂漆。根据使用需要，在玻璃丝布外表面涂刷耐气候变化、可区分管内流动介质的不同颜色涂料。

2. 缠绕式施工

单独采用缠绕玻璃丝布的方式作为保护层，多用于室外不易受到碰撞的管道。施工方法是用平纹或斜纹玻璃丝布裁成幅宽 120～150mm 的长条布卷，螺旋状缠绕在防潮层外表面，螺旋缠绕时搭接宽度为玻璃丝布宽度的 50%，一定要缠紧，并要求搭接宽度均匀，外表面光滑美观，最后再在保护层外表面涂刷两遍调和漆，其调和漆的颜色按照设计要求或整个工程统一规定执行。当管道未做防潮层而又处在潮湿环境中时，为避免绝热材料吸水受潮，可先在绝热层上涂刷一道沥青或沥青玛碲脂后，再缠绕玻璃丝布。

3. 涂抹法施工

当采用石棉石膏、石棉水泥、白灰麻刀、石棉灰水泥麻刀等材料做保护层时，都可采取涂抹法施工。石棉石膏、石棉水泥保护层一般用于室外及有防火要求的非矿纤材料绝热管道。鉴于石棉水泥保护壳易产生裂纹、在保冷管道上效果不够好，所以一般采用石棉石膏保护壳。涂抹法施工方法如下：

（1）首先将选用的材料和水按照一定比例调配成胶泥。注意要求先干拌、再加水，这样拌合均匀、省力。

（2）一般分两次将胶泥直接涂抹在绝热层或防潮层上。第一次初抹，厚度为整个厚度的 1/3 左右，胶泥可干些；待凝固干燥后，再进行第二次细抹，胶泥要稍稀些；最终必须保证设计厚度，保持厚度均匀，并让表面平整光滑，不能有明显裂纹。

注意：当绝热层或防潮层外径≥200mm 时，应先在绝热层或防潮层外用 30mm×30mm～50mm×50mm 网孔的镀锌钢丝网包扎，并采用镀锌钢丝将网口绑扎牢固后，再将胶泥涂抹在镀锌钢丝网的外面。

4. 金属保护层法施工

金属薄板保护壳所用的材料主要有镀锌钢板和铝板，也有采用黑铁板制作的，但必须在内壁面和外表面上分别涂刷两遍防锈漆。由于造价高，金属保护壳仅适用于有防火、美观等特殊要求的管道。

为便于金属薄板保护壳的加工和制成后具有一定的刚度和强度，直径小于 1000mm 的冷水管道，其金属薄板厚度选用为：镀锌钢板或黑钢板应为 $\delta \geqslant 0.5mm$；铝板应为 $\delta \geqslant 0.7mm$。

金属保护层施工时，先按照管道保护层或防潮层外径加工成型后，再套在管道的绝热

205

层上。一般采用平搭接缝，其搭接缝宽度为 30～40mm。为便于排除雨水，纵向接缝要朝向视线的背侧，两段保护壳搭接位置和方向也应能防止雨水侵入，水平管道的金属薄板上半壳应搭在下半壳之上。接缝方法以自攻螺钉固定为主，也有咬口连接、拉铆钉连接及扎带等紧固方法。采取螺栓固定时，螺栓间距为 200mm，可先以手提式电钻打孔后，再穿入螺栓加以固定。打孔的钻头直径是螺栓直径的 0.8 倍且禁止用手工冲孔和其他形式打孔。对有防潮层的绝热管，不能用自攻螺钉固定，要采用镀锌钢板卡具扎紧保护层的接缝。

金属薄板保护壳的防腐处理应符合设计要求，设计中对防腐处理无明确要求时，可按照下列方法进行防腐：对于镀锌钢板，一般涂刷磷化底漆一遍；对于黑铁板内外表面均涂刷两遍铁红防锈漆；对于铝板，内外表面涂刷锌黄类防锈底漆一遍。

保护层施工的主要技术要求有：

（1）在保护层施工时，应注意不能损伤绝热层或防潮层，从而维护其性能。

（2）以油毡作保护层时，搭接处要顺水流方向且用沥青粘贴，间断处应捆扎牢固，不能有脱壳现象。

（3）用玻璃丝布、塑料布作保护层时，应松紧适当，平整无皱纹且搭接均匀。

（4）采取涂抹法施工的保护层，应配料准确，厚度均匀，表面光滑平整，无明显裂纹。

（5）用金属薄板作室外管道的保护层时，为防止渗漏，连接缝应顺水流方向。

3.58.5　在外表面进行管道类型的识别

为了不同类别管道的识别，常在其保护层表面和绝热层表面分别涂上不同颜色的油漆和色环，色环间距视具体情况而定。这样既便于识别，又起到了装饰作用，识别层的颜色应符合设计要求或工程统一规定。管道上一般还应涂上表示介质流动方向的箭头。

3.58.6　绝热施工质量验收标准

主控项目有：

1. 风管和水管道的绝热应采用不燃或难燃材料，其材质、密度、规格与厚度应符合设计要求。如采用难燃材料时应对其难燃性进行检查，合格后方可使用。

检查数量：按批随机抽查 1 件。

检查方法：观察检查、检查材料合格证，并做点燃试验。

2. 在下列场合必须使用不燃绝热材料：

（1）电加热器前后 800mm 的风管和绝热层。

（2）穿越防火墙两侧 2m 范围内的风管、水管道和绝热层。

检查数量：全数检查。

检查方法：观察、检查材料合格证与做点燃试验。

3. 输送介质温度低于周围空气露点温度的管道，当采用非闭孔性绝热材料时，隔气层（防潮层）必须完整且封闭良好。检查数量：按数量抽查 10% 且不得少于 5 段。

检查方法：观察检查。

4. 位于洁净室内的风管及管道的绝热，不应采用易产尘的材料（如玻璃纤维、短纤维矿棉等）。

  检查数量：全数检查。

  检查方法：观察检查。

3.59 噪声控制的技术要点

1. 噪声的传播途径

  如图 3.59-1 所示。选择设备前应考虑到噪声的影响，力求选择噪声较低的设备，从根源上进行噪声的控制。空调系统的噪声一般从室内柜式机组、组合空调设备机组及新风机组、吊顶机组、水泵、冷水机组、屋面上安装的排风及排烟风机、冷却水塔的冷却风机、进出风口进行传递。上述设备传递噪声方式一是通过空气流动在气体中进行直接噪声传递，另一种方式是设备通过对楼板的振动产生的噪声传递，也就是人们采取的隔声措施和隔振措施。因此，无论是通风空调设备的风管还是水管，与设备连接时都采取安装软接头的方式来减少通过管道的噪声传递，同时采取隔振垫或隔振器来防止设备通过楼板的噪声传递。

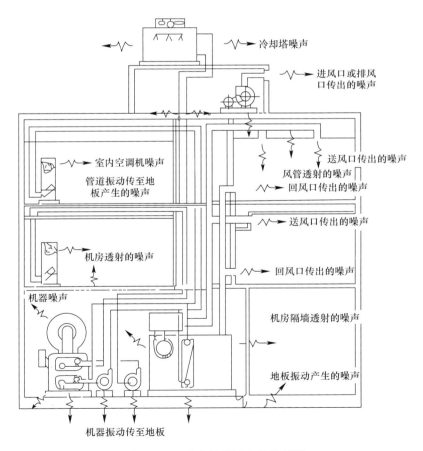

图 3.59-1 噪声的传播途径示意图

2. 空调系统噪声的传播方式及主要控制措施

空调系统噪声的传播方式及主要控制措施 　　　　表 3.59-1

机械设备及其他	传播方式	噪声控制方法	隔声措施	隔振措施	注意事项
通风机	主要通过风管传入建筑物内或向室外扩散	在靠近通风机的地方安装前后消声器	吊顶内的通风机应设置在隔声箱内	安装隔振装置，风管和通风机设置隔振弹簧吊架	要考虑进风口、排风口噪声对外部的影响，注意不要使风管局部风速加大
空调机	与通风机相同	与通风机相同	与通风机相同	与通风机相同	空调机设置在室内时，对选用的机种和运转条件应充分探讨。风冷式对室外也有噪声影响
冷却塔	主要对室外影响大，造成公害	确定设置地点、方位时应考虑对周围环境的影响，可采取设置立板式消声屏障围挡措施	完全隔声比较困难，可设置立板式消声屏障进行围挡	冷却水管需要隔振	—
制冷机	固体传声或振动很容易由机房传到建筑物内	—	大型制冷机应设置在机房内	与管道连接处安装橡胶避震喉，底座安装隔振垫或隔振器	同时要求考虑配套水泵的振动问题
锅炉	以风机噪声为主的空气传声由机房传至走廊或相邻的建筑物内，有时也往室外扩散	—	将风机安装在机房内，风机进、出风口上安装柔性短管，底座安装隔振垫或隔振器	—	同时要求考虑配套水泵的振动问题
水泵	—	—	水泵进、出水口处安装橡胶避震喉，底座安装隔振垫或隔振器	—	同时要注意不要发生气蚀现象，不要使局部流速加大
机房	—	根据噪声控制要求决定机房空间位置	墙壁应采用混凝土结构，特殊情况下内部需隔声处理，机房门应为简易隔声门	—	风机房内消声器安装所占空间必须留够
管道层（风管及其他管道）	—	管道层内根据噪声控制措施的要求决定风管、管道层的位置。确定送风口、排风口位置时应考虑对周围环境的影响	管道层应为混凝土结构，特殊情况下内部必须进行隔声处理，检查门应为简易隔声门	管道层内风管及其他管道设置隔振吊架	管道层内风管、其他管道的噪声和振动大小差别不能太大

3. NC 曲线（图 3.59-2）

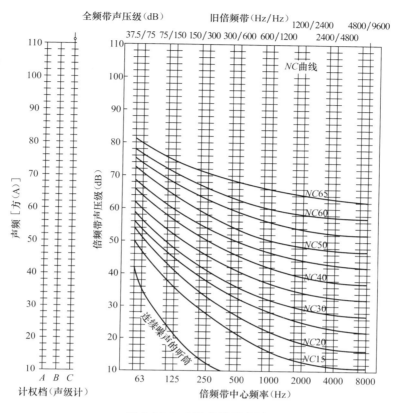

图 3.59-2　NC 曲线示意图

4. 环境噪声标准

环境噪声标准

表 3.59-2

地区分类	时间		
	白天	早、晚	夜间
AA	45 方（A）以下	40 方（A）以下	35 方（A）以下
A	50 方（A）以下	45 方（A）以下	40 方（A）以下
B	60 方（A）以下	55 方（A）以下	50 方（A）以下

注：AA 类地区指疗养院设施集中等，特别需要安静的地区；A 类地区指以住宅为主的地区；B 类地区指包括相当数量住宅的工、商业区。

5. 室内噪声允许值

室内噪声允许值

表 3.59-3

建筑类型	房间类型	声级〔方（A）〕	NR 数或 NC 数
住宅、公寓		35～45	30～40
旅馆	客房	35～45	30～40
	宴会厅	35～45	30～40
	大厅、	40～50	35～45

续表

建筑类型	房间类型	声级［方（A）］	NR 数或 NC 数
医院	特殊病房	30～40	25～35
	手术室、病房、诊室	35～45	30～40
	检查室、候诊室	40～50	35～45
办公楼	董事办公室、大会议室	30～40	25～35
	会客室、小会议室	40～50	35～45
	普通办公室、制图室	45～55	40～50
	打字室、计算机房	55～65	50～60
	电话机房（手动）	55～60	50～55
剧场	音乐厅	25～35	20～30
	固定舞台剧场、多功能大厅	30～40	25～35
	电影院、讲演厅、天文馆	35～45	30～40
	休息室	40～50	35～45
	广播中心	20～35	15～30
学校、教堂	教堂	35～40	30～35
	普通教室	35～45	30～40
	音乐教室	35	30
	礼堂	35～40	30～35
	研究所	40～50	35～45
	大厅、走廊	45～55	40～50
公共建筑	大会堂	30～40	25～35
	博物馆、美术馆、法院	35～45	30～40
	图书馆阅览室	40～45	35～40
餐厅	酒吧间	35～40	30～35
	西餐馆、夜总会	40～50	35～45
	餐厅、鸡尾酒会休息厅	45～55	40～50
商店	百货大楼上层、乐器商店、珠宝店、美术商店、书店	40～50	35～45
	百货大楼一层、普通商店、银行	45～55	40～50
体育馆	一般体育馆	50～60	45～55
	兼作大会堂时	40～50	35～45
工厂	办公室	55～65	50～60
	车间	～70	～65

注：这是对空调机械设备限定的允许值，一般针对工作人员在室内接受噪声范围内的噪声而言。如果室内必须设置空调机时，此标准则不适用。

第4章 水系统安装要点

4.1 室内给水管道及配件安装要点

4.1.1 工作条件

1. 图纸会审完毕，施工人员已领会设计意图。其他技术资料齐全，已进行技术、质量、安全交底。

2. 土建基础工程已基本完成，埋地铺设的管沟已按设计坐标、标高、坡度及沟基做了相应处理，已达到施工要求的强度。

3. 管道穿基础、墙的孔洞，穿过地下室或地下构筑物外墙的刚性、柔性防水套管，根据设计要求的坐标、标高和尺寸已经预留完毕。

4. 施工应在干作业条件下进行，如遇特殊情况，应做相应处理。

5. 室内装饰的种类及厚度已确定。

6. 现浇混凝土楼板孔洞已按图纸要求的位置及尺寸预留好。

7. 管道穿过的房间，位置线及地面水平线已检测完毕。

8. 各种给水附属设备、卫生器具样品和其他用水器具已进场，进场的施工材料和机具设备能保证连续施工的要求。

9. 设有卫生器具及用水设备的房间地面水平线已放好。

10. 间隔墙已砌完。

4.1.2 工艺流程

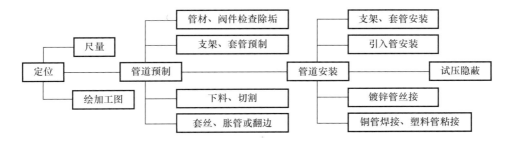

4.1.3 操作工艺

1. 地下给水管道安装操作工艺

（1）定位

① 根据土建给定的轴线及标高线，按照立管坐标、立管外皮距墙装饰面的间距见

211

表 4.1-1 所示，结合水表外壳距墙为 10～30mm 的规定，测定地下给水管道及立管甩头的准确坐标，绘制加工草图。

立管管外皮距墙面（装饰面）间距			表 4.1-1
管径（mm）	32 以下	32～50	75～100	125～150
间距（mm）	20～25	25～30	30～50	60

② 根据已确定的管道位置与标高，从引入管开始沿着管道走向，用钢卷尺量准引入管至干管、各个立管之间的管段尺寸。量尺时应注意，给水引入管与排水出口管的水平净距≥1m，进入室内后的给水管与排水管平行敷设时，两管最小水平净距≥500mm，交叉时垂直净距≥150mm，给水管应在上，排水管应在下。如给水管必须在下则应另加套管，套管长度不得小于排水管直径的 3 倍。给水管与煤气引入管的水平净距≥1m。然后在绘制草图上标注清楚。

③ 高层建筑中的引入管都在两条以上，如果同侧排列，两根引入管的间距必须≥10m，两根引入管都分别设置阀门控制，如图 4.1-1、图 4.1-2 所示。

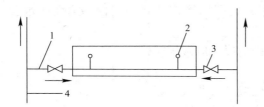

图 4.1-1 引入管从建筑物由不同侧引入
1—引水管；2—立管；3—阀门；4—室外管网

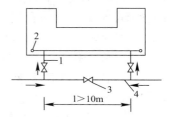

图 4.1-2 引入管由建筑物同侧引入
1—引水管；2—立管；3—阀门；4—室外管网

（2）地下给水管道安装要点

① 对选用的管材、管件、阀门，进行材质、规格、型号、质量等方面的检查，符合有关规定方可使用。必须清除管材、管件及阀门内外的污垢和杂物。给水管道上的阀门，当管径小于或等于 50mm 时宜采用截止阀；管径大于 50mm 时宜采用闸阀。

② 用比量法下料后按工艺标准进行加工试扣、连接。预制过程中，应注意量尺准确，严格操作，调准各管件、阀门的方向。在确定预制管道的分段和长度时，在不违反规范前提下，尽量考虑施工操作方便。

③ 引入管直接和埋地管连接时，要保证设计埋设深度，塑料管的埋深不能小于 300mm。室外埋深视土壤及地面荷载情况决定。寒冷地区埋设在当地冰冻线以下 >20cm 处，且管顶覆土层厚度不能小于 0.7～1.0m。引入管在穿越基础预留孔洞时，按规范留出沉降量≥100mm，如图 4.1-3～

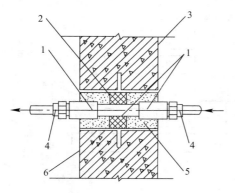

图 4.1-3 管道穿越水池壁
1—镀锌钢管及配件（短管束接）；2—油麻；3—混凝土池壁；4—UPVC 管及配件（外螺纹束接）；5—石棉水泥填料；6—钢制带翼环套管

图 4.1-5 所示。

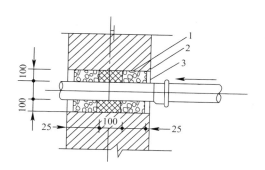

图 4.1-4 给水管穿越砖基础
1—沥青油麻；2—黏土捣实；3—M5 水泥砂浆

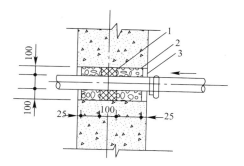

图 4.1-5 给水管穿越混凝土基础
1—沥青油麻；2—黏土捣实；3—M5 水泥砂浆

　　塑料管在穿基础时，应设置金属套管。套管与基础预留孔上方净空高度不应小于 100mm。

　　当引入管穿过地下室、地下构筑物外墙时，应设置防水套管。对于有均匀沉降、胀缩或受振动及要求严密防水的构筑物，应采用柔性防水套管。套管的制作和安装参照工艺标准套管部分进行。

　　④ 一般情况下，给水管道不宜穿过伸缩缝、沉降缝。但当高层建筑中给水管在穿越基础时，经常遇到这种情况，必须采用柔性接头法、丝扣弯头法，如图 4.1-6、图 4.1-7 所示。

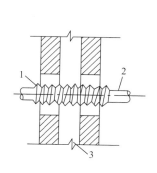

图 4.1-6 柔性接头法
1—软管；2—管道；3—沉降缝

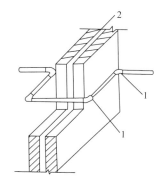

图 4.1-7 丝扣弯头法
1—丝扣弯头；2—沉降缝

　　⑤ 引入管的室外甩头管两端用堵头临时封严，引入管为螺纹连接时，其室外甩头可连接管箍及丝堵，准备试压使用。引入管也可以先试压合格后再穿入基础孔洞，确保埋地引入管接口的严密性、可靠性。

　　⑥ 地下给水管道应保证 0.002～0.005 的坡度，坡向引入管至室外管网。

　　⑦ 若地下管道为地沟敷设或引入管采用地沟连接管道井时，引入管应装设泄水阀门，如图 4.1-8 所示。

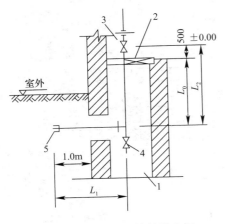

图 4.1-8　一引入管的泄水阀
1—管道井；2—活动盖板；3—总阀门
4—泄水阀；5—管接头丝堵

管道安装前，按工艺标准先在地沟壁上拉线栽好型钢支架，待支架达到强度方可敷设管道。若给水管道与热水、供热管道敷设在同一地沟，给水管应在最下面，且与地沟侧壁和沟底的净距不小于 150mm 为宜。

⑧ 管段预制好后，复核地沟支架或埋地管沟沟底标高及坡度。用绳索或机具将管段慢慢放进沟内或支架上，管子和阀件就位后，再检查管子、管件、阀门的口径、位置、朝向。然后从引入管开始接口，一直至立管穿出地平面上第一个阀门为止（第一个阀门中心距地坪面 500mm）。根据设计要求按工艺标准有关工艺要求接口；塑料管出地坪面处应设置金属护管，护管高出地坪面 100mm。

⑨ 地沟内若采用金属管卡固定塑料管，应采用塑料带或橡胶垫作为隔层，以免金属伤及塑料管。

（3）地下给水管道试压隐蔽要点

① 地下给水管道全部安装完毕，按工艺标准进行水压试验后方可隐蔽。对于塑料管粘接的管道，水压试验必须在粘接、连接安装 24h 后进行。

② 先将试压管道末端封堵，缓慢充水同时将管道内气体排尽。

③ 充满水后，进行严密性检查。

④ 管网必须进行水压试验，试验压力为工作压力的 1.5 倍，但不得小于 0.6MPa。

⑤ 管材为钢管、铸铁管时，试验压力下 10min 内压力降不应大于 0.05MPa，然后降至工作压力进行检查，压力应保持不变，不渗不漏。

⑥ 管材为塑料管时，试验压力下，稳压 1h 压力降不大于 0.05MPa，然后降至工作压力进行检查，压力应保持不变，不渗不漏。

⑦ 经质量检查员会同有关人员，对地下管道的材质、管径、坐标、标高、坡度及坡向、防腐、管沟基础等做全面验核，确认符合设计要求及规范规定后，填写隐蔽工程记录，方可按标准管沟回填土工艺进行回填。

2. 室外供水管道材质、承压荷载及防冻措施

（1）室外供水管道材质

室外供水管道材质可以选用球墨铸铁给水管、镀锌钢管、紫铜管或能达到水质及承压要求的塑料管。

（2）承压荷载

自埋地下的给水管道一定要考虑承压荷载，防止覆土层深度不够，过往车辆压断管道。

（3）室外供水管道安装

在条件允许的情况下可以安装在热网地沟内，不考虑冬季冻结问题和承压荷载。

（4）防冻措施

对于上述四种材质的室外供水管道，无法安装在热网地沟内时，除了可以采用聚氨酯保温防冻措施，同时达到一定的覆土层深度外，球墨铸铁管、镀锌钢管、紫铜管还可以采用伴热管道或电伴热措施进行防冻处理。但是塑料管不能采用伴热防冻措施，因塑料管长期受热会变质老化，破坏管道强度，产生漏水现象。

4.1.4 给水管道横支管安装质量通病及防治方法

1. 地下给水管道安装质量通病及其防治

质量通病及防治方法如表 4.1-2 所示。

地下给水管道安装质量通病及其防治方法 表 4.1-2

项 次	质量通病	防治方法
1	管道渗漏或断裂	1. 管道安装完、防腐隐蔽前，必须按设计要求和规范规定，做水压试验，并认真检查； 2. 埋地管道变径处不宜选用管补心。管道严禁敷设在冻土或未经处理的松土上； 3. 管道试压后及时排空管腔内存水，防止冬季管内存水冻裂管道； 4. 管道接口必须按标准接口工艺施工； 5. 回填土时，严格按标准回填土工艺施工，防止损坏管道
2	管道堵塞	1. 管道安装前清除管腔内杂物； 2. 及时牢固地封堵管道临时敞口处
3	立管甩头不准	1. 管道甩头标高及坐标经核对准确后，及时将管道固定牢靠，防止其他工种施工时碰撞或挤压而位移； 2. 施工前结合编制的施工方案，全面安排管道位置，关键部位的管道甩头尺寸应详细计算确定； 3. 管道安装中，注意土建施工中有关尺寸的变动情况，发现问题及时解决

2. 给水管道立管安装要点

（1）立管安装工艺流程

修整、凿打孔洞 —— 管道井清理 —— 量尺、下料 —— 预制、安装 —— 裁卡具 —— 封堵孔洞

（2）修整、凿打楼板穿管孔洞

① 根据地下给水管道上各立管甩头位置，在顶层楼地板上找出立管中心线位置，先打出一个直径 20mm 左右的小孔，用线坠向下层楼板吊线，找出中心位置打小孔，依次放长线坠向下层吊线，直至地下给水管道立管甩头处（即立管阀门处），再核对、修整各层楼板孔洞位置。

② 用电锤或手锤、錾子开扩修整楼板孔洞，使各层楼板孔洞的中心位置在一条垂线上，且孔洞直径应大于要穿越的立管外径 20～30mm。如上层墙减薄，使立管距墙过远时，可调整往上板孔中心位置，再扩孔修整使立管中心距墙一样。

③ 在修凿板孔时，如遇有钢筋妨碍立管穿越楼板时，不得随意割断。应与土建技术人员商量后，按规定妥善处理。空心楼板孔洞应封堵严密。

（3）量尺、下料

① 确定各层立管上所带的各横支管的位置。根据图纸和有关规定，按土建给定的各层标高线来确定各横支管位置与图中心线，并将中心线标高画在靠近立管的墙面上，即为图中 L_1'、L_2'、L_3'、L_4'，如图 4.1-9 所示。

② 用木尺（即量棒）或钢卷尺由上至下，逐一量准各层立管所带的各横支管中心线标高尺寸。若为高层建筑给水立管，均设于管道井内，立管上的阀门、活接头、法兰、长丝跟母等可拆卸件，应设置在便于拆卸、更换的地方，一般管道井每两层有横向隔断，检修门均开向走廊。量尺时要准确，然后记录在木尺样杆上或图上直至一层甩头阀门处，即实测的两相邻楼层横支管中心线间的尺寸 L_1'、L_2'、L_3'⋯。预制加工管段长度即用比量法减去管件所占长度。

③ 较复杂的建筑中，给水立管和埋地干管往往不能垂直连接，必须通过技术层或顶棚拐几个弯，再配置几根短管方能相连。量尺时必须画出草图，标清各部分尺寸，方可引至立管的安装位置上。如图 4.1-10 所示。

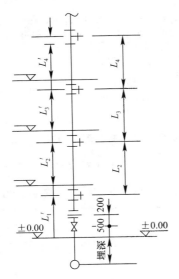

图 4.1-9　立管测绘预制草图

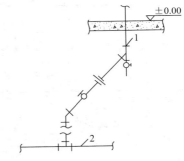

图 4.1-10　生活热水立管与干管的连接
1—立管；2—干管

④ 根据设计的材质、规格、型号，选好立管的管材、管件、配件和阀门，按照各楼层管段的量尺长度和组件，用比量法准确下料、加工、预制。

（4）预制、安装

① 给水立管应集中预制，一般以楼层管段长度为单元进行。为了施工方便快捷和尽量减少安装时上管件的原则，预制时应尽量将每层立管所带的管件、配件在操作台上组装。在预制管段时，若一个预制管段带数个不同方向的管件，预制中要严格找准朝向。

② 在立管的每层管段预制完后，应在预制场地垫好木方，将预制管段按立管管道连接顺序由下往上（或由上往下），分段层层连接好。连接时注意各管段间需要确定相对方向的管件方位，直至将立管的所有管段连接完，然后在垫木（板）方上按标准进行调直。

调直后，将每层各管段间连接处的管端头与另一管段上的管件划痕做好记号，再依次拆开各层预制管段。然后将一根立管的所有预制管段捆成一捆，做上立管编号，妥善保管，直至将所有立管预制完成。

③ 在立管安装前，应根据立管位置及支架结构，打好栽立管卡具的墙洞眼。冷热水立管平行安装时，热水管安装在面向的左侧。

④ 设计有穿楼板套管要求时，应按标准相应工艺安装套管。给水硬聚氯乙烯管道穿楼板和屋面的做法如图 4.1-11、图 4.1-12 所示。

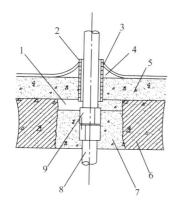 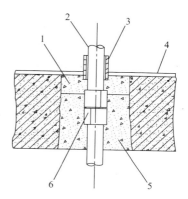

图 4.1-11 管道穿越屋面

1—细石混凝土第二次捣实；2—防水胶泥嵌实
3—镀锌金属套管；4—细石混凝土找平层；5—屋面
保温层；6—混凝土屋面板；7—细石混凝土第一次捣实；
8—硬聚氯乙烯管；9—两个半片 UPVC 管（粘接上下两数）

图 4.1-12 管道穿越地坪和楼板

1—细石混凝土第二次捣实；2—UPVC 管；
3—镀锌金属套管；4—混凝土楼板；5—细石混凝土；
第一次捣实；6—两个半片 UPVC 管（粘结上下两段）

⑤ 在立管调直后，可进行主管安装。安装前应先清除立管甩头处阀门的临时封堵物，并清净阀门丝扣内和预制管腔内的污物、泥沙等。按立管编号，从一层阀门处（一般在一层阀门上方应安装一个可拆件—活接头或法兰盘）往上，逐层安装给水立管。安装每层立管时，应注意每段立管端头划痕与另一管段上的管件划痕记号相对，以保证管件的朝向准确无误。并从 90°的两个方向用线坠（或吊靠尺）吊直给水立管，用铁钎子临时固定在墙上。待安装正式立管卡时，凡是立管为铜管或塑料管则选用 PVC 支架固定其立管，如图 4.1-13 所示。其接口按本专业工艺标准连接。

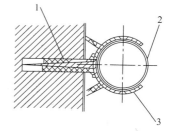

图 4.1-13 系统管道 PVC 支架

1—木螺丝；2—UPVC 管（或铜管）；3—管道支架

（5）栽立管卡具、封堵楼板眼

① 按工艺标准栽好立管卡具。穿立管的楼板孔隙，用水冲洗湿润孔洞四周，吊模板，再用不小于楼板混凝土强度等级的细石混凝土灌严、捣实，待卡具及堵眼混凝土达到强度后拆模。

② 管卡达到强度后，即可固定立管。立管材质为塑料或铜管安装时，金属管卡与立管之间采用塑料带或橡胶垫相隔，如图 4.1-14 所示。

③ 在下层楼板封堵完后，可按上述方法进行上一层立管安装。如遇墙体变薄或上、

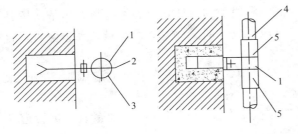

图 4.1-14　管道系统固定支架

1—钢制管卡；2—管壁填料；3—UPVC 短管（或铜管）

4—UPVC 管道（或铜管）；5—UPVC 管配件（束装）

下层墙体错位，造成立管距墙太远时，可采用冷弯灯叉弯或用弯头调整立管位置。再逐层安装至最高层给水横支管。

④ 对暗装和管道井内的给水立管，应在隐蔽和横支管安装以前做水压试验，合格后方可隐蔽。

⑤ 对有防腐、防露要求的给水立管，应按工艺标准相应的施工工艺要求，进行防腐、防露处理。

（6）横支管安装质量通病及其防治方法

质量通病及其防治方法如表 4.1-3 所示。

横支管安装质量通病及其防治方法　　　　　　　　表 4.1-3

项次	质量通病	防治方法
1	管道渗漏	1. 管道接口应严格按标准施工工艺规定施工； 2. 管道隐蔽前、系统安装完，必须按设计要求或规范规定做水压试验，并认真检查； 3. 管道横支管应有坡度，试压后要排空管内存水，防止冬季冻裂管道及管件
2	管道堵塞	1. 管材使用前应清净管腔内污杂物，管道接口应严格按标准施工工艺进行，防止油麻掉入管腔堵塞水龙头、自动水嘴等处； 2. 管道施工临时间断处，注意及时封堵，防止掉入灰浆等污杂物
3	管道结露	1. 施工前，认真审核施工图，对可能产生结露处，而设计未要求时，应提出做防腐处理； 2. 对设计有防露要求的管道，应按设计要求的防露措施和材料认真做防露处理

3. 给水管道横支管安装要点

（1）横支管安装工艺流程

修整、凿打穿墙孔洞 ——— 量尺、下料 ——— 预制、安装 ——— 连接卫生器具及用水设备

（2）修整、凿打穿墙管孔洞

① 根据图纸设计的横支管位置与标高，结合卫生器具和各类用水设备进水口的不同情况，按土建给定的地面水平线及抹灰层厚度，排尺找准横支管穿墙孔洞的中心位置，用十字线标记在墙面上。

② 按穿墙孔洞位置标记，用錾子和手锤进行预留孔洞的修整或凿打墙孔洞，使孔洞中心线与穿墙管道中心线吻合，且孔洞直径应大于管外径 20～30mm。凿打、修整孔洞时遇有钢筋不得随意切割，应与土建技术人员研究，必要时应制定可靠措施方可处理。

（3）横支管量尺下料

① 由每个立管各甩头处管件起，至各横支管所带卫生器具和各类用水设备进水口位置止，量出横支管各管段间的尺寸，记录在草图上。

② 按图纸设计要求的材质、规格、型号选择符合质量要求的管材及与管材相适应的管件、配件等，并清除管腔内污杂物。

③ 根据实测的尺寸,按图纸设计的管道排列顺序用比量法下料。

(4)横支管预制安装

① 按工艺标准确定管道支(托、吊)架的位置与数量。

② 按设计要求或规范规定的坡度、坡向及管中心与墙面距离,由立管甩头处管件口底皮挂横支管的管底皮位置线。再依据位置线标高和支(托、吊)架的结构形式,凿打出支(托、吊)架的墙眼。一般墙眼深度不小于120mm,预制好的支(托、吊)架涂刷防锈漆后,栽牢、找平、找正(栽入墙内支架部位禁止涂刷防锈漆,防止影响水泥固定)。

③ 按横支管的排列顺序和尽量减少现场接口以施工方便的原则,预制处各横支管的各管段。预制时应按标准接口工艺施工,注意接口质量,并以90°的两个方向将预制管段调直,同时找准横支管上各甩头管件的位置与朝向,确保横支管安装后,连接卫生器具给水配件和各类用水设备等短支管位置的正确。

④ 待预制管段预制完及所栽支(托、吊)架的塞浆达到强度后,可将预制管段依次放在支(托、吊)架上,按工艺标准接口、连接,调直好接口,并找正各甩头管件口的朝向,紧固卡具,固定管道,将敞口处做好临时封堵。

⑤ 用水泥砂浆封堵穿墙管道周围的孔洞,注意不要吐出抹灰面。

⑥ 冷、热水管道上下平行安装时,按上热下冷、左热右冷的原则安装。

(5)连接卫生器具的给水配件和用水设备短支管的安装要点

① 安装卫生器具给水配件及各类用水设备的短支管时,应从给水横支管甩头管件口中心吊一线坠,再根据卫生器具进水口需要的标高量取给水短管的尺寸,并记录在草图上。

② 根据量尺记录选管后用比量法下料,接管至卫生器具给水配件和用水设备进水口处。安装时要严格控制短管的坐标与标高,使其满足安装卫生器具给水配件的需要。沿程和尽头用水器具有明装与嵌装(暗装)两种,嵌装(暗装)参照图 4.1-15、图 4.1-16 施工,明装参照图 4.1-17、图 4.1-18 施工。

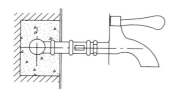

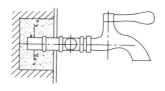

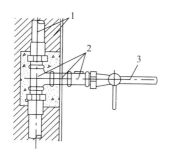

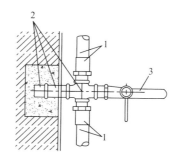

图 4.1-15 系统沿程用水器具安装(嵌装)
1—UPVC 管和配件(外螺纹束接);
2—镀锌管道配件(T字管、接管、
短管、束接);3—水龙头

图 4.1-16 系统沿程用水器具安装(明装)
1—UPVC 管和配件(外螺纹束接)
2—镀锌管道配件(十字管、接管、
短管、束接);3—水龙头

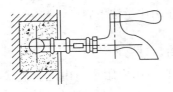
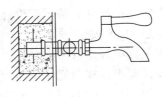

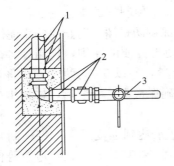
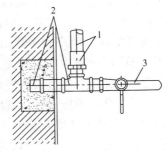

图 4.1-17 系统尽端用水器具安装（嵌装）   图 4.1-18 系统尽端用水器具安装（明装）

1—UPVC 管和配件（外螺纹束接）   1—UPVC 管和配件（外螺纹束接）

2—镀锌管道配件（弯管、接管、   2—镀锌管道配件（弯管、短管、

短管、束接）；3—水龙头   丁字管）；3—水龙头

③ 栽好横支管上的托钩（或托架），要求栽牢、平正、靠严，若采用塑料管或铜管，与其金属卡具之间采用塑料带或橡胶垫相隔。

④ 施工后，随时封堵好横支管上的临时敞口。

（6）防腐与防露

① 对隐蔽管道如有防腐防露要求，隐蔽前应先做水压试验，做好相应的记录。

② 如设计有要求，按工艺标准规定对横支管防腐、防露处理。

（7）立管安装质量通病及其防治方法

质量通病及其防治方法如表 4.1-4 所示。

立管安装质量通病及其防治方法   表 4.1-4

项次	质量通病	防治方法
1	管道堵塞	1. 管道安装前要清净管腔内杂物、毛刺等； 2. 管道安装中临时间断敞口处，要及时封堵严密，不使污杂物落入管内
2	板孔堵眼不良	1. 打楼板眼时，应用錾子、手锤打眼，不可用大锤打爆破眼。安装管道前堵好空心板板孔； 2. 封堵穿立管周边板孔的模板应支平、支严、支牢，浇水湿润孔边，认真将细石混凝土捣实抹平
3	立管坐标超差	1. 打凿修整楼板眼时，应认真用线坠找准立管中心，保证板眼位置准确、孔口适宜； 2. 因主体承重墙影响管坐标时，可采用冷弯或用弯头调整立管中心。因隔断墙影响管道坐标时，应扒掉墙体重砌； 3. 立管安装前，应再次复核立管甩头与室内墙壁装饰层厚度，以利于及时调整立管中心位置
4	立管渗漏	1. 安装立管时，应严格按标准接口工艺施工，确保接口质量； 2. 按设计要求和规范规定，做系统水压试验，并认真检查； 3. 接口材质必须有出厂合格证、化验单、出厂日期、使用期限、使用说明

4.1.5 给水管道安装成品保护要点

1. 管道在安装过程中，应防止油漆、沥青等有机污染物与塑料管材、铜管、接头管件接触，防止污染。

2. 水压试验合格后，应从引入管上安装泄水阀，排空管道内试压用水，防止越冬施工时冻裂管道。

3. 地下管道施工间断时，应用木塞或其他材料对各甩头做临时封闭，防止管道堵塞。

4. 甩至地面上的立管阀门，临时拧上相同口径的丝堵或用其他材料堵牢，防止粉饰时掉入砂浆。

5. 地下管道隐蔽后，应与单位工程负责人办理工序交接手续，制定防护措施，防止其他工种施工时损坏管道。

6. 成捆堆放的立管预制管段，应妥善保管，防止丝头及管件损坏。

7. 给水立管安装中及安装后不得在上绑扎和用来固定其他物件。

8. 给水立管安装临时间断敞口处，应及时可靠地做好封堵，防止砂浆及杂物落入。

9. 立管安装完应与单位工程负责人办理交接手续，制定防护措施，以防装修粉饰时污染或损坏给水立管。

10. 不得在管道上绑吊其他物件，防止损坏。

11. 室内装修粉饰时，应制定相应措施对管道加以保护防止污染。

12. 管道安装完工后，应与单位工程负责人办理工序交接手续，制定可靠的防护措施。

4.1.6 给水管道安装应注意的问题要点

1. 立管安装完毕，其甩口标高和坐标核对准确后及时将管道固定，以防止其他工种碰撞或挤压造成立管甩口高度不准确。

2. 埋地敷设管道冬季施工前应将管道内积水排泄干净，并且管道周围填土要用木夯分层夯实，以防止地下埋设管道破裂。

3. 施工前应认真选择满足保温要求的保温材料，并严格按照施工工艺及设计要求进行保温。

4.1.7 给水管道施工记录要点

1. 主要材料、设备出厂合格证、质量证明书、检测报告及进场检验记录。

2. 技术交底记录。

3. 隐蔽工程检查记录。

4. 预检记录。

5. 施工检查记录。

6. 管道强度严密性试验记录。

7. 吹（冲）洗及消毒试验记录。

8. 通水试验记录。

9. 检验批质量验收记录。

10. 分项工程质量验收记录。

4.2　室内消火栓系统管道安装要点

4.2.1　工作条件

1. 土建主体工程完成，配合土建进行了消防管道的孔洞预留，铁件、套管预埋工序。

2. 施工人员经过专业培训考试合格，施工队伍有资格证书，经审核认定。

3. 设计图纸及技术文件齐全，已由设计单位、施工单位、土建单位、消防部门进行会审认定。

4. 施工用电、水和气充足，管材、管件、阀件、设备和施工机具已进场。能连续施工。

4.2.2　工艺流程

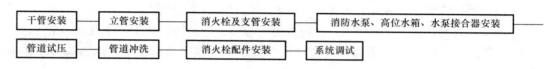

4.2.3　操作工艺

1. 干管安装要点

（1）室内消防管道一般采用镀锌钢管，DN≤100mm 螺纹连接，接口填料为聚四氟乙烯生料带或铅油加麻丝；DN＞100mm 采用卡套式连接或法兰连接，管子安装前进行外观检查，合格方能使用。

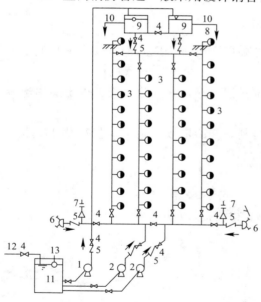

图 4.2-1　不分区室内消火栓给水系统

1—生活、生产水泵；2—消防水泵；3—消火栓和水泵远距离启动按钮；4—阀门；5—止回阀；6—水泵接合器；7—安全阀；8—屋顶消火栓；9—高位水箱；10—至生活、生产管网；11—贮水池；12—来自城市管网；13—浮球阀

（2）供水主干管和干管如果埋地敷设，先检查挖好的管沟或砌好的地沟，应满足管道安装的要求，设在地下室、技术层或顶棚的水平干管，可按管道的直径、坐标、标高及坡度制作安装好管道支、吊架。

（3）低层建筑及多层建筑的室内消防，一般采用不分区的室内消火栓消防给水系统，如图 4.2-1 所示。建筑高度不超过 50m 的高层建筑室内消火栓给水系统也可以不分区。

（4）高层建筑中的消防进水管一般不少于两条，如图 4.2-2 所示。设有两台以上消防泵，就有两条以上出水管通向室内管网，不允许几个消防水泵出水管共用一条总出水管。

（5）参照工艺标准，对管道进行测绘、下料、切割、调直、加工、组装、编号。从各条供水管入口起向室内逐段安装、连接。

安装过程中，按测绘草图甩留出各个消防立管接头的准确位置。

（6）凡需隐蔽的消防供水干管，必须先进行管段试压。设计有防腐、防露要求时，试压合格后方可进行。

（7）高层建筑消防系统中应安装一定数量阀门，确保火场供水安全。阀门安装应使管道维修时，被关闭立管不超过一条，如图 4.2-3 所示。

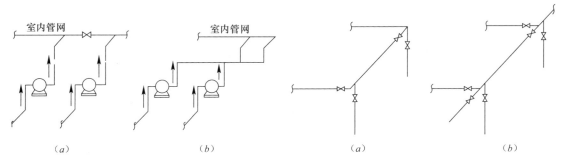

图 4.2-2　消防泵出水管室内管网连接方法
（a）正确的做法；（b）错误的做法

图 4.2-3　节点阀门布置
（a）三通节点；（b）四通节点

2. 消防立、支管安装要点

（1）消防立管一般设在管道井内，安装时，从下向上顺序安装，安装过程中要及时固定好已安装的立管管段，并按测绘草图上的位置、标高甩出各层消火栓水平支管接头。

（2）连接消火栓的水平支管进行安装时，将管道甩至消火栓箱位置处，如图 4.2-1 所示。

3. 消防水泵、高位水箱安装要点

（1）消防水泵和稳压水泵安装要点

水泵安装前先进行开箱检查，核对水泵型号、规格外形尺寸，是否符合设计要求。随机应有产品合格证、安装使用说明书、配件清单。核对水泵基础标高（一般高出地面 0.1～0.3m）、位置、外形尺寸、地脚螺栓和预留孔洞尺寸是否与实物吻合。找平以水平面、轴的外延部分、底座的水平加工面为基准进行测量，纵横向水平度≤0.1%。地脚螺栓二次灌浆，达到强度后，拧紧地脚螺栓，即可进行配管。

① 水泵就位调整后安装吸水管、压水管和阀门，并且在安装好后及时进行临时固定或先砌好支墩。吸水管上的控制阀不得采用蝶阀，吸水管的水平管段应有 0.005 坡向吸水端的坡度，偏心管连接应管顶连接，不准有"冖"形存在。

② 水泵接合器应安装在接近主楼外墙的一侧，附近 40m 以内有可取水的室外消火栓或贮水池。接合器的外形安装尺寸技术参数如图 4.2-4～图 4.2-6 及表 4.2-1 所示。

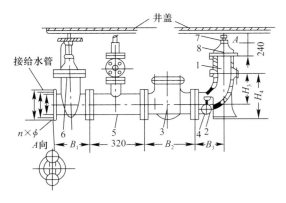

图 4.2-4　SQX 地下式消防水泵接合器
1—法兰接管；2—弯管；3—止回阀；
4—放水阀；5—安全阀；6—闸阀；
7—消防接口；8—本体

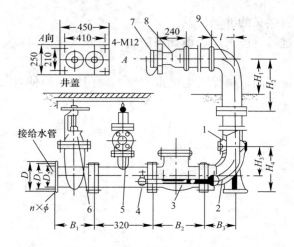

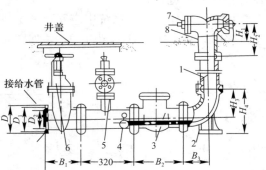

图 4.2-5　墙壁式消防水泵接合器

1—法兰接管；2—弯管；3—止回阀；

4—放水阀；5—安全阀；6—闸阀；

7—消防接口；8—本体；9—法兰弯管

图 4.2-6　SQ 地上式消防水泵接合器

1—法兰接管；2—弯管；3—止回阀；

4—放水阀；5—安全阀；6—闸阀；

7—消防接口；8—本体

消防水泵接合器外形安装尺寸　　　　　　　　　表 4.2-1

型　号	公称直径 DN（mm）	各部尺寸（mm）								法兰（mm）				
		B_1	B_2	B_3	H_1	H_2	H_3	H_4	L	D	D_1	D_2	ϕ	N（个）
SQ100 SQX100 SQB100	100	300	350	220	700 700	800 800	210	318	130	220	180	158	17.5	8
SQ150 SQX150 SQB150	150	350	480	310	700 700	800 800	325	465	160	285	240	212	22	8

注：法兰接管，出厂规定长度为 340mm，用户可根据所在地区的冰冻土层厚度另行选择不同长度的法兰接管。

（2）高位水箱安装要点

① 水箱一般用钢板焊制而成，内外表面进行除锈、防腐处理，要求水箱内的涂料不影响水质。水箱下的垫木刷沥青防腐，垫木的根数、断面尺寸、安装间距必须符合规定和要求。

② 大型金属水箱的安装是用工字梁或钢筋混凝土支墩支承，安装时中间垫上石棉橡胶板、橡胶板或塑料板等绝缘材料，如图 4.2-7 所示，且能抗振和隔声。

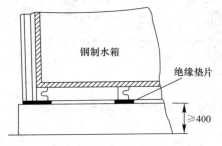

图 4.2-7　水箱的安装图

③ 水箱底距地面保持不小于 400mm 净空，便于检修管道。水箱的容积、安装高度不得乱改。

④ 水箱管网压力进水时，要安装液压水位控制阀或浮球阀。水箱出水管上应安装内螺纹（小口径）或法兰（大口径）闸阀，不允许安装阻力大的截止阀。止回阀要采用阻力小的旋启式止回阀，且标高低

于水箱最低水位 1m。生活和消防合用时，消防出水管上止回阀低于生活出水虹吸管顶 2m，如图 4.2-8、图 4.2-9 所示。泄水管从水箱最低处接出，可与溢水管相接，但不能与排水系统直接连接。溢水管安装时不得安装阀门，不得直接与排水系统相接。不得在通气管上安装阀门和水封。液位计一般在水箱侧壁上安装。一个液位计长度不够时，可上下安装 2～3 个，安装时应错位垂直安装，其错位尺寸如图 4.2-10 所示。管道安装全部完成后，按工艺标准进行试压、冲洗。合格后方能进行消火栓配件安装。

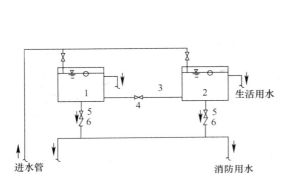

图 4.2-8 两个水箱储存消防用水的闸门布置

1、2—生活、生产、消防合用水箱；3—连通阀

4—常开阀门；5—常开阀门；6—止回阀

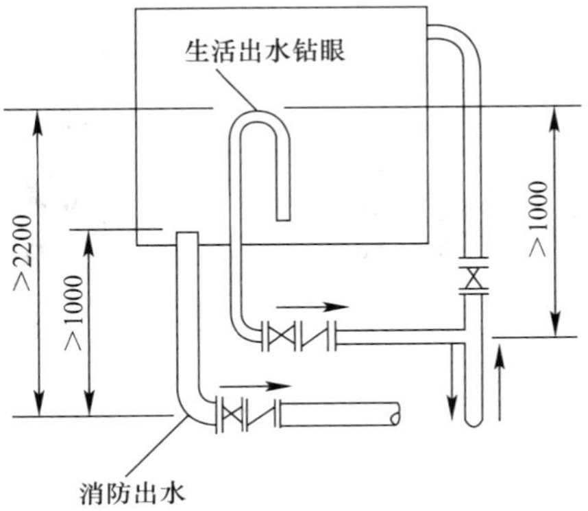

图 4.2-9 消防和生活合用水箱

4. 消火栓配件安装要点

消火栓有明装、暗装（含半明半暗装）之分。明装消火栓是将消火栓箱设在墙面上。暗装或半暗装的消火栓是将消火栓箱置入事先留好的墙洞内。按水带安置方式又分为挂式、盘卷式、卷置式和托架式，如图 4.2-11～图 4.2-14 所示。

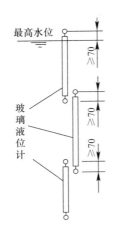

图 4.2-10 液位计安装

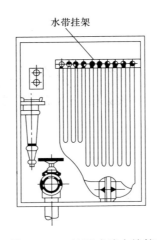

图 4.2-11 挂置式消火栓箱

（1）先将消火栓箱按设计要来的标高，固定在墙面上或墙洞内，要求横平竖直固定牢

靠。对暗装的消火栓，需将消火栓的箱门，预留在装饰墙面的外部。消火栓箱的安装如图 4.2-15～图 4.2-18 及表 4.2-2～表 4.2-7 所示。

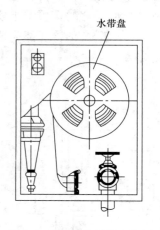

图 4.2-12　盘卷式消火栓箱

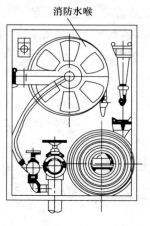

图 4.2-13　卷置式消火栓箱
（配置消防水喉）

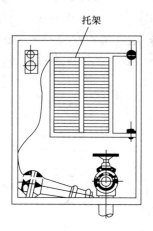

图 4.2-14　托架式消火栓箱

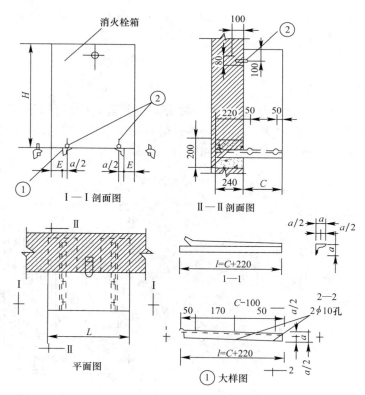

图 4.2-15　明装于砖墙上的消火栓箱安装固定图
说明：砖墙留洞或凿孔处用 C15 混凝土填塞。

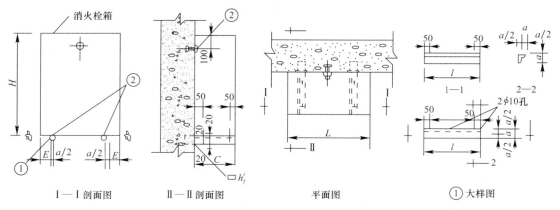

图 4.2-16 明装于混凝土墙、柱上的消火栓箱安装固定图

注：1. 预埋件由设计确定；2. 预埋螺栓也可用 M6 规格 YG 型胀锚螺栓，由设计确定。

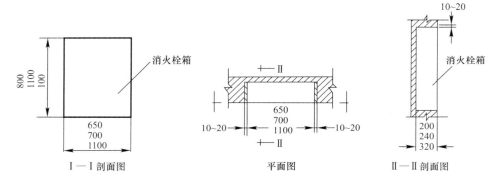

图 4.2-17 暗装于砖墙上的消火栓箱安装固定图

注：箱体与墙体间应用木楔填塞，使箱体稳固后再用 M5 水泥砂浆填充抹干。

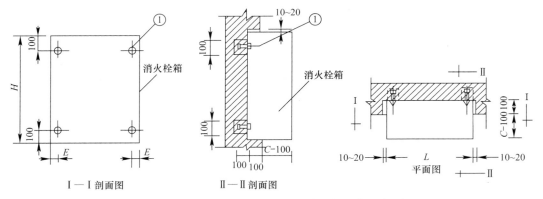

图 4.2-18 半明装于砖墙上的消火栓箱安装固定图

注：箱体与墙体间应用 M5 水泥砂浆填充抹平。

明装于砖墙上消火栓箱尺寸表（mm）   表 4.2-2

消火栓箱尺寸 $L \times H$	650×800	700×1100	1100×700
E	50	50	250

明装于砖墙上消火栓箱材料表　　表 4.2-3

序　号	消火栓箱厚 C（mm）	支承角钢①			螺栓②		
		规格（mm）	件数	重量（kg）	规格（mm）	套	重量（kg）
1	200	∟40×4 L=420	2	2.03	M6 长100	5	0.14
2	240	∟50×5 L=460	2	3.47	M6 长100	5	0.14
3	320	∟50×5 L=540	2	4.01	M8 长100	5	0.30

明装混凝土墙、柱上消火栓箱尺寸表（mm）　　表 4.2-4

消火栓箱尺寸 L×H	650×800	700×1100	1100×700
E	50	50	250

明装混凝土墙、柱上消火栓箱材料表　　表 4.2-5

序　号	消火栓箱厚 C（mm）	支承角钢①			螺栓②		
		规格（mm）	件数	重量（kg）	规格（mm）	套	重量（kg）
1	200	∟40×4 L=200	2	2.03	M6 长100	5	0.14
2	240	∟50×5 L=240	2	3.47	M6 长100	5	0.14
3	320	∟50×5 L=320	2	4.87	M8 长100	5	0.30

暗装、半明装消火栓箱尺寸表（mm）　　表 4.2-6

消火栓箱尺寸 L×H	650×800	700×1100	1100×700
E	50	50	250

暗装、半明装消火栓箱材料表　　表 4.2-7

序　号	消火栓箱厚 C（mm）	螺　栓②		
		规格（mm）	套	重量（kg）
1	200	M6 长100	4	0.11
2	240	M8 长100	4	0.21
3	320	M8 长100	4	0.24

（2）对单出口的消火栓、水平支管，应从箱的端部经箱底由下而上引入，其安装位置尺寸如图 4.2-19 所示。消火栓中心距地面 1.1m，栓口朝外。

对双出口的消火栓，其水平支管可从箱的中部，经箱底由下而上引入，其双栓出口方向与墙面成 45°角，如图 4.2-20 所示。

（3）将按设计长度截好的水龙带与水枪和快速接头采用 16 号铜线绑扎或喉箍紧固牢固，并将水龙带整齐地折挂或盘卷在消火栓箱内的支架上。

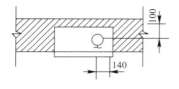

图 4.2-19 单出口消火栓

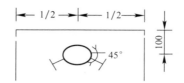

图 4.2-20 双出口消火栓

（4）消火栓箱安装操作时，先取下箱内水枪、消防水带等部件。安装时，严禁用钢钎撬、手锤打的方法硬将消火栓箱塞进预留孔洞中去。

4.2.4 消火栓系统管道安装质量通病防治方法要点

质量通病及其防治方法如表 4.2-8 所示。

质量通病及其防治方法 表 4.2-8

项 次	质量通病	防治方法
1	消火栓箱进深短（小于 240mm），消火栓口无法朝外	采用进深长（大于 240mm）的消火栓箱，安装时消火栓口必须朝外
2	消火栓阀门中心标高不准，接口处油麻不净	安装防火栓箱时，对标高要该对无误，安装后随手将接口处多余油麻清理干净
3	箱内水龙头摆放不整齐	应按规范规定折挂或盘卷
4	消火栓箱保护不善污染严重，开关困难	加强对消防设施的保护与管理，对有碍使用的应及时维护与修理
5	消防水泵吸水管上阀门自行关闭	吸水管上不得使用蝶阀
6	火灾时找不到水泵接合器、控制阀打不开	按规定作好启闭标志
7	水泵泵壳开裂	避免水泵基础沉陷

4.2.5 消火栓系统安装成品保护要点

1. 消防管道安装完毕后，严禁攀登、磕碰、重压，防止接口松脱而漏水。
2. 箱式消火栓箱内清理干净，按规定摆放整齐，箱门关好，不准随意开启乱动。
3. 室内进行装饰、粉刷时，应对消火栓箱进行遮盖保护，防止污染或损坏。
4. 对处在采暖不利或有产生冻结可能的消防管道，应做好防冻保温措施。

4.2.6 消火栓系统安装应注意的问题

1. 安装消火栓箱体时，应保证其水平及垂直度，以防止消火栓安装完毕后，箱门关闭不上或不严。
2. 消火栓栓阀安装前，要先将管道冲洗并将阀座杂物清除，以防止消火栓栓阀关闭不严。
3. 消火栓箱安装前，要先根据现场情况确定箱门开启方向，以免安装后箱门开启角度不够或使用时操作不便。

4.2.7 消火栓系统技术交底记录要点

1. 材料、设备产品合格证、检测报告、"CCC"认证证明及进场检验记录。

2. 技术交底记录。

3. 隐蔽工程检查记录。

4. 预检记录。

5. 管道强度试验记录。

6. 管道严密性试验记录。

7. 管道冲洗试验记录。

8. 消火栓试射试验记录。

9. 设备单机试运转记录。

10. 系统调试试验记录。

4.3　室内给水系统管道水压试验要点

适用范围：高层、多层建筑的室内生活用水、消防用水和生活（产）与消防合用管道系统水压试验。管道系统施工完毕后，为确保管道系统使用功能，应对管道材质与配件结构强度和接口严密性进行必要的检查，必须严肃认真，不可疏忽。

4.3.1　工作条件

1. 室内给水管道系统安装完毕，支架、管卡已固定牢靠。

2. 管道坐标、标高经检查合格。

3. 各接口处未做防腐、防露和保温，能够检查。

4. 安装过程临时用的夹具、堵板、盲板及旋塞均已拆除。

5. 各种卫生设备均未安装水嘴、阀门。集中排气系统已在顶部安装了临时排气管和排气阀门。

6. 试压环境空气温度在 5℃以上。

7. 加压装置及其仪表动作灵活、准确、可靠，测试精度符合规定。选用压力表时，其测试压力范围大于试验压力的 1.5～2 倍。

4.3.2　工艺流程

定岗 —— 充水 —— 加压 —— 检查 —— 泄水 —— 填写记录 —— 验收

4.3.3　操作工艺

1. 定岗

试压系统的中间控制阀门应全部开启，并有专人负责操作检查。

2. 向管道系统充水

（1）打开各高位处的排气阀门。

（2）从下往上向试压的系统充水，待水充满后，关闭进水阀门，待一段时间后，继续向系统注水，排气阀出水无气泡时确认管内空气排尽，表明管道系统充水已满，关闭排气阀。

3. 向管道系统加压

（1）管道系统充满水后，启动加压泵使系统内水压逐渐升高，先缓慢升至工作压力，停泵观察，经检查各部位无渗漏、无破裂、无异常情况，再将压力升至试验压力，一般分 2～4 次升至试验压力。

（2）位差较大的给水系统，特别是高层建筑和多层建筑的给水系统，在试压时应考虑静压影响，其值以最高点力为准，但最低点压力不得超过管道附件及阀门的承压能力。

（3）试验过程中如发现接口处泄漏，及时做上记号，泄压后进行修理，再重新试压，直至合格为止。

（4）加至试验压力后停泵、稳压，进行全面检查，10min 内压力降不大于 0.05MPa，表明管道系统强度试验合格。然后降至工作压力，再做较长时间检查，此时全系统的各部位仍无渗漏、无裂纹，则管道系统的严密性为合格。经建设单位、监理和施工单位共同检查验收后将工作压力逐渐降至零，至此管道系统试压结束。

4. 泄水

给水管道系统试压合格后，及时将系统的水和低处存水泄掉，防止因积水冬季冻结而破坏管道。

5. 填写管道系统试压记录

填写试压记录时，应如实填写，未经试压的管道严禁编造或弄虚作假。试压记录是管道安装工程的重要技术资料，存入工程档案里。

4.3.4　质量通病及防治

质量通病及防治方法如表 4.3-1 所示。

质量通病及防治方法　　　　　　　　　　　　　表 4.3-1

项　次	质量通病	防治方法
1	给水试验压力一律采用 0.6MPa	应按不同的给水管道和工作压力的不同，采用不同的试验压力
2	压降 ΔP 不大于 P 的 10%	应按规范中规定进行 ΔP 不大于 0.05MPa

4.4　室内给水系统管道冲洗要点

生活给水管道系统在交付使用之前，需用合格的饮用水加压冲洗。生活饮用水系统交付使用前，尚须消毒处理。主要为给水管道的畅通，清除滞留或掉入管道的杂质与污物，避免供水后造成管道堵塞和对水质污染所采取的必要措施，也是质量保证项目之一，切不可忽视，更不能省略。

4.4.1　工作条件

1. 给水管道系统水压试验经验收合格。

2. 各环路控制阀门关闭灵活可靠，不允许冲洗的设备与冲洗系统临时隔开。

3. 临时供水装置运转正常，增压水泵工作性能符合要求，压力不超过设计压力，不低于工作流速，如表 4.4-1 所示。

冲洗增压水泵流量与接管流速选用表 表 4.4-1

小时流量 （m³/h）	秒流量 （m³/s）	管径流速（m/s）							
		DN32	DN40	DN50	DN70	DN80	DN100	DN125	DN150
5	0.0014	1.67	1.08	0.72					
10	0.0027		2.09	1.38	0.72				
15	0.0042			2.14	1.12	0.8			
20	0.0056			2.86	1.50	1.08	0.71		
25	0.0069			3.52	1.84	1.33	0.88		
30	0.0083				2.22	1.60	1.06	0.67	
40	0.011				2.97	2.12	1.40	0.89	
50	0.014				3.78	2.69	1.78	1.14	0.79
60	0.0167					3.22	2.13	1.36	0.94
70	0.019					3.65	2.42	1.54	1.07

4. 充洗水放出时有排出的条件。

5. 已制定好分区、分段每一条系统的冲洗顺序，并绘制了流程图，水引入口、出水，应拆、装的部件，临时盲板的加设位置都标在图上，并已进行技术、质量、安全交底。

6. 冲洗前将系统内孔板、喷嘴、滤网、节流阀、水表等全拆除，待冲后复位。

4.4.2　工艺流程

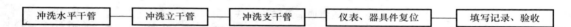

冲洗水平干管 —— 冲洗立干管 —— 冲洗支干管 —— 仪表、器具件复位 —— 填写记录、验收

4.4.3　操作工艺

先冲洗底部干管，后冲洗水平干管、立管、支管。

1. 在给水入户管控制阀的前面，接上临时水源，向系统供水。

2. 关闭其他立支管控制阀门，只开启干管末端最底层的阀门，由底层放水并引至排水系统，如图 4.4-1 所示。

3. 临时供水，启动增压泵加压，由专人观察出水口处水质变化。必须符合下列规定，出水口处的管径截面不得小于被冲洗管径截面的 3/5，即出水口管径只能比冲洗管的管径小 1 号，如果出口管径截面大，出水流速低，无冲洗力；出水口的管径截面过小，出水流速太大，不便观察和排除杂质、污物。出口的水色和透明度与入口处目测水色一致为合格。如设计无规定，出水口流速不小于 1.5m/s，如表 4.4-1 所示。

4. 底层主干管吹洗合格后，再依工艺流程顺序吹洗其他各下、立、支管，直至全系统管路吹洗完毕为止。

5. 吹洗后，如实填写吹洗记录存档。

6. 仪表及器具件复位，将拆下的部件等复位。

7. 检查验收，检查系统与设计图应一致。验收、签字。

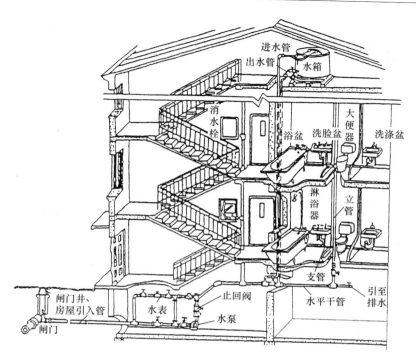

图 4.4-1 室内给水系统

4.4.4 质量通病及其防治

质量通病及其防治方法如表 4.4-2 所示。

质量通病及其防治方法 表 4.4-2

项次	质量通病	防治方法
1	以系统水压试验后的泄水代替管路系统的冲洗试验	在系统水压试验后与交付使用之前,再单独进行一次管路系统供水冲洗
2	无详细冲洗记录	应按冲洗试验表内规定如实填写

4.5 室内水表安装要点

4.5.1 工作条件

1. 室内墙体砌筑及抹灰完毕。
2. 给水干管、立管已安装,并将水表安装接头留出。

4.5.2 工艺流程

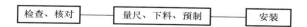

4.5.3　操作工艺

1. 检查、核对

（1）先检查水表的型号、规格与设计要求相符，要有产品质量检验合格证。

（2）核对预留水表分支接头的口径、标高及位置，应满足施工安装的技术要求。

2. 量尺、下料、预制

在墙上标出水表、阀门、活节等配件安装位置及水表前后所需直线管段的长度，按比量法由前往后逐段量尺、下料。根据标准有关工艺进行配管预制、组装。

3. 水表安装

水表安装时必须注意：水表箭头方向应与水流方向相一致；旋翼式水表和垂直螺翼式水表应水平安装；水平螺翼式和容积式水表可根据实际情况确定水平、倾斜或垂直安装；当垂直安装时水流方向必须自下而上。螺翼式水表的前端应有 8～10 倍水表公称直径的直管段；其他类型水表前后，宜有不小于 300mm 的直管段。当水表可能发生反转、影响计量和热水烫伤损坏水表时，应在水表后设止回阀。水表应安装在不被曝晒、不致冻结、不被任何液体及杂质所淹没和不易受碰撞的地方，并应便于看表读数和检修。水表的常见安装形式如图 4.5-1～图 4.5-3 所示。

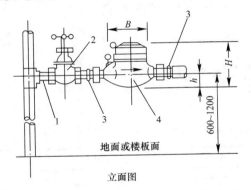
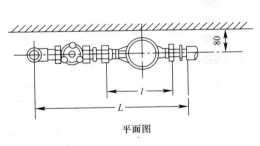

图 4.5-1　水表安装图示

1—短管；2—闸阀；3—补心；4—水表

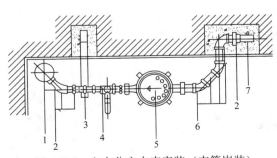
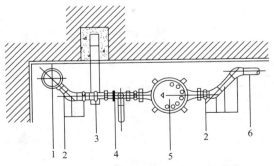

图 4.5-2　室内分户水表安装（支管嵌装）

1—UPVC 给水立管；2—UPVC 配件；

3—墙铆件；4—DN15 铜球阀；5—DN15 水表；

6—镀锌配件；7—UPVC 管

图 4.5-3　室内分户水表安装（支管明装）

1—UPVC 给水立管；2—UPVC 配件；

3—墙铆件；4—DN15 铜球阀；

5—DN15 水表；6—UPVC 系统管道

水表的支管除表前后需有直线管段外，其他超出部分管段应揻弯沿墙敷设，支管长度大于1.2m时，应设管卡固定。

4.5.4 水表安装质量通病及防治方法

质量通病及防治方法如表4.5-1所示。

质量通病及防治方法   表4.5-1

项次	质量通病	防治方法
1	水表外壳距墙内表面过近（小于10mm），过远（大于30mm）	按规范规定的要求，对表位进行调整或更换管段
2	水表距地面标高与设计要求不符	按地面实际标高，对水表安装标高进行调整
3	水表前后直线管段长度不符合规范规定要求	对设计不合理的要在图纸会审时解决，对管路施工安装不合要求时，应对管路进行调整
4	螺纹连接口处油麻不净	施工安装时，应对多余油麻随时进行清理干净
5	螺纹连接在螺纹根部的外露螺纹，无防腐处理	对螺纹连接，其螺纹根部应留出外露螺纹并进行防腐处理

4.5.5 水表安装成品保护

1. 水表玻璃罩加强保护，未正式使用之前不得启封。
2. 土建进行抹灰、装饰作业时，对水表应加覆盖，防止污染。
3. 交付使用时，施工单位必须保证水表完好无损。

4.6 室内排水管道及配件安装要点

4.6.1 工作条件

1. 地下排水管道铺设工作条件

（1）图纸已经会审，技术资料齐备，已进行技术、质量、安全交底。

（2）土建基础工程或地下室主体工程基本完成，管沟已按设计要求挖好，沟基做了相应处理，并已达到施工要求的强度；地下室预埋件、支架已施工完，基础或地下室壁穿管的孔洞已按设计位置、标高和尺寸预留好。

（3）一层或二层卫生器具的样品已进场，进场的材料、机具能保证连续施工。

（4）工作应在干作业条件下进行。

2. 排水立管安装工作条件

（1）土建主体工程基本完成，预制机械安装完毕，现浇楼板穿管孔洞已按设计图纸要求及适用位置和尺寸预留好。高层建筑排水管道的预制与安装，一般可与土建砌筑及吊装作业间隔2~3层进行，其他均和多层建筑施工条件同。

（2）通过管道的室内位置线及地面基准线，已检测完毕，室内装饰种类、厚度已定或墙面粉刷已结束。

（3）熟悉图纸，熟悉暖卫施工及验收规范，已进行图纸会审，各种技术资料齐全，已进行技术、质量、安全交底。

（4）地下管道已铺设完，各立管甩头已按设计图纸和有关规定准确地预留好，且临时封堵完好。

（5）各种卫生器具的样品已进场，进场的施工材料及机具能保证连续施工。

（6）设备层、技术层、管道井内的模板已经拆除，并已清扫干净。

3. 排水横、支管安装工作条件

（1）设有卫生器具及管道穿越的房间地面水平线、间墙中心线（边线）均已由土建放线，室内装饰的种类、厚度已确定，楼板上的预留孔洞已按要求预留好。

（2）排水立管已安装完毕，立管上横、支管分岔口的标高、数量、朝向均达到设计要求、质量要求。

（3）熟悉图纸，已进行过技术、质量、安全交底。

（4）各种卫生器具的样品已进场，进场的施工材料和机具能保证连续施工。

（5）高层建筑已在标准层先安装好了一个样板卫生间，以其作为安装施工的标准，并且标准间经过有关方面负责人员检查、认可、签字。

（6）高层建筑各支管甩头上临时堵头已按标准工艺要求准备齐全。

4.6.2　工艺流程

地下排水管道铺设工艺流程

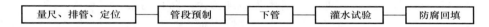

量尺、排管、定位 → 管段预制 → 下管 → 灌水试验 → 防腐回填

4.6.3　操作工艺

1. 地下排水管道铺设操作工艺

（1）量尺、排管、定位

① 根据图纸要求、规范规定，在土建给出的中心线和标高线，按卫生器具的规格型号拉交叉线，用线坠确定各排水立管和卫生器具甩头的位置与标高，排水立管距墙应按技术规定施工，一般排水立管承口外皮距装饰后的墙面 $10\sim20\text{mm}$，硬聚氯乙烯立管管件承口外侧与装饰面的距离为 $20\sim50\text{mm}$。

② 根据要求的规格型号选择管材、管件，外观检查合格后清净管内的污物和毛刺（不得采用直角三通和正十字四通）。

③ 根据已确定的位置、标高，可在沟内或地下室按承口朝来水方向排列已选好的承插管材、管件，必要时截短管子，使整个管路就位。

④ 检查管道位置与标高符合要求后，在各接口处画好印记，非承插管可用尺量出各分岔及甩头间管段尺寸，并在草图上做好记录。接至室外的管道须出外墙或直达检查井内。

⑤ 硬聚氯乙烯排水立管仅设伸出屋顶通气管时，最低横支管与立管连接处至排出管管底的垂直距离 h_1 不得小于图 4.6-1 中的规定，多层建筑及高层建筑底层排出横管应单接出墙外。

（2）管段预制

① 根据管线长度，以尽量减少固定（死口）接口为原则，确定预制管段的长度。管

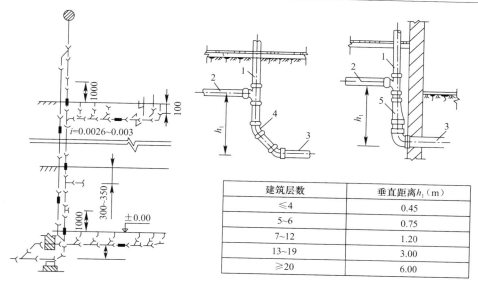

建筑层数	垂直距离 h_1（m）
≤4	0.45
5~6	0.75
7~12	1.20
13~19	3.00
≥20	6.00

图 4.6-1　最低横支管与立管连接处至排除管管底的垂直距离

1—立管；2—横支管；3—排出管；4—45°弯头；5—偏心异径管

道伸出墙外不得小于 250mm。埋地管穿越地下室外墙时，应采取防水措施，当按标准采用刚性防水套管时，可按图 4.6-2 施工。管道穿越防火分区隔墙阻火圈、防火套管安装如图 4.6-3 和图 4.6-4 所示。

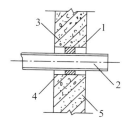

图 4.6-2　管道穿越地下室外墙

1—预埋刚性套管；2—PVC-U 管；

3—防水胶泥 4—水泥砂浆；5—混凝土外墙

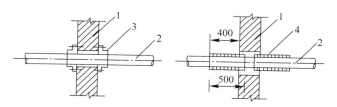

图 4.6-3　管道穿越防火分区隔墙阻火圈、防火套管安装

1—墙体；2—PVC-U 横管；3—阻火圈；4—防火套管

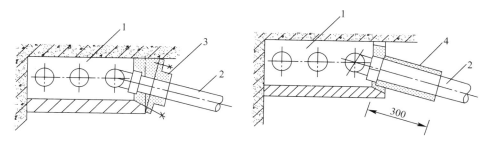

图 4.6-4　横支管接入管道井中立管阻火圈、防火套管安装

1—管道井；2—PVC-U 横支管；3—阻火圈；4—防火套管

② 在沟旁或地下室平整的场地上按管子排列顺序或量尺顺序，进行管段预制。预制

管子、管件接口时，应先对准各接口印记或量准尺寸，预制时须调直和调准管件方向，各类接口要严格按工艺标准相应工艺进行，预制后刷好防腐层。

③ 向沟内下管前，在管沟里的预制管段接口处，挖好工作坑，按接口方式确定坑的尺寸，以方便施工操作。地下室的管子上架之前，各支架必须达到强度。为考虑高层排水管的抗震，在支架固定处以及支架与建筑物砌体连接处，设置抗震支架及橡胶垫块。

④ 在各立管的下底弯头处砌筑或用混凝土灌筑好支墩，如图 4.6-5、图 4.6-6 所示。

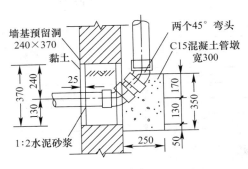

图 4.6-5　塑料管立管支墩做法

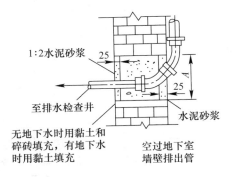

图 4.6-6　排水管穿外墙做法

（3）下管

① 预制段的接口达到强度后，用绳子或吊装机具缓缓向沟内下管或往地下室管架上管时对好管段接口，调直管道，核对管径、位置、标高、坡度无误后，从低处向高处按工艺标准连接其他各固定接口，地下室托、吊架或弹性托、吊架上管之前，必须先找准坡度。接口后补刷防腐涂料。

② 排出管的安装：检查基础预留孔洞或地下室外墙的预留孔洞尺寸，并将孔洞清理干净，然后从墙边开始，将弯头、三通管件与室内排水管甩头相接，再与室外排水管道相连，延伸至第一口检查井为止，处理好管子与井壁的缝隙。

③ 高层建筑排出管穿过地下室外墙或地下构筑物时，必须严格采取防水措施，如设计无规定，参照工艺标准做法。

④ 穿接基础处的管道，要按工艺标准将穿越基础的管道的周围孔洞堵严，预留好基础下沉量，必须使管顶上部净空不得小于建筑物沉降量，一般不小于 150mm。高层建筑排水出户管要采取防沉陷的措施，普遍做法是将排水管出外墙至第一个检查井间的管段设于管沟内，用弹性托架或弹性吊架支撑。有的高层建筑待主体完成相当时间，建筑物基本沉陷量已完成，再施工排水出户管与室外排水管相连。

⑤ 高层建筑排水管不得穿越烟道、沉降缝和抗震缝，尽量避免穿过伸缩缝，否则另加套管。

⑥ 技术夹层里的排水横管承受高层建筑中相当一部分水压力，除按上述施工外，还应加强横管的支撑。如设计无规定，按标准支架选用。

（4）地下排水管道灌水试验

① 已铺设好的埋地管道、地沟管道、地下室管道均需进行一次灌水试验。灌水前，应先将最低点用堵头临时堵严，从高端或者从预留管口处灌水做闭水试验，水满后观察水位不下降，各接口及管道无渗漏则认为合格。

② 灌水试漏经有关人员检查后，填写隐蔽工程记录。办理隐蔽工程手续方可隐蔽或回填土须分层进行，每层 0.15m，回填密实度应达到要求。埋地管道的灌水高度不得低于底层地面高度，灌水 15min 后，若水面下降，再灌满延续 5min，以水位不下降合格。

（5）质量通病及其防治方法

地下排水管道铺设质量通病及其防治方法如表 4.6-1 所示。

地下排水管道铺设质量通病及其防治方法　　　　　　　　　　表 4.6-1

项　次	质量通病	防治方法
1	管道渗漏或断裂、脱口	1. 地下管道安装完毕必须做灌水试验，并认真检查，灌水试验完后及时放净管内存水，施工中及冬季对管道应有有效保护措施。 2. 管道及管道支座（墩）严禁设在冻土或未经处理的松土上。 3. 铸铁承插管道水泥接口必须捻口，严禁用水泥砂浆抹口。 4. 搞好工序交接，制定防护管道的要求和措施。 5. 回填土时严格按回填土施工工艺要求施工，防止造成管道位移、脱口或管道破裂
2	管道堵塞	1. 管道安装前清净内部污物，清除管内凸起及毛刺。 2. 施工完的管道各甩头、管口必须及时用有效措施加以临时牢固的封闭。 3. 管道接口时要严格按施工工艺进行接口，严防接口材料漏入管内，管道标高及坡度要严格按图纸要求或规范规定施工。 4. 施工中不得使用 90°直角三通及正十字四通，要用 45°管件
3	甩头坐标不正标高超差	1. 管道铺设前和技术负责人核对土建给出的有关墙体、轴线和地平线的准确性。 2. 各预制管铺设完互相接口前再次复核各甩头的坐标与标高是否符合要求。 3. 各甩头定位前，施工人员除掌握地平线和墙轴线外，还要掌握各墙体及抹灰厚度，有无设计变更等。 4. 卫生器具甩头的坐标与标高应认真结合实际采用的卫生器具的规格、型号、几何尺寸来确定

2. 排水立管安装操作工艺

（1）排水立管安装工艺流程

（2）修整钻（凿）打楼板穿管孔洞

① 根据地下铺设排水管道上各立管甩头的位置，在顶层楼板上找出立管中心位置，打出一直径为 20mm 左右的小孔，用线坠向下层楼板吊线，找出该层立管中心位置，打小孔，依次放长线坠逐层向下层吊线，直到地下排水管的立管甩头处，校对修整各层楼板小孔，找准立管中心。

② 从立管中心位置用手锤、錾子开扩修整各层楼板孔洞，使各孔洞直径较要穿越的立管外径大 40～50mm 或 2 个管径。凿打孔洞时，应在楼板上、下分别扩孔。

③ 核对板孔位置时，遇到上层墙体变薄等情况，使立管距墙过远，可调整该层以上各楼板管孔中心位置后再扩孔，使立管中心距墙符合要求。

④ 凿打楼板孔遇到钢筋时，不可随意切断，应和土建技术人员商定后按规定处理。

⑤ 穿屋板孔凿打修整完后，遇有空心楼板板孔时，应用砖、石块混同水泥砂浆把空心板孔露孔两侧堵严。

（3）量尺、测绘、下料

① 确定各层立管上检查口及带卫生器具或横支管的支岔口位置与中心标高，把中心标高线划在靠近立管的墙上。然后按照管道走向及各管段的中心线标记进行测量，并标注在草图上，如图 4.6-7 所示。检查口的中心距立管所在室内地面 1m，其他支岔口中心标高，应保证在满足支管设计坡度的前提下，横支管距立管最远的端部、连接卫生器具排水短管管件的上承口面，距顶棚楼板面应有不小于 100mm 的距离。

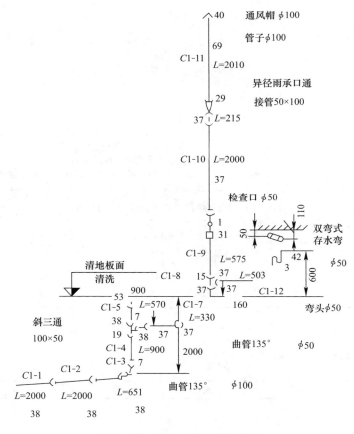

图 4.6-7　排水立管的测绘草图

一般在普通居住的卫生间，一层之中仅带一个大便器，其支岔管的中心距顶棚 300～350mm。同时选择和确定所用排水管材种类相对应的管件及其数量，标注在安装草图中，如图 4.6-8 所示。

② 塑料管穿过楼板的各立管，层高小于等于 4m 时，污水立管和通气立管每层设一伸缩节；层高大于 4m 时，由设计计算确定。立管上伸缩节应设在靠近水流汇合管件处，具体位置和横支管上伸缩节的设置如图 4.6-9～图 4.6-11 和表 4.6-2 所示。

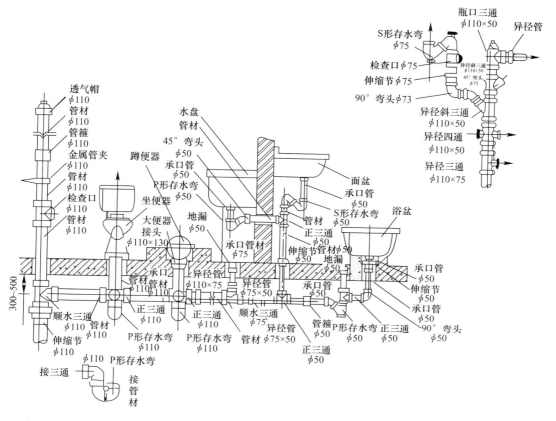

图 4.6-8　排水管件的组合应用

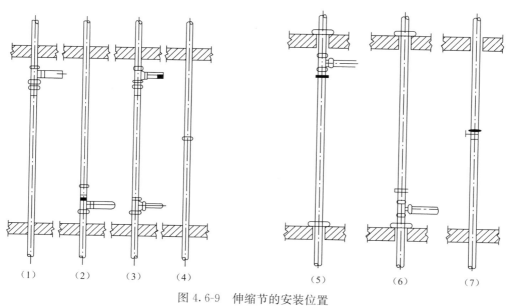

图 4.6-9　伸缩节的安装位置

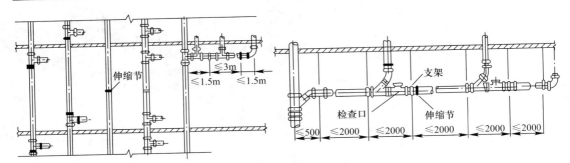

图 4.6-10　伸缩节安装位置的尺寸

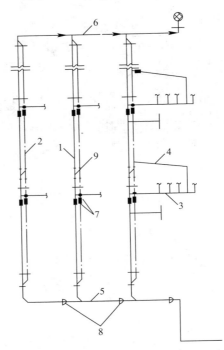

图 4.6-11　排水管、通气管设置伸缩节位置

1—排水立管；2—专用通气立管；3—横支管；4—环形通气管；

5—污水横干管；6—汇合通气管；7—伸缩节；8—弹性密封圈伸缩节；9—H 管管件

伸缩节最大允许伸缩量（mm）　　　　　　　　　　　　　　表 4.6-2

管径（mm）	50	75	90	110	125	160
最大允许伸缩量	12	15	20	20	20	25

高层建筑排水铸铁管需设置法兰伸缩接口。

③ 高层建筑的排水立管多设于管道井内，不宜每一根立管都单独排出，往往在下一技术层内用水平管连接后分几路排出。排水立管在中间（或技术层）拐弯时，应按规定量尺、测绘、下料，如图 4.6-8 所示。

④ 设在管道井、管窿的立管和安装在技术层吊顶内的横管，在检查口或清扫口位置应设检修门。

⑤ 立管在底层和在楼层转弯时应设检查口，检查口中心距地面宜为 1m，在最冷月平均气温低于−13℃的地区，立管尚应在最高层离室内顶棚 0.5m 处设置检查口。

⑥ 用木尺杆或钢卷尺，从地下管的立管甩头承口底部量起，逐一将伸缩节、检查口、各支管口中心标高尺寸量准后标注在画好的草图上。为便于分段施工和调整位置，每层楼板上方留一个承口，一直量至顶层出屋顶，应超过当地历史上最大积雪高度。遇高层建筑，为方便起见，经核定尺寸后，可制备量棒在管道井内定位。根据从下至上逐层安装的原则，按设计要求的管材规格、型号做好选材、清理工作。要求铸铁管管壁厚薄均匀，内外光滑整洁，无砂眼、裂纹、疙瘩和飞刺，清理浮沙及污垢。要求塑料管内外光滑，管壁厚薄均匀，色泽一致，无气泡、裂纹，清除污垢。

（4）预制、安装

① 尽量减少安装时连接"死口"，确保接口质量，应尽量增加立管的预制管段长度。按照实际量尺绘制的各类草图，选择合格管子和管件，进行配管和截管（即断管），预制的管段配制后，按各草图核对节点间尺寸及管件接口朝向。同时，按设计要求确定伸缩节的位置。

② 按工艺标准连接预制管段接口时，应从 90°的两个方向用线坠吊直找正，特别是在一个管段上有数个需要确定方向的分岔口或管件时，预制中必须找准相对朝向。可在上一层楼板卫生器具排水管中心位置打一个小孔（表 4.6-3）。按找出的小孔和立管中心位置及预制管段场地上划出相对位置的实样，找准各分岔口和定向管件的相对朝向。排水支管与排水立管、横管的连接如图 4.6-12 所示，检查口与清扫口设置规定如图 4.6-13 所示。

各类型卫生器具排水管穿楼板位置 表 4.6-3

项次	卫生器名称		排水管距墙尺寸（mm）
1	坐便器	挂箱虹吸式 S 型 挂箱冲落式 S 型 自封式冲洗阀虹吸式 S 型 自封式冲洗阀冲落式 S 型	420 270 340 190
		坐箱虹吸式 S 型 唐陶 1 号 唐建陶前进 1 号 唐建陶前进 2 号 太平洋 广州华美	475 490 500 270 305
		挂箱虹吸式 P 型	横支管在地坪上 85 穿入管井
		挂箱冲落式硬管连接 P 型软管连接	横支管在地坪上 150 软管在地坪上 100 与污水立管接
		坐箱虹吸式 P 型 高高水箱虹吸式 S 型 旋涡虹吸连体型	横支管在地坪上 85 穿入管道井 与横支管为顺水正三通连接时为 420，与斜三通连为 375 太平洋 245
2	蹲便器	平蹲式后落水	石湾/建陶 295
		前落水	620
		前落水陶瓷存水弯	660
3	浴盆	裙板高档铸铁搪瓷	
		普通型、有溢流排水管配件	靠墙留 100×100 孔洞
		低档型、无溢流排水管配件	200

续表

项　次	卫生器具名称			排水管距墙尺寸（mm）
4	大便槽	排水管径为 100mm 时		距墙 420×580
		排水管径为 150mm 时		距墙 420×670
5	小便器	立式（落地）		150
		挂式小便斗		以排水管距墙 70 为圆心，以 128 为半径
		半挂式小便器		510 标高入墙内暗敷
6	洗脸盆	台式	普通型	距墙 175 圆心 北京以 128 为半径内
				天津以 135 为半径内
				上海气动以 167 为半径内
				上海气动以 125～140 为径内（塑料瓶式）
				平南以 130 为半径内
				广东洁美丽以 128 为半径内
			高档型	排水管穿入墙内暗设
		立式		
7	污水盆　采用 S 弯			以 250 为圆心，160 为半径内
8	洗涤盆　采用 S 弯			以 155～230 为圆心，160 为半径
9	化验盆　构造内有存水弯			195
10	净身盆　单孔、双孔			≥380

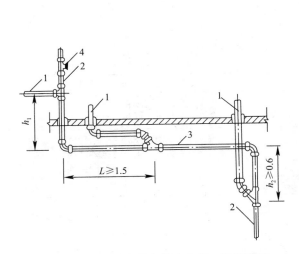

图 4.6-12　排水支管与排水立管、横管连接
1—排水支管；2—排水立管；3—排水横管；4—检查口

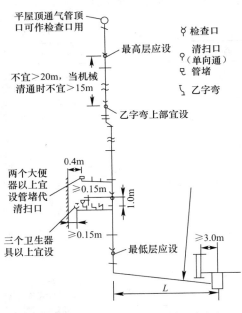

排水横管直线管段上清通配件的最大距离（m）

DN(mm)	50	75	100	>100
L_{max}(m)	10	12	15	20

图 4.6-13　检查口与清扫口设置规定

③ 预制完的承插或粘接管段应竖直放置，做好接口养生防护。

④ 安装前，根据立管位置和支架结构，打好栽立管支架的墙眼，洞眼深不小于 120mm，在楼层高度≤4m 时只栽一个。采用塑料排水立管时，$DN50mm$ 其间距≯1.2m；管径≥75mm 其间距≯2m。高层建筑管井内的排水立管，必须每层设置支撑支架，以防整根立管质量下传至最低层。考虑高层建筑排水管道的抗震和减噪，在支架固定处以及支架与建筑物砌体连接处应设抗震支架及垫橡胶块。

⑤ 管道安装自下而上逐层进行，先安装立管，后安装横管，连续施工。

⑥ 安装立管时，将达到强度的立管预制管段，从下向上排列、扶正。按照楼板上卫生器具的排水孔找准分岔口管件的朝向，从 90° 的两个方向用线坠吊线找正后，按已确定的位置安装伸缩节（排水铸铁管按设计要求安装法兰伸缩接口）。将管子插口试插入伸缩节承口底部，将管子拉出预留间隙，夏季 5～10mm，冬季 15～20mm，在管端画出标记，最后将管端插口平直插入伸缩节承口橡胶圈中，用力要均匀，不准偏挤。安装完后，随立管固定，如图 4.6-14 所示。将铁钎子钉入墙内，从立管两侧临时固定好立管，然后按工艺标准接口。用铁线将立管与铁钎子绑牢，按设计补刷接口防腐。每段立管应安装至上一层的楼板以上，当安装间断时，敞口处用充气橡胶堵作临时封堵，用灰袋纸盖上。在需要安装防火套管或阻火圈的楼层，必须先将防火套管或阻火圈套在管段外，方可进行管道接口，如图 4.6-15 所示。

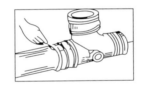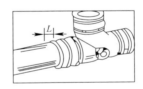

图 4.6-14 伸缩节安装示意

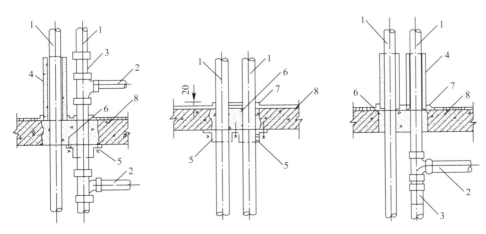

图 4.6-15 立管穿越楼层阻火圈、防火套管安装

1—PVC-U 立管；2—PVC-U 横支管；3—立管伸缩节；4—防火套管；5—阻火圈；

6—细石混凝土二次嵌缝；7—阻火圈；8—混凝土楼板

⑦ 高层建筑内明敷管道在采用防止火灾贯穿措施时，立管 DN≥110mm，在楼板贯穿

部位应设置阻火圈或长度不小于 300mm 的防火套管，且防火套管的明露部分长度不宜小于 200mm。

⑧ 管道穿越楼板处为非固定支撑时，应加装金属或塑料套管，套管内径可比穿越管外径大 10～20mm，套管高出地面不得小于 50mm。

⑨ 排水立管在技术层或中间层竖向拐弯时，按楼板上的支立排水管和拐向楼下主立排水管的几个朝向，吊正调直，找准朝向后方可接口，如图 4.6-15 中所示。

高层建筑立管接口时另一个应重视的问题，是因风力和其他引起的振动造成较大摆动，立管的最大层间变位约为层高的 1/200，一般下几层排水立管接口采用青铅接口，可按工艺标准室外工艺操作。在欧美和日本许多国家采用橡胶圈接口代替铅接口，以达到 1/200 变位要求。具体可根据设计选定接口材质与方式，按工艺操作。

⑩ 高层建筑中采用专用通气管或环形通气管的排水系统，就是和污水立管平行再安装一个通气立管，其下部在最低的排水支管下面以 45°三通与排水立管相接，上部与排水立管通气部分也以 45°三通相连接。此为专用通气管排水系统，如图 4.6-16、图 4.6-17 所示。在专用通气立管上每间隔两层与排水立管相连接，连接方法与正常接口相同，此连接管又称共轭管。又有同时将每层的器具横支管与通气管连接接口，此段称环形通气管，如图 4.6-18 所示。一般将最底层用户的总排水管单独接至室外。有的每隔 8～10 层安装结合通气管与排水立管相连，其施工均按工艺标准接口。

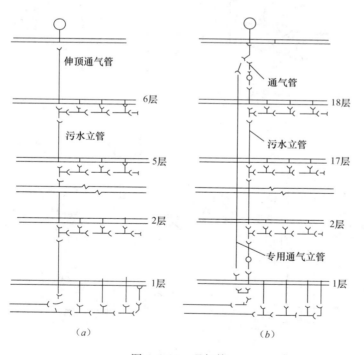

图 4.6-16 通气管

(a) 伸顶通气管排水系统；(b) 专用通气管排水系统

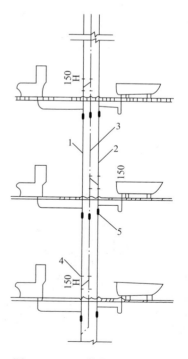

图 4.6-17 H 管件设置示意图

1—排水立管；2—废水立管；

3—专用通气立管；4—H 管件；

5—伸缩节

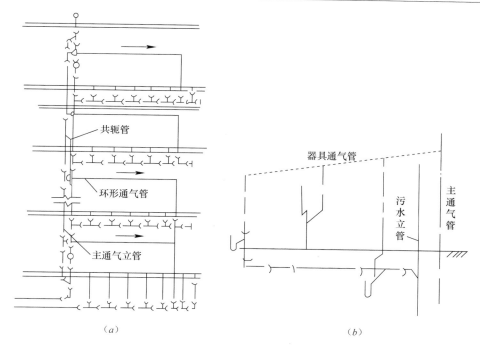

图 4.6-18 环形通气管与器具通气管

（a）环形通气管排水系统；（b）器具通气管系统

⑪ 每次收工前及立管全部施工完，敞口及甩头预留口都应用球胆封堵或用"花篮堵头"进行临时封堵，高层建筑甩口颇多，不宜用一般堵头进行封堵，必须用花篮堵头封堵。自制堵头时，必须使其长达 70mm 左右。

（5）栽立管卡架、堵楼板眼

① 按支架工艺制作与安装好立管卡架。

② 堵立管周围的楼板孔。先在楼板下用铁钎子钉入靠近立管的墙内支撑模板或用铁线向上吊起模板，再临时拧紧在立管上。用水冲净孔洞的四周，用大于楼板设计强度等级的细石混凝土把孔洞灌严、捣实。待立管的接口、卡具、支架、楼板上孔洞的混凝土都达到强度后，再拆掉楼板孔洞模板及铁钎等。

③ 排水塑料管道穿越楼板处为固定支撑点时，应配合土建进行支模，用 C20 细石混凝土分两次浇捣密实。浇筑结束后，结合找平层或面层施工，在管道周围筑成厚度不小于 20mm，宽度不大于 30mm 的阻火圈，见图 4.6-15 中的阻火圈。

④ 下层楼板孔洞灌堵好后即按上述方法进行上一层立管安装。遇到立管中心改变位置时，比如上下层墙厚度不一致，可在楼板上用 2～3 节 150mm 左右短承插管或两个 45°管件或用乙形管拐弯，找正位置。当用管件找正时，该层应设检查口。再逐层安装到屋面以上规定高度，在管顶安装风帽。穿屋面做法与穿楼防漏措施相同，由土建完成防水工序。

⑤ 立管在高层建筑中的固定问题涉及立管变位 1/200，因此，每层应与承重结构进行固定。

（6）试水、隐蔽

① 需隐蔽的管道，应先作灌水试验。但必须在管道接口达到强度后进行灌水试验，

并及时填写灌水记录，经检查验收后方可进行隐蔽。

② 设计图中要求防腐、保温的管道，可按照工艺标准有关部分进行。

（7）排水立管安装质量通病及其防治方法如表 4.6-4 所示。

排水立管安装质量通病及其防治方法 表 4.6-4

项　　次	质量通病	防治方法
1	管道堵塞	1. 管道安装时要清净内部污物，毛刺，施工接口时，严格遵守接口工艺，防止接口材料落入管内； 2. 立管上各敞口在施工中要及时堵严，严格定时检查，不使污物、异物落入管内； 3. 施工中不使用正 90°三通、四通等直通管件
2	立管周围楼板眼堵塞不严	1. 凿打楼板眼时，应用钻眼成孔，不可用大锤凿打，并应保证板孔直径，安管前堵好空心楼板孔； 2. 堵楼板眼时应支严、支平模板，并浇水，认真将细石混凝土灌严、平整
3	立管坐标超差（离墙过远或被抹入墙内）	1. 打凿修整楼板眼时，应认真用线坠找准立管中心，保证板眼位置准确、直径适宜； 2. 因主体承重墙影响立管坐标时，应在该层板上用短管或弯管调整立管中心，对隔段间墙影响时，墙体应扒掉重砌； 3. 立管施工前应再次核对地下管道的立管甩头坐标和室内墙壁装饰层的厚度，以利于及时调整立管中心位置
4	立管穿楼板处漏水	1. 排水管穿楼板做法，严格按国家规范设计要求和工艺标准进行； 2. 穿楼板排水管严加检查； 3. 伸缩节不应设在楼板之中，实践证明容易产生裂缝

3. 排水横、支管安装工艺

（1）排水横、支管安装工艺流程

| 修、凿穿管孔洞 | → | 量尺、下料 | → | 预制、安装 | → | 下穿楼板短管安装 | → | 防腐防露 |

（2）修整、凿打楼板、墙穿管孔洞

① 按图纸中卫生器具的安装位置，结合卫生器具排水口的不同情况，按土建给定的墙中心线（或边线）及抹灰层厚度，排尺找准各卫生器具排出管穿越楼板的中心位置，用十字线标记在楼板上。

② 按穿管孔洞中心位置进行钻孔或用手锤、錾子凿打孔洞或修整好预留孔洞，使孔洞直径较需穿越的管道直径大 40～50mm，凿打、修整孔洞遇到楼板钢筋不得随意切断，应和土建技术人员研究，必要时应制定措施方可处理。

③ 管孔修整完，遇有空心楼板板孔时应用水泥砂浆把空心板孔敞露的端孔堵严。

（3）主、支横管，量尺、下料

① 由每个立管支岔口所带各卫生器具的排水管中心，对准楼板孔向板下吊线坠，量出从立管支岔口到各卫生器具排水管中心的主横管和支横管尺寸，记在草图上。如图 4.6-19 所示。

② 根据现场实量尺寸，在平整的操作场地上用直尺画出组合大样图，按设计的管材规格选择符合质量要求的管材、管件，清净内部污物、毛刺等，并按大样图的尺寸排列、组对。组对时应注意管材、管件（承口朝来水方向）。在截断直管时应考虑到尽量使管段

长短均匀和方便接口。管子截口应垂直于管中心线，用剃子剃管时要用力均匀，边剃边转动直管，被截断的管道应仔细检查，确保管口无裂纹。

（4）主、支横管预制、安装

① 根据管材、管件排列情况按设计要求或规范规定具体确定管道支、托、吊架的位置。

② 根据设计要求的横支管坡度及管中心与墙面距离，由立管分支岔口管底皮挂横支管的管底皮位置线，再根据位置线标高和支、托、吊架具体位置、结构形式，凿打出支、托、吊架的墙眼（或楼板眼），其深度不小于120mm。应用水平、线坠等按管道位置线将已预制好的支、托、吊架栽牢、找正、找平。

③ 按横管排列、组对的顺序，应尽量减少连接死口；要使安装方便，应将横管进行管段预制。预制时应按排列顺序，按标准接口工艺规定，将管段立直或水平进行组装，并以 90°的两个方向将管段用线吊直找正。同时，要严格找准各管件甩口的朝向，确保横

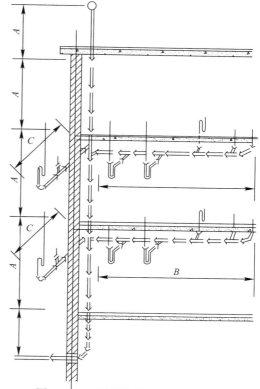

图 4.6-19 预制安装段划分草图

管安装后连接卫生器具下面排水短管的承口为水平。预制后的管段接口应进行养护。

④ 待预制管段接口及支、托、吊架塞堵砂浆达到强度后，用绳子通过楼板眼将预制管段按排管顺序依次从两侧水平吊起，放在支（托、吊）架上，对好各接口，用卡具临时卡稳各管段，调直各接口及各管件甩头的方向，再按标准的接口工艺连接好各接口，紧固卡子使之牢固。对接口进行养护，将各敞口的管头临时用木塞等塞严封牢。

（5）卫生器具下穿楼板短管安装

① 需要和卫生器具一起安装的短立管，应按标准卫生器具安装工艺进行（如扫地盒安装）。

② 安装楼板以上的排水短管时，应先按土建在墙上给定的地面水平（标高）线，挂好通过短管中心十字线的水平直线，再根据不同类型的卫生器具需要的排水短管高度从横支管甩头处量准尺寸，下料接管至楼板上，在量尺、下料、安装时，要严格控制短管的标高和坐标，使其必须满足各卫生器具的安装要求，并将各敞口用木塞等封闭严实、牢固。

③ 楼板下悬吊管道的清扫口，通常用两个 45°弯头接至楼面处，用堵丝盖严。

④ 楼板上的孔洞，从楼板上吊住模板，再用水湿润和冲净污物，以大于等于该楼板混凝土设计强度等级的细石混凝土捣灌严密，混凝土达到强度后拆掉模板。

（6）防腐、防露

① 防腐、防露前，对隐蔽管段必须按标准灌水工艺要求做灌水试验，做好试验记录。检查、验收合格方可隐蔽。

② 根据设计要求的防腐、防露种类，按防腐、防露标准工艺，对已安装好的横、支排水管道进行防腐、防露处理。

（7）排水横、支管安装质量通病及其防治方法如表 4.6-5 所示。

排水横、支管安装质量通病及其防治方法　　　　　　表 4.6-5

项　次	质量通病	防治方法
1	管道渗漏	1. 管道安装前应认真做好外观检查防裂纹、砂眼等残损； 2. 管道接口应严格按标准接口工艺进行
2	管通堵塞	1. 管道坡度、坡向应严格按设计要求或规范规定施工； 2. 管道接口时要严防灰、泥异物进入管内，管道施工不采用正 90°三通、弯头等管件； 3. 管道安装前应认真清净内部污物，施工中的临时敞口应及时封闭，设专人复查
3	管道结露	1. 认真审核图纸，对可能结露又影响使用的管道，应做防露处理； 2. 设计有防露要求的管道必须按设计要求的防露措施和材料认真做防露处理
4	穿墙、板管道周围孔洞堵塞不严	1. 应用电钻打眼，无条件时，应用手锤，均匀用力凿打，不可用大锤凿打； 2. 安管道前先堵好楼板眼周围的空心板孔，楼板眼不应过大； 3. 堵眼时必须先支牢模板，严禁用砖、石堵塞孔眼和抹砂浆等草率做法，用不低于楼板设计强度等级的细石混凝土认真灌堵

4.6.4　成品保护要点

1. 地下排水管道铺设成品保护

（1）灌水试验合格后从室外将堵口球胆取出，放净管内存水。

（2）管道系统隐蔽前，应用木塞或水泥砂浆等将排出口及各甩头管口临时封闭牢固。

（3）管道系统隐蔽后应和单位工程负责人办理工序交接手续，制定防护措施，防止室内回填土打夯或地配施工时损坏管道。

（4）穿越地沟的外露管段在地沟未隐蔽前应用草袋子等覆盖保护，高出地面的管道甩头在下道工序施工前也应采取同样保护措施。

（5）越冬施工时，对位于不采暖房间半露于地沟底皮或埋深过浅的管段要采取覆盖防冻措施。

2. 排水立管安装成品保护

（1）预制好的管道要码放整齐，垫平、垫牢，不准用脚踩或物压。

（2）立管安装中及安装后不准扳、蹬、踩，不准在管上绑扎和用来固定其他物件。

（3）室内装修粉饰前，应制定相应措施对立管加以保护，以防污染或损坏立管。管道井内管道在每层楼板处要做型钢支固。

（4）立管上各敞口的临时封堵要有专人定期检查，发现松动或脱落应及时加固、堵严、堵牢，严防落入灰泥或杂物。

（5）主管安装完后，应和单位工程施工负责人办理交接续，制定防护措施。

3. 排水横、支管安装成品保护

（1）预制或安装中的接口在未达到强度以前，不能受到任何振动，安装后的管道不得支、吊和承重其他物件。

（2）室内装修粉饰前，应制定相应措施对管道楼板上部的管口加以保护，以防污染或损坏管道、管口。

（3）管道敞口的临时封堵物要设专人定期检查，有松动或脱落隐患者应及时加固处理。

（4）管道安完后要和单位工程施工负责人办理工序交接手续，制定出有针对性的防护措施。

4.7　室内排水管道灌水试验要点

4.7.1　工作条件

1. 暗装或埋地排水管道已分段或全已施工完，接口已达到强度。管道的标高、坐标经过复核已全部达到质量标准。

2. 管道及接口均未隐蔽，有防露或保温要求的管道尚未进行，管外壁及接口处保持干燥。

3. 工作应在干作业条件和常温下进行。

4. 对于高层建筑以及系统复杂的工程，已制定好分区、分段、分层试验的技术组织措施，对施工人员已进行灌水试验技术交底。

5. 高层建筑灌水试验所用的胶管、胶囊堵等工具应进行试漏检查。胶囊胆堵置于水盆内，水盆装满水，边充气边检查胶囊、胶管接口处是否漏气。检查无误方可组合安装投入使用。

6. 参加检查的施工人员、技术人员、建设单位的有关人员均已到场。

4.7.2　工艺流程

4.7.3　操作工艺

1. 封闭排出管口

（1）标高低于各层地面的所有排水管管口，用短管暂时接至地面标高以上。对于横管和地下甩出（或楼板下甩出）的管道清扫口须加垫、加盖，按工艺要求正式封闭好。

（2）通向室外的排出管管口，用大于或等于管径的橡胶胆堵，放进管口充气堵严。底层立管和地下管道灌水时，将胆堵从底层立管检查口放入，上部管道堵严，向上逐层灌水依此类推。

① 打开检查口，用卷尺在管外测量由检查口至被检查水平管的距离加斜三通以下50cm 左右，记录这个总长；量出胶囊到胶管的相应长度，并在胶管上做好标记，以便控制胶囊进入管内的位置。

② 将胶囊由检查口慢慢送入，一直放到测出的总长位置。

③ 向胶囊充气并观察压力表示值上升到 0.07MPa 为止，最高不超过 0.12MPa，如图4.7-1 所示。

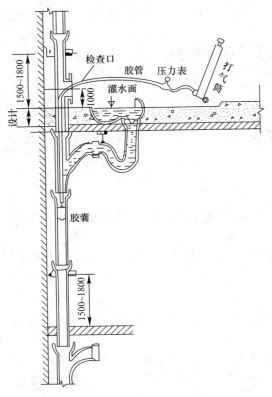

图 4.7-1　室内排水管灌水试验

注：灌水高度低于大便器上沿 5mm

观察 30min，无渗漏为合格

（3）高层建筑需分区、分段、分层试验。

2. 向管道内灌水

（1）用胶管从便于检查的管口向管道内灌水，一般选择出户排水管离地面近的管口灌水。当高层建筑排水系统灌水试验时，可从检查口向管内注水。边灌水边观察卫生设备的水位，直到符合规定水位为止。

（2）灌水高度及水面位置控制：大小便冲洗槽、水泥拖布池、水泥盥洗池灌水量不少于槽（池）深的 1/2；水泥洗涤池不少于池深的 2/3；坐式大便器的水箱、大便槽冲洗水箱灌水量应至控制水位；盥洗面盆、洗涤盆、浴盆灌水量应至溢水处；蹲式大便器灌水量至水面低于大便器边沿 5mm 处；地漏灌水时水面高于地表面 5mm 以上，便于观察地面水排除状况，地漏边缘不得渗水。

（3）从灌水开始，应设专人检查监视出户排水管口、地下清扫口等容易跑水部位，发现堵盖不严、高层建筑灌水中胶囊封堵不严及管道漏水应立即停止向管内灌水，进行整修。待管口堵塞、胶囊封闭严密和管道修复、接口达到强度后，再重新开始灌水试验。

（4）停止灌水后，详细记录水面位置和停灌时间。

（5）检查，做灌水试验记录。

① 停止灌水 15min 后，在未发现管道及接口渗漏的情况下再次向管道灌水，使管内水面恢复到停止灌水时的水面位置，第二次记录好时间。

② 施工人员、施工技术质量管理人员、建设单位有关的人员在第二次灌满水 5mm 后，对管内水面进行共同检查，水面位置没有下降则为管道灌水试验合格，应立即填写好排水管道灌水试验记录，有关检查人员签字、盖章。

③ 检查中若发现水面下降则为灌水试验没有合格，应对管道及各接口、堵口进行全面细致的检查、修复，排除渗漏因素后重新按上述方法进行灌水试验，直至合格。

④ 高层建筑的排水管灌水试验须分区、分段、分层地进行，试验过程中依次做好各个部分的灌水记录，不能混淆，也不可替代。

⑤ 灌水试验合格后，从室外排水口，放净管内存水。把灌水试验临时接出的短管全部拆除，各管口恢复原标高，拆管时严防污物落入管内。

3. 通球试验

（1）为了防止水泥、砂浆和建筑垃圾等物进入排水管道内，排水立管及水平干管管道均应做通球通水试验，通球球径选用如表 4.7-1 所示。

通球球径选用表   表 4.7-1

管径（mm）	150	100	75
通球球径（mm）	100	70	50

（2）通球球径不小于排水管径的 2 / 3，通球率必须达到 100％。

（3）通球从排水立管顶端投入，注入一定水量于管内，使球能在户外第一个排水井处观察，通球顺利流出为合格。

（4）通球过程如遇堵塞，应查明位置进行疏通，直到通球无阻为止。

（5）通球完毕，必须分区、分段地填写通球试验记录和验收表。

4.7.4 质量通病及其防治

质量通病及防治方法如表 4.7-2 所示。

质量通病及防治方法   表 4.7-2

项 次	质量通病	防治方法
1	灌水不及时	必须坚持不灌水不得隐蔽，严禁进行下一道工序
2	灌水检查人员不全	应参加检查的有关人员不能参加时，不得进行灌水试验
3	灌水试验、记录填写不及时不完整	1. 试验记录应由专人填写； 2. 技术部门对有关资料应定期检查
4	胶囊卡住	应擦上滑石粉，因存放时间过长
5	胶囊封堵不严	胶囊在管内躲开接口处，发现封堵不严，可放气后调整好位置再充气
6	放水时胶囊被冲走	胶管与胶囊接门应用镀锌钢丝扎紧

4.7.5 灌水试验成品保护要点

1. 灌水合格和管道通球验收后，应立即对管道进行防腐、防露等处理，进行管道隐蔽。不能当时隐蔽的，应采取有效防护措施，防止损坏管道，重做灌水试验。

2. 地下管道灌水合格、进行回填土前，对低于回填土面高度的管口，应做出明显标志（如埋一短管、木桩等高出回填土）。必须人工回填到≥300mm 厚土层，再进行大面积回填土。

3. 用木塞、草绳等进行临时封闭管口时，应确保堵塞物不能落入管内。既要牢固严密，又要使起封简单方便，不得损坏管口。

4.8 高层建筑排水系统调试技术

4.8.1 工作条件

1. 给水系统和排水系统已安装完毕，已进行灌水试验、通水试验、通球试验。

2. 卫生器具已安装完毕。

3. 已进行试验的技术、质量、安全交底。

4.8.2 工艺流程

卫生器具调试 —— 排水泵调试 —— 排水构筑物调试

4.8.3 操作工艺

1. 卫生器具调试

（1）检查卫生器具的外观，如果被污染或损伤，进行清理干净或进行调换重新安装，达到要求为止。

（2）卫生器具外观检查符合要求后放水试验，看水位超过溢流孔时，水流能否顺利溢出；当拉起提拉式塞子，排水应该迅速排出。关闭水嘴后应立即关住水流，龙头四周不得有水渗出。否则应拆下修理后再重新试验。

（3）检查冲洗器具时，先检查水箱浮球装置的灵敏度和可靠程度，应经多次试验无误方可。对于冲洗阀看其冲洗水量是否合适，如果不适，应调节螺钉位置达到要求为止。连体坐便水箱内的浮球容易脱落，造成关闭不严而长流水，调试时应缠好填料将球拧紧。冲洗阀内的虹吸小孔容易堵塞，从而造成冲洗后无法关闭，遇此情况，应拆下来进行清洗，达到合格为止。

（4）器具调试全部合格后，填写调试记录。

2. 排水泵调试

（1）调试前的检查：

① 驱动装置单独试转，其转向与泵转向必须一致。

② 各紧固件连接部位不可松动。

③ 润滑油已按规定加入，润滑状况应该良好。

④ 附属设备及管路（包括吸入管）冲洗干净，无杂物。

⑤ 安全装置齐备、可靠。

⑥ 盘车灵活，声音正常。

（2）调试：

① 无负荷调试。全开启入口阀门，全关闭出口阀门。将吸入管充满水，排净吸入管内空气，开启泵的传动装置，运转 1～3min 后立即停止运转。调试中运转声正常，紧固件无松动状，轴承无明显温升即为合格，调试完毕。

② 带负荷调试。由建设单位派人操作，设计单位和施工单位派人参加。打开管道上出口控制阀门，水泵运转无杂音，泵件无泄漏，紧固件无松动，滚动轴承温度不允许高于 75℃；滑动轴承温度不允许高于 70℃；轴封填料处水泄漏量不超过 10～20 滴/min；机械密封水泄漏量不超过 3 滴/min；电动机电流不超过额定值，运转正常，系统压力、流量、温度等符合设备文件规定；达到上述要求时调试工作全部完毕。

（3）调试结束，将泵和管路内的水放尽，关闭出入口阀门及系统上全部阀门。然后整理调试全过程的记录，填写"水泵试运转记录"表。

3. 排水构筑物排水试验

（1）排水构筑物先期只进行水量调试，对于处理效果需用 15～30d 长时间进行试验。

（2）试验中，检查构筑物的过水及贮水能力、水面流速及淤积程度等。

（3）观察化粪池的消化效果，排入城市管网的污水及污物是否符合规定标准。

（4）隔油池的挡板应当起到隔油效果，水流速度应符合设计要求。

4.8.4 质量通病及其防治

质量通病及其防治方法如表 4.8-1 所示。

质量通病及其防治方法 表 4.8-1

项 次	质量通病	防治方法
1	大便器长流水	1. 水箱浮球阀封闭不严； 2. 连体坐便水箱浮球脱落或浮桶位置偏移
2	大便器水箱溢水	1. 溢流管太低； 2. 水箱定位过高
3	排水栓渗水	封闭不严

4.8.5 成品保护

1. 对开长期停运的泵，要采取保护措施。

2. 空载调试时，泵运转时间严禁超过规定时间。

4.9 卫生器具附件安装要点

4.9.1 工作条件

1. 室内排水立管、横支管已施工完毕。

2. 位置线和地面相对水平线已由土建测量放线。

3. 已进行技术、质量、安全交底。

4.9.2 工艺流程

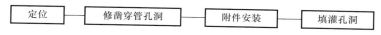

定位 → 修凿穿管孔洞 → 附件安装 → 填灌孔洞

4.9.3 操作工艺

1. 定位

根据设计的位置，以墙的轴线为准，核对横、支管甩头位置，找出地漏、清扫口的位置中心，划上"十"字线。

2. 修凿穿楼板孔洞

现浇楼板应准确地留出穿管孔洞。预制楼板一般后修凿孔洞，按设计图纸中标注的地漏及清扫口的平面位置，以地漏和清扫口中心（"十"字线中心）为圆心，打出直径比地漏和清扫口的外径大 30～40mm 的孔洞，遇钢筋时不得私自切断，须与土建技术人员共同研究确定。

3. 附件安装

(1) 地漏、清扫口安装

① 根据土建给出的水平安装标高线及地面实际竣工标高线，按设计要求的坡度，计算出从距地漏最远的地面边沿至地漏中心的实际坡降，地漏上沿安装标高（h）可由下式求得：

$$h = D - P - 0.05$$

式中　D——安装地漏房间地面的边沿标高（m）；

P——距地漏最远的地面边沿到地漏中心的坡降（m）。

② 地漏的类型及安装：

A. 普通圆形铸铁地漏。一般住宅及公共建筑以往都安装普通型地漏，其分为带扣碗和不带扣碗两种，如图 4.9-1 所示，后者不适用于住宅。地漏的安装如图 4.9-2 所示。

B. 高水封地漏。其水封不小于 50mm，并设有防水翼环，可随不同地面做法所需要的安装高度进行调节。施工时将翼环放在结构板面以上的厚度，根据土建要求的做法，调整地漏盖面标高，如图 4.9-3～图 4.9-5 所示。

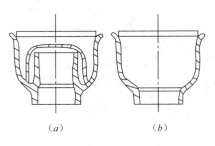

图 4.9-1　普通铸铁地漏

(a) 地漏带扣碗；(b) 地漏不带扣碗

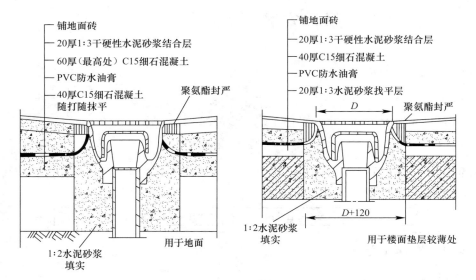

图 4.9-2　地漏的安装

C. 多功能地漏。地漏盖除了能排泄地面水，还可连接洗衣机或洗脸盆的排出水，如图 4.9-6、图 4.9-7 所示。

目前多功能地漏的类型越来越多，其地漏安装基本要求是一致的。多功能地漏的功能更能适应地面水和洗衣机污水的排放，同时又使洗涤盆的污水在密封条件下排除，克服了以往盆下污水回溅的现象。现以沈阳市来云水封器材厂生产的多功能地漏 A 型为例进行说明，其安装工艺：将地漏底安装在地坪内，做好周边防水；排水栓塞入洗涤盆孔内，拧紧

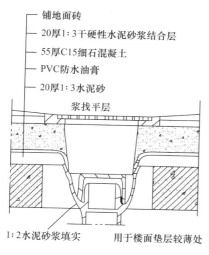

铺地面砖
20厚1:3干硬性水泥砂浆结合层
55厚C15细石混凝土
PVC防水油膏
20厚1:3水泥砂
浆找平层

1:2水泥砂浆填实　　用于楼面垫层较薄处

图 4.9-3 高水封地漏的安装

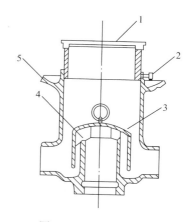

图 4.9-4　存水盒地漏
1—算子；2—调高螺栓；
3—存水盒罩；4—支承件；5—防水翼

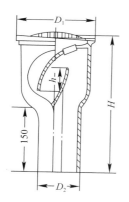

	DN	H	h	D_1	D_2
DL8	50	275	50	130	60
DL9	75	320	60	184	85
DL10	100	350	70	220	110

图 4.9-5　DL8-10 型高水封地漏

螺帽；水封葫芦拧在排水栓下端；波纹管分别与水封葫芦和地漏盖插紧，地漏盖扣在地漏表面；过滤筐塞入排水栓内，如图 4.9-8 所示。

D. 双算杯式水封地漏。水封高度 50mm，此地漏另附塑料密封盖，施工过程中可利用此密封盖防止水泥砂石等物从盖的算孔进入排水管道，造成管道堵塞，排水不畅。平时用户不需使用地漏时，可利用塑料密封盖封死，如图 4.9-9 所示。

E. 防回流地漏。用于地下室、深层地面排水、管道井底排水、电梯井排水及地下通道排水。地漏中设有防回流装置，防止污水干线排水不畅、水平面升高而发生倒流，如图 4.9-10 所示。

排水设施及管道安装，地漏应设置在卫生器具附近的地面最低处，地漏的算子低于地面 5~10mm。

各类型地漏根据设计要求确定其在管道中的具体位置及配管，如设计无规定可按图 4.9-11 进行安装。接口填料由设计选定。

257

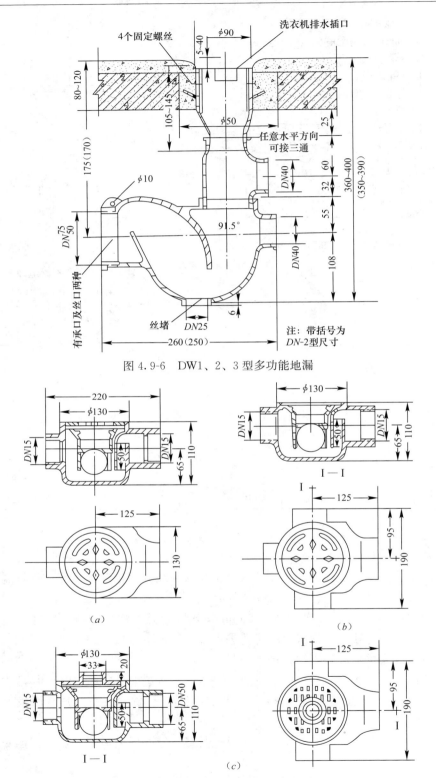

图 4.9-6　DW1、2、3 型多功能地漏

图 4.9-7　各种 DL 型地漏（浙江北漳综合福利厂多功能地漏）

（a）DL-1 型双通道；（b）DL-2 型三通道；（c）DL-3 型三通道带洗衣机排水接入口

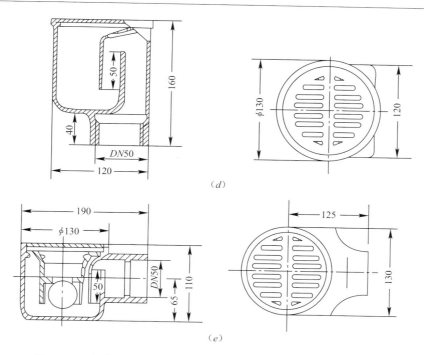

(d)

(e)

图 4.9-7　各种 DL 型地漏（浙江北漳综合福利厂多功能地漏）（续）

(d) DL-6 型垂直单向出口；(e) DL-7 型单通道水平出口

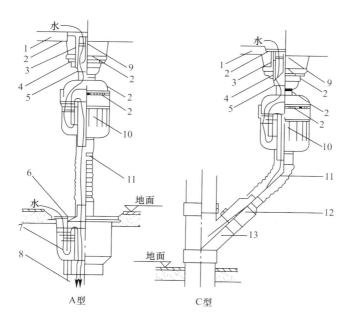

A 型　　　　　　　C 型

图 4.9-8　A 型与 C 型地漏安装

1—洗涤盆；2—胶垫；3—过滤筐；4—螺帽；5—排水栓

6—地漏盖；7—地漏；8—排水管；9—封堵手柄；

10—水封葫芦；11—螺纹管；12—大小头；13—三通

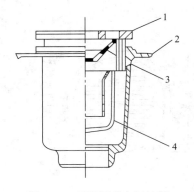

图 4.9-9 双算杯式水封地漏

1—镀铬算子；2—防水翼环；

3—算子；4—塑料杯式水封

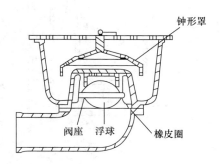

图 4.9-10　防回流地漏

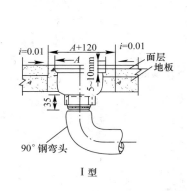 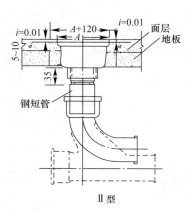 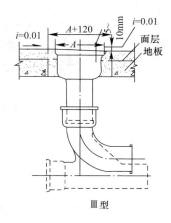

Ⅰ 型　　　　　　Ⅱ 型　　　　　　Ⅲ 型

图 4.9-11　地漏在管道位置上的安装

③ 铸铁清扫口安装：如果清扫口设在楼板上，应预留孔洞（$DN+120$），若是设在地面上先安装清扫口后做地面。依据清扫口的设计位置与标高，可以采用两个 45°弯头或弯曲半径为 400mm 的月形弯头，接至地面处，用铸铁制的堵头盖紧封严，如图 4.9-12 所示。

（2）毛发聚集器安装

一般设置在理发室、浴池、游泳池等处，根据设计选用的形式参考图 4.9-13 进行下料、加工、安装。

（3）隔油器安装

隔油器设置在餐馆及大中型厨房或配餐间的洗鱼、洗肉、洗碗等含油脂较高的污水排入下水道之前，安装在靠近水池的台板下面，隔一定时间打开隔油器除掉浮在水面上的油脂。安装时应注意，当几个水池相连的横管上设一个公用隔油器时，尽量使隔油器前的管道短些，防止管道被油脂堵塞。安装如图 4.9-14 所示，也可按图自行加工制作。

（4）通气管、通气帽安装

通气管（或排水立管）穿越屋面及通气帽的安装施工是一个不可忽略的环节，否则将造成屋面与穿越管道间漏水或从通气帽上进水。应严格按结点图进行施工，如图 4.9-15、图 4.9-16 所示。

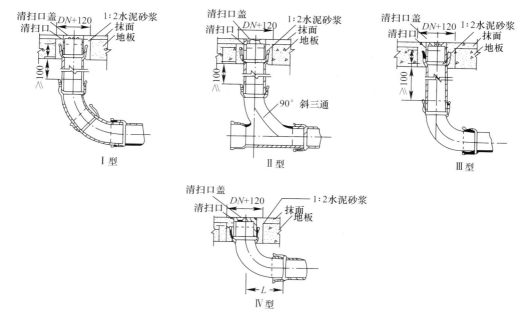

图 4.9-12 清扫口安装（DN50～100）

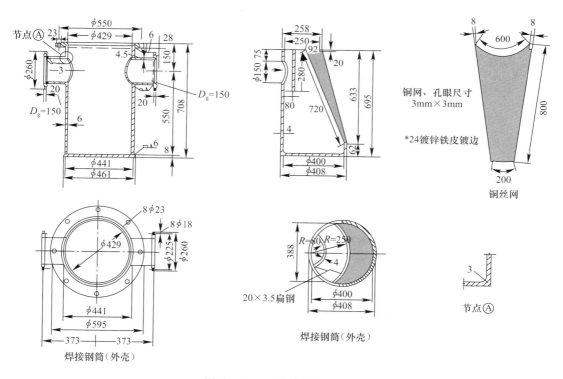

图 4.9-13 毛发聚集器详图

4. 填灌孔洞

管道穿越楼板、墙壁周边的孔洞均须在安装完后进行填灌。其操作顺序及方法按工艺标准进行。当用木模吊支后，用水冲洗孔洞浮灰且湿润其周边，必须用不低于其楼板设计

261

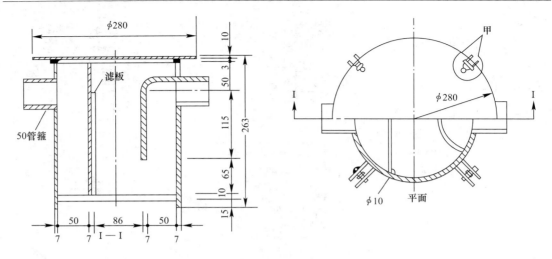

图 4.9-14　隔油器加工图

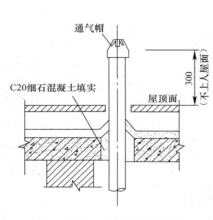

图 4.9-15　塑料通气帽安装

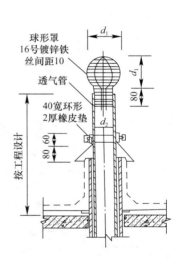

图 4.9-16　铸铁通气帽安装

强度的细石混凝土均匀地灌入孔隙中，并认真捣实。其中地漏只需灌至其上沿往下 30mm 处止，以使地面施工时统一处理。管道穿屋面的周围孔隙必须严格按图示施工，在施工中注意紧密地与土建工程的屋面防水配合。

4.9.4　卫生器具附件安装质量通病及防治方法

质量通病及防治方法如表 4.9-1 所示。

卫生器具附件安装质量通病及防治方法　　　　　　　　　表 4.9-1

项　次	质量通病	防治方法
1	标高不准，地面倒流水	准确计算好安装标高，把住楼板灌混凝土前的复核关
2	地漏周围漏水	土建施工时，严格按要求灌严，确保楼地面坡度

续表

项 次	质量通病	防治方法
3	地漏汇集水效果不好	1. 地漏安装高度偏差较大； 2. 地面土建施工时，对做好地漏四周坡度重视不够，造成地面局部倒坡； 3. 地漏应严格遵照基准线施工
4	毛发聚集器拢不住毛发	1. 铜网孔眼尺寸过大； 2. 不可用铁网代替铜网

4.9.5 成品保护要点

1. 地漏施工后，用木塞或砖头和低强度水泥砂浆临时封堵好，在地面竣工后打开，将污物清净。

2. 毛发聚集器及隔油器安装后，严防网孔被杂物堵住。

4.10 高（低）水箱蹲式大便器安装要点

4.10.1 工作条件

1. 室内排水主干管、立管、横支管及其甩头已施工完毕，经检查排水管各甩头管口的标高、坐标均符合要求。

2. 厕所的防水要求已由设计确定，已做好防水的施工准备工作。

3. 室内抹灰已施工完，水准线已由土建测量放线引入房间，地面相对标高线已弹出。

4. 厕所的间墙或隔断已完成或已给出准确位置。

5. 高层建筑中标准层的样板间施工完毕，且已经过有关人员检查、认可、签字。

6. 高层建筑，已按照标准层样板间的卫生器具安装模式制备完模棒、模板、模具。

4.10.2 工艺流程

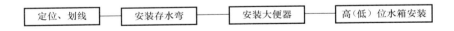

定位、划线 → 安装存水弯 → 安装大便器 → 高（低）位水箱安装

4.10.3 操作工艺

1. 定位、划线

（1）检查蹲便器、水封、存水弯管、自闭式冲洗阀和水箱的规格、型号，各部尺寸应符合设计要求，其外观质量达到施工规范要求。根据实物认真核对横支管上蹲便器的甩口位置及其标高，应相互吻合。确定合理的坐标和标高后，方可进行下道工序施工。

（2）清扫安装蹲便器处的地面，在底层安装蹲便器时首先把土层夯实找平。在安装处划出蹲便器的"十"字中心线和蹲便器排出口的"十"字中心位置线。在高层建筑安装中，可用模棒、模板、模具，确定安装标高、中心线及各部尺寸。

2. 安装存水弯

（1）P形水封存水弯用于楼层蹲便器的安装中，存水弯的安装应在厕所地面防水前进行，安装时将水封存水弯的进口中心对准蹲便器排出口中心，用带有承口的短管接长至地面以上 10mm，存水弯管的出口端接入排水横管预留的支管甩头内。临时固定住水封存水弯，按设计要求及工艺标准进行接口，封堵楼板孔洞后，配合土建做好厕所地面防水，如图 4.10-1 所示。

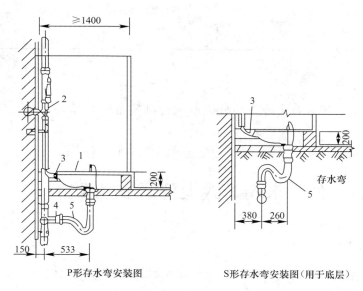

图 4.10-1　自闭式冲洗阀蹲式大便器安装图
1—蹲式大便器；2—自闭式冲洗阀；3—胶皮碗；4—T-Y 三通；5—存水弯

（2）S 形水封存水弯一般用于底层和楼层的二步台阶蹲便器安装中，安装时，用水泥砂浆先把存水弯管底座稳住，使底座标高控制在室内基准地面的同一高度。再将存水弯管的承口对准已确定的蹲便器排出管口的中心，将存水弯管的插口插入预留的排水支管甩头里，插入深度不小于 40mm，在接口处用油麻和腻子抹严抹平，如图 4.10-1，图 4.10-2 所示。

3. 安装蹲便器

（1）将蹲便器试安装在水封存水弯管上，用红砖在蹲便器的四周临时垫好，然后核对蹲便器的安装位置、标高，符合质量要求后，用水泥砂浆砌好蹲便器四周经过润湿的红砖，在蹲便器下和水封存水弯管周围填入白灰膏拌制的炉渣。

（2）核对蹲便器的位置与标高，确认无误后取下蹲便器，用油灰腻子做成首尾相连的圆圈，放入水封存水弯管内或排水短管的承口内，再重新把蹲便器安在存水弯管上，稳正找平，将蹲便器的排出口均匀压入存水弯管的承口内，再将挤出承口的腻子抹光刮平。

（3）在蹲便器两侧用楔形砖挤住，再用水泥砂浆将蹲便器与砖接触的两侧抹成"八"字形，留出安装胶皮碗的进水口。

4. 高（低）水箱（自闭式冲洗阀）安装

（1）以蹲便器排出管为中心，在蹲便器后的墙上吊坠线，弹画出蹲便器出口和水管出水管的垂线（应在一条直线上）。此中心线为安装水箱的基准线。

（2）以水箱实物的几何尺寸为依据，在后墙上画出水箱螺栓安装位置，做出十字标记，箱底距台阶面 1.8m。钻孔（打洞），然后按工艺标准栽埋膨胀螺栓或鱼尾螺栓。将螺

4.10 高（低）水箱蹲式大便器安装要点

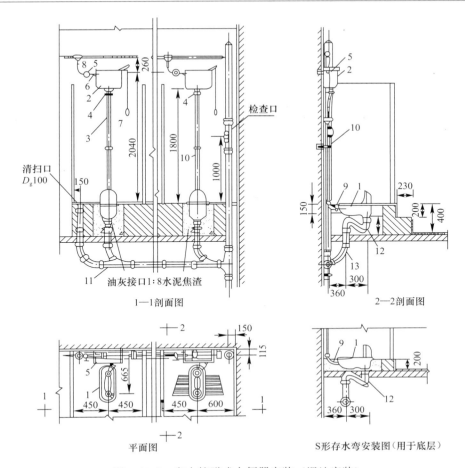

图 4.10-2 高水箱蹲式大便器安装（埋地安装）

1—蹲式大便器；2—高水箱；3—冲洗管 D32；4—冲洗管配件 D15；5—角式截止阀 D15；
6—浮球阀配件 D15；7—拉链；8—弯头 D15；9—橡皮碗；10—单管立式支架；
11—45°斜三通 100mm×100mm；12—存水弯 D100；13—135°弯头 D100

栓周边抹平。

（3）水箱组装。将进出口的锁母、根母拆下，加上胶垫，安装弹簧阀及浮球阀，再组装虹吸管、天平架及拉链，找平找正后拧紧。浮球杆定位要适宜。几种常用的高（低）水箱如图 4.10-3 和图 4.10-4 所示。

（4）将组装好的水箱挂装在水箱螺栓上，找平调正后用螺栓加垫，也可先栽好预埋螺栓（或膨胀螺栓）加以稳固。冲洗管与蹲便器的胶皮碗，用 16 号铜线绑扎 3~4 道拧紧，将上端插入水箱底部锁母中，填以油麻腻子，塞严后拧紧锁母。冲洗管下端用一个弯头加短管（或加弯管）连接胶皮碗。其中短管或弯管先刷好防腐油，将冲洗管找正找平，安装卡子固定。

（5）连接水箱给水管。

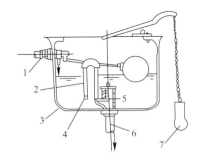

图 4.10-3 高水箱冲洗洁具的组装

1—浮球阀；2—虹吸管；3—水箱；
4—φ5mm 冲气小孔；5—弹簧阀；6—
冲洗管；7—天平架及拉链

265

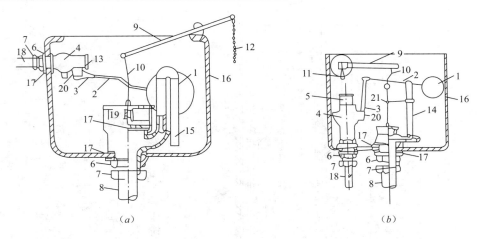

图 4.10-4 高、低位水箱

(a) 高水箱；(b) 低水箱

1—漂子；2—漂子杆；3—弯脖；4—漂子门；5—水门闸芯；6—根母；7—锁母；

8—冲洗管；9—挑子；10—铜丝；11—板把；12—拉链；13—闸帽；14—溢水管；

15—虹吸管；16—水箱；17—胶皮；18—水管；19—弹簧；20—销子；21—溢水管卡子

（6）蹲便器下垫砖和冲洗管周围填入过筛的炉渣并拍实，按设计要求配合土建抹好厕所地面。

4.10.4 质量通病及其防治

质量通病及防治方法如表 4.10-1 所示。

质量通病及其防治方法 表 4.10-1

项　次	质量通病	防治方法
1	水封存水弯与排水管接口漏水	保证水封存水弯管插入排水管有足够的深度，并认真做好接口处理，须经检查合格后方准填埋隐蔽
2	水封存水弯管承口漏水	蹲便器排出口中心对正水封存水弯承口中心；承口内油灰腻子饱满，蹲便器排出口压入水封存水弯管承口后，应牢靠稳固蹲便器，严禁出现松动或位移现象，否则应取下蹲便器重新填油灰腻子压入承口中，并内外抹实刮平
3	胶皮碗接头漏水	选用合格的胶皮碗，冲洗管对正蹲便器进水口，用 14 号铜线错开拧扎，且不少于两道
4	水箱溢水溅出、自泄	浮球杆定位过高，通过虹吸流入便池或从水箱上溢水，应重新调整
5	水箱不下水	浮球杆定位过低，造成水箱内水量不足，应重新调整
6	底层管口脱落	蹲便器安装在底层时，必须注意土层夯实。如果不能夯实时，应采取技术措施，严防土层沉陷造成管口脱落

4.10.5 成品保护

1. 蹲便器排出口做可靠的临时封堵。

2. 蹲便器内用草绳、灰袋纸或其他柔软材料填满并盖好，对仍有大量后序工种作业的厕所间，蹲便器应临时做木框罩上。

3.厕所间竣工通水前严禁使用蹲便器。

4.11 低水箱坐式大便器安装要点

4.11.1 工作条件

1.坐便器所对应的排水管甩头，已按设计图标注的型号做至地面，其坐标、标高与进场坐便器的几何尺寸要求一致。

2.卫生间的地面防水层已按规范要求做至地面上 500mm，且灌水试验不渗不漏。抹灰找平层已做完，地面及墙面装饰厚度已定，地面基准线已由土建给出。

3.器具、材料已进场，能保证连续施工的需要。

4.已进行过技术、质量、安全交底。

5.高层建筑中的样板间已经有关人员检查、认可、签字。

6.高层建筑，已按样板间卫生器具的安装模式制备完模棒、模板、模具。

4.11.2 工艺流程

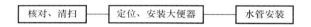

4.11.3 操作工艺

1.核对、清扫

（1）根据已进场的坐便器、水箱型号、规格、几何尺寸，复核排水管甩头、给水甩头的位置和标高是否符合要求、相互一致。然后将安装坐便器的位置及其周围打扫干净。

（2）取下排水口甩头的临时封堵，检查管内有无杂物，用干净布将管口擦洗干净。

2.定位安装

（1）将抬起的坐便器排出管口对准排水管甩头的中心，放平、找正。坐便器的底座如果是用螺栓固定，则须用尖冲将坐便器底座上两侧螺栓孔的位置留下记号，待抬走坐便器后画上"十"字中心线。然后在中心剔出孔洞 $\phi20\mathrm{mm}\times60\mathrm{mm}$ 后，将 $\phi10\mathrm{mm}$ 螺栓栽入孔洞或者嵌入 $40\mathrm{mm}\times40\mathrm{mm}$ 的木砖（用木螺钉垫铅垫稳固坐便器），找正后用水泥将螺栓灌稳，再进行一次坐便器试安，使螺栓穿过底座孔眼，再抬开坐便器。将坐便器的排出管口和排水管甩头承口的周围抹匀油灰（腻子），使坐便器底座的孔眼穿过螺栓后落稳、放平、找正。在螺栓上套好胶垫，将螺母拧至合适的松紧度即可。分式坐便器和背水箱坐便器的安装属于此类型，如图 4.11-1 和图 4.11-2 所示。高层建筑中可用事先制备好的模棒、模具、模板，进行量尺、画中心线"十"字、定位和安装。

（2）无须用螺栓固定的坐便器，可直接稳固在地面上，其水箱由厂家组合为成品与坐便器连体。如广州生产的鹰牌连体坐便器也可不用螺栓固定，如图 4.11-3、图 4.11-4 所示。其安装工艺与上述相同，定位后先进行试安装，如果出现排水甩头低于地面太多而无法安装时，可用排水塑料短管找准安装标高，短管下量前，先量准尺寸，调正、找平后移开坐便器。先把排水管甩头的承口擦拭干净，均匀地涂抹上塑料粘接剂，将排水短管的一

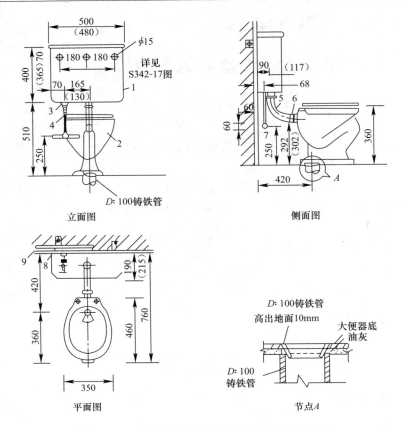

图 4.11-1　分体低水箱坐便器安装图（S式安装）

1—低水箱；2—坐式大便器；3—浮球阀配件；4—水箱进水管；

5—冲洗管及配件；DN50；6—锁紧螺栓；7—角式截止阀；8—三通；9—给水管

端外周涂抹好胶、插入甩头的承口里，待达到强度后再把坐便器抬来使排出管口对准短管接头并插入，同时在坐便器的底盘上抹满腻子（油灰），在排出管口外壁缠绕麻丝，抹实油灰。麻丝和油灰必须适量，箍紧防止脱落。然后把坐便器直接稳固在地面上，压实后擦去底盘挤出的油灰，再用玻璃胶封闭底盘的四周边缘。这种安装方法有利于维修、更换、拆除，但稳定性不如螺栓固定。

（3）分体式坐便器安装（与连体坐便器相同）后，进行水箱安装。

①在坐便器尾后中心所对的墙上吊垂线，将垂线过在挂水箱的墙上划出标记。根据水箱背的螺栓孔中心位置，用水平尺找平，再用量尺画出水平线，做出螺栓孔在水平线上的"十"字记号，然后在每个"十"字记号上剔出孔洞（或钻孔打进膨胀螺栓固定）将螺栓插进孔洞，用水泥砂浆固定，将水箱试安装后再找正螺栓。水箱安装如图 4.11-5 所示。

②根据水箱的类型，将水箱内的各配件进行组合安装，见各类低水箱组合图。

③螺栓达到强度后，将水箱挂上，放平、找正，使水箱中心与坐便器中心对正，在螺栓上套上胶垫，带上垫圈将螺栓拧至松紧适度。

3. 水管安装及其他

（1）冲洗管安装。用冲洗管、胶圈、压盖、锁紧螺母将分体式水箱的出水口和坐便器的进水口连接起来。安装紧固后的冲洗管的直立端应垂直，横端应水平或稍向坐便器。

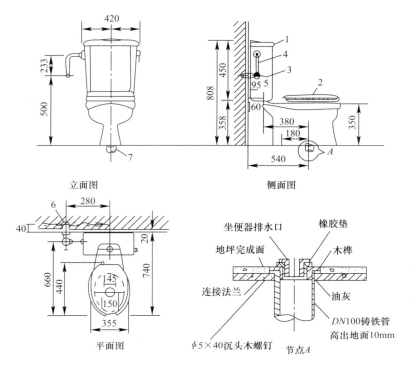

图 4.11-2　连体低水箱坐式大便器安装图

1—低水箱；2—坐式大便器；3—截止阀；4—进水管；

5—水箱出水口；6—三通；7—冲洗管

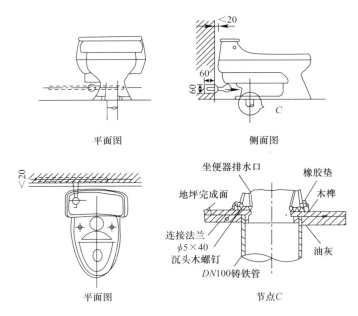

图 4.11-3　漩涡虹吸式连体坐便器

（2）水箱进水管安装。用镀锌管或铜管、弯头或三通、截止阀（或角阀）、活接头、管箍从给水甩头接至低水箱进水口配件。上水管道应横平竖直，朝向正确，接口严密。

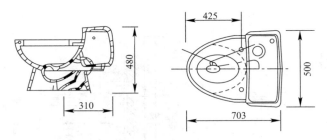

图 4.11-4　连体水箱式坐便器安装图

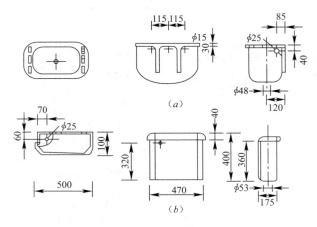

图 4.11-5　分体水箱式坐便器水箱安装图

4. 水箱组装

目前各种坐便器水箱形式繁多，原理大同小异，现介绍几种常见水箱结构，如图 4.11-6～图 4.11-9 所示。

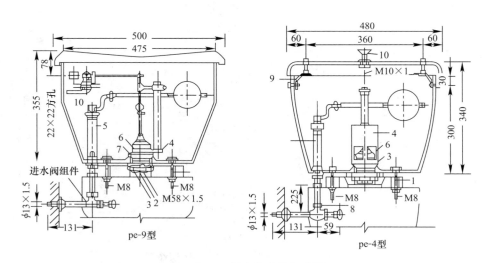

图 4.11-6　低水箱安装组合图

1—水箱与坐便器连接附件；2—根母；3—胶垫钢垫；4—排水阀组件；5—浮球阀组件；
6—皮碗；7—锥形胶圈；8—进水阀组件；9—水箱盖连接附件；10—把手

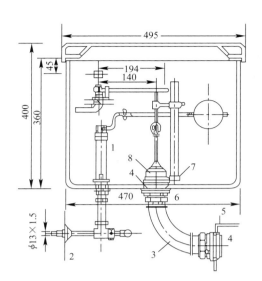

图 4.11-7　普通水箱配件组合图

1—浮球阀组件；2—进水阀组件；3—DN50 冲洗管；

4—锥形胶圈；5—坐便器；6—根母；

7—排水阀组件；8—皮碗

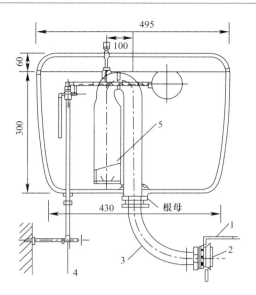

图 4.11-8　塑料低水箱组合图

1—坐便器；2—锥形胶圈；3—DN50 冲洗管

4—进水阀组件；5—无塞虹吸

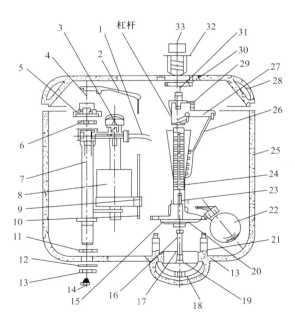

图 4.11-9　连体型坐便器水箱洁具组装

1—补水管；2—进水阀杠杆；3—二次阀；4—顶针；5—上盖；6—进水阀片；7—进水管；

8—浮子；9—调节卡片；10—拉杆；11—橡胶垫圈；12—塑料垫圈；13—螺母；14—过滤器；

15—放水阀垫片；16—介子；17—螺栓；18—紧固钩；19—紧固座；20—支承架；21—阀座；

22—浮球；23—溢水管；24—支承杆；25—水箱；26—拉杆；27—杠杆；28—水箱盖；

29—提升座；30—螺帽；31—顶杆；32—按钮座；33—放水按钮

5. 坐便器安装

当前广泛应用的连体坐便器（水箱无须另固定）、背式坐便器、分式坐便器，结合建筑类型不同及要求，可参考图 4.11-10 固定水箱和坐便器。

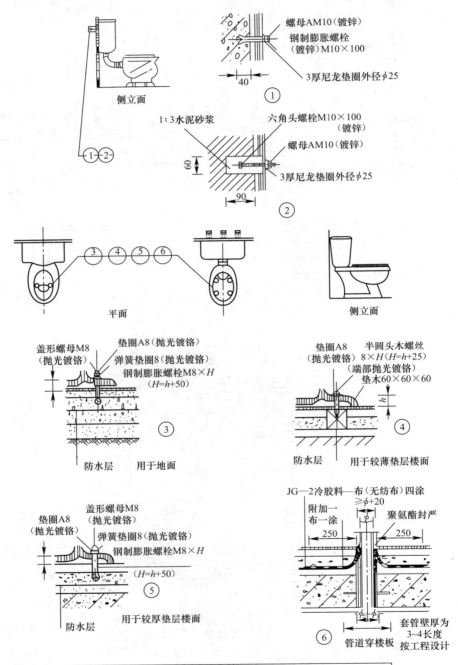

$\phi_1 \leqslant DN50$	$\phi_3 = \phi_2 + 160$
$DN50 \leqslant \phi_1 \leqslant DN100$	$\phi_3 = \phi_2 + 180$

图 4-11-10　坐便器安装详图

4.11.4 质量通病及其防治

质量通病及其防治方法见表4.11-1。

质量通病及其防治方法　　　　　　　　　表4.11-1

项　次	质量通病	防治方法
1	冲洗管上、下接口处渗漏	1. 水箱与坐便器中心线应一致，确保冲洗管正直不歪扭； 2. 锁紧螺母和压盖处垫入胶圈时应检查，确保无损坏（用其他填料时应密实）； 3. 压盖拧牢，避免应用力过猛造成破裂
2	坐便器与低水箱中心线不一致，造成冲洗管歪扭	1. 水箱的预栽木砖（或螺栓）要根据已核对好位置的坐便器排水管甩头中心线和水箱上的固定孔确定位置； 2. 坐便器和低水箱安装固定时，要严格按事先划出的统一中心线调准位置
3	坐便器与低水箱坐标或标高超出允许偏差	1. 坐便器安装预栽木砖前要根据图纸要求和经与土建人员落实的室内±0.00线认真核对坐便器排水管伸头的位置与标高，不合格时必须修整； 2. 预栽的木砖不得高出墙、地装饰面； 3. 坐便器与低水箱的安装固定宜在卫生间的墙、地饰面层完成后进行
4	器具安装松动或水平及垂直度超差	1. 预栽木砖必须平整、牢固； 2. 安装固定器具时，木螺钉应垫上铅（或橡胶）垫，拧紧拧牢； 3. 器具安装固定前应和土建人员协调把不平整的墙、地饰面修平整； 4. 固定器具时应用水平尺和线坠把器具调平直再固定
5	位于楼板里甩头排水管裂纹	安装坐便器排出口或接短管前，应当用照明检查排水甩头是否被损伤或出现裂纹。如果发现此情况，应更换甩头排水管后再行安装坐便器

4.11.5 成品保护

1. 对没装修完的卫生间，坐便器安完后应用灰袋纸、草绳等把坐便器排水口堵严，用草袋子等对坐便器和低水箱进行覆盖。

2. 在单位工程未正式交付使用前，严禁使用。

3. 办理工序交接手续，制定出有针对性的成品保护措施。

4.12 小便器安装要点

4.12.1 工作条件

1. 材料、器具均已进场，能保证连续施工，已进行技术、质量、安全交底。

2. 排水管甩头已按要求的位置和标高做至地面或甩出管口。给水管甩头已按小便器的需要预留。

3. 厕所的基准线已由土建给出，除栽木砖或预埋螺栓等外，小便器的安装要在装饰施工完毕进行。

4. 高层建筑中样板间已经过各方人员检查、认可、签字。

5. 高层建筑，已按标准层的样板间卫生器具的安装模式制备完模棒、模板、模具。

4.12.2 工艺流程

定位栽木砖 → 小便器安装 → 接管（附属配件安装）

4.12.3　操作工艺

首先，按小便器的型号、规格、几何尺寸，核对排水管甩头的位置、标高、规格，给水管甩头应满足小便器安装的需要，符合设计要求。安装前排水管甩头周围要清扫干净。

1. 挂式小便器安装

挂式小便器是依靠自身的挂耳固定在墙上的。

（1）首先从给水管甩头中心向下吊坠线，并将垂线画在安装小便器的墙上，用量尺画出安装后挂耳中心水平线，将实物量尺后在水平线上画出两侧挂耳间距及四个螺钉孔位置的"十"字记号。在上下两孔间凿出洞槽预栽防腐木砖，或者凿剔小孔预栽 $\phi60mm\times70mm$ 木螺栓。栽好的木砖面应平整，外表面均与墙平齐，且在木砖的螺栓孔中心位置上钉上铁钉，铁钉外露装饰墙面。待墙面装饰做完，木砖达到强度，拔下铁针，把完好无缺的小便器就位，用木螺钉加上铅垫把挂式小便器牢固地安装在墙上，如图 4.12-1 所示。小便器安装尺寸见图 4.12-2 中（a）和（c），小便器配件参见图 4.12-3（a）。

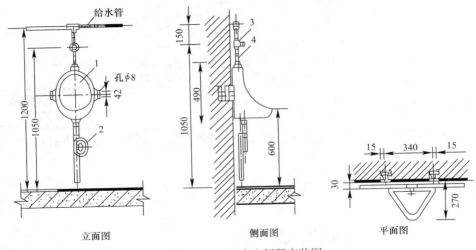

图 4.12-1　挂式小便器安装图

1—挂式小便器；2—存水弯；3—角式截止阀；4—短管

（2）用短管、管箍、角型阀连接给水管甩头与小便器进水口。冲洗管应垂直安装，压盖安设后应严实、稳固。

（3）取下排水管甩头临时封堵，擦净管口，在存水弯管承口内周围填匀油灰，下插口缠上油麻，涂抹铅油，套好锁紧螺母和压盖，连接挂式小便器排出口和排水管甩头口。然后扣好压盖，拧紧锁母。存水弯安装时应理顺方向后找正，不可别管，否则容易造成渗水。中间如用丝扣连接或加长，可用活节固定。

2. 立式小便器安装

（1）立式小便器安装前，检查排水管甩头与给水管甩头应在一条垂直线上，符合要求后，将排水管甩头周围清扫干净，取下临时封堵，用干净布擦净承口内，抹好油灰安上存水弯管。

（2）在立式小便器排出孔上用 3mm 厚橡胶圈垫及锁母组合安装好排水栓，在立式小便器的地面上铺设好水泥、白灰膏的混合浆（1:5），将存水弯管的承口内抹匀油灰，便可将排水栓短管插入存水弯承口内，再将挤出来的油灰抹平、找均匀，然后将立式小便器

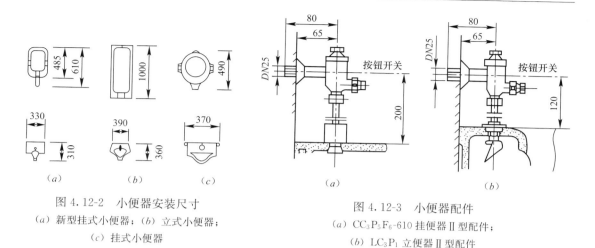

图 4.12-2　小便器安装尺寸

（a）新型挂式小便器；（b）立式小便器；

（c）挂式小便器

图 4.12-3　小便器配件

（a）CC₃P₅F₆-610 挂便器Ⅱ型配件；

（b）LC₃P₁ 立便器Ⅱ型配件

对准上下中心坐稳就位，如图 4.12-4 所示。小便器安装尺寸见图 4.12-2 (b)，小便器配件见图 4.12-3 (b)。

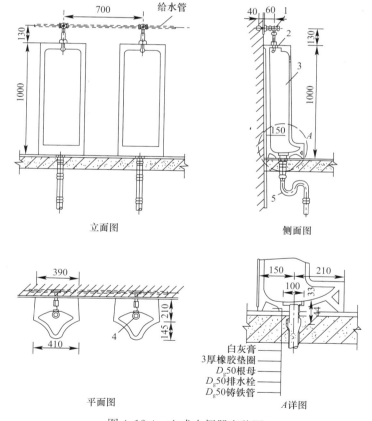

图 4.12-4　立式小便器安装图

1—延时自闭冲洗阀；2—喷水鸭嘴；3—立式小便器；4—排水栓；5—存水弯

经校正安装位置与垂直度，符合要求后，将角式长柄截止阀的丝扣上缠好麻丝抹匀铅油，穿过压盖与给水管甩头连接，用扳子拧至松紧适度，压盖内加油灰，按实压平与墙面靠严。角型阀出口对准喷水鸭嘴，量出短管连接尺寸后断管，套上压盖与锁母分别插入喷水鸭嘴和角式长柄截止阀内。拧紧接口，缠好麻丝，抹上铅油，拧紧锁母至松紧度合适为止。然后在压盖内加油灰按平。

（3）高层建筑及高级宾馆安装中可采用以样板间为模式，利用自制的模具、模板进行定位，划线安装。

3. 光电数控小便器安装

其安装方法同上。光电数控原理简介如图 4.12-5 所示。光电数控附属设施的安装需配合电气、土建等其他工种完成。

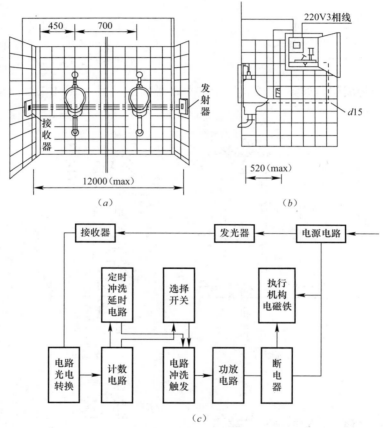

图 4.12-5　光电数控小便器
（a）立面；（b）侧面；（c）原理图

4.12.4　质量通病及其防治

质量及其防治方法如表 4.12-1 所示。

质量通病及其防治方法 表 4.12-1

项　次	质量通病	防治方法
1	小便器标高超差，坐标不准	1. 预栽木砖前和土建技术人员认真核实水平标高和间墙线的准确性，墙上画出的小便器安装垂直中心线和水平中心线必须准确； 2. 安装小便器时，标高、坐标和平整度复核准确后再用木螺钉固定

续表

项 次	质量通病	防治方法
2	存水弯脱落漏水	1. 安装水封存水弯管时，上承口内周必须用油灰填实、填严，下承口和排水管甩头间必须用油灰、石棉绳填实、填牢； 2. 做好工序交接，定好成品防护措施，存水弯管安装后不得碰撞、扭动
3	角型阀冲洗管漏水或不正	1. 角型阀出水杆上压盖处必须垫上完好的股圈并拧紧； 2. 给水管道甩头位置和标高的复核必须认真，连接用镀锌短管尺寸要量准确

4.12.5 成品保护要点

1. 安装后的小便器应用草袋子等覆盖，防止被砸碰损坏。
2. 在单位工程未正式交工前，严禁使用。
3. 办理工序交接手续，制定出有针对性的成品保护措施。
4. 在釉面砖、水磨石墙面剔孔洞时，宜用手电钻或小錾子轻轻剔掉釉面，待见砖灰层时方可用力，但也不可过猛，以免震坏其他装饰面层。

4.13 方形铸铁搪瓷浴盆安装要点

4.13.1 工作条件

1. 浴盆及配件、材料均已配套进场，能保证连续施工，已进行技术、质量、安全交底。
2. 卫生间明装或暗装管道及其他过墙、过楼板管道，包括存水弯等均已施工完毕，并达到质量要求。
3. 卫生间地面防水已施工完毕，且不渗不漏。地面装饰已全做完，并按设计规定坡向地面排水地漏。如浴盆周围设有挡墙，浴盆下挡墙内的地面坡度应适当加大，且应坡向挡墙的检查口。
4. 卫生间的装饰及吊顶已全完工。
5. 高层建筑中样板间已由各方人员检查认可，并已签字。
6. 高层建筑，已按标准层的样板间卫生器具的安装模式制备完模棒、模板、模具。

4.13.2 工艺流程

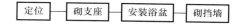

定位 → 砌支座 → 安装浴盆 → 砌挡墙

4.13.3 操作工艺

1. 定位
（1）检查浴盆的型号、规格、几何尺寸应符合设计要求，浴盆的排水附件和给水配件应齐全和配套，浴盆外观应完好无损。
（2）根据设计位置与标高，将浴盆正面、侧面中心位置、上沿标高线和支座标高线画在所在位置的墙上，量尺检查浴盆的排出口、排水管甩头、给水管甩头是否相互吻合。
（3）用钢板尺和钢卷尺测量浴盆尺寸，在实地放出砖墩支座的位置尺寸线。高层建筑中用以"样板间"为依据制作的模棒、模具、模板画线定位。

2. 砌砖墩支座

按照放线位置，用红砖、1∶3 水泥砂浆砌筑砖墩支座，严格控制标高线，用水平尺找准，否则妨碍给水配件的安装。砌筑时不得挡住浴盆下地面流水线路，在流水线上的支座酌情留出小豁口，以利于浴盆下存水时顺利沿检查口排至地漏。此地漏可酌情采用三用地漏，由设计确定。

3. 安装浴盆

（1）砖墩支座达到强度后，用水泥砂浆铺在支座上，将浴盆对准墙上中心线（或标记）就位，放稳后调整找平。

（2）安装排水栓及浴盆排水管。将浴盆配件中的弯头与抹匀铅油缠好麻丝的短横管相连接，再将横短管另一端插入浴盆三通的中口内，拧紧螺母。三通的下口插入竖直短管，连接好接口。将竖管的下端插入排水管的预留甩头内。

在排水栓圆盘下加进胶垫，抹匀铅油，插进浴盆的排水孔眼里，在孔外也加胶垫和眼圈在丝扣上抹匀铅油，缠好麻丝，用扳手卡住排水口上的十字筋与弯头拧紧连接好。将溢水立管套上锁母，缠紧油盘根绳（或麻辫），插入三通的上口，对准浴盆溢水孔，拧紧锁母，如图 4.13-1 所示，连接浴盆出水口和排水管甩头口时，将排出口接入水封存水弯或者存水盒内，应保证有足够深度。

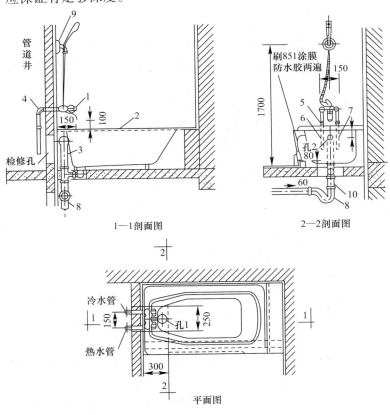

1—1 剖面图　　　　2—2 剖面图

平面图

图 4.13-1　浴盆安装图

1—浴盆三连混合龙头；2—裙板浴盆；3—排水配件；4—弯头；5—活接头；
6—热水管；7—冷水管；8—存水弯；9—喷头固定架；10—排水管

浴盆安装过程，按建筑类型的不同，浴盆及其附件的固定方式、密封层的做法等也各不相同，如图 4.13-2～图 4.13-4 所示。

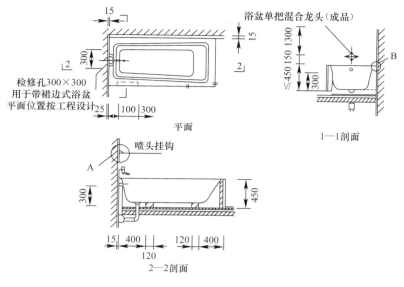

图 4.13-2 浴盆安装详图

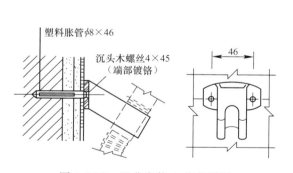

图 4.13-3 浴盆安装 A 节点详图

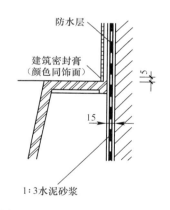

图 4.13-4 浴盆安装 B 节点详图

（3）向浴盆加水做排水栓的严密性试验。

4. 砌筑浴盆挡墙

砌筑面应平直，在地面低点留出检查门的位置，尺寸为 300mm×300mm。

5. 卫生间的其他工序的工艺

（1）安装冷热水管及盆带混合龙头。先把冷热水管的管口找平找正。在混合水嘴的转向接头对丝上面缠好麻丝，抹匀铅油带上压盖，插入转向接头的对丝内，分别拧入冷热水管预留口。经校正找平后把冷热水龙头分别对正转向，将对丝加垫后拧紧锁母，用扳手拧至合适松紧度，将压盖贴紧墙面。

（2）安装盆带淋浴器。混合龙头的中心线与淋浴器喷头的中心线用线坠吊正，按设计标高（如图 4.13-5 所示）确定托架的实际位置，用木螺钉将托架固定住，把喷头端搁置在托架上。在淋浴器的另一端软管接口丝头上缠好麻丝，抹上铅油对准转向对丝（专接淋浴）加进胶垫或麻丝拧紧螺母。

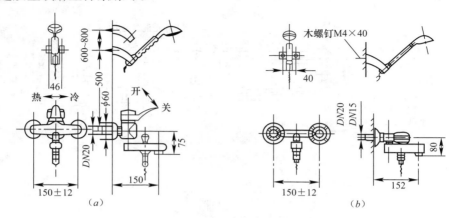

图 4.13-5 浴盆给水阀安装

（a）YG8 型单把暗装阀；（b）YG10（YG7）Ⅱ混合门

4.13.4　质量通病及其防治

质量通病及其防治方法如表 4.13-1 所示。

质量通病及其防治方法　　　　　　　　　　　　　　　　表 4.13-1

项　次	质量通病	防治方法
1	浴盆排水栓、排水管及溢水管接头漏水	在浴盆挡墙砌筑之前安装，应做通水试验
2	浴盆排水管与室内排水管对不正，造成漏水和溢水	1. 卫生间浴盆配管及给排水甩头位置必须在浴盆或浴盆样品到现场后最后确定； 2. 卫生间配管及卫生器具安装之前，必须做样板卫生间，以形象示范明确安装质量标准，并校核各管道甩头位置的正确性
3	浴监排水管漏水	有的浴盆排水管为浴盆自带塑料排水管，砌支座时防止磨坏塑料管，造成漏水
4	浴盆靠墙处浸水	1. 做好卫生间地面防水； 2. 浴盆下防水应超过地面 500mm

4.13.5　成品保护

1. 防止排水管道堵塞，浴盆安装后，应对浴盆排水栓进行可靠的临时封堵。

2. 浴盆安装后，应适当进行覆盖，防止杂物进入浴盆造成堵塞，防止浴盆搪瓷表面受到损坏。

3. 搬运过程防磕碰，镀铬零件用纸包好，防止堵塞或损坏。

4.14　洗脸盆类（化验盆、洗涤盆、洗手盆）安装要点

4.14.1　工作条件

1. 材料器具已配套进场，能保证连续施工，并已进行技术、质量、安全交底。

2. 安装洗脸盆类的房间已给出室内安装基准线。除预栽木砖外，洗脸盆类的安装要在装饰完成后进行。

3. 排水管的甩头已按设计做至地面，给水暗管（或明管）已施工完毕，甩头至所需位置。经检查管径、位置和标高均符合设计要求，满足洗脸盆类排出管口和进水管的连接。

4. 高层建筑中样板间已由相关人员检查、并签字认可。

5. 高层建筑，已按标准层的样板间卫生器具的安装模式制备完模棒、模板、模具。

4.14.2   工艺流程

定位、栽支架 —— 洗脸盆安装

4.14.3   操作工艺

1. 定位、栽支架

（1）根据设计标高和进场的洗脸盆与托架（或事先用圆钢、钢管做好的支托架）尺寸，在安装洗脸盆的墙上，弹出其安装中心线和洗脸盆的上沿水平线。按洗脸盆和支架试组合尺寸，量准从支架到洗脸盆中心线的尺寸，支架的各个固定孔中心至洗脸盆上沿尺寸。将量出的尺寸返到墙上画上"十"字标记，再复核一遍所量尺寸的准确性。

（2）根据墙上画出的"十"字标记位置，在墙上凿洞槽，预栽防腐木砖；也有将洗脸盆预制支架防腐后，按工艺标准直接栽入，或用膨胀螺栓（ϕ6mm）直接将托架紧固于墙体上。预栽的木砖应牢固，表面平整，外表面比装饰后的墙面低 8～10mm。在孔中心钉入铁钉且露于装饰面厚度之外。

（3）待装饰面施工完毕后，拔下墙上固定孔中心铁钉，核对支架安装尺寸，把支架用木螺钉和铅板垫牢安装在墙上。用水平尺检查两侧支托架安装的水平度，用钢卷尺复核标高的准确性，确保洗脸盆的安装质量。在高层建筑中，可用依据"样板间"制作的模棒、模具、模板进行量尺、定位、画线。

2. 洗脸盆安装

（1）经外观检查完好无缺的洗脸盆安放在支架上，在洗脸盆与墙接触的背面抹上油灰，将洗脸盆吊正、找平、固定。支架若带有顶进螺栓或卡具，应及时把洗脸盆顶紧、卡住、严防松动。

（2）用合格的配件和洗脸盆相连。在排水栓、冷热水嘴（或双联混合龙头）与洗脸盆结合处垫上厚度 3mm 的橡胶垫圈，然后紧固，松紧度应合适。将排水管处锁母卸下，放在洗脸盆排水孔眼内，用钢卷尺测量出距排水管甩头口的尺寸。再将短管的一端套好丝扣后缠麻、涂上铅油，拧入存水弯至外露 2～3 扣，按量好的尺寸将短管截至恰到好处，连接存水弯的短管与地面或墙面（暗管）结合处加上压盖，将压盖先套在短管上，再将短管插入排水管甩头口内，在压盖里面抹满油灰，压紧在结合面上（地上或墙上），如图 4.14-1 所示。

（3）在排水口圆盘下加上 1mm 厚的胶垫，抹匀油灰，插入洗脸盆排水孔眼，外面再套上胶垫、眼圈，带上锁母，在排水口的丝扣上涂抹铅油缠紧麻丝，用活动扳手卡住排水口内的十字筋，同时，使排水口的溢流孔对准洗脸盆的溢流孔，再用扳手拧紧锁母，松紧适度，吊直、找正后，将接口抹实油灰。

冷热水龙头（或双联混合龙头）安装时，按照冷水出口在右，热水出口在左，热水管道在上，冷水管道在下的原则进行。龙头与洗脸盆结合处，垫以 3mm 厚的橡胶垫圈，采用软加力方法紧固。

（4）洗脸盆排水管采用塑料软管时，可以采用沈阳市来云水封器材厂生产的多用地漏，直接插入地漏正中，如图 4.14-2 所示。

洗脸盆台板式安装和化验盆同化验台安装时，其盆与台板的接合处，用 YJ 密封胶嵌缝，防止渗水。其他安装同前，如图 4.14-3 所示。

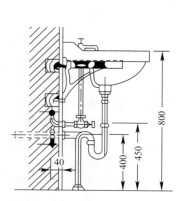
图 4.14-1　洗脸盆安装图之一

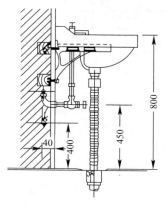
图 4.14-2　洗脸盆安装图之二

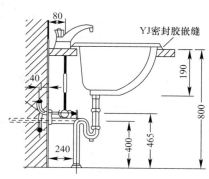
图 4.14-3　洗脸盆安装图之三

4.14.4　质量通病及其防治

质量通病及其防治方法如表 4.14-1 所示。

质量通病及其防治方法　　　　　　　　　　　　表 4.14-1

项　次	质量通病	防治方法
1	坐标或标高不准	1. 栽木砖前认真核对水平标高线、隔墙线、安装中心线和高度水平线的准确性； 2. 洗脸盆与支架实物组合时，所量尺寸必须准确，木砖位置准确； 3. 安装支架时核实好尺寸再固定
2	冷热水管道或水嘴相互位置安装颠倒	给水甩头的位置要认真核对，安装管道水嘴，必须符合上热下冷，面向前方、左热右冷的原则；
3	管道接口或存水弯脱漏水	1. 管道丝扣要符合质量要求，加好油麻填料； 2. 安装时要用与管径相匹配的管钳子； 3. 水封存水弯上承口要加好油灰，下插口加好油灰石棉绳（或麻）填实堵牢； 4. 安装后防止碰撞、扭动存水弯
4	洗脸盆不平或松动	1. 安装洗脸盆时认真做外观检查，对翘曲不平、不合格品不使用； 2. 支架固定时要用平尺加以平整核对； 3. 支架栽牢固，支架上有固定器具卡件时要认真加以紧固
5	台式洗脸盆向外溅水	台式洗脸盆安装时，必须将合板找平，不可向外倾斜

4.14.5　成品保护

1. 洗脸盆安完后应把盆内排水栓口临时封严并用草袋子等加以覆盖，防止被砸碰损坏。

2. 单位工程未正式交工前严禁使用。

3. 办理工序交接手续，根据不同的工程特点制定出有针对性的成品保护措施。

4.15 硬质聚氯乙烯（UPVC）排水管（水落管）安装要点

硬聚氯乙烯（UPVC）塑料管与铸铁管相比具有质量轻、耐酸耐碱、阻力小、生产节能、造价便宜、运输和安装轻便、耐老化、表面不用涂漆等优点，在正常的条件下作为建筑排水管于户外使用，寿命可达 40 年以上。目前，不少多层和高层的雨水管亦采用 UPVC 管施工。

4.15.1 工作条件

1. 建筑物的外墙粉刷已完工，水落管道安装的土建工程已经检查合格，并满足安装要求。

2. UPVC 排水管及配件已在现场检验合格，并有合格证，尺寸规格符合设计要求。

3. 安装脚手架符合使用要求。

4.15.2 操作工艺

1. 按设计施工图纸定出立管位置，用线垂直吊挂在主管位置，用"粉囊"在墙面上弹出垂直线。

2. 定出管子卡座位置（一般支撑件的间距不应大于 2m）。

3. 用冲击电钻钻卡座孔，固定好管子卡座。

4. 安装粘接立管：

（1）粘合面的清理。管件在粘合前应用棉纱或干布将承口内侧和插口外侧擦拭干净，使粘合面保持清洁，无尘砂与水迹，当表面有油污时，须用棉纱蘸丙酮等清洁剂擦净。

（2）管端插入承口试插一次，在其表面画出记号，管端插入承口深度应不小于 5mm。

（3）用油刷蘸胶粘剂涂刷被粘接插口外侧及粘接承口内侧时，应轴向涂刷，动作迅速，涂刷均匀，且涂刷的胶粘剂应适量，不得漏涂或涂抹过厚。冬季施工时尤须注意，应先涂承口，后涂插口。

（4）承插口涂刷胶粘剂后，找正方向将管子插入承口，使其垂直，再加挤压，应使管端插入深度符合所画标记，并保证承插接口的垂直连接和接口位置正确，静待 2～3min，防止接口滑脱。

（5）承插接口插接完毕后，应将挤出的胶粘剂用棉纱或干布蘸清洁剂擦拭干净，根据胶粘剂的性能和气候条件静置至接口固化为止。

5. 立管安装时，一般先将管段品吊正，再安装伸缩节。将管端插口平直插入伸缩节承口橡胶圈中，用力应均衡，不可摇挤，避免橡胶圈顶歪，安装完毕后，随即将立管固定，如图 4.15-1 所示。伸缩节必须按设计要求位置和数量进行安装，管端插入伸缩节预留空隙应为：夏季 5～10mm，冬季 15～20mm，如图 4.15-2 所示。

6. 安至屋面檐口或天沟出水口时，按实际量截一段 UPVC 管，安装接水斗或 90°弯管。

7. 待±0.00 以下排水管（明沟或排水井）完成后，实量截取一根 UPVC 直管插入下

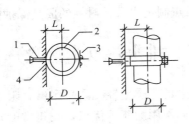
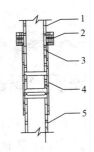

图 4.15-1　立管固定大样

1—M8 膨胀螺栓；2—管卡箍；

3—M6 螺栓；4—管卡座

图 4.15-2　伸缩节接管做法

1—上管；2—橡胶环；3—伸缩节；

4—直通；5—下管

水道。

8. 用棉纱或布片蘸清洁剂，抹擦干净安装好的主管。

4.15.3　成品保护

1. UPVC 管在运输、装卸和储存时应注意保护。

（1）管材应捆扎，每捆重量不宜超过 50kg，管材与管件在运输、装卸和搬动时要小心轻放，排列整齐，不得受剧烈撞击，注意不要与尖锐物品碰触，不得抛、摔、滚、拖和烈日曝晒。

（2）管材与管件应存放在温度不超过 40℃ 的库房内，离热源不得小于 1m，库房应有良好通风。

2. 安装时，对已施工好的外墙饰面要注意保护，不要撞击、损坏和污染，如有污染应即时清擦干净。

3. 立管卡位要定准，不要在外墙面钻出多余的洞，而影响观感。

4. 避免重物撞冲已安好的立管，特别提醒拆脚手架时，要注意。

5. 保持立管表面清洁，如有污染应在拆脚手架前清洁干净。

4.16　室内供暖管道安装的测绘和定位要点

4.16.1　工作条件

1. 土建主体工程基本完成，穿楼板孔洞均预留好，已弹出地面水平线（或基准线），室内装饰的种类及厚度已确定。

2. 施工图已通过会审，技术资料齐全。质量、安全等已进行过技术交底。

3. 散热器安装就位。

4.16.2　工艺流程

修凿孔洞　→　水平干管测绘　→　立管定位、立支管测绘

4.16.3 操作工艺

1. 修凿孔洞

（1）根据已施工的室内地沟供暖干管上的立管甩头、散热器的安装位置，经量尺后确定立管位置。室内热水供暖系统组成如图 4.16-1 所示，立管的布置如图 4.16-2 所示，暗设时立管的安装位置如图 4.16-3 所示。先在初步定位的楼板上打出直径 20mm 左右小孔，用线坠向下层楼板吊线，找准立管中心位置再打出下一层小孔，依次确定各层立管中心位置。同时要保证立管中心距墙尺寸符合规定。

送水干管中心距墙： 100mm；
回水干管中心距墙： 70mm；
立支管中心距墙： 50mm；
双立管（送回水）中心距墙： 80mm；
散热器中心距墙： 115mm。

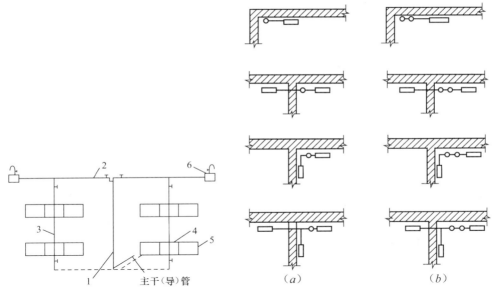

图 4.16-1 室内热水供暖系统组成
1—主立管；2—供暖水平干管；3—立管；
4—散热器支管；5—散热器；6—集气罐

图 4.16-2 立管布置
（a）单管布置；（b）双管布置

（2）定位全部完成后复核、校对尺寸无误，方可根据送水、回水的立管中心修凿小孔，使其达到在立管上安装套管的要求。一般套管的内径不超过所通过管子外径的 6mm。扩凿小孔时，严格控制尺寸，孔洞直径比套管外径大 50mm 左右。

（3）扩孔过程中，若遇到钢筋需要切断，必须与土建技术人员商榷后，采取技术措施方可进行。立管穿过空心楼板时，必须用细石混凝土堵塞空心孔洞。

2. 水平干管的测绘、定位

（1）在水平干管起点标高位置上钉进钎子，距墙 100mm 处挂上主立管线坠，将主立管定位。量尺后同法依顺序挂上次立管线坠。起点标高位置处的钎子上拉好小线，分别与

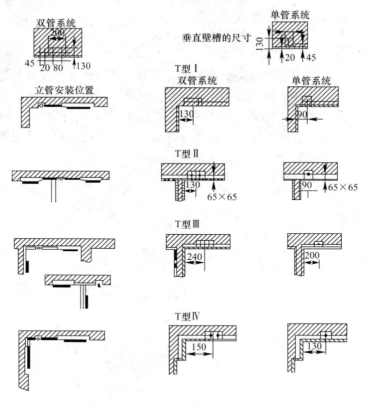

图 4.16-3 暗装时立管的安装位置

各立管的垂线相交,并做记号、初定位。从起点量至拐角处的管线拐角位置的长度,此长度乘坡度得坡度差,便是计算实际坡差的依据,如图 4.16-4 所示。拐角弯头管底标高定位后,可以从地面用长板条量至加进坡度值后的标高位置,在墙面做上记号,钉进钎子,在距墙 100mm 处拉线与起点钎子上的线绷直。中间遇塌腰可增钉钎子。拐角后,其他各侧的干管、回水干管的挂线、找坡以及次立管甩尖的定位方法与前述相同。

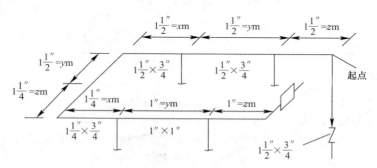

图 4.16-4 热水供暖测绘加工图

(2) 将实测的管道长度标注在事先画好的测绘加工图上,如图 4.16-4、图 4.16-5 所示。此外,凡是设计图中表示不出的附属零件等尺寸都须在图上标清,例如每段的管径、立管分支点、阀门、立管上的分支三通、弯头、变径等。主立管与分干管连接如图 4.16-6 所示。

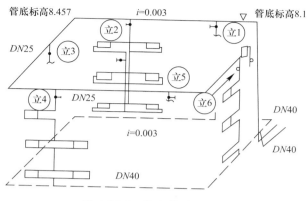

图 4.16-5 热水供暖示意图

（3）水平干管的挂线待管道支架栽完方可拆除。

（4）按支架的规格、间距定位，按工艺标准剔孔洞栽支架。

3. 双立管供暖系统

确定平面上立管的位置尺寸，如图 4.16-7 所示。

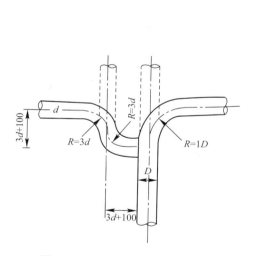

图 4.16-6 主立管与分干管连接

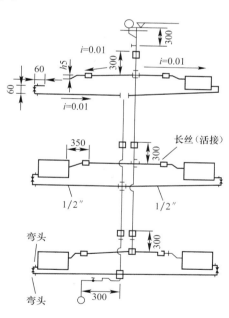

图 4.16-7 双立管测绘加工图

（1）立管的测绘：

① 按双立管测绘加工图所示位置，在水平干管的立管甩口位置上钉钎子，吊线坠向下挂垂线至底层散热器供水（汽）支管下皮，待线坠稳定后，钉进钎子将线固定。上下均距墙 50mm，以垂直为准。再用角尺将垂直线位置过至墙上，弹出线迹，便于安装时核对。并按此线测量水平干管尺寸。立管线可拆掉，但水平干管线应保留至支架栽完后，方可拆掉。

② 回水立管中心距送水立管 80mm，上下均量准，从顶层的回水管上皮至底层回水导

287

管，在墙上弹出回水立管线迹。

③ 量送水立管尺寸。将管件的安装尺寸标注在事先画好的加工草图上，如图 4.16-7 所示。从水平干管底皮至立管阀门中心为 300mm；长丝距每层送水（汽）支管三通或四通（向上）300mm，立管中心距墙 50mm，而水平干管中心距墙 100mm，两管中心差为 50mm，此数即为立管与干管相连的灯叉弯中心距。从送水水平干管底皮至三层送水（汽）支管四通，称为第三层立管，至此时上下两端尺寸已标注在图上，只需量全长减去上下两端即为中间尺寸。若立管与干管为焊接，宜加长 10～20mm，回水立管上不加。

④ 从二层立管四通至三层立管四通，称为第二层立管（即标准层）。从三层立管四通向下量至回水立管三通，标注尺寸，为送水立管上抱弯中心，继续向下量至二层送水立管四通减去 300mm，此值为中段长。由四通接着向下量至抱弯，从抱弯中心量至一层送水三通减去 300mm，为一层送水立管中段长度。

⑤ 回水立管量尺。从三层回水立管上的三通（顶层）向下量至二层送水的立管四通，即为抱弯中心，再减上 300mm，为上段管长。然后从抱弯中心量至四通，为三层回水立管下段长度。二层（标准层）同三层量法一样。

⑥ 底层回水立管量尺，从一层四通的中心量至回水干管底皮，减去干管外径后等分，即为四通中心至弯头中心尺寸。弯头至弯头中心，此段横管一般为 300mm。

（2）散热器支管的测绘：须从散热器回水管开始量至送水支管。如图 4.16-5、图 4.16-7 所示。

① 从散热器出口的补心（与墙面平行）向前量 68mm（加上接进散热器补心的丝扣长 12mm 共为 80mm）至弯头中心。挂上线坠，从线坠的垂线量至回水立管垂线，得出散热器回水管下部横管长（尚未加坡度）。

② 散热器进水（汽）口灯叉弯的中心距为 65mm（散热器中心距墙 115mm 减去支管距墙 50mm），将补心的表面用角尺过至墙上，量至送水立管线尺寸，再加上出口 68mm 的水平短管，为上部横管长。量出尺寸标注在草图上为加工依据，标在墙上，安装时便于核对。

③ 立管与横管相交的四通成三通定位。从散热器出水口补芯向下测量 60mm（称小立管），再加上下部横管长的坡度差，用钢卷尺从出口补芯的中点向下测量出此二数之和。然后用水平尺将此数过至墙面做上记号，从地平线引至回水立管上，画十字为标记，即为四通或三通的位置。

④ 散热器送水（汽）支管量尺，安装灯叉弯并用气焊加热使其与墙平行。用短管在灯叉弯上找水平度。然后在横管中心与立管线的变叉点上加坡度差，将此值过至墙面标上十字，此标记为送水支立管相交的四通（或三通）位置，然后卸下短管。

灯叉弯的长度为 350mm 加上补芯丝扣长 12mm，用尺顶在灯叉弯的另一端量至送水立管线，为图 4.16-5、图 4.16-7 中的送水支管未标尺寸管段。

4. 单立管供暖系统

（1）立管的测绘

① 在水平干管的立管甩口位置钉上钎子，向下挂垂线至底层散热器回水支管的下皮，待线坠稳定后，钉进钎子将线固定住，上下均应距墙 50mm，必须保持垂直。再用角尺将垂直线位置过至墙上，弹出线迹，以便安装时核对。

② 量立管尺寸。先将各类管件的尺寸和安装位置标注在事先画好的加工草图上。立管上的阀门距水平干管底皮（向下）300mm，长丝（或活接）距送水（汽）支管的三通（向上）300mm。立管中心距墙50mm，水平干管中心距墙100mm，两管中心差50mm即为立管与干管相连的灯叉弯间距，如图4.16-8所示。

③ 从送水水平干管底皮至三层送水（汽）支管三通，称第三层立管，此时上下两端的尺寸已标注在草图上，只需再量出三层立管全长减去上下两端尺寸及散热器送水支管坡度差后为中间尺寸。若立管与干管为焊接时，宜加长10～20mm。

④ 从三层立管回水的三通至二层立管送水（汽）三通，称为第二层立管（即为标准层）。量出此段全长减去散热器支管坡度值，再减去拧进三通丝头长的部分尺寸，即为加工尺寸。

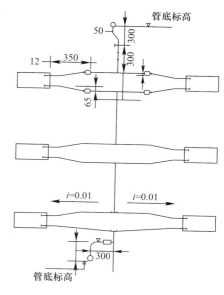

图4.16-8　单立管测绘加工图

⑤ 从二层立管回水三通量至一层立管送水（汽）三通，称为一层立管。将其全长减去散热器支管坡度值，再减去拧进三通丝头后三通剩余部分尺寸，即为一层立管加工尺寸。

⑥ 从最底层立管回水三通量至总回水干管底皮，减去干管外径后等分，即为三通中心至弯头中心尺寸。从弯头至弯头中心此段横管一般为300mm左右。

（2）散热器支管的测绘

① 确定散热器的灯叉弯。散热器中心距墙115mm，减去支管中心距墙50mm后为65mm，此值为灯叉弯的弯矩。从散热器送水（汽）的补芯向前与墙面平行量至长丝接口为350mm，加上补心的丝头长12mm，减去长丝件尺寸即为灯叉弯的安装长度。所量的尺寸除标注在草图的管段上，还须将所量出的尺寸记在墙上，安装时核对。

② 将搣制好的灯叉弯安装在散热器的补芯上，可用气焊火烤灯叉弯使其与墙面平行。所安装的灯叉弯应达到一致。再用短管接在灯叉弯上找平找正，计算出支管长的坡度差值，在横支管中心与立管垂直线的交叉处，加上坡度差值后，用水平和角尺过至墙面上画好十字线。此十字即为立管与送水（汽）支管或回水支管的三通接点，然后卸下短管。散热器送水支管的灯叉弯（或回水支管）已标出350mm（须另加补芯的螺纹长），用尺顶在灯叉弯的一端量至垂直立管线，为该段管长。

③ 如事先不搣灯叉弯，可用拐尺靠在散热器补芯外表面与墙成90°角，再由靠在补芯的尺面距墙50mm处，量至垂直立管线，加上拧入散热器的补芯长度，即为该段支管全长。

④ 将短管安在散热器补芯上，按支管的长度算出坡度差，加在横管中心与立管交叉点处，找水平过至垂直管线上画十字，为立管三通位置。再从散热器补芯中量至墙面减去水平支管距墙50mm，剩余数即为灯叉弯的中心距。

4.16.4　质量通病及其防治

质量通病及其防治方法如表4.16-1所示。

项　次	质量通病	防治方法
1	水平干管的坡度不一致	1. 水平拉线时须绷直，拉线中有塌腰的地方要补钉钎子； 2. 支架未安装以前不能拆除拉线
2	立管不垂直	根据设计进行实地吊线定位，如与设计有出入，以测绘图为准
3	散热器支管未做坡度	测绘过程中，第一次得出散热器出口下部水平管是未加坡度值的尺寸，应加横管长的坡度值才是测绘加工长度
4	管道距墙尺寸不符合规定	1. 土建应当给出准确的装修面的厚度尺寸； 2. 测绘时，要严格掌握和扣除管道距墙的间距

4.16.5　成品保护

1. 测量定位的墨线在安装前进行检查、校核、防止被涂抹。
2. 测绘制成的加工草图应详细检查，防止有误。并注意保管，安装时对照就位。
3. 水平干管的拉线在支架未栽完前注意保护，防止交叉作业中被碰断。

4.17　室内供暖管道预制加工技术

4.17.1　工作条件

1. 测绘加工图已完成，核实后无误。
2. 穿楼板、墙孔洞已预留或修凿好，并符合规定。
3. 采暖管道（供汽管道）附属阀件、管件均已进场。
4. 散热器已组装、试压、安装就位，经检查无误。

4.17.2　工艺流程

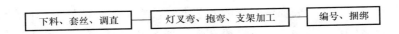

下料、套丝、调直　→　灯叉弯、抱弯、支架加工　→　编号、捆绑

4.17.3　操作工艺

根据实际测量绘制标注的草图进行预加工。

1. 下料

要用与测绘相同的钢卷尺、钢盘尺进行量尺下料。按照工艺标准中的比量法下料，并注意减去管段中管件所占的长度，加上拧进管件内螺纹的尺寸，留出切断刀口值，然后在管子上划出标记，写清编号。

2. 套丝、焊制

用机械或手工套丝时，先用所属的管件试验松紧度。试扣时，要注意阀门、三通、弯头、管箍、锁母、活接头等管件，同规格而不同类型的内螺纹丝扣松紧度上是有差异的，切不可用一种管件代替其他试扣。套丝的程序应该按工艺标准的要求进行。如果套丝不严，就会由于螺纹连接上的误差，使阻力增加，散热器不热，特别是支立管四通、三通连接时，丝扣过长伸进管件内部、造成阻力增大，如图 4.17-1 所示，使散热器不全热，甚至全不热。阀门与管道丝接，丝扣过长会造成管头在阀内折边，减少水流面积，降低流量，如图 4.17-2 所示。

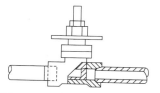

图 4.17-1　螺纹过长增大阻力　　　　图 4.17-2　螺纹过长减小流量

　　焊制变径管件时，在热水供暖的供水管和回水管道应上皮取齐；蒸汽供暖中，供汽管道为下皮取齐，凝结水管必须中心线取齐并且在一条直线上，如图 4.17-3 所示。焊口的操作参见相应工艺标准的焊接工艺。

　　3. 调直

　　调直前，先将有关的管件用管钳子上好，调直后需拆卸按编号分别捆绑好待用，事先用油漆在接口处做上标记，安装时必须对准记号。

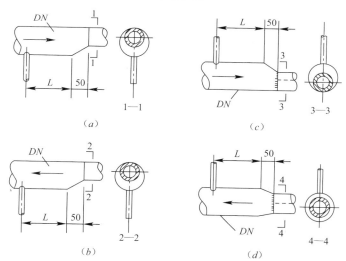

图 4.17-3　干管变径详图

（a）供水管；（b）回水管；（c）供汽管；（d）凝结水管

　　4. 加工支立管的灯叉弯（来回弯）和抱弯

　　根据测绘的加工草图上标注的尺寸，用压力或气焊按工艺标准加工成型。加工前先做好灯叉弯和抱弯的样板，加工后认真核对实际尺寸，编好号。由于土建尺寸有时出入偏大，灯叉弯也可在支管安装过程中再行加工。

　　5. 支、托、吊架的选择

　　按照测绘加工草图，选择和计算支、托、吊架的形式和数量，然后根据各部尺寸进行号料、切断、套丝、撖制各种类型卡具；型钢钻孔及组对，再行安装。

　　6. 在墙上栽支、托、吊架

　　用水冲湿孔洞，灌入 2/3 的 1:3 的水泥砂浆，将托架插入洞内，栽入深度必须符合设计要求，找正托架对准挂好的小白线，然后用石块或碎砖挤紧塞牢。再用水泥砂浆灌缝抹平，待支、托、吊架达到强度后方可上管。

7. 编号、捆扎

先将丝扣接头处露出多余的麻丝用断锯条切除，再用布条将其清理干净。将预制件逐一与加工草图进行核对，检查其尺寸、规格、间距、位置、数量是否符合要求。将下料加工时所标注在预制件上的编号及尺寸，用铅油再描清楚，分类捆扎运至安装地点。

4.17.4　质量通病及其防治

质量通病及其防治方法如表 4.17-1 所示。

质量通病及其防治方法　　　　　　　　　　　　　　表 4.17-1

项　次	质量通病	防治方法
1	管道断口后带飞刺	使用砂轮锯片断管后应该清理管道内口飞刺
2	丝头加工后缺扣	套丝时，要按规定板数套成，不可一板套成，套丝时，必须加润滑油
3	管道局部凹陷	1. 调直时，手锤用力不能过大，更不可锤击太集中，用力应适中； 2. 若管道弯曲死或管径过大，严禁用锤击，应采用加热调直
4	管道上阀门被顶坏	管子的外螺纹长度应比阀门上的内螺纹长度短 1～2 扣丝，其他接口管子外螺纹长度也应比所连接的内螺纹稍短点，套丝扣时，应先量准尺寸

4.17.5　成品保护

1. 加工过程中，对标注的记号、尺寸、编号均注意保护，以免弄错。

2. 调直时，注意不得损伤丝扣接头。

3. 加工的半成品要编上号捆扎好，堆放在无人操作的空屋内，安装时运至安装地点，按编号就位。

4. 尚未上零件和连接的丝头，要用机油涂抹后包上塑料布，防止锈蚀、碰坏。

4.18　室内供暖管道安装技术

4.18.1　工作条件

1. 干管安装

位于地沟内的干管，一般情况下，在已砌筑完清理好的地沟、未盖沟盖板前安装、试压、隐蔽。位于顶层的干管，在结构封顶后安装。位于楼板下的干管，须在楼板安装后，方可安装。位于天棚内的干管，应在封闭前安装、试压、隐蔽。

2. 立管安装

一般应在墙面抹灰后和散热器安装完进行，如需在抹地面前安装时，要求土建的地面标高线必须准确。

3. 支管安装

必须在做完墙面和散热器安装后进行。

4.18.2 工艺流程

4.18.3 操作工艺

按测绘的加工草图及管道上的编号、标记，将预制好的干、立、支管，U形、Ω形补偿器等半成品加工件及管子组合件，按环路分别运至安装区域或位置上。安装前先与墙上或地沟壁上的记号一一核对，若是在现场边加工、边组对、边安装，则其加工制作工序与预制相同，安装程序按本节的要求进行施工。

1. 干管安装

（1）干管若为吊卡形式，在安装管子前，先把地沟、地下室、技术层或顶棚内的吊卡按坡向依次穿在型钢上。安装管子时，先把吊卡按卡距套在管子上，把卡子抬起，将吊卡长度按坡度调好，再穿上螺栓，带紧螺母，将管子初步固定好。当设计采用套筒式补偿器时，不可采用悬吊式支架。因为套筒式补偿器仅在管子中心线与伸缩节中心线吻合时方可正常工作。

（2）在托架上安装管子时，将管子先搁置在托架上，上管前先把第一节管带上U形卡，上管后将螺栓拧上，然后安装第二节管，各节管照此进行，如图4.18-1、图4.18-2所示。

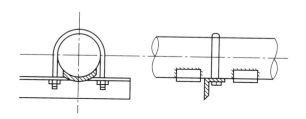

图 4.18-1　固定托架一般做法

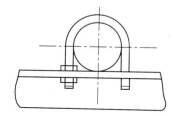

图 4.18-2　滑动管卡一般做法

（3）供暖管道安装应从进户处或分支点开始，安装前要检查管内有无杂物。在丝头处抹上铅油缠好麻丝（或石棉绳），一人在末端找平管子，一人在接口处把第一节管相对固定，对准丝口，依丝扣自然锥度，慢慢转动入口，到用手转不动时，再用管钳子咬住管件，用另一管钳子上管，松紧度适宜，外露2～3扣为止。清干净麻头。依此法全部安完。管道在过墙、穿楼板及遇伸缩缝处必须先套上套管。

（4）地下室、地沟内、顶棚里、技术层中、楼板下的水平干管多为焊接。安装程序与丝接相同，从第一节管开始，把管扶正找平，使甩口方向一致，对准管口，用气焊点住（或电焊），$DN50mm$ 以下的点焊 3 点，$DN70mm$ 及以下点焊 4 点，然后按工艺标准的要求施焊。常见的连接形式，如图4.18-3～图4.18-9所示。

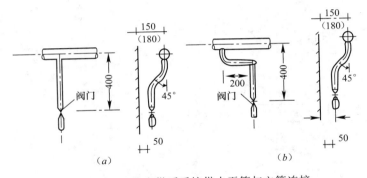

图 4.18-3 热水供暖系统供水干管与立管连接

(a) 甲型；(b) 乙型

注：当干管公称直径 $DN \geqslant 100$mm 时，采用括号内的数值。

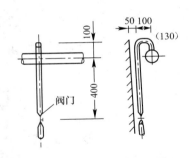

图 4.18-4 蒸汽供暖系统供汽
干管与立支管连接

注：当干管公称直径 $DN \geqslant$
100mm 时，采用括号内的数值。

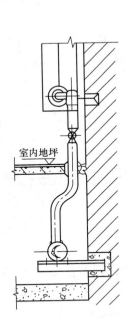

图 4.18-5 供热立管与地沟或
技术层里水平干管连接

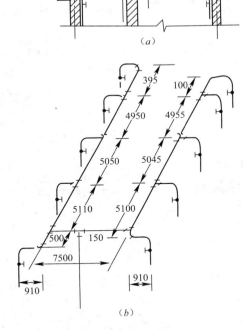

图 4.18-6 供暖管道安装草图

(a) 断面图；(b) 系统图

（5）供暖干管过外门地沟必须按图 4.18-10 酌情处理。在安装过门回水干管时，局部接点处的施工应严格按标准图进行，如图 4.18-11 (b) 所示，切不可将就下料，随意连接，如图 4.18-11 (a) 就出现局部存气，造成某根立管及散热器不热。

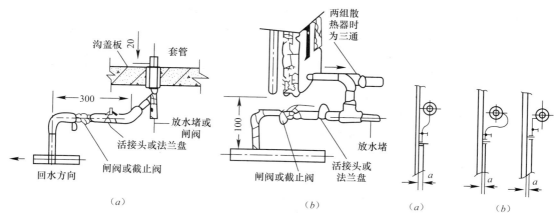

图 4.18-7 供暖立管与下端干管的连接

（a）地沟内立、干管的连接；（b）明装（拖地）干管与立管的连接

图 4.18-8 供暖立管与顶部
干管的连接

（a）供暖供水管或生活
热水管；（b）蒸汽管

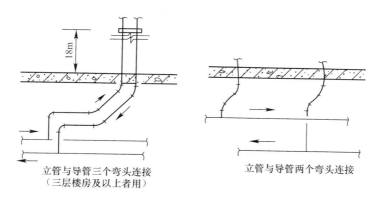

图 4.18-9 立导管连接示意图（二层楼房及以下）

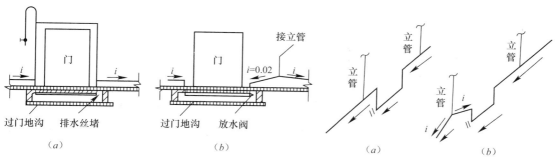

图 4.18-10 供暖干管过外门地沟及处理

（a）蒸汽回水管过门 （b）热水管过门

图 4.18-11 回水干管过门节点

（a）错误；（b）正确

（6）遇有方形补偿器，应在安装前按规定做好预拉伸（见补偿器制安），用钢管做临时支承，用点焊固定，按安装位置摆好补偿器，在其中间位置加支架，用水平尺按管道坡向逐点找坡，把补偿器两端的接口对正找平后焊接。调整完管道焊牢固定卡后，可除去补

偿器的临时支承。

（7）按照设计图或标准图中规定的位置和标高，安装阀门和集气罐或自动排气阀等。高层建筑中的排气问题尤为重要，应严格按设计规定位置安装，并将排气阀上的排水、（气）管引至卫生间或厨房。安装各类阀门时要注意方向，尤其在安装截止阀时决

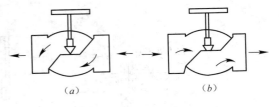

图 4.18-12　阀门安装
（a）正确；（b）错误

不应该安反。图 4.18-12 中示出截止阀的正确方向和错误方向。

（8）管道安装完，首先检查坐标、标高、甩口位置、变径等是否正确，然后将管穿直吊正。用水平尺校对检查，调整坡度，合格后把吊卡、U 形卡等找正，将螺栓调至松紧适度、平整一致。支吊架安装时尚须按热位移方向偏移 1/2 的热伸缩量，详见"吊架及高支座的倾斜安装"（图 4.18-13）。最后把固定卡外的止动板焊牢。严禁在距支、吊架 50mm 以内的位置上设置焊口，如图 4.18-14 所示。

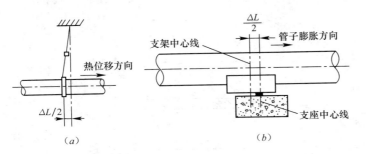

图 4.18-13　吊架及高支座的倾斜安装
（a）吊架的热位移安装；（b）高支座在混凝土滑托上的安装

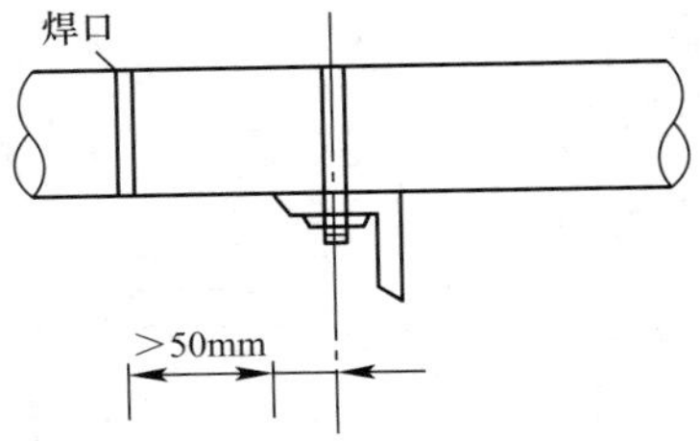

图 4.18-14　管道上焊口距支架点的位置

（9）要安好穿楼板的钢套管，摆正后使套管上端高出地面面层 20mm，下端与顶棚抹灰面相平。水平穿墙套管与墙的抹灰面相平。然后按程序填堵洞口。

（10）凡需隐蔽的干管，均需单体进行水压试验，办理隐检和分项验收手续。尽快将水泄净、

2. 立管安装

（1）首先检查和复核各层预留孔洞是否在垂直线上。

（2）凡是穿楼板的立管在安装前，将套管穿在管上，按编号从第一节立管开始安装，从上向下（或从下向上），一般两人操作为宜，先在立管上（短管）甩口，经测定吊直后，卸下管道抹油缠麻（或石棉绳），将立管对准接口的丝扣扶正角度慢慢转动入扣，直至手拧不动为止，用管钳咬住管件，用另一把管钳上管，松紧适宜，外露 2～3 扣为好。预留口应平正。及时清净麻头。

依次顺序向上或向下安装到终点，直至全部立管安装好。

高层建筑在管井里安装立管时，甩口用量棒测定，按程序拧紧甩头，可将各层立管卡临时固定，再逐一安装第二层，直至安装完毕。

（3）检查立管上每个预留口的标高、角度是否正确、准确、平正。把事先栽好的管卡子松开，将立管置于管卡子里，紧固螺栓。用调直杆、线坠从第一节管子开始找好垂直

度，扶正稳住套管，按程序填塞套管与楼板间的缝隙，加好预留管口的临时封堵。高层建筑中临时封堵长度的选用要慎重，最好采用自制花篮堵头。

（4）安装时应该注意末端立管和干管的接法，避免因泥砂堵塞造成最后一根立管上的散热器堵塞，如图 4.18-15 所示。

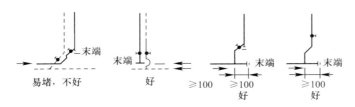

图 4.18-15　末端立管和干管的接法

3. 支管安装

（1）核对散热器的安装位置及立管预留口甩头是否准确，要量尺检查。

（2）散热器支管安装。把预制好的灯叉弯两头抹铅油缠麻，上好活接头或者长丝根母，配管后须找正调直再锁紧散热器。若灯叉弯是在支管安装时现场搋制，可先将管段一头套丝，抹铅油缠麻丝上好活接头或长丝根母（加在散热器一侧），再把短节的一头抹油缠麻上到活接头的另一端。按加工草图上量出的尺寸断管、套丝，灯叉弯边搋边用样板卡。然后安装散热器支管。设壁龛或暗装散热器的灯叉弯必须与散热器槽的抱角吻合，做到美观。

（3）活接头安装时，子口一头安装在来水方向，母口一头安装在去水方向，不得安反。

（4）将预制好的管子在散热器补心和立管预留口上试安装，如不合适，用气焊烘烤或用弯管器调弯，但必须在丝头 50mm 以外见弯。

（5）丝头抹油缠麻，用手托平管子，随丝扣自然锥度轻上入扣，手拧不动时，用管钳子咬住接口附近，一手托住管钳，大拇指扣在管钳头上，另一手握住钳子将管子拧到松紧适度，丝扣外露 2～3 扣为止。然后对准活接头或长丝根母，试试是否平正再松开，把麻垫（或石棉垫）抹上铅油套在活接口上，对正子母口，带上锁母，用管钳拧到松紧适度，清净麻头。

（6）用钢尺、水平尺、线坠校核支管的坡度和平行方向的距墙尺寸，复查立管及散热器有无移动。合格后固定套管和堵抹墙洞缝隙。

4. 套管补偿器安装

（1）套管补偿器又名填料式补偿器，只有在管道中心线与补偿器中心线一致时，方能正常工作。故不适用悬吊式支架上安装。

（2）靠近补偿器两侧，必须各设一个导向支座，使其运行时，不致偏离中心线。

（3）安装前须检查补偿器的规格，套管、芯子的加工精度、间隙等是否符合设计要求。

（4）安装前，必须做好预拉伸，如设计无明确要求，按表 4.18-1 规定进行。

套管式补偿器预拉长度　　　　　　　　　　表 4.18-1

补偿器规格（mm）	15	20	25	32	40	50	70	80	100	125	150
拉出长度（mm）	20	20	30	30	40	40	56	59	59	59	63

（5）安装时，要使芯子与外套的间隙不应大于 2mm。

（6）安装长度应考虑气温变化，留有剩余的伸缩量，其值按下式计算：

$$\Delta = \Delta_L(t_1 - t_0)/(t_2 - t_0)$$

式中　Δ——芯子与外套挡圈间的安装剩余伸缩量（mm）；

Δ_L——补偿器最大伸缩量（mm）；

t_1——安装补偿器的气温（℃）；

t_2——介质的最高计算温度（℃）；

t_0——室外最低计算温度（℃）。

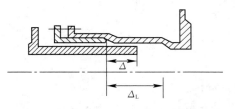

图 4.18-16　套管补偿器安装示意图

安装前先将芯子全部拔出来，量出剩余补偿量值并做出标记，然后退回芯子至标记处。如图 4.18-16 所示。

（7）填塞的石棉绳应涂以石墨粉，各层填料环的接口应错开放置。介质温度在 $100℃$ 以内时，允许采用麻、棉质填料。外套拉紧时，其压盖插入套管补偿器的外皮不超过 30mm。

（8）如固定点与套管补偿器间的管道不直，从固定点到套管补偿器间有较大距离时，应设导向支架。

5. 高层建筑供暖系统中几种常见形式

常见形式有：分层式热水供暖系统（图 4.18-17）、双水箱分层式热水供暖系统（图 4.18-18）、垂直双线单管供暖系统（图 4.18-19）、水平双线单管供暖系统（图 4.18-20）、水平顺流式系统（图 4.18-21）、水平跨越式系统（图 4.18-22）和单、双管混合式系统（图 4.18-23）。高层建筑施工工艺同上所述。

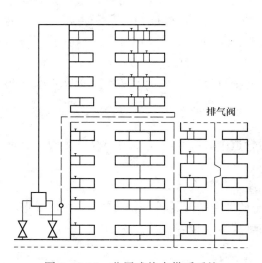

图 4.18-17　分层式热水供暖系统

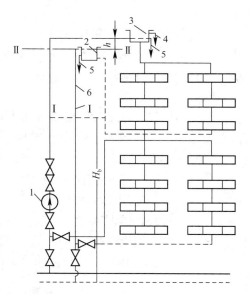

图 4.18-18　双水箱分层式热水供暖系统

1—用户加压水泵；2—回水箱；3—进水箱；4—进水箱溢流管；5—信号管；6—回水箱的溢流水管

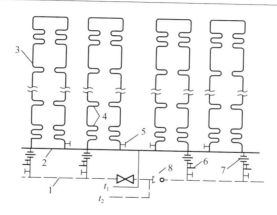

图 4.18-19　垂直双线单管供暖系统

1—回水干管；2—供水干管；3—双线立管；4—散热器或加热盘管；5—截止阀；
6—立管冲洗、排气阀；7—节流孔板；8—调节阀

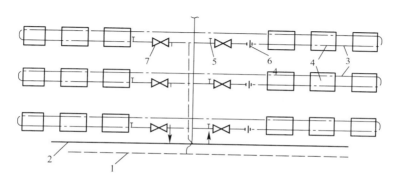

图 4.18-20　水平双线单管供暖系统

1—回水干管；2—供水干管；3—双线水平管；4—散热器或加热盘管；5—截止阀；6—节流孔板；7—调节阀

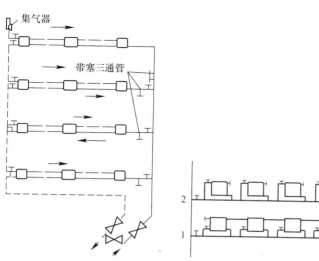

图 4.18-21　水平顺流式系统

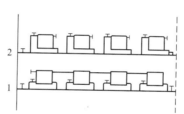

图 4.18-22　水平跨越式系统

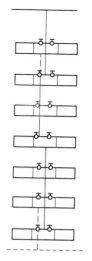

图 4.18-23　单、双管
混合式系统

4.18.4 质量通病及其防治

质量通病及其防治方法如表 4.18-2 所示。

质量通病及其防治方法 表 4.18-2

项 次	质量通病		防治方法
1	管道某些部位温度骤降，甚至不热，有的产生水击声响	原因	1. 管子未调直； 2. 管道穿墙处堵洞时标高移动； 3. 管道支架间距不妥，局部塌腰
		措施	1. 管子必须调直，管道尽量用转动焊，整段管道调直后再焊固定口，并认真找准坡度； 2. 管道变径严格按标准连接； 3. 管道穿墙处堵洞随时检查坡度，找准坡度方将堵洞工序完成； 4. 重新按工艺标准规定调整支架间距
2	立管不垂直、距墙尺寸不一致、接口别劲、出弯	原因	1. 测量管道甩口尺寸使用量尺不当，如皮卷尺误差较大； 2. 土建墙轴线偏差过大； 3. 穿楼板卡住
		措施	1. 现场实测量尺，必须用同一量具，并且要用误差小的钢卷尺或模棒、模具、横板； 2. 各工种严格控制施工误差及偏差； 3. 楼板预留要准，剔洞找正时要吊线、找垂直定位。支管下料应准确，丝扣角度应正，安装前要预安装，不得推、拉立管； 4. 干管上的立管甩头要准，立管下料时，应按比量法准确地扣除管件、阀门所占的实长。按标记位置掌握各种管件、阀门与管道连接时松紧程度的差异。按工艺标准加工合格的丝扣
3	散热器供热不正常、窝汽，甚至有的不热	原因	1. 立管上的支管甩口位置不准，连接散热器的支管倒坡； 2. 地面施工的标高偏差大，导致立管上原甩口不合适、倒坡； 3. 各组散热器连接支管距离相差较大，支管下料用同一尺寸，造成支管过长的坡度＜1%； 4. 自然循环系统中，某一立管的供水管接至回水干管上，而回水立管却接至供水干管上，造成这副立管上散热器不热
		措施	1. 应拆除支管，修改立管上支管预留口间长度； 2. 必须纠正，重新连接
4	水平干管不能合理伸缩，导致支架损坏	原因	1. 固定支架没按规定焊接挡板； 2. 活动支架的 U 形卡两头丝扣套丝并拧紧了螺母
		措施	1. 固定支架应焊装止动板； 2. 活动支架的 U 形卡应一头套丝，安装两个螺母；而另一端不套丝，插入支架的孔眼中，保证管道自由滑动，见工艺标准支架制作与安装； 3. 支架应用钻头钻眼，不得用气焊工具割孔
5	供暖系统失调或局部不热	原因	1. 截止阀被安装反了，增加了系统阻力或闸板阀的阀板脱落而切断水路； 2. 干管反坡、积气； 3. 热水系统局部不热往往是堵塞造成的。堵物种类有泥砂、垃圾、麻丝、布头、铁屑、木块、铁熔渣

续表

项 次	质量通病		防治方法
5	供暖系统失调或局部不热	措施	1. 局部进行返修； 2. 管子灌砂揻弯后，必须清理干净管腔；断管后，清除干净管口飞刺； 3. 铸铁散热器组对时把腔内余留砂子清除干净； 4. 气割开口后的管道及时清除落入管腔内的铁熔渣； 5. 管子安装之前，做到一敲二看，管腔洁净、畅通方可用； 6. 室内供暖系统安装全部完成后认真冲洗干净后，再与外网连接
6	供暖管道冻裂	原因	1. 试压水未及时排除，过冬时管道冻裂； 2. 管和水平干管坡度不准，有凹陷处，停运后存水； 3. 管道局部堵塞，停运后积水
		措施	找出冻裂的位置，及时进行返修
7	麻丝头不净	措施	丝扣接头连接后，立即用断锯条和干净布将麻丝头清理干净

4.18.5 成品保护

1. 管道搬运、安装时，要注意保护好已做好的墙面和地面。

2. 明、暗装管道系统全部完成后，应及时清理，甩口封堵，进行封闭，以防损坏和堵塞。

3. 安装好的管道不得做支撑用、系安全绳、捆脚手板，禁止登攀。

4. 抹灰或喷浆前，应把已安装完的管道盖好，以免落上灰浆，脏污管道，增大清扫工作量，又影响刷油质量。

5. 立、支管安装后，将阀门手轮卸下，集中保管，竣工时统一装好，交付使用。

4.18.6 施工资料记录

1. 主要材料、设备合格证、检测报告等质量证明文件和进场检验记录。

2. 技术交底记录。

3. 隐蔽工程检查记录。

4. 预检记录。

5. 管道、阀门强度严密性试验记录。

6. 采暖系统调试记录。

7. 箱、罐满水试验记录。

8. 检验批、分项工程质量验收记录。

4.19 分（单）户计热供暖（锁闭阀型）系统安装要点

4.19.1 工作条件

1. 干管安装

位于地沟内的干管，一般情况下，在砌筑完毕并经过清理的地沟内，未盖沟盖板之前安装、试压、防腐、保温后进行隐蔽。位于顶层的水平干管在结构封顶后安装。设在楼板下的水平干管，须在楼板安装后、吊顶装修之前进行安装、试压、防腐后隐蔽。沿楼板地面敷设的干管或沿地面专设的管槽内敷设的干管，应在地面砖、水磨石地面、木地板、竹地板、大理石地板等装修之前进行安装、试压、防腐、保温后再隐蔽。

2. 立管安装

一般在土建主体工程完成后,高层建筑的管道井施工完成后方可进行。

3. 支管安装

土建工程基本完成,散热器已安装就位,室内墙体抹灰已完成或装饰层厚度已定出。

4.19.2　工艺流程

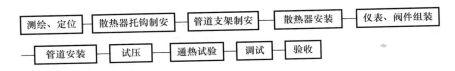

4.19.3　操作工艺

随着居民生活水平的提高,集中供热,按户计热收费已是发展的必然趋势。随之户内供暖系统也有相应的变化,所用的散热器设备也有适应性的改变。

目前多采用的是集中热表式系统,以一户内为一个独立计算热量的分支系统,这种供暖系统常见的有以下几种形式,如图 4.19-1~图 4.19-7 所示。

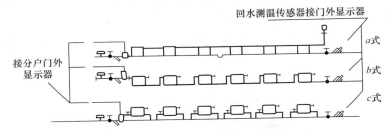

图 4.19-1　水平串联式热水供暖系统连接形式(一)

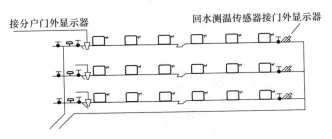

图 4.19-2　水平串联式热水供暖系统连接形式(二)

1. 测绘、定位

现代的住宅更多地向着公寓、花园式、社区方向发展,各类的跃层住宅建筑群不断增多,室内装修的档次也越来越高,并日趋普遍。管道在安装前,必须实地测量,认真绘制加工草图,将实地测量尺寸分别标注在草图上。同时,将管件、配件、阀件、仪表的规格、型号及其所在位置、标高、方向均一一在图上标注清楚。

图 4.19-8 系统图是分户计热,集中热量表设在入户的供回水管处,热表显示器(为

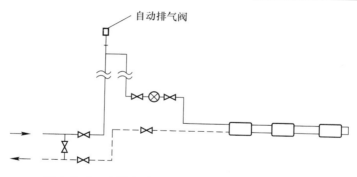

图 4.19-3 水平串联式热水供暖系统连接形式（三）

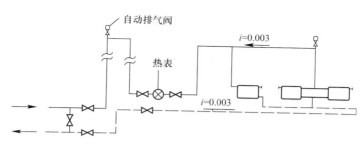

图 4.19-4 上行下回式热水供暖系统连接形式

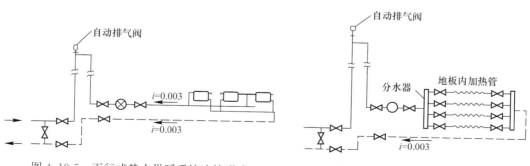

图 4.19-5 下行式热水供暖系统连接形式　　　　图 4.19-6 地板辐射供暖系统

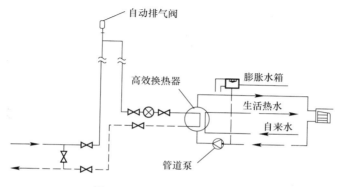

图 4.19-7 单户间接换热系统

查表收费用）安装在入户的进门口外壁上。入户后的位置 A 处包括供水卡帽锁闭阀、供水阀门、污物收集器（又称过滤器和排污器）、热表（热表设自动计算装置、引线至门口外壁上的热表显示器）；在回水出口管上设有回水阀门，回水传感器测温装置（将线引至计算系统的热表内）。这些阀件、仪表、配件都用管子和管件连接起来。经过实地测量，应将进入单户的这套装置的组合尺寸控制在规定占地面积之内，距墙尺寸同水表安装。这取决于测量、绘制加工草图尺寸准确程度。管道在实测中要尽量考虑隐蔽和埋设。具体的测绘操作，见工艺标准中有关测绘、下料部分。测绘后的数据标注如前述图 4.19-4～图 4.19-8 所示。

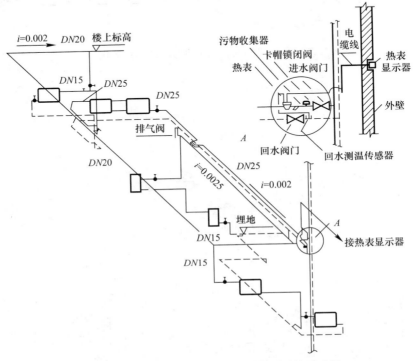

图 4.19-8　130m² 越层分户计热供暖系统示意图

2. 散热器托钩制安

散热器的型号不同，固定散热器的托钩也不完全相同。首先按照设计选定的型号，确定散热器托钩的形式、位置及其数量。然后进行计量下料加工或者直接购买成品。有的散热器是用连接板的挂托形式固定，随散热器一起进入现场，无须自备。

经量尺放线后确定埋栽托钩（或连接板）的孔洞中心，用手锤和钎子凿好孔洞或用冲击电钻钻孔。将孔洞用水冲洗湿润后，用细石混凝土栽牢托钩。如果散热器用连接扳挂托，只需用冲击钻钻孔栽进膨胀螺栓，再安装连接板即可。

3. 管道支架制安

安装前尽量配合土建工程做好各种孔洞和套管，包括温度传感系统中的传感电缆、显示器的插入盒，在砌筑时做好预留和预埋。

单户计热（量）供暖系统中的支架远比过去的住宅供暖系统要复杂得多，也多得多。以往的住宅供暖系统不论采用什么形式，一般只有顶层和底层（高层建筑中分区供热，也仅增如很少的几层）设有水平干管，而单户计热（量）系统每一户均设有入户装置，均设有水平供回水管。必须安装美观、长短适度、牢固且不妨碍高级装修的支架。

支架的加工应精细，尽量利用型材切割机，避免用气、电焊切割。支架加工不可太长，管道距墙不可太远，不可超过规定值。在除锈和喷、刷防锈漆的施工中，每一道操作程序必须严格把住质量标准。支架在安装时，必须用量杆确定标高，计算后找准坡度，钉进钎子，拉直小线，支架应依据拉线坡度栽齐、栽牢。单户计热（量）供暖系统中的排气与泄水是供热中的关键问题，管道安装必须保证设计坡度。

4. 散热器安装

按散热器的型号、规格、技术要求，参见工艺标准中的散热器部分进行。

单户计热（量）的散热器不同于以往，一栋住宅楼的散热器的型号是基本相同的。而分户的系统都是独立的，有可能各户所用的散热器不完全是同一种型号、同一种规格、同一种彩色。因此，安装之前，要按各户对散热器的不同要求进行排列和安置。不可混淆，更不能安错。

安装后，对散热器的各部安装尺寸进行检查和核对，发现有误差应及时纠正，以利于下道配管工序的进行。

5. 入户装置组装

每一户的入户装置在管道安装之前先进行下料、正式组装。每户系统的进出口装置，包括供水管进口处或回水管出口处的卡帽锁闭球阀（图 4.19-9）、控制阀（供水阀和回水阀）、污物收集器（即排污器）、热表（流量系统及计算系统）、热表显示器系统、温度传感器系统、电缆和管件。

入口装置的具体组合顺序和控制程序由设计选定。图 4.19-10 和图 4.19-11 所示是两种常见的分户入户装置的组合形式。

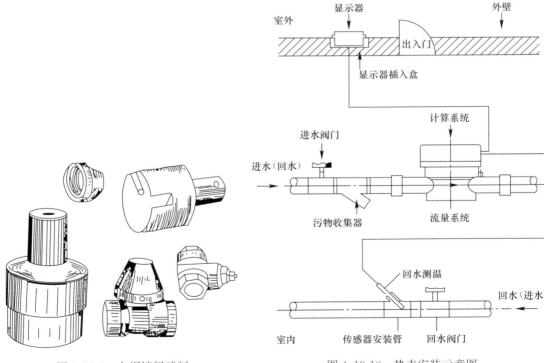

图 4.19-9 卡帽锁闭球阀   图 4.19-10 热表安装示意图

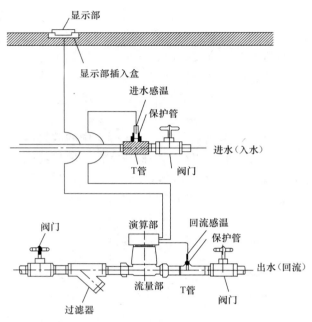

图 4.19-11　单户入户装置安装示意图

在图 4.19-10 中，热表和污物收集器设在进水入口处，也可以是回水总出口处；测温传感器安装管设在回水总出口处，但也可以将供水测温安装在供水管的入口处。

在图 4.19-11 中，测温传感器 T 形安装管设在供水管的入口处，测进户供水水温；而过滤器、热表（演算部和流量部）、回流感温 T 形管（测回水温度）设在回水总出口管上。

图 4.19-10 装置组合所用的仪表、部件、器件、阀件、管件和电缆的各部尺寸如图 4.19-12 所示；图 4.19-11 装置组合所用的各部件尺寸如图 4.19-13 所示。

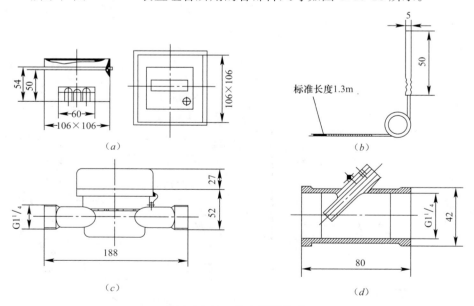

图 4.19-12　热表外形尺寸

(a) 显示器系统；(b) 温度传感器系统；(c) 流量系统；(d) 温度传感器安装管尺寸

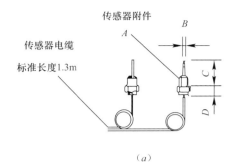

区分	A	B	C	D
1/2″	PT1/2″	ϕ7.4	33.5	17

(a)

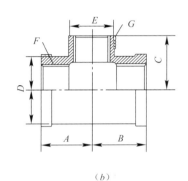

区分	A	B	C	D	E	F	G
Tee15	27	27	32	27	27	PT15	PT15
Tee20	29	29	30	33	27	PT20	PT15
Tee25	32	32	33	42	27	PT25	PT15

(b)

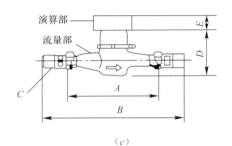

区分	A	B	C	D	E
ϕ15	165	279	PT15	108	40
ϕ20	190	314	PT20	108	40
ϕ25	225	359	PT25	119	40

(c)

图 4.19-13　部件外形尺寸
(a) 感温部尺寸；(b) T 管尺寸；(c) 流量部尺寸

6. 管道安装

（1）根据实地测量绘制的加工草图，按照"先干管、后支管"的顺序进行量尺下料、断管、螺纹加工或坡口加工，安装就位后进行螺纹连接或焊接。各个工序参见工艺标准中的环节进行操作。

立管上，散热器支管上若设有直通调节锁闭阀或三通调节锁闭阀时，注意进场的锁闭阀是否有左型右型之分，事先进行选定、试扣、组合。

（2）管子预制加工后进行安装。水平管上架就位后，用水平尺认真校核坡度，如果设计水平管段无坡度要求应保持水平，不允许有反坡和塌腰现象。低处应设泄水阀门，供水干管最高处应设自动排气阀，排气阀上的引出管应引至卫生间或厨房洗涤盆处。严禁将引出管设在卧室等处。

（3）入户装置安装：

① 入户的户型常见的有一梯三户、一梯两户，如图 4.19-14 所示，将组装好的入户装

置分别按户型进行安装，安装前先将托架栽好，托架的形式和位置设计若无明确规定，可按工艺标准选用，但是托支架安设后不得妨碍进出口阀门、锁闭阀、排污器、测温感应器等的正常操作和使用。

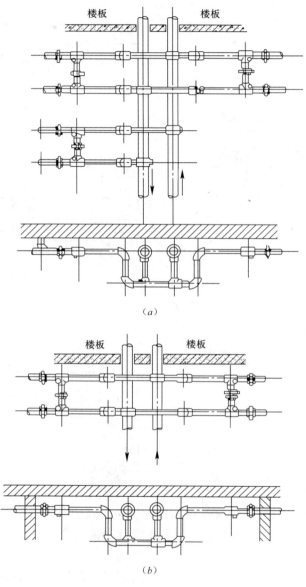

图 4.19-14　楼梯间总管单户节点图
(a) 一梯三户；(b) 一梯两户

② 热表显示器安装。首先配合电气进行热表电缆线的安装，安装过程中应该按照热表显示器背面的规定标记进行接线，不得自行改动。然后，将热表显示器固定在入户外壁的预留洞槽中，如图 4.19-15 所示。

一般户型都事先将显示器的位置预留出洞槽，有并排安装，上下排列安装，也有用户在离自己门口最近的墙上安装，视建筑结构而确定。

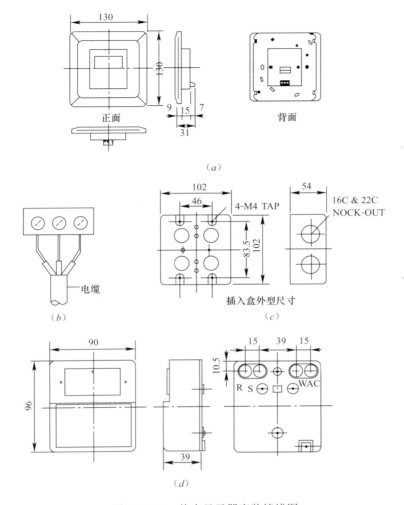

图 4.19-15　热表显示器安装接线图

（a）显示部尺寸；（b）显示部接线方法；（c）显示部插入盒；（d）演算部尺寸

由于显示器位于入户门外壁上，在交付使用前严加保护，不得损坏。

③ 安装时，检查已经组装好的装置中，标有红色套管的温度传感器应插装在入水一侧；污物收集器（排污器）应安装在流量系统的前方，不可调位与安错。

如果发现错误，必须立即纠正，重新组合后再进行安装。

④ 在流量系统和计算系统的外壳上，标识的箭头方向必须和水流方向一致，不得安反。

7. 试压、通热、调试

（1）供热系统全部安装完，可按工艺标准进行系统水压试验。试压过程中应严格检查，发现有渗水之处立即停止试压，完全修好后再进行试压直至不渗不漏为合格。

试压以后，应打开全部阀件以 1MPa（10kg/cm²）以上的压力用水流反复冲洗管道及附件（不可用空气吹扫）。

（2）通热试验过程中，可进行各个单户热力平衡调试，从最不利、最远的单户调起，直至离热源最近的一户为止。从热表显示器上所显示的数字应达到全单元系统中各户的设计热流量为合格（在设计图上应标注每户计算热流量）。

（3）调节每一个分户内部的独立系统，将系统调节在设计温度范围内（一般设计均为上限值）通过恒温调节，使每一个房间可以达到所需要的设计温度即为合格。

4.19.4　质量通病及其防治

质量通病及其防治方法如表 4.19-1 所示。

质量通病及其防治方法

表 4.19-1

项　次	质量通病	防治方法
1	装修时供水干管不好隐蔽	1. 管道支架下料不可过长； 2. 管道距墙不能太远，控制在标准以内； 3. 沿地面敷设的管道，如在装饰地板上时，尽量沿踢脚设置专用地板凹槽安装；若在地板下，尽量采用特制的交联塑料管埋地敷设； 4. 水平管道可安装在下一层的吊顶内
2	水平管道内气塞，导致散热器不热	1. 严格按施工程序操作：从支架制作安装、管道敷设，均控制好坡度 $i=0.002\sim0.003$ 区间之内，不得反坡度； 2. 自动排气阀必须设于系统最高处，并且应将排气管引至卫生间或厨房； 3. 立管或支管上设计锁闭阀时，其阀失灵，管路不通畅
3	散热器安装倾斜后积气，局部或全部不热	散热器安装后，用水平尺检查，如形成积气现象，应重新找平、找正，或者将散热器托钩返工

4.19.5　成品保护

1. 暗设管道应设有标志，防止施工中损伤管道。热表、热表显示器、三通阀、调节阀、温控器、除污器等设施安装后应注意保护，严禁碰坏，对于入户外壁上的热表显示器在正式交付使用前应采取有效的保护措施。

2. 安装好的管道不得做支承用、系安全绳、搁脚手板，禁止登攀。

3. 抹灰或喷浆前，应把安装好的管道盖好，以免落上灰浆，否则不仅污染管道，还增加了清扫工作量，又影响到刷油质量。

4. 立、支管安装后，将阀门的手轮锁闭阀的锁帽卸下，集中保管，竣工时统一安装再交付使用。

5. 管道搬运、安装、施焊时，要注意保护好已做好的墙面和地面。

4.20　低温热水地板辐射供暖系统安装要点

4.20.1　工作条件

1. 进行低温热水地板辐射供暖系统安装的施工队伍必须持有专业队伍证书，施工人员必须经过培训，特别是机械接口施工人员必须经过专业操作培训，持合格证上岗。

2. 建筑工程主体已基本完成，且屋面已封顶，室内装修的吊顶、抹灰已完成，与地面施工同时进行。设于楼板上（装饰地面下）的供回水干管地面凹槽已配合土建预留。

3. 管道工程必须在入冬之前完成，冬季不宜施工。

4. 施工前已经过设计、施工技术人员、建设单位进行图纸会审，施工单位对施工人员进行过技术、质量、安全交底。

5. 材料已全进场，电源、水源可以保证连续施工，有排放水的地点。

4.20.2 工艺流程

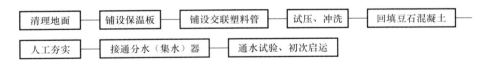

清理地面 → 铺设保温板 → 铺设交联塑料管 → 试压、冲洗 → 回填豆石混凝土

人工夯实 → 接通分水（集水）器 → 通水试验、初次启运

4.20.3 操作工艺

1. 清理地面

在铺设贴有铝箔的自熄型聚苯乙烯保温板之前，将地面清扫干净，不得有凸凹不平的地面，不得有砂石碎块、钢筋头等。常见的地热采暖构造种类如图 4.20-1 所示。

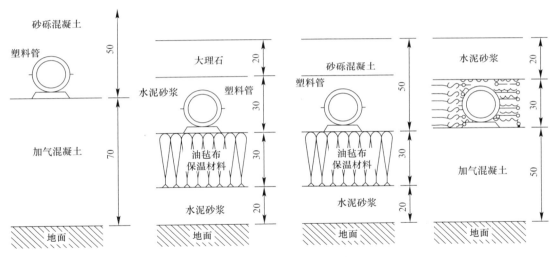

图 4.20-1　地热供暖构造示意图

2. 铺设保温板

保温板采用贴有铝箔的自熄型聚苯乙烯保温板，必须铺设在水泥砂浆找平层上，地面不得有高低不平的现象。保温板铺设时，铝箔面朝上，铺设平整。凡是钢筋、电线管或其他管道穿过楼板保温层时，只允许垂直穿过，不准斜插，其插管接缝用胶带封贴严实、牢靠。

3. 铺设塑料管［特制交联聚乙烯（XLPE）软管］

交联塑料管铺设的顺序是从远到近逐个环圈铺设，凡是交联塑料管穿地面膨胀缝处，一律用膨胀条将其分割成若干块地面隔开，交联塑料管在此处均须加伸缩节，伸缩节为交联塑料管专用伸缩节，其接口用机械连接，施工中须由土建工程事前划分好，相互配合和协调，如图 4.20-2 所示。

交联聚乙烯管供暖散热量及其管路铺设间距可根据不同位置、不同地面材料参考表 4.20-1 和表 4.20-2 自行选择。

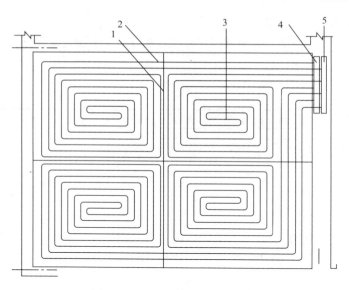

图 4.20-2　地热管路平面布置图

1—膨胀带；2—伸缩节（30mm）；3—交联聚乙烯管公称

外径 DN16、DN20；4—分水器；5—集水器

供回水温度：60～50℃；室温：18℃　　　　　　　表 4.20-1

地面材料类别	散热量（W/m²）	
	管间距 150mm	管间距 200mm
瓷砖类	212	193
塑料类	159	147
地毯类	119	112
木地板类	143	133

注：标准工况，适用于大厅。

供水温度：60℃；回水温度：50℃；室温：28℃　　　　表 4.20-2

地面材料类别	散热量（W/m²）	
	管间距 150mm	管间距 200mm
瓷砖类	152	138
塑料类	114	104

注：标准工况，适用于游泳馆。

　　交联塑料管敷设完毕，采用专用的塑料 U 形卡及卡钉逐一将管子进行固定。U 形卡距及固定方式如图 4.20-3 所示。若设有钢筋网，则安装在高出塑料管的上皮 10～20mm 处。敷设前如果规格尺寸不足整块敷设时应将接头连接好，严禁踩在塑料管上进行接头。

　　敷设在地板凹槽内的供回水干管，若设计选用交联塑料软管，施工结构要求与地热供暖相同。

　　4. 试压、冲洗

　　安装完地板上的交联塑料管后进行水压试验。首先接好临时管路及压泵，充水后打开排气阀，将管内空气放净后再关闭排气阀，先检查接口，若无异样情况方可缓慢地加压，增压过程观察接口，发现渗漏立即停止，将接口处理后再增压。增压至 0.6MPa 表压后稳

312

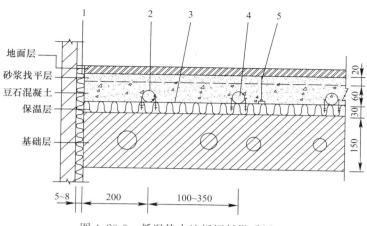

图 4.20-3　低温热水地板辐射供暖剖面

1—弹性保温材料；2—塑料固定卡钉（间距直管段 500mm；弯管段 250mm）；3—铝箔；4—塑料管；5—膨胀带

压 10min，压力下降≤0.03MPa 为合格。由施工单位、建设单位双方检查合格后作隐蔽记录，双方签字埋地管道验收。

5. 回填豆石混凝土

试压验收合格后，立即回填豆石混凝土。试压临时管路暂不拆除，并且将管内压力降至 0.4MPa 压力稳住、恒压。由土建进行回填，填充的豆石混凝土中必须加进 5% 的防龟裂的添加剂。回填过程中，严禁踩压交联环路管路，严禁用振捣器施工，必须用人力进行捣固密实。人工捣固时也要防止对管道碰撞或加力。

6. 分水（回水）器制作、安装、连接

（1）先按设计图纸进行钢制分水（回水）器的放样、下料、划线、切割、坡口、焊制成形，按工艺标准严格操作。如设计无规定，可参照图 4.20-4、图 4.20-5 中所示制作、安装。分水器或回水器上的分水管和回水管，与埋地交联塑料管的连接采用热熔接口。

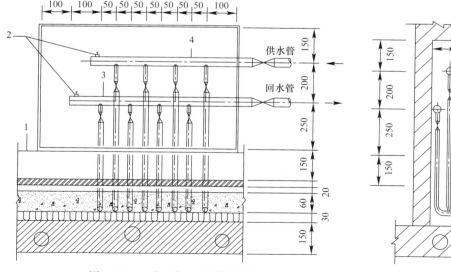

图 4.20-4　分（集）水器正视图

1—踢脚线；2—放风阀；3—集水器；4—分水器

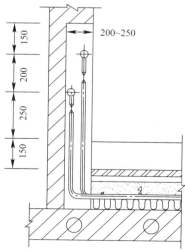

图 4.20-5　分（集）水器侧视图

（2）进户装置系统管道安装完，如图 4.20-6 所示。其仪表、阀门、过滤器、循环泵安装时，不得安反。

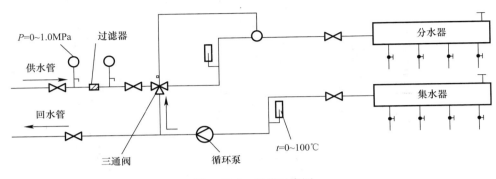

图 4.20-6　系统示意图

7. 通热水、初次启运

初次启运通热水时，首先将加热至 25～30℃ 水温的热水通入管路，循环一周，检查地上接口若无异样，将水温提高 5～10℃ 再运行一周后重复检查，照此循环，每隔一周提 5～10℃ 温度，直到供水温度为 60～65℃ 为止。地上各接口不渗不漏为全部合格。经施工、建设单位双方检查，最后验收，双方签字。

4.20.4　质量通病及其防治

质量通病及其防治方法如表 4.20-3 所示。

质量通病及其防治方法　　　　　　　　　　　　　表 4.20-3

项　次	质量通病	防治方法
1	通热后渗漏	1. 严格把住交联塑料管的材质关，严禁用任何别的塑料管代替交联塑料管。 2. 隐蔽前，必须试压合格，方可回填。 3. 热熔接口操作人员必须经培训考试合格，持上岗证上岗操作
2	管路堵塞	1. 埋地管路试压前先进行冲洗，洗干净后再进行连接试压临时管路，做压力试验。 2. 试压后与地板辐射供暖分水器、回水集水器连接时，要有专人看管，严禁脏物进入隐蔽塑料管环路中。 3. 过滤器安装前应认真检查，在交付使用过程中应经常检查

4.20.5　成品保护

1. 各类塑料管和绝缘板材在运输、搬运过程中，不能有划伤、压伤、折断等损伤，轻装、轻卸，不能拖拉运送，在敷设前应认真检查，发现不合格者绝对不能使用，并对不合格产品做标记，另行堆放。

2. 各类塑料管和绝缘板材，不得接触明火。

3. 在加热管开始敷设至隐蔽之前，杜绝交叉施工，防止践踏，落物砸伤。在施工现场需标注提示板，严禁闲杂人员误入。

4. 若主体完工，直接交付给业主或交给装修施工单位。进行下道工序时，应给其发出地面装修施工须知，进一步完善成品保护。

4.21 长翼大 60、小 60 型散热器组对与安装要点

4.21.1 工作条件

1. 具备散热器堆放及组装的场地。
2. 水源及电源能保证施工供求。
3. 散热器经检查验收合格，已除锈，刷底漆一遍。
4. 由土建给出各房间准确地面标高线，地面和墙面装饰工程已完成（或散热器背面墙装饰已完）。
5. 热器安装地点及其附近不得堆放材料或有障碍物。

4.21.2 工艺流程

4.21.3 操作工艺

散热器型号标记

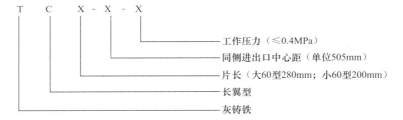

1. 长翼型散热器组对

（1）按设计的散热器型号、规格进行核对、检查，鉴定其质量是否符合验收规范规定，并做好记录。

（2）将散热器内的各种脏物和污垢以及对口处的浮锈清除干净。

（3）备好散热器组对工作台或制作简易支架。

（4）按设计要求的片数及组数，试扣选出合格的对丝、丝堵、补芯，然后进行组对。对口的间隙一般为 2mm。进水（汽）端的补芯为正扣，回水端的补芯为反扣，如图 4.21-1、图 4.21-2 所示。

（5）组对前，根据热源分别选择好衬垫，当介质为蒸汽时，选用 3mm 厚的石棉垫涂抹铅油方可用。介质为过热水时采用高温耐热橡胶石棉垫。介质为一般热水时，采用耐热橡胶垫。

（6）组对时两人一组，用工作台组对时四人一组，如图 4.21-3 所示。

① 将散热器平放在操作台（架）上，使相邻两片散热器之间正丝口与反丝口相对着，中间放着上下两个经试装选出的对丝，将其拧 1～2 扣在第一片的正丝口内。

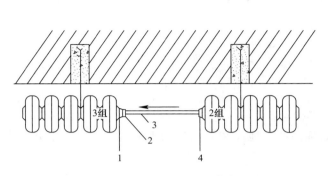

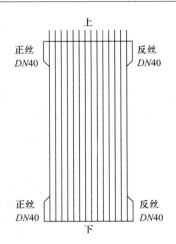

图 4.21-1　丝堵与对丝的正反扣

1—正扣补芯；2—根母；3—连接管；4—反扣补芯

图 4.21-2　大 60 型散热器的接口

② 套上垫片，将第二片反丝口瞄准对丝，找正后，两人各用一手扶住散热器，另一手将对丝钥匙插入第二片的正丝口里。首先将钥匙稍微反拧一点，当听到"闷咯噔"声时，对丝两端已入扣，如图 4.21-4 及图 4.21-5 所示。

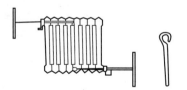

图 4.21-3　组对散热器用的工作台

图 4.21-4　组对（钥匙）专用工具

③ 缓慢均衡地交替拧紧上下的对丝，以垫片拧紧为宜，但垫片不得露出径外。

④ 按上述程序逐片组对，待达到设计片数为止。散热器应平直、紧密。

（7）将组对后的散热器慢慢立起，用人抬或运输小车送至打压处集中，如图 4.21-6 所示。

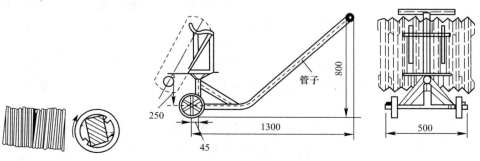

图 4.21-5　对丝　　　　　　图 4.21-6　搬运散热器的手推车

2. 长翼型散热器组水压试验

（1）将散热器安放在试压台上，用管钳子上好临时丝堵和补心，安上放气阀后，连接好试压泵，如图4.21-7、图4.21-8所示。

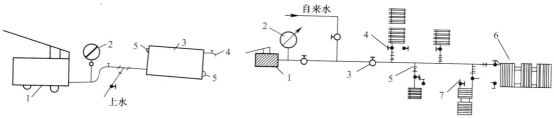

图4.21-7　散热器单组试压法

1—水压泵；2—压力表；3—散热器；
4—放气阀；5—汽包丝堵

图4.21-8　散热器多组试压法

1—水压泵；2—压力表；3—阀；4—开关；5—活接头
6—组合后的长翼形散热器；7—放水管

（2）试压管路接好后，先打开进水阀门向散热器内充水，用时打开放气阀，排净散热器内空气，待水充满后，关上放气阀。

（3）设计若没有要求时，散热器试压必须符合表4.21-1的要求。

散热器工作压力与试验压力　　　　　　　　　表4.21-1

散热器型号	长翼大60型和小60型	
工作压力（MPa）	小于或等于 0.25	大于 0.25
试验压力（MPa）	0.4	0.6

当加压到规定压力值时，关闭进水阀门，稳压2~3min，再观察接口是否渗漏。

（4）如有渗漏用石笔做上记号，再将水放净，卸下丝堵或补芯，用组对钥匙从散热器的外部比试一下渗漏位置，在钥匙杆上做出标记。再将钥匙伸进至标记位置。按对丝旋紧方向转动钥匙使接口上紧或卸下换垫。返修好后再进行水压试验，直至合格。

（5）打开泄水阀门，拆掉临时丝堵和补芯，水泄净后将散热器安放稳妥，集中保管好。丝堵和补芯上麻丝（石棉绳）缠绕时，按图4.21-9所示施工。现代热水系统中多采用耐热橡胶垫。

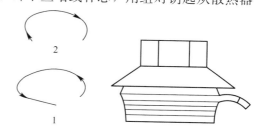

图4.21-9　堵头或补芯的麻丝石棉绳缠法

1—堵头或补芯的旋紧方向；2—石棉绳缠绕方向

3. 长翼型散热器安装

按设计要求将不同的片数、型号、规格的散热器经试压合格后运到各个房间，并根据地面标高（或土建给出的标高线）在墙上画好安装位置的中心线。散热器中心线与窗台中心线吻合。

（1）栽散热器钩子（固定卡）

① 先检查托钩（固定卡）的规格、尺寸是否符合规定尺寸的要求。

② 长翼型散热器安装在砖墙上均设托钩，安在轻质结构墙上的设置固定卡子，下设托架。其数量应符合表4.21-2中的规定。

托钩数量   表 4.21-2

散热器型号	每组片数	托钩或卡架		
		上	下	合计
60 型	1	2	1	3
	2~4	1	2	3
	5	2	2	4
	6	2	3	5
	7	2	4	6

托钩位置如图 4.21-10、图 4.21-11 和表 4.21-3 所示。

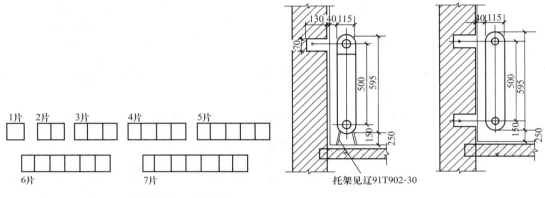

图 4.21-10 60 型散热器卡、托钩位置   图 4.21-11 长翼型散热器托钩位置

托钩安装位置   表 4.21-3

散热器型号	高度 (mm)	每片长度 (mm)	宽度 (mm)	上下孔中心距 (mm)	放热面积 (m²)	每片容积 (L)	每片重 (kg)	最大工作压力 (MPa)	试压压力 (MPa)
大 60	600	280	115	500	1.17	8	28	0.4	0.6
小 60	600	200	115	500	0.8	5.7	19.3	0.4	

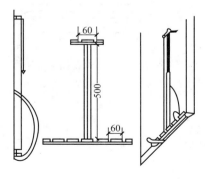

图 4.21-12 散热器托钩安装样板

③ 根据设计图中回水管连接方法及施工规范规定，确定散热器安装高度。利用画线尺或画线架，如图 4.21-12 所示，画出托钩、卡子安装位置。

④ 用电动工具或錾子在墙上打孔洞。孔洞尺寸应里大外小，托钩埋深不少于 120mm，固定卡埋深大于 80mm。

⑤ 挂上钩子位置的上下两根水平线，用水冲净洞里杂物，填进 1:2 水泥砂浆，至洞深一半时，再将固定卡成托钩插入洞里，塞紧石子或碎砖块。待找正钩子的中心使其对准水平线，找准距墙尺寸，再用水泥砂浆填实抹平。

⑥ 轻质结构墙上安装散热器时，还须根据其具体情况的不同，事先自制托架、支座，如图 4.21-13、图 4.21-14 所示。也可在托钩位置上制成钢制托钩，将其焊在骨架或墙体

预埋件上，还可用穿通螺栓固定在墙体上。混凝土预制板上的托钩应根据预埋铁件位置与其焊牢。

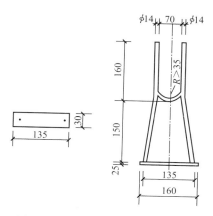

图 4.21-13 长翼型散热器安装在
轻质结构墙上的托架

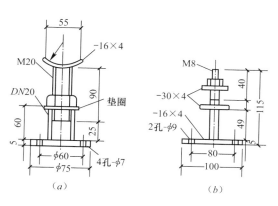

图 4.21-14 散热器支座及卡件
(a) 散热器支座；(b) 散热器中间卡件

⑦ 特殊构造墙体的托钩按设计要求处理。

（2）散热器安装

① 将丝堵和补心，加散热器胶垫拧紧。待钩子塞墙的砂浆达到强度后，方准安装散热器。

② 挂式散热器安装，须将散热器轻轻抬起，将补心正丝扣的一侧朝向立管方向，慢慢落在托钩上，挂稳、立直、找正，如图 4.21-15 所示。

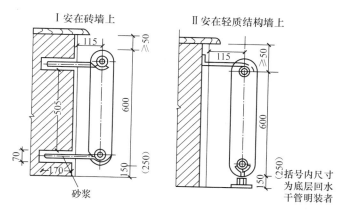

图 4.21-15 散热器安装图

③ 带腿或自制底架安装时，散热器就位后，找直、垫平，核对标高无误后，上紧固定卡的螺母。

④ 散热器的掉翼面应朝墙安装。

4.21.4 质量通病及其防治

质量通病及其防治方法如表 4.21-4 所示。

质量通病及其防治方法 表 4.21-4

项 次	质量通病	防治方法
1	散热器不热或冷热不均	1. 严格按设计施工，严防倒坡； 2. 施工中认真检查管口，清除管内污物； 3. 若用砂子加热揻弯后，清净管内积砂。断管时，飞刺或残渣留在管内注意清理干净。管道上断口时要避免留下铁渣，临时堵应焊牢，试水时，注意从排污口排除污物； 4. 散热器组装前应清理腔内，严防堵塞
2	散热器安装后松动	1. 托架散热器两腿不平时，垫平、垫牢； 2. 托钩安装后未达到强度不能安装散热器； 3. 栽托钩时，洞深、水泥砂浆强度等级应符合规定； 4. 要严防其他工种把暖气片当脚蹬或承重
3	散热器安装位置不一致不稳固	1. 地面标高，每层要一致； 2. 钩子及固定卡达到强度后方可安装散热器； 3. 钩子与散热器接触牢固

4.21.5 成品保护

1. 散热器搬运时，不得将铁管或铁棍插到散热器丝扣内，确保散热器丝扣不受损坏。

2. 散热器组对、试压安装过程中，要立向抬运，码放整齐。在地面操作放置时，下面要垫木板，以免歪倒或触地生锈，未刷油前应防雨、防锈。

3. 散热器往楼里搬运时，应注意不要将施工完的门框、墙角、地面磕碰坏。应保护好柱形炉片的炉腿，避免碰断。翼型炉片要防止翼片损坏。

4. 剔散热器托钩墙洞时，应注意不要将外墙砖顶出墙外。在轻质墙上栽托钩及固定卡时应用电钻打洞，防止将板墙剔裂。

5. 钢制串片散热器在运输和焊接过程中，应防止将叶片碰倒，安装后不得随意蹬踩，应将卷曲的叶片整修平整。

6. 喷浆前应采取措施保护已安装好的散热器，防止污染，保证清洁。叶片间的杂物应清理干净，并防止掉入杂物。

7. 钢串片散热器在运输、搬动过程中，轻抬、轻放，严防损坏肋片和松动肋片，以免影响美观和散热效果。

8. 安装过程中不可随意拧下散热器的塞堵，防止落进杂物而堵塞管道。

9. 冬期施工时，注意排空散热器内腔积水，以免冻裂。

4.22 柱型散热器组对与安装要点

4.22.1 工作条件

1. 具备散热器堆放及组装的场地。

2. 水源及电源能保证施工供求。

3. 散热器经验收合格，已除锈、刷底漆一遍。

4. 室内地面和墙面装饰工程已完。若为无足散热器也可由土建给出准确的地面标高线，散热器背面的墙装饰完成。

5. 散热器安装地点，其邻近处不得堆放其他材料及障碍物品。

4.22.2 工艺流程

4.22.3 操作工艺

1. 柱型散热器组对

（1）按设计的散热器型号，规格进行核对、检查，鉴定其质量是否符合验收规范规定，做好记录。柱型散热器组对，15 片以内两片带腿，16～21 片为三片带腿，25 片以上四片带腿。

（2）将散热器内的脏物、污垢以及对口处的浮锈清除干净。

（3）备好组对散热器的工作台。

（4）按设计要求的片数及组数，试扣后选山合格的对丝、丝堵、补芯，然后进行组装。对口的间隙一般为 2mm。进水（汽）端的补芯为正扣，另一端回水端的补芯为反扣。

（5）组对前，须根据热源分别选择好衬垫，当介质为蒸汽时，选用 3mm 厚的石棉垫涂抹铅油后可用。介质为过热水（高温水），采用耐热橡胶石棉垫涂抹铅油后待用。介质为一般热水时，采用耐热橡胶垫即可。

（6）组对时，根据片数定人分组，由两人持钥匙（专用扳手）同时进行。

① 将散热器平放在专用组装台上，散热器的正丝口朝上，如图 4.22-1 所示。

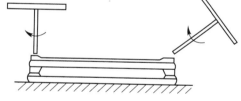

图 4.22-1 散热器组装示意图

② 把经过试扣选好的对丝，将其正丝与散热器的正丝口对正，拧上 1～2 扣。

③ 套上垫片。然后将另一片散热器的反丝口朝下，对准后轻轻落在对丝上，两个同时用钥匙（专用扳手）向顺时针（右旋）方向交替地拧紧上下的对丝。以垫片挤出油为宜。如此循环，待达到需要数量为止。垫片不得露出径外。

（7）根据设计组数进行组对。将组对好的散热器用运输小车送至打压地点集中。

2. 柱型散热器水压试验

（1）将组对好的散热器安放在试压台上，用管钳子上好临时堵和补心，安上放气阀后，连接好试压泵和临时管路。

（2）试压管路接好后，先打开进水阀门向散热器内充水，同时打开放气阀，排净散热器内的空气，待水充满后，关上放气阀。

（3）设计若没有要求时，散热器试压必须符合表 4.22-1 的规定。

321

散热器试压规定　　　　　　　　　　　表 4.22-1

散热器型号	柱型、M132 型	
工作压力（MPa）	小于或等于　0.25	大于　0.5
试验压力（MPa）	0.4	0.6

当加压到规定压力值时，关闭进水阀门，稳压 2～3min，再观察接口是否渗漏。

（4）如有渗漏处用石笔作上记号，将水放尽，卸下丝堵或补芯，用组对钥匙从散热器的外部比试一个渗漏位置，在钥匙杆上做出标记。再将钥匙伸进至标记位置。按对丝旋紧方向转动钥匙使接口上紧或卸下换垫。返修好后再进行水压试验，直至合格。

（5）打开泄水阀门，拆掉临时堵和补心，水泄尽后将散热器安放稳妥，集中保管。根据设计要求刷上防锈漆和银粉。将成组散热器的四个丝口安上丝堵和补心。

3. 柱型散热器安装

按设计要求将不同的型号、片数、规格的散热器经试压合格后运到各个房间，并根据地面标高，在墙上画好安装位置的中心线。如表 4.22-2 所示。

柱型散热器型号参考　　　　　　　　　　　表 4.22-2

散热器型号	高度（mm）足片中片	每片长度（mm）	宽度（mm）	上下孔中心距（mm）	放热面积（m²）	每片容积（L）	每片重（kg）	最大工作压力（MPa）
M-132	584	80	132	500	0.24	1.32	7	0.5—0.8
二柱 700	700　605	72	115	505	0.24	1.35	6	0.5—0.8
四柱 813	813　738	57	164	642	0.28	1.40	8	0.5—0.8
四柱 760	760　724	53	143	600	0.234	1.16	6.6	0.5—0.8
四柱 640	640　589	53	143	500	0.2	1.03	5.7	0.5—0.8
钢制柱	600	45	120	505	0.15	1.00	1.9～2.2	0.6—0.8

（1）裁散热器托钩和固定卡

① 先检查固定卡或托架的规格、尺寸是否符合要求。

② 各种型号的柱型散热器及 M-132 型散热器的托钩及卡架数量如表 4.22-3 所示。定位时参照图 4.22-2～图 4.22-13。

散热器的托钩及卡架数量表　　　　　　　　　　　表 4.22-3

散热器型号	每组片数	托钩或卡架			备注
		上	下	总计	
M132 型	3～8	1	2	3	—
	9～12	1	3	4	
	13～16	2	4	6	
	17～20	2	5	7	
	21～24	2	6	8	
柱型	3～6	1	2	3	柱型均不带足时
	9～12	1	3	4	
	13～16	2	4	6	
	17～20	2	5	7	
	21～25	2	6	8	

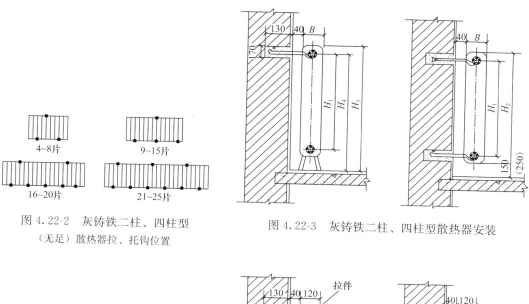

图 4.22-2　灰铸铁二柱、四柱型
（无足）散热器拉、托钩位置

图 4.22-3　灰铸铁二柱、四柱型散热器安装

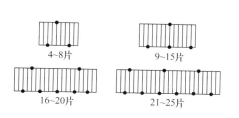

图 4.22-4　三柱型（无足）
散热器拉、托钩位置

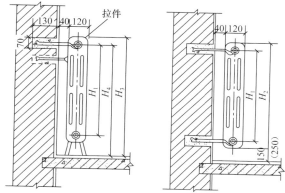

图 4.22-5　三柱散热器安装说明

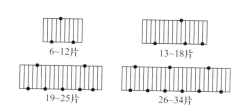

图 4.22-6　细四柱型（无足）
散热器拉、托钩位置

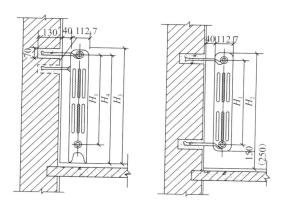

图 4.22-7　细四柱型散热器安装

③ 根据设计图中的要求及施工规范的有关规定，参照散热器外形尺寸表，采用画线架或画线尺、线坠，画出托钩、固定卡的安装位置。放线、定位、画出记号的前后，要反

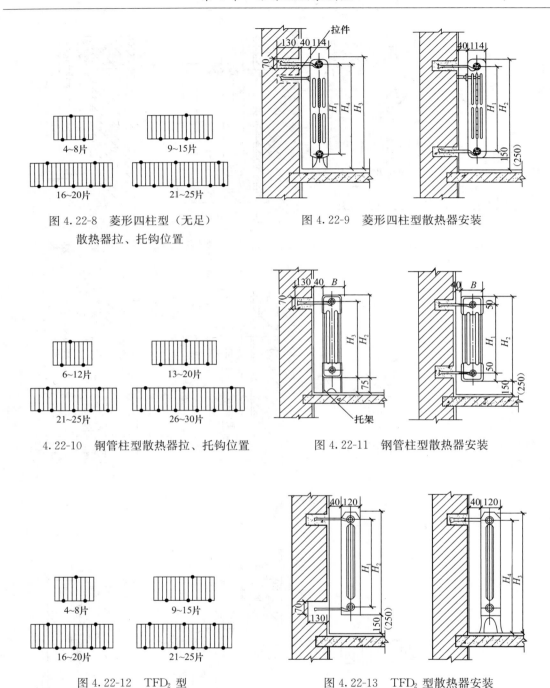

图 4.22-8　菱形四柱型（无足）
散热器拉、托钩位置

图 4.22-9　菱形四柱型散热器安装

4.22-10　钢管柱型散热器拉、托钩位置

图 4.22-11　钢管柱型散热器安装

图 4.22-12　TFD₂ 型
散热器拉托钩位置

图 4.22-13　TFD₂ 型散热器安装

复检查地表面的标高和记号的正确性。

④ 打出托钩及固定卡的孔洞，尺寸应符合规范规定。

⑤ 挂上固定卡（或托钩）位置的水平拉线，用水冲净洞内杂物，按程序栽牢固定卡（或托钩），使钩子中心对准水平线，经量尺复核标高无误后再用水泥砂浆抹平压实。

⑥ 轻质结构墙上安装柱型或 M-132 型散热器，除参照长翼型外，也可按图 4.22-14

进行处理。

（2）散热器安装

① 若为托钩固定，必须待钩子的塞墙砂浆达到强度后再行安装，若为带足散热器则须散热器就位后再拧紧卡子螺栓，将其固定在散热器上，如图 4.22-15 所示。

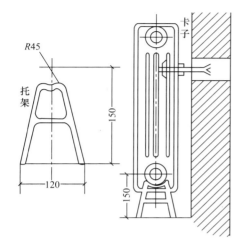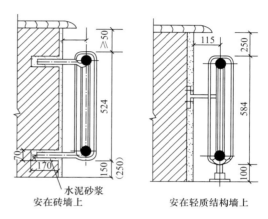

图 4.22-14　安在轻质结构墙上　　　　　　图 4.22-15　柱型散热器安装示意图

② 挂式散热器安装同长翼型一样。

③ 带足散热器安装时，将散热器组抬至安装位置就位，用水平尺找正找垂直，检查足腿是否与地表面接触平稳、严实。达到规定标准，将固定卡的螺栓在散热器上拧紧。若上面也为托钩，则也须完全达到强度后再行就位。

④ 如果散热器安装在轻质结构墙上设置托架时，事先按图制作好托架。安置托架后，将散热器轻轻抬起落在架上，用水平尺找正、找平、找垂直，然后拧紧固定卡。

⑤ 如果带足的散热器安装中，出现不平现象，可以用锉刀磨平找正。严禁用木块砖石垫高，必要时可用垫铁找平。

⑥ 散热器安装后，严禁出现空气袋或水袋，以致造成散热器不热，如图 4.22-16 所示。

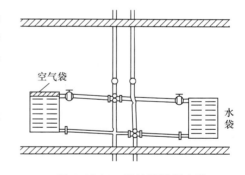

图 4.22-16　散热器错误安装

4.22.4　质量通病及其防治

质量通病及其防治方法如表 4.22-4 所示。

质量通病及其防治方法　　　　　　　　　　　　　　　表 4.22-4

项　次	质量通病	防治方法
1	散热器安装位置不一致，高低不平、不稳	1. 锉、垫散热器不可过多； 2. 地面装饰施工后方允许安装散热器； 3. 托钩、固定卡达到强度后方可安装散热器； 4. 散热器托钩、卡子安装时，必须拉线

续表

项　次	质量通病	防治方法
2	散热器安装后松动	1. 散热器安装后，严防将散热器当做脚蹬踩或承重； 2. 托钩、固定卡、托架施工时，严格按程序进行操作
3	散热器安装后不热或冷热不均	1. 散热器组装前认证清理污物，除锈； 2. 组对后和试压后严防掉进污物堵塞腔腹

4.22.5　成品保护

1. 散热器搬运时，不得将铁管或铁棍插到散热器丝扣内，确保散热器丝扣不受损坏。

2. 散热器组对、试压安装过程中，要立向抬运，码放整齐。在地上操作放置时，下面要垫木板，以免歪倒或触地生锈，未刷油前应防雨、防锈。

3. 散热器往楼里搬运时，应注意不要将已施工完的门框、墙角、地面磕碰坏。应保护好柱形炉片的炉腿，避免碰断。翼型炉片要防止翼片损坏。

4. 剔散热器托钩墙洞时，应注意不要将外墙砖顶出墙外。在轻质墙上栽托钩及固定卡时应用电钻打洞，防止将板墙剔裂。

5. 钢制串片散热器在运输和焊接过程中，应防止将叶片碰倒，安装后不得随意蹬踩，应将卷曲的叶片整修平整。

6. 喷浆前应采取措施保护已安装好的散热器，防止污染，保证清洁。叶片间的杂物应清理干净，并防止掉入杂物。

7. 钢串片散热器在运输、搬运过程中，轻抬、轻放，严防损坏肋片和松动肋片，以免影响美观和散热器效果。

8. 安装过程中不可随意拧下散热器的塞堵，防止落进杂物而堵塞管道。

9. 冬期施工时，注意排空散热器内腔积水，以免冻裂。

4.23　圆翼型散热器安装要点

4.23.1　工作条件

1. 散热器已除锈，刷防锈底漆一遍。
2. 室内的墙面已完成装饰，或者将散热器后面墙的装修做完。
3. 土建已给出室内地面标准线或地面已施工完。
4. 散热器安装地点无任何障碍物。

4.23.2　工艺流程

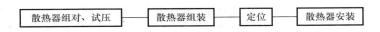

散热器组对、试压 → 散热器组装 → 定位 → 散热器安装

4.23.3　操作工艺

1. 圆翼型散热器组对

(1) 按设计要求的型号、规格进行核对，并检查及鉴定其质量是否符合质量标准要

求，做好记录。

（2）将散热器内的脏物、污垢以及对口处的浮锈清除干净。

（3）备好组装工作台。

（4）按设计要求的片数及组数，选出连接法兰盘。其进汽口一端用正心法兰盘，其回水一端用偏心法兰盘，进水口用偏心法兰盘。

（5）散热器组对前，根据热源分别选择衬垫，当介质为蒸汽时可采用 3mm 厚的石棉垫涂抹铅油。介质为过热水，采用耐热石棉橡胶垫涂抹铅油。若介质为一般热水时，采用耐热橡胶或石棉橡胶垫。衬垫不允许大出法兰盘内带止水线凸面的内外边缘。

（6）圆翼型散热器的连接方式，一般有串联和并联两种，如图 4.23-1、图 4.23-2 所示。根据设计图的要求进行加工草图的测绘，然后加工组装件。

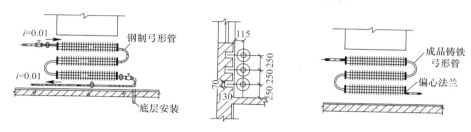

图 4.23-1 圆翼型散热器串联组合安装图

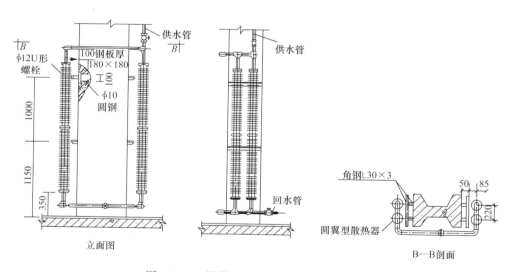

图 4.23-2 圆翼型散热器并联组合安装图

① 按设计连接形式，进行散热器支管连接的加工草图测绘。若设计无特殊要求也可按图 4.23-3 中所示尺寸加工预制组装件。

② 计算出散热器的片数、组数，进行短管切割加工。

③ 切割加工后的连接短管一头进行丝扣加工预制。

④ 将短管丝头的另一端分别按规格尺寸与正心法兰盘、偏心法兰盘焊接成型。

（7）散热器组装前，须清除内部污物，刷净法兰对口的铁锈，除净灰垢。将法兰螺栓上好，试装配找直，再松开法兰螺栓，卸下一根，把抹好铅油的石棉垫或石棉橡胶放进法

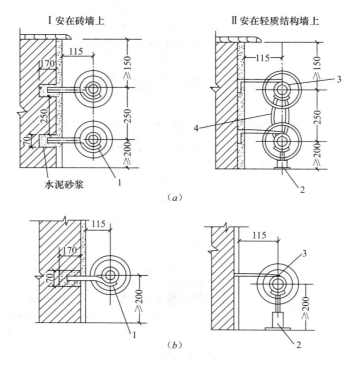

图 4.23-3　圆翼型散热器安装

(*a*) 多排散热器安装；(*b*) 单排散热器安装

1—托钩；2—支座；3—散热器；4—支撑

兰盘中间，再穿好全部螺栓，安装垫圈，用扳子对称均匀地拧紧螺母，其水压试验方法、规定值与大 60 型散热器相同。

2. 圆翼型散热器安装

先按设计要求将不同的片数、型号、规格的散热器运到各个房间，并根据地面标高或地面相对标高线，在墙上画好安装散热器的中心线，如表 4.23-1 所示。

圆翼型散热器参数表　　　　　　　　　　表 4. 23-1

散热器型号	高度 (mm)	每片长度 (mm)	放热面积 (m²)	每片容积 (L)	每片重 (kg)	最大工作压力 (MPa)
圆翼 80	φ168	1000	1.8	4.42	38.2	0.5—0.8

（1）检查托钩的规格、尺寸是否符合散热器的安装要求。

（2）散热器托钩的数量规定如表 4.23-2 所示。

散热器托钩的数量规定　　　　　　　　　　表 4. 23-2

散热器型号	每组片数	托钩总计
圆翼型	1	2
	2	3
	3～4	4

托钩位置应位于散热器的法兰盘外缘的边后退 50mm 处。

（3）根据连接方式及其规定，确定散热器的安装高度。画出托钩位置，做好记号。

（4）用电动工具或錾子在墙上打出托钩孔洞。

（5）挂上托钩位置上的水平线，用水冲净洞里杂物，填进 1:2 水泥砂浆，至洞深一半时，将托钩插入洞内，塞紧石子或碎砖，找正钩子的中心，使其对准水平拉线，然后再用水泥砂浆填实抹平。托钩完全达到强度后方允许安装散热器。

（6）多根成排散热器安装时，需先将两端钩子栽好，然后拉线定位，栽进中间各部位托钩。

（7）多排串联圆翼型散热器安装前，先预制加工或批量加工成型钢制弓形法兰弯管，如图 4.23-4 所示。然后将法兰弯管和圆翼型散热器临时固定，待量准各配管尺寸再拆下弯管，照前述程序进行配管、连接、安装。

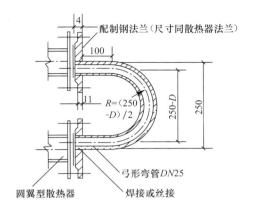

图 4.23-4 钢制弓形弯管制作

（8）散热器掉翼面应朝下或朝墙安装。水平安装的圆翼型散热器，纵翼应竖向安装。

4.23.4 质量通病及其防治

质量通病及其防治方法如表 4.23-3 所示。

质量通病及其防治方法   表 4.23-3

项　次	质量通病	防治方法
1	散热器松动	1. 挂钩完全达到强度后方可安散热器。 2. 散热器安装后，严禁当作支撑物载重
2	水平串联安装的散热器局部不热或全不热	1. 安装时严格按操作程序进行，量尺、拉线、用水平尺找坡，严防倒坡安装。 2. 安装法兰垫片时，防止阻塞散热器的进出口

4.23.5 成品保护

1. 散热器组对后，要放平放稳，妥善保管，运输中要注意别碰坏连接短管。

2. 土建进行喷浆、抹灰之前，用塑料布或灰袋纸盖好散热器。

3. 散热器运进室内时，注意保护好施工完的门框、墙角、地面。

4.24 板式及扁管散热器安装要点

4.24.1 工作条件

1. 室内的墙面、地面装修工程已完成施工。

2. 供汽（水）及回水主导管、立管施工完，立管甩头已完。

3. 散热器试压已合格。

4. 室内散热器安装位置无障碍物。

4.24.2 工艺流程

```
栽托架 ──→ 板式或扁管散热器安装 ──→ 板式或扁管散热器配管
```

4.24.3　操作工艺

板式散热器的表面，出厂前经喷漆装饰。体积小，不置于墙内，无须逐片连接与组装，省去了每片间连接后的水压试验。承压可达到 1～1.2MPa，如图 4.24-1 所示。

扁管散热器运行中热水循环好，表面在出厂前喷好各种花卉，出厂时均以塑料薄膜保护。

1. 定位、栽托架

（1）在挂散热器的墙面上，应事先完成土建装饰工作，然后在装饰面上量尺，定位并画好栽托架的位号。按设计要求，根据散热器的位置和离地高度，拉好水平线，打出托架孔洞。然后按施工程序，将散热器的托架按要求事先栽好，如图 4.24-2 所示。

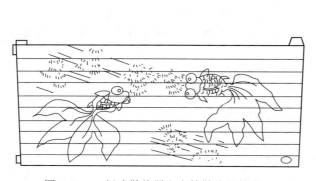

图 4.24-1　板式散热器和扁管散热器外形图

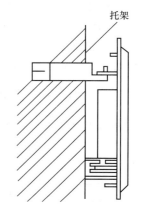

图 4.24-2　板式、扁管散热器安装

（2）按照表 4.24-1 的规定，确定散热器托架的数量。

托架数量　　　　　　　　　　　　　表 4.24-1

散热器型号	片数	上部托架	下部托架	总计
扁管，板式	1	2	2	4

（3）托架位置尚须参照厂家产品规格中支架的位置与具体尺寸进行定位。目前主要有 SG-O 型，SG-D 型扁管散热器，SB-T 板式散热器。长度一般为 600～2000mm，如表 4.24-2 所示。

散热器尺寸　　　　　　　　　　　　　表 4.24-2

散热器型号	高度（mm）	每片长度（mm）	宽度（mm）	上下孔中心距（mm）	散热面积（m²）	每片容积（L）	每片质量（kg）	最大工作压力（MPa）
钢制扁管散热器	416	600 800 1000	40 102	高 52	0.915～7.24	3.76～7.52	12.1～35	0.6
	520	1200 1400 1600	40 102	高 52	1.151～9.14	4.71～9.47	15.1～46	0.6
	624	1800 2000	40 102	高 52	1.377～11.10	5.49～10.98	18.1～54.8	0.6

续表

散热器型号	高度 (mm)	每片长度 (mm)	宽度 (mm)	上下孔中心 距（mm）	散热面积 (m²)	每片容积 (L)	每片质量 (kg)	最大工作压 力（MPa）
钢制板式 散热器	600	800	50	520 706	2.1	3.6	12.2～14.6	0.6
	600	1025	50	520 931	2.75	4.6	15.4～18.4	0.6
	600	1205	50	520 1111	3.27	5.4	18.2～21.8	0.6
	600	1430	50	520 1336	3.93	6.4	21.2～25.4	0.6
	600	1610	50	520 1516	4.45	7.4	24～28.8	0.6
	600	1835	50	520 1741	5.11	8.4	27.2～32.7	0.6

（4）托架达到强度后，方准安装散热器。

2. 板式或扁管散热器安装

（1）安装前，按照图纸上要求的各种规格进行核对。并将各规格散热器对号入位运至各房间的安装位置。

（2）散热器安装就位时，可暂时脱下包装薄膜（妥善保管，待安装后再利用）。

（3）安装就位后，仍用塑料薄膜包好散热器，确保板面装饰图案完好。直至交工时再打开。

（4）散热器后面外沿距墙 30mm。

4.24.4 质量通病及其防治

质量通病及其防治方法如表 4.24-3 所示。

质量通病及其防治方法   表 4.24-3

项 次	质量通病	防治方法
1	板面装饰图形受损、污染	1. 交工前才脱去保护膜； 2. 运输过程中，板面垫上软物，防止刮伤
2	安装后漏水	安装前，严格进行水压试验，合格后，方可安装

4.24.5 成品保护

1. 配管过程中直至交工前，均须设专人保护和看管好散热器的图面，防止被损坏或污染。

2. 运输过程中注意保护图面。

4.25 钢制柱翼型耐蚀散热器安装技术

4.25.1 工作条件

1. 土建主体工程已完，即将进入室内装饰抹灰工程，安装散热器的墙面已事先完成抹灰工序。

2. 供暖系统的供回水干管和立管已完成。

3. 散热器及其配件均已进场，经检查、试压、验收合格。

4. 散热器安装场地已清扫干净。

5. 进场的器具、材料，均能满足连续施工。

4.25.2　工艺流程

4.25.3　操作工艺

钢制柱翼型耐蚀散热器，是一种引进德国技术开发而成的新型散热器。由于耐腐蚀，承压能力高，高层建筑中的供暖用的较多。这种散热器结构精巧，体积小，厚度薄，较大地减了散热器占地面积，在今后即将普及的"按户计热、分户供暖"系统中也比较实用。散热器在出厂前做了内防腐处理，表面采用静电喷塑，附着力强，光洁度高，其技术性能参数如表 4.25-1 所示，散热器结构如图 4.25-1 所示。

技术性能参数　　　　　　　　　　　　　　　　　　　表 4.25-1

项　目	符　号	单　位	参数值					
同侧进出口中心距	H	mm	300	400	500	600	900	1000
总高度	H_2	mm	344	444	544	644	944	1044
长度	L	mm	450～1500（以片距75mm递增）					
宽度		mm	53					
质量	G_d	千克/片	0.86	1.08	1.31	1.54	2.22	2.45
水容量	V_d	升/片	0.38	0.40	0.43	0.45	0.51	0.54
散热面积	F	m²/片	0.12	0.17	0.21	0.25	0.38	0.43
散热量（$\Delta t=64.5$℃）	Q	W/片	51	69	87	106	155	173
传热系数	K	W/m²·℃	6.59	6.29	6.42	6.45	6.32	6.24
金属热强度	Q	W/kg·℃	0.92	0.99	1.03	1.05	1.08	1.10
工作压力	P	MPa	0.6～1.0					
检测压力	P	MPa	气压为 1.2P;　　　水压为 1.5P					

1. 划线、定位

根据散热器的规格和型号，按照设计要求的安装位置和标高，在墙壁上画出散热器的位置中心线，拉上或标出相对水平线，依据已进场的散热器上挂片位置和连接托板尺寸，画出膨胀螺栓"十"字孔位线，如图 4.25-2 所示。

2. 栽连接托板

（1）按照"十"字孔位线的中心，用手电钻钻孔，孔的直径为 8～10mm，孔的深度为 60mm。然后根据孔中心水平拉线将 M6 的钢膨胀螺栓埋进钻孔里。

（2）检查和校核膨胀螺栓的位置与标高。在螺栓上安装散热器的连接托板，在找平、吊正后拧紧膨胀螺栓上的螺帽，将托板固定。

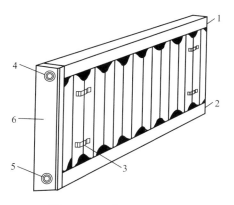

图 4.25-1 散热器结构图

1—进水口；2—出水口；3—挂片；

4—放气塞堵；5—塞堵；6—边板

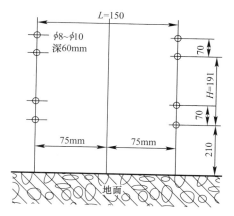

图 4.25-2 定位示意图

L—散热器长度；H—进出水口中心距

3. 散热器安装

（1）由于钢制柱翼型耐蚀散热器的外表面用静电喷塑出各种颜色，安装之前，应根据设计标注的用户中各类房间所需色彩，进行散热器的对号就位。

（2）打开散热器的保护薄膜包装，将散热器背面的挂片挂在连接托板挂口处，散热器安装如图 4.25-3 所示。

（3）取下散热器上的塑料塞堵、放气塞堵和丝堵（塞堵）。

4. 散热器配管

（1）根据设计系统图，按供水管进口和回水管出口的位置、规格、尺寸进行配管。管子加工按工艺标准操作。

（2）在散热器接管的另一端的上部，安装好排气塞堵；在下部安装好塞堵（即丝堵）。

（3）系统全部安装后，正式通热时，打开放气塞堵排出空气直至热水流出后拧紧放气塞堵，可正常供热。

4.25.4 质量通病及其防治

质量通病及防治方法如表 4.25-2 所示。

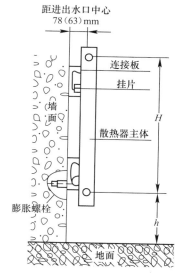

图 4.25-3 散热器安装

注：当散热器距地面为

100mm 时；h=124mm

质量通病及防治方法　　　　　　　　　　　　　　表 4.25-2

项　次	质量通病	防治方法
1	板面颜色污染	1. 运输过程和储存过程，底部应垫稳垫高 200mm 左右； 2. 安装前防止日晒雨淋； 3. 交叉作业时，采取措施保护散热器的清洁
2	安装后漏水	1. 安装前严格试压抽查； 2. 散热器应有出厂试压验收合格证

333

4.25.5　成品保护

1. 安装过程中不可随意拧下散热器的塞堵，防止落进杂物而堵塞管道。
2. 散热器进场后直至交付使用前，注意保护表面喷塑的颜色。
3. 散热器在运输过程中，应使用带盖或有防雨苫布的运输工具。并且应轻拿轻放，防止磕碰及其他重物叠压。
4. 散热器堆放时，高度不超过 2m，底部垫稳。
5. 冬季施工时，注意排空散热器内腔积水，以免冻裂。

4.26　金属辐射板安装要点

4.26.1　工作条件

1. 土建工程已基本完成。
2. 预埋铁件核对无误。

4.26.2　工艺流程

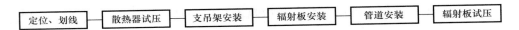

定位、划线 → 散热器试压 → 支吊架安装 → 辐射板安装 → 管道安装 → 辐射板试压

4.26.3　操作工艺

目前，国内对辐射板供热分类如表 4.26-1 所示。其中低温辐射供暖的形式有金属顶棚，如图 4.26-1、图 4.26-2 所示。顶棚、地面或墙面埋管如图 4.26-3～图 4.26-6 所示。

辐射板供热特点及分类　　　　　　　　　　表 4.26-1

分类根据	名　称	特　点
板面温度	低温辐射	板面温度低于 80℃
	中温辐射	板面温度等于 80～200℃
	高温辐射	板面温度等于 500℃
辐射板构造	埋管式	以直径 15～32mm 的管道埋置于建筑表面内，构成辐射表面
	风道式	利用建筑结构的空腔使热空气循环流动期间构成辐射表面
	组合式	利用金属板及金属管组成辐射板
辐射板位置	顶棚式	以顶棚作为辐射供暖面，辐射热占 70％左右
	墙面式	以墙壁作为辐射供暖面，辐射热占 65％左右
	地面式	以地面作为辐射供暖面，辐射热占 55％左右
	楼面式	以楼板作为辐射供暖面，辐射热占 55％左右
热媒种类	低温热水式	热媒水温低于 100℃
	高温热水式	热媒水温等于或高于 100℃
	蒸汽式	以蒸汽（低压或高压）为热媒
	热风式	以加热后的空气作为热媒
	电热式	以电热元件加热特定表面或直接发热
	燃气式	通过燃烧可燃气体（也可用气体或石油气）经特制的辐射器发射红外线

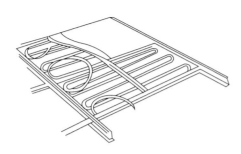

图 4.26-1 金属顶棚上安装辐射盘管

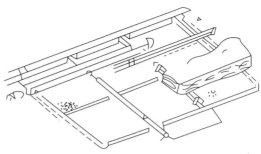

图 4.26-2 金属顶棚上安装辐射排管

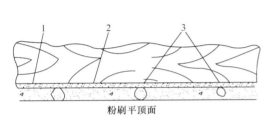

粉刷平顶面

图 4.26-3 钢板网下埋管

1—钢板网；2—格栅底部；3—盘管

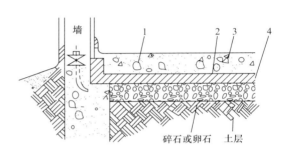

图 4.26-4 地面埋管

1—加热管；2—隔热层；3—混凝土板；4—防水层

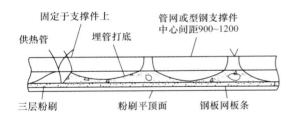

图 4.26-5 钢板网粉刷层内埋管

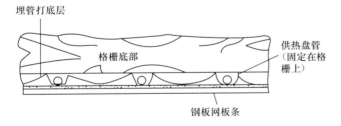

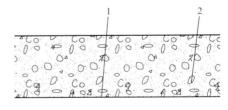

图 4.26-6 混凝土板内埋管

1—混凝土板；2—加热排管

空气加热地面，电热辐射顶棚及墙见图 4.26-7、图 4.26-8，其中辐射板散热器的形式均为钢制成型，如图 4.26-9～图 4.26-12 所示，盘管式辐射板尺寸见表 4.26-2。

1. 水压试验

（1）辐射板在安装前，应做水压试验，若设计无要求时，试验压力应为工作压力的 1.5 倍，但不得小于 0.6MPa。试验压力下 2～3min 压力不降且不渗不漏。

335

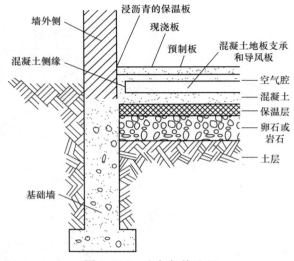

图 4.26-7　空气加热地面

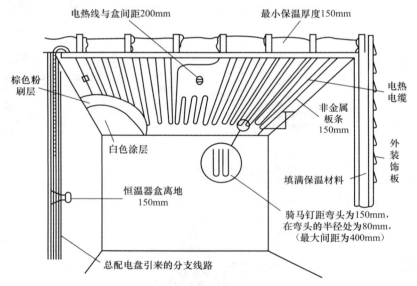

图 4.26-8　电热顶棚辐射采暖

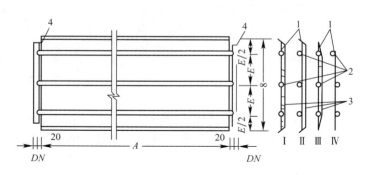

图 4.26-9　钢制辐射板

1—钢板；2—加热管；3—保温层；4—两端的连接管

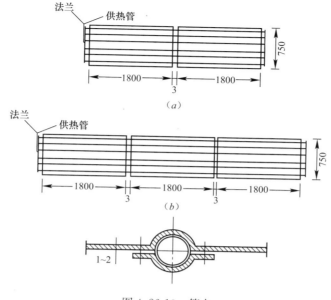

图 4.26-10 管卡

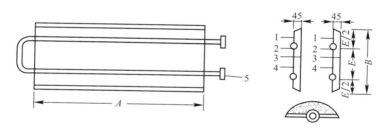

图 4.26-11 采用焊接的辐射板

1—钢板 δ=1.5～2mm；2—水煤气钢管 DN20～25mm；

3—钢板 δ0.5～1mm；4—保温层；5—法兰

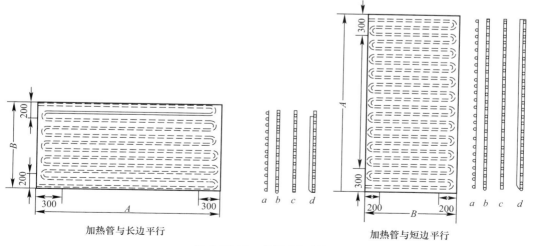

加热管与长边平行 加热管与短边平行

图 4.26-12 盘管式辐射板

盘管式辐射板尺寸　　　　　　　　　　　表 4.26-2

型　号		1	2
A 型		1800mm	2400mm
B 型		900mm	1200mm
盘管列数	水平	9	12
	垂直	19	24

（2）辐射板的组装一般均应采用焊接和法兰连接。按设计要求进行施工。

2. 支吊架安装

按设计要求，制作与安装辐射板的支吊架。一般支吊架的形式按其辐射板的安装形式分类分为三种，即垂直安装、倾斜安装、水平安装，如图 4.26-13 所示。带型辐射板的支吊架应保持 3m 一个。

3. 辐射板安装

（1）辐射板的安装，应按照设计规定和要求施工。通常有下面三种形式：

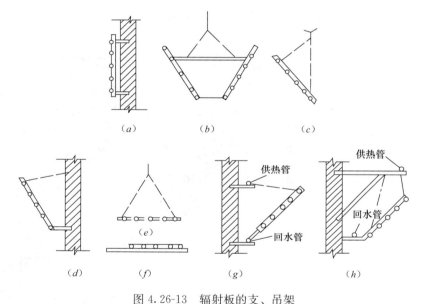

图 4.26-13　辐射板的支、吊架

（a）垂直安装；（b）、（c）、（d）、（g）、（h）倾斜安装；（e）、（f）水平安装

① 水平安装。即将辐射板安装在采暖区域的上部，热量向下辐射。

② 垂直安装。单面辐射板可以垂直安装在墙上，双面辐射板可以垂直安装在柱间，适用于安装高度允许较低的情况下。

③ 倾斜安装。辐射板安装在墙上、柱上或柱间，使板面斜向下方。安装时必须注意选择好合适的倾斜角度，一般应保证辐射板中心的法线穿过工作区。

（2）辐射板用于全面采暖，如设计无要求，最低安装高度应符合表 4.26-3 的规定。对于流动或坐着人员的采暖，尚须按表中规定数降低 0.3m。在车间靠外墙的边缘地带，安装高度可适当降低。

辐射板最低安装高度（m）   表 4.26-3

热媒平均温度（℃）	水平安装		垂直面与倾斜安装面夹角			垂直安装（板中心）
	多管	单管	60°	45°	30°	
115	3.2	2.8	2.8	2.6	2.5	2.3
125	3.4	3.0	3.0	2.8	2.6	2.5
140	3.7	3.1	3.1	3.0	2.8	2.6
150	4.1	3.2	3.2	3.1	2.9	2.7
160	4.5	3.3	3.3	3.2	3.0	2.8
170	4.8	3.4	3.4	3.3	3.0	2.8

（3）辐射板安装时，可以根据板的重量利用不同的起吊机具进行吊起安装，水平安装的辐射板应有不小于 0.005 的坡度且坡向回水管。一般情况下其辐射板加热管坡度为 0.003。

（4）安装接往辐射板的送水、送汽和回水管，不宜和辐射板安装在同一高度上。送水、送汽管高低于辐射板，回水管宜低于辐射板。

（5）采用若干块辐射板共用一个疏水器，辐射板之间的连接应设伸缩节。

（6）安装在窗台下的辐射板，在靠外墙处应按设计要求设置保温层。

（7）凡是背面须做保温层的辐射板，应在防腐、试压完成后进行施工，并且保温层应紧贴在辐射板上，不得有孔隙，保护壳应防腐。

4.26.4 质量通病及其防治

质量通病及其防治方法如表 4.26-4 所示。

质量通病及其防治方法   表 4.26-4

质量通病	防治方法
安装后漏水	1. 严格进行压力试验后，方可进行安装； 2. 试压不合格，焊接修补、紧固或做其他修补后重新试压

4.26.5 成品保护

1. 辐射板安装后，未交工前用塑料布盖好，防止落上灰浆影响散热效果。
2. 支承辐射板的支、吊架，不得系其他物件，防止移动辐射板的安装角度与高度。

4.27 管道总入口减压阀、疏水器、除污器的安装要点

4.27.1 工作条件

1. 室内采暖管道已安装。
2. 减压阀、疏水器、除污器接管甩头的位置正确。
3. 各装置支承铁件已预制好。

4.27.2 工艺流程

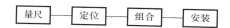

4.27.3　操作工艺

1. 量尺、定位

根据管道甩头及设计标高，用尺量出支架、托架、支撑的安装标高，确定减压阀、疏水器、除污器、管道入口等装置的安装位置，并做记号。

2. 组合、安装

（1）减压阀、减压板

① 减压阀应先进行组装。若设计无规定，可按图 4.27-1 和表 4.27-1、表 4.27-2 所示进行组装。减压阀、截止阀都用法兰连接，旁通管用弯管相连，采用焊接。

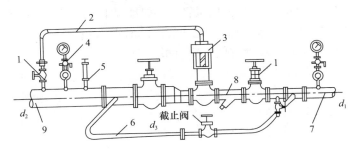

图 4.27-1　减压器连接方法

1—截止阀；2—DN15mm 气压管；3—减压阀；4—压力表；5—安全阀；
6—旁通管；7—高压蒸汽管；8—过滤器；9—低压蒸汽管

配管尺寸（mm）　　　　　　　　　　　　　　　表 4.27-1

D_1	D_2	D_3	安全阀		D_1	D_2	D_3	安全阀	
			规格	类型				规格	类型
20	50	15	20	弹簧式	70	125	40	40	杠杆式
25	70	20	20	弹簧式	80	150	50	50	杠杆式
32	80	20	20	弹簧式	100	200	80	80	杠杆式
40	100	25	25	弹簧式	125	250	80	80	杠杆式
50	100	32	32	弹簧式	150	300	100	100	杠杆式

薄膜式减压阀规格尺寸（mm）　　　　　　　　　表 4.27-2

规格 管径	尺寸		
	总　高	进口中心至阀顶高	长　度
25 32 40	510	432	180
50 70	615	510	230
80 100	859	640	301

② 用型钢做托架，分别设在减压阀的两边阀的外侧，使旁通管卡在托架上。型钢在下料后，按工艺标准支架安装，插入事先打好的墙洞内，用水平尺、线坠等找平、找正。

③ 减压阀只允许安装在水平管道上，阀前、后压差不得大于 0.5MPa，否则应两次减压（第一次用截止阀），如需要减压的压差很小，可用截止阀代替减压阀。

④ 减压阀的中心距墙面≥200mm，减压阀应成垂直状。减压阀的进出口方向按箭头所示，切不可安反。安装完可根据工作压力进行调试，对减压阀进行定压并做出界限标记。

⑤ 减压板在法兰盘中安装时，只允许在整个供暖系统经过冲洗后安装。减压板采用不锈钢材料，其减压孔板孔径、孔位由设计决定后，根据图 4.27-2 和表 4.27-3 按工艺标准用螺栓连接安装。

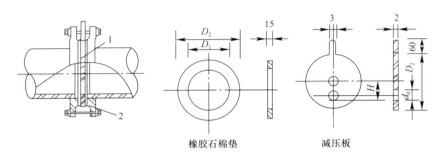

图 4.27-2　减压板在法兰盘中安装
1—减压板；2—橡胶石棉板垫；d_0—减压孔板孔径，标注单位为：mm

减压板尺寸（mm）　　　　　　　　　　　　　　表 4.27-3

管　径	D_1	D_2	H	管　径	D_1	D_2	H
20	27	53	10	70	76	116	34
25	34	63	13	80	89	132	40
32	42	76	17	100	114	152	53
40	48	86	20	125	140	182	65
50	60	96	26	150	165	207	78

（2）疏水器

① 按设计的要求，先进行疏水器装置的定位、画线、试组对，然后根据规定的尺寸组装连接。表 4.27-4 为几种疏水器安装尺寸及安装简图。

几种疏水器安装尺寸表　　　　　　　　　　　　表 4.27-4

简图	浮桶式疏水器安装						倒吊桶式疏水器安装						热动力式（或脉冲式）疏水器安装						疏水器旁通管安装					
疏水器型号	疏水器安装尺寸（mm）												疏水器旁通管尺寸（mm）											
		DN15	DN20	DN25	DN32	DN40	DN50			DN15	DN20	DN25	DN32	DN40	DN50									
浮桶式	A	680	740	840	930	1070	1340	A_1	800	860	960	1050	1190	1500										
	H	190	210	260	380	380	460	B	200	200	220	240	260	300										
倒吊桶式	A	680	740	830	900	960	1140	A_1	800	860	930	1020	1080	1300										
	H	180	190	210	230	260	290	B	200	200	220	240	260	300										

续表

疏水器型号		疏水器安装尺寸（mm）						疏水器旁通管尺寸（mm）						
		DN15	DN20	DN25	DN32	DN40	DN50		DN15	DN20	DN25	DN32	DN40	DN50
热动力式	A	790	860	940	1020	1130	1260	A₁	910	980	1010	1140	1200	1520
	H	170	180	180	190	210	230	B	200	200	220	240	260	300
脉冲式	A	750	790	870	960	1050	1260	A₁	870	910	990	1080	1170	1420
	H	170	180	180	190	210	230	B	200	200	220	240	260	300

② 高压疏水器组装时，按要求安装两道型钢作托架，分别卡在两侧阀门之外侧。其托架栽入墙内深度不小于 150mm。

③ 低压回水盒组对时，DN25mm 以内均应以丝扣连接，两端应设活接头，组装后均垂直安装。

④ 安装疏水器，切不可将方向弄反。疏水装置一般均安装在管道的排水线以下，当蒸汽系统中的凝结水管高于蒸汽管道或高于设备的排水线时，应安装止回阀。

（3）除污器

① 除污器装置在组装前应找准进出口方向，不得安反。

② 除污器装置上支架设置的部位必须避开排污口，以免妨碍污物收集清理。

③ 除污器过滤网的材质、规格均应符合设计规定。

④ 在安装除污器时，须配合土建在排污口的下方设置排污（水）坑。

（4）管道总入口装置安装

① 供暖管道的总入口装置一般设在地下室，如果设在室外地沟可以局部加宽，并在上方设置检查、操作时进出的人孔，人孔进入地沟应偏于沟的一侧，应配合土建设置爬梯，便于维修与操作人员上下。

② 热水供暖管道入口装置组装，如设计无规定，参照图 4.27-3 施工。图中取消了以往设置的循环管上的阀门。从东北许多地方实践表明，此循环管及管上阀门作用甚小，弊大于利，且阀门质量不好，漏水（不被发现）时容易造成短路，也是室内系统达不到设计温度的原因之一。

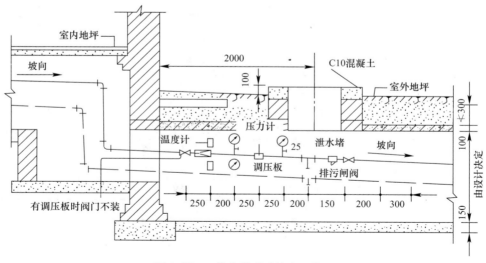

图 4.27-3 热水供暖系统入口装置

③ 热水及低、高压蒸汽系统，如图 4.27-4（低压蒸汽系统入口装置）和图 4.27-5（高压蒸汽系统减压后入口做法）所示。入口的压力计、温度计、调压板及热水入口的流量计、除污器，按图中所示位置，预留出丝堵及旋塞的位置，然后按设计图纸随工程程序进行安装。热水入口是否安装流量计、除污器，由设计决定。

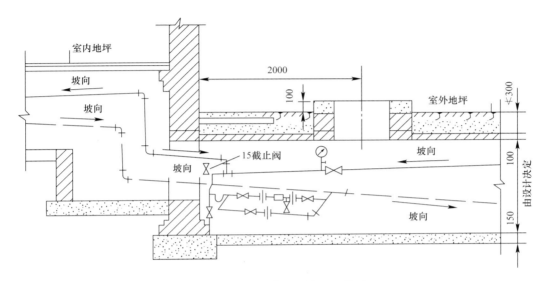

图 4.27-4　低压蒸汽系统入口装置

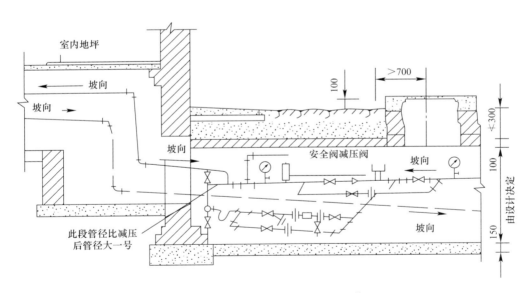

图 4.27-5　高压蒸汽系统减压后入口装置

④ 压力表安装高度一般在 2.5m 以下，若高于 2.5m 需斜向安装。表管与干立管焊接间距不得大于 200mm，安装时分支管的管端应加工成马鞍形，不得将支管直插入主管的管腔内，见图 4.27-6。安装压力表存水弯时，若采用钢管其内径不应小于 10mm，若采用铜管其内径不得小于 6mm。

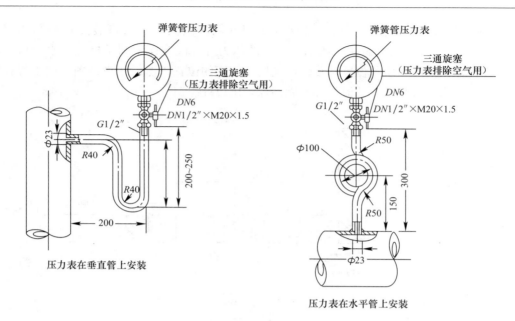

图 4.27-6　压力表的安装

⑤ 温度计的安装，视入口地沟具体情况，可以选择直形温度计安装在水平管上或安装在立管上，如图 4.27-7 所示。温度计佩带的套管形式，根据被测介质、压力等因素选择。

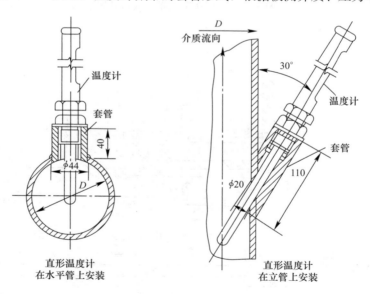

图 4.27-7　温度计安装

⑥ 除减压阀、疏水器、除污器、安全阀、压力表、温度计外，其余构件及管道均按设计要求进行保温。

4.27.4　质量通病及其防治方法

质量通病及防治方法如表 4.27-5 所示。

质量通病及防治方法   表 4.27-5

项 次	质量通病	防治方法
1	疏水器、排污器不通畅	1. 应检查排污口是否堵住，打开丝堵冲洗； 2. 打开疏水器后面或排污器下面的放水阀或排污口
2	用低压蒸汽的设备和管道因超压运行出现裂纹或事故	1. 减压阀安装完了试汽时，应根据设计要求进行压力调整，做出调整后的标志，并且包括安全阀在内； 2. 严格操作规程，防止误操作

4.27.5 成品保护

1. 各装置安装后，均严禁承受重物，更不得作搭设跳板的支撑。

2. 抹灰装修前，将减压阀、疏水器各装置用塑料布或彩条布包扎好。

4.28 膨胀水箱安装技术

4.28.1 工作条件

1. 水箱基础施工完毕。

2. 水箱已预制或者现场组焊安装。

4.28.2 工艺流程

4.28.3 操作工艺

1. 验核水箱基础

（1）水箱基础或支架的位置、标高、几何尺寸和强度，均应核对和检查，发现异常应和有关人员商定。

（2）水箱基础表面应水平，水箱安装后应与基础接触紧密。

（3）水箱底部所垫的枕木应刷沥青防腐，其断面尺寸、根数、安装间距必须符合设计要求。水箱安装前，进行量尺、画线，在基础上做出安装位置的记号。

2. 水箱安装

水箱基础验收合格后，方可将膨胀水箱就位。

（1）膨胀水箱多用钢板焊制而成，根据水箱间的情况而异。可以预制后吊装就位，也可将钢板料下好后，运至安装现场就地焊制组装。水箱安装过程中必须吊线找平找正。

（2）膨胀水箱基础表面必须找平，水箱安装后应与基础连接紧密，安装位置应正确，端正平稳。

（3）膨胀水箱安装后应进行满水试验，合格后方可保温。

3. 膨胀水箱配管

（1）膨胀水箱的接管及管径，设计若无特殊要求，则按表中规定在水箱上配管，如表4.28-1、图 4.28-1 所示。

膨胀水箱配管及管径（mm）　　　　　　表 4.28-1

编　号	名　　称	方　　形		圆　　形		阀门
		1～8 号	9～12 号	1～4 号	5～6 号	
1	溢水管	DN40	DN50	DN40	DN50	不设
2	排污管	DN32	DN32	DN32	DN32	设置
3	循环管	DN20	DN25	DN20	DN25	不设
4	膨胀管	DN25	DN32	DN25	DN32	不设
5	信号管	DN20	DN20	DN20	DN20	设置

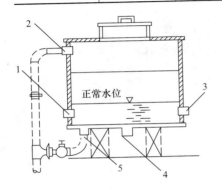

图 4.28-1　膨胀水箱接管示意图
1—检查管；2—溢流管；3—循环管；
4—膨胀管；5—排污管

（2）各配管的安装位置

① 膨胀管。在重力循环系统中接至供水总管的顶端；在机械循环系统中，接至系统的恒压点，尽量减少负压区的压力降，一般选择在锅炉房循环水泵吸水口前，用膨胀水箱的水位来保证这一点的压力高于大气压，才可安全运行。同时可提高回水温度，使循环水泵在有利条件下工作，不产生气蚀。这是在底层建筑中，而在高层建筑中情况就不一样了。高层建筑中，膨胀水箱所安装的高度，较大程度地提高了静压水箱压力 h，从公式（4.28-1）可知相对减小了吸水区的压力降。因此，无需将制高点的膨胀水箱上的循环管、膨胀管再从高层建筑顶层拉回锅炉房的循环水泵吸水管端连接。可以直接接至高层建筑的入口装置之前，膨胀管距循环管 1.5～3.0m，如施工图中有规定，应按设计执行。

$$H = h - (L \cdot R + Z) \tag{4.28-1}$$

式中　H——循环泵吸水管端压力；

　　　h——膨胀水箱静水压力；

$L \cdot R + Z$——沿程损失＋局部损失。

② 循环管。接至系统定压点前 2～3m 水平回水干管上，该点与定压点间的距离为 2～3m，使热水有一部分能缓缓地通过膨胀管和循环管流经水箱，可防水箱结冰。

③ 信号检查管。接向建筑物的卫生间或接向锅炉房内，以便观察膨胀水箱是否有水。

④ 溢水管。当水膨胀使系统内水的体积超过水箱溢水管口时，水自动溢出，可排入下水。但不能直接连接排水管道。

⑤ 排水管。清洗水箱及放空用，可与溢水管一起接至附近排水处。

4. 水箱保温

（1）膨胀水箱安装在非采暖房间时，应进行保温，保温材料及方法按设计要求，并按工艺标准进行水箱保温防腐。

（2）水箱应做满水试验，合格后方可保温。

4.28.4　质量通病及其防治方法

质量通病及防治方法如表 4.28-2 所示。

质量通病及防治方法 表 4.28-2

项 次	质量通病	防治方法
1	运行时，系统压力过高或系统中水减少发生倒空，使系统上部无水	认真检查膨胀管，若安装有阀门立即卸下，重新连接
2	运行时，循环水泵吸水管附近产生负压	认真检查膨胀管是否按设计规定连接在恒压点上（一般连在水泵吸水口附近）

4.28.5 成品保护

1. 保温后的水箱不得上人踩或堆放承重物品，防止保温层脱落。
2. 水箱于现场组装时，应认真清理箱内的污物，防止运行时各类连管被堵。
3. 安装好的水箱设备在喷浆前要加以保护，防止灰浆污染。

4.29 室内供暖管道试压技术

4.29.1 工作条件

1. 地沟管道安装完，地沟未盖板之前，天棚干管隐蔽之前。
2. 采暖管道全部安装完。
3. 水源、电源已接通，试压设备、机具、材料均已进场。

4.29.2 工艺流程

管路连接 —— 检查供暖系统 —— 试压

4.29.3 操作工艺

1. 连接安装水压试验管道

（1）根据水源的位置和工程系统情况，制定出试压程序和技术措施，再测量出各连接管的尺寸，标注在连接图上。

（2）断管、套丝、上管件及阀门，准备连接管道。

（3）一般选择在系统进户入口供水管的甩头处，连接至加压泵的管道。

（4）在试压管道的加压泵端和系统的末端安装压力表及表弯管。

2. 充水前的检查

（1）检查全系统管道、设备、阀件、固定支架、套管等，必须安装无误。各类连接处均无遗漏。

（2）根据全系统试压或分系统试压的实际情况，检查系统上各类阀门的开、关状态，不得漏检。试压管道阀门全打开，试验管段与非试验管段连接处应予以隔断。

（3）检查试压用的压力表灵敏度。

（4）水压试验系统中阀门都处于全关闭状态，待试压中需要开启再打开。

3. 水压试验

（1）打开水压试验管道中的阀门，开始向供暖系统充水。

（2）开启系统上各高处的排气阀，使管道及供暖设备里的空气排尽，待水充满后，关闭排气阀和进水阀，停止向系统充水。

（3）打开连接加压泵的阀门，用电动打压泵或手动打压泵通过管道向系统加压，同时拧开压力表上的旋塞阀，观察压力逐渐升高的情况，一般分 2～3 次升至试验压力。在此过程中，每加压至一定数值时，应停下来对管道进行全面检查，无异常现象方可再继续加压。

（4）试验压力应符合设计要求。当设计未注明时，应符合下列规定：

① 蒸汽、热水采暖系统，应以系统顶点工作压力加 0.1MPa 做水压试验，同时在系统顶点的试验压力不小于 0.3MPa。

② 高温热水采暖系统，试验压力应为系统顶点工作压力加 0.4MPa。

③ 使用塑料管及复合管的热水采暖系统，应以系统顶点工作压力加 0.2MPa 做水压试验，同时在系统顶点的试验压力不小于 0.4MPa。

（5）使用钢管及复合管的采暖系统应在试验压力下 10min 内压力降不大于 0.02MPa，降至工作压力后检查，不渗不漏。

（6）使用塑料管的采暖系统应在试验压力下 1h 内压力降不大于 0.05MPa，然后降至工作压力的 1.15 倍，稳压 2h，压力降不大于 0.03MPa，同时各连接处不渗不漏。

（7）高层建筑，其系统低点如果大于散热器所能承受的最大试验压力，则应分层进行水压试验。

（8）系统试压达到合格验收标准后，放掉管道内的全部存水。不合格时应待补修后，再次按前述方法二次试压。

（9）拆除试压连接管道，将入口处供水管用盲板临时封堵严密。

4.29.4　质量通病及其防治方法

质量通病及防治方法如表 4.29-1 所示。

质量通病及其防治方法
表 4.29-1

质量通病	防治方法
运行时接口漏水	1. 试压时，未严格按规定程序进行，系统内有空气，指针摆动极大，压力表不稳，以指针摆动上限为标准验收，实际未达到规定压力，应当严禁此种做法； 2. 不可抽某个分环路分系统试压代替全系统试压； 3. 采暖设备安装前，先进行试压； 4. 接口有渗漏画上记号后，应落实到具体人负责，认真进行返修，重新进行试压

4.29.5　成品保护

1. 管道试压合格后，应和单位工程负责人办理移交保管手续，严防土建工程进行收尾时损坏管道接口。

2. 立即进行除污、除锈，管道刷油工序。

3. 清除地沟内的污物和积水。

4.30 室内供暖管道冲洗与通热运行调试要点

4.30.1 工作条件

1. 管道系统试压合格
2. 热源已送至进户装置前或者热源已具备。

4.30.2 工艺流程

4.30.3 操作工艺

1. 室内供暖系统冲洗

（1）热水供暖系统的冲洗

首先检查全系统内各类阀件的关启状态。要关闭系统上的全部阀门，应关紧、关严，并拆下除污器、自动排气阀等。

① 水平供水干管及总供水立管的冲洗。先将自来水管接进供水水平干管的末端，再将供水总立管进户处接往下水道。打开排水口的控制阀，再开启自来水进口控制阀，进行反复冲洗。依此顺序，对系统的各个分路供水水平干管分别进行冲洗。冲洗结束后，先关闭自来水进口阀，后关闭排水口控制阀门。

② 系统上立管及回水水平导管冲洗。自来水连通进口可不动，将排水出口连通管改接至回水管总出口处，关上供水总立管上各个分环路的阀门。先打开排水口的总阀门，再打开靠近供水总立管边的第一个立支管上的全部阀门，最后打开自来水入口处阀门进行第一分立支管的冲洗。冲洗结束时，先关闭进水口阀门，再关闭第一分支管上的阀门。按此顺序，分别对第二、三……各环路上各根立支管及水平回路的导管进行冲洗。若为同程式系统，则从最远的立支管开始冲洗为好。

③ 冲洗中，当排入下水道的冲洗水为洁净水时可认为合格。全部冲洗后，再以流速1~1.5m/s的速度进行全系统循环，延续20h以上，循环水色透明为合格。

④ 全系统循环正常后，把系统回路按设计要求连接好。

（2）蒸汽采暖系统吹洗

蒸汽采暖系统的吹洗采用蒸汽为热源较好，也可以采用压缩空气进行。吹洗的过程除了将疏水器、回水盒卸除以外，其他程序均与热水系统相同。

2. 室内采暖管道通热

（1）先联系好热源，制定出通暖试调方案、人员分工和处理紧急情况的各项措施。备好修理、泄水等器具。

（2）维修人员按分工各就各位，分别检查供暖系统中的泄水阀门是否关闭、干、立、支管上的阀门是否打开。

（3）向系统内充水（最好充软化水），开始先打开系统最高点的排气门，责成专人看管。慢慢打开系统回水干管的阀门，待最高点的排气门见水后立即关闭。然后开启总进口供水管的阀门，最高点的排气阀须反复开闭数次，直至系统中空气排净为止。

（4）在巡视检查中如发现隐患，应尽量关闭小范围内的供、回水阀门，发现问题及时处理和抢修。修好后随即开启阀门。

（5）全系统运行时，遇有不热处要先查明原因。如需冲洗检修，先关闭供、回水阀，泄水后再先后打开供、回水阀门，反复放水冲洗。冲洗完再按上述程序通暖运行，直到运行正常为止。

（6）若发现热度不均，调整各个分路、立管、支管上的阀门，使其基本达到平衡后，邀请各有关单位检查验收，并办理验收手续。

（7）高层建筑的供暖管道冲洗与通热，可按设计系统的特点进打划分，按区域、独立系统、分若干层等逐段进行。

（8）冬季通热时，必须采取临时供暖措施。室温应保持 5℃以上，并连续 24h 后方可进行正常运行。

充水前先关闭总供水阀门，开启外网循环管的阀门，使热力外网管道先预热循环。分路或分立管通热时，先从向阳面的末端立管开始，打开总进口阀门，通水后关闭外网循环管的阀门。待已供热的立管上的散热器全部热后，再依次逐根、逐个分环路通热，一直到全系统正常运行为止。

4.30.4　质量通病及其防治

质量通病及防治方法如表 4.30-1 所示。

质量通病及防治方法

表 4.30-1

项　次	质量通病	防治方法
1	用水冲洗达不到洁净	水冲洗应以管内可能达到的和允许达到的最大流量或不小于 1.5m/s 的流速进行
2	蒸汽冲洗时排气管脱落	排气管须设置牢固支架，以承受吹洗过程中的反作用力，保证吹洗质量

4.30.5　成品保护

1. 管道在冲洗过程中，要严防中途停止时污物进入管内。下班应设专人负责看管，也可采取保护措施。

2. 通热试调后，阀门位置应做上定位记号，运行中不可随意拧动。

3. 吹洗或吹洗后，把地沟里清扫干净，防止地沟里管道的保温层遭到破坏。

4. 吹洗或吹洗过程，严禁热水或蒸汽冲坏土建装修面，应设专人看护。

4.30.6　应注意的问题

1. 为防止高层双管上分式采暖系统，上层散热器过热，下层散热器不热，通过关小上层散热器支管阀门调节上下层流量的平衡，使上下层散热器温度基本一致。

2. 为防止异程式采暖系统最不利环路末端散热器不热，采取如下防治措施：

（1）通过关小系统始端环路立管或支管阀门进行调节。

（2）要排净系统末端积存的空气。

（3）为防止下分式采暖系统上层散热器不热，应给系统补充水量和排净空气。

4.30.7 施工资料记录

1. 系统试压记录；

2. 系统冲洗记录；

3. 系统调试记录；

4. 房间温度测试平面图。

4.31 室外给水管道管沟开挖要点

4.31.1 工作条件

1. 施工人员认真熟悉图纸，了解管道分布情况，掌握设计要求，清除管道施工区域内的地上障碍物。

2. 摸清地下是否有高、低压电线，电缆，水道，煤气及其他管道，并明确位置，认真妥善处理好。

3. 管道施工区域内的地面要进行清理，杂物、垃圾应清出场外。

4. 在饮用给水管线附近的厕所、粪坑、污水坑和棺木等，应在开工前迁至卫生管理机关同意的地方。将脏物清除干净后进行消毒处理，方可将坑填实。

4.31.2 工艺流程

4.31.3 操作工艺

1. 管道线路测量、定位

（1）测量之前先找好固定水准点，其精确度不应低于Ⅲ级，在居住区外的压力管道则不低于Ⅳ级。

（2）在测量过程中，沿管道线路应设临时水准点，并与固定水准点相连。

（3）测定出管道线路的中心线和转弯处的角度，使其与当地固定的建筑物（房屋、树木、构筑物等）相连。

（4）若管道线路与地下原有构筑物交叉，必须在地面上用特别标志表明其位置。

（5）定线测量过程应做好准确记录，并记明全部水准点和连接线。

（6）给水管道坐标和标高偏差要符合表 4.31-1 的规定。从测量定位起，就应控制偏差值。

给水管道坐标和标高的允许偏差 表 4.31-1

管　材	项　目		允许偏差（mm）
预、自应力钢筋混凝土管，石棉水泥管	坐标	埋地	50
	标高	埋地	±30
		敷设在沟槽内	±20
铸铁管	坐标	埋地	50
	标高	埋地	±50
		敷设在沟槽内	±20

（7）给水管道与污水管道在不同标高平行敷设，其垂直距离在 500mm 以内，给水管道管径≤200mm 时，管壁间距不得小于 1.5mm，管径＞200mm 时，不得小于 3m。

2. 沟槽开挖

（1）按当地冻结层深度，通过计算决定沟槽开挖尺寸。

$D<300$mm 时为：　　　　$D+$管皮$+$冻结深$+0.2$m

$D>300$mm 时为：　　　　$D+$管皮$+$冻结深

$D>600$mm 时为：　　　　$D+$管皮$+$冻结深-0.3m

管径（mm）	沟底宽（m）
50～75	0.5
100～300	管径+0.4
350～600	管径+0.5
700～1000	管径+0.6

由沈阳自来水公司提供的给水管道沟槽各部分尺寸，如表 4.31-2 所示。其他地区根据冻结深度计算后加以调整。

管道沟槽尺寸（m） 表 4.31-2

管径（mm）	沟宽	下口宽	\multicolumn{6}{c} 上口宽 坡度					
			1:0.15	1:0.2	1:0.3	1:0.4	1:0.5	1:0.6
50～75	1.80	0.50	1.04	1.22	1.58	1.94	2.30	2.66
100	1.80	0.50	1.04	1.22	1.58	1.94	2.30	2.66
125	1.85	0.53	1.08	1.27	1.64	2.01	2.38	2.75
150	1.90	0.55	1.12	1.31	1.69	2.07	2.45	2.83
200	1.90	0.60	1.17	1.39	1.74	2.12	2.50	2.88
250	1.95	0.65	1.24	1.43	1.82	2.21	2.60	2.99
300	1.80	0.70	1.24	1.42	1.78	2.14	2.50	2.86
350	1.85	0.85	1.41	1.59	1.96	2.33	2.70	3.07
400	1.90	0.90	1.47	1.66	2.04	2.42	2.80	3.18
450	1.98	0.95	1.54	1.74	2.14	2.53	2.93	3.33
500	2.00	1.00	1.60	1.80	2.20	2.60	3.00	3.40
600	2.10	1.00	1.73	1.94	2.39	2.78	3.20	3.62
700	1.90	1.30	1.87	2.06	2.44	2.83	3.30	3.58
800	2.00	1.40	2.00	2.20	2.60	3.00	3.40	3.80
900	2.14	1.50	2.14	2.36	2.78	3.21	3.64	4.07
1000	2.24	1.60	2.27	2.50	2.94	3.39	3.84	4.29

（2）按设计图纸要求及测量定位的中心线，依据沟槽开挖计算尺寸，撒好灰线。

（3）按人数和最佳操作面划分段，沿灰线直边切出沟槽边轮廓线，按照从深到浅的顺序进行开挖。

（4）一、二类土可按30cm分层逐层开挖，倒退踏步型挖掘，三、四类土先用镐翻松，再按30cm左右分层正向开挖。

（5）每挖一层清底一次，挖深1m切坡成型一次．并同时抄平，在边坡上打好水平控制小木桩。

（6）挖掘管沟和检查井底槽时，沟底留出15～20cm暂不挖。待下道工序进行前，按事前抄平的沟槽木桩挖平，如果个别地方因不慎破坏了天然土层，须先清除松动土壤，用砂或砾石填至标高。

（7）岩石类的管基填以厚度不小于100mm的砂层或砾石层。

（8）在遇有地下水时，排水或人工抽水应保证在下道工序进行前将水排除。

（9）挖深超过2m时，要留边坡。在遇有不同的土层断面变化处可做成折线形边坡或加支撑处理。

（10）敷设管道前，应按规定进行排尺，并将沟槽底清理到设计标高，按表4.31-3规定挖好工作坑。

工作坑尺寸（m）　　　　表 4.31-3

项目	管径（mm）	75	100	125	150	200	250	300	350	400	500	600	700	800	900	1000
接口工作坑	承口前长度	0.6	0.6	0.6	0.6	0.6	0.6	0.8	0.8	0.8	0.8	0.9	0.9	0.9	0.9	0.9
	承口后长度	0.2	0.2	0.2	0.2	0.2	0.25	0.25	0.25	0.25	0.25	0.3	0.3	0.3	0.3	0.3
	长度合计	0.8	0.8	0.8	0.8	0.8	0.8	1.05	1.05	1.05	1.05	1.2	1.2	1.2	1.2	1.2
	深（管下皮）	0.25	0.25	0.25	0.25	0.3	0.3	0.3	0.3	0.3	0.3	0.35	0.35	0.35	0.35	0.4
	下底宽	0.6	0.6	0.6	0.6	0.8	0.9	0.9	1.4	1.5	1.6	1.7	1.8	1.9	2.0	

4.31.4　质量通病及其防治

质量通病及防治方法如表4.31-4所示。

质量通病及防治方法　　　　表 4.31-4

项次	质量通病	防治方法
1	沟底长时间敞露	1. 施工图、材料和机具均已齐全，方可挖沟； 2. 挖沟后及时进行下道工序
2	沟底局部超挖	1. 挖沟过程中，随时严格检查和控制沟底标高； 2. 遇有超挖时，采取补救技术措施
3	管道下沉	1. 沟槽开挖时，要注意排除雨水与地下水，不要带水接口； 2. 管基要坐落在原土或夯实的土上，管道基础达到强度后方可下管

4.31.5　成品保护

1. 定位控制桩，沟槽顶、底的水平桩，龙门板等，挖运土时均不准碰撞，也不准坐在龙门板上休息。

2. 管沟壁和边坡在开挖过程中应予保护，以防坍塌。

3. 初冬季节施工时，应用草帘覆盖保温。

4.32　室外给水管道敷设技术

4.32.1　工作条件

1. 沟底标高与管沟中心坐标已验收合格。

2. 管材、管道附件、阀件、管线所配备的零部件均已齐全，并有产品质量合格证，管道附件、阀件经耐压试验合格，直观检查无裂纹。

3. 施工人员已熟悉图纸，掌握了对接口等设计要求。

4.32.2　工艺流程

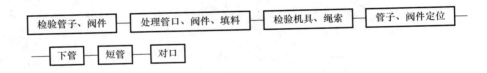

4.32.3　操作工艺

1. 做好下管前的各项准备工作

（1）检查闸阀、排气阀的开关是否严密、吻合、灵活。直径 200mm 以上闸阀必须更换填料。

（2）钢管已按标准中焊接规定进行了坡口等技术处理。

（3）铸铁管承口内和插口外的沥青防腐层用气焊烤掉，并用刷子清理干净，飞刺等杂质已凿掉，管腔内脏物被清除。

（4）准备好下管的机具及绳索，并进行安全检查。管径在 125mm 以下，可用人力下管，采用传递法；管径在 150mm 以上可用撬压绳法下管；直径大的管可酌情用起重设备。

（5）使管中心对准定位中心，做好各种辅助工作。

（6）下管前，必须对管材进行认真检查，发现裂纹的管，应进行处理，若裂纹发生在插口端，将产生裂纹管段截去方可使用。

（7）将有三通、阀门、消火栓的部位先定出具体位置，再按承口朝向水流方向，逐个确定工作坑的位置。如管线较长，由于铸铁管长度规格不一，工作坑一次定位往往不准确，可以逐段定位。

2. 下管

（1）复测三通、阀门、消火栓位置及排尺定位的工作坑位置，尺寸是否适合，否则须进行修理。

（2）下第一根管。管中心必须对准定位中心线，找准管底标高（在水平板上挂水平线）；管末端用方木垫顶在墙上或钉好点桩挡住、顶牢，严防打口时顶走管子。

（3）连续下管敷设时，必须保证管与管之间接口的环形空隙均匀一致。承插口与管中心线不垂直的管、管端外形不正的管子和按照设计曲线敷设的管道，其管道四周任何一点的间隙均应符合质量标准。

（4）铸铁管承插接口的对口间隙不得小于 3mm，最大间隙不得大于质量标准中规定值。间隙大小应用铁丝检尺为检查标准，管径不大于 500mm 的管道，每个接口允许有 2°转角，管径大于 500mm 时，只许管道有 1°转角。

（5）阀门两端的甲乙短管，下沟前可在上面先接口，待牢固后再下沟。

（6）若须断管，须在管的下部垫好方木，管径在 75~350mm 的铸铁管，可直接用剁子（或钢锯）切断，管径在 400mm 以上时，先走大牙一周，再用剁子截断。剁管时，在切断部位先划好线，沿线边剁边转动管子，剁子始终在管的上方，如图 4.32-1 所示。预、自应力钢筋混凝土管和钢筋混凝土管不允许切断后再用。

图 4.32-1 铸铁管切断

（7）管径大于 500mm 的铸铁管切断时，可采用爆破断管法，先将片状黄色炸药研细过筛，装入不同直径的塑料管中，略加捣实。使用时，将药管一端封好，缠绕在管子需切断部位上，未封口的一端留出 10mm 长度，接上雷管或起爆药。爆破断管时，必须严格按规程操作起爆，用药量如表 4.32-1 所示。

爆破断管有关数据　　　　　　　　　　　　　　　表 4.32-1

铸铁管直径（mm）	壁厚（mm）	装药塑料管规格		TNT 装药量（g）	TNT 粒径（mm）	起爆雷管
		内径（mm）	长度（m）			
500	14.0	12	1.8	165~170	< 0.2	工业 8 号
600	15.4	12	2.15	200~205	< 0.2	工业 8 号
700	16.5	14	2.50	380~390	< 0.6	工业 8 号
800	18.0	16	2.90	560~570	< 0.6	工业 8 号
900	19.5	20	3.30	790~830	< 0.6	工业 8 号

4.32.4　质量通病及其防治

质量通病及防治方法如表 4.32-2 所示。

质量通病及防治方法　　　　　　　　　　　　　　表 4.32-2

项　次	质量通病	防治方法
1	对口间隙过小或过大	1. 对口后及接口前均应用铁丝检尺测量其间隙； 2. 对口后不准移动管位
2	承插接口环形间隙不均	1. 下管前严格检查管子的椭圆度； 2. 对管后严防管子移位

4.32.5　成品保护

1. 已烤掉沥青并且清除干净的承插头，要防止再存积污物，阴雨天应用物品覆盖保护。

2. 对口后的钢管严禁移动。

4.33　室外给水管道接口要点

4.33.1　工作条件

1. 施工前要熟悉设计图纸对接口的技术要求，并熟悉和了解接口材料的性能与作用，掌握配比和操作要领。

2. 管道敷设完毕并符合要求，经检测，管道中心与测量中心定位一致。

3. 经检查，橡胶圈及各种接口材料的材质符合质量要求，均有产品质量合格证或抽样检验证明书。

4.33.2　工艺流程

4.33.3　操作工艺

1. 石棉水泥接口

（1）一般用线麻（大麻）在 5% 的 65 号或 75 号熬热普通石油沥青和 95% 的汽油混合液里浸透，晾干后即成油麻。

（2）将 4 级以上石棉在平板上把纤维打松，挑净混在其中的杂物，水泥选用 42.5 级硅酸盐水泥。给水管道以石棉：水泥 = 3：7 之比掺合在一起搅拌均匀；而排水管道则以石棉：水泥 = 1：9 之比掺合在一起搅拌均匀，用时加上其混合总重量 10%～12% 的水，一般采用喷水的方法，即把水喷洒在混合物表面，然后用手揉搓，当抓起被湿润的石棉水泥成团并且一触即又松散时，说明加水适量，调合即用。由于石棉水泥的初凝期短，加水搅拌均匀后立即使用，如超过 4h 则不可用。

（3）操作时，先清洗管口，用钢丝刷刷净污物，管口缝隙用楔铁临时支撑找匀。将油麻搓成环形间隙的 1.5 倍直径的麻辫，其长度搓拧后为管外径周长加上 100mm。从接口的下方开始向上塞进缝隙里，沿着接口向上收紧，边收边用麻凿打入承口，压打两圈，再从下向上依次打实打紧。当锤击发出金属声，捻凿被弹回为打好，被打实的油麻深度为总深 1/3 为最好（2～3 圈，注意两圈麻接头必须错开）。接口材料数量如表 4.33-1 所示。

接口材料数量（kg/每个口）　　　　　　　　　　　表 4.33-1

管径 (mm)	承口深度 (mm)	铅接口						水泥接口						
		塞麻			铅			塞麻			石棉水泥口（必须防冻时加氯化钙）			
		深 (mm)	重量 (kg)	麻缕长 (mm)	深 (mm)	重量 (kg)		深 (mm)	重量 (kg)	麻缕长 (mm)	深 (mm)	水泥	石棉	氯化钙
														2.5%	5%
75	90	37	0.1	372	50	2.5		30	0.1	372	60	0.67	0.28	0.0268	0.0536
100	95	40	0.13	451	50	3.2		30	0.13	451	62	0.84	0.36	0.0320	0.0632

续表

管径 (mm)	承口 深度 (mm)	铅接口						水泥接口						
		塞麻			铅			塞麻			石棉水泥口（必须防冻时加氯化钙）			
		深 (mm)	重量 (kg)	麻缕长 (mm)	深 (mm)	重量 (kg)	深 (mm)	重量 (kg)	麻缕长 (mm)	深 (mm)	水泥	石棉	氯化钙	
													2.5%	5%
125	95	40	0.16	543	50	3.8	30	0.16	543	62	1.01	0.4	0.0326	0.0632
150	100	45	0.19	631	50	4.6	30	0.2	631	64	1.09	0.5	0.0476	0.0852
200	100	45	0.26	791	50	6.0	30	0.25	791	65	1.33	0.57	0.0532	0.104
250	105	50	0.33	973	50	7.5	40	0.28	973	65	1.61	0.69	0.0644	0.1288
300	105	50	0.40	1134	50	9.3	40	0.37	1134	65	1.89	0.81	0.0756	0.1602
350	110	54	0.45	1374	50	11	40	0.43	1374	67	2.24	0.96	0.0890	0.172
400	110	54	0.52	1536	50	13	40	0.52	1536	70	2.52	1.08	0.1008	0.2016
450	115	54	0.55	1697	55	15.1	40	0.59	1697	73	3	1.2	0.1226	0.2452
500	115	54	0.60	1858	55	19.2	40	0.69	1858	73	4	1.52	0.1386	0.2772
600	120	54	0.75	2181	60	23.8	50	0.8	2181	75	4.8	1.90	0.1668	0.3336
700	125	58	0.96	2498	60	28.4	50	1.00	2498	75	5.6	2.55	0.2478	0.4956
800	130	58	1.21	2812	65	33.3	50	1.20	2812	80	6.8	3.00	0.280	0.56
900	135	58	1.48	3126	65	39.2	50	1.48	3126	85	8.0	3.2	0.30	0.6
1000	140	58	1.85	3440	70	48.2	50	1.85	3440	85	10.6	3.69	0.39	0.72

　　（4）管道敷设过程中不宜打麻口，但管线太长或必要时，其间距不少于 4 根管的距离。麻口打完后，如挪动了管，麻口重打。

　　（5）麻口全打完达到标准后用石棉灰打口，将调好的石棉水泥均匀地铺在盘内，将拌好的灰从下至上地塞入已打紧的油麻承插口内，塞满后，用不同规格的捻凿及手锤将填料捣实。分层打紧打实，每层要打至锤击时发出金属的清脆声，灰面呈黑色，手感有回弹力，方可填料打下一层，每层厚约 10mm，一直打击凹入承口 2mm，深浅一致，表面用捻凿连打几下不再凹下就行了。大管径承插口铸铁管接口时，由两个人左右同时进行操作。

　　（6）接口捻完后，用湿泥抹在接口外面，春秋季每天浇两次水，夏季用湿草袋盖在接口上，每天浇四次水，初冬季在接口上抹湿泥覆土保湿，敞口的管线两端用草袋塞严。

　　2. 膨胀水泥接口

　　膨胀水泥又称自应力水泥，是一种由硅酸盐水泥、石膏及矾土水泥组成的膨胀剂。膨胀剂遇少量的水便产生低硫的硫铝酸钙，在水泥中形成板状结晶；当和大量的水作用后，会产生高硫的硫铝酸钙，它把板状结晶分解成松散的细小结晶而引起体积膨胀。

　　（1）拌合填料。以 0.2～0.5mm 粒径清洗晒干的砂和硅酸盐水泥为拌合料，按砂：水泥：水＝1：1：0.28～0.32（重量比）的配合比拌合而成，拌好后的砂浆和石棉水泥的湿度相似，拌好的灰浆在 1h 内用完。冬季施工时，必须用 80℃ 左右热水拌合。当使用在排水铸铁管上时，配合比改为水泥：水＝1：2。

　　（2）操作。按照石棉水泥接口标准要求填塞油麻，再将调好的砂浆一次塞满已填好油麻的承插间隙内，一面塞入填料，一面用灰凿分层捣实，表面捣出有稀浆为止。如不能和承口相平，则再填充后找平。一天内不得受到大的碰撞。

　　（3）养生。接口完毕后，2h 内不准在接口上浇水，直接用湿泥封口，上留检查口浇水，烈日直射时，用草袋覆盖住。冬季可覆土保湿，定期浇水。夏天不少于 2d，冬天不少于 3d，也可用管内充水进行养生，充水压力不超过 200kPa。

3. 氯化钙、石膏水泥接口

硅酸盐水泥、石膏粉（粒度能通过 200 目铜丝网）也是膨胀接口材料的一种。因膨胀水泥在工地存放三个月以上容易变质，这种水泥现用现配较方便。氯化钙是种快凝剂，石膏是膨胀剂，水泥是增强剂，该接口材料具有膨胀性好，凝结速度快等特点。限用于工作压力不大于 0.5MPa 的管道上。

（1）填料配比为水泥：石膏：氯化钙＝0.85：0.1：0.05（重量比）。

（2）先将水泥和石膏搅拌均匀，另将氯化钙溶液倒入，搅拌成发面状，立刻用手将拌合物塞入打好麻口的承插间隙内。填满后，用手按填料，两边挤出水泥就表示填实，拌合后的填料要求 6~10min 内操作完毕。否则填料会因为初凝而失效，一次拌合量以一个口为宜。

（3）操作完成后，其接口要用土覆盖后浇水养护 8h。

4. 青铅接口

（1）按石棉水泥接口的操作顺序，打紧油麻。

（2）承插口的外部用密封卡或包有黏性泥浆的麻绳密封，上部留出三角形浇灌热铅液口。

（3）将铅锭截成几块，投入铅锅内加热熔化，铅熔至紫红色时，用加热的铅勺（减少铅在灌口时冷却）除去液面的杂质，盛起铅液浇入承插口内，灌铅时要慢慢倒入，使承插口间隙内气体逸出，热铅液至高出灌口为止，一次浇完，以保接口的严密性，如图 4.33-1 所示。

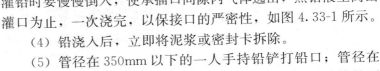

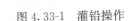

图 4.33-1　灌铅操作

（4）铅浇入后，立即将泥浆或密封卡拆除。

（5）管径在 350mm 以下的一人手持铅铲打铅口；管径在 400mm 以上的，两人手持铅铲同时从两边打铅口。从管的下方打起至上方结束。上面的铅头不可剁掉，只能用铅铲边打紧边挤掉。第一遍用平口小号铅铲走一圈，然后用中号平口铅铲开始打，再用大号平口厚铅铲打实打紧打平口为止。

（6）化铅与浇铅口时，如遇水会发生爆炸（又称放炮）伤人，可在接口处灌入少量机油或小块白蜡（一根白蜡），则可以防止放炮。

5. 钢管焊接接口

（1）如设计无特殊规定，钢管壁厚在 5mm 以上的须打坡口，坡口的倾斜角为 30°，靠里皮的边缘上应留有 1.5~3.0mm 的平口，在钢管下沟前，用气焊或砂轮机切制而成，切完后用扁铲和手锤清除边上的渣屑和不平处，也可用锉刀或角磨砂轮机进行坡口制作。

（2）将铁渣及毛刺彻底清净，把管子两端 50mm 范围内的泥土、油脂、污锈清理干净。

（3）对口时，两根待焊的钢管中心线和对口应在一条直线上，焊口处不能有弯，不要错口，并留有对口间隙。当管壁厚为 5mm 以下时，其间隙 1mm；管壁厚 6~10mm，间隙 1.5~2mm；管壁厚 10mm 以上，间隙 2~3mm。管道对口时，其相连的两根管壁厚差不应超过管壁厚的 20%。

（4）对口后即应定位，在对好的管口上下左右四个方位上进行点焊定位，直径较大的管子尽可能不在坡口根部定位，可用钢筋焊在外壁上，临时固定对口，以防止焊缝产生缺陷。

（5）焊接前，将定位焊的熔渣、飞溅物等清除，将焊缝位置上的定位焊内修成两头带缓坡状，将焊口分成两个半圈，先后焊完。

（6）详见工艺标准中焊接接口中有关规定。

6. 镀锌钢管螺纹连接

按工艺标准螺纹连接施工工艺进行操作。

7. 法兰接口

按工艺标准法兰连接施工工艺进行操作。

8. 承插铸铁给水管胶圈接口

（1）胶圈应形体完整，表面光滑，用手扭曲、拉、折表面和断面不得有裂纹、凹凸及海绵状等缺陷，尺寸偏差应小于 1mm，将承口工作面清理干净。

（2）安放胶圈，股圈擦拭干净，然后放入承口内的圈槽里，使胶圈均匀严整地紧贴承口内壁，如有隆起或扭曲现象，必须调平。

（3）画安装线。清除管道内部及插口工作面的黏附物，根据要插入的深度（一般比承口深度少 10～20mm），沿管子插口外表面画出安装线，安装面应与管轴线相垂直。

（4）涂润滑剂，向管子插口工作面和胶圈内表面刷水，擦上肥皂。

（5）将被安装的管子插口端锥面插入胶圈内，稍微顶紧后找正将管子垫稳。

（6）安装安管器。一般采用钢箍或钢丝绳先捆住管子。安管器有电动、液压、气动等几种，出力在 50kN 以下，最大不超过 100kN。

（7）插入。管子经调整对正后，缓慢启动安管器，使管子沿圆周均匀地进入并随时检查胶圈不得被卷入，直至承口端与插口端的安装线齐平为止。

（8）检查接口。插入深度、胶圈位置（不得离位或扭曲），如有问题时，必须拔出。胶圈安装如图 4.33-2 所示。

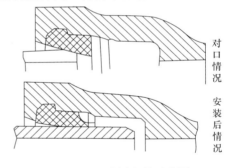

图 4.33-2 胶圈安装示意图

（9）推进、压紧。根据管子规格和施工现场条件选择施工方法。小管可用撬棍直接撬入，也可用千斤顶顶入，用锤敲入（锤击时必须垫好管子防止砸坏）。中、大管一般通过钢丝绳用倒链拉入，或使用卷扬机、绞磨、吊车、推土机、挖沟机等拉入。

9. 塑料管粘接接口

（1）聚乙烯给水管的连接，目前常采用的为承插连接，只适用压力较低的情况。

① 在甘油中将管材一端加热变软后，迅速将另一端插入，冷却后即可达到比较牢固的结合。插入管长应大于或等于管子外径。在承插口处应该涂上粘接剂，在外部再行热风焊。

② 钢管插入连接：将塑料管接头部位加热软化后，趁热将钢管接头件插入，冷却后用铁丝绑扎。此法多用于农村给水的情况。

（2）硬聚氯乙烯排水管的连接，目前常用的为承插接口聚氯乙烯密封胶粘接。

① 先用干布揩试管端和承插口内面，略加热，在管端外表及承插口内部涂一薄层粘

接剂，将管子插入承插口，并转动半圈，以使涂胶层均匀布面。

② 用干布抹去插口外多余粘接剂，待自然干燥即成。

③ 由于温度变化引起热膨胀，在每层均应设置伸缩节或按设计安装。

④ 排水塑料管支托间距如表 4.33-2 所示。

排水塑料管支托架间距　　　　　　　　　　　　　表 4.33-2

排塑管直径（mm）	管道支托架间距（m）
50	≤1.5
75～100	≤2.5
150	≤4.0

4.33.4　质量通病及其防治方法

质量通病及其防治方法如表 4.33-3 所示。

质量通病及防治方法　　　　　　　　　　　　　表 4.33-3

质量通病	防治方法
管口渗、漏水	1. 应严格按标准程序施工； 2. 打铅口时，铅头不可剃掉，要用铅铲刀挤掉； 3. 打石棉水泥口时，不可一次填满，要分层从下往上填灰打紧打实； 4. 过期的石棉水泥不可再用，不可混入合格石棉水泥中重新拌合使用； 5. 管道接口内填塞油麻时，应将油麻拧成麻辫塞入，每圈麻辫互搭接 100～150mm。麻辫填入后要认真打紧、打实，切不可忽略； 6. 养护接口应设专人负责； 7. 石棉水泥接口或青铅接口的操作要认真，各层充填料一定要打实、打紧； 8. 管路上大型闸门的支撑及时砌筑，防止闸门下沉时，管口漏水； 9. 管道试压中途因不合格返修时，若天气较冷，要及时放水。如不放水须有可靠的安全技术措施，否则管口及闸门都有可能因冻裂而漏水

4.33.5　成品保护

1. 油麻打完可及时从管段两侧分层回填土，夯实至管身上皮不少于 0.3m 为宜，防止管子位移。

2. 接口完成后，严防管口受振动，并及时养生，塑料接口要严防被砸坏。

3. 回填土过程中，应注意不可破坏接口，特别是预应力钢筋混凝土管及钢筋混凝土管的接口更要留心。

4.34　室外给水管道试压与冲洗要点

4.34.1　工作条件

1. 熟悉设计图纸上对管道试压的要求。

2. 管道经检查具备试压的条件。

3. 具备水源、电源。

4.34.2 工艺流程

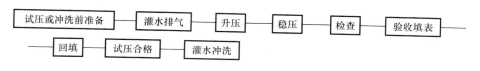

4.34.3 操作工艺

1. 给水管道试压一般用水进行试验,在冬季或缺水时,也可用气压试验。

2. 在回填管沟前,分段进行试压,回填管沟和完成管段各项工作后,进行最后试压。水压试验的管段长度一般不超过 1000m,并应在管件支墩达到要求强度后方可进行,否则应做临时支撑。

3. 凡在使用中易于检查的地下管道允许一次性试压。敷设后必须立即回填的局部地下管道,可不做预先试压。焊接接口的地下钢管的各管段,允许在沟边做预先试压。

4. 埋地管道经检查管基合格后,管身上部回填土不小于 500mm 后方可试压。

5. 试压程序如下:

(1) 按有关工艺标准,量尺、下料、制作、安装堵板和管道转角弯处末端支撑,并从水源开始,敷设和连接好试压给水管,安装给水管上的阀门、试压水泵、试压泵前后阀门、前后压力表及截止阀。

(2) 非焊接或螺纹连接管道,在接口后须经过养护期达到强度以后方可进行充水。充水后应把管内空气全部排尽。

(3) 空气排尽后,将阀门关闭好,进行加压。先升至试验压力时稳压,观测 10min,压力降不超过 0.05MPa,管道、附件和接口等未发生漏裂,然后将压力降至工作压力,再进行外观全面检查,接口不漏为合格。

(4) 试压过程中,若发现接口渗漏,应做上明显记号,然后将压力降至零。制定出补修措施,经补修后,再重新试验,直至合格。

(5) 管道试压合格后,应立即办理验收手续,进行回填。

(6) 新建室外给水管道在碰头以前,必须经过管内冲洗,冲洗干净后方可与供水干管或支管连接碰头。

(7) 冲洗标准:当设计无规定时,则以出口的水色和透明度与入口处的进水目测一致为合格。

4.34.4 质量通病及其防治

质量通病及其防治方法如表 4.34-1 所示。

质量通病及其防治方法

表 4.34-1

项　　次	质量通病	防治方法
1	试压过程中压力稳不住	1. 管内空气应排尽; 2. 非给水阀门应当检查、关严; 3. 发现漏裂接口时,应停止加压

续表

项　次	质量通病	防治方法
2	返修后试压仍不合格	1. 加压过程中渗漏的接口应该做好明显标志； 2. 认真制定措施，及时认真组织返修
3	用户使用时出现较长时间的黄色水	试压后的管道应进行认真冲洗
4	管道接口冻裂	在温度较低的季节试压，要注意及时把水放尽

4.34.5　成品保护

1. 漏水的接口未返修或补修前，要保护好记号，以免弄错或遗忘。
2. 试压合格后，及时回填土。

4.35　室外给水管道附属设备安装要点

4.35.1　工作条件

1. 对设计图纸已进行交底，熟悉和掌握了设计要求。
2. 各类设备及材料均已进场，并有产品质量合格证。
3. 支撑消火栓，闸门、水表的混凝土或砖墩已砌筑完，并达到强度。

4.35.2　工艺流程

4.35.3　操作工艺

1. 室外消火栓安装

（1）严格检查消火栓的各处开关是否灵活、严密、吻合，所配带的附属设备配件是否齐全。

（2）室外地下消火栓应砌筑消火栓井，室外地上消火栓应砌筑消火栓闸门井。在高级和一般路面上，井盖上表面同路面相平，允许偏差±5mm；无正规路面时，井盖高出室外设计标高 50mm，并应在井口周围以 2% 的坡度向外做护坡。

（3）室外地下消火栓与主管连接的三通或弯头下部带座和无座的，均应先稳固在混凝土墩上，管下皮距井底不应小于 0.2m，消火栓顶部跟井盖底面不应大于 0.4m，如果超过 0.4m 应增加短管。

（4）按工艺要求，进行法兰闸阀、双法兰短管及水龙带接扣安装，接出的直管高于1m 时，应加固定卡子一道，井盖上铸有明显的"消火栓"字样。

（5）室外消火栓地上安装时，一般距地面高度为 640mm，首先应将消火栓下部的弯头带底座安装在混凝土支墩上，安装应稳固。

（6）安装消火栓开闭闸门，两者距离不应超过 2.5m。

（7）地下消火栓安装时，如设置闸门井，必须将消火栓自身的放水口堵死，在井内另设放水门。

（8）按工艺要求，进行消火栓闸门短管、消火栓法兰短管、带法兰闸门的安装。

（9）使用的闸门井井盖上应有消火栓字样。

（10）管道穿过井壁处，应严密不漏水。

2. 室外水表安装

（1）严格检查准备安装的水表、闸门是否灵活、严密、吻合，所配带的附属配件是否齐全，是否符合设计的型号、规格、耐压强度要求。

（2）闸门安装以前应更换盘根。

（3）先把室外水表或阀门安装在砌好的混凝土支墩或砖砌支墩上。

（4）按工艺要求进行配件和连接管的螺纹连接和法兰连接。

（5）安装时，要求位置和进出口方向正确，连接牢固、紧密。

4.35.4 质量通病及其防治

质量通病及其防治方法如表 4.35-1 所示。

质量通病及其防治方法

表 4.35-1

项　次	质量通病	防治方法
1	进出口方向不正确	安装之前应该检查和看清进出口方向的指示箭头
2	闸门盘根漏水严重	安装前应检查和更换盘根
3	送水后设备活动、不稳	1. 支撑设备的支墩应当按规定进行浇灌或砌筑，不能用临时支撑代替； 2. 井内立管卡子按规定设置
4	闸阀关闭不严	1. 闸阀在安装前一定要有产品合格证； 2. 闸阀在关闭前，要注意先将管内先冲洗干净，若有大量砂、石、污物容易损坏密封圈，造成闸板关闭不严现象

4.35.5 成品保护

1. 消火栓、水表、闸门安装后，在未盖井盖之前，要将井盖暂时盖好，防止落物进井，砸坏设备。

2. 设备下部若没有临时支撑，在设备安装完毕，应及时砌筑或浇灌好支墩。

4.36　室外排水管道管沟开挖要点

4.36.1 工作条件

1. 有碍排水管网施工的障碍物，已全部清除。

2. 管材、管件及其辅助材料均已进场。

3. 施工中用的机具已备齐全。

4.36.2　工艺流程

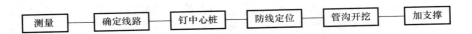

4.36.3　操作工艺

1. 测量：

（1）找到当地准确的永久性水准点。将临时水准点设在稳固和僻静之处，尽量选择永久性建筑物，距沟边大于 10m，对居住区以外的管道水准点不低于Ⅳ级，一般不低于Ⅲ级。

（2）水准点闭合差不大于 4mm/km。

（3）沿着管线的方向定出管道中心和转线角处检查井的中心点，并与当地固定建筑物相连。

（4）新建排水管及构筑物与地下原有管道或构筑物交叉处，要设置特别标记示众。

（5）确定堆土、堆料、运料、下管的区间或位置。

（6）核对新排水管道末端接旧有管道的底标高，核对设计坡度。

2. 放线：

（1）根据导线桩测定管道中心线，在管线的起点、终点和转角处，钉一较长的大木桩作中心控制桩。用两个固定点控制此桩，将窨井位置相继用短木桩钉出。

（2）根据设计坡度计算挖槽深度，放出上开口挖槽线。

3. 测定雨水井等附属构筑物的位置。

4. 在中心桩上钉个小钉，用钢尺量出间距，在窨井中心牢固埋设水平板，不高出地面，将平板测成水平。板上钉出管道中心标志作挂线用，在每块水平板上注明井号、沟宽、坡度和立板至各控制点的常数，如图 4.36-1 所示。图中 H 为常数；h_2 值为高程差，即为管线坡降。

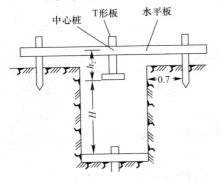

图 4.36-1　中心桩定位

5. 用水准仪测出水平板标高，以便确定坡度。在中心钉一 T 形板，使下缘水平。且和沟底标高为一常数，在另一窨井的水平板同样设置，其常数不变。

6. 挖沟过程中，对控制坡度的水平板要注意保护和复测。

（1）挖至沟底时，在沟底补钉临时桩以便控制标高，防止多挖而破坏自然土层。可留出 100mm 暂不挖。

（2）在挖沟深度在 2m 以内时，采用脚手架进行接力倒土，也可用边坡台阶二次返土，如图 4.36-2 所示。根据沟槽土质及沟深不同，酌情设置支撑加固，如图 4.36-3 所示。

4.36.4　质量通病及其防治

质量通病及防治方法如表 4.36-1 所示。

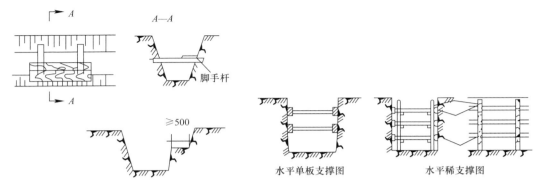

图 4.36-2 脚手架接力和阶梯式倒土台示意图   图 4.36-3 管沟支撑图

质量通病及防治方法   表 4.36-1

质量通病	防治方法
管道施工后排水出口不畅通	1. 测量放线时，严格遵循设计坡度规定； 2. 测量过程中，认真测定总排水口的出口标高，发现与设计坡度不符，立即提出并及时整改

4.36.5 成品保护

1. 在测量放线的排水管道沟槽开挖的范围（包括推土区域）内，不得推卸管材及其他材料和机具。

2. 放线后应及时开挖沟槽，以免所放线迹模糊不清。

3. 管道中心线控制桩及标高控制桩应随着挖土过程加以保护。

4.37 挖沟、排水、管基施工及回填技术

4.37.1 工作条件

1. 测量、放线已完成，可开挖沟槽。

2. 管沟验收合格，标高、坐标无误，可进行管基施工。

4.37.2 工艺流程

挖沟、排除沟内积水 → 管子基础施工 → 下管 → 接口 → 回填土

4.37.3 操作工艺

1. 排水与挖沟

对低于地下水的管沟或有大量地面水、雨水灌入沟内或因不慎折断沟内原有给排水管道造成沟内积水，均需组织排除积水。挖土应从沟底标高最低端开始。

（1）掌握地下原有各类管道的分布状况及介质。

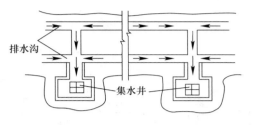

图 4.37-1　管沟集水井法排水示意图

（2）掌握水文地质资料，分别采用井点法、沟底排水沟集水井（见图 4.37-1 所示）等措施，进行排水。

（3）可将排水沟设在中段，挖至近沟底时再设在一侧或两侧排水。

（4）沟底深度低于地下水位不超过 400mm，且沟槽为砂质黏土时，可在沟两侧挖沟排除积水。

（5）布置集水井按表 4.37-1 设置。将积水引进集水井后，用水泵抽走。一般情况下，集水井进口宽为 1～1.2m。沟帮用较密的支撑或板桩进行加固。集水井内侧与槽底边的距离，即进水口的长度规定如下：黏土 1m，粉质黏土 2m，粗砂 4m，细砂 6m。

集水井间距（m）　　　　　　　　　　表 4.37-1

土质类别	地下水距沟底高度		
	2m 以下	2～4m	4m 以上
黏土、粉质黏土、砂质粉土	160～180	140～160	120～140
粉砂、细砂	130～150	100～120	80～100
中砂、粗砂、砾砂	100～120	60～80	30～40

挖沟槽时，沟底宽及放坡参照表 4.37-2、表 4.37-3 施工。凡深度在 5m 以内的基坑或管沟（无支撑），其最大坡度如有足够资料和经验或用多斗挖土机，均不受表中限制。

深度在 5m 以内管沟边坡的最大坡度（不加支撑）　　　表 4.37-2

土壤名称	边坡坡度		
	人工挖土并将土抛于沟的上边	机械挖土	
		在沟底挖土	在沟边挖土
砂土	1：2	1：0.76	1：1.0
砂质粉土	1：0.67	1：0.50	1：0.75
粉质黏土	1：0.5	1：0.33	1：0.75
黏土	1：0.33	1：0.25	1：0.67
含砾石、卵石土	1：0.67	1：0.5	1：0.75
泥炭岩白垩土	1：0.33	1：0.25	1：0.67
干黄土	1：0.25	1：0.1	1：0.33

管沟底宽尺寸表　　　　　　　　　表 4.37-3

管径（mm）	埋设深度在 1.5m 以内的沟底宽度（m）		
	铸铁管、钢管或石棉水泥管	混凝土、钢筋混凝土管或预应力钢筋混凝土管	陶土管
50～70	0.6	0.8	0.7
100～200	0.7	0.9	0.8
200～250	0.8	1.0	0.9
400～450	1.0	1.3	1.1

续表

管径（mm）	埋设深度在1.5m以内的沟底宽度（m）		
	铸铁管、钢管或石棉水泥管	混凝土、钢筋混凝土管或预应力钢筋混凝土管	陶土管
500～600	1.3	1.5	1.4
700～800	1.6	1.8	—
900～1000	1.8	2.0	—
1100～1200	2.0	2.3	—
1300～2400	2.2	2.6	—

（6）若为砂土层，可在沟内或沟边埋设排水管、滤管，用泵抽出地下水排走，称为轻型井点法，如图4.37-2、图4.37-3和表4.37-4所示。

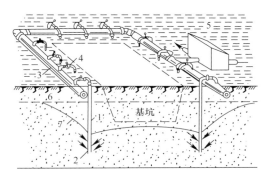

图4.37-2　轻型井点法降低地下水位全貌图

1—井点管；2—滤管；3—总管；4—弯连管；

5—水泵房；6—原有地下水位线；7—降低后地下水位线

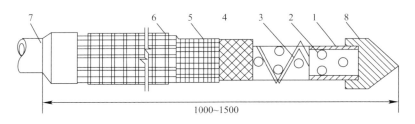

1000～1500

图4.37-3　滤管构造

1—钢管；2—管壁上的小孔；3—缠绕的塑料管；4—细滤网；

5—粗滤网；6—粗钢丝保护网；7—井点管；8—铸铁头

各种井点的适用范围　　　　　　　　　　　　表4.37-4

井点类别	渗透系数（m/d）	降低水位深度（m）
单层轻型井点	0.1～50	3～6
多层轻型井点	0.1～50	6～12

2. 基础施工

（1）挖沟时沟底的自然土层被扰动，必须换以碎石或砂垫层。被扰动土为砂性或砂砾土时，敷设垫层前先夯实；黏性土则须换土后再铺碎石砂垫层。事先须将积水或泥浆清除出去。

（2）基础在施工前，清除浮土层，碎石铺填后夯实至设计标高。

（3）铺垫层后浇灌混凝土，可从窨井开始，完成后可进行管沟的基础浇灌。

（4）下列情况之一，采用混凝土整体基础：

① 雨水或污水管道在地下水位以下；

② 管径在 1.35m 以上的管道；

③ 每根管长在 1.2m 以内的管道；

④ 雨水或污水管道在地下水位以上，覆土深大于 2.5m 或 4m 时。

3. 回填土

（1）管道或其他隐蔽工程，须经过验收合格后，方可进行回填。

（2）管道回填时，以两侧相对同时下土，水平方向均匀地摊铺，用木棍捣实。填至管半径以上，在两侧用木夯夯实，直填到管顶 0.5m 以上，并将该填土踩实，但要防止管道中心线的位移及管口受振而脱落。

（3）地下水位以下若是砂土，可用水撼砂进行回填。

（4）沟槽如有支撑，随同填土逐步拆下，横撑板的沟槽，先拆支撑后填土，自下而上拆除支撑。若用直接板或板桩时，可在填土过半以后再拔出，拔出后立即灌砂充实。如因拆除支撑不安全可保留。

（5）雨后填土要测定土壤含水量，如超过规定不可回填。槽内有水则须排除后，符合规定时方可回填。

（6）雨季填土，应随填随夯，防止夯实前遇雨。填土高度不能高于检查井。

（7）冬季填土时，混凝土强度达到设计强度 50% 后准许填土，当年或次年修建的高级路面及管道胸腔部分不能回填冻土，填土高出地面 200～300mm，作为预留沉降量。

4.37.4　质量通病及其防治

质量通病及防治方法如表 4.37-5 所示。

质量通病及防治方法　　　　　　　　　　　　　　　　　　　　表 4.37-5

项　次	质量通病	防治方法
1	挖沟过深	1. 挖沟过程中，保护好标高控制桩； 2. 随挖随检查标高，接近沟底时勤复测标高； 3. 挖土中不慎挖掉标高控制桩，及时找测量人员补测，钉好木桩
2	路面下凹	1. 回填土应按规定程序进行； 2. 位于交通要道的部位，要采用特殊技术措施回填。一般可采用回填砂，然后用水撼砂法施工； 3. 由管顶 0.5m 以下回填土，干密度不得低于 $1.65t/m^3$。管顶 0.5m 以上的填土，应尽量采用机械压实，若在当年铺路，干密度达到 $1.6t/m^3$

4.38　室外排水管道敷设要点

4.38.1　工作条件

1. 管沟及管基已合格并验收。

2. 管材及机具均已备齐，经检验合格并运进现场。

4.38.2 工艺流程

4.38.3 操作工艺

1. 管道敷设

（1）下管前的准备工作

① 检查管材、套环及接口材料的质量。管材有破裂、承插口缺肉、缺边等缺陷不允许使用。

② 检查基础的标高和中心线。基础混凝土强度须达到设计强度等级的 50% 和不小于 5MPa 时才准下管。

③ 管径大于 700mm 或采用列车下管法，必须先挖马道，宽度为管长加 300mm 以上，坡度采用 1：15。

④ 用其他方法下管时，要检查所用的大绳、木架、倒链、滑车等机具，无损坏现象方可使用。临时设施要绑扎牢固，下管后座应稳固牢靠。

⑤ 校正测量及复核坡度板是否被挪动过。

⑥ 铺设在地基上的混凝土管，根据管子规格量准尺寸，下管前挖好枕基坑，枕基低于管底皮 10mm，捣制的枕基应在下管前支好模板。

（2）下管

① 根据管径大小，现场的施工条件，分别采用压绳下管法、三脚架下管法、木架溜大绳下管法、双大绳挂钩下管法、倒链滑车下管法、列车下管法（一节管一节管向前轴向推进下管法）等。下管方法如图 4.38-1 所示，卸管时枕木的安放如图 4.38-2 所示。

② 下管时要从两个检查井的一端开始，若为承插管敷设时，以承口在前。

③ 稳管前将管口内外全刷洗干净，管径在 600mm 以上的平口或承插管道接口，应留有 10mm 缝隙；管径在 600mm 以下者，留出不小于 3mm 的对口缝隙。

④ 下管后找正拨直，在撬杠下垫以木板，不可直插在混凝土基础上。待两窨井间全部管子下完，检查坡度无误后即可接口。

⑤ 使用套环接口时，稳好一根管子再安装一个套环。敷设小口径承插管时，稳好第一节管后，在承口下垫满灰浆，再将第二节管插入，挤入管内的灰浆应从里口抹平，扫净多余部分。继续用灰浆填满接口，打紧抹平。

2. 管道接口

（1）承接铸铁管、混凝土管及缸瓦管接口

① 水泥砂浆抹口或沥青封口，在承口的 1/2 深度内，宜用油麻填严塞实，再抹 1：3 水泥砂浆或灌沥青玛碲脂，一般应用在套环接口的混凝土管上。

② 承插铸铁管或陶土管（缸瓦管）一般采用 1：9 水灰比的水泥打口。先在承口内打好三分之一的油麻，将和好的水泥，自下向上分层打实再抹光，覆盖湿土养护。

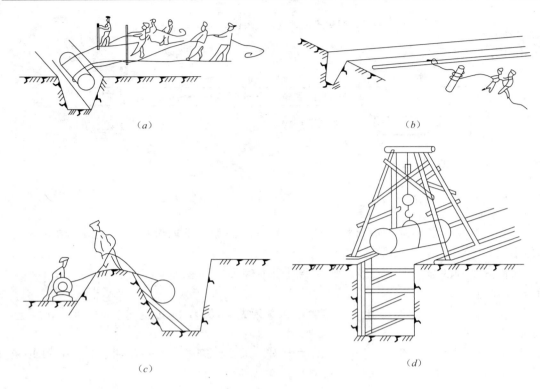

(a)　　　　　　　　　　　　(b)

(c)　　　　　　　　　　　　(d)

图 4.38-1　下管方法示意图

(a)、(b)、(c) 用人力将管段卸入地沟的方法；(d) 利用滑车四角架卸管子

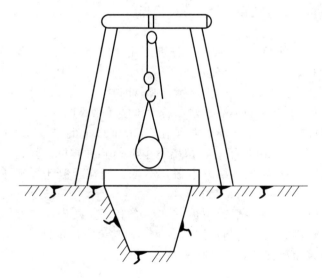

图 4.38-2　卸管时枕木的安放

（2）套环接口

① 调整好套环间隙。用小木楔 3～4 块将缝垫匀，让套环与管同心，套环的结合面用水冲洗干净，保持湿润。

② 按照石棉：水泥＝2：7 的配合比拌好填料，用錾子将灰自下而上填入间隙，分层

打紧。管径在 600mm 以上要做到四填十六打,前三次每填 1/3 打四遍。管径在 500mm 以下采用四填八打,每填一次打两遍。最后找平。

③ 打好的灰口,较套环的边凹进 2~3mm,打灰口时,每次灰钎子重叠一般,打实打紧打匀。填灰打口时,下面垫好塑料布,使石棉灰落在塑料布上。

④ 管径大于 700mm 的对口缝较大时,在管内用草绳塞严缝隙,外部灰口打完再取出草绳,随即打实内缝。切勿用力过大,免得松动外面接口。管内管外打灰口时间不准超过一小时。

⑤ 灰口打完用湿草袋盖住,一小时后洒水养护,连续三天。

(3) 平口管子接口

① 水泥砂浆抹带接口必须在八字包接头混凝土浇筑完以后进行抹带工序。

② 抹带前洗刷净接口,并保持湿润。在接口部位先抹上一层薄薄的水泥浆,分两层抹压,第一层为全厚的 1/3。将其表面划成线槽,使表面粗糙,待初凝后再抹第二层。然后用弧形抹子赶光压实,覆盖湿草袋,定时浇水养护。

③ 管子直径在 600mm 以上接口时,对口缝留 10mm。管端如不平以最大缝隙为准。注意接口时不可用碎石、砖块塞缝。处理方法同上所述。

④ 设计无特殊要求时带宽如下:管径小于 450mm,带宽为 100mm、高 60mm;管径大于或等于 450mm,带宽为 150mm、高 80mm。

3. 五合一施工法

(1) 五合一施工法是指基础混凝土、稳管、八字混凝土、包接头混凝土、抹带五道工序连续施工。

(2) 管径小于 600mm 的管道,设计采用五合一施工法时,程序如下:

① 先按测定的基础高度和坡度支好模板,并高出管底标高 2~3mm,为基础混凝土的压缩高度。随后浇筑混凝土。

② 洗刷干净管口并保持湿润。落管时徐徐放下,轻落在基础上,立即找直找正拨正,滚压至规定标高。

③ 管子稳好后,随后打八字和包接头混凝土,并抹带。但必须使基础、八字和包接头混凝土以及抹带合成一体。

④ 打八字前,用水将其接触的基础混凝土面及管皮洗刷干净;八字及包接头混凝土,可分开浇筑,但两者必须合成一体;包接头模板的规格质量,应符合要求,支搭应牢固,在浇筑混凝土前应将模板用水湿润。

⑤ 混凝土浇筑完毕后,应切实做好保养工作,严防管道受振而使混凝土开裂脱落。

4. 四合一施工方法

(1) 管径大于 600mm 的管子不得用五合一施工法,可采用四合一施工法。

① 待基础混凝土达到设计强度的 50% 和不小于 5MPa 后,将稳管、八字混凝土、包接头和抹带等四道工序连续施工。

② 不可分割间断作业。

(2) 其他施工方法与五合一相同。

5. 室外排水管道闭水试验

管道应于充满水 24h 后进行严密性检查,水位应高于检查管段上有端部的管顶。如地下水位高出管顶时，则应高出地下水位。一般采用外观检查，检查中应补水，水位保持规定值不变，无漏水现象则认为合格。介质为腐蚀性污水管道不允许渗漏。

4.38.4　质量通病及其防治

铸铁管、混凝土管及缸瓦管质量通病及其防治方法如表 4.38-1 所示；塑料水落管质量通病及防治方法如表 4.38-2 所示。

铸铁管、混凝土管及缸瓦管质量通病及其防治方法　　　　　表 4.38-1

项次	质量通病	防治方法
1	管口下裂漏水	1. 按规定施工钢筋混凝土管基础，防止下沉； 2. 采用砂基础时，仔细夯实
2	管口缝渗水或漏水	1. 严格检查套箍与管子配套尺寸，间隙不均者，施工中若能弥补，则可使用； 2. 打口或抹带前，认真清干净套箍或管口污物

塑料水落管质量通病及防治方法　　　　　表 4.38-2

项　次	质量通病	防治方法
1	粘接质量差	冬季施工应采取防寒防冻措施，保证胶粘剂质量
2	伸缩节间隙大	伸缩节设置与安装应正确，预留好间隙
3	外观质量差	运输途中减小磨损，现场注意保管

4.38.5　成品保护

1. 抹带时，禁止有人站在管上，以防灰口松动。

2. 采用五合一或四合一方法施工时，工序不宜间断，基础混凝土浇筑完立即下管，稳好管子后，不得移动碰撞，并应做好混凝土和砂浆的养护工作。

3. 抹带后，用湿土将其表面包好，严禁踩压或碰撞。如果不及时填土，可用湿草袋覆盖并洒水养护至填土时止。

4. 施工过程中，防止管子相撞，以免管子端部保护层脱落影响接口质量。

5. 在昼夜温差大的地区和季节，管口可能受到较大的热应力产生裂缝。因此，除接口暂时外露养生，要尽快回填土，以便遮住管身。

4.39　室外供热管道支托架制作与安装技术

4.39.1　工作条件

1. 管道所在位置及周围的障碍物已清除。

2. 若为混凝土支架架空敷设，混凝土支架已经预制完。

3. 若不是直埋，地沟敷设时土建施工的地沟已基本完成。

4.39.2 工艺流程

4.39.3 操作工艺

1. 管道支吊架的分类

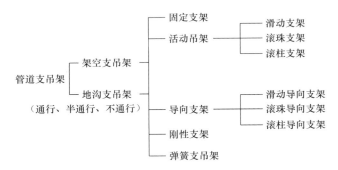

2. 管架基础施工

（1）根据设计图纸进行测量，在每个管架位置上打进中心桩（或中心控制桩），然后用白灰放出管架基础坑的位置线。放坡参见表 4.39-1 的坡度值。

放坡坡度值　　　　　　　　　　表 4.39-1

土的类别	边坡坡度（高：宽）			直立壁高度
	坡顶无荷载	坡顶有静载	坡顶有动载	
中密的砂土	1：1.00	1：1.25	1：1.5	1.00
中密的碎石类土（填充物砂土）	1：0.75	1：1.00	1：1.25	1.00
硬塑的碎石粉土	1：0.67	1：0.75	1：1.00	1.25
中密的碎石粉土（填充物为黏性土）	1：0.50	1：0.67	1：0.75	1.50
硬塑的复黏土、黏土	1：0.33	1：0.5	1：0.67	1.50
老黄土	1：0.1	1：0.25	1：0.33	2.00
软质岩	1：0	1：0.1	1：0.25	2.00

根据不同铺筑物和操作方式，其每侧工作面宽度见表 4.39-2。

每侧工作面宽度　　　　　　　　表 4.39-2

管道结构宽度（cm）	每侧工作面宽度（cm）		基础形式	每侧工作面宽度（cm）
	非金属管道	金属管道或砖沟		
20～50	40	30	毛石砌筑	15
60～100	50	40	混凝土需支模的	30
110～150	60	60	基础侧需卷材防水	80
160～250	80	80	基础侧抹灰或防腐	60

（2）采用人工挖土，沿灰线直边切出坑槽边的轮廓线。一、二类土，按 30cm 分层逐

步开挖，三、四类土，先用镐翻动按 30cm 分层，每挖一层清底一次。出土堆放先向远处甩，挖土距坑槽底约 15～20cm 处，先预留不挖，下道工序进行前，按控制抄平木桩找平。

（3）进行混凝土或毛石混凝土基础的施工，各工序要密切衔接。混凝土或毛石混凝土基础的施工流程：支承模板→检验合格→标志混凝土上皮线→模板浇水湿润→按配合比和坍落度拌制混凝土→浇灌捣实→耙平或压实→找平混凝土上表面→覆盖→浇水养生。

（4）基础施工的同时，应将预制好的铁件、钢制套管及时预埋；准确预留出地脚螺栓方形二次浇灌孔；施工操作时必须用经纬仪或红外线投影仪测量出准确设计标高和平面坐标。如果施工操作项目为预埋地脚螺栓，必须要注意找直、找正，并在丝扣部位涂刷上机油后用灰袋纸或塑料布包扎好，防止水泥浆腐蚀丝扣。

3. 管架及管道支座预制

（1）按设计图纸编制加工草图，加工草图中包括取得设计单位同意的更改内容。

（2）按施工程序进行放样。放样前将钢平台清理干净，校核画线尺寸，注意留出焊接收缩量和切割加工余量。

（3）由技术人员和专检人员共同检查放样过程或样板。

（4）下料时要使用放样时的钢尺与样板；成批下料时必须利用样板合理排列，防止出现材料浪费现象。

（5）切割前，先将钢材表面切割区域内的铁锈、油污清净。切割后，切口上不允许有裂纹、夹层和大于 1.0mm 的缺陷，清除边缘上的熔瘤和飞溅物等，切割面与表面的垂直度偏差不大于板厚的 10%，亦不大于 2.0mm。

（6）组对焊接时，按设计要求根据焊接工艺进行。焊接前，根据管架具体结构形式，采用反变形法、刚性固定法、临时固定法、焊接工艺控制变形法，达到减少变形的目的。

（7）管架焊制后必须进行检查、校核。允许使用火焰加热校正、纠偏，但必须按有关规定进行操作。

（8）滑动支座、固定支座、导向支座组对焊制前，先进行钻孔，焊制后分类保管待用。U 形管卡均须按图纸要求的位置、数量预先加工好，与支座配套使用。

4. 管道支架安装

（1）架空管架安装就位

① 将预制好的标有中心标记的管架运至施工现场，按顺序号分别放置在基础边。

② 管架基础达到强度后，根据管架的外形尺寸、重量，可采用吊车、卷扬机、三脚架等不同的方法将管架立起，在基础上就位。

③ 同时架设好经纬仪，随时找正、找直，采用事先准备好的楔铁进行调整。

④ 如果采用预埋铁件焊接固定，要严格保证焊接质量，要焊透、焊牢，不允许超出夹渣、咬肉、气孔的规定值。

⑤ 固定设备时要从四个方向对称均匀地拧紧地脚螺栓螺母，螺母与平垫圈之间必须安装弹簧垫圈，防止设备振动时发生螺母松脱现象。

⑥ 只有在管架固定牢固以后，方允许离开吊杆或临时支撑物。

（2）不通行、半通行、通行地沟管支架安装

① 在地沟内壁上，测出水平基准线，按图纸要求找好坡度差，钉上钎子或木楔拉紧坡线。

② 按照支架的间距值（不得超过最大间距值）在壁上定出支架位置，做上记号，打眼或预留孔洞。具体尺寸按设计规定或规范要求。

③ 用水浇湿已打好的洞，灌入 1：2 水泥砂浆，把预制好的型钢支架栽进洞内，用碎砖或石块塞紧，再用抹子压紧抹平。

④ 如果沟垫层有预埋铁件，打垫层时，应将预制好的铁件配合土建找准位置预埋。

⑤ 若为∟形支架，一头栽好后，另一头则焊在预埋铁件上。焊接必须符合设计要求。

5. 检查验收，填写记录

认真检查管道支架、吊架及管道的安装，并做好记录。

4.39.4　质量通病及其防治

质量通病及防治方法如表 4.39-3 所示。

质量通病及防治方法

表 4.39-3

项次	质量通病	防治方法
1	基坑长期敞露	1. 只有当下道工序具备全部条件时，方可开挖基坑； 2. 若发现此通病，应和有关方面联系，采取补救措施
2	基坑混凝土的预埋件裸露	施工中将预埋件稳牢，并增加对预埋件周围的捣固。预埋件表面要事先进行除锈
3	管架变形尺寸不一	1. 管架焊前必须进行反变形处理，可采用合理的焊接顺序，采用机械夹具，发现变形后用机械或火焰进行矫正； 2. 精确计算焊接收缩量； 3. 认真检查对口间隙、下料尺寸、坡口、角度等
4	焊缝咬边，焊缝未焊透	1. 电流不可过大，电弧不能拉得太长，焊条摆动到坡口边缘稍慢点，停留时间稍长，中间要快些； 2. 选用电流要足以焊化母材，焊条、角度速度适当
5	夹渣、气孔	1. 不要将焊条压得太死，应分清熔渣与铁水，始终保持熔池清晰； 2. 油锈、污垢、潮湿是产生气孔的主要因素，要处理掉； 3. 熔池不宜大于焊条直径三倍，碱性焊条使用前烤干
6	热应力裂纹	采用合理焊接顺序，留出收缩量，低温下焊接事前预热

4.39.5　成品保护

1. 基坑开挖

（1）定位轴线引桩、基槽顶、底的水平桩等挖运土时不得碰撞。

（2）初冬施工时，每次收工前应挖一步虚土置于槽内，并用草帘覆盖保温，不得使基底受冻。

（3）基坑的直立壁和边坡，在开挖过程中要加以保护，以防坍塌。雨季施工时要设置挡土板、排水沟，防止地面水流进基底。

2. 钢支架等制安

（1）钢制件组焊前后编上号，管架尚须标明质量、中心位置和定位标记。

（2）管架运至安装地点应采取临时加固措施，防止途中变形。

（3）焊缝成活后，待温度降至与母材同温时，再清除熔渣，并在组焊后及时刷防锈漆。

（4）地脚螺栓的装配面应干燥、洁净，不得在雨天安装螺栓固定的管架。

4.40　室外地沟供热管道安装要点

4.40.1　工作条件

1. 不通行地沟、半通行地沟或通行地沟的砌筑已完成，能满足支吊架安装和管道安装。

2. 补偿器已预制组对完，并运至安装地点。

3. 管道的滑动支座、固定支座、导向支座，均已按设计要求加工制作完，均运至现场。

4. 管材、阀件、管件等已备齐全，已运进安装现场。

5. 施工中应用的设备、机具均已备齐并已就位。

6. 通行地沟施工前，尚须接好安全照明，方可进行管道安装。

4.40.2　工艺流程

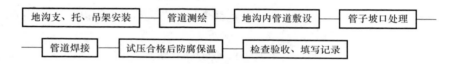

4.40.3　操作工艺

1. 地沟内支、托、吊架安装

（1）对地沟的宽度、标高、沟底坡度进行检查，是否与工艺要求一致。

（2）在砌筑好的地沟内壁上，先测出相对的水平基准线，Aa 根据设计要求找好高差拉上坡度线，按设计的支架间距值（或按本标准中有关规定值）在沟壁上画出记号定好位，再按规定打眼。

（3）用水浇湿已打好的洞，灌入 1∶2 水泥砂浆，把预制好的刷完底漆的型钢支架栽进洞里，用碎砖或石块塞紧，用抹子压紧抹平。

（4）若支架的其中另一端固定在沟垫层上，则应在垫层施工时预埋铁件。当管道为双层敷设时，应该待下层管道安装后，将此端支架焊在预埋铁件上。

2. 管道测绘

（1）管道可根据各种具体情况先在沟边进行直线测量、排尺。以便下管前的分段预制焊接和下管后的固定口焊接。一般预制焊接长度在 25～35m 范围内，尽量减少沟内固定口的焊接数量。

（2）管道直线测绘排尺时，须事先将阀门、配件、补偿器等放在沟边沿线安装位置。

（3）对变向的任意角测定后，制定出合适的钢制件。

① 将两根不同方向的管道，取其中心，用小线拉直，相交 A 点，如图 4.40-1 所示，以 A 点为中心向两侧量出等距离长度 A—a，A—b。用尺量出 a、b 点的长度并做出记录。

② 在画样板的纸上，画出 a、b 直线，以 a、b 点分别为圆心，以 a—A、b—A 为半径画弧相交于 A 点，∠aAb 便是实际角度。做出样板后进行钢制弯头加工。

（4）当管道遇到高差时，可采用灯叉弯进行连接。

① 用小白线贴着两根管子的上管皮，拉直并要求水平测定灯叉弯角和斜边长。

② 用尺量出变坡两点的水平长度 a、b 及下面管子至上管的高度 b、c（图 4.40-2），将尺寸数字做好记录。

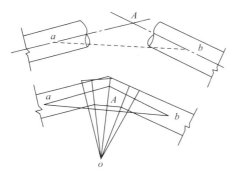

图 4.40-1　任意角测定及放样

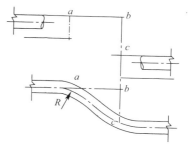

图 4.40-2　灯叉弯测定与放样

③ 在样板纸上画一直角，两边分别为 a、b 及 b、c，连接 a、c 点，∠bac 即是灯叉弯的角度。a、c 为斜边的长度。按此图即可加工管件。

④ 采用掫制时，要注意不使 R 值大于斜边长度的 1/2。

3. 地沟内管道的敷设

（1）不通行地沟里的管道少，管径一般较小，质量轻，地沟及支架构造简单，可以由人力借助绳索直接下沟，落放在已达到强度的支架上，然后进行组对焊接。

（2）半通行地沟及通行地沟的构造较复杂，沟里管道多，直径大，支架层数多。在下管就位前，必须有施工组织措施或技术措施，否则不可施工。下管可采用吊车、卷扬机、倒链等起重设备或人力。

（3）若地沟盖板必须先盖，必须相隔 50m 左右留出安装口，口的长度大于地沟宽度（一般仅允许通行地沟盖板在特殊情况下先盖）。一般供生产用的热力管道，设永久性照明，若采暖为主的热力管道必须设临时照明。一般每隔 8～12m 距离以及在管道附件（阀门、仪表等）处，装置电气照明设备，电压不超过 36V。

（4）下管时，先用汽车吊（或其他起重机械）将管吊进安装口内坐落在特制小车上（图 4.40-3），然后再装小车运至安装位置。为避免小车翻将倒，车栏角铁放下，垫好木块，再将管子从小车撬至支座上。直到底层管道运完就位以后，再将上层角钢就位。然后二层、三层管道依底层方法顺序安装就位，如图 4.40-3（c）所示。如时间、条件允许的情况下，最好能将下层的管子运完、连接、试压、保温后，再安装上面一层的管道（试压、保温、防腐按标准工艺执行）。

（5）在不通行地沟敷设管道时，若设计要求为砖砌管墩或混凝土管墩，最好在土建垫层完毕后就立即施工。否则因沟窄、施工面小，管道的组对、焊接、保温都会因不方便而影响工程质量。倘若设计为支、吊、托架，则允许地沟壁砌至适当高度时进行管道安装。

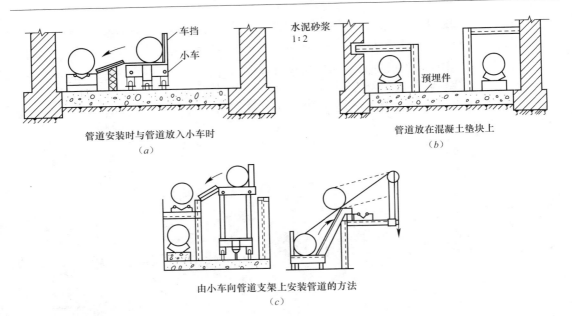

管道安装时与管道放入小车时
（a）

管道放在混凝土垫块上
（b）

由小车向管道支架上安装管道的方法
（c）

图 4.40-3　特制小车

4. 管道焊接

管道焊接前须进行防腐，且应事先集中处理好。钢管两端留出焊口的距离，焊口处的防腐在管道试压完再进行处理。

管道坡度处理、管道点焊定位、焊接顺序、焊条处理、焊接方式见相关标准规定。

5. 检查验收、填写记录

检查管道的基础、支吊架、焊接及防腐质量，并做好验收记录。

4.40.4　质量通病及其防治

质量通病及防治方法如表 4.40-1 所示。

质量通病及防治方法　　　　　　　　　　　　　　　　　　表 3.40-1

项次	质量通病	防治方法
1	地沟内支架松动	1. 支架栽好后，尚未达到强度时决不能敷设管道或承重； 2. 支架制安过程，严格按设计尺寸及规定进行施工
2	运行时管道弯曲	1. 固定点的位置严格按设计要求确定，不可漏设； 2. 补偿器安装时必须先进行预拉伸； 3. 按设计要求及有关规定设置补偿器； 4. 阀门下应设置支墩或支架
3	焊口锈蚀	焊接后，焊口必须及时做好防腐处理
4	滑动支座处保温层脱落	保温时，切不可将管道与支架包在一起，以免妨碍管道自由滑动
5	管道外层的保护壳或保温	管道施工前，先检查管沟深度，按设计坡度计算支架位置，若发现管道距沟底不满足规定值时，应向设计单位提出修改或者采取有效措施

4.40.5　成品保护

1. 地沟内管道安装后，其甩口要用临时活堵封口，严防污物进入管内。
2. 保温后的管道严禁踩踏或承重。
3. 试压后，焊口处及时防腐处理。

4.41　室外供热管道架空安装要点

4.41.1　工作条件

1. 钢制管架或混凝土柱管架（砖砌管架）已全部吊装（施工）完毕。
2. 管道滑动支座、固定支座、导向支座均已预制成型。
3. 管材、阀件、管件、机具均已齐备。
4. 补偿器已预制或组装完。

4.41.2　工艺流程

4.41.3　操作工艺

1. 架空管道安装

架空敷设的供热管道安装高度，应符合下列规定值：

人行地区不低于	2.5m
通行车辆地区，不低于	4.5m
跨越铁路，距轨顶不低于	6.0m

（1）管道上架前，对管架的垂直度、标高进行检查，有条件的应进行复测，否则应仔细查阅核算测量记录。

（2）根据管道布置、管径、管件、起重机具和设备、安装现场的具体情况，可局部预制，并用吊车、桅杆、滑轮、卷扬机等吊装。选麻绳吊管时，必须根据管子重量，按麻绳的破断拉力（表 4.41-1），充分考虑足够的安全系数。麻绳最大许用拉力 P＝麻绳的破断拉力 F/安全系数 K；在一般情况下安全系数 $K \geqslant 6 \sim 8$。

麻绳的破断拉力 F　　　　　　　表 4.41-1

麻绳尺寸（mm）		白麻绳		浸油麻绳	
圆周	直径	每100m重（kg）	破断拉力（kN）	每100m重（kg）	破断拉力（kN）
30	9.6	—	—	—	—
35	11.1	8.75	6.10	10.3	5.75

续表

麻绳尺寸（mm）		白麻绳		浸油麻绳	
圆周	直径	每100m重（kg）	破断拉力（kN）	每100m重（kg）	破断拉力（kN）
40	12.7	11.20	7.75	13.8	7.35
45	14.3	14.60	9.45	17.2	8.95
50	15.9	17.40	11.20	20.5	10.56
60	19.1	24.80	15.70	29.3	14.90
65	20.7	29.30	17.55	34.6	16.65
70	23.9	39.50	23.93	46.6	22.26
90	28.7	57.20	34.33	67.5	32.23
100	31.8	70.00	40.13	82.6	37.67

（3）管道吊装过程中，绳索绑扎结扣是一项重要工作，吊装前应把重物绑扎牢固，结紧绳端，防止重物脱扣松结。麻绳扣结法如图4.41-1所示。绳索绑扎位置要使管子少受弯曲。

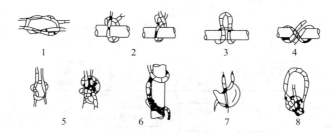

图 4.41-1　麻绳扣结法

1—平结；2—单、双滑圈结；3—死套；4—梯绳结；5—单、双圈层帆结；
6—双环交缠法；7—单套缠钩法；8—救生结法

（4）高空作业的管架两旁须搭设脚手架，脚手架的高度以低于管道标高1m为宜，脚手架的宽度约1m左右，考虑到高保温作业，适当加宽便于堆料。

（5）吊上管架的管段，要用绳索牢牢绑在支架上，避免尚未焊接的管段从支架上滚落下来。架空管道吊装如图4.41-2所示。

2. 管道焊接、阀件连接

（1）管道壁厚在5mm及以上须进行坡口加工，加工方法可根据设备条件的不同分别采用自动坡口机、手动坡口机、砂轮机、氧气切割、锉、錾切等。如图4.41-3所示。

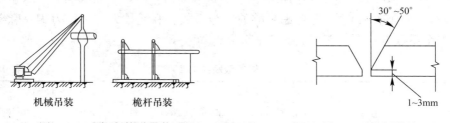

机械吊装　　　桅杆吊装

图 4.41-2　架空管道吊装

图 4.41-3　钢管坡口

（2）热力管道一般均为单面坡口，按有关标准工艺要求进行管口处理。

（3）冬季或气温较低时，其管口必须进行预热，预热时要使焊口两侧及内外壁的温度均匀，防止局部过热。恒温时间，碳素钢为 2～2.5min。预热只要达到有手温感即可，如气温低于−20℃时应按标准焊接工艺要求进行。

（4）焊条使用前烘干处理，应按标准焊接工艺要求进行处理。

（5）管子对口后应保持在一条直线上，焊口位置在组对后不允许出弯，不能错位，对口要有间隙。对管时，可采用定心夹持器，如图 4.41-4 所示。

（6）组对、点焊定位、施焊：

① 一般可位于上下、左右四处点焊，再经检查、核对、调直后方可施焊。

② 施焊前将点焊位置的焊渣清理干净，将定位焊缝修成两头带缓坡。

③ 管口排尺时，尽量为焊接创造条件，减少死口数量。

（7）焊接时焊条运动角度及其焊接程序按图 4.41-5 中所示方法进行。将焊口分成两个半圆进行焊接。

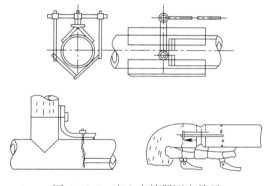

图 4.41-4　定心夹持器固定管子

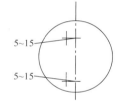

图 4.41-5　钢管焊接顺序图

① 先焊前半圈，起焊时应从仰焊部位中心线提前 5～15mm 的位置开始，此值按管径大小选定。从仰焊缝坡口面上引至始焊处，用长弧预热片刻，当坡口内有似汗珠状铁水时，压短电弧，做微小摆动，待形成熔池再施焊，至水平最高点再越过 5～15mm 处熄弧，如图 4.41-5 所示。

② 在后半圈的施焊过程里，仰焊前要把先焊的焊缝端头用电弧割去 10mm 以上，以免起焊时产生塌腰现象，从而造成未焊透、夹渣、气孔等缺陷。

③ 不同管径接口焊接时，两管管径相差不超过小管 15%，可对口焊接，否则必须抽条焊接。

④ 将预制好的滑动、固定、导向支座分门别类地堆放好，同时检查焊接质量。

（8）管道支座安装：

① 按设计要求，核对预制好的各类滑动、固定、导向支座的形式、尺寸、数量，如图 4.41-6 所示。

② 根据设计图上的位置，将支座分类送至安装地点，安装就位。

③ 若为低管架或砖砌管墩，管道安装完后，接口焊完、调直。将支座垫入管下，按滑动、固定、导向支座的特点，分别焊牢。若为高管架时，测出管架上支座的标高、位置，将各类支座安装就位后焊住，然后再吊装管道。也可以从管网一端开始，由管道两旁

人持撬杠将管道慢慢夹起，由专人将支座放入管下，按要求焊接。

④ 支座焊接前，应该按设计要求的标高、坡度、拐角进行拨正、找准。发现错误时应采取措施，一直到符合设计要求才焊接支座，如图 4.41-7 所示。

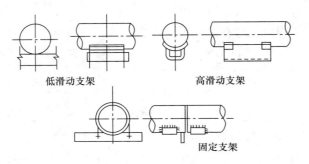

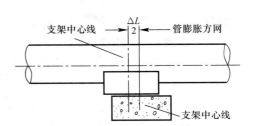

图 4.41-6　活动支架和固定支架　　　　图 4.41-7　活动支架偏心安装示意图

（9）补偿器安装：

① 安装前，对预制的补偿器进行复核，检查其型号、几何尺寸、焊缝位置是否符合规范要求，方形补偿器的四个弯曲角应在一个平面上，不得扭曲。

② 在方形补偿器安装前，先将两端固定支座的焊缝焊牢。补偿器两端的直管段和连接管端两者间预留 1/4 设计补偿量的间隙（另加上焊缝对口间隙），如图 4.41-8 所示。

③ 用拉管器安装在两个待焊的接口上，收紧拉管器的螺栓，拉开胀力直到管子接口对齐，点焊固定后便可施焊，焊牢后方可拆除拉管器，如图 4.41-9 所示。

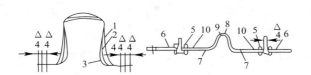

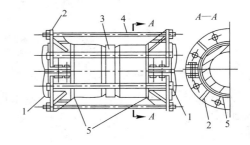

图 4.41-8　补偿器安装
1—安装状态；2—自由状态；3—工作状态；4—总补偿量；
5—拉管器；6、7—活动管托；8—活动管托或弹簧吊架；
9—"U"形补偿器；10—附加直管

图 4.41-9　拉管器
1—管子；2—对开卡箍；3—垫环；
4—双头螺栓；5—环形堆焊凸肩

④ 供热管网在特殊情况下才使用套管补偿器，安装在"U"形补偿器多限制的供热管网中，安装时严格沿着管道中心进行，不准偏斜。否则运行中会发生补偿器外壳和导管相互咬住而扭坏补偿器的现象。

⑤ 单向套管补偿器，在其活动侧设导向支座；双向套管补偿器设在两导向支座间，将套管固定。套管补偿器工作极限界线处应有明显标记，使用过程中经常更换填料。

⑥ 热力管网上一般均不采用波纹形伸缩器，当管径大于 300mm 时，压力又在 0.6MPa 以下才有时采用。安装时，要预先使冷紧值为热伸长量的一半。

⑦ 波形伸缩器安装时，伸缩节内的衬套与管外壳焊接的一端，朝着坡度的上方，防

止冷凝水流到皱褶的凹槽里。水平安装时，在每个凸面式伸缩器下端设放水阀。按设计冷紧（或拉伸）时，待接的管道上留出伸缩器位置。用拉管器将伸缩器冷紧（或拉长），再与管子连接。

⑧ 球形伸缩器是利用球形管接头随拐弯转动来解决管道伸缩问题。一般只用在三向位移的蒸汽和热水管道上，介质由任何一端进出均可。

⑨ 球形伸缩器安装前，须将通道两端封堵，存放在干燥通风的室内，要严防锈蚀。安装时须仔细核对器体上的标志，使其符合使用要求。使用中极易漏水、漏气，要安装在便于经常检修和操作的位置。

3. 试压、验收、填写记录

试压合格后，验收并填写记录。

4. 管道的防腐、保温

按相应标准工艺执行。

4.41.4 质量通病及其防治

质量通病及防治方法如表 4.41-2 所示。

质量通病及其防治方法

表 4.41-2

项次	质量通病	防治方法
1	管道坡度不符合设计要求	1. 管架制作（或砌筑）标高应严格控制在规定值内； 2. 管架安装时，严格控制标高； 3. 活动及固定支座的高度要准确； 4. 管道敷设、找坡时，要认真用水平尺测定； 5. 管道稍有起伏的位置，用垫铁找坡
2	保温、防腐结构不牢固、保护壳不美观	1. 高空作业保温层结构操作必须搭设作业架，方便操作； 2. 保温结构找平、找圆后方可施工保温层外保护壳； 3. 保护层必须均匀、圆滑、坚固
3	弯头的外形不符合要求	1. 弯头的曲率半径应满足设计和施工规范规定； 2. 弯头处的保温结构操作方法必须按施工规范规定进行，不可简化，避免外形不美观

4.41.5 成品保护

1. 吊上高管架尚未焊接成型的管子或管段，要用绳索牢固地捆绑在支架上，严防组装好的管段或单根管段从架上滚落下来。

2. 管道坡口加工后，若不及时焊接，应采取措施，特别雨季施工期，更须防止已成型的坡口锈蚀，严重影响焊接质量。

3. 管道保温时，严禁借用相邻管道搭设跳板。

4. 分支及甩头处，应用活动堵加以堵严，防止污物进入管内。

5. 伸缩器预制后，应放在平坦的场地，防止伸缩器变形。安装时也应当放平放稳。

6. 保护层若为石棉水泥保护壳，施工时应用塑料布盖好下层管道，防止石棉水泥灰落在下层管道上。

4.42　室外供热管网试压与验收

4.42.1　工作条件

1. 水源和电源已经准备无误。
2. 管道已全部（或分段）施工完毕，具备试压的条件。
3. 若进行水压试验，室外温度必须高于 5℃，方准试验水压。

4.42.2　工艺流程

4.42.3　操作工艺

1. 水压试验

（1）试压以前，须对全系统或试压管段的最高处放风阀、最低处的泄水阀进行检查，若管道施工时尚未进行安装，则立即进行安装。

（2）根据管道进水口的位置和水源距离，设置打压泵，接通上水管路，安装好压力表，监视系统的压力下降值。

（3）检查全系统的管道阀门关启状况，观察其是否满足系统或分段试压的要求。

（4）灌水进入管道，打开放风阀，当放风阀出水时关闭，间隔短时间后再打开放风阀，依此顺序关启数次，直至管内空气放完方可加压。加压至试验压力，热力管网的试验压力应等于工作压力的 1.5 倍，不得小于 0.6MPa。停压 10min，如压力降不大于 0.05MPa 即可将压力降到工作压力。可以用质量不大于 1.5kg 的手锤敲打管道距焊口 150mm 处，检查焊缝质量，不渗不漏为合格。

（5）若试压中已包括了全部阀门、伸缩器等，则为全系统试验，可以只做一次试压。

2. 热力管网的验收

（1）严格检查管网支承物配置的正确性、坚固性及其坡度是否符合设计要求。

（2）检查伸缩器、放风阀、排池阀，管口直径与变径位置是否正确。

（3）管道固定支座点的位置及结构形式都应该正确，各支架上的滑动支座不得由于保温方式不妥而滑动受阻。

（4）管道的材质、阀件、管件均应有材质合格证。伸缩器应有合格的拉伸记录，焊口应有试压或探伤记录。

4.42.4　质量通病及其防治

质量通病及其防治方法如表 4.42-1 所示。

质量通病及防治方法   表 4.42-1

项次	质量通病	防治方法
1	试压时压力不稳	注水时，必须反复开关放风阀，将管道内的空气放尽
2	试压时，压力稳定住了，但管道上尚有轻微渗漏	1. 试压时，必须停止加压，观察压力表； 2. 管线较长时，在管道尾端应设置压力表观察压力下降值

4.42.5 成品保护

1. 水压试验后，必须及时将管道内的水放完、排尽，以免冬季冻坏管道及阀件。
2. 水压试验合格后，要及时办理隐蔽或交接手续，合格后允许进行保温。
3. 水压试验合格后，应及时对焊口进行防腐处理。

4.43 室外供热管网的冲洗与通热要点

4.43.1 工作条件

管道试压经验收均已合格。

4.43.2 工艺流程

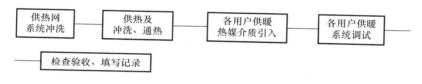

4.43.3 操作工艺

1. 供热管网系统冲洗

（1）热水管的冲洗。对供水及回水总干管先分别进行冲洗，先利用 0.3～0.4MPa 压力的自来水进行管道冲洗，当接入下水道的出口流出洁净水时，认为合格。然后再以 1～1.5m/s 的流速进行循环冲洗，延续 20h 以上，直至从回水总干管出口流出的水色为透明为止。

（2）蒸汽管道的冲洗。在冲洗段末端与管道垂直升高处设冲洗口。冲洗口是用钢管焊接在蒸汽管道下侧，并装设阀门。

① 拆除管道中的流量孔板、温度计、滤网及止回阀、疏水器等。

② 缓缓开启总阀门，切勿使蒸汽流量和压力增加过快。

③ 冲洗时先将各冲洗口的阀门打开，再开大总进气阀，增大蒸汽量进行冲洗，延续 20～30min，直至蒸汽完全清洁时为止。

④ 最后拆除冲洗管及排气管，将水放尽。

2. 供热管网系统通热

（1）首先用高于 50℃ 热软化水将热力管网全部充满，然后使循环水泵连续运转。

（2）寒冷地区应启动循环水泵采用高于 60℃ 热软化水送入管网，以防管道冻结，然后使水缓慢继续加热，要严防产生过大的温差应力。供热管网通热后循环水泵必须连续运转，以防管道冻结。

（3）供热管网系统通热同时，注意检查补偿器支架工作情况，发现异常情况要及时处理，直到全系统达到设计温度为止。

（4）管网的介质为蒸汽时，向管道供汽要逐渐地缓缓开启分汽缸上的供汽阀门，同时仔细观察管网的补偿器、阀件等工作情况。

3. 各用户供暖介质的引入与系统调节

（1）若为机械热水供暖系统，首先使水泵运转达到设计压力。

（2）然后开启建筑物内引入管的回、供水（汽）阀门。通过压力表监视水泵及建筑物内的引入管上的总压力。

（3）热力管网运行中，要注意排尽管网内空气后方可进行系统调节工作。

（4）室内进行初调后，可对室外各用户进行系统调节。

（5）系统调节从最远的用户即最不利供热点开始，用建筑物进户处引入管的供回水温度计（如有超声波流量计更好），观察其温度差的变化，调节进户流量，采用等比失调的原理及方法进行调节。

（6）系统调节的步骤：

① 首先将最远用户的阀门开到头，观察其温度差，若温差小于设计温差则说明该用户进口流量大；若温差大于设计温差，则说明该用户进口流量小，可用阀门进行调节。

② 按上述方法再调节倒数第二热用户，将这两热用户入口的温度调至相同为止，这说明最后两热用户的流量达到平衡。倘若达不到设计温度，也须这样逐一调节、平衡。

③ 再调整倒数第三热用户，使其与倒数第二热用户的流量平衡。在平衡倒数第三、第二热用户过程中，允许再适当稍拧动这两热用户的进口调节阀，此时第一个热用户已定位，该热用户进口调节阀不准拧动，并且做上定位标记。

④ 依次类推。调整倒数第四热用户使其与倒数第三热用户的流量平衡。允许再稍拧动这第三热用户阀门，同时第三和第二热用户阀门应做上定位标记，不准拧动。一直到将全部热用户引入管的进口调节阀都做上定位记号为止。

⑤ 调完全部热用户进口阀门后，若流量还有剩余，最后可调节循环水泵的阀门。

4. 检查验收、填写记录

每道工序完成后，进行检查验收，并填写记录。

4.43.4　质量通病及其防治

质量通病及其防治方法如表 4.43-1 所示。

质量通病及其防治方法　　　　　　　　　表 4.43-1

项次	质量通病	防治方法
1	管内污物沉积阻塞	1. 通热试调前，必须进行管网系统分段冲洗或吹洗； 2. 冲洗水或吹洗蒸汽排出时，至洁净方准停止
2	各用户热力不平衡	1. 通热试调时，应首先检查锅炉房运行状态，达到设计压力及设计流量后再进行调试； 2. 调试必须严格按标准规定执行，并注意与锅炉房保持联系

4.43.5 成品保护

1. 冲洗过程中，要设专人看守，严禁污物进入管道内。冲洗后的管段，必须用盲板堵严或及时接好阀件。

2. 冲洗中的冲洗水严禁排入热力管沟内。

3. 通热时，要设专人看管正在调节的阀件，严禁随便拧动，以免扰乱通热调节程序。

4. 已做好定位记号的热用户进口调节阀，应及时将检查井盖盖好。

5. 蒸汽吹洗时，防止蒸汽进入沟内，破坏保护管道的保温层。

4.44 管道和设备涂刷油漆及防腐要点

4.44.1 工作条件

1. 金属管道和设备已安装完。

2. 作业场地清洁，施工环境温度宜保持在 0℃ 以上，且通风良好。

3. 在管道安装前除锈后涂刷第一遍底漆，第二遍底漆须待刷面漆之前完成。

4. 涂刷面漆宜在采暖、卫生、通风与煤气工程全部完成后，室内刮大白、装饰工程完工并验收合格后进行。

4.44.2 工艺流程

4.44.3 操作技术

1. 金属管道表面去污除锈

金属表面锈垢的清除程度，是决定管道防腐效果的重要因素。为增强漆料与金属的附着力，取得良好的防腐效果，必须清除金属表面的灰尘、污垢和锈蚀，露出金属光泽方可刷、喷底漆。

（1）表面去污：去污方法、适用范围、施工要点如表 4.44-1 所示。

金属表面去污　　　　　　　　　　　　表 4.44-1

去污方法		适用范围	施工要点
溶剂清洗	煤焦油溶剂（甲苯、二甲苯等）；石油矿物溶剂（溶剂汽油、煤油）；氯代烃类（过氯乙烯、三氯乙烯等）	除油、油脂、可溶污物和可溶涂层	有的油垢要反复溶解和稀释，最后要用干净溶剂清洗，避免留下薄膜
碱液	氢氧化钠 30g/L 磷酸三钠 15g/L 水玻璃 5g/L 水适量 也可购成品	除掉可皂化的油、油脂和其他污物	清洗后要充分冲净，并作钝化处理（用含有 0.1% 左右的铬酸、重铬酸或重铬酸钾溶液清洗表面）

续表

去污方法		适用范围	施工要点
乳剂除污	煤油 67% 松节油 22.5% 月桂酸 5.4% 三乙醇胺 3.6% 丁基溶纤剂 1.5% 也可购成品	除油、油脂和其他污物	清洗后用蒸汽或热水将残留物从金属表面上冲洗净

（2）除锈方法有人工除锈、机械除锈、喷砂除锈、化学除锈。

① 人工除锈：一般先用手锤敲击或用钢丝刷、废砂轮片除去严重的后锈和焊渣，再用刮刀、钢丝布、粗破布除去氧化皮、铁浮锈及其他污垢。最后用干净的布块或棉纱擦净。对于管道内表面除锈，可用圆形钢丝刷，两头绑上绳子来回拉擦。至刮露出金属光泽为合格。

② 机械除锈：可用电动砂轮、风动刷、电动旋转钢丝刷、电动除锈机等除锈机械，如旋转钢丝刷管子除锈机（图 4.44-1）、钢管外壁除锈设备（图 4.44-2）。当电动机转动通过软轴带动钢丝刷旋转除锈，用来清除管道内表面锈垢。

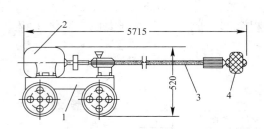

图 4.44-1　管子除锈机

1—小车；2—电动机；3—软轴；4—钢丝刷

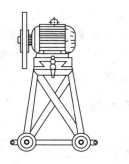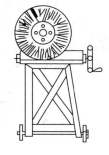

图 4.44-2　钢管外壁除锈设备

③ 喷砂除锈：利用压缩空气喷嘴射石英砂砾，吹打锈蚀表面，将氧化皮、铁锈层等剥落。

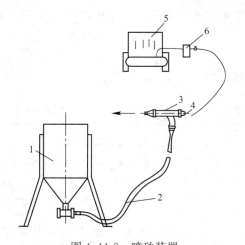

图 4.44-3　喷砂装置

1—储砂罐；2—橡胶管；3—喷枪；4—压缩空气接管；
5—压缩机；6—油水分离器

施工现场可用空压机、油水分离器、砂斗及喷枪组成，如图 4.44-3 所示。除锈用的空压机的压缩空气不能含有水分和油、油脂，必须在其出口安设油水分离器。空压机压力保持在 0.4～0.6MPa，石英砂的粒度 1.0～2.05mm，要过筛除去泥土杂质，再经过干燥处理。

喷砂要顺气流方向，喷嘴与金属表面成 70°～80°夹角、相距 100～150mm。在管道表面达到均匀的灰白色时，用压缩空气清扫净。再用汽油等溶剂洗净，干燥后可进行油漆涂刷。

2. 调配涂料

工程中用漆种类繁多，底、面漆不相

配会造成防腐失效。某些工程油漆涂层出现成片脱落或混色现象，有的当一遍底漆涂完，刷面漆时发生底漆溶解，面层无法施工。因此，调配和选对漆种是重要的施工程序。

(1) 根据设计要求，按不同管道、不同介质及不同材质，参考表 4.44-2 中所示选择油漆涂料。

管道及设备常用防腐涂料

表 4.44-2

类别	型号	名称	性能	适用温度 (℃)	主要用途	配套施工要点
油脂类	Y03-1	各色油性调和漆	干燥较慢、漆膜较软、光亮。附着力较强，耐候性比醇酸调和漆及酚醛调和漆好，不易粉化、龟裂	(60)(<120)	用于室内一般金属和木材表面	涂于金属、木材表面或磷化底漆、红丹油性防锈漆面上，室外至少涂两层，用 200 号溶剂汽油（松节油）作稀释
	Y53-1	红丹油性防锈漆	防锈性能好，干后附着力强，柔韧性好，易涂刷，干燥慢，制漆烧焊易中毒	100	用于钢铁表面打底，但不能用于铝锌表面，不可单独用	配套面漆为酚醛磁漆、醇酸磁漆及油性调和漆，用 200 溶剂汽油（松节油）作稀释剂
	Y53-2	铁红油性防锈漆	防锈性能较好，附着力强，漆膜较软	<150	用于室内外要求不高的钢铁表面作防锈打底用，但不能用于铝锌表面，也不能单独使用	配套面漆为酚醛磁漆及油性调和漆，用 200 号溶剂汽油（松节油）作稀释剂
酚醛树脂类	F06-8	锌黄、铁红、灰酚醛底漆	防锈性能较好，附着力强	—	锌黄酚醛底漆用于铝合金表面，铁红用于钢铁表面	两层底漆后涂面漆，醇酸磁漆、氨基烘漆、纯酚醛磁漆
	F06-9	锌黄、铁红纯酚醛底漆	防锈性能较好，附着力强，耐热、防潮耐盐雾性能好	—	锌黄酚醛底漆用于铝合金表面，铁红、纯酚醛底漆可配合过氧乙烯使用效果好	两层底漆后涂面漆，醇酸磁漆、氨基烘漆、纯酚醛磁漆，用二甲苯、松节油稀释
	F04-1	各色酚醛磁漆	耐酸（但不耐硝酸、浓硫酸和碱），耐水，附着力强，光泽好，漆膜坚硬，耐候性次于醇酸磁漆	—	涂在金属、木材、磷化底漆或防锈底漆上，底漆一层，室外磁漆两层以上	用 200 号溶剂汽油（松节油）稀释
	F53-5	酚醛防锈漆	防锈性能好，附着力很强，干燥快，易施工，无毒、防火	—	用于室内外金属、木材表面取代红丹防锈漆，用在钢铁表面防锈打底	配套面漆为醇酸磁漆、酚醛磁漆、调和漆
	F53-2	灰酚醛防锈漆	4h 表面干燥，24h 可完全干燥	—	用于一般要求的钢铁表面打底	底漆两层、面漆 1～2 层，用 200 号溶剂汽油（松节油）作稀释

续表

类别	型号	名称	性能	适用温度（℃）	主要用途	配套施工要点
醇酸树脂类	C06-1	铁红醇酸底漆	防锈性能良好，附着力较强，与多种面漆结合好、耐油、坚硬，耐候性较好	−40～60	用于金属管道打底，但不适用于湿热地带	刷或喷1～2层，配套面漆为醇酸磁漆、沥青漆、过氧乙烯漆等，稀释喷涂用甲苯，刷涂用松节油
	C04-2	各色醇酸磁漆	耐酸性尚可，坚韧、光亮、机械强度较好，耐候性比油性调和漆及酚醛磁漆好，耐水性稍差	<100	用于室内外金属和木材表面作面层涂料	刷或喷在涂有底层的金属或木材表面，前一层干后方可涂下一层，用200号溶剂汽油（松节油）稀释
	C04-4	各色醇酸磁漆	耐候性、耐水性和附着力比C04-2好，能耐油，但干燥时间长	—	用于室外金属管道表面为面漆	涂1～2层醇酸底漆用醇酸腻子补平，再涂醇酸底漆两层，最后涂该磁漆两层
	C01-2	银粉漆或称为铝粉漆	银白色，对钢铁及铝表面具有较强的附着力，漆膜受热后不易起泡，耐水、耐热	150	用于采暖管道和散热器表面为面漆	配套底漆为防锈漆
乙烯树脂漆类	X06-1	磷化底漆	对金属表面有极强附着力，可省去磷化或钝化处理，增加金属上有机涂层附着力，防止锈蚀，延长涂层寿命	<60	用于有色及黑色金属底层的防锈涂料，不可代替一般底漆	使用前，以树脂液基料与磷化液按4∶1混合。磷化液用量不可任意增减，稀释剂用3份乙（96%）与1份丁醇的混合液
	X52-1	各色乙烯防腐漆	耐酸、碱，常温下耐硫酸、盐酸、氢氧化钠；耐油及醇类；耐候性优；耐海水、耐晒、耐湿热	70～100	用于室内外设备及管道，室外管道优于其他涂料，可用于水下金属结构和管道	不能与其他漆混用，根据酸、碱等程度，可涂2～4层，配制白色或灰色，颜料有钛白粉和氧化锌
环氧树脂漆	X53-3	红丹环氧防锈漆	有较佳防腐蚀能力	−40～110	供各种金属表面防锈、专作底漆	配套品种：与磷化底漆配套使用，可提高漆膜防盐雾、防潮、防锈蚀
	H06-2	铁红、锌黄环氧底漆	耐水、防锈性优，漆膜坚韧耐久，对金属附着力良好	—	用于海洋性及湿热气候下金属表面打底。铁红用于黑色金属，锌黄用于有色金属	硝基外用磁漆、H05-6环氧烘漆
	H52-3	各色环氧防锈漆	耐化学性腐蚀性能较好，耐硫酸、氢氧化钠、盐酸、二甲苯、盐水、油，漆膜附着力好，坚韧耐久，自干型，施工方便	−40～110	防化学腐蚀的金属管道等	在金属表面涂两层以上，配套底漆用铁红环氧底漆
	H01-4	环氧沥青清漆，云母氧化铁底漆	耐化学腐蚀，有良好的物理机械性能，漆膜坚牢，对金属、水泥附着力强，耐水性好，施工方便	−55～155	用作地下、水下管道、水闸、槽等防潮、防化学腐蚀用（云母氧化底漆打底用）	云母氧化铁底漆两层，环氧沥青漆两层即可，或直接涂刷环氧沥青清漆三层即可

续表

类别	型号	名称	性能	适用温度 (℃)	主要用途	配套施工要点
聚氨酯漆	S04-1	聚氨酯磁漆	耐酸、碱腐蚀、耐水、油、防潮、霉、耐溶剂、漆膜坚硬、光亮、附着力强	—	用于除航空油以外的燃料油、化工设备、管道	配套品种：S06-1 两层；S04-1 两层
聚氨酯漆	S06-1	棕黄、锌黄聚氨酯底漆	耐酸、碱腐蚀、耐水、油、防潮、霉、耐溶剂、漆膜坚硬、光亮、附着力强	−55～155		与 S04-1 配合使用
有机硅漆	W61-22	各有色有机硅耐热漆	耐油、耐水、耐高温、良好机械性能，常温干燥	300	用于高温设备、配件、管道	—
沥青漆	L01-6	沥青漆	耐腐蚀性能良好，耐水、防潮性好，干燥快，施工方便	−20～70	金属表面作防潮、防水、防腐蚀用	可用汽油、二甲苯、松节油稀释，刷、涂、喷均可
沥青漆	L01-17	煤焦沥青漆	耐土壤腐蚀，防锈性能较好，耐水性强，干燥快	—	用于不受阳光直射的钢铁表面及地下管道	涂刷不少于两层，施工方便
沥青漆	L50-1	沥青耐酸漆	耐氧化氮、二氧化硫、氨气、氯气、盐酸及无机酸，附着力较强	−20～70	用于防止硫酸等对金属腐蚀的管道等	刷涂不少于两层，间隔12h，刷于金属表面或铁红防锈漆上或磷化底漆上

（2）管道涂色分类：管道应根据输送介质选择漆色，如设计无规定，参考表 4.44-3和表 4.44-4 选择涂料颜色。

管道涂色分类 表 4.44-3

管道名称	颜色		管道名称	颜色	
	底色	色环		底色	色环
给水（生水）管	绿	—	高热值煤气管	黄	—
排水管	黑	—	低热值煤气管	黄	—
过热蒸汽	红	黄	液化石油气管	黄	绿
饱和蒸汽	红	—	天然气管	—	—
凝结水管	绿	深红	压缩空气管	浅蓝	—
热水送水管	绿	黄	净化压缩空气管	浅蓝	黄
热水回水管	绿	褐	氧气管	浅蓝	—
软化水管	—	—	乙炔管	白	—
盐水管	深黄	—	氢气罐	棕色	—
油管	橙黄	—	自动灭火消防配水管	绿	红

色环宽度			表 4. 44-4
管子保温层的外径（mm）	<150	150～300	>300
色环的宽度（mm）	50	70	100
色环的间距（m）	1.5	2	2.5
最后一个色环距离墙或楼板尺寸（m）	1	1.5	2

（3）将选好的油漆开盖，根据原装油漆稀稠程度加入适量稀释剂。油漆的调和程度要考虑涂刷方法，调和至适合手工涂刷或喷涂的稠度。喷涂时，稀释剂和油漆的比例为 1：1～1：2；用棍棒搅拌均匀，以可刷不流淌、不出刷纹为准，即可准备涂刷。

3. 油漆涂刷施工

（1）手工涂刷：用油刷、小桶进行。每次油刷蘸油要适量，不要弄到桶外污染环境。手工涂刷应自上而下，从左至右，先里后外，先斜后直，先难后易，纵横交错地进行。漆层厚薄均匀一致，不得漏刷。多遍涂刷时每遍不宜过厚。必须在上一遍涂膜干燥后，才可涂刷第二遍。

（2）浸涂：把调和好的漆倒入容器或槽里，然后将物件浸渍在涂料液中，浸涂均匀后抬出物件，搁置在干净的排架上，待第一遍干后，再浸涂第二遍。这种方法厚度不易控制。一般仅用于形状复杂的物件防腐。

（3）喷涂：常用的有压缩空气喷涂、静电喷涂、高压喷涂（又称无空气喷涂）。

① 压缩空气喷涂。将喷枪漆罐装满调和好的漆，喷枪结构及性能如图 4.44-4、图 4.44-5 和表 4.44-5 所示。启动空气压缩机，空压机压力一般调至 0.2～0.4MPa，喷嘴距涂面的距离视涂件形状而定。如果涂件表面为平面时，一般距离为 250～350mm；若为圆弧面则距离为 400mm。调整后用手扳动扳机，以 10～15m/min 的速度移动喷嘴，以达到满意的效果为止。压缩空气喷涂的漆膜较薄，多遍喷涂时，必须在上一遍漆膜干燥后，才喷涂第二遍。

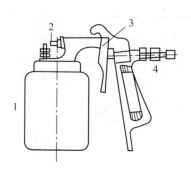

图 4.44-4　PQ-1 型喷枪

1—漆罐；2—空气喷嘴；
3—扳机；4—空气接头

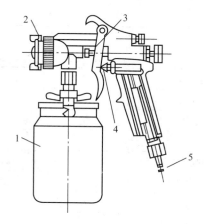

图 4.44-5　PQ-2 型喷枪

1—漆罐；2—空气喷嘴旋钮；3—扳机；
4—空气阀杆；5—空气接头

常用的喷枪技术性能　　　　　　　　　　表 4.44-5

项　　　目	PQ-1 型	PQ-2 型
1. 工作压力（kPa）	275～343	392～491
2. 喷枪喷嘴距离喷涂面 250mm 时，喷涂面积（cm²）	3～8	13～1.4
3. 喷嘴直径（mm）	0.2～4.5	1.8

② 静电喷涂。运用静电喷涂设备，如图 4.44-6 所示，使被涂件带一种电荷，从喷漆器喷出的涂料带有另一种电荷，由于两种异性电荷相互吸引，使雾状涂料均匀地涂在物件上。一般喷涂或刷、浸、淋涂均会损失较多涂料，而静电喷涂几乎全吸附在物件上，比较容易控制涂膜厚度，且均匀、平整、光滑。适用于大批量涂件施工。

③ 高压喷涂（无空气喷漆）。这是一种较新的喷涂方法。将调和好的涂料通过加压后的高压泵压缩，从专用喷枪喷出。根据涂料黏度的大小，使用压力范围为 0.5～5MPa。喷料喷出后剧烈膨胀，雾化成极细漆粒喷涂在物件上，如图 4.44-7 所示。由于没有空气混入而带进水和杂质，既减少漆雾，节省涂料，又提高涂层质量。

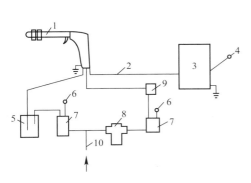

图 4.44-6　静电喷涂作业

1—静电喷枪；2—高压电缆；3—静电发生器；
4—电源；5—压力供漆器；6—压力表；7—减压器；
8—过滤器；9—气动开关；10—压缩空气进口

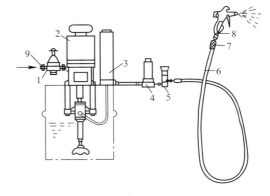

图 4.44-7　高压喷涂

1—调压阀；2—高压泵；3—蓄压器；4—过滤器；
5—截止阀；6—高压软管；7—接头；
8—喷枪；9—压缩空气入口

（4）油漆涂层保护：

① 油漆施工的条件。油漆施工不能在雨天、雾、露天和 0℃ 以下环境施工。

② 油漆涂层的成膜养护。不同的油漆涂料，成膜干燥机理不同，有不同的成膜养护条件和规律。

溶剂挥发型涂料，如硝基纤维漆、过氧乙烯漆等靠溶剂挥发干燥成膜，温度为 15～25℃。

氧化-聚合型涂料，如清油、酯胶漆、醇酸漆、酚醛漆等管道工程常用油漆涂料，成膜分为溶剂挥发和氧化反应聚合阶段才达到强度。

烘烤聚合型的磁漆，常用于阀件、仪表，只有烘烤养护才能成膜，否则长期不干。

固化型涂料，如聚氨酯漆等，应满足成型条件，分清常温固化还是高温固化。

4.44.4　质量通病及防治

质量通病及防治方法如表 4.44-6 所示。

质量通病及防治方法 表 4.44-6

项次	质量通病	防治方法
1	油漆流坠 漆膜皱纹	涂刷前，物件表面油、水等必须清除干净，调配油漆稀稠适当。刷前要进行试刷，选择适宜的刷子。涂刷的漆膜不要太厚，选择适当的环境温度和相对湿度，前遍干再刷二遍
2	慢干和回粘	在第一遍漆膜完全干透才可以涂刷第二遍，并且不要选择过稠的油漆和贮存时间过长的油漆。漆膜不要太厚，不要在雨天、露、潮湿、严寒、黑暗、烈日曝晒等恶气候条件下施工。在室内、地下室施工，要使空气流通，促使漆膜干燥
3	漆膜粗糙、气泡	认真清除设备、管道表面油污、锈蚀、潮气，使用的油漆涂料黏度不宜过大。必要时应过箩使用，一次漆膜不宜过厚，对于性质不同的油漆、涂料，不得混合使用。大风天和有灰尘的环境不要施工
4	漆膜生锈	涂漆前，必须把金属表面的锈斑清除干净，处理后要尽快涂刷底漆，防止在生锈。涂刷普通防锈漆时，漆膜要略厚一些，最好涂两遍，并防止出现针孔或漏涂等弊病

4.44.5　成品保护

1. 刷油前应清扫周围环境，防止灰尘飞扬，影响油漆质量。
2. 刷过油漆的管道、设备不放置任何物件，不得脚踩。半成品或材料及设备安装前刷完油漆的，要注意堆放，防止油漆粘结破坏漆膜。
3. 刷油后，将滴在地面、墙面及其他物品、设备上的油漆清除干净。

4.45　设备自锁垫圈结构保温要点

4.45.1　工作条件

1. 设备安装就位，管道、阀门、仪表均已安装完毕。
2. 试压或试验、验收合格。
3. 油漆防腐工程均已完成。

4.45.2　工艺流程

保温钉及自锁垫圈制作 ——→ 保温

4.45.3　操作工艺

施工程序及方法与设备绑扎结构基本相同，所不同的是，绑扎结构用带钩的保温钉，是用镀锌钢丝绑扎。而自锁垫圈结构中用的保温钉是直的，利用自锁垫圈直接卡在保温钉上从而固定住保温材料，如图 4.45-1 所示。

1. 保温钉及自锁垫圈的制作

（1）各种类型的保温钉分别用 $\phi 6mm$ 的圆钢、尼龙、镀锌薄钢板、垫片等制作，如图 4.45-2 所示，保温钉的直径应比自锁垫圈上的孔大 0.3mm。

（2）自锁垫圈用 $\delta = 0.5mm$ 镀锌钢板制作，制作如下：

下料→冲孔→切开→压筋，用模具及冲床冲制，如图 4.45-3 所示。

用于温度不高的设备保温时，可购买塑料保温钉及自锁垫圈。也可单独购买自锁垫圈，然后自己制作保温钉来完成保温。

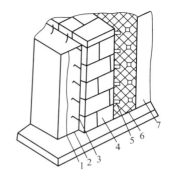

图 4.45-1　自锁垫圈保温结构
1—平壁设备；2—防锈漆；3—保温钉；
4—预制保温板；5—自锁垫圈；
6—镀锌钢丝网；7—保护层

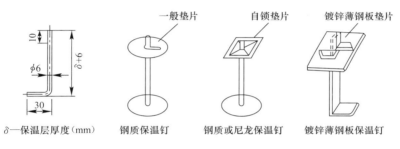

图 4.45-2　保温钉

2. 操作工艺

先将设备表面除锈，清扫干净，焊保温钉，涂刷防锈漆，保温钉的间距应按保温板材或棉毡的外形尺寸来确定，一般为 250mm 左右，但每块保温板不少于四个保温钉为宜。然后敷设保温板，卡在保温钉上，使保温钉露出头，再将镀锌钢丝网敷上，用自锁垫圈嵌入保温钉上，压住压紧钢丝网，嵌入后保温钉至少应露出 5～6mm。镀锌钢丝网必须平整并紧贴在保温材料上，外面做保护层。

圆形设备、平壁设备施工做法相同，但底部封头施工比较麻烦，敷上保温材料就要嵌上自锁垫圈，然后再敷设镀锌钢丝网，在镀锌钢丝网外面再嵌一个自锁垫圈，这样做是防止底部或曲率过大部分的保温材料下沉或翘起，最后做保护层。

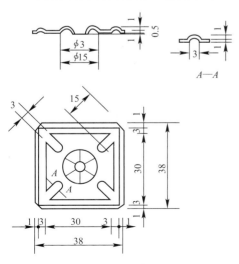

图 4.45-3　自锁垫圈

4.45.4　质量通病及其防治

质量通病及防治方法如表 4.45-1 所示。

质量通病及防治方法　　　　　　　　　　　　　　　　　表 4.45-1

项次	质量通病	防治方法
1	外形缺陷和拼缝过大，保温隔热层功能不良	制品运输要有包装，装卸要轻拿轻放。对缺棱掉角处、断块处与拼缝不严处，应使用与制品材料相同的材料填补充实。制品堆放要防潮、防雨
2	保温层脱落	主保温层一定要用自锁垫圈压牢，自锁垫圈上的孔要比保温钉小 0.3mm，整个保温层要留出膨胀缝，做保温层时不得踩在保温层上施工

4.45.5　成品保护

施工完的设备保护层表面要清理干净，不要让其他杂物、管道等压在上面或碰坏侧面，更不能上人踩，以免影响保温效果和外形美观。

4.46　金属板保温保护层施工要点

4.46.1　工作条件

管道设备安装完，保温层施工完，已验收合格。

4.46.2　工作流程

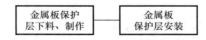

4.46.3　操作工艺

1. 用薄钢板或镀锌薄钢板按保温层（或防潮层）的外尺寸裁剪下料，加工成型。大块板料须压制加固筋，然后在薄钢板里外刷防锈漆，再进行安装。安装时首先固定一块板，然后再将相邻的板材搭接压上，安装时，应与保温层（或防潮层）压严贴紧，接缝连接中，遇有防潮层时用镀锌薄钢带捆扎固定；只有保温层时，可用自攻螺钉固定，可用手电钻钻孔，间距 200mm 左右，然后用自攻螺钉固定即可。依次进行安装。接缝采用搭接时应尽可能朝下或顺水流方向，防止雨水渗入。搭接长度为 30～50mm。相邻搭接的部位用木槌或带橡胶头的铁锤轻轻敲打，使之平整美观。

2. 入孔及进出墙面、地面的部位，应特别注意局部处理，防止雨水进入保温层影响使用效果。

4.46.4　质量通病及其防治

质量通病及防治方法如表 4.46-1 所示。

质量通病及防治方法 表 4.46-1

质量通病	防治方法
保护层板材脱落，搭接处翘角	做保护层时要保证板与板之间的搭接长度为 30～50mm。自攻螺钉间距不应大于 150mm，紧固用力应适当，搭接处应用木槌或带橡胶头的铁锤击打严实

4.46.5 成品保护

做完保护层的管道、设备，不要让其他管道、物品压在上面或强烈冲击，以免影响工程质量。

4.47 布、毡类保护层施工要点

4.47.1 工作条件

管道、设备安装后，保温层施工完并验收合格。

4.47.2 工艺流程

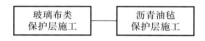

4.47.3 操作工艺

1. 玻璃布类保护层施工

施工前，先将玻璃丝布裁成幅宽为 200～300mm 的长条，并卷成小卷备用。也可根据设备大小、管道直径，选用不同宽幅的玻璃丝布。

缠绕时先用"冂"形铁固定端头，然后拉紧玻璃丝布缠绕。边缠绕边整平，不得有褶皱、翻边等现象。圈与圈之间的接头搭接长度一般应为 30～50mm。末端一定要用"冂"形铁钉固定。否则容易松动，脱落。

根据设计要求外表面刷色漆或防火涂料。

2. 沥青油毡保护层施工

根据管道或设备的周长加上搭接长度，将油毡切割成合适的尺寸。纵、横向接缝搭接长度为 50～100mm。沿管道长度方向的纵向接缝应在管道下部搭接；横向环绕接缝应按坡度由低处向高处捆扎施工，让高处油毡压住低处油毡，使保护层外部形成顺流，防止雨水渗入。所有接缝搭接处要用热沥青粘牢，每隔 500～100mm，用镀锌钢丝捆扎牢固。管道拐弯处或三通碰头处要先放样，一块一块裁好后再施工。

4.47.4 质量通病及其防治

质量通病及防治方法如表 4.47-1 所示。

	质量通病及防治方法	表 4.47-1
项次	质量通病	防治方法
1	玻璃丝布保护层松散、脱落	缠绕时，要拉紧缠绕，边缠绕边整平，遇有转角、接头处用"冂"形铁钉固定
2	沥青油毡保护层离缝、脱落	搭接处用热沥青粘牢，每隔 500～1000mm 用镀锌钢丝捆扎牢固，转角、拐弯处要认真处理，所有缝隙用热沥青粘结

4.47.5　成品保护

做好保护层的管道、设备不要让其他管道、物品压在上面或碰坏，以免影响工程质量。

4.48　环氧煤沥青防腐层施工要点

4.48.1　工作条件

1. 管道安装试压和验收合格。
2. 油漆防腐工程均已完成。
3. 施工环境温度宜在 5℃以上，雨雪及风沙天气应有防护措施方可施工。

4.48.2　工艺流程

4.48.3　操作工艺

1. 钢管除锈

用人工或机械对钢管进行表面除锈处理，除去钢管表面的油污、泥土等杂物，除去表面锈蚀的氧化皮。用喷射磨料方式除去氧化皮、锈、污物、油脂、灰土等。

2. 涂料调制

打开油漆桶之后，先将桶内漆油用木棒充分搅拌，使其混合均匀无沉淀。按厂家说明中规定的配合比进行调制，先将底漆或面漆倒入清洁的容器（或桶内），然后再缓慢加入固化剂，边加入边用木棒搅拌均匀。

3. 涂刷

涂刷过程中，如果黏度太大不宜涂刷时，可加入质量不超过 5% 的稀释剂。

配好的涂料需热化 30min 以后方能使用。在常温下调好的涂料可以使用 4～6h 左右。

操作时，先在除锈后的钢管上涂刷底漆，涂刷要均匀，不可漏刷，每根钢管两端各留 150mm 左右以备焊接后再涂刷。

底漆干透后，用面漆和滑石粉调成腻子，在底漆上打匀，就可以涂刷面漆。涂刷要均匀，不可漏涂。在常温下，底漆和面漆间隔时间不超过 24h。

（1）普通级防腐——第一遍面漆后可涂刷第二遍面漆。

（2）加强级防腐——第一遍面漆后，便可缠绕玻璃布。包缠时必须将玻璃布拉紧，不得出现鼓包和褶皱。玻璃布的环向压边宽度为 100～150mm。包裹完即可涂刷第二遍面漆。漆量应饱满达到一定厚度，将玻璃布的空隙全填密实。第二遍面漆干后就可涂第三遍面漆。

（3）特加强级防腐——操作方法和加强级防腐相同，两层玻璃布缠绕的方向必须相反，每一遍面漆都必须在上一遍面漆干了以后方可涂刷。此时的干是指用手指推捻防腐层时不移动。

4.48.4 质量通病及防治

质量通病及防治方法如表 4.48-1 所示。

质量通病及防治方法　　　　　　　　　　表 4.48-1

项次	质量通病	防治方法
1	玻璃布脱落	防止缠绕玻璃布时搭边不够，缠得不均匀，松紧度不均匀，接头未紧固，造成松圈、脱落
2	检测出：漏刷不合格	1. 未按比例调配涂料； 2. 调配后超过规定时间使用； 3. 底漆、面漆涂刷不合格； 4. 底漆有漏刷的部位

4.48.5 成品保护

环氧煤沥青防腐管段在运输、装卸、堆放保管、吊装入沟的各个工序中，应严格保护好防腐结构，不可损伤。在管道下沟后，用电火花检漏仪对防腐管段进行一次全长检漏，如发现缺陷必须进行补修，达到合格为止。

回填时必须用细土或砂土回填至管顶以上 0.2～0.3m 后，才可用原土回填。

4.49　埋地管道防腐施工要点

4.49.1 工作条件

1. 沟槽挖完，管道安装试压和验收合格。
2. 沥青锅应架设完毕，位置选定在离施工地点最近的地方，并须经消防部门同意。
3. 施工现场设置消防器材完毕，防腐材料材质合格，并均已齐备。

4.49.2 工艺流程

沥青底漆的配制 ── 调制沥青涂料 ── 埋地管道防腐施工

埋地管道采用沥青防腐时，分三种结构类型，即正常防腐层、加强防腐层和特加强防腐层，如表 4.49-1 所示。

管道防腐层种类　　　　　　　　　　　　表 4.49-1

防腐层层次	正常防腐层	加强防腐层	特加强防腐层
（从金属表面起）1	冷底子油	冷底子油	冷底子油
2	沥青涂层	沥青涂层	沥青涂层
3	外包保护层	加强包扎层	加强保护层
—	—	（封闭层）	（封闭层）
4	—	沥青涂层	沥青涂层
5	—	外包保护层	加强包扎层
6	—	—	（封闭层）
—	—	—	沥青涂层
7	—	—	外包保护层
防腐层厚度不小于（mm）	3	6	9

4.49.3　操作工艺

1. 沥青底漆的配制

沥青底漆又称冷底子油，它是由沥青和汽油混合而成。沥青底漆和沥青涂层用同一种沥青标号，一般采用建筑石油沥青。在配制底漆时，按以下配比调制：

沥青∶汽油＝1∶3（体积比）

沥青∶汽油＝1∶2.25～1∶2.5（质量比）

制备沥青底漆，先将沥青打成小块，放进干净的沥青锅中用文火逐渐加热并不断搅拌，使之熔化。加热至 170℃ 左右进行蒸发、脱水，不产生气泡为止，除去杂物后熄火。将熔化脱水后热沥青慢慢倒进桶里，冷却至 80℃ 左右，一面用木棒搅拌，一面将按比例备好的汽油掺进热沥青中，直至完全混合为止。底漆应在 ≥60℃ 时涂刷成膜，膜厚 0.15mm 左右为宜。

环境气温在 5℃ 以下，应按冬期施工采取措施。－25℃ 及以下温度不得施工。

2. 沥青涂料的配制

沥青涂料由建筑石油沥青和填料混合而成。填料可选用高岭土、七级石棉、石灰石粉或滑石粉等材料，沥青标号和填料品种由设计选定。其混合配比如下：

高岭土∶沥青＝1∶3（质量比）

其他品种可参考掺入 10％～25％ 左右的填料粉。

制备沥青涂料时，先将沥青打成小块，装入无杂物的沥青锅中，一般装至锅容量的 3/4，不得装满。开始用文火烧，逐渐升温加热并不断搅拌。加热到 160～180℃，蒸发脱水，温度不可超过 220℃，再继续向锅中加沥青，继续搅拌。然后慢慢将粉状高岭土分小批加入到完全熔化的沥青中，搅拌至完全熔化为止。

3. 埋地管道防腐施工

操作顺序为：除锈→冷底子油→沥青→包布→沥青→包布→沥青。

由设计确定管道防腐结构级别，分别进行各道工序的施工。

（1）管道除锈。采用人工或机械的方法将管道表面的锈垢清除干净，并用抹布将灰尘擦掉，保持干燥。

（2）涂刷沥青底漆。在除完锈、表面干燥、无尘的管道上均匀刷上 1～2 遍沥青底漆。

厚度一般为1～1.5mm，底漆涂刷不可有麻点、漏涂、气泡、凝块、流痕等缺陷。下一道工序须待沥青底漆彻底干燥后进行。

（3）涂刷沥青涂料。将熬好的沥青涂料均匀地在管道上刷一层，厚度为1.5～2mm，不得有漏刷、凝块和流痕。若连续涂刷多遍时，必须在上一遍干燥后不粘手方可涂第二遍。热熔沥青应涂刷均匀，涂刷方向要与管轴线保持60°方向。

（4）加强包扎层的做法。沥青涂层中间所夹的内包扎层，可用玻璃丝布、油毡、麻袋布或矿棉纸；外包扎保护层，可采用玻璃丝布、塑料布等。当设计无要求时，最好选用宽度为300～500mm卷装材料，便于施工。操作时，一个人用沥青油壶浇热沥青，另外的人缠卷材料，包扎材料呈螺旋状包缠，且与管轴线保持60°方向。全部用热沥青涂料粘合紧密，圈与圈之间的接头搭接长度应为30～50mm，并用热沥青粘合。任何部位不得形成气泡和褶皱。缠扎时间应掌握在面层浇涂沥青后，处于刚进入半凝固状态时进行。

（5）若有未连接或焊接的接口或施工中断处，应做成每层收缩为80～100mm的阶梯式接茬。

（6）保护层目前多采用塑料布或玻璃丝布包缠而成，其施工方法和要求与加强包扎层相同。圈与圈之间的搭接长度为10～20mm，应粘牢。

4. 大管径管道施工方法

先进行除锈，去掉污垢灰尘，准备施工。由于管道安装完以后管底距地沟底面太近，用手及刷子很难刷到每个部位或刷匀，所以可采用油毡兜抹法施工。操作和布置形式如图4.49-1所示。先将油毡按管径裁剪，管直径小于500mm，为250mm宽；管直径大于500mm，为500mm宽，长为两倍管径加1.2～1.5m。用裁好的油毡从管底穿过将管兜住，使下部管外壁与油毡紧紧接触。再用沥青油壶向管道顶部移动浇涂已经熬好的沥青底漆或热沥青涂料，使之沿着管道周壁向下流淌至管下部外壁与油毡接合处。此时上下抽动油毡，使油毡与管外壁摩擦，中间夹着热沥青，达到涂抹沥青底漆或沥青涂料的目的。加强包扎层做法与上面介绍相同。对于大型施工可采用机械方法进行防腐包扎，如图4.49-2

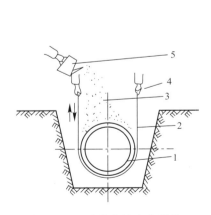

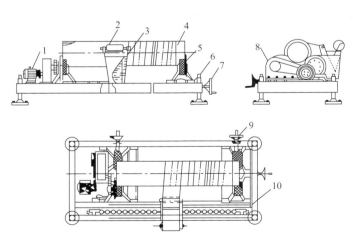

图4.49-1　油毡兜抹法防腐施工

1—管道；2—油毡；3—热沥青；

4—手上下抽动；5—沥青油壶

图4.49-2　移动式钢管绝缘层包扎机

1—电动机；2—绝缘玻璃布；3—活动沥青箱；

4—钢管；5—被动滚轮；6—升降支架 7—纵向控制手轮；

8—减速箱；9—横向控制手轮；10—沥青箱传动链

所示为移动式绝缘层包扎机。该机由钢管旋转系统和沥青、包布缠扎系统组成,沥青箱内的包布固定在轴上,穿绕轴底至上轴,引出沥青箱里的包布缠绕在钢管上。

操作时将热熔的沥青灌入沥青箱内,转动的钢管被包布缠绕在表面,此时经沥青箱浸透了热熔沥青。与此同时,沥青箱经链轮带动的链条的移动,作定向水平移动,和旋转着的钢管协调配合,即完成了钢管外壁"二油一布"的包扎工序。重复一次即成了"三油二布"。由于包扎布斜移,成为60°左右螺旋包扎绝缘层。

此机械构造简单,操作方便,效果明显,将会在大批量的管道防腐中得到广泛的应用。

4.49.4 质量通病及防治

质量通病及防治方法如表 4.49-2 所示。

质量通病及防治方法 表 4.49-2

项次	质量通病	防治方法
1	沥青贴面处空鼓	认真做好管道除锈,并用抹布擦去表面灰尘。沥青底漆应均匀满涂,并严格掌握沥青的浇涂温度,应控制在 190～220℃。环境温度低于 5℃时,应采取措施。加强包扎层缠绕时,边缠绕边浇热沥青,要浇匀缠紧
2	管道接茬处出现局部锈蚀	防腐施工中断或其他原因接茬,应做成每层收缩为 80～100mm 的阶梯式接茬,方可保证接茬质量

4.49.5 成品保护

1. 做完防腐的管道不要让其他管道、物品压在上面或碰坏,以免影响防腐质量。

2. 干燥后的防腐管道应及时回填土。回填土初填时,严禁损坏管道保护层,以免影响工程质量。

4.50 管道胶泥结构保温施工要点

4.50.1 工作条件

1. 管道安装试压和验收合格。
2. 油漆防腐工程均已完成。
3. 施工环境温度宜在 0℃以上。

4.50.2 工艺流程

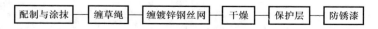

配制与涂抹 → 缠草绳 → 缠镀锌钢丝网 → 干燥 → 保护层 → 防锈漆

4.50.3 操作工艺

1. 配制与涂抹。先将选好的保温材料按比例称量,并混合均匀,然后加水调成胶泥状,准备涂抹使用。当管道直径≤DN40mm 时,保温层厚度比较薄,可以一次抹好。直径>DN40mm 时,可分几次抹,涂抹时为使保温材料比较容易粘结、附着在管道上。第一层可用较稀的胶泥散敷。厚度一般为 2～5mm，待第一层完全干燥后，再涂抹第二层，厚度为 10～15mm，以后每层厚度均为 15～25mm。必须在每一层完全干燥后再涂抹下一层，达到设计要求的厚度为止。表面要抹光，外面再按要求做保护层。

2. 缠草绳。根据设计要求，在第一层涂抹后缠草绳，草绳的间距一般为 5～10mm，使草绳与管皮不直接接触，以免腐蚀管道。然后再于草绳上涂抹各层石棉灰，达到设计要求的厚度为止。

3. 缠镀锌钢丝网。如果保温层的厚度在 10mm 以内时，可用一层镀锌钢丝网，缠于保温管道外面。若厚度大于 100mm 时，可做两层镀锌钢丝网，以免受外力或受振动时脱落。具体做法如图 4.50-1 所示。

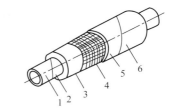

4. 加温干燥。在施工时环境温度不得低于 0℃，为了加快干燥，也可在管内通入高温介质——热水或蒸汽，温度应控制在 80～150℃。

图 4.50-1　管道胶泥保温结构
1—管道；2—防锈漆；3—保温层；
4—钢丝网；5—保护层；6—防腐漆

5. 法兰、阀门保温时，两侧必须留出足够的间隙，以便拆卸螺栓。一般应留出螺栓长度加 30～50mm，法兰、阀门安装紧固后，再用保温材料填满充实做好保温。

6. 管道转弯处，在接近弯曲管道的直管部分应留出 20～30mm 的膨胀缝，并用弹性良好的保温材料填充。

7. 膨胀缝。高温管道的直管部分每隔 2～3m、普通供热管道每隔 5～8m 设膨胀缝，在保温及保护层留出 5～10mm 的膨胀缝，并填以弹性良好的保温材料。

4.50.4　质量通病及防治

质量通病及防治方法如表 4.50-1 所示。

质量通病及防治方法　　　　　　　　　　　　　　　　表 4.50-1

项次	质量通病	防治方法
1	保护层脱落	主保温层要用镀锌钢丝网绑紧，并留出规定的膨胀缝，做保护层时，不要踩在已做完的保温层上
2	保温层厚度不均匀，表面不平	涂抹前根据厚度制作圆弧形样板和测量厚度钢针，边涂抹、边检查测量、边抹平

4.51　管道棉毡、矿纤等结构保温施工要点

4.51.1　工作条件

1. 管道安装试压和验收合格后可以隐蔽的工程。
2. 油漆防腐工程均已完成。

4.51.2　操作工艺

1. 棉毡包缠保温施工

先将成卷的棉毡按管径大小剪裁成适当宽度（一般宽为 200～300mm）的条带，以螺旋状包缠到管道上，也可以根据管道的圆周长度进行剪裁，以原幅度对缝平包到管道上。不管采用哪种方法，剪裁完的保温材料厚度应均匀，而且需要边缠、边压、边抽紧，使保温后的密度达到设计要求。

当单层棉毡不能达到规定保温层厚度时，可用两层或三层分别缠包在管道上，并要注意将两层接缝错开。每层纵横向接缝处必须紧密结合，纵向接缝应放在管道上部，所有缝隙要用同样的保温材料填充。表面要处理平整，封严。采用多层缠包时，头二层应仔细压缝。

保温层外径不大于 500mm 时，在保温层外面用直径为 1.0～1.2mm 的镀锌钢丝绑扎，绑扎的间距为 150～200mm，每处绑扎的钢丝应不小于两圈，禁止以螺旋状连接缠绕。当保温层外径大于 500mm 时，还应加镀锌钢丝网包缠，再用镀锌钢丝绑扎牢。如果使用玻璃丝布或油毡做保护层时，就不必包钢丝网了。但包缠的材料一定要平整、无皱、压缝均匀。始末和接头处一定要处理牢固、避免脱落。

保温结构如图 4.51-1 所示。

2. 矿纤预制品绑扎保温施工

适用材料：矿渣棉管壳、玻璃棉管壳、岩棉管壳、硅酸铝纤维管壳、可发性聚氯乙烯塑料管壳等，这些种类的保温管壳可以用直径为 1.0～1.2mm 镀锌钢丝等直接绑扎在管道上。绑扎保温材料时，应将横向接缝错开，如果一层预制品不能满足厚度要求而采用双层结构时，双层绑扎的保温预制品内外弧度应均匀盖缝。若保温材料为管壳，应将纵向接缝设置在管道两侧。绑扎保温材料时，应尽量减小两块之间的接缝。

绑扎用镀锌钢丝或丝裂膜绑扎带时，绑扎的间距不应超过 300mm，并且每块预制品至少应绑扎两处，每处绑扎的钢丝或带不应少于两圈，并禁止以螺旋状连续缠绕。其接头应放在预制品的纵向接缝处，使得接头嵌入接缝内，然后将塑料布缠绕包扎在外壳外，圈与圈之间的接头搭接长度应为 30～50mm，最后外层包玻璃丝布等保护层，外刷调和漆。

3. 非纤维材料的预制瓦、板保温施工

（1）绑扎法

泡沫混凝土、硅藻土、膨胀珍珠岩、膨胀蛭石、硅酸钙保温瓦等制品，这类保温材料与管壁之间应涂抹一层石棉粉、石棉硅藻土胶泥，一般厚度为 3～5mm，然后再将保温材料绑扎在管壁上所有接缝均用石棉粉、石棉硅藻土或与保温材料性能相近的材料配成胶泥填塞。其他过程与矿纤制品绑扎保温相同。保温结构如图 4.51-2 所示。

（2）粘贴法

施工时将保温瓦用粘结剂直接粘在保温件的面上，保温瓦应将横向接缝错开，粘贴住即可。常用的粘结剂有沥青底漆、聚氨酯粘结剂（101 胶）、醋酸乙烯乳胶、环氧树脂等。

涂刷粘结剂时，要保持均匀饱满，接缝处必须填满、严实。

4. 管件绑扎保温施工

管道上的法兰、阀门、弯头、三通、四通等管件保温时，应特殊处理，要便于启、

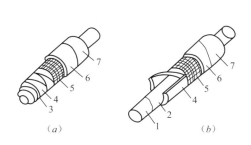

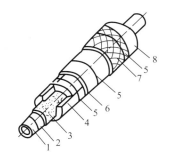

图 4.51-1　包缠法保温结构

1—管道；2—防锈漆；3—镀锌钢丝；4—保温毡；

5—钢丝网；6—保护层；7—防锈漆

图 4.51-2　绑扎法保温结构

1—管道；2—防锈漆；3—胶泥；4—保温材料；

5—镀锌钢丝；6—沥青油毡；7—玻璃丝布；

8—保护层（防腐漆及其他）

闭、检修或拆卸更换，其结构形式施工做法，与管道保温基本相同。

（1）法兰、阀门绑扎保温施工

先将法兰两旁空隙用散状保温材料，如：矿渣棉、玻璃棉、岩棉或与管道保温材料相同的材料填满，再用镀锌钢丝将管壳或棉毡等材料绑扎好，外缠玻璃丝布等保护层。法兰、阀门保温做法如图 4.51-3，图 4.51-4 所示。

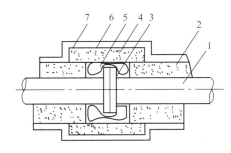

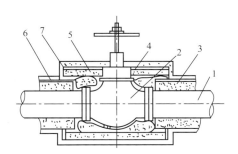

图 4.51-3　法兰保温结构

1—管道；2—管道保温层；3—法兰；

4—法兰保温层；5—散状保温材料；

6—镀锌钢丝；7—保护层

图 4.51-4　阀门保温结构

1—管道；2—阀门；3—管道保温层；

4—绑扎钢带；5—填充保温材料；

6—镀锌钢丝网；7—保护层

（2）弯管绑扎保温施工

弯管处是管道系统膨胀较集中的地方，膨胀量大。尤其是保温材料的膨胀系数与管道的膨胀系数不同时，更要注意，避免在使用中破坏保温结构。

对于预制管壳结构：当管径＜80mm 时，其结构如图 4.51-5 所示。施工方法是：将空隙用散状保温材料填充，再用镀锌钢丝将剪裁好的直角弯头管壳绑扎好，外做保护层。

当管径＞100mm 时，其结构如图 4.51-6 所示。施工方法是按照管径的大小和设计要求选好保温管壳，再根据管壳的外径及弯管的曲率半径，做虾米腰的样板，用样板套在管壳外，划线裁剪成段，再用镀锌钢丝将每段管壳按顺序绑扎在弯管上，外做保护层即可。若每段管壳连接处有空隙，可用同样的保温材料填实至无缝为止。

当管道采用棉毡或其他材料保温时，弯管也可用同样的材料保温，如棉毡可缠绕在弯

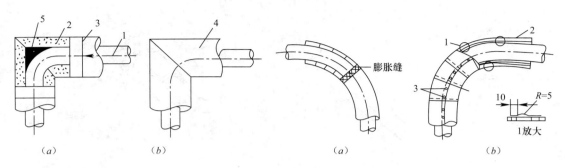

图 4.51-5　弯管的保温结构（一）

1—管道；2—预制管壳；3—镀锌钢丝；

4—薄钢板壳；5—填料保温材料

图 4.51-6　弯管的保温结构（二）

（a）保温层（硬质材料）；（b）金属保温层

1—0.5mm 薄钢板保护层；2—保温层；

3—半圆头自攻螺钉（4×6）

管上，再用镀锌钢丝将其绑扎牢固，外做保护层。

（3）三、四通绑扎保温施工

三、四通在发生变化时，各个方向的伸缩量都不一样，很容易破坏保温结构，所以在施工时一定要认真仔细地绑扎牢固，避免开裂。其结构如图 4.51-7 所示。三通预制管壳做法如图 4.51-8 所示。

5. 膨胀缝

管道转弯处，在用保温瓦做管道保温层，在直线管道上，相隔 7m 左右留一条间隙 5mm 的膨胀缝。保温管道的支架处，应留膨胀缝。接近弯曲管道的直管部分，也应留膨胀缝，缝宽均为 20～30mm，并用弹性良好的保温材料，如石棉绳或玻璃棉填充。弯管处留膨胀缝的位置如图 4.51-9 所示。

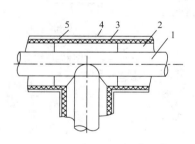

图 4.51-7　三通保温结构

1—管道；2—保温层；3—镀锌钢丝；

4—镀锌钢丝网；5—保护层

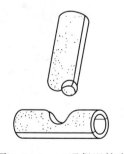

图 4.51-8　三通保温管壳

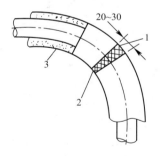

图 4.51-9　弯道处留膨胀缝

位置示意图

1—膨胀缝；2—石棉绳或

玻璃棉；3—硬质保温瓦

4.51.3　质量通病及防治

质量通病及防治方法如表 4.51-1 所示。

质量通病及防治方法　　　　　　　　　　　　　　表 4.51-1

项次	质量通病	防治方法
1	保温隔热层功能不良	制品应在室内堆放，若在室外堆放时，下面应设隔板，上面设置防雨设施；做完的保护层在做胶泥保护层时，应用喷壶洒水，不得用胶管浇水
2	外形缺陷和拼缝过大，降低保温效果	制品运输要有包装，装卸要轻拿轻放。对缺棱掉角处、断块处与拼缝不严处，应使用与制品材料相同的材料填补充实
3	保温层脱落	主保温层一定要绑扎牢固，并留出膨胀缝，做保温层时不得踩在保温层上施工

4.51.4　成品保护

1. 施工完的管道要注意保护，不要让其他管道、物品压在上面或碰坏，更不可上人踩。

2. 室外管道施工保温层要与保护层连续作业，防止被雨淋湿、脱落、破坏保温层。

3. 施工完的管道保护层表面要清理干净，并要注意保护，不要让其他物品、管道等压在上面或破坏，更不可上人踩，以免影响保温效果和外形美观。

4.52　管道浇灌结构保温施工要点

4.52.1　工作条件

1. 沟槽挖完，管道安装试压和验收合格可以隐蔽的工程。

2. 被涂物表面应清洁干燥，聚氨酯发泡保温可以不涂防锈层，为便于喷涂和灌注后清洗工具和脱取模具，在施工前可在工具和模具的内表面涂上一层油脂。其他材料保温工程应先做油漆、防腐处理。

3. 浇灌式结构，即现场发泡，多用于地下无沟敷设。

4.52.2　工艺流程

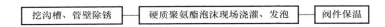

挖沟槽、管壁除锈 → 硬质聚氨酯泡沫现场浇灌、发泡 → 阀件保温

4.52.3　操作工艺

1. 挖沟槽、管壁除锈

按测量放线标记将沟槽挖好，达到设计坐标和标高的要求，然后施工垫层，将管道按标高留出浇灌空间敷设好，经检查验收达到合格为止。然后在保护层外壁涂刷沥青或重油以利管道的伸缩。在管沟内放置油毡纸等防潮材料，最后浇灌、发泡、回填土、夯实。

2. 硬质聚氨酯泡沫塑料现场浇灌、发泡

该工艺适用于-80~100℃各种管道的保温。聚氨酯硬质泡沫塑料由聚醚和多元异氰酸酯加催化剂、发泡剂、稳定剂等原料按比例调配而成。施工前，应将这些原料分成两组，A组为聚醚和其他原料的混合液；B组为异氰酸酯。A、B两组成分配比如表4.52-1所示。

聚氨酯硬质泡沫塑料配料表　　　　　　　　　表 4.52-1

组　别	原料成分名称	重量配比
A 组	阻火聚醚	10
	乙二胺聚醚	7
	三氯三氟乙烷（F-113）	8
	β-三氯乙基磷酸酯	8
	三乙烯二胺 $6H_2O$/乙二醇（1：1）	0.8
	发泡灵	0.5
	二月桂酸丁基锡	0.1
B 组	PAPI	23

不同厂家的产品，有不同的技术条件，施工时应认真研究技术文件、配方和操作要点。现场发泡施工前，先进行试配、试喷或试灌，掌握其性能和特点后再大面积进行保温作业。只要两组混合在一起，即起泡而生成泡沫塑料。浇灌前应先在管的外壁涂刷一遍高效防水防腐的化学材料——氰凝。施工时可根据管道的外径及保温层厚度，首先预制保护壳。一般选择高密度聚乙烯（HDPE）硬质塑料作保护壳，其拉伸强度为≥2.0MPa，线膨胀系数为 0.012mm/(m·℃)。也可选择玻璃钢作保护壳，所用的玻璃布为中碱无捻粗纱玻璃纤维布，其经纬密度为 6×6 或 8×8（纱根数/cm^2），厚度为 0.3～0.5mm。可用长纤维玻璃布进行缠绕制成，其抗拉强度达 2.94MPa。

现场发泡预制操作时，把保护壳或钢制模具套在管道上，将混合均匀的液料直接灌进安装好的模具内，经过发泡膨胀后而充满了整个空间，保证有足够的发泡时间，要求操作时间不可太快。

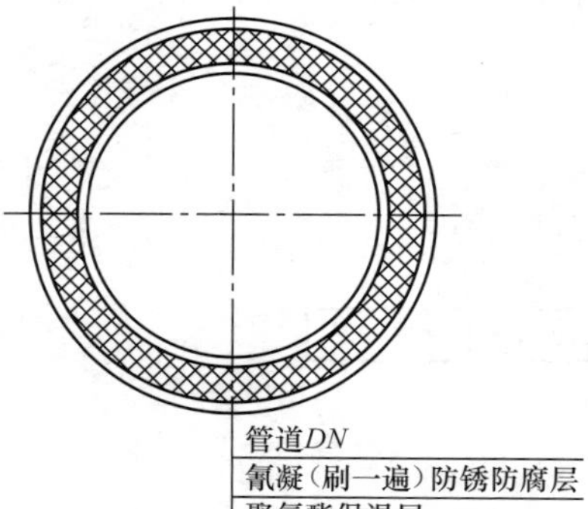

根据具体情况，也有采用喷涂法发泡，用喷枪将混合均匀的发泡液直接喷涂在绝热防腐层的表面。为避免喷涂液在绝热面上流淌，严格计算好发泡时间，使其发泡速度加快。管道采用聚氨酯保温的结构如图 4.52-1 所示。

管道 DN
氰凝（刷一遍）防锈防腐层
聚氨酯保温层
保护层

图 4.52-1　管道聚氨酯保温结构

当采用保护壳的预制发泡保温管子时，安装后应该处理好接头。外套管塑料壳与原管道塑料外壳的搭接长度每端不小于 30mm，安装前须做好标记，保持两端搭接均匀。外套管接头发泡操作时，先在外套管的两端上部各钻一孔，其中一孔用作浇灌，另一孔用作排气。灌注时，接头套管内应保持干燥，发泡温度保持在 15～35℃之间。

聚氨酯发泡应充满整个接头里的环形空间，发泡完毕，即用与外壳相同的材料注塑堵死两个孔洞。接头内环形空间的发泡容量一般可计算控制在 60～70kg/m^3 内，使接头发泡衔接部分严密无空隙。聚氨酯保温厚度可根据表 4.52-2 所列的管道直径及室外温度进行选择。

<100℃热水直埋供热管道聚氨酯保温厚度选用表　　　　　　　表 4.52-2

DN（mm）\保温层厚度（mm）\室外计算温度（℃）	−11～−17	−18～−20	−21～−24
15	30	30	30
20	30	30	30
25	30	30	35
32	30	30	35
40	30	30	35
50	30	30	40
70	30	35	40
80	30	35	40
100	35	35	40
125	35	40	45
150	35	40	45
200	40	40	45
250	40	45	45
300	45	45	50
350	45	50	50
400	45	50	50
500	50	50	50

3. 法兰、阀门保温

法兰、阀门保温时，两侧必须留出足够的间隙，以便拆除螺栓，一般应留出螺栓长度加 30～50mm。法兰、阀门安装紧固后，再用保温材料填满充实后，做好保温。

4. 管道转弯处应留出保温

管道转弯处应留出 20～30mm 膨胀缝，用弹性好的保温材料填充。供热管道的直管部分每隔 5～8m，应留 5～10mm 的膨胀缝，用弹性好的保温材料填充。

也可以采用预制保温弯头，规格有 30°、45°、60°、90°，构造如图 4.52-2 所示。参照表 4.52-3 和表 4.52-4 施工，其他角度和各种长度的弯头，可根据设计图要求进行预定加工。

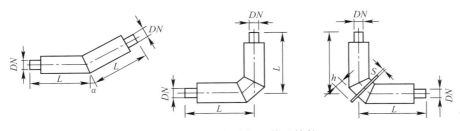

图 4.52-2　聚氨酯保温管及管件

固定节弯管（弯头定位管）　　　　　　　　　　　　表 4.52-3

DN（mm）	L（mm）	R（mm）	H（mm）	S（mm）
100	1000	154	50	20
125	1000	191	50	20
150	1000	229	50	20
200	1000	305	50	25
250	1000	381	50	40
300	1000	457	50	40

管道弯管（弯头）　　　　　　　　　　　　　　表 4.52-4

DN（mm）	L（mm）	R（mm）	DN（mm）	L（mm）	R（mm）
100	1000	154	300	1000	457
125	1000	191	350	1000	534
150	1000	229	400	1000	610
200	1000	305	500	1000	762
250	1000	381	—	—	—

4.52.4　质量通病及防治方法

质量通病及防治方法如表 4.52-5 所示。

质量通病及防治方法　　　　　　　　　　　　表 4.52-5

序号	质量通病	防治方法
1	保温隔热层功能不良，热损失增大，保温效果下降	必须在浇灌结构外边做防潮层，一般为热沥青涂刷或油毡包裹，浇灌式不能用在地下水位很高的地方，浇灌泡沫混凝土的底部至少要高于历年最高水位 50mm 以上
2	聚氨酯泡沫塑料发泡过慢或过快	施工时按原料供应厂提供的配方及操作规程等技术文件资料进行施工。为防止配方或操作的错误使原材料报废，应先进行试喷（灌）以掌握正确的配方和施工操作方法，有可靠保证后方可正式喷灌

4.52.5　成品保护

1. 刷过油漆的管道、设备上不得放置任何物件，不得踩踏。刷完油漆待安装的管材，要注意堆放，防止油漆粘结，破坏漆膜。

2. 刷漆时，应对周围地面、墙面及其他物品进行遮挡，防止油漆污染。对滴落的油漆要及时清除干净。

3. 管道保温层应与保护层连续作业，防止雨淋湿、脱落，破坏保温层。

4. 保温施工完的管道要清理干净，注意保护。

4.52.6　应注意的问题

1. 为防止油漆流坠、漆膜皱纹、生锈，刷漆前要除锈干净，选择合适的油漆刷，油漆调配比例合理；两遍或两遍以上的油漆，要在上遍干透后再涂刷。

2. 为防止玻璃丝布脱落，施工过程中严格控制搭接长度和松紧度。

3. 为防止保温层脱落，对主保温层要用镀锌钢丝网绑紧，并留出规定的伸缩缝；做保温层时，不要踩在已做完的保温层上。

4.52.7　施工资料记录

1. 绝热材料等产品质量合格证、检测报告和进场检验记录。

2. 技术交底记录。

3. 隐蔽工程检查记录。

4. 预检记录。

5. 检验批质量验收记录。

6. 分项工程质量验收记录。

4.53　中水管道系统概述

4.53.1　建筑中水设计适用范围

对于淡水资源缺乏、城市供水严重不足的缺水地区，利用生活污废水经适当处理后回用于建筑物和建筑小区供生活杂用，既节省水资源，又使污水无害化，是保护环境、防治水污染、缓解水资源不足的重要途径。建筑中水设计适用于缺水地区的各类民用建筑和建筑小区的新建、扩建和改建工程。近几年来，我国某些城市已经开展了中水技术开发和利用的试验研究，有的已在工程中实施。

4.53.2　中水管道的布置及敷设要点

1. 中水供水系统

（1）中水供水管道系统和给水供水系统相似，图 4.53-1 是余压供水，靠最后处理工序的余压将水供至用户。图 4.53-2 所示为水泵水箱供水系统，图 4.53-3 所示为气压供水系统。

（2）对中水供水管道和设备的要求：

① 中水管道必须具有耐腐蚀性，因为中水保持有余氯和多种盐类，产生多种生物学和电化学腐蚀，采用塑料管、衬塑复合钢管和玻璃钢管比较适宜。

② 中水管道、设备及受水器具应按规定着色以免误饮误用。《建筑中水设计规范》规定为浅绿色。

③ 不能采用耐腐蚀材料的管道和设备应做好防腐蚀处理，使其表面光滑，易于清洗、清垢。

④ 中水用水最好采用使中水不与人直接接触的密闭器具，冲洗浇洒采用地下式给水栓。

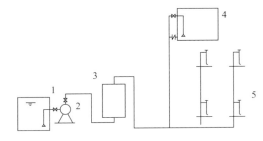

图 4.53-1　余压供水系统

1—中水贮池；2—水泵；3—压力处理器；
4—中水供水箱；5—中水用水器

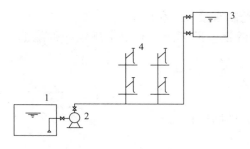
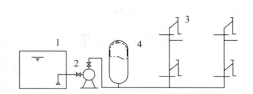

图 4.53-2　水泵水箱供水系统　　　　　　图 4.53-3　气压供水系统

1—中水贮池；2—水泵；　　　　　　　　1—中水贮池；2—水泵；

3—中水供水箱；4—中水用水器　　　　　3—中水用水器；4—气压罐

2. 中水原水集水系统

（1）室内合流制集水系统

将生活污水和生活废水用一套排水管道排出的系统，即通常的排水系统。支管、立管均同室内排水设计。集流干管可以根据处理间设置位置及处理流程的高程要求分为室外集流干管或室内集流干管。室外集流干管，通过室外检查井将其污水汇流起来，再进入污水处理站（间），这种集流形式，污水的标高降低较多，只能建地下式集水池后进行提升。相反，室内集水流管则可以充分利用排水的水头，尽可能地提高污水的流出标高，但室内集流干管要选择合适的位置及设置必要的水平清通口。在进入处理间前，应设超越管，以便出现事故时，可直接排放。

其他设计要求及管道计算同室内排水设计。

（2）室内分流集水系统

1）分流集水的优缺点

① 中水原水水质较好，分流出来的废水一般不包括粪便污水和厨房的油污排水。有机污染较轻，BOD_5、COD 均小于 200mg/L，优质杂排水可小于 100mg/L，这样可以简化处理流程，降低处理设施造价。

② 水量基本平衡，对某些洗涤、洗浴设施的宾馆、住宅和公共建筑，其杂排水量经过处理大体上可满足冲洗厕所、浇洒等杂用水使用。

③ 符合人们的习惯和心理上的要求。据日本民意测验，对杂排水处理回用的接受程度要比污水高。

④ 处理站（间）散发臭味较小。

⑤ 污水量较少和化粪池容积总处理成本可以降低。

缺点是需要增设一套分流管道，增加管道费用，给设计也带来一些麻烦。

2）适于设置分流管道的建筑

① 有洗浴设备且和厕所分开布置的住宅。

② 有集中盥洗设备的办公楼、教学楼、旅馆、招待所、集体宿舍。

③ 公共浴室、洗衣房。

④ 大型宾馆、饭店。

以上建筑自然形成立管分流，只要把排放洗浴、洗涤废水的立管集中起来，即形成分流管系统。

3）分流管道布置

分流管道布置是否顺畅与卫生间的位置、卫生器具的布置直接相关。在不影响使用功能的前提下，各专业间协商合作，达到使用功能合理、接管顺畅美观。

①便器与洗浴设备最好分设或分侧布置以便使用单独支管、立管排出。

②多层建筑洗浴设备宜上下对应布置以便于接入单独立管。

③高层公共建筑的排水宜采用污水、废水、通气三管组合管系。

④明装污废水立管宜不同墙角布设以利美观，污废水支管不宜交叉，以免横支管标高降低过大。

4.53.3　安全防护

回用水的卫生学指标是衡量中水系统安全性的重要标志。除了确保水在卫生学方面的安全性外，中水系统的供水可能产生供水中断、管道腐蚀以及中水与自来水系统的误接误用等，亦关系到供水的安全性。因此，必须根据中水工程的特点，在设计中采用必要的安全防护措施。

1. 室内中水管道系统的设计，力求简明清晰的管道布置方式，在任何情况下，均不允许自来水管道与中水管道相接。

2. 中水管道外部涂有鲜明的色彩或标志，以严格与其他管道相区别。《建筑中水设计规范》规定中水管道外壁应涂成浅绿色。阀门及水表盖上均应刻上标记，并标有明显的中水字样。

3. 不在室内设置可供直接使用的中水龙头，以防误用。

4. 应设有一定容积的调节池，以保证中水水质处理设备的连续均衡运行。

5. 为了保证不间断向各中水用水点供水，应设有应急供应自来水的技术措施，以防止中水处理站发生突然故障或检修时，导致中断水系统的供水。补水的自来水管必须按空气隔断的要求，自来水补水管出口与中水槽内最高水位间有不小于2.5倍管径的空气隔断层。

6. 中水槽、中水高位水箱以及所有可能引起误用误饮的配水点（如洒水龙头、冲洗龙头、喷洒喷头等），均应标有明显的"中水专用"标志。

7. 中水管道与给排水管道平行埋设时，其水平净距不得小于0.5m。交叉埋设时，中水管道应位于给水管道的下面，排水管道的上面，其净距不小于0.15m。

8. 原排水的集水干管应设有跨越管道，原排水调节池和中水贮水池设有溢流管道，以间接排水方式排出。

9. 中水处理站设在建筑物内或建筑附近时，应采用防蚊蝇、防臭措施。应设有单独的排风系统，排风口设在远离生活、工作、生产用房的下风向，门窗应设有纱门、纱窗。

10. 中水管道的输水管选材时一般可用镀锌钢管，有条件时，亦可选用塑料管或衬塑钢管等耐腐蚀较强的管道。

4.53.4　控制与管理

建筑中水管道系统的正常运行和安全使用与设备的安装质量、设备本身的可靠性、水质处理的安全性、经常性的管理水平有着密切的关系。进行必要的监测、控制，加强维护管理，是推广中水应用时不可忽视的主要问题。

1. 保证中水在卫生学方面的安全性。在运转过程中，按照卫生学标准，从严掌握回用水的消毒过程，使消毒剂与回用水保持足够的接触时间。

2. 中水处理站一般设于建筑物地下室或其他地下建筑物内，在处理过程中散发出一定臭味，为了减少操作人员直接接触的机会，应根据工程具体情况，采用必要的自动控制进行监测和操作。一般分：

① 对于处理水量≤200m³/d 的小型处理站，可就地安装检测仪表，由人工进行就地操作，以加强管理来保证出水水质。

② 对于处理水量＞200m³/d 处理站，可配置必要的自动记录仪表（如流量、pH 值、浊度等仪表），就地显示或值班室集中显示。

③ 对于处理水量＞1000m³/d 的处理站，考虑生物检查的自动系统，当自动连续检测水质不合格时，应发出报警。

3. 保证处理设施运转正常，处理的出水水质稳定，回用水不会对管道产生严重腐蚀与结垢。

4. 采用连续运转方式，有利于整个处理过程的稳定性和生物处理部分维持生物的活性，尽可能地采用自动控制，以减少夜间管理的工作量。

5. 采用间歇运转方式时，宜将大量制水工作量放在白天进行，将制成的回用水贮存起来，以备晚间使用。

6. 为防止误饮，可适当降低中水色度处理要求，可在中水添加颜色，以示区别。

7. 严格并加强中水系统的工程验收，必须每段进行检查，如发现有误接现象，立即返工，重新施工。

8. 设有臭氧装置或氯瓶消毒装置时，应考虑自动控制臭氧发生量及氯气量，防止过量臭氧及氯气泄漏，而引起二次公害，应设有排除臭氧的吸附设备，并搞好臭氧发生器室或氯气瓶间的通风。

9. 要求操作管理人员必须经过专门培训，具备水处理常识，掌握一般操作技能，严格岗位责任制度，确保中水水质符合要求。

4.54 水泵安装要点

4.54.1 工作条件

1. 必须具备所安装设备的施工图、设备说明书及有关技术资料。
2. 施工图纸已经过会审和技术交底，施工方案已经编制。
3. 建筑物土建施工已基本完成，设备基础验收合格，并填写了"设备开箱记录"，需要处理的设备和配件具有保证施工进度的切实可行的解决办法。
4. 安装设备所在房间应具备关门上锁条件。

4.54.2 工艺流程

基础验收 → 水泵电机组合调整 → 水泵安装 → 配管安装 → 试运转 → 填写记录

4.54.3 操作工艺

1. 离心式水泵安装

（1）水泵基础验收

按设计图或《采暖通风标准图集——水泵基础及安装》（N114-1～3）检验各部分几何尺寸。BA 型和 D 型水泵的地脚螺孔尺寸为 100mm×100mm，验收后填写"设备基础验收记录"。

（2）判断、调整水泵与电机的组合安装

由于水泵和电机是由联轴器相连并安装在同一底座上，所以水泵可以整体安装。一般是使用钢板尺靠在联轴器的轮缘上，检查各侧联轴器的两个轮缘面是否一致，以判定水泵与电机的组合安装是否合格，当联轴器两侧轮缘的轮缘面与钢板尺之间有空隙时，表明泵轴线与电机轴线不在同一直线上，必须进行调整。

调整方法是在泵或电机的基座面上加减垫铁，直至两侧联轴器间隙符合要求为止。调整联轴器的间隙时，要在联轴器的上、下、左、右互成 90°的四个点上进行检查，使每一点处的两联轴器的间隙处侧缘表面一致或实测误差在标准允许范围以内。联轴器的间隙可用卡尺测量，其允许误差如表 4.54-1 所示。

联轴器间隙及轮缘检查允许误差（mm）　　　表 4.54-1

联轴器直径值	间隙值	轮缘检查上下或左右误差	
		允许偏差	偏差极限
250 以下	3～4	0～0.03	0.075
250 以上	4～6	0～0.04	0.100

（3）水泵安装找正

① 中心找正。在水泵基础上，确定泵中心线的位置（根据设计图纸的尺寸，从泵房墙内皮或柱子中心线返到泵的基础中心线处），水泵纵向中心找正是以泵轴中心线为准，横向中心找正是以水泵出水管中心线为准。

② 标高找正。利用水泵底面与底座之间减垫铁的办法解决。但不要垫入过多的薄铁片，以免影响安装的正确性。水泵找正、找平时，每米误差为 0.1mm。水泵找正后，将地脚螺栓拧紧，进行二次灌浆。

③ 水泵安装允许偏差。坐标：与建筑轴线距离为 ±20mm，与设备平面位置为 ±10mm；标高：+20mm，−10mm。

2. 吸水管连接

水泵吸水管连接，必须注意不要存留空气。一般法兰连接时，在两片法兰之间要放橡胶垫，而且螺栓要拧紧，使法兰与橡胶垫之间保持严密。当水泵吸水口与吸水管之间有一段异径管连接时，带斜度的一面朝下。一般异径管的长度为管子直径的 1～2 倍。

吸水管从水泵坡向集水井，严禁吸水管坡向水泵或成波浪式，这样会使吸水管聚集空气，运转时抽不上来水。

3. 水泵试运转

（1）若使离心式水泵能连续运转，必须在水泵启动前使水管充满水，否则即使开动水泵也不会将水抽上来。为了使吸水管不致由于停泵而造成抽空现象，离心泵安装位置应能保证吸水管总是处于满水状态。

（2）水泵启动前检查下列各部位情况：

① 检查机组转动部件是否轻便灵活，泵内有无响声。

② 检查电机的转动方向是否与水泵的转向一致。对于离心泵，可以直接启动电机，观察水泵的转向是否与泵体上的转向箭头一致。若不一致，可将电机的任意两相电源线调头即可。如果泵体上无箭头标志，则可根据泵的外形来判断，若水泵的旋转方向与蜗壳由小变大的方向一致，则为正确方向。

③ 检查轴承润滑油量是否正常，油质是否干净，油位是否符合标准。

④ 检查各处螺栓是否连接完好，有无松动或脱落及不全现象，如有，应拧紧或补齐。

⑤ 检查填料函水封冷却水阀是否打开，填料压盖松紧是否适宜。

⑥ 检查吸水池水位是否正常，吸水管上阀门是否开启，出水管阀门是否关闭。

⑦ 检查管道及压力表、真空表、闸阀等管路附件安装是否合理。

4. 水泵启动运行

作为热水采暖系统，整个系统充满水后，即可启动循环水泵投入运行。启动水泵前，应先开放位于系统最末端的热用户，并由远及近，由大用户到小用户。系统较大设有多台循环水泵时，可先开一台水泵，然后随热用户开放数量增加逐步增开，在系统启动过程中，一定要随时注意压力变化。开放热用户后，其热用户入口处送水管上的压力不应大于散热器的工作压力；对于一般铸铁散热器，其送水管上的压力不得大于 0.4MPa，回水管的压力不得小于用户系统垂直几何高度加上系统中温水不致被汽化的压力。热水采暖系统用户入口装置处送、回水管应保持一定的压差，以利于系统循环。一般采暖系统压差不小于 0.02MPa；大用户入口处送回水压力差应根据设计计算的系统阻力确定。暖风机采暖系统一般应不小于 0.06MPa。整个系统启动完毕，应将开启的所有热用户入口装置处连接送回水管的循环管阀门关闭，以免运行中外管网热水走短路而用户系统内热水不循环。

运行中水泵轴承温升：滚动轴承的温度不应高于 75℃；滑动轴承的温度不应高于 70℃。

5. 水泵的拆卸、清洗

有杂质进入泵壳内须拆卸及清洗，合格后才允许安装。安装后要求填写"水泵安装记录"和"水泵试运转记录"。

6. 管道增压泵安装

增压泵是以法兰形式直接安装于管路上。但要注意在水平管道上安装时，电机本体要在管道的上方，并且要注意电源线的位置，在增压泵连接法兰的两端要加设支、托架。

4.54.4　应注意的问题

1. 水泵吸水管和出水管的安装。水泵吸水管安装不当对水泵效率及功能影响很大，轻者会影响水泵流量，严重者会造成水泵不上水致使水泵不能运行。因此，对水泵吸水管有如下安装要求：

（1）为防止吸水管中积存空气而影响水泵运转，吸水管的安装应具有沿水流方向连续上升的坡度接至水泵入口，坡度应不小于 0.005。

（2）吸水管靠近水泵进口处，应有一段长度为 2～3 倍管道直径的管段，避免直接安装弯头，否则水泵进口处流速分布不均匀，使流量减少。

（3）吸水管应设支撑，以保证应有的吸水坡度。

（4）吸水管要短，配件及弯头要少，力求减少管道损失。

（5）水泵出水管要求管路短捷，出水管阀门处应设支墩，避免泵体受力，并应设置逆止阀。

2. 输送高、低温液体用的泵，启动前必须按设备技术条件的规定进行预热和预冷。

3. 离心水泵不应在出口阀门全闭的情况下长时间运转，也不应在性能曲线中驼峰处运转。

4. 循环水泵的流量或扬程必须满足热水采暖系统的需要，否则，系统热媒循环速度缓慢，将造成送回水温度之差超过正常值，系统回水温度过低。

5. 注意热水采暖系统膨胀水箱接管位置。对于自然循环系统，膨胀水箱接在回水管上，系统将出现大面积散热器不热，这时应对膨胀水箱的连接位置进行调整；在上供式系统中，可直接安装在送水总立管上；在下供式系统中，膨胀水箱也应接在送水总立管上，以利系统排气。对于机械循环系统，膨胀水箱上膨胀管与系统管道连接的接点应选在循环水泵吸入管上，但不能离循环水泵太远，一般离循环水泵吸入口 2～3m 左右为宜。

4.54.5　质量通病及防治方法

1. 水泵故障

（1）水泵灌不满水

检查底阀是否漏水，如底阀被杂物卡住可进行清理。如确定已坏，应进行更换。另外，如果水泵上的排气阀未打开，还可能造成水灌不进去的现象，所以应打开水泵上的排气阀。

（2）水泵启动不出水

① 有可能水未灌满吸水管及泵壳，泵体内存有大量的空气。

② 吸水管倒坡，存有大量空气。

③ 所选择的水泵扬程低于实际所需扬程时，表现出在用水点处无水现象。

④ 出现泵轴高于吸水水面的情况时，如吸水池水位过低，也会抽不上水。

⑤ 水泵转向不对，即电机转动方向与泵壳标注的箭头方向不一致时，也会出现泵不出水现象。

根据以上分析的几个主要原因，应采取针对性措施解决。

（3）出水量不足

出水量达不到铭牌标注额定出水量时，其主要原因有：

① 吸水喇叭口安装不正确，淹没深度不够，形成漏气，使出水量达不到应有数值。

② 吸水口位置布置不当或被堵塞。

③ 电机转数减少，使水泵转速减慢，功率降低。

④ 叶轮磨损，与口环配合间隙达不到技术标准要求。

出现以上情况，应找出原因，进行修理，或更换叶轮等。

（4）水泵振动过大

首先应检查地脚螺栓是否松动；水泵安装时，应找好机组的同心度；较大的水泵应安装减震器。

（5）轴承发热

小型水泵多采用滚动轴承，一般应采用钙钠基润滑脂。设有油箱的轴承，应维持一定的油位，油箱内应使用高速润滑油。放置润滑油的目的是为了减少轴承的摩擦发热，因此，应随时注意更换或增添高速润滑油。

（6）填料函发热

填料压盖应适当压紧，压得过紧，会使填料与轴摩擦从而使填料函过热，甚至出现"抱轴"现象；如压盖过松会漏水严重。一般压盖漏水符合要求的滴数即可。

2. 蒸汽泵故障

（1）盘根硬化而漏水，应更换盘根（最好使用石墨石棉绳）。

（2）汽缸中有凝结水。产生汽水撞击声，应打开放水门放水。

（3）滑阀（错汽阀）安装与调整得不正确，使汽缸进汽、排汽不均，影响泵的泵汽效率，对滑阀的位置进行调整。

（4）水缸阀芯（瓦拉）和阀座（瓦拉座）磨损，两者密封性差时，会影响上水。使用蒸汽泵应注意勿使水中混入大量泥砂，尽量减少阀芯（瓦拉）的摩擦情况。当阀芯（瓦拉）不严时，可进行研磨修理。

（5）汽缸体衬套或活塞胀圈被磨损，缸体与活塞间有漏气现象，影响泵的上水效率；磨损严重时，需进行镗缸，更换胀圈。

4.54.6　成品保护

1. 贯彻施工方案的成品保护措施，建立严格的值班制度。

2. 能上锁的设备安装间，要建立严格的钥匙交接制度。

3. 设备的敞露口，在中断安装期间要加临时保护封盖。

4. 严禁非操作人员开动水泵。

5. 设备及连接管防腐保温时，应保护好墙壁；如设备安装在建筑物未抹灰或喷白前施工，应用彩条布或塑料布包好。

4.55　蒸汽分汽缸（或分水器、集水器）安装要点

4.55.1　工作条件

1. 施工图纸与技术资料齐全。图纸已经过会审和设计交底，施工人员已掌握图纸和技术文件的各项要求，并已编制了施工方案。

2. 根据设计图纸要求，核对各附件的规格、型号是否符合设计要求，并具有合格证及有关技术资料。

3. 附件前面的设备、管道已安装完。

4.55.2 操作工艺

1. 分汽缸（或分水器）安装

（1）分汽缸的工作压力属于一、二类压力容器。分汽缸的制造必须由经过省、市压力容器监察部门审定批准的专业压力容器制造厂承担，未经批准的单位和安装部门不得随意制造分汽缸。分汽缸的结构应符合压力容器设计标准规定。出厂时，应随设备提交附有材质、强度计算、无损探伤、水压试验和图纸等资料为内容的产品合格证。合格证上应有当地锅炉压力容器检验部门的复检合格签章，否则，应拒绝安装，并向当地检察部门报告。

（2）分汽缸一般安装在角钢支架上，如图 4.55-1 所示。

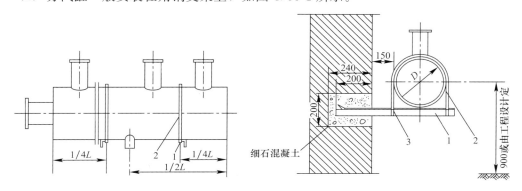

图 4.55-1　分汽缸支架
1—支架；2—夹环；3—螺母

当分汽缸直径 $D \geqslant 350$mm 时，应从地面加一L 50mm×50mm×5mm 角钢立柱支撑。有时也安装在混凝土基础的角钢支架上，用圆钢制的 U 形卡箍固定。

（3）分汽缸安装的位置应有 0.005 的坡度，分汽缸的最低点应安装疏水器，排放出蒸汽中的冷凝水。

2. 试压

分汽缸和管道系统一道试压。

3. 保温

（1）除锈后，刷两遍防锈漆；

（2）包扎钢丝网；

（3）将石棉灰和成泥状，均匀抹在钢丝网上，厚度约 50mm；

（4）最外部抹 10mm 厚的石棉水泥保护壳，压光抹实，厚度均匀。

4. 分汽缸直径

分汽缸如设计无要求，应根据压力和用汽量来考虑，如表 4.55-1 所示。

分汽缸直径估算值　　　　　　　　　　　　　　　表 4.55-1

分汽缸直径 (mm)	蒸汽压力（MPa）						
	0.05	0.1	0.2	0.3	0.4	0.5	0.6
	蒸汽量（kg/h）						
200	960	1260	1830	2400	2980	3550	4050
250	1500	1960	2850	3750	4650	5300	6300

分汽缸直径 （mm）	蒸汽压力（MPa）						
	0.05	0.1	0.2	0.3	0.4	0.5	0.6
	蒸汽量（kg/h）						
300	2170	2840	4310	5430	6700	8000	9100
450	4850	6350	9200	12200	15000	17300	20400

5. 分汽缸制作尺寸

设计一般选用 87T907 标准图，壁厚选择如表 4.55-2 所示。

压力为 0.8MPa 壁厚选择表（mm）　　　　　　表 4.55-2

内径	150	200	250	300	350	400	450
壁厚	6	6	6	6	8	8	8
封头壁厚	10	10	12	14	16	18	20

4.56　疏水器、减压阀、除污器、安全阀、压力表安装技术

4.56.1　疏水器安装技术

1. 疏水器前后都要设置截止阀，但冷凝水排入大气时可不设置此阀。

2. 疏水器与前截止阀间应设过滤器，防止水中污物堵塞疏水器。热动力式疏水器自带过滤器，其他类型在设计中另选配用。

3. 阀组前设置放气管，以排放空气或不凝性气体，减少系统内的气堵现象。

4. 疏水器与后截止阀间应设检查管，用于检查疏水器的工作是否正常，如打开检查管大量冒气，则说明疏水器已坏，需要检修。

5. 设置旁通管，便于启动时加速凝结水的排除；但旁通管容易造成漏气，一般不采用。如采用时注意检查。

6. 疏水器应装在管道和设备的排水线以下。如凝结水管高于蒸汽管道和设备排水线，应安装止回阀。热动力式疏水器本身能起逆止作用。

7. 螺纹连接的疏水器，应设置活接头，以便拆装。

8. 疏水管道水平敷设时，管道坡向疏水阀，防止水击现象。

9. 疏水器的安装位置应靠近排水点。距离太远时，疏水阀前面的细长管道内会集存空气或蒸汽，使疏水器处于关闭状态，而且阻碍凝结水流不到疏水点。

10. 蒸汽干管的水平管线过长时应考虑疏水问题。

11. 疏水器安装常采用焊接和螺纹连接。螺纹连接的形式和尺寸要求如图 4.56-1（a）和表 4.56-1 所示。焊接连接疏水器安装尺寸如表 4.56-2 所示。

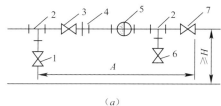
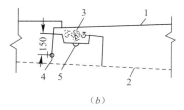

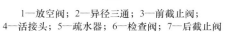

1—放空阀；2—异径三通；3—前截止阀；
4—活接头；5—疏水器；6—检查阀；7—后截止阀

1—蒸汽管；2—回水管；3—疏水器；
4—排污阀；5—阀门

图 4.56-1　疏水器的安装

(a) 螺纹连接热动力式疏水器安装形式；(b) 防止污物堵塞疏水器安装示意

螺纹连接热动力式疏水阀安装尺寸（mm）　　　　　表 4.56-1

序号	公称直径(DN)	疏水器前后截止阀 J11T-16		疏水阀 S19H-16		疏水阀前排水阀 J11T-16		活接头		异径三通		A	H
		直径	长度	直径	长度	直径	长度	直径	长度	直径	长度		
1	15	15	90	15	90	15	90	15	48	15×15	52	790	170
2	20	20	100	20	90	15	90	20	54	20×15	57	860	180
3	25	25	120	25	100	15	90	25	59	25×15	58	940	180
4	40	40	170	40	120	15	90	40	60	40×15	68	1130	210
5	50	50	200	50	120	15	100	50	77	50×15	75	1360	230

焊接连接疏水器安装尺寸（mm）　　　　　表 4.56-2

疏水器型号		DN15	DN20	DN25	DN32	DN40	DN50
浮筒式疏水器	A	680	740	840	930	1070	1340
	H	190	210	260	380	380	460
倒吊桶式疏水器	A	680	740	830	900	960	1140
	H	180	190	210	230	260	290
热动力式疏水器	A	790	860	940	1020	1130	1360
	H	170	180	180	190	210	230
脉冲式疏水器	A	750	790	870	960	1050	1260
	H	170	180	180	190	210	230

12. 装于蒸汽管道翻身处的疏水器，为了防止蒸汽管中沉积下来的污物将疏水管堵塞，疏水器与蒸汽管相连的一端，应选在高于蒸汽管排污阀 150mm 左右的部位；排污阀应定期打开排污，防止污物超过疏水器与蒸汽管相连接的部位。如图 4.56-1 (b) 所示。

4.56.2　减压阀安装技术

1. 减压阀组不应设置在邻近移动设备或容易受到冲击的部位，应设置在振动小、有足够空间和便于检修的部位。

2. 减压阀组的安装高度：

（1）设在离地面 1.2m 左右处，沿墙敷设。

（2）设在离地面 3m 左右处，并设永久性操作台。

3. 蒸汽系统的减压阀组前，应设置疏水阀。

4. 如系统中介质带渣物时，应在阀组前设过滤器。

5. 为了便于减压阀的调整工作，减压阀组前后应装压力表。为了防止减压阀后的压力超过容许限度，阀组后应装安全阀。

421

6. 减压阀有方向性，安装时注意勿将方向装反，并应使其垂直地安装在水平管道上。波纹管式减压阀用于蒸汽时，波纹管应朝下安装；用于空气时，需将阀门反向安装。

7. 对于带有均压管的薄膜式减压阀，均压管应装于低压管一边，如图 4.56-2（c）所示。

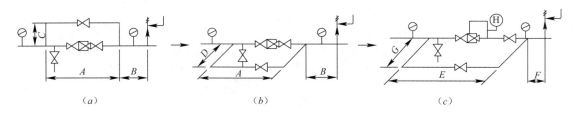

图 4.56-2 减压阀组安装形式
（a）立装；（b）平装；（c）复合装

8. 减压阀安装图及各部位的尺寸如图 4.56-2 和表 4.56-3 所示。

减压阀安装尺寸　　　　　　　　　　　　　　　表 4.56-3

型号	A	B	C	D	E	F	G
DN25	1100	400	350	200	1350	256	200
DN32	1100	400	350	200	1350	250	200
DN40	1300	500	400	250	1500	300	250
DN50	1400	500	450	250	1600	300	250
DN65	1400	500	500	300	1650	300	350
DN80	1500	550	650	350	1750	350	350
DN100	1600	550	750	400	1850	400	400
DN125	1800	600	800	450	—	—	—
DN150	2000	650	850	500	—	—	—

9. 减压阀安装完毕后，应根据使用压力调试，并做出调试后的标志。如弹簧式减压阀的调整过程是这样的：先将减压阀两侧的截止阀关闭（此时旁通管也应处于关闭状态），再将减压阀手轮旋紧，使手轮旋开，弹簧处于完全松弛状态，从注水小孔处把水注满，以防蒸汽将活塞的胶皮环损坏。打开前面的截止阀（按蒸汽流动的方向顺序打开），旋松手轮，缓缓地旋紧下手轮，在旋下手轮的同时，注意观察阀后的压力表，当达到要求读数时，打开阀后的截止阀，再做进一步的校准。

4.56.3　除污器安装技术

1. 除污器应装有旁通管（绕行管），以便在系统运行时，对除污器进行必要的检修。

2. 因除污器质量较大，应安装在专用支架上；但安装的支架，不应妨碍除污器排污工作的进行。

3. 除污器的安装，热介质应从管孔的网格外进入。系统试压与冲洗后，应予清扫。

4.56.4　安全阀安装技术

1. 安全阀的排气管应直通室外安全处，排气管的截面积不应小于安全阀排气口的截面积，排气管应坡向室外并在最低点安装排水管，接到安全处；排气管和排水管上不得安装阀门。

2. 安装安全阀必须遵守下列规定：

（1）杆式安全阀要有防止重锤自行移动的装置和限制杠杆越出的手架；

（2）弹簧式安全阀要有提升手把和防止随便拧动调整螺丝的装置；

（3）静重式安全阀要有防止重片飞脱的装置；

（4）冲量式安全阀接入导管上的阀门，要保持全开并加铅封。

3. 安全阀回座压差一般应为始启压力的 4%～7%，最大不超过 10%。当始启压力小于 0.3MPa 时，最大回座压差为 0.03MPa。

4. 安全阀一般应装设排气管，排气管应直通安全地点，并有足够的截面积，保证排气畅通。

5. 为防止安全阀的阀芯和阀座粘住，应定期对安全阀做手动放气或放水试验。

4.56.5　压力表安装技术

1. 压力表应垂直安装。压力表与表管之间应装设旋塞阀以便吹洗管路和更换压力表。

2. 压力表安装应有存水弯。存水弯用钢管时，其内径不应小于 10mm。压力表和存水弯之间应装旋塞。

3. 压力表应根据工作压力选用。压力表表盘刻度极限值应为工作压力的 1.5～3.0 倍，最好选用 2 倍。

4. 压力表盘大小应保证设备运行人员能清楚地看到压力指示值，表盘直径不应小于 100mm。

5. 压力表的装置、校验和维护应符合国家计量部门的规定。装用前应进行校验，并在刻度盘上画红线指示出工作压力；装用后每半年至少校验一次，校验后应加铅封。

4.56.6　应注意的问题

1. 注意疏水器的安装位置合理

疏水器安装位置不合理，易造成系统中存有空气及疏水不畅，导致系统凝结水过多，使蒸汽无法顶出凝结水。

2. 减压阀安装注意事项

（1）对于陈旧的减压阀和搁置较久的减压阀，安装前应拆卸清洗，管路中的灰尘、砂粒等杂物，必须用水冲洗干净。

（2）注意方向性，阀体介质流动方向切勿装反。

（3）应直立安装在水平管道上，阀盖与水平管道垂直。

（4）减压阀两侧应装控制阀门，减压阀后的管径应大一个规格，并装上旁通管以便检修。

（5）减压阀的高低压管道上部应设置安全阀，以保证减压阀运行的可靠性，保证系统安全运行。

（6）使用减压阀，一般要满足减压阀进、出口压力差小于 0.15MPa。

3. 防止安全阀失灵

（1）为防止安全阀的阀芯和阀座粘住，应定期对安全阀做手动或自动排气。

（2）安全阀泄水管上不允许装设阀门，泄水管应有足够的截面积，排放应直通安全地点，尽量保持畅通，少拐弯。

（3）安全阀校验后应加铅封，校验数值应做记录并妥善保管。

4.56.7　成品保护

1. 在进行换热站的附件安装时，不得损坏门、窗、玻璃和已抹好的墙面。

2. 建筑结构或墙上（包括已抹好的墙）需要剔槽、打洞或安装支架时，应尽量减小损坏程度。

3. 施工中各种油类（主要指机油、油漆等）不得随意洒落或涂抹在墙面、地面或门窗上。

4. 门窗要能关闭上锁，无关人员不准随便进入。

5. 需搭架子进行工作时，不得将架子支撑在已安装好的附件或管道上。

6. 在进行修补喷浆时，已安好的附件及管道应采取覆盖保护措施，以免污染；如已被污染，应擦净。

4.57　水箱、各种罐体安装要点

1. 箱、罐安装的允许偏差不得超过表 4.57-1 的规定。

箱、罐安装允许偏差　　　　　　　　　　　　　　表 4.57-1

项　次	项　目	允许偏差
1	标高	± 5mm
2	水平度或垂直度	$L/1000$，或 $H/1000$，但不大于 10mm（L—长度，H—高度）
3	中心线位移	5mm

2. 箱、罐及支、吊、托架安装，应平直牢固，位置正确，支架安装的允许偏差应符合表 4.57-2 的规定。

箱、罐支架安装允许偏差　　　　　　　　　　　　表 4.57-2

项　次	项　目		允许偏差
1	支架立柱	位置	5mm
		垂直度	$H/1000$，但不大于 10mm
2	支架横梁	上表面标高	± 5mm
		侧面弯曲	$L/1000$，但不大于 10mm

注：表中 H—支架立柱高度；L—支架横梁长度。

3. 敞口箱、罐安装前应做满水试验，以不漏为合格。密闭箱、罐，如设计无要求，应以工作压力的 1.5 倍做水压试验，但不得小于 0.4MPa。

4.58　设备保温要点

水箱（罐）、卧式热交换器等设备保温，适用泡沫混凝土、水泥珍珠岩、岩棉制品、硬聚氨酯泡沫塑料、超细玻璃棉制品、玻璃纤维制品、矿渣棉制品、水泥蛭石制品、硅藻土制品、石棉灰胶泥、石棉硅藻土胶泥等保温材料（一般为板状）。

由于设备表面积较大，受热胀冷缩的影响，保温层易与设备脱离，因此在水箱或设备外部焊上钩钉固定保温层，钩钉的间距一般为 200～250mm（按图中说明或标注确定）；钩钉高度应≥保温层高度，外部抹好保护壳。

4.58.1 保温结构、保温层厚度及材料用量

保温结构做法如图 4.58-1～图 4.58-6 所示，设备保温层厚度如表 4.58-1 所示。

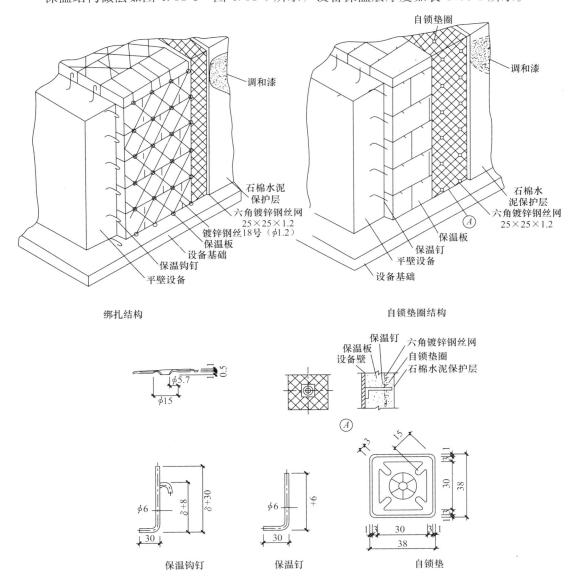

图 4.58-1 平壁设备保温结构

注：1. 本图为平壁设备使用保温板，采用绑扎和嵌入自锁垫圈结构，保温钩钉和保温钉的间距为 250mm。自锁垫圈用 0.5mm 薄钢板制作，钝化处理过。

2. 设备高度大于 2m 时，每隔 2～3m 处焊支承板 3 周，板宽为保温层厚度的 3/4，板厚为 5mm。

3. 设备底部可采用同样做法。

4. δ—保温层厚度。

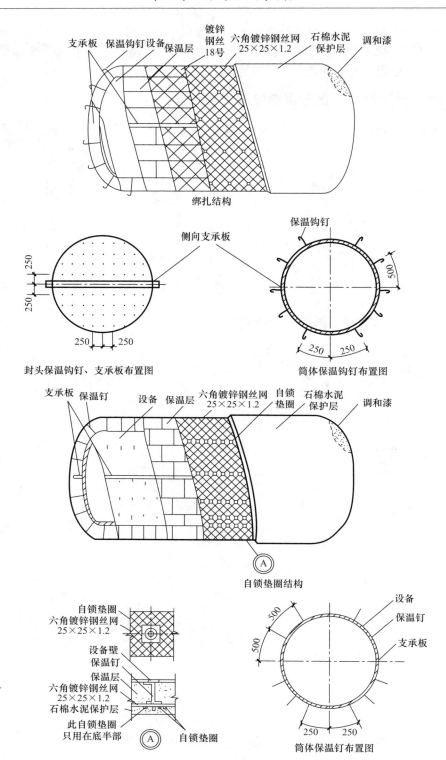

图 4.58-2 卧式圆形设备保温结构（一）

注：1. 筒体及封头焊保温钩钉及保温钉的位置及间距可根据设备直径大小及保温板外形尺寸确定。

2. 封头采用法兰连接和有检修孔时见图 4.58-4 及图 4.58-6。

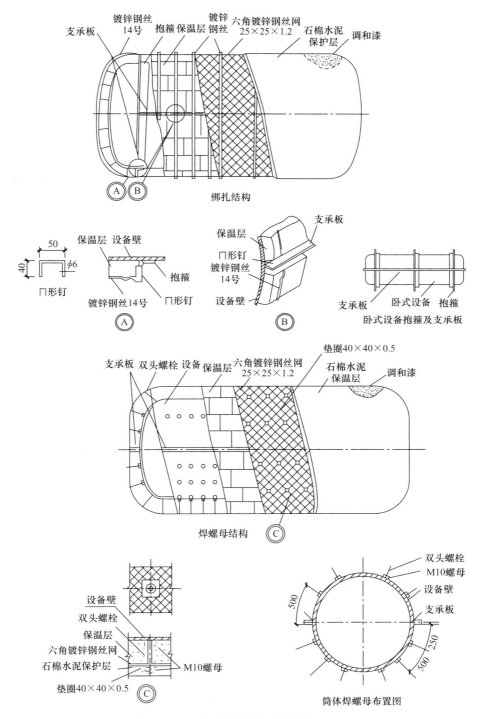

图 4.58-3　卧式圆形设备保温结构（二）

注：1. 绑扎结构用于直径在 1m 以下。大于 1m 时可在抱箍上焊保温钉或保温钩钉，采用其他结构形式。抱箍的间距为 1.0～1.5m，抱箍间焊支撑板，支撑板上再焊门形钉。抱箍用角钢制作，角钢高度同钩钉高度。

　　2. 焊螺母结构，封头上焊螺母位置及支撑板位置见图 4.58-4。

　　3. 封头采用法兰连接和有检修孔时见图 4.58-4 及图 4.58-6。

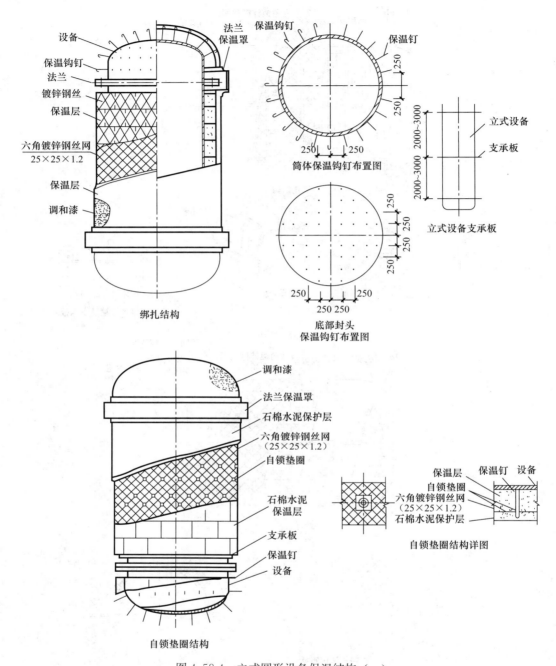

图 4.58-4　立式圆形设备保温结构（一）

注：1. 本图为立式圆形设备采用保温板绑扎和嵌入自锁垫圈两种结构做法。

2. 筒体和封头上焊保温钩钉或保温钉的位置及间距，应根据设备直径及保温板的外形尺寸确定，一般顶部封头应比底部封头稀一些，图中尺寸作为参考，侧壁位置灵活掌握以绑牢为准。

3. 自锁垫圈见图 4.58-1、图 4.58-2，保温结构见图 4.58-5、图 4.58-6。

4. 上下封头为平面时，做法同本图。

5. 立式设备高度超过 2m 时，焊支承板，板宽为 3/4 保温层厚度，板厚 5mm。

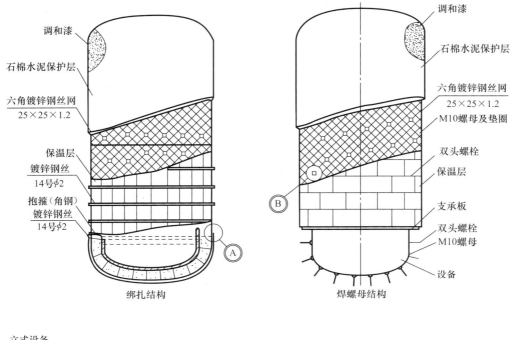

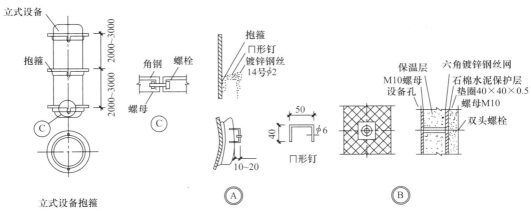

图 4.58-5　立式圆形设备保温结构（二）

注：1. 绑扎结构用于直径 2m 以下。直径大于 2m 时，可在抱箍上焊保温钩钉或采用其他结构形式。

　　2. 绑扎结构筒体上每隔 2～3m 做抱箍一个，上下封头结构如图，冂形钉与绑扎钢丝数量相对应，当采取保温板时，设备直径小于 1m，绑扎钢丝 16 根，大于 1m 而小于 2m 为 20～32 根。使用各种棉毡时可少些，施工时视具体情况灵活掌握。

　　3. 焊螺母结构，封头与筒体上螺母布置参见图 4.58-4。

　　4. 封头与筒体用法兰连接时，法兰保温结构见图 4.58-6。

　　5. 上下封头为平板时，可参照本图施工。

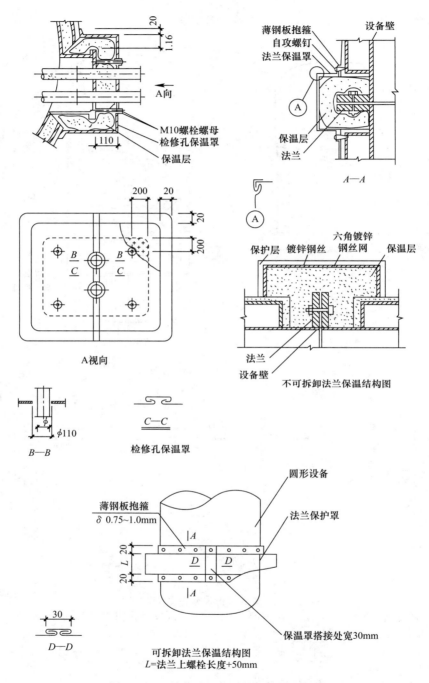

图 4.58-6   检修孔、法兰保温罩结构详图

注：1. 可拆卸法兰、保温罩根据设备直径的大小可分成两段、三段或四段，用 0.75～1.0mm 钢板制作，罩内可填棉毡或缝毡。

   2. 法兰罩用半圆头自攻螺钉紧固，施工时用手电钻钻孔，当自攻螺钉为 4mm 时，钻头直径为 3.2mm，间距为 250～300mm。

4.58 设备保温要点

设备保温层厚度   表 4.58-1

保温层 材料	周围气温 t_0（℃） 介质温度 t_1（℃） 厚度热损 失表面温度	25		30		35	
		75	100	75	100	75	100
岩棉制品	保温层厚度（mm）	20	20	20	20	20	25
	热损失（W/m²）	96.5	145.4	87.2	136	77.9	104.7
	表面温度（℃）	33.3	37.5	37.5	41.7	41.7	44
硬聚氨酯 泡沫塑料	保温层厚度（mm）	25	25	25	25	25	30
	热损失（W/m²）	91.9	138.4	82.6	129.1	73.7	102.3
	表面温度（℃）	32.9	36.9	37.1	41.1	41.3	43.3
超细玻 璃棉制品	保温层厚度（mm）	20	20	20	20	20	25
	热损失（W/m²）	90.7	144.2	82.6	136.1	73.3	104.7
	表面温度（℃）	32.8	37.4	37.1	41.7	41.3	44
玻璃纤 维制品	保温层厚度（mm）	20	20	20	20	20	30
	热损失（W/m²）	103.5	161.7	93	151.2	83.7	100
	表面温度（℃）	120.9	45.2	44.2	50	49.1	50.7
矿渣棉 制品	保温层厚度（mm）	20	20	20	25	20	35
	热损失（W/m²）	104	162	94	126	84	89
	表面温度（℃）	35.4	41.2	39.4	42.6	43.4	43.9
水泥珍 珠岩制件	保温层厚度（mm）	30	30	30	30	30	40
	热损失（W/m²）	100	155.8	89.6	146.5	80.2	107
	表面温度（℃）	33.6	38.4	37.7	42.6	41.9	44.2
水泥蛭 石制件	保温层厚度（mm）	30	30	30	35	30	55
	热损失（W/m²）	136.1	209.3	123.3	174.5	109.3	111.6
	表面温度（℃）	36.7	43	40.6	45	44.4	44.6
硅藻土 制件	保温层厚度（mm）	30	30	30	40	35	60
	热损失（W/m²）	145.4	223.3	131.4	166.3	103.5	110.5
	表面温度（℃）	37.5	44.2	41.3	44.3	43.9	44.5
泡沫混凝 土制件	保温层厚度（mm）	30	30	30	50	40	70
	热损失（W/m²）	162.8	210.5	153.5	165.1	110.5	116.3
	表面温度（℃）	39.6	43.1	43.2	44.2	44.5	45
石棉灰 胶泥	保温层厚度（mm）	30	40	30	50	40	75
	热损失（W/m²）	175.6	213.9	158.2	167.5	114	111.7
	表面温度（℃）	40.1	43.4	43.6	44.4	44.8	44.6
石棉硅 藻土胶泥	保温层厚度（mm）	30	40	30	55	45	80
	热损失（W/m²）	182.6	224.5	164	164	108	111.7
	表面温度（℃）	40.7	44.3	44.1	44.1	44.3	44.6

431

4.58.2 成品保护

1. 水平运输或吊装时的锚点应尽量避免设在结构或基础上，如难以避免应有保护措施。

2. 设备如在楼板上拖运，必须向有关方面了解楼板的承载能力，如未考虑设备拖运时的质量，楼板必须有加固措施。

3. 进行设备及管道安装时，不得损坏门、窗、玻璃和已抹好的墙面。若必须破损时，事先与建设单位商定好，并及时复原。

4. 建筑结构或墙上（包括已抹好的墙）需要开槽打洞或安装各种支架时，应尽量缩小损失程度。

5. 施工中各种油类（主要指机油、黄油、油漆等），不得随意洒落或涂抹在地面上、墙面或门窗上。

6. 当设备安装完后进行地面施工时，土建施工人员不得损坏地下管道及已安装好的设备。

7. 当土建要进行搭架修补或抹灰、喷浆时，不得将架子搭在设备或管道上。

8. 土建进行修补和喷浆时，应有妥善的保护措施，防止损坏和损害已安装好的设备、管道、阀门和仪表。如洒落在设备、管道、阀门、仪表上时，应及时擦净。

9. 设备安装时，所在房间应具备能关窗、锁门的条件，防止设备、阀门、仪表的损坏和丢失。

4.59 水处理设备安装技术

给水的软化处理大多采用炉外化学处理的方式，以离子交换处理法最为普遍。离子交换设备包括固定床、移动床、浮动床及附属设备等。

4.59.1 离子交换设备

凡离子交换剂层在使用中位置保持不变的，称为固定床；在使用中微微浮起的，称为浮动床；周期性地、部分地取出进行还原，并同时补充等量已还原交换剂进行工作的，称为移动床。中、小型锅炉采用最普遍的是固定床。

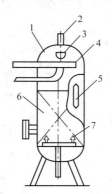

图 4.59-1 固定床式离子交换器
1—交换器本体；2—排气管；3—进水装置；4—进再生液装置；5—观察孔；
6—交换剂；7—排水装置

4.59.2 固定离子交换器

通常称为软化器、软化罐，其结构如图 4.59-1 所示。目前国内生产的交换器有 $\phi500mm$、$\phi750mm$、$\phi1000mm$、$\phi1200mm$、$\phi1500mm$、$\phi2000mm$、$\phi3000mm$ 等几种不同规格。本体大多采用金属材料制成，内部涂以防腐涂料。固定床式离子交换器虽然效率较低，且出水不均，但其结构简单，检修方便，易操作，适应性强，目前正在广泛使用。

4.59.3 离子交换剂

常用的阳离子交换剂有磺化煤、沸石和合成树脂，其规格和使用条件如表 4.59-1 所示。

常用离子交换剂规格及使用条件 表 4.59-1

名称	牌号	外观	粒度	再生剂浓度（%）	允许值 pH	最高温度（℃）
磺化煤		黑色，无光泽，颗粒	0.5～1.2mm＞80% 0.5mm 以下＜10%	NaCl 5～8	＜3.5	≥40
			0.3～0.7mm＞80% 0.3mm 以下＜10%			
沸石	一级	天然沸石为淡绿色，合成沸石为白色	0.2～1.0mm		—7	≥35
	二级		0.2～1.0mm			
	三级		0.2～1.0mm			
环氧型弱碱性阳离子交换树脂	701	金黄色至琥珀色，球状颗粒	10～50 目占 90% 以上	NaOH 3～5 Na₂CO₃ 6～7	0～9	≥50
苯乙烯型弱碱性阳离子交换树脂	704	淡黄色，球状颗粒	16～50 目占 95% 以上	NaOH 3～5 Na₂CO₃ 6～7	0～9	≥50
苯乙烯型强碱性阳离子交换树脂	711	淡黄至金黄色球状颗粒	16～50 目占 90% 以上	NaOH 3～5	0～12	≥50
	717	淡黄色至褐黄色球状颗粒	16～50 目占 95% 以上	NaOH 3～5	0～12	≥50
苯乙烯型强酸性阳离子交换树脂	732	淡黄色至褐黄色球状颗粒	16～50 目占 95% 以上	HCl 7～9 H₂SO₄ 1～6	0～10	≥50

4.59.4 软化设备安装及水质标准

热水水质标准如表 4.59-2 所示。

热水水质标准 表 4.59-2

项　　目	热水温度			
	≤95℃采用炉内加药处理		＞95℃采用炉外化学处理	
	补给水	循环水	补给水	循环水
悬浮物（mg/L）	≤20	—	≤5	—
总硬度（mg 当量/L）	≤6	—	＞7	—
pH（25℃）	＞7	10～12	≤0.7	8.5～10
溶解氧（mg/L）	—	—	≤0.1	≤0.1

1. 水处理的方法

（1）炉内直接加药法。以磷酸三钠法较为简单、可靠。药剂加入量根据当地水质情况确定，如表 4.59-3 所示。

每吨水的化学药品用量表 表 4.59-3

水的总硬度	5°H 以下	5°～10°H	10°～15°H	15°～20°H	20°～25°H	25°～30°H
药品名称	每吨水所用的药品（g）					
磷酸三钠	10	15	20	25	35	45
氢氧化钠	3	5	7	9	12	15
碳酸钠	22	30	38	46	53	65
单宁	5	5	5	5	5	5
合计	40	55	70	85	105	130

（2）除垢剂等软水法。

（3）磁水器处理法。有永磁软水器和电磁软水器，统称磁水器。

（4）离子交换剂软水法。主要是离子交换设备：固定床、移动床、流动床以及附属设备。

前三种适用于小型锅炉系统，后一种适合于大、中型锅炉的给水处理。

2. 各类型水处理设备的安装

可按设计规定和设备出厂说明书规定的安装方法进行。如无明确规定时，可按下列要求进行安装：

（1）安装前，应根据设计规定对设备的规格、型号、长宽尺寸、制造材料以及应带的附件等进行核对、检查；对设备的表面质量和内部的布水设施，如水帽等，也要细致检查；特别是有机玻璃和塑料制品，更应严格检查，符合要求方可安装。

（2）安装前，应根据设备结构，确定离子交换器的设置，一般不少于两台；在原水质处理量较稳定的条件下，可采用流动床离子交换器。位置确定后，应按设计要求修好地面或建好基础，其质量要求应符合设备的技术要求。

（3）按出厂技术文件和技术要求对支架和设备进行必要的找正找平；无基础及地脚螺栓的设备，应采取措施保证支架和设备的平稳牢固；有地脚螺栓的较大型设备要拧紧地脚螺栓。管道连接时，无论是钢管连接或塑料管连接，均应按正确的施工规范进行施工。施焊时，不得损伤交换器本体。

（4）安装完毕应进行试运行，检查管道连接，本体渗漏、阀门灵敏可靠程度等；对非金属设备应注意压力的变化。合格后做好记录。

4.60 卧式热交换器及板式热交换器安装要点

4.60.1 卧式热交换器

供低温热水用的一种结构形式，为蒸汽锅炉配备的热交换器。采用这种形式，一般为采暖用热水，产生用蒸汽。其特点是不须改装蒸汽锅炉，只要在锅炉房内安装一台或几台热交换器就可以达到汽水两用了。

应对热交换器压力容器的技术规定进行检查。应随交换器带制造图、强度计算、材质、焊接、水压试验等合格证明，以及使用说明书等有关技术资料。

4.60.2　热交换器安装

1. 热交换器如图 4.60-1 所示。

2. 对热交换器按压力容器的技术规定进行检查。

3. 对基础检查验收，并填写"基础验收记录。"

4. 安装好支架。

5. 就位并固定热交换器。卧式热交换器的前封头与墙壁距离，如设计无规定，不得小于蛇形管长度。

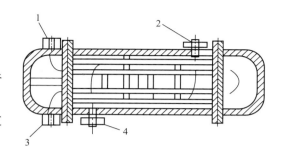

图 4.60-1　卧式热交换器
1—冷水入口；2—蒸汽入口；
3—热水出口；4—回水出口

6. 连接管道和安装仪表。各种控制阀门应布置在便于操作和维修的部位，仪表安装位置应便于观察和更换。交换器蒸汽口处应按要求设置减压装置，交换器上应装压力表和安全阀。回水入口应设置温度计，热水出口设温度计和放气阀。如果锅炉设有连续排污时，可将排污水加到回水中补充到交换器和系统。

7. 热交换器应以最大工作压力的 1.5 倍做水压试验。蒸汽部分应根据蒸汽入口压力加0.3MPa，热水部分应不小于 0.4MPa。在试验压力下，保持 10min 压力不降为合格。

4.60.3　板式换热器安装要点

1. 板式换热器是采暖系统中的重要附属设备。安装首先要制作混凝土基础，保证基础表面平整，换热器底部支座与混凝土基础紧密接触，地脚螺栓紧固要牢靠。

2. 设备吊装时，应使用设备上的吊装孔起吊，不得起吊设备其他部位。

3. 设备要水平安装，安装位置应保证水泵周围留有 1m 左右的空间，以便于安装及维护。

4. 设备的进、出口管道里面要清洁干净，防止砂石、油污、杂物等进入设备内，以免造成内部板片的损坏。

5. 与换热器连接的管道，必须做好水压试验，试验压力与卧式热交换器的水压试验标准相同。

4.60.4　板式换热器与壳管式换热器的比较

见表 4.60-1～表 4.60-4，以及图 4.60-2 和 4.60-3。

板式换热器与壳管式换热器的比较

表 4.60-1

比较 名称	板式换热器	壳管式换热器
热效率	效率高，K 值为壳管式换热器的 3～5 倍	效率很低
占地	只用壳管式换热器的 1/5～1/10 的占地面积	需要两倍的占地以抽出管束
拆卸	非常容易，只要拧松螺栓	拆卸困难，管束应被抽出
成本	当需要不锈钢或更高级的材料时，成本比壳管式低廉	除了用全碳钢或碳钢、铜外，其他成本很高
结垢	由于内部充分湍流，所以污垢系数很小	污垢系数很大，是板式的 3～10 倍

续表

比较名称	板式换热器	壳管式换热器
换热面积	改变灵活，可随意增减片数	换热面积固定
质量	很轻，只有壳管式换热器的 1/6 或更小	很重，是板式换热器的 6 倍或更多
内部混合	由于垫片的独特设计，流体间不会出现混合	焊接处和管程内可能出现混合
检查	简单，易于拆开和检查	困难，通常必须抽出管束
清洗效果	由于内部湍动，化学清洗效果非常好	满意的化学清洗，但必须注意死角
适用黏度	最大 3Pa·s	最大 1Pa·s
压降	低或中等压降	低或中等压降
热量损失	几乎没有，无需隔热层	热损失很大，需隔热层
最小温差	1℃温差，热回收率可达 90% 以上	一般需 5℃，但实际需 10℃温差
设计	电脑设计，与每个工况匹配	电脑设计，必须增大安全系数
容量	容积小，是管壳式换热器的 10%~20%	内部容积非常大
维修费用	费用低	费用高

舒瑞普板式换热器与国产板式换热器的比较　　　　　　　**表 4.60-2**

比较名称	SWEP 公司	国内厂家
形式	拼装式，钎焊式（全不锈钢，DV 系列，GW 系列）	拼装式
规格	超过 55 种规格	10 种左右
单片换热面积（m²）	0.012~3.37	0.05~2.0
板材	AIS1304，AIS1316，钛、钛钯合金，SM0254，哈氏合金、钽合金	AIS1304 为主
板厚（mm）	0.3~0.5	0.7~1.0
传热系数	4000~8000kW/m·℃	2000~4000kW/m·℃
流量（m³/h）	最大 1800（标准设计）	最大 1000
垫片	NBR，EPDM，VITON，PTFE，混合型垫片	NBR，EPDM，部分有 VITON
承温	拼装式：265℃钎焊式：300℃	拼装式：170℃
工作压力（bar）	拼装式：25　钎焊式：35	20
板纹	国际专利，独特的非对称板纹	人字形板纹
板纹组合	6 种，适合更多工况	3 种
质量证书	ISO9001 国际认证	—
计算	先进的电脑选型软件	

PHE 规格参数表　　　　　　　**表 4.60-3**

型号	A	B	C	D	E	L	最大传热面积	最大使用片数	最大流量	接口尺寸
	(mm)					(max)	(m²)	N	(m³/h)	(mm)
M4	188	72	154	40	17	91	0.36	30	4	12
M10	287	115	243	72	22	160	1.92	60	12	25
CC-121	496	165	357	60	69.5	500	3.2	102	12	25
CC-281	808	160	675	65	66.5	500	10.4	130	12	25

型　号	A	B	C	D	E	L	最大传热面积	最大使用片数	最大流量	接口尺寸
	(mm)					(max)	(m²)	N	(m³/h)	(mm)
CC-301	692.5	250	555	100	90	375	5.1	60	30	40
CC-30	692.5	250	555	100	90	1090	17	200	30	40
CC-501	840	320	592	135	140	375	6	50	50	50
CC-50	840	320	592	135	140	1090	21	175	50	50
CC-26	1265	460	779	226	220	2690	99	380	200	100
CC-51	1730	630	1143	300	300	2850	250	450	450	150
CC-60	1700	825	910	420	350	3600	280	500	800	200
CX-6I	745	160	640	60	52.5	500	7	100	12	25
CX-12I	840	320	592	135	140	375	6	50	50	50
CX-12	840	320	592	135	140	1090	19	160	50	50
CX-18I	1070	320	821.5	135	140	375	9	50	50	50
CX-18	1070	320	821.5	135	140	1090	29	160	50	50
CX-26	1265	460	779	226	220	3082	120	450	200	100
CX-42	1675	460	1188	226	220	3082	200	450	200	100
CX-51	1730	630	1143	300	300	3130	250	450	450	150
CX-37	1430	626	840	285	300	3100	170	460	450	150
CX-64	1910	626	1320	285	300	3100	295	460	450	150
CX-91	2390	626	1800	285	300	3200	420	460	450	150
CX-118	2870	626	2280	285	300	3200	540	460	450	150
CX-60	1700	825	910	420	350	4000	280	500	800	200
CX-100	2280	825	14900	420	350	4000	510	500	800	200
CX-140	2860	825	2070	420	350	3400	580	400	800	200
CX-180	3440	825	2650	420	350	3400	750	400	800	200
CX-85	1985	1060	1140	570	360	3800	460	500	100	300
CX-145	2565	1060	1720	570	360	3800	750	500	1800	300
CX-205	3145	1060	2300	570	360	3300	840	400	1800	300
CX-265	3725	1060	2880	570	360	3300	1080	400	1800	300
CX-325	4305	1060	3460	570	360	2800	990	300	1800	300
CM-56	630	270	891	115	140	1050	9	150	50	50
CM-59	774	270	535	115	140	1050	13	150	50	50
CM-138	1480	485	1100	260	220	2373	114	300	200	100
CM-257	1850	740	1216	360	350	3510	260	450	800	200
CM-276	2154	740	1520	360	350	3510	340	450	800	200

CBE 规格参数表

表 4.60-4

型号	A	B	C	D	E	F	接口尺寸	质量（空重）	最多片数	传热面积	回路容积	最大流量
	(mm)						DN	(kg)	N	(m³)	(dm³)	(m³/h)
B5	189	72	154	40	20	9+2.3×NP	20	0.6+0.044×NP	60	0.012	0.024	4
B8	310	72	273	40	20	9+2.3×NP	20	0.9+0.070×NP	60	0.023	0.040	4
B10	287	117	243	72	20	9+2.4×NP	25	1.5+0.126×NP	120	0.032	0.060	12
B12	287	117	234	63	27	9+2.4×NP	32	1.7+0.166×NP	120	0.027	0.060	22
B15	465	72	432	40	20	9+2.3×NP	20	1.3+0.106×NP	60	0.036	0.061	4
B25	524	117	479	72	20	9+2.4×NP	25	2.5+0.234×NP	120	0.063	0.111	12
V25	524	117	479	72	20	9+2.4×NP	25	2.5+0.254×NP	120	0.063	0.111	12
B27	526	119	470	63	27	10+2.4×NP	32	2.0+0.266×NP	140	0.060	0.111	22
V27	526	119	470	63	27	10+2.4×NP	32	2.0+0.242×NP	140	0.060	0.111	22
B35	392	241	324	174	27	11+2.4×NP	32	4.2+0.336×NP	250	0.093	0.175	35
V35	392	241	324	174	27	11+2.4×NP	40	4.2+0.356×NP	250	0.093	0.175	35
B45	524	241	456	174	27	11+2.4×NP	40	5.5+0.427×NP	250	0.128	0.234	35
V45	524	241	456	174	54	11+2.4×NP	40	5.5+0.447×NP	250	0.128	0.234	35
B50	524	241	441	159	54	13+2.4×NP	50	13+0.424×NP	280	0.112	0.236	70
V50	524	241	*	*	54	13+2.4×NP	50	13+0.431×NP	280	0.112	0.236	70
B57	692	242	598	148	54	17+2.5×NP	54	16+0.565×NP	280	0.165	0.330	78
V57	692	242	598	148	54	17+2.5×NP	70	16+0.650×NP	280	0.165	0.330	78
B60	372	362	*	*	54	13+2.15×NP	70	14.5+0.47×NP	300	0.115	0.220	78
B65	864	363	731	231	54	17+2.4×NP	100	57.5+1.8×NP	300	0.270	0.590	200
V65	864	363	731	231	54	17+2.4×NP	100	57.5+1.10×NP	300	0.270	0.590	200

注：1. * 的尺寸根据用户实际需要情况而定。
　　2. NP 为板片的数目。

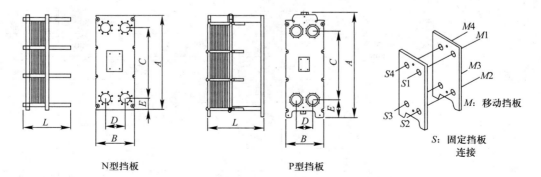

图 4.60-2　PHE 尺寸规格

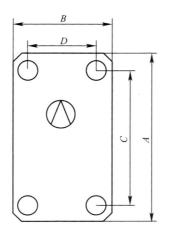
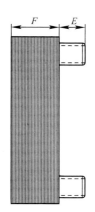

图 4.60-3 CBERT 规格

附录 建筑设备水系统安装工程 常用材料及设备

附录 A 水系统管材系列

A.1 室内外供热管道管材选择

1. $DN \leqslant 40$ 采用焊接钢管 (供暖系统用)。

2. $DN50 \sim DN200$ 无缝钢管 (供暖系统用)。

3. $DN > 200$ 螺旋钢管 (供暖系统、空调冷却水管道用)。

4. PP-R 铝塑复合热熔塑料管 (室内供暖、空调及温泉水管道用)。

5. PE-X 交联聚乙烯塑料管 (地热供暖用)。

6. 热镀锌钢管 ($DN \leqslant 100$ 的空调供、回水及凝结水管道、热水供应管道用)。

7. $DN > 100$ 时采用无缝钢管 (空调系统用)。

A.2 室内外给水管道管材选择

1. 热镀锌钢管 (室内给水、补水、消防管道用)。

2. PVC-U 给水硬聚氯乙烯塑料管 (室内给水用)。

3. 给水球墨承插铸铁管 (室内外给水管道用)。

4. 紫铜管 (纯净水、热水供应系统用)。

5. 石棉水泥管 (室外给水用)。

6. PE-X 交联聚乙烯热熔塑料管 (室外消防埋地管道用)。

A.3 室内外排水、雨水管道管材选择

1. 石棉水泥管 (室外排水管道用)。

2. 钢筋混凝土管 (室外排水、雨水管道用)。

3. 自应力钢筋混凝土管 (室外排水、雨水管道用)。

4. 柔性接口铸铁排水管 (室内外排水管道用)。

5. PVC-U 消音排水硬聚氯乙烯塑料管 (室内排水管道用)。

6. 焊接钢管 (室内雨水管道、室内压力排水管道用)。

7. 加厚外螺纹型高密度聚乙烯硬质塑料管 (室外排水用)。

附录 B 水系统用管件系列

B.1 镀锌管件 (白铁管件) 多用于输送水、空气、煤气等管路上。表面不镀锌管件 (黑铁管件) 多用于输送蒸汽和油品等管路上。管件上的螺纹除锁紧螺母及通丝外接头必须采用 55°圆柱管螺纹外,其余都采用 55°圆锥管螺纹。如图 B-1 所示。

B.2 不锈钢和铜螺纹管路连接管件 (简称管件),其外形、结构和用途与可锻铸铁管路连接件相似,仅是制造材料和适用介质不同。不锈钢管件用 ZGCr18Ni9Ti 不锈铸钢制

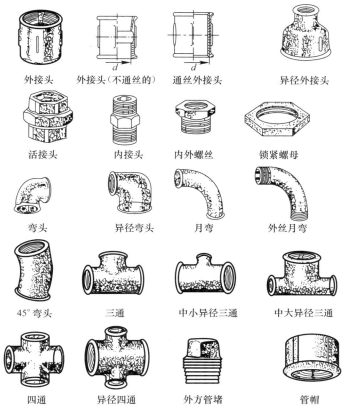

图 B-1　水系统用管件系列连接件外形示意图

造，适用于输送水、蒸汽、非强酸和非强碱性液体等介质的不锈钢管路上；铜管件用 ZCuZn40PB$_2$ 铸造黄铜制造，适用于输送水、蒸汽和非腐蚀性液体等介质的铜管路上。按适用于公称压力不同可分为Ⅰ和Ⅱ两个系列。Ⅰ系列公称压力≤3.4MPa，Ⅱ系列公称压力≤1.6MPa，其试验压力为 1.5 倍公称压力。管件应进行压扁试验。压扁量：不锈钢管件为外径的 20%，铜管件为外径的 15%。管件上的螺纹，除通丝管箍（也称为通丝外接头）需采用 55°圆柱管螺纹外，其余管件都采用 55°圆锥管螺纹。

不锈钢和铜螺纹管路连接管件外形如图 B-2、图 B-3 以及表 B-1 所示品种。

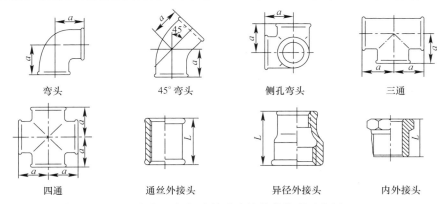

图 B-2　不锈钢和铜螺纹管路连接管件外形示意图（一）

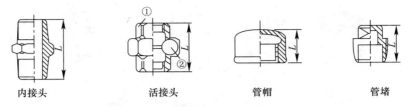

内接头　　　　　　活接头　　　　　　管帽　　　　　　　管堵

图 B-2　不锈钢和铜螺纹管路连接管件外形示意图（二）

注：活接头两端的外形结构，可以是六角形或八角形（图中①），密封面结构，可以是平形或锥形（图中②）。

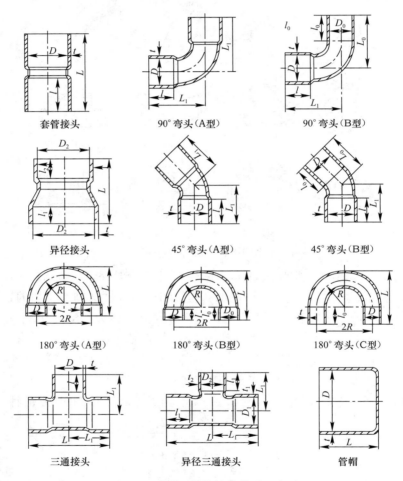

套管接头　　　　　　90°弯头（A型）　　　　　90°弯头（B型）

异径接头　　　　　　45°弯头（A型）　　　　　45°弯头（B型）

180°弯头（A型）　　　180°弯头（B型）　　　180°弯头（C型）

三通接头　　　　　异径三通接头　　　　　管帽

图 B-3　建筑用铜管管件外形示意图

	管件的常用品种	表 B-1

品种名称	其他名称及用途	
套管接头	又称为：等径接头、承口外接头；用于连接两根公称通径相同的铜管或承口式管件	
异径接头	又称为：承口异径接头；用于连接两根公称通径不同的铜管，并使管路的通径缩小	

品种名称	其他名称及用途
90°弯头	又称为：90°角弯、90°承口弯头（指 A 型）、90°单承口弯头（又指 B 型）；A 型用于连接两根公称通径相同的铜管，B 型用于连接两根公称通径相同，一端为铜管，另一端为承口式管件，使管路作 90°转弯
45°弯头	又称为：45°角弯、45°承口弯头（指 A 型）、45°单承口弯头（又指 B 型）；A 型、B 型的连接对象与 90°弯头相同，但它使管路作 45°转弯
180°弯头	又称为：U 形弯头、180°承口弯头（指 A 型）、180°单承口弯头（指 B 型）、180°插口弯头（指 C 型）；A型、B型的连接对象与 90°弯头相同，C 型用于连接两个承口式管件，但它使管路作 180°转弯

B.3　硬聚氯乙烯管件

1. 管件及阀门规格（表 B-2）

硬聚氯乙烯管件、阀门的规格（mm）　　　　　　　　　　　**表 B-2**

品种名称	公称直径							
管接螺母	25	32	40	50	65	80	100	—
带凸边缘接管	25	32	40	50	65	80	100	
带螺纹接管	25	32	40	50	65	80	100	
活套法兰	25	32	40	50	65	80	100	150
带螺纹法兰	25	32	40	50	65	80	100	
带承插口 90°肘形弯头	—	—	—	—	—	80	100	
带承插口 T 形三通	—	—	—	—	—	80	100	
带螺纹 90°肘形弯头	25	32	40	50	65	—		
带螺纹 T 形三通	25	32	40	50	65	—		
带螺纹大小头	25/32	32/40	40/50	—	—	—		
带螺纹 45°角型截止阀	25	32	40	50				
隔膜阀	—	—	—	65	80	100	150	

2. 塑料管材的允许偏差（表 B-3）

塑料管材的允许偏差（mm）　　　　　　　　　　　**表 B-3**

外　　径		壁　　厚	
基本尺寸	公差	基本尺寸	公差
40、50	+0.4	2.0	+0.4
75	+0.6	2.3	+0.5
110	+0.8	3.2	+0.5
160	+1.2	4.0	+0.8

3. 塑料排水管件尺寸标注（图 B-4）

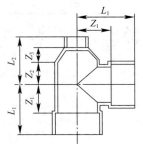

瓶型三通尺寸（mm）

公称外径D	Z_1	Z_2	Z_3	L_1	L_2
110×50	80	58	27	130	109

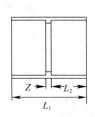

管箍尺寸（mm）

公称外径D	Z	L_1	L_2
50	2	52	25
75	2	82	40
110	2	123	50

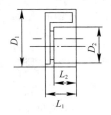

异径管尺寸（mm）

公称外径D	D_1	D_2	L_1	L_2
110×50	110	50	50	25
110×75	110	75	50	40
75×50	75	50	40	25

45°弯头尺寸（mm）

公称外径 D	Z	L
50	20	50
75	20	60
110	35	85

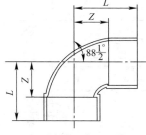

90°弯头尺寸（mm）

公称外径D	Z	L
75	50	90

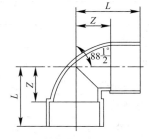

90°弯头尺寸（mm）

公称外径D	Z	L
50	38	68
110	74	124

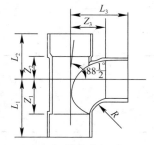

90°正三通尺寸（mm）

公称外径D	Z_1	Z_2	Z_3	L_1	L_2	L_3
50×50	40	35	43	70	65	73
110×110	80	70	80	130	120	130
110×50	50	40	80	100	90	110

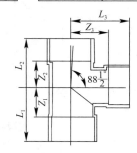

90°顺水三通尺寸（mm）

公称外径D	Z_1	Z_2	Z_3	L_1	L_2	L_3	R
75	50	30	55	87	79	94	≥49
110	80	55	80	118	105	130	≥63

图 B-4　塑料排水管件尺寸标注示意图（一）

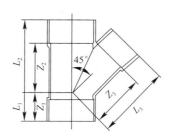

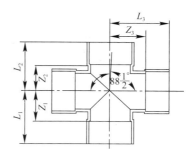

45°斜三通尺寸（mm）　　　　　　　　　　　正四通尺寸（mm）

公称外径D	Z_1	Z_2	Z_3	L_1	L_2	L_3
110×50	20	95	110	30	145	135
110×75	40	115	120	49	165	160

公称外径D	Z_1	Z_2	Z_3	L_3	L_2	L_3
110×110	80	70	80	130	120	130
110×50	50	40	80	110	90	100

图 B-4　塑料排水管件尺寸标注示意图（二）

B.4　常用铸铁排水管件

常用铸铁排水管件的构造，如图 B-5～图 B-12 所示，规格见表 B-4～表 B-8。

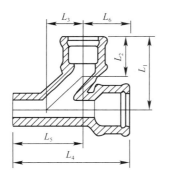

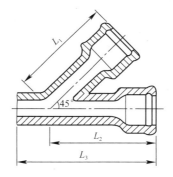

图 B-5　90°、45°三通

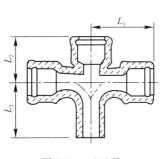

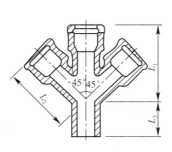

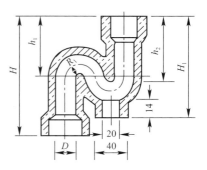

图 B-6　正四通　　　　　　图 B-7　Y 型四通　　　　　　图 B-8　S 型存水弯

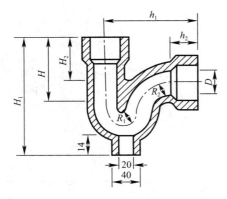

图 B-9　P 型丝扣存水弯

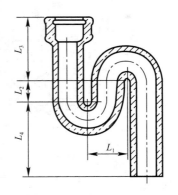

图 B-10　N 型存水弯

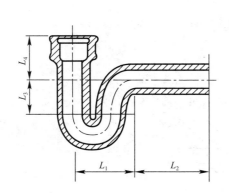

图 B-11　P 型存水弯

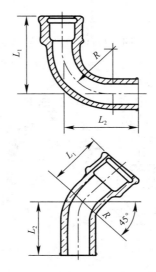

图 B-12　90°、45°弯头及弯曲型污水管

90°、45°三通规格（mm）　　　　　　　　表 B-4

管　径		各部尺寸								
		90°三通						45°三通		
		L_1	L_2	L_3	L_4	L_5	L_6	L_1	L_2	L_3
50	50	170	85	85	260	175	85	190	190	290
75	50	170	85	85	225	—	—	200	210	320
75	75	235	115	115	340	220	120	210	210	358
100	50	235	85	150	340	—	—	210	240	340
100	75	273	115	150	340	—	—	220	240	380
100	100	273	127	147	390	264	126	250	250	383
125	50	273	85	188	390	—	—	250	260	380
125	75	274	115	159	350	—	—	250	265	390
125	100	274	127	147	350	—	—	250	265	390
125	125	306	150	173	430	297	133	280	280	420

管　径		各部尺寸								
		90°三通						45°三通		
		L_1	L_2	L_3	L_4	L_5	L_6	L_1	L_2	L_3
150	50	306	85	221	430	—	—	280	290	420
150	75	306	115	181	430	—	—	280	285	420
150	100	306	127	174	430	—	—	280	295	430
150	125	306	133	170	430	—	—	280	300	450
150	150	333	138	200	473	300	138	317	317	470
200	200	373	145	215	510	332	158	385	385	520

正四通及 Y 型四通规格（mm）　　　　　　　　　表 B-5

管径		正四通				Y 型四通			
		各部尺寸（mm）			重量 (kg/个)	各部尺寸（mm）			量 (kg/个)
		L_1	L_2	L_3		L_1	L_2	L_3	
50	50	140	125	150	5.1	190	185	105	5.1
75	50	140	120	177	5.7	200	210	110	5.4
75	75	162	138	177	7.7	210	210	110	7.7
100	50	170	125	200	7.3	210	240	100	6.3
100	75	175	147	198	8.1	220	240	140	7.3
100	100	175	156	190	10.7	254	254	125	11.0
125	50	175	140	210	9.9	250	260	120	9.5
125	75	175	152	203	10.7	250	265	125	10.2
125	100	180	165	215	12.4	250	265	125	10.7
125	125	197	172	202	16.6	286	286	140	17.1
150	50	185	140	240	11.8	280	290	130	11.9
150	75	190	152	228	12.6	280	285	135	12.4
150	100	195	165	215	13.6	280	295	135	13.2
150	125	200	177	203	15.4	280	300	150	14.8
150	150	207	182	212	20.2	315	315	150	21.8
200	200	240	215	240	34.3	385	385	160	36.0

S 型和 P 型丝扣存水弯规格（mm）　　　　　　表 B-6

名称	S 型		P 型	
管子内径 D（mm）	32.5	50	87.5	90
H	166	190	150	177
H_1	149	175	90.5	112
H_2	—	—	40	57
h_1	68	80	120	126
h_2	98	110	23	24
R_1	28.75	27.5	28.75	27.5
R_2	28.75	27.5	28.75	33
重量（kg/个）	3.5	5.0	2.1	—

无丝扣 P 型及 N 型存水弯规格（mm）　　　　表 B-7

| 管径 | 各部尺寸 | | | | | | | | 重量（kg/个） |
| | P 型存水弯 | | | | N 型存水弯 | | | | |
	L_1	L_2	L_3	L_4	L_1	L_2	L_3	L_4	
50	127.5	120	80	120	80	30	150	145	1.6
75	165	125	92	137	105	30	155	160	7.4
100	195	136	105	150	130	30	185	195	13.3
125	247.5	135	115	172	167	30	227	238	20.0

90°、45°弯头及弯曲型污水管规格（mm）　　　　表 B-8

| 管径 | 各部尺寸 | | | | | | | | |
| | 90°弯头 | | | 45°弯头 | | | 弯曲形污水管 | | | |
	L_1	L_2	R	L_1	L_2	R	L_1	L_2	L_3	R
50	160	175	105	110	110	80	—	—	—	—
75	162	187	117	121	120	90	140	205	205	110
100	200	210	130	130	130	100	140	210	210	115
125	217	222	142	138	130	110	150	225	225	155
150	230	235	155	140	155	125	150	225	225	165
200	260	270	180	160	195	140	160	200	240	195

B.5　铸铁承插口直管

铸铁承插口直管，如图 B-13、表 B-9 所示。

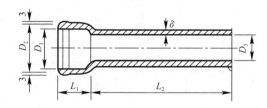

图 B-13　铸铁承插口直管示意图

排水铸铁承插口直管规格（mm）　　　　表 B-9

管径	D_1	D_2	D_3	L_1	L_2	δ	重量（kg/根）
50	80	92	50	60	1500	5	10.3
75	105	117	75	65	1500	5	14.9
100	130	142	100	70	1500	5	19.6
125	157	171	125	75	1500	6	29.4
150	182	196	150	75	1500	6	34.9
200	234	250	200	80	1500	7	53.7

B.6　冲压焊接弯头

冲压焊接弯头用 10 号、20 号钢制作，适用于 $P_N \leqslant 4.0\text{MPa}$，温度≤200℃。其尺寸、质量（重量），如图 B-14 和表 B-10 所示。

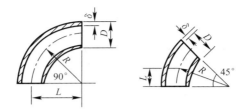

图 B-14　冲压焊接弯头示意图

冲压焊接弯头尺寸与重量　　　　　　　　　　　　　　　　表 B-10

尺寸			R=1.0D					R=1.5D					R=2.0D				
			弯曲半径 R	90°弯头		45°弯头		弯曲半径 R	90°弯头		45°弯头		弯曲半径 R	90°弯头		45°弯头	
公称直径	外径 D	厚度 δ		L	重量(kg)	L	重量(kg)		L	重量(kg)	L	重量(kg)		L	重量(kg)	L	重量(kg)
200	219	7	200	200	11.5	83	5.75	300	300	17.3	125	8.65	400	400	23	166	11.5
225	245	7	225	225	14.5	93	7.25	338	338	21.8	141	10.9	450	450	29	187	14.5
250	273	8	250	250	20.5	104	10.3	375	375	30.9	156	15.4	500	500	41	207	20.5
300	325	10	300	300	36.6	124	18.3	450	450	54.9	187	27.5	600	600	73.2	248	36.6
350	377	10	350	350	49.8	145	24.9	525	525	74.6	217	37.3	700	700	99.6	300	49.8
400	426	12	400	400	77.2	165	38.6	600	600	116	250	57.7	800	800	155	331	77.2
450	480	12	450	450	98.0	187	49.0	675	675	147	281	73.4	900	900	196	374	98
500	530	14	500	500	139.2	207	69.6	750	750	210	312	105	1000	1000	279	415	139.2
600	630		600	600				900	900		375		1200	1200		500	
700	720		700	700				1050	1050		440		1400	1400		580	
800	820		800	800				1200	1200		500		1600	1600		664	
900	920		900	900				1350	1350		562		1800	1800		746	
1000	1020		1000	1000				1500	1500		625		2000	2000		830	

B.7　无缝钢管和焊接钢管专用平焊钢法兰

1. 无缝钢管和焊接钢管专用平焊钢法兰（图 B-15）

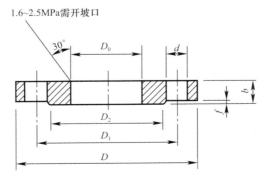

图 B-15　无缝钢管和焊接钢管专用平焊钢法兰示意图

2. 无缝钢管专用平焊钢法兰（表 B-11，表 B-12）

无缝钢管用压力为 1.0MPa 平焊钢法兰尺寸（mm）　　　　表 B-11

公称直径 DN	管子外径 d_o	法兰							螺栓			法兰理论重量（kg）
		外径 D	螺栓孔中心圆直径 D_1	连接凸出部分直径 D_2	连接凸出部分高度 f	法兰厚度 b	螺栓孔直径 d	数量（个）	单头 直径×长度	双头 直径×长度	
10	14	90	60	40	2	12	14	4	M12×40	M12×60	0.458
15	18	95	65	45	2	12	14	4	M12×40	M12×60	0.511
20	25	105	75	55	2	14	14	4	M12×50	M12×60	0.748
25	32	115	85	65	2	14	14	4	M12×50	M12×60	0.89
32	38	135	100	78	2	16	18	4	M16×60	M16×70	1.40
40	45	145	110	85	3	18	18	4	M16×60	M16×80	1.71
50	57	160	125	100	3	18	18	4	M16×60	M16×80	2.09
65	73	180	145	120	3	20	18	4	M16×60	M16×80	2.84
80	89	195	160	135	3	20	18	4	M16×60	M16×80	3.24
100	108	215	180	155	3	22	18	8	M16×70	M16×90	4.01
125	133	245	210	185	f	24	18	8	M16×70	M16×90	5.40
150	159	280	240	210	3	24	23	8	M20×80	M20×100	6.12
175	194	310	270	240	3	24	23	8	M20×80	M20×100	7.44
200	219	335	295	265	3	24	23	8	M20×80	M20×100	8.24
225	245	365	325	295	3	24	23	8	M20×80	M20×100	9.30
250	273	390	350	320	3	26	23	12	M20×80	M20×100	10.7
300	325	440	400	368	4	28	23	12	M20×80	M20×100	12.9
350	377	500	460	428	4	28	23	16	M20×80	M20×100	15.9
400	426	565	515	482	4	30	25	16	M22×90	M22×110	21.8
450	480	615	565	532	4	30	25	20	M22×90	M22×110	24.4
500	530	670	620	585	4	32	25	20	M22×90	M22×120	27.7
600	630	780	725	685	5	36	30	20	M27×110	M27×130	39.4

无缝钢管用压力为 1.6MPa 平焊钢法兰尺寸（mm）　　　　表 B-12

公称直径 DN	管子外径 d_o	法兰							螺栓			法兰理论重量（kg）
		外径 D	螺栓孔中心圆直径 D_1	连接凸出部分直径 D_2	连接凸出部分高度 f	法兰厚度 b	螺栓孔直径 d	数量（个）	单头 直径×长度	双头 直径×长度	
10	14	90	60	40	2	14	14	4	M12×50	M12×60	0.547
15	18	95	65	45	2	14	14	4	M12×50	M12×60	0.711
20	25	105	75	55	2	16	14	4	M12×50	M12×70	0.867
25	32	115	85	65	2	18	14	4	M12×60	M12×70	1.174

续表

公称直径 DN	管子 外径 d_0	法兰						螺栓			法兰理论重量（kg）
		外径 D	螺栓孔中心圆直径 D_1	连接凸出部分直径 D_2	连接凸出部分高度 f	法兰厚度 b	螺栓孔直径 d	数量（个）	单头 直径×长度	双头 直径×长度	
32	38	135	100	78	2	18	18	4	M16×60	M16×80	1.60
40	45	145	110	85	3	20	18	4	M16×60	M16×80	2.00
50	57	160	125	100	3	22	18	4	M16×70	M16×90	2.61
65	73	180	145	120	3	24	18	4	M16×70	M16×90	3.45
80	89	195	160	135	3	24	18	8	M16×70	M16×90	3.71
100	108	215	180	155	3	26	18	8	M16×80	M16×90	4.80
125	133	245	210	185	3	28	18	8	M16×80	M16×100	6.47
150	159	280	240	210	3	28	23	8	M20×80	M20×100	7.92
175	194	310	270	240	3	28	23	8	M20×80	M20×100	8.81
200	219	335	295	265	3	30	23	12	M20×90	M20×110	10.1
225	245	365	325	295	3	30	23	12	M20×90	M20×110	11.7
250	273	390	350	320	3	32	25	12	M22×90	M22×120	15.7
300	325	440	400	368	4	32	25	12	M22×90	M22×120	18.1
350	377	500	460	428	4	34	25	16	M22×100	M22×120	23.3
400	426	565	515	482	4	38	30	16	M27×110	M27×140	31.0
450	480	615	565	532	4	42	30	20	M27×120	M27×150	40.2
500	530	670	620	585	4	48	34	20	M30×130	M30×160	55.1
600	630	780	725	685	5	50	41	20	M36×140	M36×180	80.3

3. 焊接钢管专用平焊钢法兰（表 B-13，表 B-14）

焊接钢管用压力为 1.0MPa 平焊钢法兰尺寸（mm）　　　　　表 B-13

公称直径 DN	管子 外径 d_0	法兰						螺栓			法兰理论重量（kg）
		外径 D	螺栓孔中心圆直径 D_1	连接凸出部分直径 D_2	连接凸出部分高度 f	法兰厚度 b	螺栓孔直径 d	数量（个）	单头 直径×长度	双头 直径×长度	
15	22	95	65	45	2	12	14	4	M12×40	M12×60	0.50
20	27	105	75	55	2	14	14	4	M12×50	M12×60	0.73
25	34	115	85	65	2	14	14	4	M12×50	M12×60	0.87
32	42	135	100	78	2	16	18	4	M16×60	M16×70	1.34
40	48	148	110	85	3	18	18	4	M16×60	M16×80	1.71
50	60	160	125	100	3	18	18	4	M16×60	M16×80	2.01
65	76	180	145	120	3	20	18	4	M16×60	M16×80	2.80
80	89	195	160	135	3	20	18	4	M16×60	M16×80	3.20
100	114	215	180	155	3	22	18	8	M16×70	M16×90	3.60
125	140	245	210	185	3	24	18	8	M16×70	M16×90	5.10

续表

公称直径 DN	管子	法兰						螺栓			法兰理论重量 (kg)
	外径 d_o	外径 D	螺栓孔中心圆直径 D_1	连接凸出部分直径 D_2	连接凸出部分高度 f	法兰厚度 b	螺栓孔直径 d	数量 (个)	单头 直径×长度	双头 直径×长度	
150	165	280	240	210	3	24	23	8	M20×80	M20×100	6.15
200	219	335	295	265	3	24	23	8	M20×80	M20×100	8.10
250	273	390	350	320	3	26	23	12	M20×80	M20×100	10.40
300	325	440	400	398	4	28	23	12	M20×80	M20×100	12.52
350	377	500	460	428	4	28	23	16	M20×80	M20×110	15.42
400	426	565	515	482	4	30	25	16	M20×90	M22×110	21.12
450	480	615	565	532	4	30	25	20	M22×90	M22×110	22.24
500	530	670	620	585	4	32	25	20	M22×100	M22×120	27.49
600	630	780	725	685	5	36	30	20	M27×110	M27×130	38.15

焊接钢管用压力为 1.6MPa 平焊钢法兰尺寸（mm）　　　　　表 B-14

公称直径 DN	管子	法兰						螺栓			法兰理论重量 (kg)
	外径 d_o	外径 D	螺栓孔中心圆直径 D_1	连接凸出部分直径 D_2	连接凸出部分高度 f	法兰厚度 b	螺栓孔直径 d	数量 (个)	单头 直径×长度	双头 直径×长度	
15	22	95	65	45	2	14	14	4	M12×50	M12×60	0.59
20	27	105	75	55	2	16	14	4	M12×50	M12×70	0.85
25	34	115	85	65	2	18	14	4	M12×60	M12×70	1.15
32	42	135	100	78	2	18	18	4	M12×60	M16×80	1.53
40	48	145	110	85	3	20	18	4	M12×60	M16×80	1.85
50	60	160	125	100	3	22	18	4	M16×70	M16×90	2.52
65	76	180	145	120	3	24	18	4	M16×70	M16×90	3.40
80	89	195	160	135	3	24	18	4	M16×70	M16×90	3.71
100	114	215	180	155	3	26	18	8	M16×80	M16×100	4.50
125	140	245	210	185	3	28	18	8	M16×80	M16×100	6.02
150	165	280	240	210	3	28	23	8	M20×80	M20×100	7.27
200	219	335	295	265	3	30	23	12	M20×90	M20×110	9.40
250	273	405	355	320	3	32	25	12	M22×120	14.86	14.86
300	325	460	410	375	4	32	25	12	M22×100	M22×120	17.60
350	377	520	470	435	4	34	25	16	M22×100	M22×120	22.66
400	426	580	525	485	4	38	30	16	M27×110	M27×130	30.00
450	480	640	585	545	4	42	30	20	M27×120	M27×140	39.50
500	530	705	650	608	4	48	34	20	M30×130	M30×160	53.50
600	630	840	770	718	5	50	41	20	M36×140	M36×180	78.54

B.8 塑料管件承口

1. 热熔塑料承插管件承口（图 B-16，表 B-15）

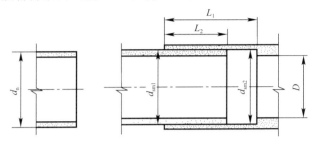

图 B-16 热熔塑料承插管件承口示意图

热熔塑料承插管件承口尺寸与相应公称外径（mm）　　　　　　　　　　　表 B-15

公称外径 d_n	最小承口长度 L_1	最小承插深度 L_2	承口的平均内径				最大不圆度	最小通径 D
			d_{sm1}		d_{sm2}			
			最小	最大	最小	最大		
20	14.5	11.0	18.8	19.3	19.0	19.5	0.6	13.0
25	16.0	12.5	23.5	24.1	23.8	24.4	0.7	18.0
32	18.1	14.6	30.4	31.0	30.7	31.3	0.7	25.0
40	20.5	17.0	38.3	38.9	38.7	39.3	0.7	31.0
50	23.5	20.0	48.3	48.9	48.7	49.3	0.8	39.0
63	27.4	23.9	61.1	61.7	61.6	62.2	0.8	49.0
75	31.0	27.5	71.9	72.7	73.2	74.0	1.0	58.2
90	35.5	32.0	86.4	87.4	87.8	88.8	1.2	69.8
110	41.5	38.0	105.8	106.8	107.3	108.5	1.4	85.4

注：表中的公称外径 d_n 指与管件相连接的管材的公称外径，承口壁厚不应小于相同规格管材的壁厚。

2. 电熔连接塑料管件承口（图 B-17，表 B-16）

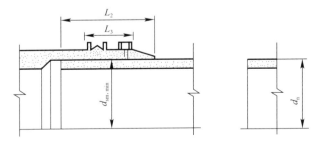

图 B-17 电熔连接塑料管件承口示意图

电熔连接塑料管件承口尺寸与相应公称外径（mm）　　表 B-16

公称外径 d_n	熔合段最小内径 $d_{sm,min}$	熔合段最小长度 L_3	最小承插长度 L_2	
			最小	最大
20	20.1	10	20	37
25	25.1	10	20	40
32	32.1	10	20	44
40	40.1	10	20	49
50	50.1	10	20	55
63	63.2	11	23	63
75	75.2	12	25	70
90	90.2	13	28	79
110	110.3	15	32	85

注：表中的公称外径 d_n 指与管件相连接的管材的公称外径。

附录 C　散热器系列

C.1　灰铸铁二柱、四柱型散热器

1. 外形尺寸（图 C-1）

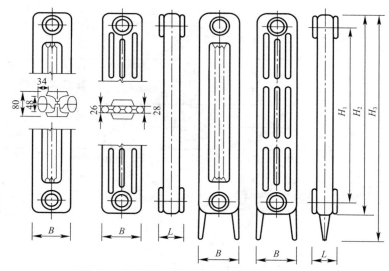

图 C-1　灰铸铁二柱、四柱型散热器外形尺寸

2. 型号标记

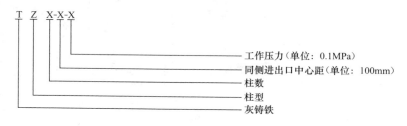

TZX-X-X
工作压力（单位：0.1MPa）
同侧进出口中心距（单位：100mm）
柱数
柱型
灰铸铁

3. 技术参数（表 C-1）

技术参数　　　　　　　　　　　　　　　　　　　　　　　表 C-1

外形尺寸名称	单位	型号及规格尺寸				
		TL4-3-5（8）	TL2-5-5（8）	TL4-5-5（8）	TL4-6-5（8）	TL4-9-5（8）
同侧进出口中心距（H_1）	mm	300	500	500	600	900
中片高度（H_2）	mm	382	582	582	682	985
足片高度（H_3）	mm	460	660	660	760	1060
中片宽度（B）	mm	143	132	143	143	168
中片长度（L）	mm	60	80	60	60	60
散热面积	m^2/片	0.13	0.24	0.20	0.235	0.44
散热量	W/片	82	130	115	130	187
中片重量	kg/片	3.4±0.2	6.2±0.3	4.9±0.3	6.0±0.3	11.5±0.5
足片重量	kg/片	4.1±0.7	6.7±0.3	5.6±0.3	6.7±0.3	12.2±0.5

4. 适用压力（表 C-2）

灰铸铁散热器适用压力　　　　　　　　　　　　　　　　　表 C-2

散热器材质	工作压力（MPa）		试验压力（MPa）
	热水	蒸汽	
灰铸铁材质不低于 HT100	0.5	0.2	0.75
灰铸铁材质不低于 HT150	0.8	0.2	1.2

C.2　灰铸铁柱翼型散热器

1. 外形尺寸（图 C-2，表 C-3）

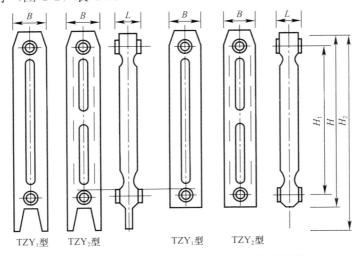

TZY₁型　　TZY₂型　　　　　TZY₁型　　TZY₂型

图 C-2　灰铸铁柱翼型散热器外形尺寸示意图

外形尺寸表（mm）　　　　　　　　　　表 C-3

型号 ＼ 外形尺寸名称	中片高度 H	足片高度 H₂	长度 L	宽度 B	同侧进出口中心距 H₁
TZY1-B/3-5（8）	≤400	≤480	70	100～120	300
TZY1-B/5-5（8）	≤600	≤680	70	100～120	500
TZY1-B/6-5（8）	≤700	≤780	70	100～120	600
TZY1-B/9-5（8）	≤1000	≤1080	70	100～120	900
TZY2-B/3-5（8）	≤400	≤480	70	100～120	300
TZY2-B/5-5（8）	≤600	≤680	70	100～120	500
TZY2-B/6-5（8）	≤700	≤780	70	100～120	600
TZY2-B/9-5（8）	≤1000	≤1080	70	100～120	900

2. 型号标记

型号示例：

TZY2-1.2/6-5（8）——灰铸铁柱翼型散热器，宽度 B 为 120mm，同侧进出口中心距 H_1 为 600mm，工作压力 0.5MPa（或 0.8MPa）。

3. 性能参数（表 C-4）

柱翼型散热器性能参数　　　　　　　　　　表 C-4

各种参数 ＼ 型号	散热面积（m²/片）合格证	热媒为热水 T＝64.5℃ 时散热量（W/片） 合格证	重量（kg/片）合格品 中片	重量（kg/片）合格品 足片	工作压力（MPa）热水 ≥HT100	工作压力（MPa）热水 ≥HT150	工作压力（MPa）蒸汽 ≥HT100	工作压力（MPa）蒸汽 ≥HT150	试验压力（MPa）≥HT100	试验压力（MPa）≥HT150
TZY1-B/3-5（8）	0.17/0.176	85/89	3.4/3.5	4.0/4.1						
TZY1-B/5-5（8）	0.26/0.27	120/124	5.5/5.9	6.1/6.5						
TZY1-B/6-5（8）	0.31/0.32	139/145	6.3/6.8	6.9/7.4						
TZY1-B/9-5（8）	0.57/0.59	194/202	9.2/10.1	9.8/10.7	≤0.5	≤0.8	≤0.2	≤0.2	0.75	1.2
TZY2-B/3-5（8）	0.18/0.19	87/92	3.5/3.6	4.1/4.2						
TZY2-B/5-5（8）	0.28/0.29	122/129	5.7/6.1	6.3/6.7						
TZY2-B/6-5（8）	0.33/0.34	142/150	6.5/7.0	7.1/7.6						
TZY2-B/9-5（8）	0.62/0.64	198/209	9.5/10.4	10.1/11.0						

注：表中斜线上方为 100mm 宽对应的数据，斜线下方为 120mm 宽对应的数据。散热量与散热器宽度有关。表中每片散热量为 10 片组成一组，在不涂刷任何涂料时测得结果的平均值。

C.3　灰铸铁翼型散热器

1. 外形尺寸（图 C-3）

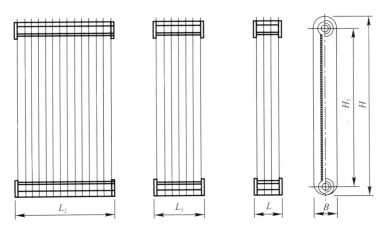

图 C-3　灰铸铁翼型散热器外形尺寸示意图

2. 型号标记

工作压力（单位：0.1MPa）

同侧进出口中心距

散热器长度

翼型

灰铸铁

3. 灰铸铁翼型散热器适用压力（表 C-5）

灰铸铁翼型散热器适用压力　　　　　　　　　　表 C-5

材　　质	工作压力（MPa）		试验压力（MPa）
	低于 130℃热水	蒸汽	
灰铸铁	0.5（0.7）	0.2	0.75（1.05）

4. 灰铸铁翼型散热器系列参数（表 C-6）

灰铸铁翼型散热器系列参数（mm）　　　　　　　　表 C-6

型号	同侧进出口中心距 H_1	高度 H	宽度 B	片长 L		散热面积（m²/片）	散热量（W/片）	重量（kg）
TY0.8/3-5（7）	300	389	95	L	80	0.2	88	4.3～4.8
TY1.4/3-5（7）				L_1	140	0.34	144	6.8～7.4
TY2.8/3-5（7）				L_2	280	0.73	296	13～14
TY0.8/5-5（7）	500	589	95	L	80	0.26	127	6～6.4
TY1.4/5-5（7）				L_1	140	0.50	210	10～11
TY2.8/5-5（7）				L_2	280	1.00	430	20～21.5

C.4　钢制板式散热器

1. 外形尺寸（图 C-4）

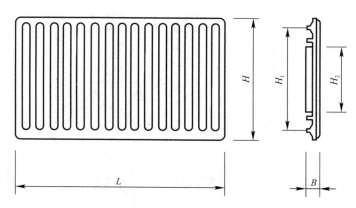

图 C-4　钢制板式散热器外形尺寸

2. 型号标记

G　B　1-D/5-8

- 工作压力（单位：0.8MPa）
- 同侧进出水口中心距（单位：100mm）
- 单板为D，双板为S
- 单面水道槽为1，双面水道槽为2
- 板式
- 钢制

3. 系列参数（表 C-7，表 C-8）

钢制板式散热器外形尺寸参数（mm）　　　　　　表 C-7

钢制板式散热器外形尺寸	尺寸参数				
高度 H	380	480	580	680	980
同侧进出水口中心距 H_1	300	400	500	600	900
对流片有效高度 H_2	130	230	330	430	730
厚度 B	50				
长度 L	400～1800（间隔 200）				

钢制板式散热器性能参数　　　　　　表 C-8

型号	重量（kg/m）	水容量（L/m）	散热面积（m²/m）	标准散热量（W/m）
GB1-D/5-8	15.5	2.3	2.23	1258
GB1-S/5-8	31.0	4.6	4.46	1865

4. 钢制板式散热器适用压力（表C-9）

钢制板式散热器适用压力   表 C-9

散热器板厚 (mm)	工作压力（MPa）		试验压力 (MPa)
	热媒温度＜100℃	热媒温度 100～150℃	
1.2～1.3	0.6	0.46	0.9
1.4～1.5	0.8	0.7	1.2

附录 D 消 火 栓

消火栓分室内消火栓和室外消火栓，如图 D-1 所示。

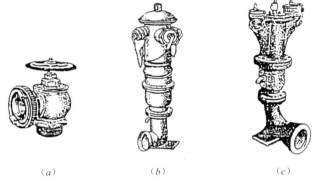

图 D-1 消火栓示意图

(*a*) 室内消火栓（SN 型）；(*b*) 室外地上式消火栓（SS 型）；(*c*) 室外地下式消火栓（SA 型）

附录 E 各种垫料材料

E.1 普通、耐酸碱、耐油、耐热型橡胶板垫料（表E-1）

普通、耐酸碱、耐油、耐热型橡胶板垫料产品的品种、代号及适用范围   表 E-1

品种	代号	适用范围
普通橡胶板	1704 1804	硬度较高，物理力学性能一般，可在压力不大、温度为－30～60℃的空气中工作；用于冲制密封垫圈和铺设地板、工作台等
	1608 1708	中等硬度，物理力学性能较好，可在压力不大、温度为－30～60℃的空气中工作；用于冲制各种密封缓冲垫圈、胶垫、门窗密封条和铺设工作台及地板
	1613	中等硬度，有较好的耐磨性和弹性，能在较高压力、温度为－35～60℃的空气中工作；用于冲制具有耐磨、耐冲击及缓冲性能的垫圈、门窗密封条和垫板
	1615	低硬度，高弹性，能在较高压力、温度为－35～60℃的空气中工作；用于冲制耐冲击、密封性能好的垫圈和垫板

品种	代号	适用范围
耐酸碱橡胶板	2707 2807	硬度较高，耐酸碱，可在温度为−30～60℃的20%的酸碱液体介质中工作；用于冲制各种形状的垫圈及铺盖机械设备
	2709	硬度中等，耐酸碱，可在温度为−30～60℃的20%的酸碱液体介质中工作；用于冲制密封性能较好的垫圈
耐油橡胶板	3707 3807	硬度较高，具有较好的耐溶剂介质的膨胀性能，可在温度为−30～100℃的机油、变压器油、汽油等介质中工作；用于冲制各种形状的垫圈
	3709 3809	硬度较高，具有耐溶剂介质的膨胀性能，可在温度为−30～80℃的机油、润滑油、汽油等介质中工作；用于冲制各种形状的垫圈
耐热橡胶板	4708 4808	硬度较高，具有耐热性，可在温度为−30～100℃、压力不大的蒸汽、热水和热空气介质中工作；用于冲制各种垫圈和隔热垫板
	4710	硬度中等，具有耐热性，可在温度为−30～100℃、压力不大的蒸汽、热水和热空气介质中工作；用于冲制各种垫圈和隔热垫板
	4604	低硬度，具有优良的耐热老化、耐臭氧等性能，可在温度为−60～250℃条件下的介质中工作；供冲制各种密封垫圈、垫板等用

注：代号中左起第一位数字表示橡胶板品种；第二位数字的10倍表示橡胶板硬度值；第三位和第四位数字表示橡胶板拉伸强度（MPa）。

E.2　石棉橡胶板（也称橡胶石棉板，表 E-2）

用途：用作温度450℃、压力6MPa以下，介质为热水、蒸汽、空气、煤气、惰性气体、氨、碱液等的设备和管道法兰连接处的密封衬垫材料。耐油橡胶石棉板可用作介质为油品、溶剂及碱液的设备和管道法兰连接处的密封衬垫材料。

石棉橡胶板规格　　　　　　　　表 E-2

牌号	尺寸（mm）			密度（g/cm³）	适用范围	
	厚度	宽度	长度		温度（℃）	压力（MPa）
石棉橡胶板（GB/T 3985—1995）						
XB450（紫色）	0.5、1.0、1.5、2.0、2.5、3.0	500 620 1200 1260 1500	500 620 1260	1.6～2.0	≤450	≤6
XB350（红色）	0.8、1.0、1.5、2.0、2.5、3.0、3.5、4.0、4.5、5.0、5.5、6.0		1000 1260 1350 1500 4000		≤350	≤4
XB200（灰色）					≤200	≤1.5

续表

牌号	尺寸（mm）			密度	适用范围	
	厚度	宽度	长度	（g/cm³）	温度（℃）	压力（MPa）
耐油石棉橡胶板（GB/T 539—1995）						
NY150（灰色）	0.4、0.5、0.6、0.8、1.0、1.1、1.2、1.5、2.0、2.5、3.0	500 620 1200 1260 1500	500 620 1000 1260 1350 1500	1.6～2.0	≤150	1.6～2.0
NY250（浅黄色）					≤250	
NY400（石墨色）					≤400	

附录 F 压 力 表

压力表，也称压力计、压强计。

用途：测量机器、设备或容器内的水、蒸汽、压缩空气及其他中性液体或气体的压力。

压力表的规格，见表 F-1。

压力表规格   表 F-1

表壳公称直径（mm）		40	60	100	150、200、250
结构形式		I～IV	I～IV	I～III	
测量范围（MPa）	自	0～0.06	0～0.1	0～0.06	
	至	0～60	0～60	0～60	0～160
精度等级		2.5、4.0		1.5、2.5	1.0、1.5
接头螺纹（mm）		M10×1	M14×1.5	M20×1.5	
正常工作环境温度（℃）		-40～70			
结构形式		I	II	III	IV
安装方式		直接安装式	凸装式	嵌装式	直接安装式
接头位置		径向	径向	轴向	轴向
测量范围系列（MPa）		0 分别至 0.06、0.1、0.16、0.25、0.4、0.6、1.0、1.6、2.5、4、6、10、16、25、40、60、100、160			

附录 G 螺 栓 系 列

G.1 六角头螺栓（也称为粗制六角头螺栓、毛六角头螺栓、毛螺栓、黑铁螺丝闩）。

六角头螺栓分部分螺纹和全螺纹两种，如图 G-1 所示。

用途：与螺母配合，利用螺纹连接方法，使两个零件（结构件）连接成为一个整体。这种连接的特点是可拆卸的，即若把螺母旋下，可使两个零件分开。产品等级（精度）为C级的螺栓，主要适用于表面比较粗糙、对精度要求不高的钢（木）结构、机器、设备；

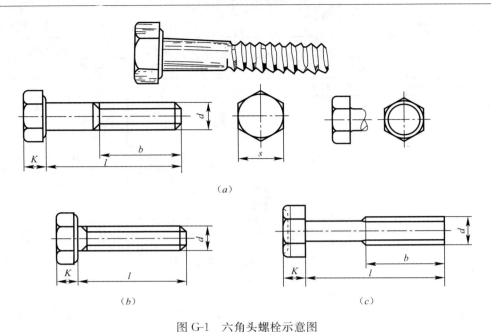

图 G-1　六角头螺栓示意图

（a）六角头螺栓（部分螺纹）凹穴型头部；（b）六角头螺栓（全螺纹）；（c）六角头螺栓（细杆）

A级和B级的螺栓，主要适用于表面光洁、对精度要求高的机器、设备。螺栓上的螺纹，一般均为粗牙普通螺纹；细牙普通螺纹螺栓的自锁性较好，主要适用于薄壁零件或承受交变载荷、振动和冲击载荷的零件，还可用于微调机构的调整。通常都采用部分螺纹螺栓（包括细杆螺栓）；要求较长螺纹长度的场合，可采用全螺纹螺栓。

六角头螺栓的规格，见表 G-1 所示。

六角头螺栓的规格及 GB 号码　　　　　　　　　　　　　　　　表 G-1

螺纹规格 d（mm）	螺杆长度 L（mm）		螺纹规格 d（mm）	螺杆长度 L（mm）	
	GB5780 部分螺纹	GB5781 全螺纹		GB5780 部分螺纹	GB5781 全螺纹
M5	25～50	10～40	M30	90～300	60～100
M6	30～60	12～50	(M33)	130～320	65～360
M8	35～80	16～65	M36	110～300	70～100
M10	40～100	20～80	(M39)	150～400	80～400
M12	45～120	25～100	M42*	160～420	80～420
(M14)	60～140	30～140	(M45)	180～440	90～440
M16	55～160	35～100	M48*	180～480	100～480
(M18)	80～180	35～180	(M52)	200～500	100～500
M20	65～200	40～100	M56*	220～500	110～500

续表

螺纹规格 d（mm）	螺杆长度 L（mm）		螺纹规格 d（mm）	螺杆长度 L（mm）	
	GB5780 部分螺纹	GB5781 全螺纹		GB5780 部分螺纹	GB5781 全螺纹
（M22）	90～220	45～220	（M60）	240～500	120～500
M24	80～240	50～100	M64＊	260～500	120～500
（M27）	100～260	55～280	—	—	—

注：螺纹规格（即螺纹公称直径）栏中，带括号的为尽可能不采用的规格，带 ＊ 符号的为通用规格，其余的为商品规格。螺杆长度系列分为：6、8、10、12、16、20、25、30、35、40、45、50、（55）、60、（65）、70、80、90、100、110、120、130、140、150、160、180、200、220、240、260、280、300、320、340、360、380、400、420、440、460、480、500（mm）。螺纹公差为 8g。性能等级：$d \leqslant 39mm$ 的为 4.6、4.8；$d > 39mm$ 的按协议。表面处理：不经处理和钝化。

G.2　六角螺母（也称为六角螺帽、六角帽）

六角螺母，如图 G-2 所示。

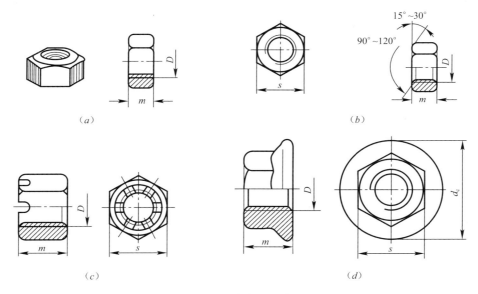

图 G-2　六角螺母示意图

（a）1 型六角螺母-C 级；（b）1 型六角螺母-A 和 B 级；

（c）六角开槽螺母-A 和 B 级；（d）六角法兰面螺母

用途：利用螺纹连接方法，与螺栓、螺钉配合使用，起连接紧固机件（零件、结构件）作用。其中以 1 型六角螺母应用最广，C 级螺母用于表面比较粗糙、对精度要求不高的机器、设备或结构上；A 级（适用于螺纹公称直径 $D \leqslant 16mm$）和 B 级（适用于 $D > 16mm$）螺母用于表面粗糙度较小，对精度要求较高的机器、设备或结构上。2 型六角螺母的厚度 m 较厚，多用于经常需要装拆的场合。六角薄螺母的厚度 m 较薄，多用于被连接机件的表面空间受限制的场合，也常用作防止主螺母回松的锁紧螺母。六角开槽螺母专供与螺杆末端带孔的螺栓配合使用，以便把开口销从螺母的槽中插入螺杆的孔中，防止螺母自动回松，主要用于具有振动载荷或交变载荷的场合。一般六角螺母均制成粗牙普通螺纹。各种细牙普通螺纹的六角螺母必须配合细牙六角头螺栓使用，用于薄壁零件或承受交变载荷、振动载荷、冲击载荷的机件上。

六角螺母的常见品种规格，见表 G-2；主要尺寸见表 G-3。

六角螺母的常见品种规格　　　　　　表 G-2

螺母品种	其他名称	国家标准号码	螺纹规格范围（mm）	机械性能等级（适用于 3mm≤D≤39mm）	表面处理
1 型六角螺母-C 级	粗制六角螺母、毛六角螺母、毛螺帽	GB/T 41—2000	M5～M64	钢：4，5 级	①
1 型六角螺母-A 和 B 级	六角螺母、精制六角螺母、光六角螺母、光螺母、特光帽	GB 6170—2000	M1.6～M64	钢：6，8，10 级；不锈钢：$D≤16mm$ 的为 A2-70，$D>16mm$ 的为 A2-50	③⑤
1 型六角螺母-细牙 A 和 B 级	细牙六角螺母、精制细牙六角螺母	GB 6171—2000	M8×1～M64×4	与 1 型六角螺母-A 和 B 级相同	③⑤
2 型六角螺母-A 和 B 级	六角厚螺母、精制六角厚螺母	GB 6175—2000	M5～M36	钢：9，12 级	④
2 型六角螺母-细牙 A 和 B 级	细牙六角螺母、精制细牙六角螺母	GB 6176—2000	M8×1～M64×4	钢：8（$D≥16mm$），10，12（$D<16mm$）级	④
六角薄螺母-A 和 B 级-倒角	六角扁螺母、精制六角扁螺母	GB 6172—2000	M1.6～M64	钢：04，05 级；不锈钢：A2-70	②⑤
六角薄螺母-B 级-无倒角	六角扁螺母、精制六角扁螺母	GB 6174—2000	M1.6～M10	钢：HV110（最小）	①
六角薄螺母-细牙 A 和 B 级	细牙六角薄螺母、精制细牙六角薄螺母	GB 6173—2000	M8×1～M64×4	钢：04，05 级；不锈钢：$D≤20mm$ 的为 A2-70，$D>20mm$ 的为 A2-50	②⑤
1 型六角开槽螺母-C 级	粗制六角槽形螺母	GB 6179—86	M5～M36	钢：4，5 级	①
1 型六角开槽螺母-A 和 B 级	六角槽形螺母、精制六角槽形螺母	GB 6178—86	M4～M36	钢：6，8，10 级	③
2 型六角开槽螺母-A 和 B 级	六角槽形厚螺母、精制六角槽形厚螺母	GB 6180—86	M4～M36	钢9，12 级	③
六角开槽薄螺母-A 和 B 级	六角槽形扁螺母、精制六角槽形扁螺母	GB 6181—86	M5～M36	钢：4，5 级；不锈钢：A2-50	②⑤
六角法兰面螺母-A 级	—	GB 6177—86	M5～M20	钢：812 级；不锈钢：A2-70	③⑤

注：各种螺母螺纹公差：C 级螺母为 7H，A 和 B 级螺母螺纹公差为 6H。螺纹规格 $D<3mm$ 和 $D>39mm$ 的机械性能等级按协议。表面处理栏中：①表示钢制品-不经处理或镀锌钝化；②表示钢制品-不经处理或镀锌钝化、氯化；③表示钢制品-氯化、不经处理或镀锌钝化；④表示钢制品-氯化或镀锌钝化；⑤表示不锈钢制品-不经处理。

常见六角螺母的规格及主要尺寸（mm）　　　　　　表 G-3

螺母规格 D	对边宽度 S		螺母最大高度 m								
			六角螺母			六角开槽螺母				六角薄螺母	
	新标准	旧标准	1 型 C 级	2 型	1 型	1 型 C 级	薄型	1 型	2 型	B 级无倒角	A 和 B 级倒角
				A 和 B 级			A 和 B 级				
M1.6	3.2	3.2	—	1.3	—	—	—	—	—	1	1
M2	4	4	—	1.6	—	—	—	—	—	1.2	1.2
M2.5	5	5	—	2	—	—	—	—	—	1.6	1.6
M3	5.5	5.5	—	2.4	—	—	—	—	—	1.8	1.8
M4	7	7	—	3.2	—	—	—	5	—	2.2	2.2
M5	8	8	5.6	4.7	5.1	7.6	5.1	6.7	7.1	2.7	2.7
M6	10	10	6.4	5.2	5.7	8.9	5.7	7.7	8.2	3.2	3.2
M8	13	14	7.94	6.8	7.5	10.94	7.5	9.8	10.5	4	4
M10	16	17	9.54	8.4	9.3	13.54	9.3	12.4	13.3	5	5
M12	18	19	12.17	10.8	12	17.17	12	15.8	17	6	
(M14)	21	22	13.9	12.8	14.1	18.9	14.1	17.8	19.1	7	
M16	24	24	15.9	14.8	16.4	21.9	16.4	20.8	22.4	8	
(M18)	27	27	16.9	15.8	—	—	—	—	—	9	
M20	30	30	19	18	20.3	25	20.3	24	26.3	10	
(M22)	34	32	20.2	19.4	—	—	—	—	—	11	
M24	36	36	22.3	21.5	23.9	30.3	23.9	29.5	31.9	12	
(M27)	41	41	24.7	23.8	—	—	—	—	—	13.5	
M30	46	46	26.4	25.6	28.6	35.4	28.6	34.6	37.6	15	
(M33)	50	—	29.5	28.7	—	—	—	—	—	16.5	
M36	55	55	31.9	31	34.7	40.9	34.7	40	43.7	18	
(M39)	60	—	34.3	33.4	—	—	—	—	—	19.5	
M42*	65	65	34.9	34						21	
(M45)	70	—	36.9	36						22.5	
M48*	75	75	38.9	38	注：螺纹规格：带括号的尽可能不采用，标有 * 符号					24	
(M52)	80	—	42.9	42	的是通用规格，其余是产品规格。新标准指与螺母有					26	
M56*	85	85	45.9	45	关的 2000 年国家标准；旧标准指与螺母有关的 1976					28	
(M60)	90	—	48.9	48	年国家标准。					30	
M64*	95	95	52.4	51						32	

G.3　双头螺栓（也称为司搭子螺丝、螺柱）。

双头螺栓，如图 G-3 所示。

用途：两端都制有螺纹，带螺纹长度 b_m 一端拧入并固定在被连接件的螺纹孔中，带标准螺纹长度 b 一端穿过另一被连接件的螺纹孔时，再旋转上六角螺母，使两个被连接件连接成为一个整体。把螺母旋转下来，又可使两个被连接件分开。主要用于带螺纹孔的被连接件不能或不便安装带头螺栓的场合，例如：汽车、拖拉机、柴油机、压缩机等的气缸与气缸盖之间即采用这种螺柱连接。

规格：按螺柱的螺纹长度 b_m（螺柱与被连接件螺纹孔相连接的一端螺纹），分成以下四种：

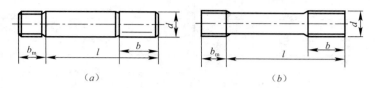

图 G-3 双头螺栓示意图

(*a*) A 型；(*b*) B 型

① $b_m = 1d$，M5～M48（GB 897—88），一般用于钢、铜质被连接件；

② $b_m = 1.25d$，M5～M48（GB 898—88），一般用于铜质被连接件；

③ $b_m = 1.5d$，M2～M48（GB 899—88），一般用于铸铁材质被连接件；

④ $b_m = 2d$，M2～M48（GB 900—88），一般用于铝质被连接件。

其中 d——螺纹规格。螺栓的另一端螺纹长度，按标准螺纹长度 b 制造。双头螺栓规格，见表 G-4 所示。

双头螺栓规格（mm）　　　　　　　　　　　　　　　　　　　表 G-4

螺栓规格	螺纹长度 b_m				公称长度 L/标准螺纹长度 b（表中 L 数值是品种③ $b_m = 1.5d$ 的规定，其他品种的 L 数值与③的 L 数值不同时，另在括号内注明）
	1d	1.25d	1.5d	2d	
M2	—	—	3	4	12～16/6；18～25/10
M2.5	—	—	3.5	5	14～18/8；20～30/11
M3	—	—	4.5	6	16～20/6；22～40（④38）/12
M4	—	—	6	8	16～22/8；25～40（④38）/14
M5	5	6	8	10	16～22/10；25～40（④38）/16
M6	6	8	10	12	20（④18）～22/10；25～30（④25）/14；32（④28）～75/18
M8	8	10	12	16	20（④18）～22/12；25～30（④25）/16；32～90（④28～75）/22
M10	10	12	15	20	25～28（④22～25）/14；30～38（④28～30）/16；40（④32）～120/26；130/32
M12	12	15	18	22	25～30（④22～25）/16；32～40（④28～35）/20；45（④38）～120/30；130～180（②、④170）/36
(M14)	14	18	21	24	30～35（④28）/18；38～45（④30～38）/25；50（④40）～120/34；130～180（④170）/40
M16	16	20	24	32	30～38（④28～30）/20；40～55（②50、④32～40）/30；60（②55、④45）～120/38；130～200/44
(M18)	18	22	27	36	35～40/22；45～60/35；65～120/42；130～200/48
M20	20	25	30	40	35～40/25；45～65（②60）/35；70（②65）～120/46；130～200/52
(M22)	22	28	33	44	40～45/30；50～70/40；75～120/50；130～200/56
M24	24	30	36	48	45～50/30；55～75/45；80～120/54；130～200/60
(M27)	27	35	40	54	50～60（④55）/35；65～85（④60～80）/50；90（④85）～120/60；130～200/66

续表

螺栓规格	螺纹长度 b_m				公称长度 L/标准螺纹长度 b（表中 L 数值是品种③ $b_m = 1.5d$ 的规定，其他品种的 L 值与③的 L 数值不同时，另在括号内注明）
	$1d$	$1.25d$	$1.5d$	$2d$	
M30	30	38	45	60	60～65（④55～60）/40；70～90（④65～85）/50；90（④90）～120/66；130～200/72；210～250/85
(M33)	33	41	49	66	65～70（④60～65）/45；75～95（④70～90）/60；100（④95）～120/72；130～200/78；210～300/91
M36	36	45	54	72	65～75（④60～70）/45；80（④75）～110/60；120/78；130～200/84；210～300/97
(M39)	39	49	58	78	70～80（④65～75）/50；85（④80）～110/65；120/84；130～200/90；210～300/103
M42	42	52	63	80	70～80（④65～75）/50；85（④80）～110/70；120/90；130～200/96；210～300/109
M48	48	60	72	96	80（④75）～90/60；95～110/80；120/102；130～200/108；210～300/121

注：双头螺栓的公称长度 L（包括螺纹长度 b，但不包括螺纹长度 b_m）系列：12、（14）、16、（18）、20、（22）、25、（28）、30、（32）、35、（38）、40、45、50、（55）、60、（65）、70、（75）、80、（85）、90、（95）、100、110、120、130、140、150、160、170、180、190、200、210、220、230、240、250、260、280、300（mm）。带括号的螺纹规格和公称长度 L 尽可能不采用。产品等级为：B 级。普通螺纹公差：6g；过度配合螺纹代号：GM，C2M。钢性能等级：4.8、5.8、6.8、8.8、10.9、12.9；不锈钢性能等级：A2-50、A2-70。表面处理：钢双头螺栓不经处理、镀锌钝化或氧化，但表面应采取变压器油进行防锈保护；不锈钢双头螺栓：不经处理。

G.4　钢制膨胀螺栓（也称为金属膨胀螺栓、胀铆螺栓）。

钢制膨胀螺栓如图 G-4 所示；钢制膨胀螺栓的规格尺寸见表 G-5。

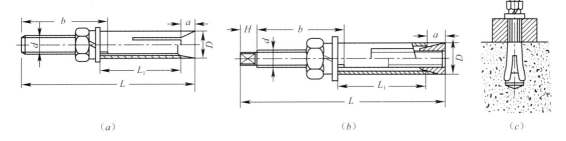

(a) 　　　　　　　　　　(b) 　　　　　　　　　　(c)

图 G-4　钢制膨胀螺栓示意图

(a) Ⅰ型钢膨胀螺栓；(b) Ⅱ型钢膨胀螺栓；(c) 安装示意图

钢制膨胀螺栓产品规格尺寸（mm）　　　　　　　　　　表 G-5

螺纹规格 d	胀管尺寸		方头高度 H	安装尺寸 a（参考）	钻孔尺寸		被连接件最大厚度 L_2 计算公式	允许静载荷（N）	
	直径 D	长度 L_1			直径	深度		抗拉力	抗剪力
M6	10	35	—	3	10.5	40	L-50/-	2350	1770
M8	12	45	—	3	12.5	50	L-62/-	4310	3240
M10	14	55	8	3	14.5	60	L-75/L-83	6860	5100
M12	18	65	10	4	19	75	L-90/L-100	10100	7260
M16	22	90	13	4	23	100	L-122/L-135	19020	14120

续表

型式	螺纹		公称长度 L	型式	螺纹		公称长度 L
	规格 d	长度 b			规格 d	长度 b	
Ⅰ型	M6	35	65、75、85	Ⅰ型	M16	70	150、175
	M8	40	80、90、100	Ⅱ型	M10	50	150、175、200
	M10	50	95、110、125		M12	52	150、200、250
	M12	52	110、130、150		M16	70	200、250、300

注：平垫圈：按 GB 97.1—85 "平垫圈 A 级"的规定。弹簧垫圈按 GB 93—87 "标准型弹簧垫圈"的规定。六角螺母：按 GB 6170—86 "Ⅰ型六角螺母-A 级和 B 级"的规定。产品等级：螺栓：$L \leqslant 10d$ 或 $L \leqslant 150mm$（按最小值）为 A 级。$L > 10d$ 或 $L > 150mm$（按最小值）为 B 级。螺母和平垫圈均为 A 级。螺纹公差：螺栓为 6g；螺母为 6H。表面处理：采取镀锌钝化。允许静载荷适用于强度等级 C13 以上的混凝土。被连接件最大厚度计算公式栏中：分子数值适用于Ⅰ型膨胀螺栓，分母数值适用于Ⅱ型膨胀螺栓。计算举例：$M12 \times 130$ 的Ⅰ型膨胀螺栓，其连接件最大厚度 $L_2 = L - 90 = 130 - 90 = 40mm$。本产品的有关数据，摘自上海木钻厂资料。

用途：把机器、设备或结构件等固定安装在混凝土地基、墙壁等上面用的一种特殊螺纹连接件。Ⅰ型（普通型）由沉头螺栓、胀管、平垫圈、弹簧垫圈和六角螺母组成。使用时先用冲击钻（或电锤）在地基或墙壁上面钻一个直径比胀管外直径大 0.5mm 和相应胀管长度加上 5～10mm 作为深度的安装孔，再把膨胀螺栓装入孔中并进行胀管固定，确认胀管固定牢靠后，旋下六角螺母，套入固定件，并按照膨胀螺栓规定的两种垫圈（平垫圈、弹簧垫圈）安装先后顺序进行螺母的最终紧固工作，便可使螺栓、胀管、垫圈、螺母、机器与地基或墙壁连接成一个整体。Ⅱ型不同之处是将沉头螺栓分成螺柱和锥形螺母两个零件，以便于安装大型机器、设备。

附录 H　焊丝和焊条系列

H.1　铜及铜合金焊丝（也称为铜基焊丝、铜基气焊条）。

用途：用于氧-乙炔气焊、氩弧焊、碳弧焊，或手工电弧焊铜及铜合金，其中黄铜焊丝也广泛用于钎焊铜、白铜、碳钢、铸铁及硬质合金刀具等。施工焊接时，应配用铜气焊溶剂。铜合金焊丝常用型号规格见表 H-1。

铜合金焊丝常用牌号规格　　　　表 H-1

型号	符合国标型号	焊丝名称	焊丝主要化学成分（%）≈	焊接接头抗拉强度 σ_b		焊丝熔点
				母材	(MPa)	(℃)
HS201	HSCu	特制紫铜焊丝	锡 1.0，硅 0.4，锰 0.4，铜余量	纯铜	≥177	1050
HS202	—	低磷铜焊丝	磷 0.3，铜余量	纯铜	147～177	1060
HS221	HSCuZn-3	锡黄铜焊丝	铜 60，锡 1，硅 0.3，锌余量	H62	≥333	890
HS222	HSCuZn-2	铁黄铜焊丝	铜 58，锡 0.9，硅 0.1，铁 0.8 锌余量	H62	≥333	860
HS224	HSCuZn-4	硅黄铜焊丝	铜 62，硅 0.5，锌余量	H62	≥333	905

型号	性能及用途
HS201	焊接工艺性能优良，焊缝成型良好，机械性能较好，抗裂性能好，适用于氩弧焊、氧-乙炔气焊纯铜（紫铜）
HS202	流动性较一般纯铜好，适用于氧-乙炔气焊、碳弧焊纯铜（紫铜）
HS221	流动性和机械性能均好，适用于氧-乙炔气焊、碳弧焊黄铜、钎焊铜、铜镍合金、钢、灰铸铁以及镶嵌硬质合金刀具
HS222	流动性和机械性能均好，适用于氧-乙炔气焊、碳弧焊黄铜、钎焊铜、铜镍合金、钢、灰铸铁以及镶嵌硬质合金刀具
HS224	流动性和机械性能均好，适用于氧-乙炔气焊、碳弧焊黄铜、钎焊铜、铜镍合金、钢、灰铸铁以及镶嵌硬质合金刀具

焊丝尺寸（mm）：卷状态——直径 1.2，每卷 10kg 或 20kg。直条——直径 3、4、5、6，长度 1000，每个包装 5、10、25、50kg。

注：国标型号中：HS 表示焊丝，后面的元素符号表示焊丝的主要组成元素，最后的数字表示同类主要组成元素型号的顺序号。

H.2　结构钢焊条

结构钢焊条，如图 H-1 所示；结构钢焊条规格见表 H-2。

用途：供手工电弧焊接各种低碳钢、中碳钢、普通低合金钢和低合金高强度钢结构时作电极和填充金属之用。

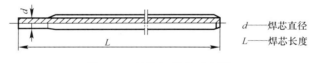

d——焊芯直径
L——焊芯长度

图 H-1　结构钢焊条示意图

结构钢焊条常用牌号规格　　　　　　　表 H-2

焊条型号	符合国标型号	焊条名称	药皮类型	适用电源
J350	—	微碳纯铁焊条	钛钙低氢钠型	直流
J421	E4313	碳钢焊条	氧化钛型	交、直流
J422	E4303	碳钢焊条	氧化钛钙型	交、直流
J422Fe13	E4323	碳钢铁粉焊条	铁粉钛钙型	交、直流

焊条型号	主要用途
J350	专用于焊接微碳纯铁氨合成塔内件
J421	焊接低碳钢薄板结构
J422	焊接较重要低碳钢和同强度等级低合金钢结构
J422Fe13	高效率焊接较重要低碳钢结构

H.3　铸铁焊丝（也称为灰口铸铁气焊丝、铸铁气焊条、生铁气焊条）

用途：用于氧气-乙炔气焊补或堆焊灰铸铁件（采用 HS401 焊丝）或球墨铸铁件、高强度灰铸铁件和可锻铸铁件（采用 HS402 焊丝）的缺陷，施焊时应配用铸铁气焊溶剂。

铸铁焊丝规格见表 H-3。

铸铁焊丝规格　　　　　　　　　　　　　　表 H-3

型　号	符合国标型号	铸铁焊丝名称
HS401	RZC-2	灰铸铁焊丝（灰口铸铁气焊丝）
HS402	RZCQ-2	球墨铸铁焊丝（球墨铸铁气焊丝）

型号	焊丝化学成分（%）余量为铁					
	碳	硅	锰	硫≤	磷≤	稀土元素
HS401	3.0~4.2	2.8~3.6	0.3~0.8	0.08	0.5	0.08~0.15
HS402	3.8~4.2	3.0~3.6	0.5~0.8	0.05	0.5	0.08~0.15

焊丝尺寸 （mm）	直径或边长	4、5、6、8、10	12
	长度	450~550	550~650

注：国标型号中 R 表示焊丝；Z 表示用于铸铁焊接，后面的字母（或化学元素符号）表示焊丝的金属类型，最后的数字表示该类型焊丝的细分。焊丝是铸造芯，截面一般为圆形，也有制作成方形的。

附录 I　管道常用油漆材料、腻子、保温材料系列

I.1　管道常用油漆材料的性能和用途

1. 管道使用的打底油漆（防锈漆）

管道使用的打底油漆分为油性防锈漆和树脂防锈漆两类，应按照设计要求进行选用。管道防锈漆以红丹防锈漆应用最广。使用防锈漆前应采用 200 号溶剂汽油（也称为松节油）作为稀释剂，将防锈漆搅拌均匀后方可投入正常涂刷工作。一般情况下，成品漆的稀释剂加入量为 10%~20%。购货时可以按照 25% 稀释剂的比例配比采购，因环境温度 32℃ 以上时会引起油漆和稀释剂快速挥发，涂刷的油漆中必须补加稀释剂。另外，还有浸泡油刷、施工人员清除手上或衣服上油漆污点时的稀释剂用量等都要考虑在内。但当环境温度低于 15℃ 进行油漆涂刷时，因环境温度低，油漆挥发性小，所以成品漆的稀释剂加入量可控制在为 10%~15% 之间，购货时可适当调整稀释剂和油漆的配套比例。红丹防锈漆可以自制而成，所用材料为红丹粉、清油和松节油（200 号溶剂汽油），其配合比为：红丹粉：清油：松节油＝6：3：1，环境温度高时，适当增加松节油数量。

各种油漆材料的型号、名称、性能和用途见表 I-1。

管道常用涂刷底漆（防锈漆）材料的性能和用途　　　　表 I-1

型号	名称	性能和用途
Y53-1	红丹油性防锈漆	防锈性、涂刷性均好，但干燥较慢，漆膜较软，用于室内外金属表面防锈打底
Y53-2	铁红油性防锈漆	防锈性较好，附着力好，用于室内外要求不高的金属表面防锈打底
Y53-4	铁黑油性防锈漆	涂刷方便，具有良好耐晒性和一定防锈性能，适用于室内外钢铁结构涂刷打底
F53-1	红丹酚醛防锈漆	防锈性能好，干燥快，附着力好，机械强度高，耐水性较油性漆及醇酸防锈漆好，多用于室外物体，但不能作面漆使用，也不能用于轻金属表面
F53-4	锌黄酚醛防锈漆	锌黄能使金属表面钝化，故有良好的保护性与防锈性，适用于铝及其他轻金属物体表面涂刷，作防锈打底用
F53-8	铝铁酚醛防锈漆	漆膜坚韧，附着力强，能受高温烘烧（如装配切割，电焊火工矫正等），不会产生有毒气体，其防锈能力与 Y53-1 红丹油性防锈漆不相上下
F60-1	各色酚醛防火漆	漆膜中含有耐温原料和防火剂，在燃烧时漆膜内的防火剂受热产生烟气，能起延迟着火作用

型号	名称	性能和用途
X06-1	乙烯磷化底漆（磷化底漆）	作为有色金属及黑色金属底层防锈涂料，起到一定磷化作用，可增加有机涂层和金属表面的附着力，防止锈蚀，增加有机涂料的使用寿命。但不能代表一般采用的底漆。适用于涂刷船舶、浮筒、桥梁、仪表以及其他各种金属结构和器材表面
H06-2	铁红、铁黑、锌黄环氧酯底漆	漆膜坚硬耐久，附着力良好，如与磷化底漆配套使用时，可提高漆膜的耐潮、耐盐雾和防锈性能。铁红、铁黑用于黑色金属材料打底，锌黄环氧酯底漆用于有色金属表面打底用。涂漆前，除去金属表面锈蚀、油污、水气等。先涂一层磷化底漆，然后再喷该底漆
C53-1	红丹醇酸防锈漆	具有良好的防锈性能，较红丹油性防锈漆的附着力及干燥性好，漆膜坚韧，适用于桥梁、铁塔、车辆、大型钢铁设备构件等黑色金属表面打底防锈。此底漆干燥后应及时涂面漆，可自干
C53-3	锌黄醇酸防锈漆	有一定的防锈性，并具有干燥较快的特点。适用于铝金属及其他轻金属等表面作防锈打底涂层，自干
C06-1	铁红醇酸防锈漆	有良好的附着力和防锈能力，它与硝基磁漆、醇酸磁漆等多种面漆的层间结合力好。在一般气候条件下耐久性也较好，但在湿热带海洋性气候和潮湿地区条件下，耐久性差些。可涂硝基磁漆、醇酸磁漆、氨基磁漆、过氯乙烯磁漆等面漆前作为防锈底漆。施工漆膜不宜太厚，涂后最好能在 $105\pm2°C$ 下烘干，这样漆膜性能较好。配套面漆：醇酸磁漆、氨基磁漆、硝基磁漆、沥青漆、过氯乙烯磁漆等
C06-12	铁黑、锌黄醇酸防锈漆	对金属有较好的附着力，锌黄适用于铝及镁合金等轻金属物体表面打底防锈用。铁黑用在黑色金属表面，需要烘干
C04-2	各色醇酸磁漆	具有较好的光泽和机械强度，能常温干燥，耐候性比调和漆和酚醛漆好，适合于室外使用，耐水性较差，但若在 $60\sim70°C$ 下烘烤后（不宜高温烘烤），耐水性可显著提高，最适宜涂刷金属表面，木材表面也可使用。配套要求：先涂 C06-1 铁红醇酸防锈漆 $1\sim2$ 遍，以 C07-5 醇酸腻子补平，再涂 C06-10 醇酸防锈漆两遍，最后涂 C04-2 各色醇酸磁漆
H52-3	各色环氧防腐漆	有一定的耐腐蚀和粘合能力，用于要求涂刷耐腐蚀的金属、混凝土、贮槽等表面或用于粘合陶瓷、耐酸砖
F50-1	各色酚醛耐酸漆	具有一定的耐稀酸性，适宜抵御酸性气体的腐蚀酸，但不宜浸渍在稀酸内，只宜用在酸性油体侵蚀场所的金属、木材表面作防腐蚀用
L50-1	沥青耐酸漆	具有耐一定硫酸腐蚀的性能，并有良好的附着能力，用于需要防止硫酸侵蚀的金属、木材表面
C52-1	各色过氯乙烯防腐漆	具有良好的耐腐蚀性、耐酸、耐碱、防霉、防潮性。附着力较差，如配套很好可以弥补。低温（$60\sim50°C$）烘烤 $1\sim3h$，可增加附着力
C52-2	过氯乙烯防腐清漆	干燥快，具有优良的防化学腐蚀性能，耐无机酸、碱、盐类及煤油，单独使用时附着力差，要求配套使用。配套要求：喷 $1\sim2$ 遍 C06-4，再喷 $2\sim3$ 遍 C52-1，最后喷 $3\sim4$ 遍本漆
F83-1	黑酚醛烟囱漆	工厂、船舶等烟囱外部表面作防锈防腐蚀之用
H61-1	环氧耐热漆	有较好的耐水性、耐汽油性及耐温变性，特别是耐热性和耐化学腐蚀性很好。能常温干燥，供铝及镁合金等轻金属的防腐用
7108 稳化型	带锈底漆	用合成树脂加入化学颜料和有机溶剂制成，能将锈蚀物转化为保护性物质，可直接在锈蚀钢铁表面打底用

2. 管道刷油使用的面漆

管道刷油使用的面漆主要是调和漆及磁漆，面漆要注意与底漆配合使用。与红丹防锈漆配套使用的面漆有：油性调和漆（Y03-1）、酚醛调和漆（F03-1）、醇酸酯胶调和漆（C03-1）、酯胶调和漆（T03-1）、酚醛磁漆（F04-1）、醇酸磁漆（C04-2）等。当质量要求不高时，采用油性调和漆；质量要求较高时，可采用酚醛磁漆、醇酸磁漆。各种调和漆均采用松节油作为稀释剂进行调配。面漆涂刷厚度应按照颜色而异确定：黑色、铁红色为 $40\sim60g/m^2$；灰、蓝、绿色为 $80\sim100g/m^2$；黄色、白色则为 $180\sim200g/m^2$。管道涂刷面漆的材料型号、名称、性能和用途见表 I-2。

管道常用涂刷面漆材料的性能和用途　　　　　　　　　　表 I-2

型　号	名　称	性能和用途
Y03-1	各色油性调和漆	附着力与耐候性好，干燥慢，抗水、抗化学腐蚀性能低，可作室内外一般管道防护面漆
F03-1	各色酚醛调和漆	光亮，鲜艳，但耐候性差，可作室内外一般管道防护面漆
C03-1	各色醇酸调和漆	漆膜坚固，具有优良的户外耐久性和附着力，优于一般调和漆，适于作室外管道防护用漆
C52-1	各色过氯乙烯防腐漆	具有良好的耐腐蚀性、耐酸、耐碱、防霉、防潮性。附着力较差，如配套很好可以弥补。低温（60~50℃）烘烤 1~3h，可增加附着力。一般适用于防化学腐蚀面漆用
T03-1	各色酯胶调和漆	干燥快，硬度大，有一定的耐水性，用作室外金属表面一般防护面漆
T04-1	各色酯胶磁漆	比 T03-1 光泽好，干燥快，用作金属防腐面漆
F04-1	各色酚醛磁漆	附着力好，光泽鲜艳，漆膜坚硬，但耐候性差，用作室内金属的面漆
C04-2	各色醇酸磁漆	附着力好，光泽鲜艳，可常温干燥，耐气候性比各调和漆和酚醛磁漆好，适用于室外管道作为面漆用
C04-1	沥青磁漆	附着力好，漆膜黑亮，耐水防潮性好，作室内金属面漆用
L04-2	铝粉沥青磁漆	具有良好的耐水性和耐气候性，作室外钢铁面漆用
L01-6	石油沥青漆	耐腐蚀、耐水、耐潮性良好，不耐阳光直射，作室内金属表面耐水、防潮、防腐用
Y02-1	各色厚漆（各色铅油）	漆膜软、干燥慢，不耐热，但价格便宜，作钢铁面漆用
—	铝粉漆（银粉漆、银粉浆）	银白色、耐高温，多用于室内采暖管道和散热器，作面漆和装饰用
—	生漆（大漆）	附着力好，漆膜坚硬，耐多种酸、耐水，但毒性大，可作为防酸性气体和地下管道防潮防腐用

I.2 腻子

腻子是油漆前平整底层不可缺少的材料。它要具有很牢固的附着力，对上层底漆有较好的结合力，并且要求色泽基本一致，操作工序简便，干燥快，封闭性好，便于操作。所以腻子的选用和调配对质量、美观、使用寿命、缩短工时、减少工序都有很大关系。为选用方便，我们将金属结构常用的腻子配合比列于表 I-3 之中，供参考选用。

常用腻子　　　　　　　　　表 I-3

腻子名称	俗　称	配合比	用途及使用方法
油性厚漆腻子	油填密	石膏粉：厚漆：热桐油：汽油或松香水＝3：2：1：0.7（或0.6），酌加少量炭黑、水和催干剂	适用于预先涂有底漆的金属表面不平处填嵌用
环氧腻子	白干腻子	是制漆厂的现成产品，从桶内取出即可使用，腻子太稀可酌加石膏粉或铅粉；如果干硬可加些光油或二甲苯稀释	用于金属物面填平，干结后非常坚硬耐磨
喷漆腻子	快干腻子	用老粉或石膏粉加入适量喷漆拌合再加水即成，喷漆：香蕉水：老粉＝1：1：8	用于喷好头道面漆后填补砂眼缺陷用

I.3　绝热材料系列

1. 保温及保冷材料系列统称为绝热材料系列，绝热材料应附有随温度变化的导热系数方程式或图表。绝热材料及其制品，其平均温度≤623K（350℃）时，导热系数值不得＞0.058W/（m·K）。

2. 保温材料及制品，其自然状态下表观密度不得大于 80kg/m³。

3. 硬质绝缘制品，其抗压强度不得小于 0.4MPa。

4. 应具有耐燃性能、膨胀性能和防潮性能的数据或说明书，并应符合使用要求。

5. 保温材料及其制品的化学性能稳定，对金属不得有腐蚀作用。

6. 用于充填结构的散装绝热材料，不得混有杂物及尘土。纤维类绝热材料中大于或等于 0.5mm 的渣球含量应为：矿渣棉＜10％；岩棉＜6％；玻璃棉＜0.4％。直径小于 0.3mm 的多孔性颗粒类绝热材料，不宜使用。

7. 保温材料及其制品，必须具有产品质量证明书或出厂合格证，其规格、性能等技术要求应符合设计文件规定。

8. 当保温材料及其制品的产品质量证明书或出厂合格证中所列的指标不全或对产品质量（包括现场自制品）有怀疑时，供货方应负责对下列性能进行复验，并提交检验合格证：

（1）多孔性颗粒制品的表观密度、机械强度、导热系数、外形尺寸等；松散材料的表观密度、导热系数和粒度等。

（2）矿渣棉制品的表观密度、导热系数、使用温度和外形尺寸等；散棉材料的表观密度、导热系数、使用温度、纤维直径、渣球含量等。

（3）泡沫多孔制品的表观密度、导热系数、含水率、使用温度和外形尺寸等。

9. 受潮的绝热材料及其制品，当经过干燥处理后仍不能恢复合格性能时，不得使用。

10. 常用保温及保冷（绝热）材料及其性能见表 I-4。

常用保温及保冷（绝热）材料及其性能　　　　　　表 I-4

材料名称	密度（kg/m³）	导热系数［W/（m·K）］	使用极限温度（℃）	特点
玻璃棉毡（卷）	14～18	0.03～0.044	−120～400	保冷性好，耐火，绝热性能好
玻璃棉板	28～32	0.03～0.044	−120～400	保冷性好，耐火，绝热性能好
玻璃棉管壳	58～68	0.03～0.044	−120～400	适用于 DN20～DN400 管径，绝热性能好
玻璃棉纤维制品	130～160	$0.035～0.00015t_p$	≤350	热导率小，绝热性能好
矿渣棉制品	150～200	$0.04～30.00017t_p$	≤350	热导率小，绝热性能好

材料名称	密度 （kg/m³）	导热系数 ［W/(m·K)］	使用极限温度 （℃）	特点
岩棉板	38～50	0.03～0.044	−268～600	热导率小，耐高温，保冷性好，耐火
岩棉管壳	58～85	0.04	−268～600	热导率小，耐高温，保冷性好，耐火
（自熄）聚苯乙烯板	18～24	0.029～0.00012t_p	−60～70	热导率小，保冷性好
（自熄）聚苯乙烯管壳	18～24	0.029～0.00012t_p	−60～70	热导率小，保冷性好
（自熄）聚氨酯泡沫 塑料板	30～80	0.016～0.027	−196～120	热导率小，保冷性好
（自熄）聚氨酯泡沫 塑料管壳	40～80	0.016～0.027	−196～120	热导率小，保冷性好
橡塑保温板	40～95	0.036～0.038	≤60	保冷效果好
橡塑保温管壳	40～95	0.036～0.028	≤60	保冷效果好

附录 J 管道阀门系列

阀门是流体管路的控制装置，其基本功能是接通或切断管路介质的流通，改变介质的流通，调节介质的压力和流量，维护管路设备的正常运行。一般情况下，阀门由阀体、阀瓣、阀盖、阀杆、温包、感温元件、弹簧、阀把或手轮等部件组成。

J.1 阀门的分类

阀门种类多，分类方法也多。

1. 按其动作特点可分为驱动阀门和自动阀门。驱动阀门是指借助外力（人力或其他动力）来操纵的阀门，如截止阀、闸阀、蝶阀、电动阀、电磁阀、电动两通阀、比例积分阀、平衡阀、干式和湿式报警阀、雨淋阀等；自动阀门是指借助介质（液体、气体）本身的能力而自行动作的阀门，如单向阀、安全阀、减压阀、疏水器、浮球阀、温控阀、自动排气阀等。

2. 按不同的驱动方式可分为手动、电动、液动、气动阀门。手动阀门是指借助手轮、手柄、杠杆或链轮等，由人力驱动，传动较大力矩时装有蜗轮、齿轮等减速装置；电动阀门是指借助电动机或其他电动装置来驱动；液动阀门是指借助液体（水、油）来驱动；气动阀门是指借助压缩空气来驱动。

3. 按承压能力可分为低压、中压、高压和超高压阀门。公称压力 $PN \leqslant 1.6$MPa 的阀门属于低压阀门；公称压力 1.6MPa$<PN \leqslant 6.4$MPa 的阀门属于中压阀门；公称压力 6.4MPa$<PN \leqslant 100$MPa 的阀门属于高压阀门；公称压力 $PN>100$MPa 的阀门属于超高压阀门。一般在暖通空调系统中使用的阀门多数是低压阀门。

4. 按与管道连接方式可分为法兰、螺纹、焊接、夹箍、卡套连接阀门。法兰连接阀门是指阀体带有法兰，与管道采用法兰连接的阀门；螺纹连接阀门是指阀体带有内螺纹或外螺纹，与管道采用螺纹连接的阀门；焊接连接阀门是指阀体带有焊口，与管道采用焊接连接的阀门；夹箍连接阀门是指阀体上带有夹口，与管道采用夹箍连接的阀门；卡套连接阀门是指采用卡套与管道连接的阀门。

5. 按阀门材质分为铸铁、铸铜、铸钢、锻钢、塑料等阀门。铸铁类阀门主要有灰铸铁、球墨铸铁、可锻铸铁和高硅铸铁等材质的阀门；铸铜类阀门有青铜、黄铜材质的阀门；铸钢类阀门主要有碳素钢、合金钢和不锈钢等材质的阀门；锻钢类阀门主要有碳素钢、合金钢和不锈钢等材质的阀门；还有防腐管道使用的塑料阀门。

6. 按使用用途分类，同类阀门又可分成几种阀门，订货时必须分清。例如，蝶阀类：按使用温度不同可分为给水用蝶阀、热水用蝶阀、蒸汽用蝶阀、空调机房用双向密封蝶阀、电动蝶阀；按照安装形式又可分为对夹蝶阀和硬密封法兰蝶阀；按照启闭操作分类，一般情况下 $DN \leqslant 100$ 时应采用板把式蝶阀，$DN \geqslant 125$ 时应采用蜗轮蜗杆式蝶阀，以便调节操作。

7. 按使用用途分类，同类阀门又可分成几种阀门，订货时必须分清。例如，自动排气阀类：应按照冷热水温度和压力不同选择不同型号的自动排气阀。无论什么型号的自动排气阀都必须安装在所使用系统中的最高点上，用于排除水管路中的空气。自动排气阀的工作原理是利用水的浮力阻塞放气口。水在封闭管路系统中被加热后分离出的空气聚集在管路系统的最高点，占据部分空间，串入散热器内影响散热并腐蚀管路，因此必须将这些空气及时排出管路系统，确保系统正常运行。常见的自动排气阀有 ZP-Ⅰ、Ⅱ型，P21T-4型，PQ-R-S型，ZP88-1型、B_{11}X-4 型立式自动排气阀等，它们的接管管径目前多为 $DN15 \sim DN20$。ZP-Ⅰ型适用于温度 $\leqslant 110℃$ 和压力 $\leqslant 0.7MPa$ 的管路；ZP-Ⅱ型适用于温度 $\leqslant 130℃$ 和压力 $\leqslant 1.2MPa$ 的管路；P21T-4型适用于温度 $\leqslant 120℃$ 和压力 $\leqslant 0.4MPa$ 的管路；PQ-R-S型适用于温度 $\leqslant 110℃$ 和压力 $\leqslant 0.4MPa$ 的管路；ZP88-1型适用于温度 $\leqslant 110℃$ 和压力 $\leqslant 0.8MPa$ 的管路。其构造如图 J-1 所示。

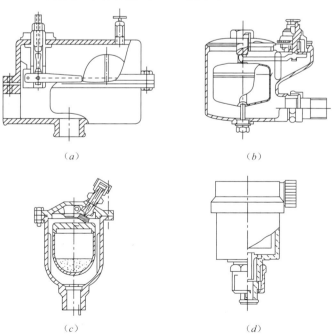

(a)　　　　　　　　　　　　　(b)

(c)　　　　　　　　　　　　　(d)

图 J-1　自动排气阀构造示意图
(a) ZP-Ⅰ、Ⅱ型；(b) P21T-4 型；(c) PQ-R-S 型；(d) ZP88-1 型

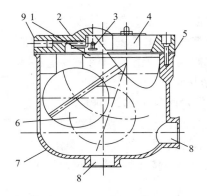

图 J-2　立式自动排气阀示意图

1—杠杆机构；2—垫片；3—阀堵；

4—阀盖；5—垫片；6—浮子；

7—阀体；8—接管；9—排气孔

目前国内生产的自动排气阀形式较多。它的工作原理，很多都是依靠水对浮体的浮力，通过杠杆机构传动，使排气孔自动关闭，实现自动阻水排气的功能。下面再介绍一种形式，如图 J-2 所示：

图 J-2 所示为 $B_{11}X-4$ 型立式自动排气阀。当阀体 7 内无空气时，水将浮子 6 浮起，通过杠杆机构 1 将排气孔 9 关闭；而当空气从管道进入，聚集在阀体内时，空气将水面压下，浮子 6 的浮力减小，依靠自重下落，排气孔打开，使空气自动排出。空气排出后，水再将浮子 6 浮起，排气孔重新关闭。

J.2　常用水阀门

1. 截止阀

截止阀工作原理是借改变阀瓣与阀座间的距离即流体通道截面的大小，达到开启、关闭和调节流量大小的目的，其结构如图 J-3 所示。截止阀的优点是：①结构比较简单，阀门严密性好；②截止阀通常只有一个密封面，制造工艺好，便于维修；③可以调节流量。其缺点是：①流体流动方向改变，流动阻力损失较大；②安装时有方向性要求，管道中的流体由下而上经过阀孔，不能装反；③当管径大时，外型尺寸大，安装所需空间较大。适用于严密性要求较高的管路，需要调节流量和水压时，也宜采用截止阀。它的连接方式是螺纹连接和法兰连接。管径≤40mm 时螺纹连接，管径≥50mm 时法兰连接。

2. 闸阀

闸阀工作原理是转动手轮带动阀板的升降，达到开启、关闭阀门的目的。其结构如图 J-4 所示。闸阀的优点是：①结构比较简单，阀体较短；②流体通过阀门时流体流动方向不变，阀门全部开启时流动阻力损失小；③阀门安装时无方向性要求，开闭所需外力较小，全开时密封面受工作介质的冲蚀比截止阀小。其缺点是：①由于闸板和阀座间的磨损，阀门的严密性差；②当管径大时，外型尺寸和开启高度都较大，安装所需空间较大；③闸阀存在两个密封面，会增加加工、研磨和维修的难度。闸阀适用于完全开启或关闭的管路，不宜用在要求调节开度大小的管路，常用于冷水管路中不常开关的地方。管径≤40mm 时螺纹连接，管径≥50mm 时法兰连接。

3. 球阀

球阀的工作原理是在球芯中间开孔，并借手柄转动球芯来达到开启和关闭的目的。其结构见图 J-5～图 J-7。球阀的优点是：①结构简单，阀体小，质量小；②开闭迅速；③流体阻力损失小；④操作、维修方便；⑤阀门全开时不会引起密封面的侵蚀，密封性能好。其缺点是：①容易产生水击；②易磨损。球阀适用于分配介质和切断管路。球阀有浮动球球阀、固定球球阀和弹性球球阀，其特点为：

（1）浮动球球阀（浮球阀）是指球阀的球体是浮动的，在箱体内水位提高的情况下，水将球体浮起，由于球体产生由下而上的位移并通过连杆将力传递到阀门出水口密封圈，使浮球连杆带动的浮球阀关闭。一般情况下用于水箱自动补水的阀门控制。

（2）固定球球阀是指球阀的球体是固定的，受压后不产生移动。固定球球阀更适用于

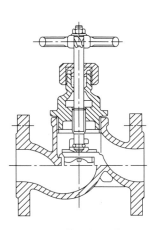

图 J-3　截止阀示意图

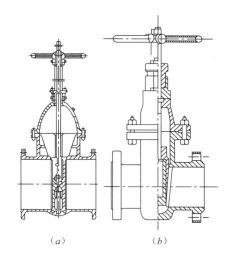

(a)　　　　　(b)

图 J-4　闸阀示意图

(a) 明杆；(b) 暗杆

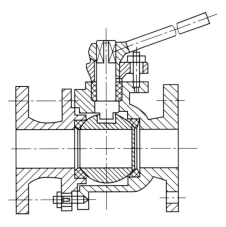

图 J-5　球阀示意图

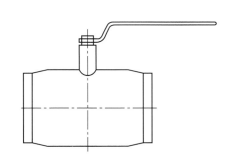

图 J-6　手柄型球阀示意图

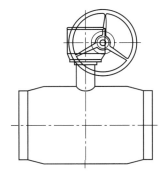

图 J-7　蜗轮型球阀示意图

高压、大口径介质的管路。

(3) 弹性球球阀是指球阀的球体是弹性的，适用于高温、高压介质的管路。

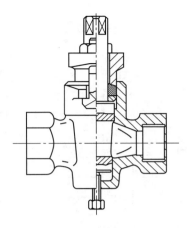

图 J-8　旋塞阀示意图

4. 旋塞阀

旋塞阀是利用塞子绕阀体中心线旋转来达到开启和关闭的阀门，其结构见图 J-8。旋塞阀的工作原理与球阀相同，但阀芯的形状结构不同，球形阀的阀芯是球形体，旋塞阀的阀芯是圆锥体。旋塞阀的优点是：①结构简单，阀体小，质量小；②开闭迅速；③流体阻力损失小；④操作、维修方便。其缺点是：①密封面易磨损；②阀门开关时用力较大。旋塞阀主要用于低压、小口径和介质温度不高的管路。旋塞阀有紧定式、填料式、自封式和油封式四种，其特点为：

（1）紧定式旋塞阀是通过拧紧下部的螺母压紧密封面来实现塞子和塞体密封的，通常适用于低压直通管路。

（2）填料式旋塞阀是通过压紧填料来实现塞子和塞体密封的，其密封性能较好。

（3）自封式旋塞阀是通过介质本身的压力来实现塞子和塞体之间压紧密封的，一般用于空气介质的管路。

（4）油封式旋塞阀在塞子和塞体的密封面间形成一层油膜，密封性能更好，开闭省力，密封面不易受到损伤。

5. 蝶阀

蝶阀有对夹弹性密封法兰式蝶阀（启闭方式为板把式或蜗轮式）和金属硬密封法兰式蝶阀（启闭方式为板把式或蜗轮式）两类，它的最小规格为 $DN40mm$。前者价格便宜、安装时能省一副法兰，但受到使用温度限制，阀体内衬橡胶套 5 年左右易老化，蝶阀需要更换；后者价格昂贵，但经久耐用。蝶阀是利用蝶板在阀体内绕固定轴旋转的阀门。蝶阀的圆盘形蝶板绕着轴线旋转角度为 0°～90°之间，旋转到 90°时，阀门则为全开状态，其结构如图 J-9～图 J-12 所示。蝶阀的优点是：①结构简单、外型尺寸小、体积小、质量小；②流体阻力损失小；③蝶板旋转 90°即可完全启闭、操作简单、启闭方便迅速；④启闭力矩较小、较省力；⑤安装空间小。对夹蝶阀的缺点是：①橡胶密封圈易老化，使用寿命较

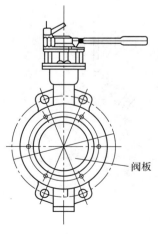

图 J-9　对夹扳把式蝶阀

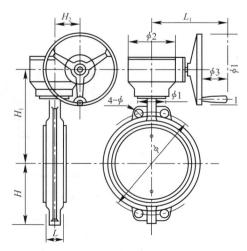

图 J-10　对夹蜗轮式蝶阀

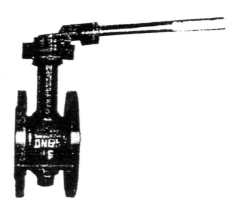

图 J-11　扳把式硬密封蝶阀　　　　　　图 J-12　蜗轮式硬密封蝶阀

短；②因过水断面变化受到限制、蝶阀调节功能较差；③承受压力和温度能力较低；④金属法兰式硬密封蝶阀具有以上各项优点，并克服了上述各项缺点，但阀门造价高，适用于安装空间窄小，经费充足的单位使用。

蝶阀与管道的连接方式均为法兰连接，它特别适用于半通行或通行地沟内低压常温大口径的管路使用，可以节省大量安装空间。对于蒸汽管路上的蝶阀应采用金属法兰式硬密封铸钢蝶阀，严禁使用高压蒸汽专用铸铁蝶阀（因实际工程中险些因高压蒸汽专用铸铁蝶阀阀体崩裂出现人身安全事故）。另外，用于空调系统冬季和夏季切换的冷冻站或换热站中的切换用蝶阀必须选用双向密闭蝶阀，如选用单向密闭蝶阀则达不到切断密闭功能，设计和施工购货时必须注意到此项问题。

6. 止回阀（也称逆止阀）

止回阀是仅允许介质朝一个方向流动的控制阀门。例如：自来水水表供水管路与热水管路直接相连时必须安装止回阀，防止热水侧压力高时热水进入水表，将水表塑料齿轮烫坏。水泵并联安装时，为防止单台水泵运行时的供水水流从另一台未运行水泵出口处返回形成短路循环，因此在每台水泵出口都必须安装止回阀来控制水流前进方向。为防止水系统运行过程中突然停电，减小水锤对水泵的冲击，在并联安装的水泵旁边必须安装一根旁通管，旁通管上安装一个与水泵水流方向一致的止回阀，使发生水锤时的高压冲击水流顺利从阻力小的旁通管流过，保护水泵叶轮不受损坏。所以，止回阀安装时有严格的方向性。根据结构不同止回阀可分为升降式止回阀、旋启式止回阀、蝶形止回阀、消声式止回阀、轴向缓冲止回阀、底阀。

(1) 升降式止回阀（图 J-13）是指阀瓣沿着阀体垂直中心线滑动的止回阀。升降式止回阀分为无弹簧式和有弹簧式两种。通过升降式止回阀的压力降比旋启式止回阀大。升降式止回阀又称重力升降式阀门，由于此阀是依靠重力作用关闭阀门而达到阻止介质逆向流动的目的，所以升降式止回阀只能用在水平管道上。连接形式为螺纹接口和法兰接口两种。

(2) 旋启式止回阀（图 J-14）是指阀瓣围绕阀座外销轴旋转的止回阀。旋启式止回阀的压力降比升降式止回阀小。旋启式止回阀即可用在水平管道上，也可用在垂直管道上。连接形式为螺纹接口和法兰接口两种，应用较为普遍。

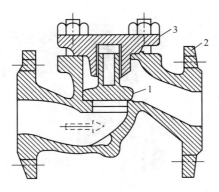

图 J-13 升降式止回阀示意图

1—阀瓣；2—主体；3—阀盖

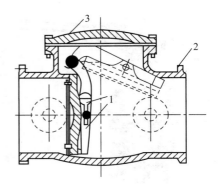

图 J-14 旋启式止回阀示意图

1—阀瓣；2—主体；3—阀盖

（3）蝶形止回阀是指阀瓣围绕阀座内销轴旋转的止回阀。蝶形止回阀结构简单、尺寸小；但密封性能差。蝶形止回阀的一对蝴蝶式阀板利用不锈钢弹簧的力控制阀门呈关闭状态。蝶形止回阀只能用在水平管道上。它的最小规格为 $DN40mm$，连接形式只有法兰安装形式。目前，丝扣连接铜止回阀最小规格为 $DN25mm$。

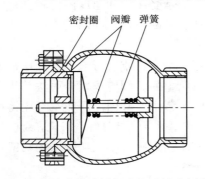

图 J-15 消声式或缓闭式止回阀示意图

图注：当水泵出口管径小时，应选用消声式止回阀；
当水泵出口管径大时，应选用缓闭式止回阀。

（4）消声式止回阀（图 J-15）是指竖向安装在水泵出口立管上的一种止回阀，它在水的压力作用下沿轴向移动进行阀门的启闭，利用阀体内大尺寸圆形空腔结构进行消音，运行平稳，使用寿命长。连接形式只有法兰安装形式。

（5）轴向缓冲塞阀（图 J-16）是指阀板是一个椭圆形状，椭圆形状阀板与中心轴固定为一体，在水的压力作用下沿轴向移动进行阀门的启闭，运行平稳，使用寿命长。它的连接形式只有法兰安装形式，适用于在排气阀入口处安装，防止系统内水流冲击时排气阀出水。

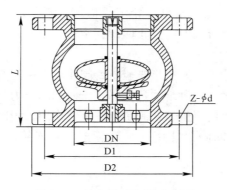

图 J-16 轴向缓冲塞阀示意图

（6）底阀（也称为吸水阀，图 J-17）。它是一种专用止回阀，安装于水泵的进水管末端，用以阻止水源中杂物进入水管和阻止进水管中的水倒流。它有升降式和旋启式两种阀型，连接形式为螺纹接口和法兰接口两种。

7. 自动温度调节阀

自动温度调节阀如图 J-18 所示。

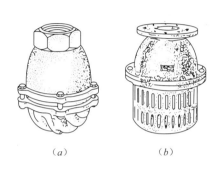

图 J-17　底阀示意图

（a）内螺纹连接（升降式）；

（b）法兰连接（升降式或旋启式）

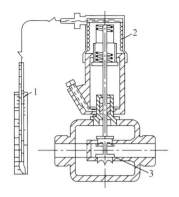

图 J-18　自动温度调节阀示意图

1—温包；2—感温元件；3—温度调节阀

8. 疏水阀（也称为疏水器）

疏水阀分为内螺纹钟形浮子式、内螺纹热动力（圆盘）式和内螺纹双金属片式。适用温度为≤200℃、公称压力≤1.6MPa 及公称直径 DN≤50mm 的凝结水管路上。

蒸汽系统中使用的疏水阀（也称为疏水器），作用是自动阻止蒸汽逸漏，并且迅速地排出用热设备及管道中的凝水，同时能排除系统中积留的空气和其他不凝性气体。疏水器是蒸汽供热系统中最重要的设备。它的工作状况对系统运行的可靠性和经济性影响极大。

根据疏水器的作用原理不同，可分为以下三种类型：

（1）机械型疏水器。利用蒸汽和凝水的密度不同，形成凝水液位，以控制凝水排水孔自动启闭工作的疏水器。主要产品有浮筒式、钟形浮子式（图 J-19）、自由浮球式、倒吊桶式疏水器等。

（2）热动力型疏水器。利用蒸汽和凝水热动力学（流动）特性的不同来工作的疏水器。主要产品有圆盘式、脉冲式、孔板或迷宫式疏水器等。

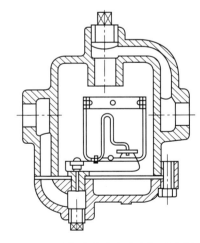

图 J-19　钟形浮子式疏水阀示意图

（3）热静力型（恒温型）疏水器。利用蒸汽和凝水的温度不同引起恒温元件膨胀或变形来工作的疏水器。主要产品有波纹管式、双金属片式和液体膨胀式疏水器等。

国内外使用的疏水器产品种类繁多，不可能一一叙述。下面就上述三大类型疏水器，各选择一种疏水器，对其工作原理、结构特点等予以简要介绍。其他形式的疏水器，可见有关设计手册及产品说明。

① 浮筒式疏水器

机械型浮筒式疏水器的构造如图 J-20 所示。其动作原理如下：凝结水流入疏水器外壳 2 内，当壳内水位升高时，浮筒 1 浮起，将阀孔 4 关闭。继续进水，凝结水进入浮筒。当水即将充满浮筒时，浮筒下沉，阀孔打开，凝结水借蒸汽压力排到凝结水管中去。当凝结水排出到一定数量后，浮筒的总重量减轻，浮筒再度浮起，又将阀孔关闭。如此反复循环动作。

图 J-21 所示为机械型浮筒式疏水器动作原理示意图。图 (a) 表示浮筒即将下沉，阀孔尚未关闭，凝结水装满（90%程度）浮筒的情况；图 (b) 表示浮筒即将上浮，阀孔尚未开启，余留在浮筒内的一部分凝结水起到水封作用，封住了蒸汽逸漏通路的情况。

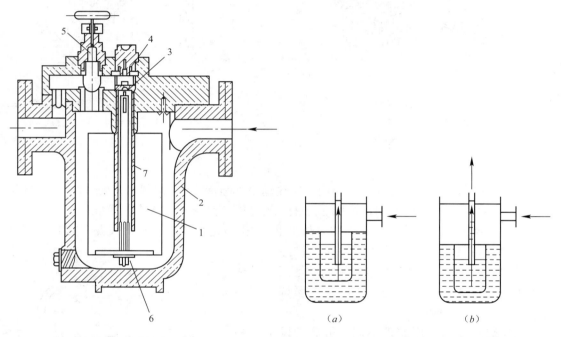

图 J-20 浮筒式疏水器　　　　　　　图 J-21 浮筒式疏水器的动作原理示意图

1—浮筒；2—外壳；3—顶针；4—阀孔；5—放气阀；

6—可换重块；7—水封套筒上的排气孔

浮筒的容积，浮筒及阀杆等的重量、阀孔直径及阀孔前后凝结水的压差决定着浮筒的正常沉浮工作。浮筒底附带的可换重块 6，可用来调节它们之间的配合关系，适应不同凝结水压力和压差等工作条件。浮筒式疏水器在正常工作条件下，漏气量只等于水封套筒上排气孔的漏气量，数量很小。它能排出具有饱和温度的凝水。疏水器前凝水的表压力 P_1 在 500kPa 或更小时便能启动疏水。排水孔阻力较小，因而疏水器的背压可较高。它的主要缺点是体积大、排量小、活动部件多、筒内易沉渣垢、阀孔易磨损、维修量较大。

② 圆盘式疏水器

是热动力型疏水器的一种，如图 J-22 所示。圆盘式疏水器的工作原理是：当过冷的凝结水流入孔 A 时，靠圆盘形阀片上下的压差顶开阀片 2，水经环形槽 B，从向下开的小孔排出。由于凝结水的比容几乎不变，凝结水流动通畅，阀片常开，连续排水。当凝结水带有蒸汽时，蒸汽在阀片下面从 A 孔经 B 槽流向出口，在通过阀片和阀座之间的狭窄通道时，压力下降，蒸汽比容急剧增大，阀片下面蒸汽流速激增，造成阀片下面的静压下降。与此同时，蒸汽在 B 槽与出口孔处受阻，被迫从阀片和阀盖 3 之间的缝隙冲入阀片上部的控制室，动压转化为静压，在控制室内形成比阀片下更高的压力，迅速将阀片向下关闭而阻汽。阀片关闭一段时间后，由于控制室内蒸汽凝结，压力下降，会使阀片瞬时开启，造成周期性漏气。因此，新型的圆盘式疏水器凝结水先通过阀盖夹套再进入中心孔，以减缓控制室内蒸汽凝结。

圆盘形疏水器的优点：体积小、重量轻、结构简单、安装维修方便。其缺点是：有周期漏气现象；在凝结水量小或疏水器前后压差过小（$P_1 - P_2 < 0.5P_1$）时，会发生连续漏气；当周围环境气温较高，控制室内蒸汽凝结缓慢，阀片不易打开，会使排水量减少。

③ 波纹管式（也称温调式）疏水器

属热静力型（恒温型）疏水器，如图 J-23 所示。

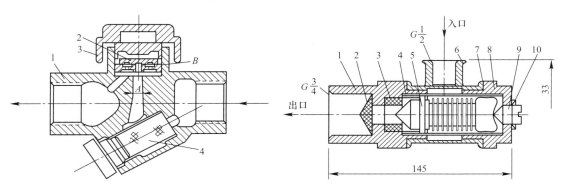

图 J-22　圆盘型疏水器示意图
1—阀体；2—阀片；3—阀盖；4—过滤器

图 J-23　波纹管式（也称温调式）疏水器示意图
1—管接头；2—过滤网；3—网座；4—弹簧；
5—温度敏感元件；6—三通管接头；7—垫片；
8—后盖；9—调节螺钉；10—锁紧螺母

波纹管式（也称温调式）疏水器的动作部件是一个波纹管的温度敏感元件。波纹管内部，部分充以易蒸发的液体，当具有饱和温度的凝结水到来时，由于凝结水温度较高，使液体的饱和压力增高，波纹管轴向伸长，带动阀芯，关闭凝结水通路，防止蒸汽逸漏。当疏水器中的凝结水由于向四周散热而温度下降时，液体的饱和压力下降，波纹管收缩，打开阀孔，排放凝结水。疏水器尾部带有调节螺钉 9，向前调节可减小疏水器的阀孔间隙，从而提高凝结水过冷度。此种疏水器的排放凝结水温度为 60～100℃。为使疏水器前凝结水温度降低，疏水器前 1～2m 管道不保温。

波纹管式（也称温调式）疏水器加工工艺要求较高，适用于排除过冷凝结水，安装位置不受水平限制，但不宜安装在周围环境温度高的场合。

④ 应用于低压蒸汽供暖系统中的恒温式疏水器

也属于热静力型（恒温型）疏水器，如图 J-24 所示。

无论是哪一种类型的疏水器，在性能方面，应能在单位压降下的排凝结水量较大，漏气量要小（标准为不应大于实际排水量的 3%），同时能顺利地排除空气，而且应对凝结水的流量、压力和温度的波动适应性强。在结构方面，应结构简单，活动部件少，便于维

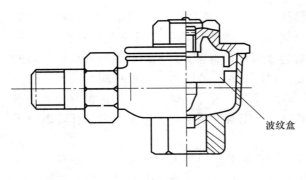

图 J-24　恒温式疏水器示意图

修，体积小，金属耗量少；同时，使用寿命长。近年来，我国疏水器的制造有了很大进展，开发了不少新产品，但对于蒸汽供热系统的重要设备，疏水器的漏、短、缺问题仍未能很好地解决：漏——密封面漏气；短——使用寿命短；缺——品种规格不全。提高产品性能仍是目前迫切要解决的问题。

9. 弹簧式及杠杆式安全阀

弹簧式及杠杆式安全阀的安装，除了蒸汽锅炉采用安全阀泄压外，也可以安装在水系统中作为泄压装置使用。弹簧式安全阀是热水系统中补给水泵向系统中补水进行定压时，超出弹簧式安全阀压力控制值时，或突然停电时，以及供热系统热水膨胀时自行放水泄压用的弹簧式安全阀门，此泄压方式安全可靠，简单易行。如压力超过规定时，而阀未能自动开启，可利用拉动阀上的扳手扳起，迫使弹簧式安全阀开启。弹簧式安全阀的适用温度为≤200℃和开启压力应为工作压力加 30kPa。它的规格为 DN≤80mm，连接形式为螺纹接口，一般用于压力和温度较低的系统中。弹簧式安全阀如图 J-25 所示，杠杆式安全阀如图 J-26 所示。

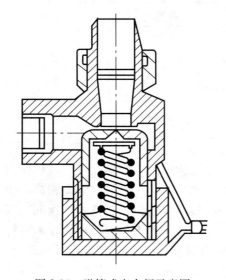

图 J-25　弹簧式安全阀示意图　　　　　　　图 J-26　杠杆式安全阀示意图

10. 波纹管式和活塞式减压阀

是指安装于温度≤300℃、工作压力 P≤1.3MPa 的蒸汽或空气管路上，能自动将管路内介质压力减低到规定的数值，并使之保持不变。连接形式只有法兰安装形式。如图 J-27 所示。

11. 平衡阀

平衡阀分为静态型和动态型两大类。静态型平衡阀是由人工利用双根带铜拿子的软管，一端分别连接在平衡阀的阀前和阀后的连接口上，而另一端分别连接在压差及流量智能测试仪表上，按照智能测试仪表上显示的数据进行各环路的锁定式人工调整。对于在平衡阀处压力低的管路系统进行关闭阀门手轮，增大压差（增大管路系统的阻力损失）的方式，使各环路压差值基本上靠近，允许各环路压差值在 5%～15% 的范围内波动，然后进行各环路阀门的锁定，以达到各环路压差或流量平衡的目的。因此静态型平衡阀又称为数字锁定平衡阀。测试时应采用大多数环路压差的平均值作为基准压差进行调整，以便加快调整速度。连接形式为螺纹接口和法兰接口两种，各环路的静态型平衡阀均应安装在回水管路上。

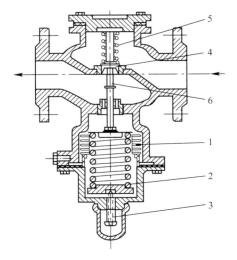

图 J-27　波纹管减压阀示意图
1—波纹箱；2—调节弹簧；3—调整螺钉；
4—阀瓣；5—辅助弹簧；6—阀杆

动态型平衡阀分为自力式流量控制阀和自力式压差控制阀两大类。它们的自动控制原理都是依靠阀体内弹簧的受力大小而自动控制阀体内过流断面变化进行自动的流量调节或压差调节。自力式流量控制阀必须安装在回水管道上；而自力式压差控制阀既可安装在回水管道上，也可以安装在供水管道上。当自力式压差控制阀安装在回水管道上时，其 DN15 导压管必须安装在供水管道上；当自力式压差控制阀安装在供水管道上时，其 DN15 导压管必须安装在回水管道上。自力式压差控制阀按照压差的可调性又分为压差不可调型（定压差型）和压差可调型两种。

ZL-4M（ZL47F）自力式流量控制阀是一种自动恒定流量的水力工况平衡用阀（图 J-28）。可按需求设定流量，并将通过阀门的流量保持恒定应用于集中供热、中央空调等水系统中，使管网流量调节一次完成，把调网工作变为简单的流量分配。免除热源切换时的流量重新分配工作，可有效地解决管网的水力失调。它的性能与特点：控制流量精度±5%；按照被控制管线需要设定流量，并可锁定设定状态；自动消除管线的富裕压头；分支管线间流量调节互不干扰；直接的开启圈数和流量数据显示；阀门公称压力为 1.6MPa 和 2.5MPa；介质温度使用范围为 0～150℃；工作压差范围 20～60kPa；阀体材质为灰铸铁、碳素钢、锻压铜合金；内件材质为铜合金、不锈钢。选择 ZL-4M（ZL47F）自力式流量控制阀规格时，尽可能与回水管道直径相同而不变径，只有在管道内流量过低时可考虑缩径选用。

ZTY47（ZY47）自力式压差控制阀是一种自动恒定压差的水力工况平衡用阀（图 J-29）。应用于集中供热、中央空调等水系统中，有利于被控制系统各用户计量供暖系列和变流量空调系统，根据安装位置分为供水式（G）、回水式（H）和旁通式（C）三类。它的性能与特点：供水式（G）、回水式（H）压差控制阀必须分别安装在供水管和回水管上；控制压差精度±7.5%；在不损失控制精度的前提下，可调压差型的调压比高达 16：1；阀体材质为灰铸铁、碳素钢、锻压铜合金；其 DN15 铜导压管螺纹连接，导压管长度为 1.5m；支持被控制系列内部自主调节；消除外网压力波动对被控制系列的影响；分为定压差型和可调压差型两种；阀门公称压力为 1.6MPa 和 2.5MPa；介质温度使用范围为 0～150℃。

图 J-28 ZL-4M（ZL47F）自力式
流量控制阀示意图

图 J-29 ZTY47（ZY47）自力式
压差控制阀示意图

最后介绍一下德国技术大口径"B"系列动态流量平衡阀（图 J-30）。基本规格：$DN50 \sim DN800$；工作压力为 16Bar、25Bar；流量误差为 $\pm 7.5\%$；工作温度为 $0 \sim 120°C$；阀门为法兰连接方式；阀体材质为球墨铸铁（QT400-18）；弹簧材质为不锈钢；O 形圈材质为丁腈橡胶。

基本规格：$DN50—DN800$
工作压力：16Bar/25Bar
流量误差：$\pm 7.5\%$
工作温度：0~120℃
连接方式：德标法兰DIN En1092—2
材料：
阀体：球墨铸铁（QT400—18）
弹簧：不锈钢（1Cr18Ni9）
O形圈：丁晴橡胶（N22OSH）

图 J-30 大口径"B"系列动态流量平衡阀示意图

12. 电动两通控制阀

电动两通控制阀由阀体、执行头（也称为变压执行器）、电子温控器三部分组成。VC 系列电动两通控制阀应用于风机盘管水系统的自动控制，这类阀门所需功耗最小，只有在改变阀门启闭用途时才需供电。塑料执行头可以拆卸，而不影响水系统的完整性。阀门在开启或关闭时，动作特别轻柔，绝无水锤现象。闭塞结构确保阀门紧闭，而与加在阀上的压力无关。电动两通阀安装在风机盘管出水管上，依靠恒温控制器中的预感器发出信号并控制电源的连通与断开。阀门的启闭是阀杆上、下运动，即彻底开启或彻底关闭来控制风机盘管管路中水流的流动与切断。在空调自动控制中称为水系统的自动调节控制。例：美国霍尼韦尔电动两通阀分为 VC6013AJ1000 型和 VC4013 AJ1000 型两类。VC6013 AJ1000 型电动两通阀与 T6373B1130 冷暖型温控器连接，便可实现一台风机盘管对应一个安装在墙壁上温控器的水系统冬季和夏季的自动控制运行。两个 VC4013 AJ1000 型电动两通阀分别安装在同一室内的两台风机盘管上与一个 T6373B1130 冷暖型温控器连接，便可实现两台风机盘管对应一个安装在墙壁上温控器的水系统冬季和夏季的自动控制运行。电动两通阀阀体为铜质材料制作，不易生锈，经久耐用。它的连接形式为 DN20 螺纹接口。安装过程中应先拆卸塑料执行头，待阀体安装后再拧紧塑料执行头，以此作好电动两通控制阀的成品保护。墙壁上安装的电子温控器中心一般情况下应距地面高度为 1.2m，并安装在容易维修检查的地方。

13. 电动比例积分控制阀（也称为电子调节控制器）

电动比例积分控制阀由阀体、执行头（也称为执行器）、变压器、电子温控器、温度传感器五部分组成。电动比例积分控制阀应用于空调机组、新风机组中盘管水系统的自动控制，它是通过温度传感器探测室温变化，自动按比例积分方式启闭阀门开启度来控制进入盘管内水流量多少的自动控制阀门。运行时阀门可开关到一定角度，并不像风机盘管电动两通控制阀那样一次性阀全开或全关，而是旋转形开启或关闭，因此调节灵活、可靠。阀体和温度传感器均为铜质材料，其他部件为不锈钢材料，不易生锈，经久耐用；但造价相当高。安装过程中待阀体安装后再拧紧执行头、变压器，以此做好电动比例积分控制阀的成品保护。连接形式为螺纹接口和法兰接口两种。墙壁上安装的电子温控器中心一般情况下应距地面高度为 1.2m，并安装在容易维修检查的地方。

14. 呼吸阀

呼吸阀指安装在燃油锅炉系统的向锅炉内供应燃油的室外地下埋设的储油罐上垂直安装 4m 高立管顶部的呼吸阀门。呼吸阀用于油及液体罐上，与大气相通，来排除罐内的正压气体，并在油泵工作引起储油罐内油位下降时向储油罐内补充室外空气，防止储油罐内形成负压，引起储油罐变形或振动。油泵工作停止时，呼吸阀自动关闭防止储油罐油气往外泄漏，使储油罐内油的质量得到有力的保障。为防止室外火种进入储油罐内，呼吸阀处应增加阻火功能。GFQ-1 型全天候储油罐呼吸阀为只有呼吸功能的呼吸阀，如图 J-31 所示。为增加阻火功能又出现了 ZFQ-1 型全天候储油罐防爆阻火呼吸阀，阻火与呼吸两个功能在一个阀体上实现，结构简单、使用方便，呼吸阀盘采用不锈钢及聚四氟制成、灵活耐用，阻火层也采用不锈钢制成，耐腐蚀，易于清洗，阀体有碳素钢和不锈钢两种，如图 J-32 所示。呼吸阀是储油罐的必备产品，不可缺少。它的连接形式只有法兰安装形式。

图 J-31　GFQ-1 型全天候储油罐
呼吸阀示意图

图 J-32　ZFQ-1 型全天候储油罐
防爆阻火呼吸阀示意图

15. 阻火阀（也称为阻火器）

阻火阀是指安装在燃油锅炉系统的向锅炉内供应燃油的管路上的防止火焰回火侵入油罐的止回阀，具有防爆、防回火的功能。型号分为 GZW-1 阻爆燃型油管道阻火器（图 J-33）和 ZGB-1 波纹型油管道阻火器（图 J-34）。因阻火阀（阻火器）芯子采用不锈钢材料制作，耐腐蚀，易于清洗，结构合理，重量轻，易检修，安装方便。它的连接形式只有法兰安装形式。

图 J-33　GZW-1 阻爆燃型
油管道阻火器示意图

图 J-34　ZGB-1 波纹型
油管道阻火器示意图

16. 温控阀

（图 J-35）指电动温度控制阀（例：散热器温控阀）。散热器温控阀是一种自动控制散热器散热量的设备，它由两部分组成，一部分为阀体部分，另一部分为感温元件控制部分。当室内温度高于设定的温度值时，感温元件受热，其顶杆就压缩阀杆，将阀孔关小使进入散热器的水流量减小，散热器散热量减小，室内温度开始下降。当室内温度下降到低于设定的温度值时，感温元件开始收缩，其阀杆靠弹簧的作用，将阀杆抬起，将阀孔开大使进入散热器的水流量增大，散热器散热量增加，室内温度开始升高，从而保证室内温度处在设定的温度值上，温控阀控温范围在 $13\sim28℃$ 之间，控温误差为 $\pm1℃$。室内温度的设定值应根据房间使用功能和国家规定的温度值原则进行确定。

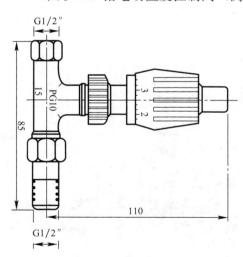

图 J-35　散热器温控阀示意图

散热器温控阀具有恒定室温、节约热能的主要优点，在欧美国家得到广泛应用，我国和欧美国家将散热器温控阀主要用在双管热水供暖系统上。

按照不同的使用要求进行选择和安装，一般情况下：$DN\leqslant32$ 时应采用丝接，$DN\geqslant$

40 时应采用法兰连接,购货时要弄清阀门型号、规格、压力、丝接还是法兰连接。

散热器温控阀的缺点是阀门阻力过大(阀门全开时,阻力系数 ξ 值达 18.0 左右)。在热水供暖系统中,由于管道连接形式不同而形成了各种系统,在双管热水供暖系统中应用是成功的,但在单管系统中应用仍得到限制。如在垂直单管系统中使用,由于是多组散热器和多个散热器温控阀串联,热用户作用压头相当大,必须增大网路循环水泵的扬程,用电量增加,运行费用增大。如在单管跨越式系统上使用,从工作原理(感温元件作用)来看,是可行的。但由于散热器温控阀阻力过大的缺点,使得通过跨越管的流量过大,而通过散热器的流量过小,正常设计的散热器数量不能满足室温要求,只能在设计中采用增大散热器面积的措施进行弥补,这样一来,增大了散热器、管道数量和安装费用,室内使用面积被散热器和管道占去很大空间。因此,研制低阻力散热器温控阀的工作,在国内仍有待进一步开展,希望早日生产出低阻力、高灵敏度,而且适用于各种热水供暖系统形式的室温自控产品。

17. 分户供暖工程的锁闭阀

锁闭阀是专为分户供暖工程的实施而出现的。既有建筑供暖系统分户改造常采用三通型锁闭阀,分户供暖工程常采用两通型锁闭阀。主要作用是关闭功能,是必要时采取强制措施的手段。阀芯可采用闸阀、球阀、旋塞阀的阀芯,有单开型锁与互开型锁。有的锁闭阀不仅可关断,还具有调节功能。此类型的阀门可在系统试运行调节后,将阀门锁闭,防止某用户随意开启或关闭以及随意乱动,造成系统水力失调现象的发生。

锁闭阀应按照不同的使用要求进行选择和安装,$DN \leqslant 32$ 时应采用丝接,$DN \geqslant 40$ 时应采用法兰连接,购货时要弄清阀门型号、规格、压力、丝接还是法兰连接及温度控制范围。

18. 消防喷淋系统使用的水幕喷头、湿、干式报警阀圆盘式雨淋阀及预作用报警阀组

其构造示意图如图 J-36~图 J-40 所示。

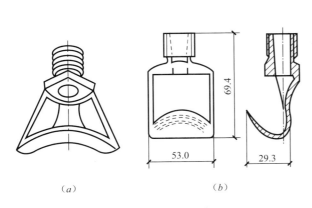

图 J-36　水幕喷头示意图

(a) 窗口水幕喷头;(b) 檐口水幕喷头

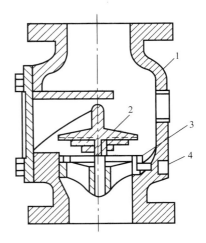

图 J-37　湿式报警阀示意图

1—阀体;2—阀瓣;

3—沟槽;4—水力警铃接口

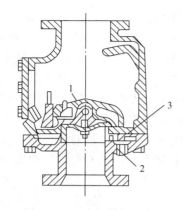

图 J-38　干式报警阀示意图

1—阀瓣；2—水力警铃接口；3—弹性隔膜

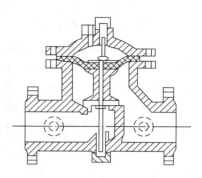

图 J-39　圆盘式雨淋阀示意图

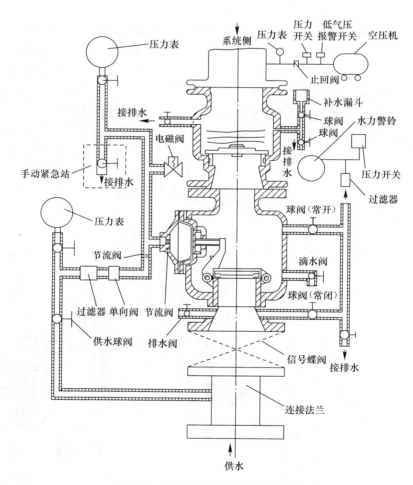

图 J-40　预作用报警阀组构造示意图

19. 湿式报警阀

如图 J-41 所示。

20. 水流指示器

如图 J-42 所示。

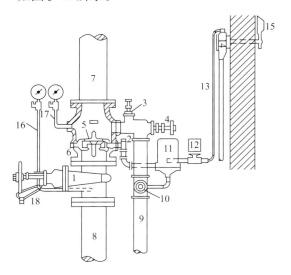

图 J-41 湿式报警阀示意图

1—总闸阀；2—警铃水管活塞；3—试铃阀；4—排水管阀；

5—警铃阀；6—阀座凹槽；7—喷头输水管；8—水源输水管；

9—排水管；10—延时器与排水管接合处；11—延时器；

12—水力继电器；13—警铃输水管；14—水轮机；15—警钟；

16—水源压力表；17—设计内部管网水压力表；18—总阀上锁与绳带

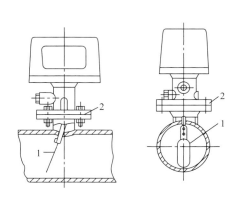

图 J-42 水流指示器示意图

1—桨片；2—连接法兰

21. 集气罐

热水供暖系统的水被加热时，会分离出空气。在大气压力下，1kg 水在 5℃时，水中的含气量超过 30mg（1000kg 水在 5℃时水中的含气量＞30000mg），而 1000kg 的水从 5℃被加热到 95℃时，水中的含气量只剩有 3000mg，也就是说 27000mg 的空气，被分离后存积在管道系统最高处使水系统水位下降，造成系统高处缺水，破坏系统正常运行。因此说空气是热水供暖系统中的大敌。此外，在系统停止运行时，通过不严密处会渗入空气，充水后，也会有些空气残留在系统内。热水供暖系统中如积存空气，就会形成气塞，影响水的正常循环。所以，热水供暖系统运行时必须依靠集气罐和自动排气阀排除系统中的空气，才能保证系统正常运行效果。经常使用的集气罐有立式和卧式两种。也可采用自动排气阀随时排除系统中空气。

附录 K 换热器系列

换热器主要用来加热供暖系统的循环水和热水供应用户的上水。热水换热器按热交换的介质分为：汽-水式换热器和水-水式换热器；按传热方式分为表面式换热器（壳管式、套管式、容积式、浮动盘管式、板式、螺旋板式）和混合式换热器（淋水式、喷管式）。

K.1 壳管式换热器

1. 壳管式汽-水式换热器（图 K-1）

管束通常采用锅炉碳素钢钢管、不锈钢管、紫铜管或黄铜管。钢管承压能力高，但易腐蚀；紫铜管或黄铜管耐腐蚀，但耗费有色金属。对低于 130℃的热水换热器，三种材料

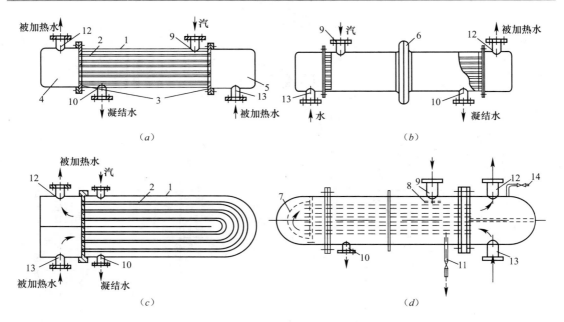

图 K-1　壳管式汽-水式换热器示意图

（a）固定管板式壳管式汽-水式换热器；（b）带膨胀节的壳管式汽-水式换热器；

（c）U 形壳管式汽-水式换热器；（d）浮头式壳管式汽-水式换热

1—外壳；2—管束；3—固定管栅板；4—前水室；5—后水室；6—膨胀节；7—浮头；8—挡板；9—蒸汽入口；

10—凝水出口；11—汽侧排气管；12—被加热水出口；13—被加热水入口；14—水侧排气管

均可使用；超过 140℃的高温热水换热器，则宜常用钢管。钢管壁厚一般为 2～3mm，铜管壁厚一般为 1～2mm。管子直径选用：铜管一般可选用 15～20mm；钢管一般可选用 22mm、25mm 及 32mm 等。

　　为强化传热，可利用隔板在前后水室中降管束分割成几个行程。一般水的出入口位于同侧，以便于拆卸和检修，所以行程采用偶数。采用最多的是二行程和四行程形式。

　　图 K-1（a）所示为固定管板式壳管式汽-水式换热器。主要优点是结构简单、造价低、制造方便和壳体内径小；缺点是壳体与管板连接在一起，当壳体与管束之间温度差较大时，由于热膨胀不同会引起管子扭弯，或使管栅板与壳体之间、管束与管栅板之间开裂，造成泄漏；管之间污垢的清洗也较困难。所以只适用于温度差小、单行程、压力不高以及结垢不严重的场合。

　　图 K-1（b）所示为带膨胀节的壳管式汽-水式换热器。为解决固定管板式壳管式汽-水式换热器的壳体与管束之间热膨胀不同的缺点，可在壳体中部加一膨胀节，其余结构形式与固定管板式壳管式汽-水式换热器完全相同。这种换热器克服了上述的缺点，但制造要复杂些。

　　图 K-1（c）所示为 U 形壳管式汽-水式换热器。U 形管束可以自由伸缩，以补偿其热伸长，结构简单。缺点是管内无法用机械方法清洗，管束中心附近的管子不便拆换，管栅板上布置管束的根数有限，单位容量及单位重量的传热量低。

　　图 K-1（d）所示为浮头式壳管式汽-水式换热。其特点是浮头侧的管栅板不与外壳相连接，该侧管栅板可在壳体内自由伸缩，以补偿其热伸长，清洗便利，且可将其管束从壳体中拔出。

对上述壳管式汽-水换热器，应注意防止蒸汽冲击管束而引起管子的弯曲和振动，为此在蒸汽入口处应设置具有防冲击和导流作用的挡板8。当管束较长时，需要设置支撑隔板以防管束挠曲。同时，壳体内有较大的空间，使蒸汽分布均匀，凝结水顺利排除。在开始运行时，必须很好地排除空气及其他不凝气体。

2. 波节型汽-水式换热器（图 K-2）

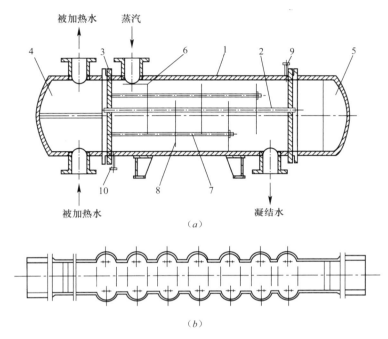

图 K-2 波节型汽-水式换热器示意图
（a）结构示意图；（b）波节管示意图
1—外壳；2—波节管；3—管板；4—前水室；5—后水室；6—挡板；7—拉杆；
8—折流板；9—排气口；10—排液口

该换热器的特点是采用薄壁不锈钢波节管束代替传统的等直径直管束，作为壳管式汽-水换热器的受热面。由于采用了波节管束，强化了传热，传热系数明显增高；波节管束内径较大些，水侧的流动压力损失降低；同时靠波节管束补偿其热伸长，可以采用固定管板的简单结构形式。但应注意，由于波纹管为奥氏体不锈钢，为防止应力腐蚀，换热器水质中的铝离子含量应不超过 25×10^{-6}。

3. 壳管式水-水式换热器（图 K-3）

图 K-3（a）分段式壳管式水-水式换热器，是由带有管束的几个分段组成。分段外壳设置波纹膨胀节，以补偿其热伸长。各段之间采用法兰连接。

图 K-3（b）套管式水-水式换热器，是最简单的一种壳管式，由钢管组成管套管的形式，套管之间用焊接连接。套管式换热器的组合换热面积小。

水-水式换热器中两种流体的流动方向都采用逆向流动，以提高传热效果。与板式、螺旋板式换热器相比，壳管式水-水式换热器具有结构简单、造价低、流通截面较宽、易

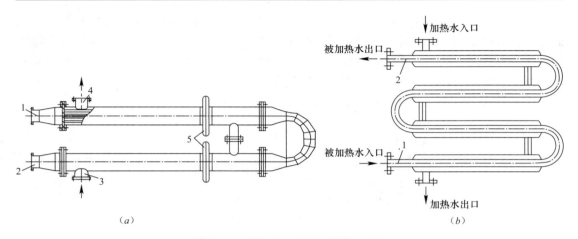

图 K-3　壳管式水-水式换热器示意图

(a) 分段式壳管式水-水式换热器；(b) 套管式水-水式换热器

1—被加热水入口；2—被加热水出口；3—加热水入口；4—加热水出口；5—膨胀节

于清洗水垢等优点。但其缺点是传热系数小，占地面积大。

K.2　容积式与半容积式汽-水换热器及水-水换热器（图 K-4）

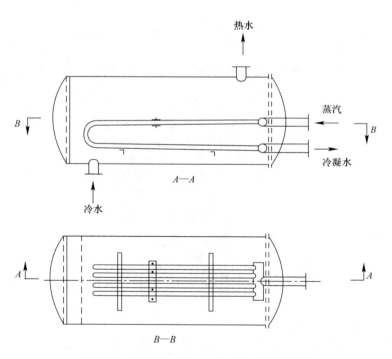

图 K-4　容积式汽-水、水-水式换热器示意图

根据加热介质的不同，分为容积式汽-水换热器和容积式水-水换热器。这种换热器的外壳大小根据储水箱的容量确定，它的作用既是换热器又是储水箱。换热器中用∪形弯管管束并联在一起，蒸汽或加热水自管内流过，被加热水分别在容积式换热器壳体内左、右

侧流过，形成一次预热及二次加热状态。它主要用于热水供应系统，特点是除加热功能外还代替了储水箱，供水平稳，安全，易于清除水垢，传热系数比壳管式换热器低得多。为了减少换热盲区，将容积式换热器中的换热器与储水用隔板分开形成冷、热水分区，并设置折流板加强管束的横向冲刷，加强换热，这种方式称为半容积式换热器，非常适用于热水供应系统。

K.3　浮动盘管式汽-水式换热器（图 K-5）

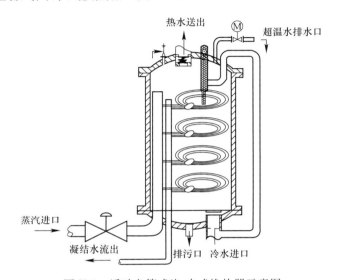

图 K-5　浮动盘管式汽-水式换热器示意图

主要由壳体和浮动盘管两大部分组成。壳体由上封头、下封头及筒体构成。筒体采用碳素钢板或不锈钢板制造。上封头顶部装设有安全阀、热水出口接管、超温度水排出口、感温管、感温元件及自立式温度调节器、传感器接管等；下封头装设了冷凝水排出管、排污管、被加热介质入口接管、蒸汽入口接管及换热器支架等。浮动盘管组由许多平行的水平浮动盘管组成，每一片浮动盘管都有一个蒸汽总管联箱连接进口和凝结水总管联箱连接出口，每一片浮动盘管分别安装后，形成多片平行浮动盘管组并联。当换热器处于工作状态时，被加热水流自下而上流动，每一片浮动盘管则水平浮动在水中，因此称为水平浮动盘管。水平浮动盘管及其联箱、垂直进出口各种接管均采用紫铜管制造。

K.4　板式水-水式换热器（图 K-6）

主要由传热板片 1、固定盖板 2、活动盖板 3、定位螺栓 4 及压紧螺栓 5

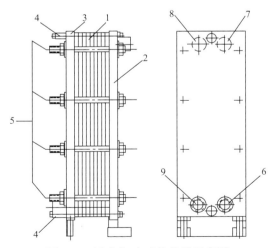

图 K-6　板式水-水式换热器示意图

1—传热板片；2—固定盖板；3—活动盖板；4—定位螺栓；
5—压紧螺栓；6—被加热水入口；7—被加热水出口；
8—加热水入口；9—加热水出口

等组成。板与板之间用垫片进行密封，盖板上装设冷、热媒进出口短管。

K.5　螺旋板式汽-水式、水-水式换热器（图 K-7）

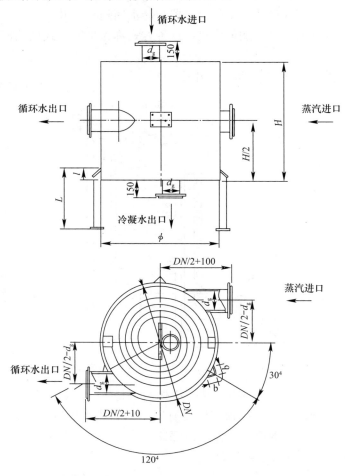

图 K-7　螺旋板式汽-水式、水-水式换热器示意图

由两张平行金属板卷制成两个螺旋通道组成的表面式换热器。加热介质和被加热介质分别在螺旋板两侧流动。螺旋板式换热器有蒸汽-水式换热器和水-水式换热器两种。它的传热系数高于管壳式换热器，流通截面比板式换热器宽，不易堵塞，但主要缺点是不能拆卸清洗。

K.6　淋水式汽-水式换热器（图 K-8）

主要由外壳 1 和淋水板 2 组成。被加热水从上部进入，经淋水板 2 上的筛孔分成细流流下；蒸汽由壳体上侧部或下侧部进入，与被加热水接触凝结放热，被加热后的热水从换热器下部送出。淋水式汽-水式换热器是一种典型的混合式换热器。与上述表面上换热器相比，混合式换热器换热效率高；在相同设计热负荷条件下，换热面积小；设备结构紧凑；除了换热功能外还可以兼作储水箱和膨胀水箱使用，同时还可以利用壳体内的蒸汽压力对系统进行定压。

K.7　喷管式汽-水式换热器（蒸汽喷射器）（图 K-9）

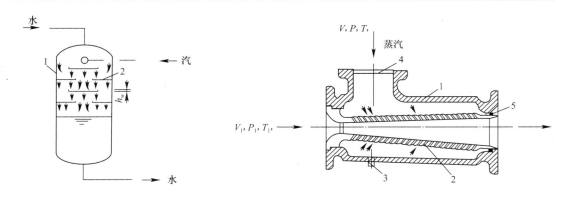

图 K-8　淋水式汽-水式换热器示意图　　　　　图 K-9　喷管式汽-水式换热器示意图

1—外壳；2—淋水板　　　　　　　　　1—外壳；2—喷嘴；3—泄水口；4—网盖；5—填料

K.8　水-水换热机组（图 K-10）

由换热器、循环水泵、补水泵、过滤器、止回阀、控制柜等集中设置在一起的机组，结构紧凑，安装方便，操作简单，可实现无人看守的微机控制，广泛应用于供热系统中。

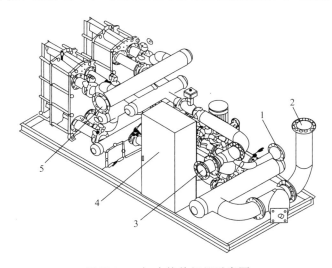

图 K-10　水-水换热机组示意图

1——次回水；2—二次回水；3——次供水；4—控制柜；5—二次供水

附录 L　水 泵 系 列

L.1　LG、LGR 和 DL、DLR 系列高层建筑给水泵

LG、LGR 和 DL、DLR 系列高层建筑给水泵为单吸多级分段式、立式离心泵。该系列泵具有效率高、噪音低、体积小、重量轻、占地面积小和安装检修方便等特点。

该系列泵主要用于高层建筑的生活给水、消防给水、工矿企业、市政工程给排水及锅炉给水，化工流程补给水等场合。泵输送介质为不含固体颗粒的清水或物理化学性质类似于清水的液体。LG、DL 型泵输送介质温度小于 80℃；LGR 和 DLR 型泵输送介质温度小于 130℃。性能参数：流量 $1 \sim 200 \text{m}^3/\text{h}$，扬程 $16 \sim 260 \text{m}$，允许进口压力 $\leqslant 0.3 \text{MPa}$（用户在订货时须标明泵进口压力值）。LG 型立式离心泵外形如图 L-1 所示。

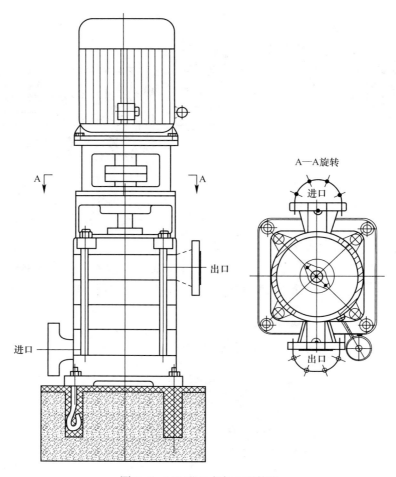

图 L-1　LG 型立式离心泵外形

泵型号意义说明：

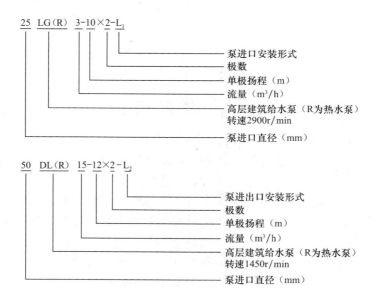

正常供货时，随泵配带电动机一台。泵进出口安装形式如图 L-2 所示。

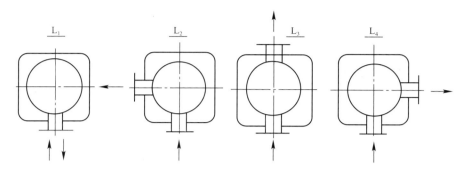

图 L-2　泵进出口安装形式

注：用户如无安装形式要求，出厂按 L_3 形式供货

L.2　LG（1）、LGR（1）、DL（1）、DLR（1）型高层建筑给水泵

LG（1）、LGR（1）、DL（1）、DLR（1）型高层建筑给水泵系列的立式（卧式）单吸多级分段式离心泵是 LG、DL 型泵的改型产品，供输送常温清水及物理化学性质类似于清水的液体。

该泵因采用特殊的水力设计和结构设计，因而具有结构合理、扬程曲线平坦、高效节能、运行平稳、噪音低、占地面积小、安装维修方便和高可靠性等显著特点。该系列泵主要用于高层建筑的生活给水、消防给水、工矿企业、市政工程给排水、锅炉给水、化工流程补给水等场合。根据用户要求，改变过流部件的材质，可输送腐蚀性液体或成品石油。用于工程建设需要减振的系统，该泵备有各种隔振器，根据用户要求，将提供全套配件。

LG（1）、DL（1）型泵输送介质温度小于 80℃；LGR（1）和 DLR（1）型泵输送介质温度小于 130℃。

泵允许进口压力≤1.0MPa（用户在订货时须标明泵进口压力值），最大工作压力≤36MPa（进口压力＋泵扬程压力＝工作压力）。LG（1）型立式离心泵、DL（1）型卧式给水泵，如图 L-3 所示。

泵型号的意义：

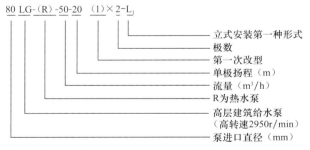

该泵分为立式安装和卧式安装。立式安装时，其吸入口位于泵座上方，吐出口位于后段上，泵为径向吸入，径向排出，吸入口与排出口的相对位置呈 0°、90°、180°和 270°四种安装形式。泵轴封采用机械密封或填料密封，一般情况下采用机械密封，特殊订货时，可采用填料密封。泵的旋转方向：立式泵从电动机端看为逆时针方向旋转，卧式泵与之相反。

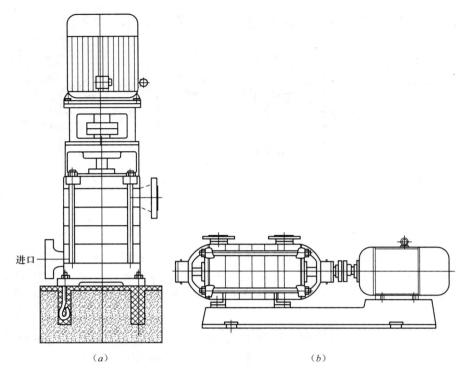

图 L-3　高层建筑给水泵

(*a*) LG (1) 型立式给水泵；(*b*) DL (1) 型卧式给水泵

正常供货，随泵配带电机一台。泵型号的意义：

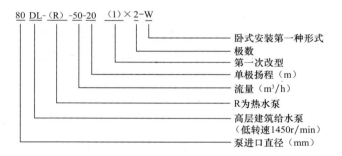

L.3　XBD 系列固定消防专用泵

XBD 系列固定消防专用泵是根据国内建筑消防用泵的市场需求和使用特点而开发研制的新型产品，该产品完全符合和满足现行消防规范和标准规定的消防给水工况范围及固定消防泵性能要求。产品经国家消防装备质量监督检验中心测试，各项指标完全达到标准要求。XBD 系列固定消防专用泵如图 L-4 所示。

XBD 系列泵采用先进的设计技术，具有高可靠性（不存在较长时间停用后启动咬死的故障）、高效率、低噪声、低振动、运转寿命长、安装形式灵活多样（同一性能参数的泵均有立式或卧式结构，并且进出口方向可调）和检修方便等特点。该系列泵工况范围广，流量-扬程曲线平坦（关死点扬程与设计点扬程之比不大于 1.12），可避免系统过载；压力分档密，利于选泵和节约能源；泵的多出口功能，可使高层建筑分区消防给水系统中

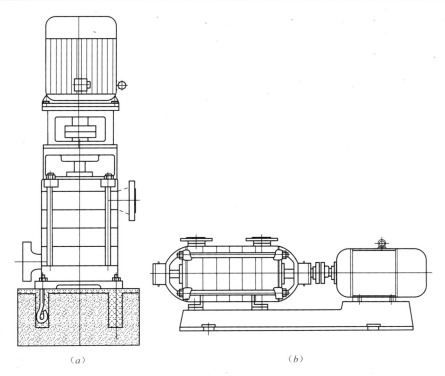

图 L-4　XBD 系列固定消防专用泵

(*a*) 立式安装；(*b*) 卧式安装

用一台泵替代多台泵，减少工程占地面积和投资，该系列产品是目前国内建筑消防喷淋泵的首选产品。

XBD 系列泵可供输送介质温度小于 130℃以下、不含固体颗粒的清水或物理化学性质类似于清水的液体，以及轻腐蚀液体之用。

XBD 系列泵主要用于工业及民用建筑固定消防系统（消火栓灭火系统、自动喷水灭火系统和水喷雾灭火系统等）的给水，多出口泵尤其适用于高层建筑分区消防给水系统。

XBD 系列泵性能参数在满足消防工况的前提下，兼顾生活（生产）给水的工况要求，该产品既可用于独立消防给水系统，又可用于消防、生活（生产）共用给水系统，还可用于建筑、市政、工矿给排水以及锅炉给水等场合。用在有减振要求的场所时，该泵可配套供应各种减振器。还可按用户要求提供各种水泵配件。

XBD 系列泵性能范围：

泵额定流量——　　　　$Q_n = 5 \sim 80 \text{L/s}$（$18\text{m}^3/\text{h} \sim 288\text{m}^3/\text{h}$）

泵额定压力——　　　　$P_n = 0.15 \sim 3.2 \text{MPa}$（扬程 $15\text{m} \sim 320\text{m}$）

泵转速——　　　　　　$n = 1450\text{r/min}$ 和 2900r/min

泵进口压力——　　　　$P_0 \leqslant 0.6 \sim 1.0 \text{MPa}$（用户在订货时标明泵进口压力值）

泵最大工作压力——　　$P = (P_0 + P_n) \leqslant 3.6 \text{MPa}$

泵进口口径——　　　　$65 \sim 200\text{mm}$

泵出口口径——　　　　$50 \sim 150\text{mm}$

泵型号意义：

501

例：XBD5/30-125D/2'P-L₁

L_1——进出口安装形式（立式第一种形式）。

P——表示普通材质，规定材质不标注。

例：XBD2.8/30-125G/4'P-W_1W_2

W_2——第二出水口安装形式（卧式第二种形式）。

W_1——第一出水口安装形式（卧式第一种形式）。

P——表示普通材质，规定材质不标注。

4——泵最高级数，带"'"为配高扬程叶轮，低扬程叶轮不标注。

G——泵转速，高转速用G表示，低转速用D表示。

L.4　XBD型立式多级消防专用泵

XBD型系列立式多级消防专用泵，主要用于城市建筑消防给水，可输送80℃以下的清水或物理、化学性质类似于水的清洁液体，也可用于工矿企业及高层建筑给排水场合。本消防泵由于采取特殊的结构设计和水力设计，高效节能、运转可靠（不存在长期停用后启动运转咬死的故障），并且可根据用户要求，一台泵可增加多个出水口，使泵分别或同时产生多种不同性能（单独开启任一出水口，其水力性能与相应级数的单出口泵相同），特别适合消防给水设计中用一台泵代替多台泵来满足高层建筑中分区消防给水的不同压力要求。

泵轴采用软填料密封或机械密封。从电机方向看，泵为逆时针方向旋转。该泵显著特点是方便实用，安全可靠，占地面积小，节约投资和节约能源。

在用于工程建设需要减振的系统中，该泵备有各种隔振器，根据用户要求，将提供全套配件。

泵允许进口压力≤0.3MPa（用户在订货时标明泵进口压力值）。XBD型立式多级消防专用泵的外形如图L-5所示。

泵型号意义：

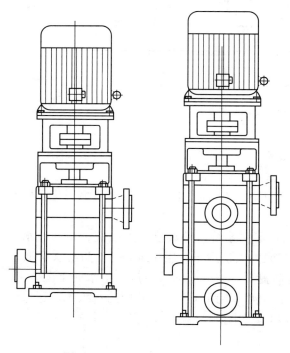

图 L-5　XBD型立式多级消防泵

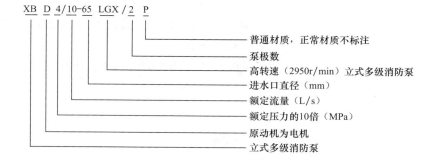

XB D 4/10-65 LGX/2 P

普通材质，正常材质不标注
泵极数
高转速（2950r/min）立式多级消防泵
进水口直径（mm）
额定流量（L/s）
额定压力的10倍（MPa）
原动机为电机
立式多级消防泵

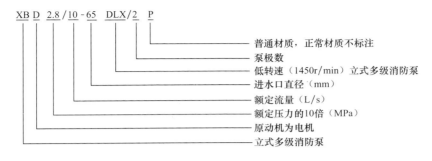

XB D 2.8/10-65 DLX/2 P
- 普通材质，正常材质不标注
- 泵极数
- 低转速（1450r/min）立式多级消防泵
- 进水口直径（mm）
- 额定流量（L/s）
- 额定压力的10倍（MPa）
- 原动机为电机
- 立式多级消防泵

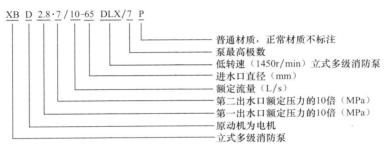

XB D 2.8·7/10-65 DLX/7 P
- 普通材质，正常材质不标注
- 泵最高极数
- 低转速（1450r/min）立式多级消防泵
- 进水口直径（mm）
- 额定流量（L/s）
- 第二出水口额定压力的10倍（MPa）
- 第一出水口额定压力的10倍（MPa）
- 原动机为电机
- 立式多级消防泵

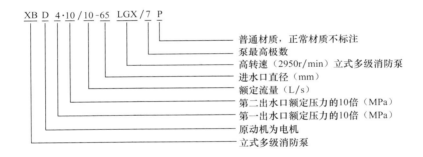

XB D 4·10/10-65 LGX/7 P
- 普通材质，正常材质不标注
- 泵最高极数
- 高转速（2950r/min）立式多级消防泵
- 进水口直径（mm）
- 额定流量（L/s）
- 第二出水口额定压力的10倍（MPa）
- 第一出水口额定压力的10倍（MPa）
- 原动机为电机
- 立式多级消防泵

L.5　LDW、LGW、DLW 型消防给水稳压泵

LDW、LGW、DLW 型系列消防给水稳压泵用来输送清洁水及类似液体。工作介质温度不超过 80℃，主要用于高层建筑消防给水稳压，也可用于工矿企业、城市生活给排水、加热冷却、增压系统等场合。

LDW 型为立式单吸多级筒形双壳体分段式离心泵，过流部件采用不锈钢板材冲压焊接成型。LGW、DLW 型系列消防给水稳压泵为立式单吸多级分段式离心泵。

LDW、LGW、DLW 型泵因采用特殊结构及工艺，因而运转可靠，并且具有体积小、重量轻、噪音低、无泄漏、使用寿命长、维修方便等特点。

LDW 型泵采用机械密封；LGW、DLW 型泵采用软填料密封或机械密封。电机通过联轴器来驱动泵。从电机端看泵为逆时针方向旋转。

泵允许进口压力≤0.3MPa（用户在订货时标明泵进口压力值）。消防给水稳压泵的外形如图 L-6 所示。

泵型号意义：

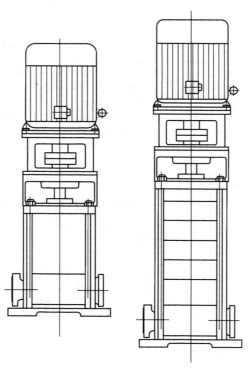

图 L-6 消防给水稳压泵

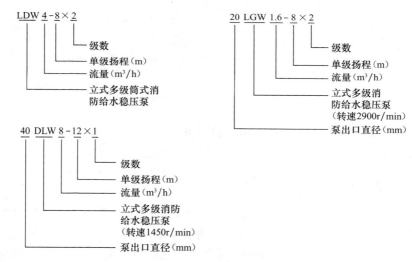

L.6 DG 型单吸多级锅炉给水泵

DG 型系列单吸多级离心泵,适用于作为锅炉给水泵。供输送清水(含杂质量<1%,颗粒度<0.1mm)或物理化学性质类似于水的其他液体,该系列泵是泵行业联合开发的产品,效率值比老产品高出 4%,是国家推广的节能产品,受到用户信赖。

DG 型系列单吸多级离心泵输送介质温度<105℃,适用于各种锅炉给水、油田注水(或热水)等场合。

泵流量性能范围:$V = 3.75 \sim 185 \text{m}^3/\text{h}$

泵扬程性能范围:$H = 69 \sim 684 \text{m}$

泵允许进口压力≤0.6MPa（用户在订货时标明泵进口压力值）。

该系列泵均为卧式安装结构，泵的进出口均为垂直向上，泵轴封采用填料密封。从电机端看泵为顺时针方向旋转。

DG 型单吸多级锅炉给水泵的外形如图 L-7 所示。

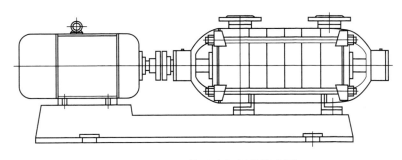

图 L-7　DG 型单吸多级锅炉给水泵

泵型号意义：

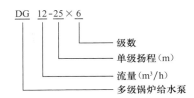

L.7　RK 型系列供暖-空调循环泵

RK 型系列供暖-空调循环泵是根据供暖循环系统和空调循环系统的特殊要求，采用先进设计技术开发研制的实用新型专利产品（专利号：ZL96-2-28765.2）。该系列泵具有结构新颖、高效率、低噪声、运转平稳、可靠、承压能力高、检修方便等显著特点。

该系列泵分档合理，能保证系统所需运行工况在泵的高效区范围内；为方便用户使用，创新出立式、卧式两种安装类型共 16 种进出水方位的变化。该泵的综合性能领先于其他同类型泵，填补了国内空白。

泵输送介质为软化水或清水，介质温度为 130℃ 以下。

该系列泵广泛适用于高层建筑和民宅小区采暖系统、供热锅炉系统、通过热交换器水循环的空调供热系统或空调冷冻水系统，空调冷却水系统、冶金、热力站、纺织、制糖、化工、制药、余热利用、有机交换等介质的输送。

RK 型泵系列有 33 个品种，104 个规格。

泵流量性能范围：$V = 4 \sim 1900 \text{m}^3/\text{h}$

泵扬程性能范围：$H = 5 \sim 50\text{m}$

泵允许进口压力（泵进口承压值）≤1.6MPa（用户在订货时标明泵进口压力值）。

RK 型系列供暖-空调循环泵的同一规格分为立式或卧式安装，径向或轴向吸入口，16 种进出口法兰可调的位置，充分满足供暖-空调循环系统现场管理的安装要求。后开门的结构形式，使检修十分方便。

该泵采用优质机械密封，无渗漏，使用寿命长。泵的旋转方向从电机端看，为逆时针方向旋转。

正常供货，随泵配带电机、联轴器、共用底座一台。RK 型系列供暖-空调循环泵外形如图 L-8 所示。

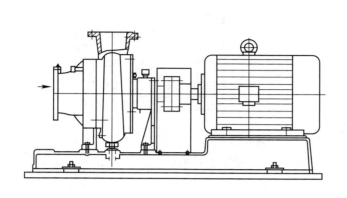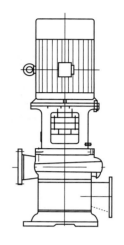

图 L-8 RK 系列供暖-空调循环泵

泵型号意义说明：

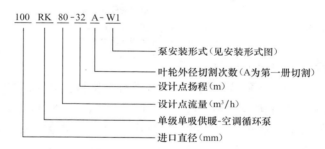

100 RK 80-32 A-W1

- 泵安装形式（见安装形式图）
- 叶轮外径切割次数（A 为第一册切割）
- 设计点扬程（m）
- 设计点流量（m³/h）
- 单级单吸供暖-空调循环泵
- 进口直径（mm）

L.8 ISG 系列（基本型及变型）单级单吸立（卧）式离心泵（又称为管道泵）

ISG 系列单级单吸立（卧）式离心泵可输送不含固体颗粒的清洁液体，是工矿企业、城市给排水、消防给水、暖通空调水循环、锅炉给水等场合广泛应用的给水设备。该系列泵具有体积小、重量轻、效率高、噪声低、轴封可靠、安装方便和使用寿命长等显著特点，深受用户欢迎。

该泵采用加长轴电机和机械密封结构，有高转速 2900r/min 和低转速 1450r/min 两种形式，从电机方向看泵为顺时针方向旋转。为适应环保要求，该系列泵还可配套减振元件。根据输送介质性质和进口压力的不同要求，泵的过流零件可用灰铸铁、球墨铸铁或不锈钢材料制造。

泵最大（最高）工作压力为 1.6MPa，即泵吸入压力＋泵扬程≤1.6MPa（用户在订货时必须标明泵进口压力及介质温度）。ISG 系列单吸单级立式离心泵外形如图 L-9 所示。

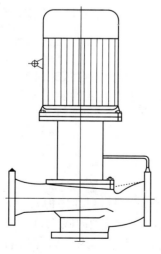

图 L-9 ISG 系列单吸单级立式离心泵

泵型号意义说明：

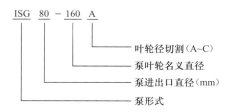

L. 9　QJ 型井用潜水电泵

QJ 型井用潜水电泵是根据国家标准设计的节能产品，广泛用于农业灌溉、工矿企业的给排水及高原、山区的人畜用水。该产品具有结构紧凑、体积小、重量轻、安装和使用及维护方便、运输安全可靠，节约能源等优点。

该型泵是从深井中提取地下水的成套机具，主机由 QJ 型潜水泵和 YQS 型潜水电机组成。泵部分由多级离心泵分段串联组成，泵级间由扁拉筋或螺栓连接，每段之间由橡胶（或铜）轴向支撑，泵的顶端设有逆止阀。YQS 型潜水电机为密闭充水式三相异步电机，绕组采用耐水连接密封结构，导轴承和推力轴承均为水润滑轴承，电机上部安装有防砂机构，阻止泥砂进入电机内腔。QJ 型井用潜水电泵外形如图 L-10 所示。

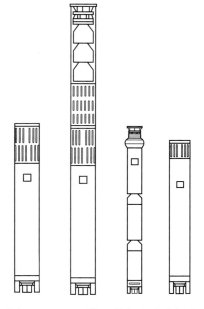

图 L-10　QJ 型井用潜水电泵示意图

潜水电泵使用条件：

1. 电源频率为 50Hz、电压 380V 的三相交流电源。

2. 水温不得高于 20℃。

3. 水中固体物含量（按重量计）不大于 0.01%。

4. 水的 pH 值（酸碱度）为 6.5～8.5。

5. 水中的氯离子含量不大于 400mg/L。

QJ 型井用潜水电泵型号意义说明：

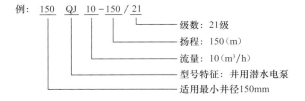

L. 10　QW 型潜水排污泵

QW 型潜水排污泵是引进国外先进技术与国内名牌大学联合开发的新产品，是一种性

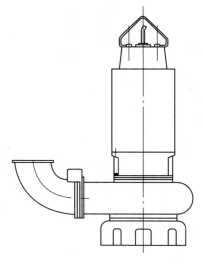

图 L-11　QW 型潜水排污泵示意图

能可靠，用途极为广泛的污水处理用泵，具有效率高，节省能源，无堵塞、防缠绕等特点，同时具有自动控制功能。主要输送带固体颗粒及各种长纤维的 pH 值为 4～10 的混浊性污水、淤泥、雨水等，输送介质温度不超过 60℃。该泵广泛用于城市高层建筑、工矿企业、环保排污、勘探、矿山配套辅机、食品、医疗、商业系统污水排放、供水设备厂、农业灌溉等。

QW 型潜水排污泵为立式、单吸单级离心式水泵，具有结构紧凑、体积小、噪声低、运转平稳、安全可靠等优点。安装形式分固定式、移动式两种，维修十分方便。

泵的轴封采用机械密封。电器部分采用国际上最先进技术制造的保护控制系统，对泵自动监控、自动保护。

QW 型潜水排污泵的外形如图 L-11 所示。

QW 型潜水排污泵型号意义说明：

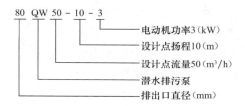

```
80 QW 50 - 10 - 3
                └─── 电动机功率3（kW）
             └────── 设计点扬程10（m）
        └─────────── 设计点流量50（m³/h）
    └─────────────── 潜水排污泵
 └────────────────── 排出口直径（mm）
```

L. 11　WL 型立式排污泵

WL 型系列立式排污泵是在吸收国外先进技术的基础上与有关大专院校合作研制开发的，该泵采用单双流道叶轮，无堵塞，防缠绕，能有效地输送带有大固体颗粒、长纤维物的液体或其他带有食品塑料袋等悬浮物的液体，能抽送最大固体颗粒直径 80～250mm，纤维长度 300～1500mm，因此该泵具有显著的优点；高效节能，良好的通过能力；功率曲线平坦，可以在全扬程范围内运行而无过载之忧。

该泵适用于输送城市生活污水、工矿企业污水、泥浆、粪便、灰渣及纸浆等，还可用作循环水泵、给排水泵及其他用途，特别适用于有固定泵房的污水泵站。WL 型系列立式排污泵为单吸单级立式结构。泵的轴封采用填料密封，填料材质选用聚四氟乙烯，使用寿命较长，泵允许进口压力≤0.3MPa（用户在订货时标明泵进口压力值）。

泵的旋转方向，从电机方向看，泵为顺时针方向旋转。WL 型立式排污泵外形如图 L-12 所示。

WL 型立式排污泵型号意义说明：

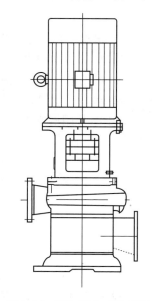

图 L-12　WL 型立式排污泵

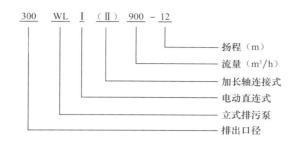

附录 M 卫生器具系列

常见器具规格及构造如图 M-1～图 M-60 所示。

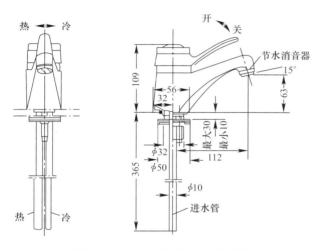

图 M-1 MG12 单手柄洗面器水嘴

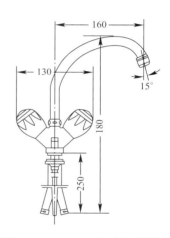

图 M-2 G-0811 型双控回转水嘴

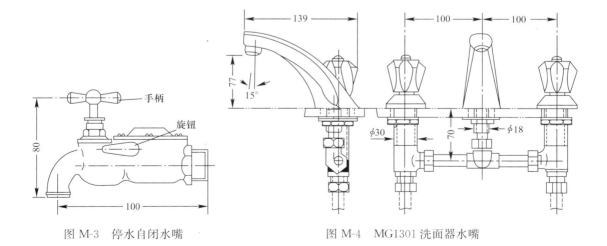

图 M-3 停水自闭水嘴

图 M-4 MG1301 洗面器水嘴

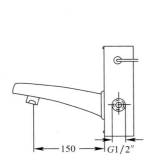

图 M-5　G-7012 型入墙式
自动洗手器

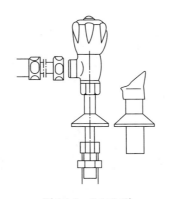

图 M-6　J-202 型
洗面器进水阀

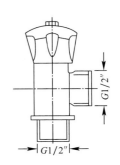

图 M-7　洗面器八字门

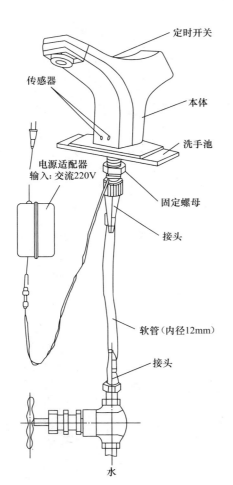

图 M-8　自动水龙头

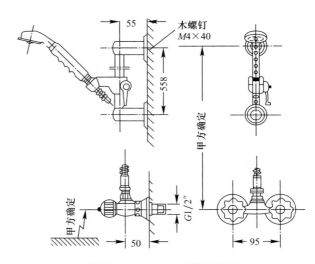

图 M-9　0108-15 升降淋浴器

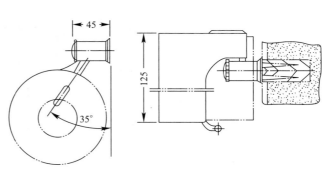

图 M-10　PshI 手纸架

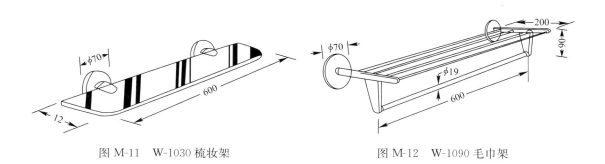

图 M-11　W-1030 梳妆架　　　　　　　　图 M-12　W-1090 毛巾架

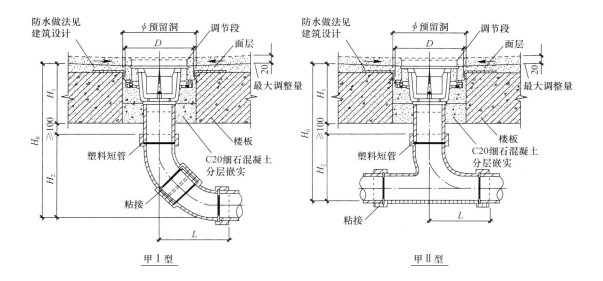

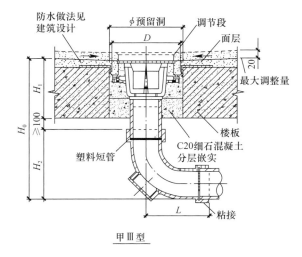

图 M-13　有水封地漏安装

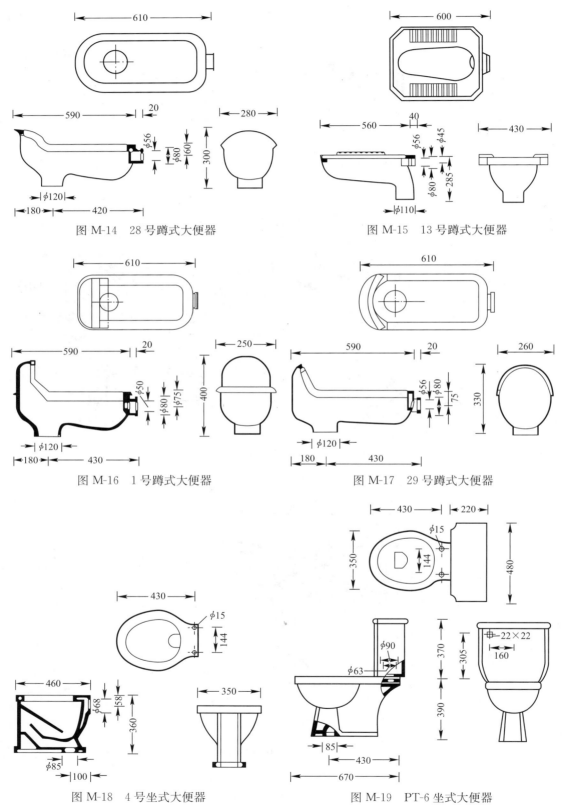

图 M-14　28 号蹲式大便器

图 M-15　13 号蹲式大便器

图 M-16　1 号蹲式大便器

图 M-17　29 号蹲式大便器

图 M-18　4 号坐式大便器

图 M-19　PT-6 坐式大便器

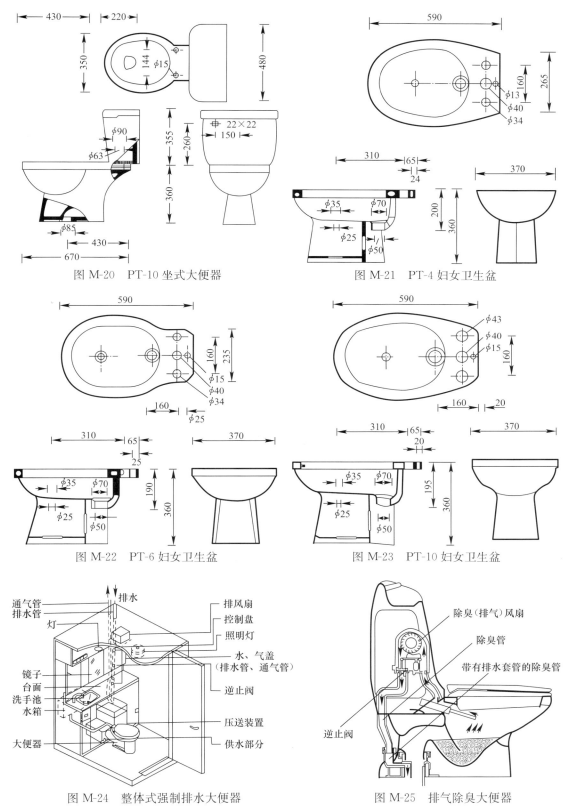

图 M-20　PT-10 坐式大便器

图 M-21　PT-4 妇女卫生盆

图 M-22　PT-6 妇女卫生盆

图 M-23　PT-10 妇女卫生盆

图 M-24　整体式强制排水大便器

图 M-25　排气除臭大便器

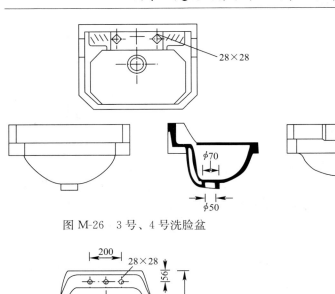

图 M-26　3 号、4 号洗脸盆

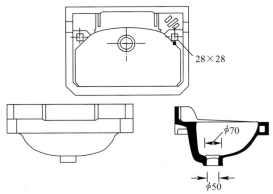

图 M-27　7 号洗脸盆

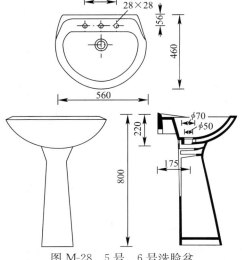

图 M-28　5 号、6 号洗脸盆

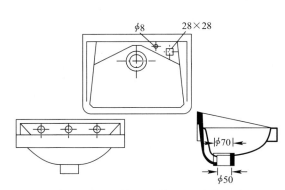

图 M-29　13 号、21 号、22 号洗脸盆

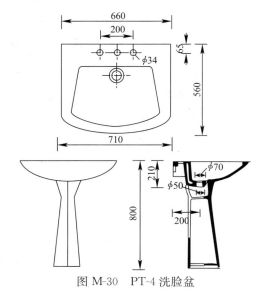

图 M-30　PT-4 洗脸盆

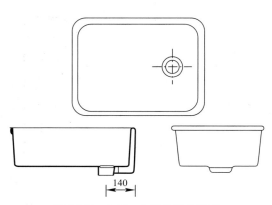

图 M-31　1 号~8 号卷沿洗涤盆

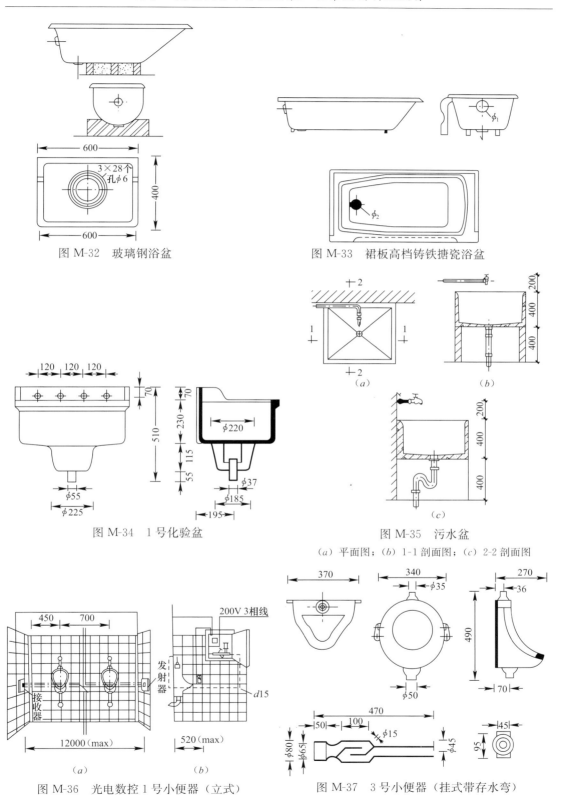

图 M-32　玻璃钢浴盆

图 M-33　裙板高档铸铁搪瓷浴盆

图 M-34　1 号化验盆

图 M-35　污水盆

（a）平面图；（b）1-1 剖面图；（c）2-2 剖面图

图 M-36　光电数控 1 号小便器（立式）

（a）立面；（b）侧面

图 M-37　3 号小便器（挂式带存水弯）

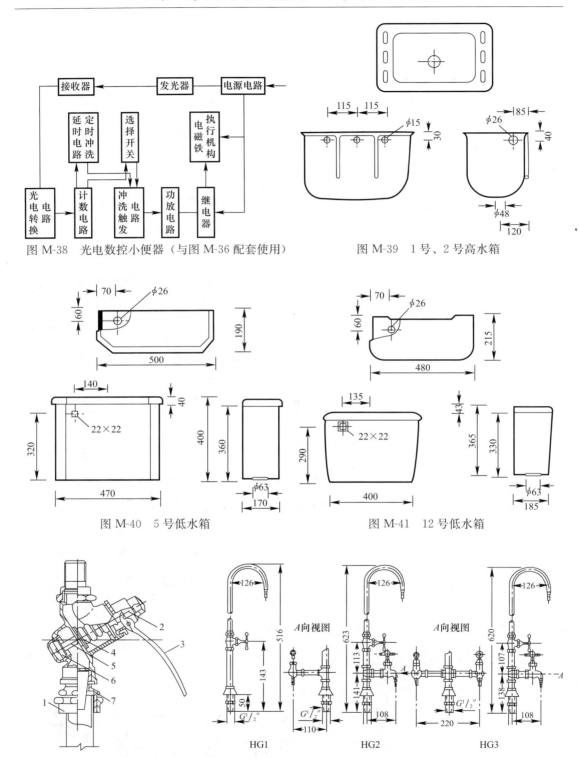

图 M-38　光电数控小便器（与图 M-36 配套使用）

图 M-39　1 号、2 号高水箱

图 M-40　5 号低水箱

图 M-41　12 号低水箱

图 M-42　延时自闭冲洗阀

1—缓冲缸；2—阀杆；3—压把；4—波纹
管；5—活塞；6—缓冲胶碗；7—防污隔断器

图 M-43　HG1、HG2、HG3 化验水嘴

HG1

HG2

HG3

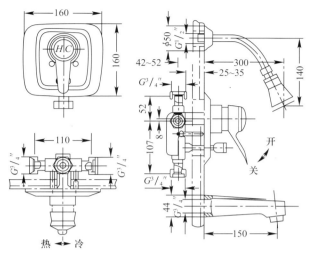

图 M-44　YG6 单手柄浴盆暗装水嘴

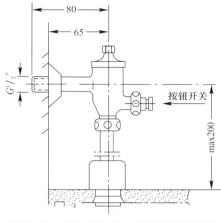

图 M-45　GG3P5F6 610 挂便器 Ⅱ 型配件

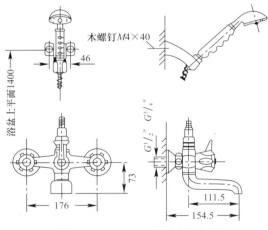

图 M-46　YG3 双手柄浴盆水嘴

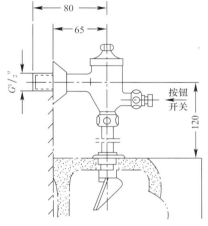

图 M-47　LG3P1 自闭式立便器 Ⅱ 型配件

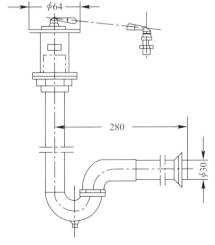

图 M-48　MP6 洗面器 P 形排水阀

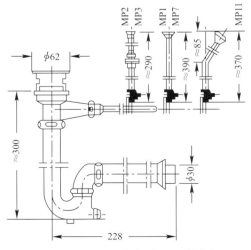

图 M-49　洗面器提拉式 P 形排水阀

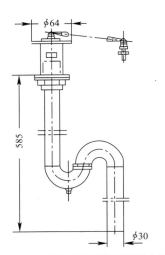

图 M-50　MP5 洗面器 S 形排水阀

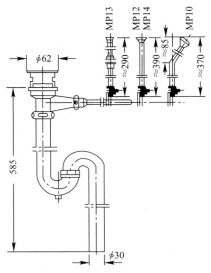

图 M-51　洗面器提拉式 S 形排水阀

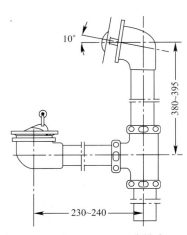

图 M-52　YX-8307 浴盆排水口

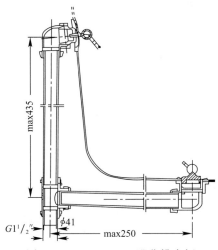

图 M-53　Y40、Y32 浴盆排水阀

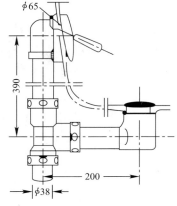

图 M-54　YP3 扳把式浴盆排水阀

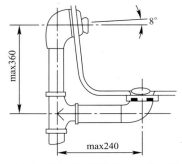

图 M-55　G-1122 型浴盆拔式排水装置

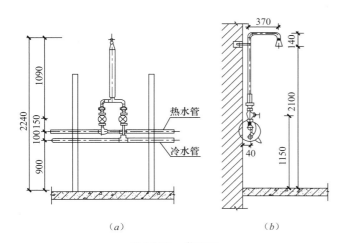

（a）

（b）

图 M-56　淋浴器

（a）立面图；（b）侧面图

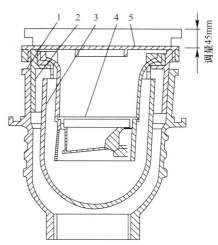

图 M-57　自闭式防返溢地漏原理图

1—铸铁外壳；2—调整套；3—存水腔；

4—自闭阀；5—不锈钢面板

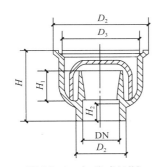

图 M-58　扣碗式地漏

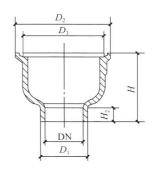

图 M-59　不带扣碗式地漏

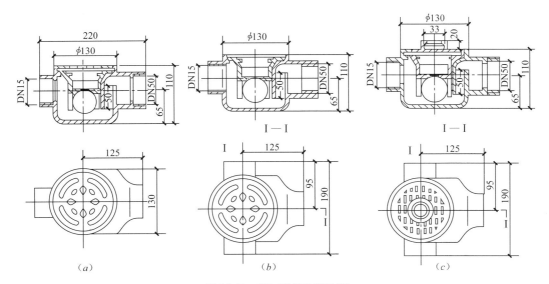

（a）

（b）

（c）

图 M-60　DL 型多功能地漏

（a）DL-1 型双通道；（b）DL-2 型三通道；（c）DL-3 型三通道洗衣机排水入口

附录 N　雨　水　斗

常见雨水斗类型及规格如图 N-1～图 N-3 所示。

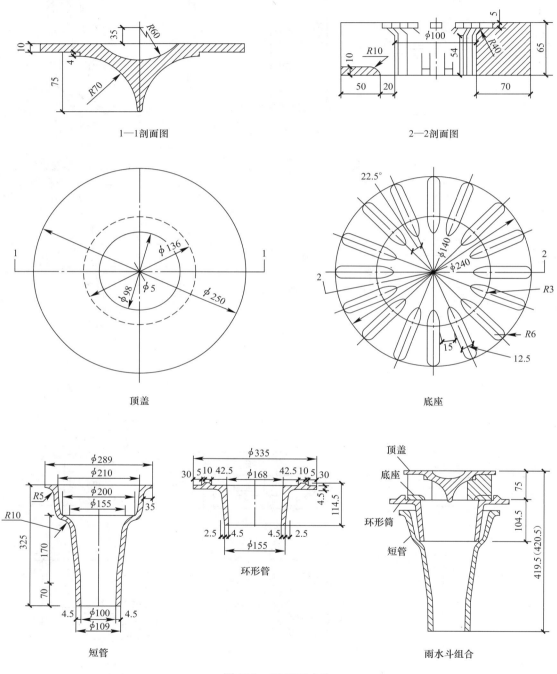

图 N-1　65 型雨水斗

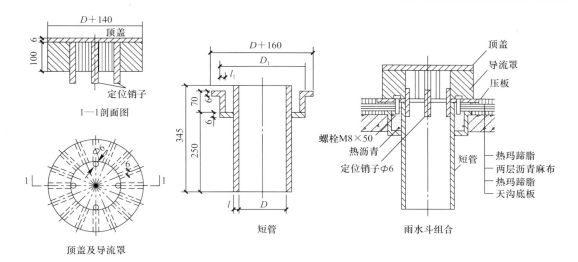

图 N-2　79 型雨水斗

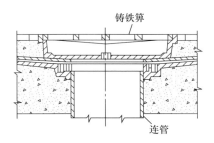

图 N-3　平箅型雨水斗